Thermal Safety of Chemical Processes:
Risk Assessment and Process Design
(Second, Completely Revised and Extended Edition)

化工工艺的热安全
——风险评估与工艺设计
（原书第二版）

〔瑞士〕弗朗西斯·施特塞尔（Francis Stoessel） 著

陈网桦　何旭斌　陈利平　肖秋平　郭子超　译

科学出版社

北　京

图字：01-2024-3116 号

内 容 简 介

本书分为 4 部分 18 章。第 1 部分总括性地介绍了热风险评估的理论、方法及实验等，其中，第 1 章介绍了与化学反应工业实践紧密相关的风险，第 2 章介绍了理解失控反应所需的基础理论、化学反应热力学及动力学，第 3 章介绍了热风险的一种系统评估程序，第 4 章介绍了安全实验室通常采用的量热方法，第 5 章从热效应及压力效应方面对能量评估问题进行讨论。第 2 部分介绍了目标反应以及工业规模情况下使反应受控的技术，其中，第 6 章介绍了反应器动态稳定性及其常用的评估判据，第 7 章围绕间歇反应器的安全问题（尤其是温度控制方法）进行了讨论，第 8 章分析了半间歇反应器不同的温度控制策略以及降低未转化反应物累积的加料控制方法，第 9 章涉及采用连续反应器（包括管式反应器及连续搅拌釜式反应器）控制放热化学反应的问题。第 3 部分涉及二次反应的内涵描述及避免引发的控制技术等，其中，第 10 章涉及二次反应的总体情况概述、引发可能性评估及安全温度的确定方法，第 11 章讨论了自催化反应的特点、控制技术等，第 12 章涉及热传递能力减弱时的热累积问题，第 13 章专门讨论了物理性单元操作热风险的测试程序以及如何从安全角度对结果进行解释。第 4 部分围绕工艺热安全技术展开，其中，第 14 章着重对热交换问题以及总传热系数进行了讨论，第 15 章专门讨论了失控反应的控制评估、风险降低措施的设计等内容，第 16 章论述了包括两相流在内的紧急泄放系统的尺寸设计，第 17 章讨论了其可靠性评估问题，第 18 章介绍了一些关于集成工艺开发的思路。本书末尾给出了习题解答与案例分析。

本书可作为化学化工类安全工程及化工工艺专业的高年级本科生、研究生的教材，也可供化工工艺过程热风险分析与评估人员、新工艺的研发人员或化工生产的主管人员参考。

Title: Thermal Safety of Chemical Processes: Risk Assessment and Process Design (Second, Completely Revised and Extended Edition) by Francis Stoessel, ISBN: 978-3-527-33921-1

Copyright©2020 Wiley-VCH Verlag GmbH&Co. KGaA, Boschstr. 12,69469 Weinheim, Germany

All Rights Reserved. Authorized Translation form the English language edition published by John Wiley & Sons Limited. Responsibility for the accuracy of the translation rests solely with China Science Publishing & Media Ltd. (Science Press) and is not the responsibility of John Wiley & Sons Limited. No part of this book may be reproduced in any form without the written permission of the original copyright holder, John Wiley & Sons Limited.

图书在版编目（CIP）数据

化工工艺的热安全 ：风险评估与工艺设计 ：原书第二版 / （瑞士）弗朗西斯·施特塞尔（Francis Stoessel）著 ；陈网桦等译. -- 北京 ：科学出版社，2024. 8. -- ISBN 978-7-03-079140-5

Ⅰ. TQ086

中国国家版本馆 CIP 数据核字第 2024F7H603 号

责任编辑：霍志国　张　莉/责任校对：杜子昂
责任印制：徐晓晨/封面设计：东方人华

科学出版社 出版
北京东黄城根北街 16 号
邮政编码：100717
http://www.sciencep.com
北京中石油彩色印刷有限责任公司印刷
科学出版社发行　各地新华书店经销
*
2024 年 8 月第 一 版　开本：720×1000　1/16
2024 年 8 月第一次印刷　印张：33
字数：660 000

定价：180.00 元
（如有印装质量问题，我社负责调换）

译 者 序

化工工艺过程的热风险是由热失控引发因素及其相关后果所带来的风险，普遍存在于化工过程的各个反应性单元操作及物理性单元操作中。多年来，欧美国家对放热反应可能存在的各种危害、测试及评估技术的研究，取得了大量对风险识别、热安全参数获取、化工工艺设计、事故诊断、安全评估有益的成果。尽管我国在化学物质热安全领域也做了很多工作，但总体而言开展的工作较少，起步较晚。

Francis Stoessel 教授长期从事工艺研发、化工工艺热安全方面的研究，在诺华制药等公司担任工艺安全部门负责人近二十年，而后进入相关研究机构、大学继续进行工艺热风险评估方面的科研、教学及相关的实践活动，是该领域国际知名专家。2009 年，译者及同仁将 Stoessel 教授的专著 *Thermal Safety of Chemical Processes*: *Risk Assessment and Process Design* 通过科学出版社引入我国，对其进行翻译并以《化工工艺的热安全——风险评估与工艺设计》为书名进行出版。十余年来，该书对我国化工行业(尤其是精细化工与制药行业)的热安全起到了巨大的推动作用，促进了政府、科研院所、企业、社会中介等单位对化工工艺热安全问题的高度重视与普遍关注。

本书为该专著第二版的中译本。该版在保留第一版内容的基础上，充分吸收了近年涌现的新技术、新方法，并结合当前精细化工和制药行业安全需求的发展趋势和变化，对第一版的结构进行了调整，将热安全问题拓展到了化工产品的研发、生产、运输、使用等全流程，增加了物理性单元操作、紧急泄压系统以及安全措施可靠性评估等新章节。相比于第一版 3 部分 13 章，该版拓展为 4 部分 18 章。第 1 部分总括性地介绍热风险评估的理论、方法及实验等，包括 5 章内容；第 2 部分介绍了目标反应(desired reactions)以及工业规模情况下使反应受控的技术，包括 4 章内容；第 3 部分涉及二次反应，包括其内涵描述及避免引发的控制技术等，包括 4 章内容；第 4 部分围绕工艺热安全控制技术展开，包括 5 章内容。

近年来，我国发生了包括天津港"8·12"瑞海公司危险品仓库特别重大火灾爆炸事故、江苏响水天嘉宜化工有限公司"3·21"特别重大爆炸事故在内的多起由热失控导致的火灾爆炸事故，不仅造成了严重的人员伤亡和财产损失，还严重地影响了我国的国际声誉，更是对我国化工行业的发展带来很大的负面影响。随着我国各级政府、企事业单位对化工生产安全的日益重视，风险管控已从重点工序拓展到全生命周期的各阶段、生产过程的全流程，安全管理模式正由传统的、经验的、行政的和事后处理的方式逐步向现代的、系统的、基于技术的及事前预防的方式转变，这对化工过程的本质安全提出了更高的要求。本书的翻译出版，必将对这一重大转变起到良好的促进作用。

译者在翻译时，为了保持原图注、原表注及计量单位的一致性，未将这些图注、表注及计量单位进一步规范化。同时，译者尽量给出了一些术语的英文表达，便于读者参阅原著和有关参考文献。

在本书翻译、出版的过程中，还得到了梅特勒-托利多国际贸易(上海)有限公司姚旻怡、万欢、李爱慧等，万华化学集团股份有限公司的赵贵兵、胡爽、梁广荣等，山东润博安全科技有限公司王建娜、郭海燕、宁艳霞等，索尔维投资有限公司马莹莹等，浙江大学衢州研究院吕家育，巴斯夫新材料有限公司吴文倩，浙江华颀安全科技有限公司舒理建，课题组饶国宁、何中其等师生，科学出版社有关编辑的鼓励、关心、支持与帮助。在此对他们表示衷心的感谢。

本书前言、第1章～第4章、第6章、第16章、习题解答与案例分析等由南京理工大学陈网桦教授翻译，第14章、第15章、第17章由浙江龙盛集团股份有限公司何旭斌正高级工程师翻译，第5章、第10章、第11章、第18章由南京理工大学陈利平副教授翻译，第12章、第13章由上海化工院检测有限公司肖秋平正高级工程师翻译，第7章～第9章由南京理工大学郭子超副教授翻译。

为了提高第二版翻译的准确性、可读性及实用性，除了本书署名的译者，浙江龙盛集团股份有限公司的孟福庆高级工程师、朱鹏飞博士，索尔维投资有限公司的董泽博士，上海化工院检测有限公司的涂亚辉高级工程师等参加了翻译稿的研讨、审校工作，并提出了很多建设性建议。在此对他们的大力付出表示特别的感谢。

研讨、审校后，全书由南京理工大学陈网桦教授统一修改并统稿。

由于译者学识、水平及经验有限，书中难免出现不妥和疏漏之处，敬请读者予以批评指正。

译 者

2023 年 12 月

前　言

本书第一版出版发行至今已经十多年了，出版商将之定性为"长销书"（long seller），这意味着读者的兴趣仍然很高。随着时间的推移，新的技术和知识不断涌现，在工艺安全领域情况尤其如此。作为 TÜV SÜD Schweiz–工艺安全的高级顾问，我观察到精细化工和制药行业安全需求的许多趋势和变化。在过去的几年里，除了过程风险分析、热风险评估等传统领域，保护系统的设计和泄放等更多方面的技术也引起了人们的关注。正是出于这个原因，本书需要及时地对这些技术演化进行介绍。为此，本书对第一版的结构进行了调整，并增加了物理性单元操作、紧急泄放系统以及安全措施可靠性评估等新章节。根据一些读者的意愿，增加了一些新的研究案例，并在书的结尾提供了习题解答。

化工事故通常是由反应失控导致的。如果能以适当的方式对工艺过程的热安全参数进行及时的分析，许多事故是可以预见并避免的。大学课程中涉及化工工艺安全的内容很少，且许多从业人员也并不具备从风险的角度解释热参数的知识。其结果是，尽管他们对工艺过程的安全负有职责，但没有便捷的途径获取这些知识。工艺安全常被视为专家事务（specialist matter）。因此，许多大公司的安全部门都聘有这样的专家。然而，这些安全知识对于化工过程中的前期阶段如工艺研发也是需要的。为了便于相关从业人员获取工艺过程热风险方面的知识，需要提供一些非专家人士能够获取的方法。本书的主旨在于以一种合乎逻辑、便于理解的方式，介绍一些易于使用的方法。在介绍这些热风险评估方法时，力求与工业实践紧密结合。

本书源于为瑞士联邦技术学院（洛桑）硕士研究生开设的"化工工艺安全"的讲义，也源于瑞士安全研究所（Swissi）、TÜV SÜD Schweiz AG–工艺安全、许多大型化工企业及制药公司为相关从业人员开设大量培训课程所获取的经验。因此，本书具有教科书的特点，不仅可以作为学生的教材，而且适合精细化工及制药企业从事工艺开发及生产的化学师、化学工程师及相关的工程技术人员，作为他们工艺安全实践的技术支撑。

本书的目的在于指导化工工艺风险分析人员、新工艺的研发人员或化工生产的主管人员理解化工工艺热安全的内涵，对化工工艺的安全性进行科学的、实事求是的评估，并不期望读者通过本书的阅读而成为热安全方面的专家。这样的评估是进行热安全工艺研发和优化的基础。书中所述方法一方面是基于作者长期的安全评估实践，另一方面是基于作者面向学生及有关从业人员长期的教学实践。本书的另一个目的是在专家与非专家之间建立起一座通俗易懂的桥梁。

本书分为 4 个部分：

第 1 部分总括性地介绍了热风险评估的理论、方法及实验等。第 1 章介绍了与化学反应工业实践紧密相关的风险。第 2 章介绍了理解失控反应所需的基础理论、化学反应热力学及动力学，其中，反应器的热平衡是重点。第 3 章介绍了热风险的一种系统评估程序。由于该评估程序主要基于实验参数，因此第 4 章介绍了安全实验室通常采用的量热方法。第 5 章从热效应及压力效应等方面讨论了能量评估问题。

第 2 部分介绍了目标反应以及工业规模情况下使反应受控的技术。第 6 章介绍了反应器动态稳定性及其常用的评估判据。反应器正常操作条件下的行为是其安全运行的必要条件，但不是充分条件。所以，就不同类型反应器存在的安全问题，特别是在偏离正常工况条件下存在的安全问题，分别进行了小结。每种类型反应器需要一种特定的方法(进行分析)，包括作为安全温度控制基础的热平衡研究和一旦温控系统失效后的行为分析。第 7 章～第 9 章对不同类型反应器进行了分析，并给出了设计和优化时采用的一般原则。第 7 章围绕间歇反应器的安全问题，尤其是保证工艺安全的温度控制方法问题，进行了讨论。第 8 章分析了半间歇反应器不同的温度控制策略以及降低未转化反应物累积的加料控制方法。第 9 章涉及采用连续反应器(包括管式反应器及连续搅拌釜式反应器)控制放热化学反应的问题。

第 3 部分涉及二次反应，包括其内涵描述及避免引发的控制技术等。第 10 章涉及二次反应的总体情况概述、引发可能性评估及安全温度的确定方法。第 11 章讨论了一种重要的反应类型——自催化反应，包括其特点、控制技术等。第 12 章涉及热传递能力减弱时的热累积问题，对工业过程中不同传热受限情形进行小结，给出了系统的评估程序，并给出了安全工艺设计过程中需采用的相关技术。第 13 章围绕物理性单元操作，介绍了具体的测试程序以及如何从安全角度对结果进行解释并举例说明。

第 4 部分围绕工艺热安全技术展开。温度控制方法可能会强烈地影响操作安全，于是第 14 章着重对热交换问题以及总传热系数进行了讨论。由于通常需要采取风险降低措施来维持安全运行，第 15 章专门讨论了失控反应的控制评估、风险降低措施的设计等问题。第 16 章论述了包括两相流在内的紧急泄放系统的尺寸设计。由于考虑风险降低措施时也必须确保其可靠性，因此第 17 章讨论了其可靠性评估问题。本书最后(第18章)介绍了一些关于集成工艺开发的思路。

　　本书每章均以案例起章，以此说明该章的主题并指出应从中吸取的教训。在这些章节中，大量穿插并分析了工业实践过程中出现的案例。每章结尾还附有习题或案例分析，便于读者对每章主题深入理解掌握，本书末尾给出了这些习题或案例分析的答案。

弗朗西斯·施特塞尔

伊尔扎克(法国)

2019年9月29日

致　　谢

　　本书所述方法源于长期的化工工艺热风险评估及实践过程，涉及的机构包括原 Ciba 公司中心安全研究室、原瑞士安全研究所(Swissi)、瑞士联邦技术学院(洛桑)(EPFL)以及 TÜV SÜD Schweiz AG。因此，对过去的同事 Kaspar Eigenmann、Franz Brogli、Ruedi Gygax、Hans Fierz、Bernhard Urwyler、Pablo Lerena 以及 Willy Regenass 致以衷心的感谢，他们均参与了本书所涉及方法和有关技术的创立及研发工作。

　　许多学生及年轻同事在他们的学位工作(硕士及博士论文)或研究项目中开展了研发和应用工作，在此对他们中的 Jean-Michel Dien、Olivier Ubrich、Marie-Agnès Schneider、Benoît Zufferey、Pierre Reuse、Nadia Baati 及 Charles Guinand 表示感谢。

　　还非常感谢能有机会与 Bertrand Roduit(AKTS SA，等转化率方法)和 Jim Burelbach(Fauske & Associates LLC，VSP)讨论他们各自的专业问题。Roland Obermüller 和 Danny Levin 对本书的内容提出了中肯的建议。

　　特别感谢对最终手稿部分内容进行审阅的同事：Anne-Florence Tran-Van 审阅了手稿的大部分内容，Georg Suter、Carine Mayoraz 和 Mischa Schwaninger 审阅了与自己专业相关的部分。对于本书涉及的非常复杂的问题，为了提高其可读性，他们提出了许多中肯的建议。

　　编著这样一本书是一个长期的工程，没有付出就没有本书的最终完成。最后，感谢我的家人，尤其是我的妻子 Michèle，她不仅谅解了我在写作期间的疏于照顾，而且大力鼓励并支持我和我的这项工作。"你没有书要写吗？"("Tu n'aurais pas un livre à écrire?")

目　　录

第2部分 放热化学反应的控制

第 3 部分　二次反应的预防

第4部分　工艺热安全技术

第 1 部分

工艺热安全的一般问题

1 精细化工工艺风险分析概述

典型案例

工程上利用爆破片保护多用途反应器不受超压破坏。压力泄放时，气体通过厂房屋顶直接排放到外界环境中。维护人员进行维保时发现爆破片已被腐蚀，决定更换，但急切间没有找到可用的备件。由于接下来要进行磺化反应，其决定在不更换爆破片的情况下打开泄压管(relief pipe)。事实上，磺化反应不会导致超压(硫酸沸点为300℃)，因此不需要这样的保护装置。在第一个批次的反应过程中，泄压管被升华物(sublimate)堵塞。遗憾的是，工作人员并没有发现堵塞而继续生产。一场大雨过后，雨水进入泄压管并且聚集在升华物形成的"塞柱"上。下一批次反应开始后，升华物受热导致"塞柱"突然破裂，积水进入反应器使浓硫酸稀释，造成放热。温升引发了反应物料的突然分解，从而导致反应器破裂并造成巨大的破坏。

事故教训

这类事故很难预测。但是，如果采用系统方法进行风险辨识，就会清楚地知道只要有水进入反应器，就会导致爆炸。所以，当改变设备尤其是多用途反应器的某些部件时(这些改变可能与给定工艺不直接相关)，人们至少应考虑工艺参数的变化可能带来的后果。

引言

本章主要介绍风险分析方法的基本步骤：危险有害因素的系统识别、风险评估和可能的补救措施的确定。

在介绍完化学工业的社会地位后，介绍有关风险分析的基本概念，1.2 节对化工工艺过程的风险分析步骤进行小结，随后给出有关的安全参数，介绍危险辨识的方法，本章最后一节介绍风险分析的有关实践。

1.1 化学工业与安全

我们知道化学工业对人类、社会和环境的威胁高于其他任何行业，但化学工业在健康、农作物保护、新材料、染料、纺织品等方面带来的好处也是不能否认的。一次次重大事故(如 Seveso 事故和 Bhopal 事故)扩大了其负面影响。尽管这样的灾难性事故发生频率很低，但事故一旦发生，影响惊人，并具有很高的社会关注度。由此提出一个基本的问题："在考虑到某活动、某产品带来好处的同时，什么样的风险是可接受的？"这个问题要求人们能够对风险进行预先评估。

本章的重点在于说明应用于化工行业(尤其是精细化工和制药行业)的风险分析方法。

1.1.1　化学工业与社会

总体而言，化学工业的目的在于为人们或为其他行业提供功能性产品，这些产品在制药、机械、电力、电子、纺织、食品等不同的领域中均具有广泛的应用。

因此，一方面，化工安全与产品安全有关，即风险与产品的应用相关；另一方面，与工艺过程的安全有关，即风险与产品的制造相关。

本书的重点在于工艺过程中的安全问题。

1.1.1.1　产品安全

每个产品从产生到报废都需经过很多不同的步骤，如构思、设计、可行性研究、市场调查、制造、运输、使用和报废等，功能性产品的终极步骤是其变为废品[1]。

这些步骤中，风险存在于产品的处理和使用过程中。这在产品益处和害处的平衡中属于负面影响。虽然人们主要关心产品应用时的风险，但在其他阶段如生产、运输和储存的过程中也存在风险。对于药物产品，主要考虑其副作用，其他产品主要考虑其对人类和环境的毒性以及火灾、爆炸问题。于是，不管产品处于什么形态，一旦其不再具有相应功能，那么就将它视为废品，并认为其可能成为潜在的危险。

因此，在产品设计阶段必须做出重要决策，使产品预期益处最大化、可能产生的负面影响最小化。这种决策具有决定性作用，通常在进行系统的风险评估后实施。法律对商品化的产品有严格规定，每种新产品都必须在有关部门注册。注册的目的在于使生产商知道其产品可能具有的对人身和环境造成危害的性质，熟悉产品安全操作和使用的条件，以及产品废弃后的安全处置。因此，产品应附有涵盖其基本安全信息的物质安全数据表(material safety data sheet，MSDS)，包括产品身份信息、性质(毒性、生态毒性、物理化学性质)、寿命周期内的有关信息(使用、技术、暴露)、特殊风险、保护措施、分类(处理、储存、运输)以及标签等。

1.1.1.2　工艺安全

化工过程的设备和工艺种类繁多而且通常较为复杂。精细化工行业(包括制药行业)工厂内的设备往往具有多用途特性，即某一给定的设备可能用于不同产品的制造。对于一个化工工艺，我们必须进行多方面的考虑，不仅需要考虑合成本身，还需要考虑相应的物料操作单元，乃至最终的储存与运输；不仅需要考虑产品，还要考虑原材料。

化学过程存在各种各样的风险。如前所述，产品的风险包括毒性、易燃性、爆炸性和腐蚀性等，还包括其化学反应性（易引起额外的风险）。一个工艺所采用的温度、压力等条件本身可能构成一定的风险，并会产生（工艺）偏差（deviation）从而导致危险。工厂的设备（包括相应的控制设备）也可能失效。精细化工过程劳动强度大，易受人为差错（human error）的影响。因此，所有这些要素（化学、能量、设备、操作人员及其彼此间的相互作用）构成了过程安全（process safety）①。

1.1.1.3 化学工业事故及风险感知

尽管存在一些事故，但化学工业在事故统计中的表现尚可。对不同行业事故统计的调查结果表明，如果按照损失工作日从高到低的顺序进行分类并列表（表1.1），化学工业接近于表尾[2]。此外，这些化工过程的事故中只有小部分是化学因素导致的，大部分还是坠落、割伤（cut）等常见事故，当然这些常见事故也会在其他行业的活动中发生。

表 1.1　2016 年瑞士不同行业的工作事故数（根据瑞士国家事故保险部门的统计）

行业	事故数/1000 位参保人	行业	事故数/1000 位参保人
建筑	155	食品	67
农业	138	机械行业	56
冶金	112	能源	51
木材加工业	107	办公、行政管理	43
陆路运输	81	纺织	41
橡胶、塑料	78	电气设备	34
餐饮	75	化工	31

通过比较不同活动中的死亡事故可以得到另一个有启发性的比较关系。这里使用死亡事故率指数（fatal accident rate index，FAR）②表示暴露（exposure）于危险环境 10^8 h 内发生的死亡人数[3,4]。一些活动的 FAR 比较见表 1.2。由表可见，尽管可以采用更好的方法对死亡事故进行统计，但工业活动仍然存在较高的风险。本

---

① 从字面上看，process safety 既可以翻译成过程安全，也可以翻译成工艺安全。相对于工艺安全而言，过程安全的概念更广，由人、机、料、法、环及其相互关系导致的安全问题均可以归于过程安全。考虑到本书主要涉及物料的热稳定性、反应过程的热风险、相关判据及风险对策措施，与工艺密切相关，内涵相对较窄，故本书绝大部分情况（包括书名）翻译成"工艺安全"。然而，此处翻译成"过程安全"更妥。——译者

② 也常称 FAFR（fatal accident frequency rate）。——译者

质上说，这取决于人们对风险的感知能力。风险感知(risk perception)能力的差异就是当人们从事旅行或者体育运动等活动时，能否有意识地避免暴露于危险环境中。而对于工业活动，人们暴露于危险环境往往是不得已而为之，即使不直接面对工业活动，也有可能遭受风险的危害。生活在化工企业周边的人们可能受压力波(pressure wave)或毒物泄漏的影响。对企业所从事的活动缺乏了解或者缺乏必要的技术知识会导致对未知的恐惧，并使风险感知产生偏差[5]。

表 1.2　各种活动的 FAR

工业活动	FAR	非工业活动	FAR
煤矿	7.3	登山	4000
建筑	5	漂流	1000
农业	3.7	驾驶摩托车	660
化工	**1.2**	乘坐飞机旅行	240
车辆制造	0.6	乘坐汽车旅行	57
服装制造	0.05	乘坐火车旅行	5

1.1.2　责任

一方面，工业化国家中雇主应对其雇员的安全承担责任；另一方面，法律条款要求职员必须遵守雇主制定的安全规章制度。在这个意义上，责任是双方的。法律同样也对环境保护做出了规定。官方发布了污染物的最低极限，一旦超过将受到惩罚。在欧盟国家，Seveso 法令对重大事故的预防做出规定，若危险物品的使用量超过了规定范围，企业必须准备一个风险分析报告，对其可能的影响范围、影响人数等进行定量描述，并提供应急响应计划以切实保护人员的安全。

工艺安全问题的责任由企业各级管理部门承担，企业 HSE(健康、安全与环境)人员在此框架范围内发挥其核心作用。因此在工艺设计阶段，安全问题具有优先权(见第 18 章)。

1.1.3　定义及概念

1.1.3.1　危险

欧洲化学工程联合会(European Federation of Chemical Engineering，EFCE)定义危险(hazard)为一种可能导致人身伤害、环境破坏及财产损失的状态[6]。

因此，危险是安全的反义词。对于化工行业，危险源于同时存在的三个因素：

(1)来自所处理物质的性质、化学反应、未控制的能量释放或设备的威胁。

(2)由设计阶段技术源头引起的或操作过程人为差错导致的故障。外部因素，如气候条件或者灾难性的自然灾害也有可能成为失效(故障)的原因。

(3)系统中未能发现的故障(风险分析过程中未能识别),或采取的措施不充分,或者最初设计良好的工艺因变更或者缺乏维护而逐渐偏离了最初的设计。

1.1.3.2　风险

欧洲化学工程联合会将风险(risk)定义为潜在损失的度量,用可能性和严重度表述对环境的破坏和对人员的伤害。常用的定义就是,风险是可能性与严重度的乘积:

$$风险=严重度×可能性 \tag{1.1}$$

事实上,将其乘积作为风险具有一定的局限性。更普遍的看法是将风险看成是可能性与严重度的组合,并通过两者描述潜在危险转化为事故的概率及其后果。这也意味着风险与具体事件场景(incident scenario)密切相关,而该场景必须首先识别出来,并用足够准确的语言予以描述,从而便于对严重度和发生可能性进行评估。严重度可以用事故对人员、环境、财产、商业连续性、公司形象等的影响描述;发生可能性常常用给定时间内发生的频率来表征。

1.1.3.3　安全

安全(safety)是一种不存在任何危险的静止状态(a quiet situation)[7]。

绝对安全(或零风险)是不存在的,原因在于:首先,一些保护措施和安全附件可能同时失效;其次,人为因素也是一个差错源,如对现实情形的错误判断、对警示性标志的错误识别、瞬间疏忽而出差错等。

1.1.3.4　安全保障

一般说来,security 与 safety 是同义词。本书中的安全保障(security)是指为防止行窃或入室侵犯而进行的财产保护。

1.1.3.5　可接受风险

可接受风险(accepted risk)是一种低于某设定值的风险,该设定值是考虑了法律、技术、经济或道德等因素而预先确定的。下文(1.2 节~1.4 节)所述的风险分析(risk analysis)本质上是一种技术指向。当地法律法规要求工艺过程应达到的目标是最低目标,而风险分析通过经验丰富的团队运用适当方法进行风险辨识,并采取基于最新技术的风险降低措施来实施。显然,风险可接受标准涉及一些包括

---

① 这种对安全的定义似乎不够准确,与全书中安全的内涵也不能很好地吻合。建议将安全定义为"一种风险可接受的状态"。——译者

社会因素在内的非技术因素，也就是说应该进行风险收益分析(risk-benefit analysis)。

1.2　风险分析的步骤

虽然风险分析本身带有主观性，但它是在技术及经济方面都可行的化工工艺设计要素之一[1]。事实上，风险分析常常能揭示工艺固有的不足之处并提出纠正方法。人们总是希望工艺能按预期设想运行，因此，风险分析不应被看作是"警方行为"(police action)。风险分析在工艺设计阶段是很重要的，也是工艺研发阶段(尤其是在确定工艺控制方法的过程中)的一个关键要素。一个好的风险分析不仅有利于工艺的安全性，还有利于其经济性，因为由此形成的工艺可靠性更高，生产效率的损失更低。

尽管风险分析方法很多，但通常都包括下列三个步骤：①查找风险；②评估风险；③确定降低风险的措施。

这三个步骤是风险分析的核心，完成这些步骤需要预先进行一些准备工作，其他的步骤也不能忽略[1,8]。

通过系统研究化学工业过去发生的事故，可以了解事故发生的一些原因，具体见表 1.3。

表 1.3　事故发生原因和补救措施

事故原因	补救措施
对原材料及设备、反应性及热数据等缺乏认识	收集并评估工艺数据、物理性质、安全参数、热数据，确定安全工艺条件和临界值
未对偏差或失效进行辨识分析	对正常操作条件进行系统的偏差分析
对风险的错误评估(错误判断)	对所涉及的评估参数、判据及经验等做出合理解释
提供的措施不充分	改进工艺、采取技术措施
措施被忽视	进一步完善企业的管理、变更管理

因此，风险分析必须准备充分，必须非常清晰地确定分析范围；为了确定安全工艺条件及其临界值，必须获得相关参数并对所得数据的有效性进行评估，然后从安全工艺条件出发，对工艺偏差进行系统的分析。这些工作有利于锁定某些需要用发生可能性和严重度进行评估的场景。分析结果可以通过一张风险图(risk profile 或 risk matrix)显示，从图中可以清晰地知道哪些风险超出了可接受范围。对于这些风险，必须制定相应的风险降低措施。残余风险(residual risk)可以如前所述进行评估，并记录在一张残余风险图中。通过比较可以知道风险分析所取得

的进步及风险的改善情况。这些步骤将在接下来的 1.2.1 小节~1.2.8 小节中进行介绍。

1.2.1 分析范围

确定分析范围的目的在于确定需要考虑的工艺范围：工艺区域及所涉及的化学物质。必须清楚地描述出所有的化学反应和单元操作，公用设施、废水处理等周边设备、人员及其技能、自动化、监管要求等技术背景也必须交代清楚[9]。

在此步骤中，检查与其他装置的输入输出也很重要。例如，考虑原料输送时，可以假定计划数量和品质的原料来自罐区(tank farm)。如此，可以将其纳入罐区的风险分析范围，或者将罐区纳入(本次)分析范围。在考虑公用系统①时，也可以采取类似的方法，以确保公用系统得到正确的输送。虽然在分析时必须考虑公用系统的损耗，但必须假设它们在需要时是有效的。另外，必须做出这样的假设，例如，如果需要氮气保护，那么氮气将持续有效地供应。这需要对整个装置中未分析的(但涉及的)项目进行检查，从而进一步完善分析。

在确定分析范围的过程中，还必须确定分析的深度，即明确分析的详细程度。分析深度通常与工艺所处阶段有关：若处于研发的早期阶段，则采用预先危险性分析(preliminary hazard analysis)方法对工艺存在的火灾、爆炸及毒物暴露等总体风险(global risk)进行分析；若工艺处于生产设计阶段，则需要进行深入且详细的分析。

1.2.2 安全数据的收集

风险分析之前必须收集所需数据，这可以在工艺研发阶段随着对工艺认识的不断加深而逐步完善。所获数据经总结后可以填充到数据表单中，该表单涉及工艺的不同方面。主要应围绕这几个方面进行数据收集：①涉及的化学物质；②化学反应；③技术设备；④设施；⑤操作人员(班次安排与技能等)。

所需数据详见 1.3 节。为了保证工作更加经济有效，所收集的数据应从风险的角度予以解释。为了便于风险分析，应收集足够丰富的数据，并保证数据的准确性。这在本书 3.2.1 小节中以冷却失效场景的热数据(thermal data)收集为例进行说明。

1.2.3 安全条件和临界限值

一旦收集并整理了这些安全参数，必须从工艺安全的角度对工艺条件进行评估。以安全数据及其解释为助力，较易确定保证安全操作的工艺条件以及不应超

---

① 有的文献中也将公用系统称为公用工程，包括供水(含冷却水)、压缩空气、氮气、蒸汽等。——译者

出的工艺限值。所给出的工艺临界限值，可以为下一步风险分析过程中的偏差查找打下基础。

这个工作应由具有专业技能的专业技术人员完成。事实证明由专业技术人员与风险分析团队共同进行(至少共同总结)是有利的。这可以保证整个团队对反应特点有同样程度的认识和理解。

1.2.4　偏差查找

在此步骤中，须将工艺与其应用的技术环境(工厂装置、包括操作者在内的控制系统以及原材料的分发等)一并考虑。在对偏离正常操作状态的偏差进行关键性的检查时，应包括公用系统(utility)的内容。这里可从下列几个方面进行查找：

(1)操作模式的偏差，操作模式是间歇工艺的一个核心内容；

(2)设备的技术故障，如阀门、泵、控制元件等，这些是面向设备风险分析(equipment-oriented risk analysis)的主要内容；

(3)外部原因造成的偏差，如气候(霜冻、洪水、暴风雨等)影响；

(4)公用设施的失效，尤其是供电或冷却水。

对于连续工艺，必须考虑到工艺的不同阶段，包括稳态、开停车、紧急停车(emergency stop)等。

查找危险的方法可以分为三类[8, 10, 11]：

(1)直觉法，如头脑风暴(brainstorming)。

(2)归纳法，如检查表法、故障模式与影响分析(failure mode and effect analysis，FMEA)、事件树法、决策表法、潜在问题分析法(analysis of potential problems，APP)等。这些方法均需对从偏差初始原因到最终事件的整个过程进行分析，并以此构建事故场景。这类方法基于的问题类型为"如果……，怎么样？"。

(3)演绎法，如事故树分析(fault tree analysis，FTA)方法，从顶上事件(top event)出发寻找可能导致故障发生的原因。这类方法基于的问题类型为"要使它发生，需怎样……？"

这些方法通常用来搜寻化学工艺过程中的危险，在 1.4 节中列举了一些运用这些方法的例子。

引发潜在威胁(危险)成为现实威胁(事故)的机制称为诱发原因(cause，诱因)。每个潜在危险可以有不同的诱因，应在不同场景中有针对性地处理。被引发事件的可能结果称为后果。对危险诱因和后果的描述构成了一个事件场景。每个场景由一个引发事件(initiating event)、一个或几个使能事件(enabling event)作用，方才形成后果。例如，泄漏并不一定形成火灾，因为泄漏(引发事件)需要点火源(使能事件)共同作用才会形成火灾(后果)。

需要注意的是，构建的事故场景必须包括最终后果[①]。例如，容器失效(loss of containment)不能视为最终后果，容器失效可能导致人员暴露于有毒物料，进而导致火灾或爆炸，从而造成人员伤亡。

可以用危险目录(hazard catalog)将这些场景进行列表记录，该目录需要注明场景辨识人员，并简要描述场景可能的原因及后果，当然还可以同时包括风险评估结果、风险降低措施的描述、残余风险的评估结果和措施责任人等内容。这对项目的下游环节具有很大帮助。图1.1给出了这样一个危险目录的例子。

编号	危险性	原因	后果	风险 R1		措施	状态	责任人	风险 R2	
				严重度 S	可能性 P				严重度 S	可能性 P

图 1.1　一个包含不同偏差原因、后果、对策措施及危险状态的危险目录示例

1.2.5　风险评估

我们必须对上一步中的偏差场景进行风险评估，即必须为每种场景发生的可能性和严重度分别确定数值。评估前，评估团队必须很明确地表述出被评估场景所处的状态。一般说来，存在如下的三种可能状态：

(1)第一种状态是原始风险(raw risk)，意味着被评估场景没有任何风险降低措施，这有利于体现出风险的真实状态。

(2)第二种状态是指被评估场景已经存在部分对策措施。如果不再增设措施，评估所反映出来的是场景在已采取部分对策措施情况下的现实风险[②]。

(3)第三种状态是指被评估场景的所有对策措施已经到位，这些措施已经将风险降低到可接受的状态，或者至少已降低到可容忍的水平。此时，对这种状态进行评估实际上是确定残余风险或者判断目标是否已经达成。

---

① 原文为"final cause"，认为应该是"final consequence"。——译者

② 原文的表达是"remaining risk"，即残余风险之意。为了与第三种状态区分，译者在此适当予以变通。——译者

在图 1.1 中，建议将原始风险作为"风险 R1"，残余风险作为"风险 R2"。

评估是定性或半定量的，很少是定量的，因为定量评估需要故障频率的统计数据，而这对工艺千差万别的精细化工行业来说是很难做到的。显然，严重度与场景的后果或可能的损害程度相关，可以从不同的角度进行评估，如可以从对人、环境、财产、业务连续性或公司声誉的影响等方面进行评估。表 1.4 给出了这样的一组判据(criteria)。为了正确地进行评估，非常有必要对所有场景可能引起的后果进行描述。这是一项即使对于评估团队来说也是相当具有挑战性的工作，需要对所获得的数据进行解读，从而做出事故后果的判断，并获得事件链(chain of events)。

表 1.4　严重度评估判据举例

类别	可忽略的 (negligible)	临界的 (marginal)	危险的 (critical)	灾难性的 (catastrophic)
生命/健康(公司成员)	受伤，但无工作日损失	受伤，有工作日损失	受伤，有不可逆的影响	一人或多人致死
生命/健康(非公司成员)	对于异味的投诉	出现急救案例(first aid cases)	重伤	死亡
环境	仅仅出现短时间的现场影响	对水处理工厂有影响	泄漏影响超出现场范围，需要不超过一个月的时间恢复	对水体和土壤长时间污染
财产	无明显影响	生产线需修理	生产线损失	工厂损失
商业(业务)连续性	快速修复，无停车损失	停产超过 1 周	供货中断数周	业务中断超过 6 个月
公司形象	公司外无报道	当地媒体有报道	国家媒体报道	影响公司生存

事故发生概率(P)与导致偏差的原因有关。它通常用频率(f)表示，相应的观察期(T)通常为一年。

$$P = f \cdot T \Rightarrow f = \frac{P}{T} \tag{1.2}$$

这里，概率为 0.01 表示在 100 年内发生一起。概率的定性评估判据示例见表 1.5。有两种评估概率的方法：一种是定性方法，根据经验和利用相似情形进行类推。另一个是定量分析，是基于设备故障数据库获得的统计数据[4]，这些数据主要来自石油化工和一般化工行业的大量实践。对于精细化工和制药行业，工艺过程是在多用途的设备中进行的，定量分析方法很难适用。因为从一个工艺到另一个工艺，设备的运行条件可能有很大的不同，显然这会对其可靠性产生重要影响。可以将引发事件的频率与后续事件的发生概率相乘来获取事故概率，本书第 17 章将对此进行表述。

表 1.5 发生概率定性评估判据举例

类别	定性描述	频率 f	定义/引发事件举例
A 频繁的 (frequent)	经常发生或常常经历	$f > 1/10a$	公共工程失效(无备用)、复杂传感器的控制回路故障、液体或固体化学物质操作过程中的人员暴露、软管腐蚀穿孔
B 中等的 (moderate)	发生或经历过数次	$1/10a \geqslant f > 1/100a$	简单传感器控制回路、阀门、泵、单机械密封等出现需时失效 (failure on demand),单向阀打开故障
C 偶然的 (occasional)	发生或经历过 1 次	$1/100a \geqslant f > 1/1000a$	冗余控制回路故障、带报警的双机械密封失效或止回阀内漏
D 稀少的 (remote)	有可能发生或经历	$1/1000a \geqslant f > 1/10000a$	反应器或夹套泄漏、阀门轻微泄漏或管道泄漏
E 不太可能的 (unlikely)	不能排除,但至今未发生	$1/10000a \geqslant f > 1/100000a$	阀门大量泄漏或管道断裂
F 几乎不可能的 (almost impossible)	几乎不可能发生或经历	$f < 1/100000a$	大地震或飞行器撞击

定量分析必须基于一种能对不同故障间的相互关系进行识别的方法,如事故树分析法(1.4.6 小节中介绍)。为了更好地理解概率,有一种半定量方法列出了不同诱因之间的逻辑关系。人们可以根据该方法判断是否需要让一些元件同时失效以确定偏差,并实施半定量评估。

表 1.4 和表 1.5 中列举的判据是针对一些实践过程中的案例而言的,但作为公司风险决策的一部分,判据必须考虑到每个公司的实际情况。一个事件的严重度和出现的可能性构成了风险图的两个坐标。

1.2.6 风险图

风险评估本身不是客观的,但风险评估是必需的,这决定了风险是否可以接受,或者是否需要通过适当的方法予以降低。通常需要将风险与预先定义的可接受标准进行比较。这可通过风险图(risk diagram)或风险矩阵(risk matrix)进行,如图 1.2 所示。

风险矩阵图中不同的位置反映了不同的风险情况,这样就可以给出很直观的风险评估结果。这样的风险图必须至少包括 3 个区域:明显可忽略或可接受风险区(图 1.2 中白色区域)、不可接受风险区(图 1.2 中深灰色区域)以及第三个区域(图 1.2 中浅灰色区域)[12,13]。其中第三个区域对应于有条件接受风险(非期望风险,undesirable risk),只有当风险降低措施不可行或者降低风险的投入远大于所取得的进步时,该区域的风险才可以被接受。这种做法符合"风险应保持在可接受的范围内,且实现合理可操作的最低水平"的原理(as low as reasonably practicable,ALARP 原理)[14-16]。白色区域与其他区域之间的边界称为防护层(protection level)，这是可接受风险的界限，是公司风险决策的重要依据。

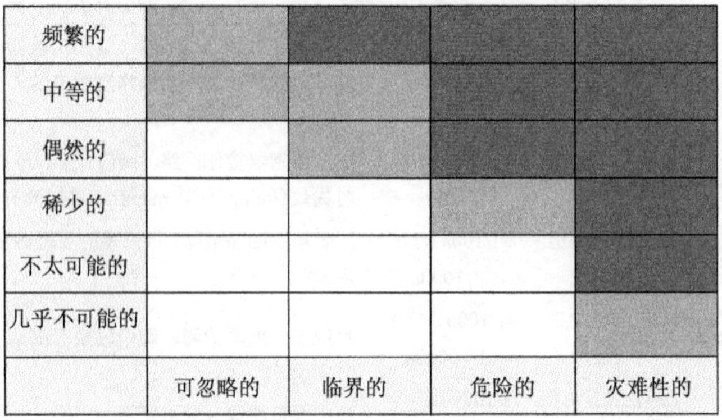

频繁的				
中等的				
偶然的				
稀少的				
不太可能的				
几乎不可能的				
	可忽略的	临界的	危险的	灾难性的

图 1.2 风险图举例(可接受风险为白色区域，不可接受为深灰色，有条件接受为浅灰色)

图 1.2 中的风险矩阵基于表 1.4 和表 1.5，是一个 4×6 的矩阵。实践经验表明若所选择的矩阵阶数太低，如一个 3×3 的矩阵，分别对应于"低、中、高"三个水平，则评估结果太粗，不能显示风险的改善状况，尤其是严重度高的风险，因为即使采取了一些辅助措施，这样一个高严重度的风险仍然会保持在高严重度和低发生可能性的状态。另外，太精确的矩阵对风险评估来说意义不大，反而可能导致评估过程工作量过大[17]。

4×6 矩阵的优点：

(1)可能性分为 6 个等级，以 10 倍关系在很宽频率范围内变化，可以为风险降低措施提供足够准确的度量；

(2)$f<1/100000a$ 的低频率等级对应于普遍接受的致死率(每 10000 年几起或几人的死亡率是不可接受的)；

(3)高频率等级对于像电力故障这样经常发生的事件(几年发生 1 次)及典型的技术故障事件(每 10 年或更短时间发生 1 次)也能区分。

1.2.7 风险降低措施

如果一个活动的风险落在不可接受区，必须采取适当的措施来降低风险。通常可以从措施层次(action level)、措施方式(action mode)两个方面来考虑风险降低措施。前者又包括消除危险、风险预防和后果减弱 3 个层次；后者包括技术措施(即无需任何人为干预的措施)、组织措施(即需要人为干预的措施)以及程序措施(procedural measure)(即对措施的操作模式予以规定)，其中组织措施一般伴随有程序措施。表 1.6 中列举部分例子。

表 1.6 不同层次和方式的措施举例

	消除	预防	减弱
技术措施	变更合成路线	具有自动联锁功能的警报系统	紧急压力泄放系统(emergency pressure relief system)
组织措施	危险区域无操作人员	由操作人员控制	应急服务
程序措施	进入控制(access control)	异常情况下的行为指南	应急响应指南

工程中从根本上消除风险的措施是最有力的措施,因为它避免了风险的产生,能使事故(件)完全不发生,或至少做到使事故后果的严重度大大降低。Trevor Kletz 在"更加本质安全化的工艺研发构架"的论述中特别提倡这类措施[18-20]。对于一个化学工艺,从根本上消除风险就意味着必须改变合成路线,避免出现不稳定的中间体、强放热反应或者高毒物料。工艺设计时,溶剂的选择也很重要,应避免采用可燃、有毒或危害环境的溶剂。对于有失控风险的反应,消除风险的措施应以降低能量从而不发生失控为目的。

预防性措施应做到使事故非常不容易发生,但并不能完全避免。减少危险物质的品种和使用量(inventory,在线量),选用连续工艺而不是间歇工艺以减小反应器容积,选用半间歇工艺而不是间歇工艺,以增加反应过程的控制途径等措施均属预防性措施。工艺过程自动化、安全维护计划等也属于此。这些措施的目的在于避免引发事故,降低事故发生概率。对于有失控风险的工艺,尽管在理论上存在失控可能性,但通过工艺控制,可限制其严重度并减小其发生可能性,这样就可以在反应达到危险状态之前予以控制。

减弱性措施(mitigation measure)尽管在预防事故发生方面作用不大,但可避免产生严重的后果,如应急预案的制定、应急响应的组织和爆炸抑制等。对于有失控风险的工艺,失控风险可以被引发,但它的影响应被严格限制,如通过排放系统(blow down system)避免有毒或可燃物质泄漏到环境中。

技术性措施应设计成既不需要人为干预,也不需要人为触发或执行。这样设计的目的在于避免人为差错的发生(通过这类措施的正确执行来实现)。常常将技术性措施设计成自动控制系统,如联锁或安全切断装置(safety trip)。在某些情况下,它们必须能在任何环境下正常工作,哪怕出现公用工程故障时也必须能正常工作。因此,对于其设计过程必须倾注巨大的精力,设计出的产品必须简单而又经久耐用。应该遵循本质安全的简约化原则(keep it simple and stupid, KISS 原则,也称"懒汉"原则)。风险水平不同,情况也有所不同,但这类产品都必须具有经过认证的、高的可靠性等级。国际标准 IEC 61511[15]对不同安全完整性等级(safety integrity level, SIL)、应达到的可靠性及风险水平三者的关系进行了规定(参见第 17 章)。

组织措施基于人的行为。在精细化工和制药行业，反应器加料操作一般是手动操作，且产品识别(product identification)也主要依靠操作者。就这点而言，质量体系可以作为安全工作的一个支撑，因为质量体系需要很高的可追溯性和可靠性。这种措施的例子包括工艺控制过程中的贴签(labeling)、可视化复检(double visual check)、声光报警的响应等。这些措施的效能完全基于操作者对纪律的遵守情况及所受到的指导。因此，操作者必须经过有计划的培训，并在培训过程中掌握相应的程序和方法。

风险分析期间，必须精确描述所采取的措施以利于不同部门去执行，但可以不涉及工程细节。建议企业指定一位有高度责任心的人员总体负责对此措施的设计与落实。

1.2.8 残余风险

这是风险分析的最后一步。完成风险分析并确定风险降低措施后，必须开展进一步的风险评估以保证风险已降至可接受水平。风险不可能彻底消除，零风险是不存在的，因此有一定的残余风险。通过对策措施，只是降低了已识别出的风险。残余风险包括三个部分：

(1)有意识接受的风险；

(2)已识别但误判断的风险；

(3)未识别风险。

这样，一个严格且以高度负责的态度进行的风险分析应该能减少残余风险的后两个部分，这是风险分析团队的职责所在。很显然，风险分析是一项创造性的工作，其目的在于预测未来可能发生的事件，并给出避免事故发生的相关措施。这些措施有可能与现行法律法规不一致，因为所有的法律法规都是基于过去已发生情况。因此，风险分析是一项面向未来的挑战性很强的工作，需要具备杰出技能的工程技术人员的参与。

至此，可以再次构造一个风险图，方法如 1.2.6 小节所述。对于那些水平被明显降低了的风险，不仅要特别关注其风险降低措施的设计，必要时还应如第 17 章所述，进行可靠性分析。

1.3 安 全 数 据

本节所提到的安全数表源于 30 多年的化工工艺风险分析的实践。这些数据是精细化工和制药企业风险分析的基础，对于多用途设备的情形尤其如此。由于只是在数据表的最后部分涉及设备方面的问题，这就允许在工艺由一个装置转移到另一个装置时，只需要交换数据而不需要对整个数据表重新收集。此外，该数据库还可应用于不同风险分析方法。

安全数据有多种不同的来源，如物质安全数表(MSDS)、数据库[21-23]、公司内部数据库和各种报告。使用 MSDS 时需要多加小心，经验告诉我们 MSDS 的数据并非总是可靠的。

用于风险分析的安全数据可归纳为几类，这将在 1.3.1 小节~1.3.6 小节中予以描述。我们需要获取原材料、中间体、产物、反应混合物乃至废弃物的相关数据等信息。风险分析过程中重要但却缺失的数据，可用字母"I"标出，表示该信息缺失。也可用默认的字母"C"标示出缺失但经判断认为关键的信息①。

1.3.1　物理性质

熔点、沸点、蒸气压、密度和水中溶解度等物性参数不仅在发生泄漏时很重要，对确定工艺操作条件也很重要。例如，设定工艺温度时需要注意到，当温度低于物质熔点时，搅拌容器内的物质将发生凝固，对应地就可以确定加热或冷却系统的温度下限，这样的体系应禁止使用紧急冷却系统。同样，如果体系存在蒸气压，且容器内部的压力不得高于某限值，该限值也就确定了体系的温度上限。密度也可以大致说明分别位于混合物上部和下部的组分。发生泄漏时，物质在水中的溶解度就是一个必须考虑的重要因素。

1.3.2　化学性质

在工艺研发阶段或前期生产活动中，人们应该注意、体会并总结物质化学性质的影响。风险分析过程中，应关注物质化学性质，如自燃温度等发火性质、酸度、与水反应性、光敏感性、空气敏感性和储存稳定性等。此外，产品中的杂质也可能影响到物质或混合物的毒性和生态毒性。

1.3.3　毒性

与其他限值相比，可以利用气体的嗅觉极限(odor limit)来预警是否发生了物质泄漏，但是不建议采用这种预警方法，因为气味感知因人而异。因此，工程上采用更可靠且更具有重现性的限值进行预警。

工作场所最高允许浓度(maximum allowed work place concentration，MAC)用 $mg \cdot m^{-3}$ 表示，表示工作场所气体、蒸气或者粉尘所允许的最大平均浓度，在该浓度下每天暴露8h或每周暴露42h，对大多数工作人员的健康都不会产生副作用[24]。因为这是一个平均值，且个体存在差异，所以当浓度低于这个值时并不能保证任何人都没有影响(副作用)；反之，浓度超过 MAC 的短时间暴露，并不意味着一

---

① 这里的字母 I 及 C 分别代表 important 及 critical。——译者

定对人体健康产生不良后果。

急性中毒(acute toxicity)和慢性中毒(chronic toxicity)不同。对于急性中毒，存在下列指标：

(1)半致死剂量 LD_{50}：对应于接触一次的动物群体 5 天内产生 50%死亡率的剂量。毒物通过口腔或皮肤进入体内，试验所用动物应具备一定的规格，该参数的量纲为 $mg \cdot kg^{-1}$，表示单位体重所需要的剂量。

(2)半致死浓度 LC_{50}：该浓度是指在空气中的浓度，对应于 5 天内暴露于该环境下动物群体产生 50%死亡率的浓度，量纲为 $mg \cdot m^{-3}$①。毒物通过呼吸进入体内，试验所用动物应具备一定的规格。

对人体而言，尽管 LD_{50} 和 LC_{50} 有相当直接的参考价值。但是，能获得的数据显然非常有限：

(1)最小致死剂量 $TDL_{0,oral}$ 是指人体通过口腔吸收的能导致疾病的最低毒物剂量。

(2)最小致死浓度 $TCL_{0,oral}$ 是指空气中人体通过呼吸吸入后能导致疾病的最低毒物浓度。

还有一些有用的定性指标可以说明毒物通过健康皮肤吸收，刺激皮肤、眼睛、呼吸系统。此外，有些指标可以反映机体癌变、畸变、基因突变、生殖毒性等。这些性质可通过毒性分级指标进行汇总。

当出现物质泄漏等情况时，为了判断毒物的短期暴露危害，还必须知道其短期暴露限值(如 immediately dangerous to life or health concentration，IDLH)。美国环境保护署发布了有毒物质急性暴露指南水平值(acute exposure guideline level，AEGL)，AEGL 不是一个单一值，而是考虑不同严重度及暴露时间以表格形式给出的参数，示例见表 1.7。不同严重度界定如下[22,23,25]：

表 1.7　丙酮的 AEGL 值　　　　　　　　　　(单位：ppm)

严重度水平	10min	30min	60min	4h	8h
AEGL 1	200	200	200	200	200
AEGL 2	9300	4900	3000	1400	950
AEGL 3	16000	8600	5700	2500	1700

AEGL 1 是化学物质在空气中浓度(以每立方米空气中物质的毫克数表示，即 ppm 或 $mg \cdot m^{-3}$)。当物质浓度高于该数值时，一般人群(包括易感个体)将感受到

---

① 原文此处为 $mg \cdot kg^{-1}$，根据该名词定义应为 $mg \cdot m^{-3}$。——译者

明显不适、刺激，或者产生无症状的或无感的反应。然而，这些影响不会致残，且是短暂、可逆的，一旦停止接触这些反应也将消失。

AEGL 2 的表示方法同上。当物质浓度高于该数值时，可能会对一般人群(包括易感个体)产生不可逆的或其他严重的、持续的不良影响，或者使其逃跑能力受损。

AEGL 3 的表示方法同上。当物质浓度高于该数值时，可能会对一般人群(包括易感个体)产生危及生命的影响，甚至导致死亡。

必须尽可能避免使用致癌性物质，可以通过使用无毒物质或迫不得已时使用低毒物质来替换。若是不能避免使用，则应使用适当的技术及医疗措施来保护作业人员免受其害。这需要降低浓度，减少人员暴露时间，并采取适当的后续医疗措施。利用封闭系统来避免人体与物质的直接接触，或采用个体防护设备可以进一步减少人员暴露。此外，还应限制操作人员的数量。

1.3.4　生态毒性

物料泄漏或排放时，不仅需要关注人，还需要关注可能对环境造成的危害。为此需要下列数据进行评估：

(1)生物降解性；

(2)细菌毒性(IC_{50})；

(3)藻类毒性(EC_{50})；

(4)水蚤毒性(EC_{50})；

(5)鱼毒性(LC_{50})。

用有机污染物的辛醇-水分配系数($P_{O/W}$)[①]表示可能的脂肪累积度。还需要对恶臭化合物或具强烈气味的化合物进行表征。

LC_{50} 表示导致 50%受试群体死亡的半致死浓度；EC_{50} 表示导致 50%受试群体出现移动能力受损的有效浓度；IC_{50} 表示导致 50%受试群体出现呼吸能力受损的浓度。

1.3.5　火灾爆炸参数

火灾危险评估中最常用的参数是闪点(flashpoint)，适用于液体或固体熔融液，表示能使物质上方蒸气在外部火源作用下发生一燃即灭的最低环境温度。闪点测试时的基准压力为 1013mbar($1bar=1\times10^5Pa$)。

燃烧指数(conbustion index)适用于固体，是一个表征燃烧性的定性指标，从 1 到 6。指数 1 对应于不会发生燃烧的情形，指数 6 对应于发生猛烈燃烧并伴随快

---

① $P_{O/W}$ 指某温度下污染物在正辛醇相和水相达到分配平衡后，在两相中的浓度比值。——译者

速传播的情形。指数值为 4～6 时，表示燃烧能在整个固体中传播。

静电释放可成为气体、蒸气或粉尘爆炸的点火源，两种物体紧密接触再快速分离就会产生静电。化工过程中，泵送、搅动、气力输送等操作常存在分离过程，所以静电现象时常发生。电导率过低时静电不易释放，就会发生电荷积聚，最终可能导致静电释放。当物体的电导率很低以至于电荷不易导出时，便易产生电荷累积。若同时存在爆炸性氛围，累积的静电荷释放时则可能会引起爆炸。当然，爆炸的发生还必须具备一定的条件，即可燃物质的浓度必须在一定的范围之内，且必须有氧气存在。为了能对这种情形予以评估，需要了解爆炸有关的知识。

爆炸极限是指可燃物质可以点燃的浓度范围。存在上下两个极限：爆炸下限 (lower explosion limit，LEL)，低于这个浓度不会发生爆炸；爆炸上限(upper explosion limit，UEL)，高于这个浓度时由于氧含量太低也不会发生爆炸。在设计惰化保护措施时涉及临界氧含量(limiting oxygen concentration，LOC)参数。此外，爆炸可以用最大爆炸压力和最大压力上升速率等参数来描述，其中后者表征了爆炸的猛烈程度。为了判断能否引发爆炸，还需要了解其最小点火能(minimum ignition energy，MIE)。对于粉尘爆炸，还采用粉尘层热表面温度(layer ignition temperature，LIT)及粉尘云最低着火温度(minimum ignition temperature，MIT)作为其温度限值。

自持分解[self-sustaining decomposition，也称爆燃(deflagration)]是一种分解被热点引发并以每秒几毫米到几厘米的速度在整个固体中传播的现象。与燃烧现象不同，分解不需要氧，因此即使采用惰性气体保护也不能避免(见 13.2.7 小节)。

固体的撞击感度(impact sensitivity)[①]和摩擦感度(friction sensitivity)也是重要的参数，在工艺过程中受到机械应力时尤其如此。

1.3.6　相互作用

必须对工艺过程中所用化学物质的反应性(reactivity 或 activity)进行评估，因为这些化学物质既可能按设定路线相互作用，也可能发生事故性接触。它们之间的相互作用通常可以用三角矩阵进行分析，在矩阵的行列交点处标注可能发生的目标反应和非目标反应。除了需要考虑化学物质或混合物，不同流体(如载热体)、废液及结构材料之间的相互作用也必须考虑。图 1.3 给出了一个对安全数据和相互作用进行小结的示例矩阵。

---

① 原文此处为 shock sensitivity，根据下文此处应该为 impact sensitivity，译作撞击感度。——译者

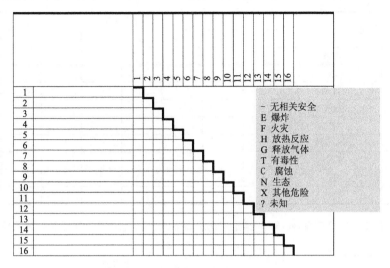

图 1.3　相互作用矩阵(也称危险性矩阵，概括了工艺中的化学物质的安全数据)

1.4　危险性的系统辨识

本节介绍危险性辨识的常规方法和技术。这些方法和技术可用于精细化工和制药企业。介绍这些方法是为了能对存在的危险进行系统查找，并最终达到进行综合分析的目的。

1.4.1　检查表法

检查表法以过去经验为基础。可以通过可能故障列表或特定操作模式下的偏差列表对工艺和操作模式进行系统的检查。显然，检查表的质量和综合性直接决定了它的效用。实际上，根据作者的经验，这种方法是很必需的[26]。这种方法比较适用于精细化工和制药企业的间歇工艺，因为这些工艺通常在多用途的设备中进行。危险辨识的基本资料是工艺过程的详细描述。为了使分析更有效，建议将几个工艺步骤组成一组进行分析，以免分析迷失于无用的细节中。例如，反应器准备工序可能由清洁度检查、连接正确性、阀的位置、惰化、反应器加热到指定温度等一系列步骤组成。每个工序都可以用检查表进行分析。

这里介绍的检查表可以构建成一个矩阵，每行代表检查表的一个关键词，每列分别代表一个工艺步骤。检查表本身分为两个部分：第一部分(图 1.4)是公用工程，对应的问题是："给定工艺步骤下，公用工程发生故障是否会导致危险？"第二部分涉及操作模式(图 1.5)，通过提问进行危险性分析："这些操作条件发生偏差是否会导致危险？"这也需要对工艺描述的完整性进行检查，检查给定的工艺条件是否足够精确，避免产生任何误解。

偏差		工艺步骤							
		A	B	C	D	E	F	G	H
1	电源								
2	水								
3	蒸气								
4	盐水								
5	氮气								
6	压缩气体								
7	真空								
8	通风								
9	吸收								

图 1.4　公用工程的检查表(问题："给定工艺步骤下，公用工程发生故障是否会导致危险？")

偏差		工艺步骤							
		A	B	C	D	E	F	G	H
10	清洁								
11	设备检查								
12	清空								
13	设备通风								
14	更换、保养								
15	物量、流速								
16	加料速率								
17	加料次序								
18	反应物的混合								
19	静电危险								
20	温度								
21	压力								
22	pH								
23	加热/冷却								
24	搅拌								
25	是否与载热体反应								
26	催化剂、惰化剂								
27	杂质								
28	分离								
29	连接								
30	泵								
31	废物消除								
32	工艺中断								
33	取样								

图 1.5　工作状态检查表(问题："这些操作条件发生偏差是否会导致危险？")

检查表可能会有意设置一些冗余，如设备清洗、杂质情况、流速和加料速率等，目的在于确保分析的完整性。若辨识出危险情况，则可以在其位置处用"×"标记，于是可以用相应位置的坐标来表示所辨识出的危险[如图 1.4 中 F6 表示在第 F 个工艺步骤需要考虑第 6 种偏差(压缩空气故障)的后果]，该危险可以用图 1.1 所示的包括可能原因、后果、风险评估、对策措施、残余风险的危险目录进行描述。

1.4.2 故障模式与影响分析

故障模式与影响分析(failure mode and effect analysis，FMEA)是以元件故障模式的系统分析为基础，通过确定故障类型及该故障对系统整体的影响来进行分析的。该方法最早在 20 世纪 60 年代用于航空领域飞行器的安全性分析[10]，目前美国和法国对飞行器安全从法律层面上给出了这样的规定，要求对系统部件(component)每种故障类型的后果(影响)进行评估，从而辨识该故障模式可能产生的影响操作安全和系统维护的危险。它包括 4 个步骤：

(1)定义系统中每个部件的功能；

(2)确定部件的故障类型和原因；

(3)研究故障后果；

(4)得到结论及建议。

该分析方法的一个要点在于必须清楚地确定工作系统所处的状态，包括正常工作状态、等待状态、应急操作状态、测试状态、维护状态等。将系统分解成部件的程度决定了 FMEA 分析的效果。

为了说明此方法，以泵作为一个部件来进行说明。泵可能发生故障，这样就会造成流速或压力过低，或出现外漏。泵故障的内在原因可能是机械封堵、机械损坏或者振动。外在原因可能是电源故障、人为失误、出现气蚀(cavitation)或过高的压头损失(head loss)。所以，必须对本系统及相关外部系统操作造成的影响进行识别，当然这对于故障诊断也是很有利的，需要进一步确定改进措施，并确定检查和维护的频率。

从该例子可以看出，这种方法的工作强度很大而且单调乏味。因此，对于化工企业，发展了一种具有很强针对性的评估办法——危险与可操作性研究(hazard and operability study，HAZOP)。

1.4.3 危险与可操作性研究

HAZOP 是由英国帝国化学公司(ICI)[27]在 Flixborough 事故[28]后于 20 世纪 70 年代初期发展起来的一种方法。它源于 FMEA，特别适用于一般流程工业(process industry)，尤其是化工行业。本质上说，该方法从工艺设备出发进行风险识别。

尽管这种方法特别适用于稳态连续工艺的分析，但也可用于间歇工艺。与其他方法一样，该方法进行风险分析的第一步就是确定范围，进行数据收集，并确定安全操作条件。以带控制点的工艺仪表图（PID）和工艺流程图（PFD）为基本的资料依据，将流程分解为不同的管线和节点。对于每个分解，应写出其设计意图，从而准确地描述它的功能。例如，加料管线可以定义为："将管线 A129 设计成将产品 A 以 $100\text{kg}\cdot\text{h}^{-1}$ 的流量从储罐 B101 送到反应釜 R205"。

于是，将预先规定的引导词（guideword）和不同工艺参数进行组合，然后开展头脑风暴，便可以对工艺过程进行系统分析。表 1.8 中列出了引导词和一些例子。使用 HAZOP 方法分析间歇工艺过程时，还需要增加一些有关时间和序列的引导词，如过早、过迟、频率过高、频率过低、时间过长或太短等。有必要核实由"引导词+工艺参数"构成的偏差是否有意义，如"reverse flow"可能有意义，但"reverse temperature"却几乎是没有意义的，如果组成的偏差毫无意义，就可以跳过该偏差而进行下一个偏差的分析，为了保证一个完整分析的可追溯性，被跳过的偏差可以用"n.a"进行标记。

表 1.8　HAZOP 引导词的含义和示例

引导词	含义	举例
no/not[①] 空白	设计意图完全实现不了	无流动、无压力、无搅拌
less 低、少	量减（quantitative decrease）：偏离规定数值并向减小的方向发展，这既可以用于状态参数，如温度等，也可以用于某个作业，如加热	流量太低、温度太低、反应停留时间太短
more 高、多	量增（quantitative increase）：偏离规定数值并向增大的方向发展，这既可以用于状态参数，如温度等，也可以用于某个作业，如加热	流量太大、温度太高、产物太多
part of 部分	质减（qualitative decrease）：只完成既定功能的一部分	仅加入预定量的一部分、加料过程中漏加某种物质、反应器部分清空
as well as 伴随	质增（qualitative increase）：在完成既定功能的同时，伴随多余事件发生	加热与加料同时进行、原材料被具有催化效应的杂质污染
reverse 相逆	出现和设计要求完全相反的事或物	反向流动、回流、需要冷却但却加热
other/else 异常[②]	事与愿违（total substitution）：非但没有实现设计目的，还出现和设计要求不符的其他事或物	需要加料却成了加热、需要加 B 料却成了加入 A 料、引起化学物质混合

① 也可写成 none。——译者

② 也可写成 other than。——译者

对于经确认有意义的偏差，要对导致偏差的可能原因进行系统调查，如"无流动"可能的原因有进料槽无料、阀门未打开、由于疏忽使阀门通向另一个方向、泵故障、泄漏等。这种分析有助于获得偏差引发原因之间的逻辑关系，如可以确定哪些元部件同时失效就将导致这个偏差，这对事故发生可能性的评估有很大的帮助。

对偏差的影响进行调查，从而对其严重度进行评估，然后将这些结果及对应的风险降低措施如图 1.1 那样记录在危险目录中。

根据工艺流程需要对确定的所有管线、节点进行分析，这有助于对分析的完整性进行检查。HAZOP 法，正如其名称所表示的那样，不仅可以用于各种危险的辨识，还可以应用于可操作性的判别。同时，危险目录还提供了早期识别异常状况的可能征兆和补救措施。所以说，这种方法是工艺设计的一种有效工具，对于自动系统和联锁的设计尤其如此。

1.4.4 决策表

将系统每个元件的所有可能状态进行逻辑组合并得出影响系统的后果，这种由逻辑组合与后果组成的方法称为决策表方法。它可用于系统的一部分或某一个运行状态。该方法需要利用具有强大逻辑功能的布尔代数对组合进行分析。图 1.6 是一个车与鹿碰撞决策表例子的一部分。这是一种对故障组合非常有效、全面的分析方法，然而当组合数很多时，这种方法就很难奏效了，所以，这种方法的意义更多地体现在其理论意义上。

鹿在路上？	否	是	是	是	是	是	是	...
司机及时发现？	否	否	否	否	否	否	否	...
及时刹车？	否	否	否	否	否	是	是	...
刹车故障？	否	否	否	是	是	否	否	...
鹿滞留路上？	否	否	是	否	是	否	是	...
碰撞？	否	否	是	否	是	否	否	...

图 1.6　车与鹿碰撞事件的决策表[8]

1.4.5 事件树分析

事件树分析 (event tree analysis，ETA) 是一种逻辑归纳法，它是在给定初始事件的情况下，分析该初始事件可能导致的各种事件序列结果。当分析初始事件发生后将导致什么样的后果并形成相应的应急计划时，这种方法就显得特别有用。该方法从初始事件出发，对可能导致的序列结果进行搜寻直到体系到达最终状态，这些序列结果描述起来就像一棵树，如图 1.7 所示的车与鹿碰撞的例子。从一个事件到下一个事件的垂直线代表逻辑关系"与"，相应的概率是乘积关系。水平线代表逻辑关系"或"，相应的概率是加和关系。因此，如果各事件概率已知，便可以通过这种方法定量求出所关注事件的发生概率。这样，就可以对不同的可能事件链的后果进行定量评估，可以使人们将注意力重点放在最大危险链的避免方法上。

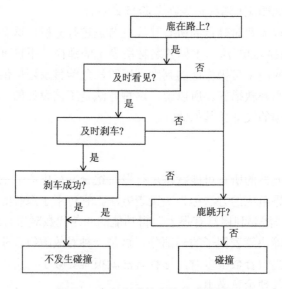

图 1.7　车与鹿碰撞事故的事件树

1.4.6　事故树分析

事故树分析(fault tree analysis，FTA)是一种演绎法。对于给定顶上事件，分析集中在对可能引发事故原因的调查上[11]。原理是从事故树的顶上事件开始，识别直接原因或故障。这些故障中的每一个故障又被认为是一个事件(中间事件)，对其分析识别下个层次的原因或故障。这样就可以构建各故障原因的层次，每个原因与上下层原因的关系很清晰，并构成层次树(图 1.8)。理论上事故树可以被分解得非常细，然而通常没有必要这样做，只要将事故树分解到能满足分析需要的深度即可。大多数情况下，分析深度只要到能找到降低风险措施就可以了。例如，在化工工艺分析过程中，当发现泵出现故障时，进一步深入查找导致泵故障的原因并没有多少意义。就过程安全而言，准备一个备用泵或增加泵的维修频率可能更有意义。因此，通常用事故树分析时，能分析到基本装置，如阀、泵、控制仪表等发生故障的层次即可停止分析。

事故树分析法的特殊性表现在不同事件之间逻辑关系的连接上。一种可能性是逻辑关系"与"，意味着两个母事件(parent event)必须同时发生才能产生子事件(child event)。另一个可能性是逻辑关系"或"，意味着只要一个母事件发生就能够产生子事件。显然，"与"门事件的发生可能性小于"或"门。利用事故树，可以采用布尔代数进行定量分析。通常将一棵复杂的事故树进行化简，求取割集(cut set)，从而便于定量处理。

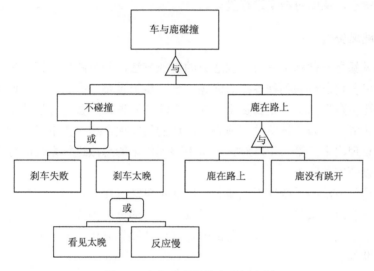

图 1.8 车与鹿碰撞的事故树分析

如果事件 C 的发生是事件 A 和 B 同时发生的结果，即在"与"门之后发生，则事件 C 的发生可能性是 A 和 B 的条件概率：

$$P_C = P_A \cdot P_B \tag{1.3}$$

因为 A、B 事件发生的概率在 0 和 1 之间，而且比较小，所以条件概率通常变得非常小。也就是说"与"门可以大大减少子事件的发生概率，所以建议在顶事件之前设计一个安全系统来提供这样的"与"门关系。

若事件 C 只需要一个母事件 A 或 B 便可实现时(在"或"门之后发生)，则其发生概率是所有母事件发生概率的总和：

$$P_C = P_A + P_B - P_A \cdot P_B \tag{1.4}$$

在这个表达式中之所以减去概率的乘积，是因为两个事件同时发生的情形在单个事件发生的概率中已考虑。由于单个概率值本身很小，所以这个修正值通常很小。

这样，可以对事故树进行定量计算。这项技术对保护系统的可靠性分析非常有用。进行定量计算的先决条件是预先知道不同装置、设备可靠性的统计数据，然而通常很难获取这些数据，对于一些多用途设备尤其如此，因为由一个工艺变换到另一个工艺时，设备所面对的环境条件变化很大。然而，如果使用该方法的目的是比较不同的设计，那么使用一些半定量化的数据也是可行的。

通常将事件树及事故树两种方法组合使用，即蝴蝶结方法(bow tie method)。将容器失效(loss of containment)作为顶上事件，置于蝴蝶结的中心，蝴蝶结的左边为事故树，分析导致顶上事件的原因，右边为事件树，分析不同对策措施成功或失败的状态，从而对结果进行量化。

1.4.7　头脑风暴法

头脑风暴是一种基于参与者创造力的直观方法，分为两步：第一步，请参与者自由说出各自发现的各种各样的问题，这一步很重要，在这期间任何想法甚至是一些"坏主意"都不应受到责难。这个方法的原理在于参与者的感觉往往包含真理，团队成员必须能畅所欲言地表达出他们的发现。这一步中表达的想法应由秘书仔细整理出来。第二步，对第一步中整理出来的想法进行系统的分析，对其相关性予以甄别并归类。

由于这种方法的系统性无从谈起，因而不可能确保分析的全面性。因此，在过程风险分析时，头脑风暴法不应该是唯一采用的分析手段。然而，为了让参与者自由地表达出他们对工艺或设备的想法并由此熟悉分析对象，采用这种方法还是很有帮助的。

1.5　风险分析的实践

风险分析成功与否(风险分析的质量)本质上取决于三种因素：
(1)危险识别的系统性和全面性；
(2)风险分析团队及成员的经验；
(3)分析使用数据的质量和全面性。
1.5.1 小节～1.5.4 小节对风险分析成功与否的关键影响因素进行了小结。

1.5.1　风险分析的准备

风险分析需要一些重要资源，因为它本质上是一项必须尽可能高效完成的团队工作。这意味着团队风险分析会议之前必须完成分析的准备工作。如 1.2 节所述，风险分析的第一步是确定其范围，并同时明确其目的和目标，因为这与选择什么样的评估方法、调用所需资源密切相关[9]。在此阶段，必须收集和准备工艺参数与文件，并确定风险分析团队。

1.5.2　风险分析团队

风险分析之所以需要团队而不是个人开展，原因有几个方面：①风险分析是一项创造性很强的工作，需要多专业人员的知识，一个人的知识无法全覆盖。复杂问题通常需要通过讨论才能形成创新的解决方案，这必然要依靠团队才能解决。显然，风险分析团队的组成对工作的质量尤其重要，这里参与人员的专业(职业)经验起到了关键作用，因为分析的目的在于识别各种事件，而某些事件可能还没有发生。这是一项创造性的工作，无论是对于危险辨识还是寻找降低风险的措施都是如此。因此，团队除了包括风险承载者(一般说来也是企业管理者)，还必须由不同专业的人员组成，包括工艺、工程、设备、自动化等专业的工程师等，强烈建议对工厂情况非常熟悉的操作员或班组长(shift leader)加入分析团队。有时还需要邀请爆炸防护、毒理学等方面的专家参加部分分析会议，当然这取决于不同工艺的性质。每个团队成员对其专业领域内的技术问题负责。在分析一个新工艺时，在工艺研发阶段获得的经验对团队很有价值，因此工艺研发小组的成员也必须参与风险分析。企业管理人员是风险的承载者，在分析过程中起着决定性的作用。

1.5.3　团队领导者

风险分析团队的领导者(或主持人、协调人)对风险分析的质量负责，需要关注分析的全面性、团队纪律和进度管理，因此，他最好独立于项目有关方。在选择风险降低措施和方法时，团队的领导者要推动分析团队得到有效的解决方案，他(她)必须是一个条理性强、开放包容、善于接受别人意见的人。更一般地说，团队的工作动力很重要，参与者应当具有创造力和开阔的思路。领导者必须保证团队成员能够表达出全部的意见，在这些意见的基础上得到大家都认同的解决方案。如果领导者具有充分的企业工作经验，甚至具有处理风险或事故分析的经验，那么对于团队的风险分析是非常有利的。团队的领导者还须设法对于分析方法固有的缺陷予以弥补[29]。

风险分析开始前的准备工作也是团队领导者的重要工作内容之一。为了保证分析工作高效，需要预先进行很好的组织。例如，采用 HAZOP 方法进行分析时，需要预先明确管线与节点划分；采用检查表法时，需要预先将工艺步骤编组(参见1.4.1 小节)等。这些工作将极大地促进风险分析的开展，使得风险分析工作相对轻松，并更具系统性和全面性。

分析会议过程中，团队的领导者要保证每条意见都能在自由轻松的氛围中得到讨论，保证所有成员都能参与到所有情景的构建和风险评估中。他(她)一方面要避免出现枯燥乏味的讨论及工程问题过于细节化，另一方面要确保安全对策或风险降低措施表述的准确性，从而便于工程技术人员设计并解决问题。

1.5.4　风险分析的收尾

1.4.1 小节～1.4.7 小节中介绍的危险识别方法都是基于强大的系统方法。就检查表法而言，检查表本身体现了系统性，所用矩阵(图 1.4 和图 1.5)体现了全面性；FMEA 的系统性由系统划分成的元件和考虑的故障类型决定，HAZOP 方法的系统性源于将生产线简化成的节点、管线以及关键词的系统运用，而决策表法的表格已经固有化地体现了其系统性，事故树分析法的系统性通过树和逻辑关系体现。然而，团队的分析工作必须具有可追溯性(即使换人进行分析，结果也基本一致)。因此，建议将工作过程中的所有危险均记录在案，尽管有些危险情形的危险度并不高。

风险分析对工艺技术而言起着很重要的作用，因此危险目录(图 1.1)不应该是静态文件，应该根据实际情况予以动态修订，当然工艺文件中的有些部分，如操作模式和物料平衡应该是不变的。将风险降低措施与风险状态(如是否是新产生的风险、风险是否可接受等)一并考虑是很有意义的。这样在工艺生命周期内定期更新的危险目录是很鲜活的，可以作为一个重要的管理工具使用。各种措施列表是文件的一个重要部分，因为它描述了所有与安全相关要素的功能。

1.6　习　　题

1.6.1　风险与危险(1.1 节)

(1)何为风险？其与危险有何区别？

(2)严重度如何分级？

(3)评估严重度的指标源于多个方面，请说出源于哪些方面(不少于 4 个)。

1.6.2　风险降低(1.2 节)

风险分析过程中，从操作条件方面辨识出两种偏差并进行了相应的风险评估：①高严重度低可能性；②低严重度高可能性。如果这两种情形的风险相当，请问在考虑风险削减问题时，应优先考虑哪种风险？

1.6.3　风险降低措施(1.3 节)

在考虑风险降低措施时，会涉及各种不同措施。请对下列措施给出优先级(将优先次序写入相应的空格中)。

□ 预防性措施　　　　□ 消除性措施　　　　□ 应急性措施

就失控场景而言，请就上述三类措施各举一例予以说明。

1.6.4　危险辨识技术（1.4 节）

不同风险分析方法在工艺偏差的查找及危险辨识方面的表现会有所差异。请：
(1)选择 3 种方法（分别代表演绎法、归纳法及直觉法）进行简述。
(2)对这 3 种方法的优缺点进行点评。

1.6.5　安全检查表法及 HAZOP 方法（1.5 节）

本章中对安全检查表法及 HAZOP 方法进行了详细描述。请问：
(1)这两种方法的主要应用领域是什么？
(2)应用两种方法时，各需要哪些基础资料？

参 考 文 献

1　Hungerbühler, K., Ranke, J., and Mettier, T. (1998). *Chemische Produkte und Prozesse; Grundkonzepte zum umweltorientierten Design*. Berlin: Springer.

2　SUVA (2018). Effectif assuré et risque par branche d'activité 2016. In: *Statistique des accidents 2016* (ed. CSAA). Lucerne: SUVA.

3　Laurent, A. (2003). *Sécurité des procédés chimiques: connaissances de base et méthodes d'analyse de risques*. Paris: Tec&Doc - Lavoisier.

4　Lees, F.P. (1996). *Loss prevention in the process industries hazard identification assessment and control*, 2e, vol. 1–3. Oxford: Butterworth-Heinemann.

5　Stoessel, F. (2002). On risk acceptance in the industrial society. *CHIMIA 56*: 132–136.

6　Jones, D. (1992). *Nomenclature for Hazard and Risk Assessment in the Process Industries*, 2e. Rugby: Institution of Chemical Engineers.

7　Rey, A. (ed.) (1992). *Le Robert dictionnaire d'aujourd'hui*. Paris: Dictionnaires Le Robert.

8　Schmalz, F. (1996). *Lecture script*. Zürich: Sicherheit und Industriehygiene.

9　Baybutt, P. (2014). The importance of defining the purpose, scope, and objectives for process hazard analysis studies. *Process Safety Progress* 34 (1): 84–88.

10　Villemeur, A. (1988). *Sûreté de fonctionnement des systèmes industriels*. Paris: Eyrolles.

11　CCPS (1992). *Guidelines for Hazard Evaluation Procedures*. New York: AIChE.

12　Baybutt, P. (2018). Guidelines for designing risk matrices. *Process Safety Progress* 37 (1): 49–55.

13　Cox, A.L. (2008). What's wrong with risk matrices? *Risk Analysis* 28 (2): 497–512.

14　Baybutt, P. (2014). The ALARP principle in process safety. *Process Safety Progress* 33 (1): 36–40.

15　IEC-61511 (2016). *Functional Safety – Safety Instrumented Systems for the Process Industry Sector*. Geneva: IEC.

16　Schwarz, H.V., Koerts, T., and Hoercher, U. (2019). Semiquantitative risk analysis an EPSC

Working group. *Chemical Engineering Transactions* 77: 37–42.

17　Baybutt, P. (2016). Designing risk matrices to avoid risk ranking reversal errors. *Process Safety Progress* 35 (1): 41–46.

18　Kletz, T.A. (1996). Inherently safer design: the growth of an idea. *Process Safety Progress* 15 (1): 5–8.

19　Crowl, D.A. (ed.) (1996). *Inherently Safer Chemical Processes. A Life Cycle Approach*, CCPS Concept book, 154. New York: Center for Chemical Process Safety.

20　Hendershot, D.C. (1997). Inherently safer chemical process design. *Journal of Loss Prevention in the Process Industries* 10 (3): 151–157.

21　Sorbe, S. (2002). *Sicherheitstechnische Kenndaten chemischer Stoffe*. Landsberg: Sicherheits Net.de.

22　Sorbe, S. (2005). *Sicherheitstechnische Kenndaten chemischer Stoffe*. Ecomed Sicherheit: Landsberg.

23　Lewis, R.J. (2005). *Sax's Dangerous Properties of Industrial Materials*, 11e. Reinhold.

24　Koller, M. (2013). Liste des valeurs limites d'exposition (VME/VLE). In: *Valeurs limites d'exposition aux postes de travail en Suisse*. Lucerne: SUVA.

25　EPA. (2015). *AEGL Definitions*. Environmental Protection Agency.

26　ESCIS. *Introduction to Risk Analysis of Chemical Processes*, vol. 4. Lucerne: ESCIS.

27　Kletz, T. (1992). *Hazop and Hazan: Identifying and Assessing Process Industry Hazards*, 3e. Rugby: Institution of Chemical Engineers.

28　Kletz, T. (1988). *Learning from Accidents in Industry*. London: Butterworths.

29　Baybutt, P. (2015). A critique of the Hazard and Operability (HAZOP) study. *Journal of Loss Prevention in the Process Industries* 33: 52–58.

2　工艺热风险的基础知识

典型案例：周末储存

在装有 2600kg 反应物料的间歇反应器中完成合成反应后，得到了熔融态的中间产物。该中间产物存放在 90℃ 不带搅拌装置的常压储存容器中，该容器通过热水循环系统进行加热，温度控制在 100℃ 以下。正常生产时，熔融态的中间产物应该立即高位转移到较小的容器进行下游作业。在一个周五晚上，由于技术原因未能进行这个转移操作，因此整个周末熔融物一直滞留在容器中。

由于事前已经知道该中间产物容易分解，工厂经理对产品稳定性的有关资料进行了研究。质量测试的结果表明若该熔融物保持在 90℃ 的条件下，则将按照每天 1% 的速度分解。由于别无选择，工厂经理认为这样的质量损失在可接受的范围内。另外，DSC 谱图显示了一个从 200℃ 开始分解的放热峰，分解的能量为 $800kJ \cdot kg^{-1}$。考虑到 3 天内的分解量为 3%，于是估计分解所释放的能量为 $24 \ kJ \cdot kg^{-1}$，相应温升大约为 12℃。因此，决定在周末期间继续将这些反应性物料滞留于该容器中。从周日晚上到周一上午，容器发生爆炸，造成了重大的物料损失。

如果对这种情形进行正确评估，应该能够预测到这次爆炸。上述估计的主要错误在于认为储存容器处于等温状态。实际上，这样大的一个容器在没有搅拌的条件下，其行为应处于准绝热状态。通过正确估计初始放热速率可以计算出体系绝热条件下的温升速率。考虑到反应会随着温度的升高而加速，可预测发生爆炸的近似时间。这留给读者作为练习（见工作示例 2.1）。

经验教训

(1) 失控反应可能导致严重的后果；

(2) 对热现象的正确评估需要专业知识；

(3) 上述情况的热力学分析需要严密的评估方法。

工作示例 2.1　周末期间储存

基于上述案例，请说明企业管理者所犯的错误并给出正确的分析。

相关数据：

(1) 物料质量为 2600kg；

(2) 质量测试表明 90℃ 情况下每天的质量损失为 1%；

(3) 采用密闭耐压样品池，以 $4 \ K \cdot min^{-1}$ 的温升速率进行 DSC 测试，表明该中间体放热峰始于 200℃，比放热量为 $800 \ kJ \cdot kg^{-1}$。

工厂经理的错误：

工厂经理假定分解反应就像 DSC 谱图中显示的那样在 200℃左右发生,同时认为测试得到 90℃情况下的质量损失是该分解反应所致。90℃时每天消耗 1%,周末 3 天总的质量损失是 3%,则容器储存过程中释放的能量为

$$800kJ \cdot kg^{-1} \times 0.03 = 24kJ \cdot kg^{-1}$$

相应的比热容为 $2kJ \cdot kg^{-1} \cdot K^{-1}$,则绝热温升为

$$\Delta T_{ad} = \frac{24kJ \cdot kg^{-1}}{2kJ \cdot kg^{-1} \cdot K^{-1}} = 12K$$

然而,这个结论是错误的,因为他假设温度恒定在 90℃,而这对于 2600kg 无搅拌且温度接近熔点的物料而言是不成立的。

正确答案:

对这样规模的无搅拌且保持夹套热水为 90℃的容器而言,其与周围环境进行热交换的能力是很微弱的。因此,应从最坏的情况来考虑问题,即认为体系处于绝热状态。在这种情况下,反应物料释放的热使其自身温度升高,因此,必须计算放热速率。对于每天 1%的转化率,比放热速率为

$$q' = \frac{Q'}{t} = \frac{800000J \cdot kg^{-1} \times 0.01}{24h \times 3600s \cdot h^{-1}} \approx 0.1J \cdot s^{-1} \cdot kg^{-1} = 100mW \cdot kg^{-1}$$

通过该比放热速率可转换得到体系的绝热温升速率:

$$\frac{dT}{dt} = \frac{q'}{c_p'} = \frac{0.1W \cdot kg^{-1}}{2000J \cdot kg^{-1} \cdot K^{-1}} = 5 \times 10^{-5}K \cdot s^{-1} = 0.18℃ \cdot h^{-1} \approx 0.2℃ \cdot h^{-1}$$

根据 van't Hoff 定律,温度每增加 10K 则反应速率加倍,在 100℃时的热释放率对应的温升速率将为 $0.4℃ \cdot h^{-1}$。假设温度在 90~100℃之间时的平均温升速率为 $0.3℃ \cdot h^{-1}$,则到达 100℃所需要时间为 33h,以 32h 计。接下来再升高 10K 到 110℃需要 16h,然后经 8h 到 120℃,以此类推。这是一个几何级数关系,且其期限的总和为 2×32h=64h。因此,周末期间发生爆炸是可预测的。

正确的决定应是将熔融物转移到有搅拌的容器中,且能检测并控制物料的温度,这时放热速率为 $0.1W \cdot kg^{-1}$ 的热释放是很容易从容器中移出的。

引言

本书的目的在于介绍工艺热风险的专门知识及方法。本章对工艺热风险的基本理论进行了介绍,首先介绍热力学中常用的基本概念,重点介绍工艺安全(2.1节);然后简要介绍化学动力学的一些重要知识(2.2节);随之介绍热平衡,这也是化学反应器、一些物理单元操作乃至量热测试的重要基础(2.3节)。最后,介绍了失控反应的一些理论基础(2.4节)。

2.1 潜 热

2.1.1 热能

2.1.1.1 反应热

精细化工行业中的大部分化学反应是放热的，即在反应期间会放出热能，如果热释放不能得到很好的控制，将导致严重后果。与能量单位 J 相关的其他单位：

$$1J=1N \cdot m=1W \cdot s=1kg \cdot m^2 \cdot s^{-2}$$

$$1J=0.239cal \text{ 或 } 1cal=4.18J$$

用于反应热的参数有：

摩尔反应焓 $\Delta_r H$：$kJ \cdot mol^{-1}$；

比反应热 Q_r'：$kJ \cdot kg^{-1}$。

比反应热是具有重要实用价值的工艺安全参数，大多数量热手段直接以 $kJ \cdot kg^{-1}$ 来表述比反应热。而且，作为一个特定参量，比反应热可以直接应用于实际工艺中。比反应热和摩尔反应焓的关系如下：

$$Q_r' = \rho^{-1} \cdot C \cdot (-\Delta_r H) \tag{2.1}$$

显然，比反应热取决于反应物的浓度(C)。按照惯例，放热反应为负焓，而吸热反应为正焓[①]。

2.1.1.2 分解热

相当部分化工行业所使用的化合物都是处于亚稳态(metastable state)，其后果就是一个附加的能量输入(如温度升高)，可能会使这样的化合物变成含能的和不稳定的中间态，这个中间态可通过难以控制的能量释放转变为更稳定的状态。图2.1 显示了这样的一个反应路径。沿着反应路径，能量先增加然后降低到一个较低的水平，分解热($\Delta_d H$)沿着反应路径释放。它通常比一般的反应热数值大，但比燃烧热低。分解产物往往未知或者不易确定，这意味着很难由标准生成焓估算分解热。CHETAH 程序采用 Benson 基团加和法[1,2]来估算物质的生成焓，并预测最可能的分解产物或具有最低生成焓的分解产物[3][②]。第 5 章将详细介绍分解热，第10 章将阐述分解反应的引发问题。

---

① 与热力学惯例相反的是，本书认为所有能增加系统温度的影响因素都定义为正号。所以，焓为负号。

② 采用该方法估算得到的是分子处于气相状态的生成焓，因此，对于液相反应必须通过冷凝潜热来修正。

——译者

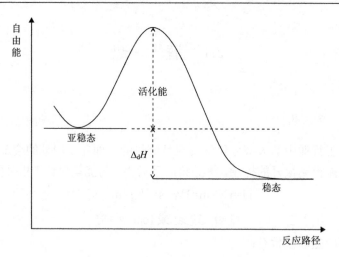

图 2.1　自由能沿反应路径的变化

2.1.1.3　热容

体系的热容(heat capacity)是指体系温度上升 1K 时所需要的能量,单位 $J \cdot K^{-1}$。常用比热容(specific heat capacity)进行计算和比较:

热容 c_p : $J \cdot K^{-1}$;

比热容 c_p' : $kJ \cdot kg^{-1} \cdot K^{-1}$ 。

相对而言,水的比热容较高(约为 4.2 $kJ \cdot kg^{-1} \cdot K^{-1}$)、无机化合物的比热容较低(为 1~1.3 $kJ \cdot kg^{-1} \cdot K^{-1}$)、有机化合物比较适中(为 1.7~2.0 $kJ \cdot kg^{-1} \cdot K^{-1}$)。一些物质的比热容见表 2.1[4]①。

表 2.1　比热容的典型值

化合物	$c_p'/(kJ \cdot kg^{-1} \cdot K^{-1})$	化合物	$c_p'/(kJ \cdot kg^{-1} \cdot K^{-1})$
水	4.2	甲苯	1.69
甲醇	2.55	p-二甲苯	1.72
乙醇	2.45	氯苯	1.3
2-丙醇	2.58	二氯甲烷	1.16
丙酮	2.18	四氯化碳	0.86
苯胺	2.08	氯仿	0.97
n-己烷	2.26	100% H_2SO_4	1.4
苯	1.74	NaCl	4.0

---

① 有机氯化物的比热容相对较小。原文为 "chlorinated compounds",有歧义,此处根据语义翻译为有机氯化物。——译者

混合物的比热容可以根据混合规则由不同化合物的比热容估算得到:

$$c_p' = \frac{\sum_i m_i c_{pi}'}{\sum_i m_i} \qquad (2.2)$$

比热容随着温度升高而增加。例如,液态水在20℃时比热容为4.182kJ·kg⁻¹·K⁻¹,在100℃时为4.216 kJ·kg⁻¹·K⁻¹[5]。它的变化通常用如下的多项式来描述[2]:

$$c_p'(T) = c_{p0}'(1 + aT + bT^2 + \cdots) \qquad (2.3)$$

为了获得准确比热容参数,当反应物料温度在较大的范围内变化时,就需要采用该方程进行计算。然而,对于凝聚态(condensed phase)物质,热容随温度的变化较小。此外,当比热容未知或出于安全考虑,可以忽略温度效应而取较低的数值。通常采用在较低工艺温度下的热容值进行绝热温升的计算。

小贴士:对于c_p与c_v,c_p为等压热容,c_v为等容热容。

总体而言,采用c_p进行安全分析,因为体系常认为处于等压状态。c_p与c_v的差对应于膨胀做功。由于物质处于凝聚态时的可压缩性很小,因此对于固体或液体而言,其c_p与c_v的差不大。

2.1.1.4 绝热温升

反应或分解所释放的能量直接关系到(事故的)严重程度,也就是说关系到失控后的潜在破坏。如果反应体系不能与外界交换能量,将处于绝热状态。在这种情况下,反应所释放的全部能量用来提高体系自身的温度。因此,温升与释放的能量成正比。对大多数人而言,用能量的大小来进行评估很不直观,而利用绝热温升来评估失控反应的严重度既方便又直观,因而其常用作评估的判据。它可以由比反应热除以比热容得到:

$$\Delta T_{ad} = \frac{(-\Delta_r H) C_{A0}}{\rho c_p'} = \frac{Q_r'}{c_p'} \qquad (2.4)$$

式(2.4)的中间项强调指出绝热温升是反应物浓度和摩尔焓的函数,因此,它取决于工艺条件,尤其是加料方式和物料浓度。式(2.4)的右边项涉及比反应热,这对量热结果的解释尤其有用,因为这些结果常以比反应热来表示。因此,对量热实验的结果进行解释,必须考虑其工艺条件,尤其是浓度。当量热实验结果用于评估不同工艺条件时,通常要考虑这方面的因素。

冷却系统失效时,绝热温升越高,则体系达到的最终温度将越高。这只是从静态的角度指出了反应的变化趋势,还没有涉及化学反应失控的动力学问题。

2.1.2　压力效应

　　失控反应的破坏作用主要源于压力。除了温度的升高，二次分解反应常常导致小分子的产生，这些物质常呈气态并具有高的蒸气压，从而造成容器内的压力升高。由于分解反应常伴随高能量的释放，温度升高导致反应混合物的高温分解，在此情况下，热失控总是伴随着压力升高。在失控的第一阶段，失控加速前压力升高可能会导致反应釜的破裂。因此，需要对压力效应进行研究。如果温升发生在含有挥发性化合物的反应混合物中，其蒸气压也会导致压力增长。这些效应将在 5.2 节中进行描述。

2.2　温度对反应速率的影响

　　考虑工艺热风险问题，控制反应进程的关键在于控制反应速率，这也是失控反应的原动力。因为反应的放热速率与反应速率成正比，所以反应体系的动力学对其热行为起着根本作用。本节对工艺安全有关的反应动力学方面的内容进行介绍。

2.2.1　单一反应

　　单一反应 $A \longrightarrow P$，如果其反应级数为 n，反应速率可由式 (2.5) 得到：

$$-r_A = -\frac{dC_A}{dt} = kC_{A0}^n(1-X_A)^n \tag{2.5}$$

　　这表明反应速率随着转化率的增加而降低。根据 Arrhenius 模型，速率常数 k 是温度的指数函数：

$$k = k_0 e^{-E/RT} \tag{2.6}$$

式中，k_0 是频率因子，也称指前因子；E 是反应的活化能 $(J \cdot mol^{-1})$。由于反应速率是以摩尔·体积$^{-1}$·时间$^{-1}$来表示，速率常数和指前因子的量纲取决于反应级数 [体积$^{(n-1)}$·摩尔$^{-(n-1)}$·时间$^{-1}$] 的表达形式。式中，气体常数 R 取 $8.314J \cdot mol^{-1} \cdot K^{-1}$。van't Hoff 规则可粗略地用于估算温度对反应速率影响，即温度每上升 10K，反应速率加倍。

　　活化能是反应动力学中一个重要参数，有两种解释：第一，反应要克服的能垒，如图 2.1 所示；第二，反应速率对温度变化的敏感度 (sensitivity)。对于合成反应，活化能通常在 $50 \sim 100kJ \cdot mol^{-1}$ 之间变化。分解反应的活化能可达 $160kJ \cdot mol^{-1}$，如果高于此则应考虑其发生自催化反应的可能性。低活化能 (小于 $40kJ \cdot mol^{-1}$) 可能意味着是一个传质控制的反应，较高活化能则意味着对温度的敏感性较高，一个在低温下很慢的反应可能在高温时变得剧烈，从而带来危险。

2.2.2 多步反应

工业实践中接触的反应混合物常表现出复杂的行为，且总反应速率由若干单一反应组成，构成复杂反应的模式。有两个基本反应模型(reaction scheme)能说明复杂反应[6]。

第一个基本反应模型是连续反应，也称为连串反应。

$$A \xrightarrow{k_1} P \xrightarrow{k_2} S \text{ 且} \begin{cases} r_A = -\dfrac{dC_A}{dt} = k_1 C_A \\ r_P = \dfrac{dC_P}{dt} = k_1 C_A - k_2 C_P \\ r_S = \dfrac{dC_S}{dt} = k_2 C_P \end{cases} \tag{2.7}$$

第二个基本反应模型是竞争反应，也称为平行反应。

$$\begin{cases} A \xrightarrow{k_1} P \\ A \xrightarrow{k_2} S \end{cases} \text{ 和} \begin{cases} r_A = -\dfrac{dC_A}{dt} = (k_1 + k_2) C_A \\ r_P = \dfrac{dC_P}{dt} = k_1 C_A \\ r_S = \dfrac{dC_S}{dt} = k_2 C_A \end{cases} \tag{2.8}$$

式(2.7)和式(2.8)均认为是一级反应，但实际上也存在不同的反应级数。对于多步复杂反应，每一步的活化能都不同，因此不同反应对温度变化的敏感性不同。反应结果取决于温度，在多步反应中，有一个反应(或反应机理)占主导。当需要将动力学参数外推到一个大的温度范围的情形时，要非常小心。图2.2(a)中，如

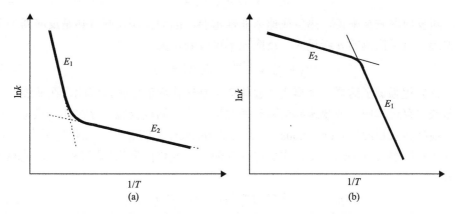

图2.2　复杂反应的表观活化能可能随着温度变化，这取决于哪个反应占主导地位

果为了得到较好的测试信号，在高温下进行量热测试，获得活化能为 E_1，并用外推法外推到较低温度的情形，从而得到较低的反应速率，这样做是不安全的。图 2.2(b) 测得活化能是 E_2，但如果外推到较低温度时所获得的结果又是保守的。基于这些原因，进行量热测试的温度必须在操作温度或储存温度附近，只有这样才有意义。从这个角度说，TA 公司的高灵敏热量计，如热活性监测仪（thermal activity monitor，TAM）是很有用的（见 4.3.3 小节）。

2.3 热 平 衡

考虑工艺热风险时，必须充分理解热平衡的重要性。这方面的知识对于反应器或储存装置的工业放大同样适用，当然也是实验室规模量热实验结果解析（见第 4 章）之必需。事实上，两种情况均有相同的热平衡关系。为此，首先介绍反应器热平衡中的不同表达项，然后介绍简化的热平衡，最后研究绝热条件对反应速率的影响。

2.3.1 热平衡项

化学热力学中规定放热为负，吸热为正。这里，我们从实用性及安全原因出发考虑热平衡，规定所有导致温度升高的影响因素都为正，如放热反应。热平衡中最常见的表达有以下几种。

2.3.1.1 热生成

热生成（heat production）对应于反应的放热速率。因此，热生成速率与反应焓和反应速率成正比：

$$q_{rx} = (-r_A)V(-\Delta_r H) \tag{2.9}$$

对反应器安全来说，热生成速率非常重要，因为控制反应放热是反应器安全的关键。对于简单的 n 级反应，反应速率可以表示为

$$-r_A = k_0 \cdot e^{-E/RT} \cdot C_{A0}^n \cdot (1-X)^n \tag{2.10}$$

该方程强调了这样一个事实：放热速率是转化率的函数，因此，在非连续反应器或储存过程中，放热速率会随时间发生变化。间歇反应不存在稳定状态。在连续搅拌釜式反应器（continuous stirred tank reactor，CSTR）中，放热速率为常数；在管式反应器（tubular reactor）中放热速率随位置变化而变化（见第 9 章）。放热速率为

$$q_{rx} = k_0 \cdot e^{-E/RT} \cdot C_{A0}^n \cdot (1-X)^n \cdot V \cdot (-\Delta H_r) \tag{2.11}$$

就安全问题而言，这个表达式的两个要点是很重要的。首先，反应的放热速

率是温度的指数函数；其次，放热速率与体积成正比，故随含反应物料容器线尺寸的立方(L^3)而变化。

2.3.1.2 热移出

对于反应介质和载热体之间的热交换，存在几种可能的途径：热辐射、热传导、强制或自然热对流。这里只考虑对流，其他形式的热交换将在关于热积累的第 12 章中讲述。通过强制对流，载热体通过反应器壁面的热交换(q_{ex})与传热面积(A)及传热驱动力成正比，这里的驱动力就是反应介质与载热体之间的温差。比例系数就是总传热系数(U)(overall heat transfer coefficient)。

$$q_{ex} = U \cdot A \cdot (T_c - T_r) \tag{2.12}$$

如果反应混合物的物理化学性质发生显著变化，总传热系数 U 也将发生变化，成为时间的函数。热传递特性通常是温度的函数，反应物料的黏度变化起着主导作用(见 14.2 节)。

就安全问题而言，这里必须考虑：热移出是温度(差)的线性函数。由于热移出与热交换面积成正比，因此正比于设备线尺寸的平方(L^2)。这意味着当反应器尺寸必须改变时(如工艺放大)，热移出能力的增加远不及热生成速率。因此，对于较大的反应器来说，热平衡问题是比较严重的。表 2.2 给出了一些典型的尺寸参数。尽管通过不同几何结构的容器设计，可以使其换热面积在有限的范围内变化，但对于搅拌釜式反应器而言，这个范围非常小。以一个高度与直径比大约为 1∶1 的圆柱体为例进行说明。

表 2.2　不同反应器的热交换比表面积 [a]

规模	反应器体积/m^3	热交换面积/m^2	比表面积(A/V)/m^{-1}
研究实验	0.0001	0.01	100
小试规模	0.001	0.05	50
中试规模	0.1	1	10
生产规模	1	3	3
生产规模	10	13.5	1.35

a. 对于研究实验及小试规模(bench scale)，假定圆柱形容器的高径比 $h/d = 1$ 进行计算；对于中试工厂(pilot plant)及实际生产的反应器，按照标准的不锈钢材质反应器的几何尺寸进行计算[7]。

因此，从实验室规模(lab scale)按比例放大到生产规模(production scale①)时，反应器的比冷却能力(specific cooling capacity)大约相差两个数量级，这对实际应

---

① 有时也称为"plant scale"。——译者

用很重要，因为在实验室规模中没有发现放热效应，并不意味着在更大规模的情况下反应是安全的。实验室规模情况下，冷却能力可能高达 $1000W \cdot kg^{-1}$，而生产规模时大约只有 $20 \sim 50W \cdot kg^{-1}$（表 2.3）。这也意味着反应热只能由量热设备测试获得，而不能仅仅根据反应介质和冷却介质的温差来推算得到（见第 4 章的事故案例）。

表 2.3　不同规模反应器典型的比冷却能力 [a]

规模	反应器体积/m³	比冷却能力 /(W·kg⁻¹·K⁻¹)	典型的冷却能力/ (W·kg⁻¹)
研究实验	0.0001	30	1500
小试规模	0.001	9	450
中试规模	0.1	3	150
生产规模	1	0.9	45
生产规模	10	0.4	20

a. 容器比冷却能力的计算条件：将容器承装介质至公称容积，其总传热系数为 $300\ W \cdot m^{-2} \cdot K^{-1}$，密度为 1000 $kg \cdot m^{-3}$，反应器内物料与冷却介质的温差为 50K。

在式(2.12)中，传热系数 U 是一个关键却往往未知的参数。因此，在工业反应器的加热与冷却章节(14.2 节)中介绍了一些估算及测量传热系数的方法。对于反应器内物料组分给定的情形，搅拌装置的类型、形状、转速及（物料的）物理特性都会对传热系数有明显的影响，可以用一个无量纲判据(雷诺数)对这些影响因素进行表征。

有时为了避免结晶，或避免器壁处出现结垢，或保护搪瓷反应器(glass-lined reactors)等，必须对反应器壁内的温度梯度和热交换的驱动力(温度差)进行限制。这可以通过限制载热体的最低温度使其高于反应物料的熔点来实现。在其他情况下，可以通过限制冷却介质的温度或流速来达到目的。

2.3.1.3　热累积

热累积体现了体系能量随温度的变化，即

$$q_{ac} = \frac{d \sum_i \left(m_i c'_{p_i} T_i \right)}{dt} = \sum_i \left(\frac{dm_i}{dt} c'_{p_i} T_i \right) + \sum_i \left(m_i c'_{p_i} \frac{dT_i}{dt} \right) \tag{2.13}$$

计算总的热累积时，要考虑到体系每一个组成部分，既要考虑反应物料也要考虑设备。因此，反应器或容器——至少与反应体系直接接触部分的热容是必须要考虑的。对于非连续反应器，热累积可以用如下考虑质量或容积的表达式来表述：

$$q_{ac} = m_r c'_p \frac{dT_r}{dt} = \rho V c'_p \frac{dT_r}{dt} \tag{2.14}$$

由于热累积源于产热速率和移热速率的不同(前者大于后者),它导致反应器内物料温度的变化。因此,如果热交换不能精确平衡反应的放热速率,温度将发生如下变化:

$$\frac{dT_r}{dt} = \frac{q_{rx} - q_{ex}}{\sum_i m_i c'_{p_i}} \tag{2.15}$$

式(2.15)中,i 是指反应物料的各组分和反应器本身。然而实际生产过程中,相比于反应物料的热容,搅拌釜式反应器的热容常常可以忽略。为了简化表达式,设备的热容可以忽略不计。可以用下面的例子来说明这样处理的合理性,对于一个 10 m³ 的反应器,有机反应物料热容的数量级约为 20000 kJ·K⁻¹,而与反应介质接触的金属质量约为 1000 kg,其热容约为 500 kJ·K⁻¹,也就是说约为总热容的2.5%。另外,这种误差会导致更保守的评估结果,这对安全评估而言是个好的方法。然而,对于某些特定的应用场合,容器的热容是必须要考虑的,如连续反应器,尤其是管式反应器,反应器本身的热容被有意识地用来增加总热容,并通过这样的设计来实现反应器安全,这点将在第 9 章中做详细介绍。

2.3.1.4 物料流动引起的对流热交换

在连续体系中,加料时原料的入口温度并不总是和反应器出口温度相同,反应器进料温度(T_0)和出料温度(T_f)之间的温差导致物料间产生对流热交换。热流与比热容、体积流量($\dot{\upsilon}$)成正比,即

$$q_{ex} = \rho \cdot \dot{\upsilon} \cdot c'_p \cdot \Delta T = \rho \cdot \dot{\upsilon} \cdot c'_p \cdot (T_f - T_0) \tag{2.16}$$

这是连续反应器中总的热平衡,更详细的热平衡内容将在第 9 章中介绍。

2.3.1.5 加料引起的显热

如果原料入口温度(T_{fd})与反应器内物料温度(T_r)不同,那么进料的热效应必须在热平衡的计算中予以考虑。这个效应被称为"显热"(sensible heat)。

$$q_{fd} = \dot{m}_{fd} \cdot c'_{P_{fd}} \cdot (T_{fd} - T_r) \tag{2.17}$$

此效应在半间歇反应器中尤其重要。如果反应器和原料之间温差大,或加料速率很快,加料引起的显热可能起主导作用,显热明显有助于反应器冷却(或有助于低于环境温度运行反应器的加热)。在这种情况下,一旦停止进料,可能导致反应器内温度突然升高。这点对量热测试也很重要,必须进行适当的修正。

2.3.1.6 搅拌装置

搅拌装置产生的机械能耗散转变成黏性摩擦能,最终转变为热能。大多数情况下,相对于化学反应释放的热量,这可忽略不计。然而,对于黏性较大的反应

物料(如聚合反应),这点必须在热平衡中考虑。当反应物料存放在一个带搅拌的容器中时,搅拌装置的能耗(转变为体系的热能)可能会很重要,它可由式(2.18)估算:

$$q_s = Ne \cdot \rho \cdot n^3 \cdot d_s^5 \tag{2.18}$$

式中,n 为搅拌器转速,d_s 为搅拌叶尖直径。

要计算搅拌装置产生的热能,必须知道其功率数或牛顿数(power number 或 Newton number,Ne)①、搅拌器的几何形状与尺寸[8,9]。表 2.4 列举了流动状态处于湍流($Re>10^5$)时一些常见搅拌装置的功率数[10-12]。

表 2.4　一些常用搅拌器功率数及几何特征

搅拌类型	功率数 Ne	流动类型
推进式搅拌器	0.35	轴向流动
弯叶开启涡轮式搅拌器	0.20	容器底部的径向及轴向流动
锚式搅拌	0.35	近壁面的切线流动
平桨开启涡轮式搅拌器	2.6～5.0	强烈剪切效应的径向流动
斜叶桨开启涡轮式搅拌器	0.6～2.0	轴向及径向流动
复合折叶桨式搅拌器	0.22	轴向、径向和切向的复合流动
带挡板的复合折叶桨式搅拌器	0.65	带径向的复合流动,且在壁面处有强烈的湍流

2.3.1.7　热散失

出于安全原因(如设备的热表面)和经济原因(如设备的热散失),工业反应器设有隔热层。然而,在温度较高时,热散失(heat loss)可能变得比较明显。热散失的计算可能很烦琐枯燥,因为热散失通常要考虑辐射热散失和自然对流热散失。如果需要对其进行估算,可利用总的热散失系数 α 进行简化计算:

$$q_{loss} = \alpha \cdot (T_{amb} - T_r) \tag{2.19}$$

表 2.5 列出了一些热散失系数 α 的数值,并对比列出了实验室设备的热散失系数[13]。这些数值是通过容器自然冷却,确定冷却半衰期(half-life of the cooling)得到的(见 14.1.4 小节,牛顿冷却定律)。工业反应器和实验室设备的热散失可能相差 2 个数量级,这就解释了为什么放热化学反应在小规模实验中发现不了其热效应,而在大规模设备中却可能变得很危险。1L 的玻璃杜瓦瓶的热散失情况与 $10\ m^3$ 工业反应器相当。确定工业规模装置总的热散失系数的最简单办法就是直接进行测量。

---

① 有时也称为湍流数。——译者

表 2.5 工业容器和实验室设备的典型热散失

容器	比热散失系数[①]/(W·kg^{-1}·K^{-1})	冷却半衰期 $t_{1/2}$/h
2.5m^3 反应器	0.054	14.7
5m^3 反应器	0.027	30.1
12.7m^3 反应器	0.020	40.8
25m^3 反应器	0.005	161.2
10mL 试管	5.91	0.117
100mL 玻璃烧杯	3.68	0.188
DSC-DTA	0.5~5	—
1L 杜瓦瓶	0.018	43.3

2.3.2 热平衡简化表达式

如果考虑到上述所有因素，可建立如下的热平衡方程：

$$q_{ac} = q_{rx} + q_{ex} + q_{fd} + q_s + q_{loss} \tag{2.20}$$

然而，在大多数情况下，对于安全问题来说只包括式(2.20)右边前两项的简化热平衡表达式已经足够了。对上述热平衡表达式进行简化，如忽略搅拌器带来的能量输入或热散失之类的因素，则间歇反应器的热平衡可写成：

$$q_{ac} = q_r + q_{ex} \Leftrightarrow \rho V c_p' \frac{dT_r}{dt} = (-r_A)V(-\Delta_r H) - UA(T_r - T_c) \tag{2.21}$$

对一个 n 级反应，着重考虑温度随时间的变化，于是：

$$\frac{dT_r}{dt} = \frac{-r_A}{c_{A0}}\Delta T_{ad} - \frac{UA}{\rho V c_p'}(T_r - T_c) \tag{2.22}$$

式中，绝热温升为

$$\Delta T_{ad} = \frac{(-\Delta_r H)c_{A0}}{\rho c_p'} \tag{2.23}$$

式(2.22)中，$\dfrac{UA}{V\rho c_p'}$ 项是反应器热时间常数(thermal time constant of reactor)的倒数（见 14.1.4 小节）。

2.3.3 绝热条件下的反应速率

绝热条件下进行放热反应，导致温度升高，并因此使反应加速，但同时反应物的消耗(depletion)导致反应速率降低。因此，这两个效应相互对立：温度升高

---

① 即单位质量的热散失速率。——译者

导致速率常数和反应速率的指数性增加，而反应物的消耗减慢反应。这两个变化相反因素的综合作用将取决于两个因素的相对重要性。

绝热条件下进行的一级反应，速率随温度以及转化率(X_A)的变化如下：

$$-r_A = \underbrace{k_0 e^{-E/RT}}_{\text{温度因素}} \underbrace{C_{A0}(1 - X_A)}_{\text{物料转化因素}} \tag{2.24}$$

绝热条件下，温度与转化率之间存在如下线性关系：

$$T = T_0 + X_A \Delta T_{ad} \tag{2.25}$$

因此，一定转化率导致的温升有可能支配平衡，也有可能不支配平衡，这与反应热的大小有关。为了说明这点，分别计算两个反应的速率与温度的函数关系：第一个反应是弱放热反应，绝热温升只有 20K，而第二个反应是较强的放热反应，绝热温升为 200K，假定两个反应均为一级反应，在 100℃时的反应速率常数为 $1.0s^{-1}$，活化能为 $80 \text{ kJ} \cdot \text{mol}^{-1}$，计算结果列于表 2.6 中。

表 2.6　不同反应热的反应绝热条件下的反应速率，相应的绝热温升分别为 20K 和 200K

温度/℃	100	104	108	112	116	120	200	250	298	300
速率常数/s^{-1}	1.00	1.23	1.50	1.83	2.22	2.68	60	257	820	857
速率(ΔT_{ad}=20℃)	1.00	1.05	1.03	0.89	0.58	0.00	0.00	0.00	0.00	0.00
速率(ΔT_{ad}=200℃)	1.00	1.29	1.65	2.10	2.66	3.35	117	409	77	0.00

对于第一个只有 20K 绝热温升的反应，反应速率仅在开始后的 8K 温升过程中缓慢增大，随后反应物的消耗占主导，反应速率下降，这不能视为热爆炸，而只是一个自加热现象(self-heating phenomenon)。

对于第二个绝热温升为 200K 的反应，反应速率在很大的温度范围内急剧增大，反应物消耗的影响仅在较高温度时才有短暂的体现。

图 2.3 显示了一系列具有不同反应热，但具有相同初始放热速率(100℃时的放热速率为 $0.66 \text{ W} \cdot \text{kg}^{-1}$)和相同活化能($100 \text{ kJ} \cdot \text{mol}^{-1}$)的反应绝热条件下的温度变化。对于较低反应热的情形，即ΔT_{ad}<200 K，反应物的消耗导致一条 S 形曲线的温度-时间关系，这样的曲线并不体现热爆炸的特性，而只是体现了自加热的特征。对于更强的放热反应，不存在这种自加热效应，意味着反应物的消耗实际上对反应速率没有影响。事实上，只有在很高转化率情形时才会出现反应速率的降低。对于总反应热大(绝热温升高于 200K)的反应，即使大约 5%的转化就可导致 10K 的温升或者更多。因此，由温升导致的反应加速远远大于反应物消耗带来的影响，即温升占据支配地位，这相当于认为它是零级反应(与转化率无关)。基于这样的原因，从热爆炸的角度出发，常常将反应级数简化成零级。这也代表了一

种保守的近似，零级反应比具有较高级数的反应有更短的热爆炸形成时间。

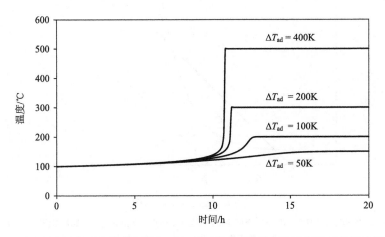

图 2.3 不同反应热的反应绝热温度与时间的函数关系（只在较低能量时曲线才呈 S 形）

2.4 失控反应

2.4.1 热失控或热爆炸的形成[①]

若冷却系统的冷却能力低于反应的热生成速率，反应体系的温度将会升高。温度越高，反应速率越大，这反过来又使热生成速率进一步加大。因为反应放热随温度呈指数增加，而反应器的冷却能力随着温度只是线性增加，于是冷却能力不足，温度进一步升高，最终发展成反应失控或热爆炸。

2.4.2 Semenov 热温图

考虑一个涉及零级动力学放热反应的简化热平衡。反应放热速率 $q_{rx} = f(T)$ 随温度呈指数关系变化。热平衡的第二项，用牛顿冷却定律[式(2.12)]表示，通过冷却系统移去的热流（即移热速率）$q_{ex} = f(T)$ 随温度呈线性变化，直线的斜率为 UA，与横坐标的交点是冷却介质的温度 T_c。热平衡可通过 Semenov 热温图（图2.4）体现出来[14]。热平衡是产热速率等于移热速率（$q_{rx} = q_{ex}$）的平衡状态，这发生在 Semenov 热温图中指数放热速率曲线 q_{rx} 和线性移热速率曲线 q_{ex} 的两个交点上，较低温度下的交点（S）是一个稳定平衡点。

---

① 原文中 2.4.1 小节的标题为"热爆炸"。根据上下文的含义，应为"热失控或热爆炸的形成"。——译者

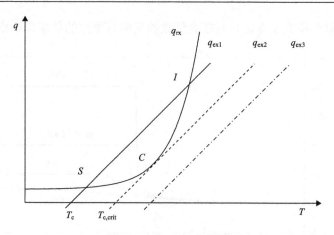

图 2.4　Semenov 热温图

反应的热生成速率和冷却系统移热速率的交点 S 和 I 代表热平衡点。交点 S 是一个稳定工作点，而 I 代表一个不稳定的工作点。C 点对应于临界热平衡

　　当温度由 S 点向高温移动时，移热占主导地位，于是温度降低，直到热生成速率等于移热速率，系统恢复到其稳态平衡。反之，温度由 S 点向低温移动时，热生成占主导地位，温度升高，直到再次达到稳态平衡。因此，这个较低温度处的 S 交点对应于一个稳定的工作点。对较高温度处的交点 I 作同样的分析，发现系统变得不稳定，从这点向低温方向的一个小偏差，其中冷却占主导地位，温度降低直到再次到达 S 点，而从这点向高温方向的一个小偏差导致产生过量热，因此形成失控条件。

　　冷却线 q_{ex1}（实线）和温度轴的交点代表冷却系统的温度 T_c。因此，当冷却系统温度较高时，相当于冷却线向右平移（图 2.4 中虚线）。两个交点相互逼近直到它们重合为一点。这个点对应于切点，是一个不稳定工作点，相应的冷却系统温度称为冷却介质的临界温度（$T_{c,crit}$）[①]。当冷却介质温度大于 $T_{c,crit}$ 时，冷却线 q_{ex3}（点划线）与放热曲线 q_{rx} 没有交点，意味着热平衡方程无解，失控无法避免。

2.4.3　参数敏感性

　　若反应器在冷却介质临界温度处运行，冷却温度一个无限小的增量也会导致失控状态。这就是参数敏感性，即操作参数的一个小的变化导致状态由受控变为失控[15]。此外，除了冷却系统温度改变会产生这种情形，传热系数的变化也会产生类似的效应。由于移热曲线的斜率等于 UA[式（2.12）]，总传热系数 U 的减小会导致 q_{ex} 斜率降低，从 q_{ex1} 变化到 q_{ex2}，从而形成临界状态（图 2.5 中 C 点），这可

---

　　① 本书中冷却系统的临界温度与热力学中的临界温度无关。——译者

能发生在热交换系统存在污垢、反应器内壁结皮(crust)或固体物沉淀的情况下。

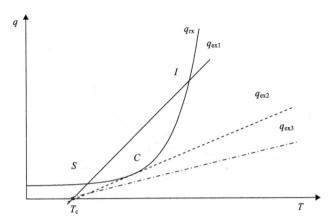

图 2.5　Semenov 热温图：反应器传热参数 UA 发生变化的情形

在传热面积(A)发生变化如放大时，也可以产生同样的效应。即使在操作参数如 U、A 和 T_c 发生很小变化时，也有可能产生由稳定状态到不稳定状态的"切换"。其后果就是反应器稳定性对这些参数具有潜在的高的敏感性，实际操作时反应器很难控制。因此，化学反应器的稳定性评估需要了解反应器的热平衡知识，从这个角度来说，临界温度的概念很有用。

2.4.4　临界温差[①]

正如上文所述，如果反应器运行时的冷却介质温度接近其临界温度，冷却介质温度的微小变化就有可能会导致过临界(over-critical)的热平衡，从而发展为失控状态。因此，为了评估操作条件的稳定性，了解反应器运行时冷却介质温度是否远离或接近其临界温度就显得很重要。这可以利用 Semenov 热温图(图 2.6)来评估。我们考虑零级反应的情形，其放热速率表示为物料温度的函数：

$$q_{rx} = k_0 e^{-E/(RT)} Q_{rx} \tag{2.26}$$

这里反应热采用绝对单位(J)。若考虑临界情况，则反应的放热速率与反应器的冷却能力相等：

$$q_{rx} = q_{ex} \Leftrightarrow k_0 e^{-E/(RT_{crit})} Q_{rx} = UA(T_{crit} - T_{c,crit}) \tag{2.27}$$

因两线相切于此点，故其导数相等：

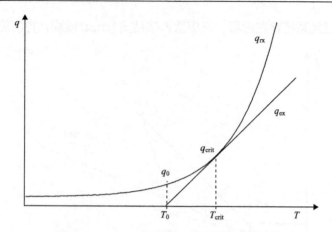

图 2.6　Semenov 热温图：临界温差的计算[①]

$$\frac{\mathrm{d}q_{rx}}{\mathrm{d}T} = \frac{\mathrm{d}q_{ex}}{\mathrm{d}T} \Leftrightarrow k_0 \mathrm{e}^{-E/(RT_{crit})} Q_{rx} \frac{E}{RT_{crit}^2} = UA \tag{2.28}$$

两个方程同时满足，得

$$\Delta T_{crit} = T_{crit} - T_{c,crit} = \frac{RT_{crit}^2}{E} \tag{2.29}$$

反应物料的温度(T_{crit})[②]可由式(2.30)估算：

$$T_{crit} = \frac{E}{2R} \left(1 \pm \sqrt{1 - \frac{4RT_{c,crit}}{E}} \right) \tag{2.30}$$

或

$$\Delta T_{crit} = \frac{R(T_{c,crit} + \Delta T_{crit})^2}{E} = \frac{RT_{c,crit}^2 \left(1 + \dfrac{\Delta T_{crit}}{T_{c,crit}} \right)^2}{E} \tag{2.31}$$

上式又可以写为

$$\Delta T_{crit} = \frac{RT_{c,crit}^2}{E} \left[1 + \frac{2\Delta T_{crit}}{T_{c,crit}} + \left(\frac{\Delta T_{crit}}{T_{c,crit}} \right)^2 \right] \tag{2.32}$$

这意味着对于特定反应器(用热交换参数 U、A、T_0 来表征)中进行的特定反应(用热动力学参数 k_0、E、Q_r 来表征)，保持反应器稳定的温差(物料与冷却介质

① 原著图 2.6、式(2.27)~式(2.33)中用 T_0 表示冷却介质的临界温度，与 2.4.2 小节图 2.4 中的 $T_{c,crit}$ 含义一致。为了便于读者理解，直接用 $T_{c,crit}$ 表示。——译者

② 也称为不回归温度。——译者

的温度差)应小于如下的临界温差[①]:

$$\Delta T_{crit} = T_{crit} - T_{c,crit} = \frac{RT_{c,crit}^2}{E} \tag{2.33}$$

不回归温度以上,反应放热速率随温度的导数快于移热速率;反之,移热速率快于反应放热速率。因此,基于式(2.28),可以建立一个判断反应是否失控的比值,即 Semenov 判据(或 Semenov 无量纲数,Se)。该判据与 T_{crit} 关系如下:

$$Se = \frac{k_0 e^{-E/(RT_{crit})} Q_r E}{UART_{crit}^2} = \frac{q_{crit} E}{UART_{crit}^2} \tag{2.34}$$

在不回归温度 T_{crit} 处,$Se = 1$。$Se > 1$ 意味着反应处于危险状态。

显然,如果将冷却介质临界温度用 T_0 表述(图 2.6),则 Semenov 判据也可以表述为

$$Se = \frac{q_0 E}{UART_0^2} < \frac{1}{e} \approx 0.368 \tag{2.35}$$

因此,对反应所处状态进行评估需要知道两方面的参数:反应的热动力学参数和反应器冷却系统的热交换参数。可以运用同样的原则来评估物料储存过程的安全性,即需要知道分解反应的热动力学参数和储存容器的热交换参数(见第12章)。

2.4.5　反应体系对冷却介质温度变化的敏感性

对于间歇反应器,体系最高温度(T_m)时的简化热平衡可以表述如下:

$$q_{rx} = q_{ex} \Leftrightarrow k_0 e^{-E/(RT_m)} Q_{rx} = UA(T_m - T_c) \tag{2.36}$$

可以用下面的微分方程描述最高反应温度情况对冷却介质温度(T_c)的敏感性(S_m):

$$S_m = \frac{dT_m}{dT_c} \tag{2.37}$$

由此,可以得到:

$$\frac{E}{RT_m^2} k_0 e^{-E/(RT_m)} Q_{rx} S_m = UA(S_m - 1) \tag{2.38}$$

从中可以求解得到:

$$S_m = \left(1 - \frac{E}{RT_m^2} \frac{k_0 e^{-E/(RT_m)} Q_{rx}}{UA}\right)^{-1} \tag{2.39}$$

---

① 已对式(2.32)及式(2.33)进行了勘误。——译者

引入 Semenov 判据[式(2.34)]，可以得到最高温度 T_m 时敏感性的简化表达式：

$$S_m = \frac{1}{1 - Se\big|_{T=T_m}} \tag{2.40}$$

上述诸式均是建立在零级反应动力学的假设基础上，这意味着反应转化率对反应速率没有影响。实际上，对于 2.3.3 小节中所述的 n 级反应，随着转化率的增加，反应物的消耗会降低反应速率。Hugo 对非零级反应的临界温度进行了研究[16]，得到最高温度时的热平衡为

$$\frac{E}{RT_m^2} k_0 e^{-E/(RT_m)} Q_{rx} S_m f(X) = UA(S_m - 1) \tag{2.41}$$

而冷却介质温度可由最高温度及转化率得到：

$$T_c = T_m - \frac{RT_m^2}{E} Se\big|_{T=T_m} f(X) \tag{2.42}$$

对于 n 级反应，有 $f(X) = (1-X)^n$。式(2.42)表明，n 级反应可接受的冷却介质温度高于零级反应。不过，对该式求解需要对速率方程中与转化率有关的 $f(X)$ 项有足够的了解。

2.4.6 热爆炸的时间范围——tmr_ad

失控反应的另一个重要特征参数就是绝热条件下热爆炸的形成时间，或称为绝热条件下最大反应速率到达时间(time to maximum rate under adiabatic conditions, tmr_ad)。为了计算这个时间参数，我们考虑绝热条件下零级反应的热平衡：

$$\frac{dT}{dt} = \frac{q}{c_p} \tag{2.43}$$

且

$$q = q_0 \exp\left[\frac{-E}{R}\left(\frac{1}{T_0} - \frac{1}{T}\right)\right] \tag{2.44}$$

式中，T_0 是引发热爆炸的起始温度。如果物料温度 T 接近 T_0，即 $(T_0 + 5K) \leqslant T \leqslant (T_0 + 30K)$，可近似认为 $T_0 \cdot T \approx T_0^2$，则

$$\frac{1}{T_0} - \frac{1}{T} = \frac{T - T_0}{T_0 T} \approx \frac{T - T_0}{T_0^2} \tag{2.45}$$

且

$$\left.\begin{array}{l} T - T_0 = \Delta T \\ \dfrac{RT_0^2}{E} \approx \dfrac{RT_{crit}^2}{E} = \Delta T_{crit} \end{array}\right\} \Rightarrow q = q_0 e^{\Delta T/\Delta T_{crit}} \tag{2.46}$$

用下式进行变量变换：

$$\frac{\Delta T}{\Delta T_{crit}} = \theta \Rightarrow \dot{T} = \Delta T_{crit} \cdot \dot{\theta} \tag{2.47}$$

于是，式 (2.43) 变为

$$\dot{\theta} = \dot{\theta}_0 e^{\theta} \tag{2.48}$$

$$\frac{d\theta}{dt} = \dot{\theta}_0 e^{\theta} \Rightarrow \int_0^t dt = \frac{1}{\dot{\theta}_0} \int_0^1 e^{-\theta} d\theta \tag{2.49}$$

通过积分可得到温度由 T_0 到 T_{crit} 所需的时间，即 $\theta = 0 \to \theta = 1$。

$$t = \frac{1}{\dot{\theta}_0} \int_0^1 e^{-\theta} d\theta = \left[\frac{-1}{\dot{\theta}_0} e^{-\theta} \right]_0^1 = \frac{1}{\dot{\theta}_0} \left(1 - e^{-1} \right) \tag{2.50}$$

$$t = \left(1 - e^{-1} \right) \frac{\Delta T_{crit}}{\dot{T}_0} = 0.632 \times \frac{\dfrac{RT_{crit}^2}{E}}{\dfrac{q_0}{c_p}} = 0.632 \times \frac{c_p RT_{crit}^2}{q_0 E} \approx 0.632 \times \frac{c_p RT_0^2}{q_0 E} \tag{2.51}$$

这个时间也称为不回归时间 (time of no return，tnor)，在绝热条件下如果这段时间流逝，即使冷却系统恢复，也不可能冷却反应器，因为其热平衡已越过临界状态：

$$tnor = 0.632 \times \frac{c_p RT_0^2}{q_0 E} \tag{2.52}$$

tnor 告诉我们一个重要信息，若必须使用紧急冷却系统来处理一个即将来临的失控反应，则必须保证它能在短于 tnor 的时间内有效地工作。

人们关心的另一个时间参数是热爆炸形成时间。这可以通过从 T_0 到 $T_0 + \Delta T_{ad}$ 或 θ 从 $0 \to \infty$ 的积分来计算获得：

$$t = \frac{1}{\dot{\theta}_0} \int_0^{\infty} e^{-\theta} d\theta = \left[\frac{1}{\dot{\theta}_0} e^{-\theta} \right]_0^{\infty} = \frac{1}{\dot{\theta}_0} \tag{2.53}$$

$$t = \frac{\Delta T_{crit}}{\dot{T}_0} = \frac{c_p RT_{crit}^2}{q_0 E} \approx \frac{c_p RT_0^2}{q_0 E} \tag{2.54}$$

绝热条件下最大反应速率到达时间为

$$tmr_{ad} = \frac{c_p RT_0^2}{q_0 E} \tag{2.55}$$

tmr_{ad} 是一个反应动力学参数的函数。如果知道初始条件 T_0 下的反应放热速率 q_0，且反应物料的比热容 c_p' 和反应活化能 E 已知，那么可以计算得到 tmr_{ad}。由于

q_0 是温度的指数函数，因此 tmr$_{ad}$ 随温度呈指数关系降低，且随活化能的增大而降低。如果知道参比温度 T_{ref} 时的放热速率 q_{ref}，那么可以用式(2.56)计算 T_0 温度时的 tmr$_{ad}$：

$$\text{tmr}_{ad}\big|_{T=T_0} = \frac{c_p R T_0^2}{q_{ref} \exp\left[\dfrac{-E}{R}\left(\dfrac{1}{T_0} - \dfrac{1}{T_{ref}}\right)\right]E} \tag{2.56}$$

tmr$_{ad}$ 的概念最早由 Semenov[14]提出，并由 Townsend[17]在开发成功加速度量热仪(见 4.5.4 小节)后再次提出。该设备可以用来表征分解反应(参见第 3 章和第 10 章)。

2.5　习　　题

2.5.1　浓度变化①(2.1 节)

某反应 $A + B \longrightarrow P$ 原工艺：反应物 A 的浓度 $C_A = 1.0\,\text{mol}\cdot\text{L}^{-1}$，通过反应量热仪测试得到反应热为 130 kJ·kg^{-1}(以反应物料总量计)，反应物 B 用量过大($M = C_B/C_A = 3/1$)。加入反应物 A 200kg，$c_p' = 3.2\,\text{kJ}\cdot\text{kg}^{-1}\cdot\text{K}^{-1}$；加入反应物 B 及溶剂 400kg，$c_p' = 1.8\,\text{kJ}\cdot\text{kg}^{-1}\cdot\text{K}^{-1}$。

为了增加反应物 A 的浓度对原工艺进行了调整。新工艺的加料情况：加入反应物 A 400kg，加入反应物 B 及溶剂 400kg。

假定新老工艺反应物料的密度均为 860kg·m^{-3} 且不会随浓度的增加而变化。请问：

(1)原工艺的绝热温升是多少？

(2)新工艺的绝热温升是多少？

(3)如何验证计算结果的可靠性？

2.5.2　搅拌装置的功率(2.3 节)

某搅拌釜式反应釜(内径 2m)的搅拌装置直径为 0.8m，转速为 90r/min，功率为 0.7kW。釜内物料不发生吸放热现象，物料温度稳定在 27℃，环境温度为 20℃。然而，相对于该反应釜，人们发现这样的搅拌器太小，无法提供足够的搅拌，于是决定采用类型相同但桨叶更大的搅拌器对原搅拌装置进行替换。新搅拌器的直径为 1.0m，转速为 100r/min。

反应物料工艺温度时的黏度为 5 mPa·s，密度为 860kg·m^{-3}。请问：

---

① 为了增加条理性，对原著的表述次序进行适当调整。——译者

(1)新装置的功率是多少？

(2)达到热平衡时，釜内物料的温度是多少？假定物料不会产生热效应。

(3)除了搅拌，还有哪些因素对物料温度有影响？

提示：当在湍流区工作时$(Re > 10^5)$，牛顿数为常数。

2.5.3 反应失控(2.4 节)

40℃时通过芳香族化合物的磺化和硝化反应制备一种染料中间体。反应结束后，用水将硫酸稀释到最终浓度为60%时，该中间产物将沉淀析出。稀释过程在绝热条件下进行且最终温度可达80℃。温度为80℃对结晶和随后的过滤起着重要的作用。温度达到80℃后，通过反应器足够强大的冷却能力将混合物立即冷却到20℃。

对反应混合物的热行为进行研究后得知，80℃时物料的放热速率为$10W \cdot kg^{-1}$，总分解热为$800 kJ \cdot kg^{-1}$，比热容为$2.0 kJ \cdot kg^{-1} \cdot K^{-1}$。请问：

(1)一旦冷却系统失效，评估该操作的严重度。

(2)若发生冷却系统失效，则应急措施应在多长时间内到位？

(3)评估事故发生可能性。

提示：

热爆炸的诱导期(induction time)可以利用 van't Hoff 规则来估计：温度增加10K 时反应速率加倍。温升速率可以近似为

$$\frac{\Delta T}{\Delta t} \approx \frac{dT}{dt} = \frac{q'(T)}{c_p'}$$

参 考 文 献

1　Benson, S.W.(1976). Thermochemical Kinetics. Methods for the Estimation of Thermochemical Data and Rate Parameters, 2e. New York: Wiley.

2　Poling, B.E., Prausnitz, J.M., and O'Connell, J.P.(2001). The Properties of Gases and Liquids, 5e. New York: McGraw-Hill.

3　ASTM(2018). Computer program for chemical thermodynamic and energy release evaluation CHETAH. https://www.astm.org/BOOKSTORE/PUBS/chetah_intro.htm(accessed 5 December 2019).

4　VDI(1984). VDI-Wärmeatlas, Berechnungsblätter für den Wärmeübergang. VDI-Verlag: Düsseldorf.

5　Perry, R. and Green, D.(eds.)(1998). Perry's Chemical Engineer's Handbook, 7e. New York: McGraw-Hill.

6　Levenspiel, O.(1972). Chemical Reaction Engineering. Wiley: New York.

7　DIN28131(1979). Rührer für Rührbehälter, Formen und Hauptabmessungen. Berlin, Germany:

Beuth.

8   Zlokarnik, M. (1998). Problems in the application of dimensional analysis and scale-up of mixing operations. Chemical Engineering Science 53 (17): 3023–3030.

9   Trambouze, P., Van Ladeghem, H., and Wauquier, J.P. (1984). Les réacteurs chimiques, conception, calcul, mise en oeuvre. Paris: Editions Technip.

10 Zlokarnik, M. (2012). Stirring. In: Ullmann's Encyclopedia of Industrial Chemistry, 433–471. Weinheim: Wiley-VCH, DOI: 10.1002/14356007.b02_25.

11 Bates, R.L., Fondy, P.L., and Corpstein, R.R. (1963). An examination of some geometric parameters of impeller power. I&EC Process Design and Development 2 (4): 310–314.

12 Baerns, M., Hofmann, H., and Renken, A. (1987). Chemische Reaktionstechnik. Stuttgart: Georg Thieme.

13 Barton, A. and Rogers, R. (1997). Chemical Reaction Hazards. Rugby: Institution of Chemical Engineers.

14 Semenov, N.N. (1928). Zur theorie des Verbrennungsprozesses. Zeitschrift für Physik 48: 571–582.

15 Varma, A., Morbidelli, M., and Wu, H. (1999). Parametric Sensitivity in Chemical Systems. Cambridge: Cambridge University Press.

16 Hugo, P. (2016). Extension of the Semenov criterion to concentration-dependent reactions. Chemie Ingenieur Technik 88 (11): 1643–1649.

17 Townsend, D.I. (1981). Accelerating rate calorimetry. In: Runaway Reactions Unstable Products and Combustible Powders. Berlin, Germany: The Institution of Chemical Engineers, Beuth.

3 热风险评估

典型案例：磺化反应

2-氯-5-硝基苯磺酸是通过将熔融态的 p-氯代硝基苯加入 20%的发烟硫酸(H_2SO_4 中含有20%的 SO_3)中合成得到的，反应温度为100℃[1]。将发烟硫酸加热到50℃，加料过程约为20min。由于反应放热，温度升高到120～125℃。通过2bar蒸汽使反应体系维持在这个温度范围内数小时，从而完成转化。

操作照常进行，但操作人员没有注意到温度超过125℃后仍然在上升，从而导致爆炸，反应器解体，釜盖穿透建筑物的屋顶坠落。事实上，这是由于异常高温引发了二次分解反应。一旦反应器温度高于蒸汽冷凝温度时(2bar时为120℃)，反应器将无法与夹套中的蒸汽进行热交换，因此处于这个阶段已不可能对温度进行控制。

经验教训

事故发生前，相关人员不了解目标反应和分解反应可能放出的热量，也不了解分解反应将在什么状态下被引发。在无报警系统及相应紧急措施的情况下，将这样一个具有严重潜在危险的工艺完全靠手工控制来实现是非常不合适的。如果预先对分解反应具有的能量和其引发条件进行正确的评估，应该能预测(识别)出类似的事故隐患，并为工艺设计提供避免此类事故发生的机会。

引言

本章首先介绍一些定义，然后介绍以冷却系统失效场景①(scenario)为基础的系统评估方法。该场景阐述了6个关键问题以及进行评估必须用到的各种数据。根据该场景不同的特征温度值，对工艺的危险度(criticality)进行分级，这样的分级为选择相应的风险降低措施提供了帮助。本章以一个实用评估程序结束，该评估程序也是贯穿本书的主线。

3.1 工艺热安全

3.1.1 热风险

从传统意义上说，风险被定义为潜在事故的严重度和发生可能性的组合(通常

---

① 本书中"场景"一词有时也用"情景""情形"表述。——译者

以乘积表示)。因此,风险评估必须既评估其严重度又评估其可能性。显然,这样分析的结果有助于设计各种风险降低措施(图 3.1)。现在的问题是:"对于特定的化学反应或工艺,其固有热风险的严重度和可能性到底是什么含义?"

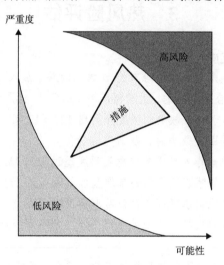

图 3.1　风险图

化学反应的热风险是由反应失控及其相关后果(如引发失控反应)带来的风险。所以,必须搞清楚一个反应怎样由正常状态"切换"到失控状态。为了进行这样的评估,需要掌握热爆炸理论(第 2 章)和风险评估的概念。这意味着为了进行严重度和发生可能性的评估,必须对事故场景包括其触发条件及导致的后果进行辨识、描述。对于热风险,一般认为最糟糕情形是反应器冷却系统失效,或反应物料或物质处于绝热状态,这里考虑冷却失效场景[①]。

3.1.2　涉及热风险的工艺

热风险问题存在于大量的操作过程中。本章聚焦于化学反应过程,因为该复杂过程便于我们将整个方法完整地呈现给读者。精细化工中的大多数化学反应会放出热量,即存在热风险。尽管如此,我们还需要注意到吸热反应也存在热风险的问题。就反应工艺而言,人们往往希望能控制目标反应[②],并避免发生二次反

---

① 工业过程中冷却失效场景是一种很糟糕的事故场景,但火灾、加料错误等场景可能比该场景更糟糕。对此,建议读者多角度、辩证地看待。一方面,基于冷却失效场景构建的热风险评估理论、模型、数据获取方法等对其他场景具有重要的参考价值及借鉴意义;另一方面,必须认识到基于该场景的热风险评估并不能涵盖热风险问题的全部,应借鉴该场景的相关方法对具体场景具体分析,反对"一刀切"或机械式的套用。——译者

② 本书反复出现"desired reaction""synthesis reaction""main reaction",根据语义均翻译为"目标反应"。——译者

应(secondary reaction)①。本章所介绍的方法可以将这两类反应分开，从而使热风险评估得到大大的简化。

由于物理性操作单元中的工艺物料常常需要经受热环境的作用，因此，这类操作也存在热风险。举例来说，蒸馏或干燥操作必须有意识地加热工艺物料，而这就可能触发意外的二次反应，从而导致失控。这类操作将在第 13 章中详细讨论。而对于一些无需加热的工艺过程，也必须考虑其热风险，对于可能出现热累积情形尤其如此，如大量物料储存、物料存放于隔热容器中、物料在热环境中运输等。热累积的问题将在第 12 章中讨论。

3.2　热风险评估准则

3.2.1　冷却失效场景

以一个放热间歇反应为例来说明失控情形时化学反应体系的行为。经典的评估程序如下：在室温下将反应物加入反应器，在搅拌状态下加热到反应温度，然后保温(反应停留时间和产率都预先优化过)。反应完成后，冷却并清空反应器(图3.2 中虚线)。

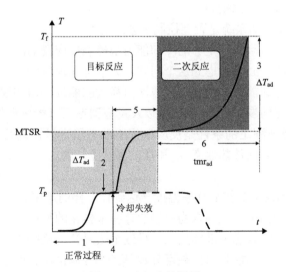

图 3.2　冷却失效场景

冷却失效后，温度将从工艺温度上升到合成反应的最高温度 MTSR。该温度可能触发二次分解反应。图左边部分表示一旦冷却失效后的目标反应及温度上升到 MTSR 的过程，右边部分显示的是二次反应放热引起的温升及到达最大反应速率的时间，数字代表了 6 个关键问题

---

① 本书中的二次反应(secondary reaction)重点在于目标反应后的分解反应，尽管二次反应的含义包括但不限于分解反应。——译者

　　此模型由 R. Gygax 提出[1,2]。假定反应器处于反应温度 T_p 时发生冷却失效（图 3.2 中的点 4），则冷却系统发生故障后体系的温度变化如该场景所示。在发生故障的瞬间，若未反应物质仍存在于反应器中，则继续进行的反应将导致温度升高。此温升取决于未反应物料的量，即取决于工艺操作条件。温度将到达合成反应的最高温度（maximum temperature of the synthesis reaction，MTSR）。

　　MTSR 是合成反应（由于冷却失效）突然处于绝热状态时可能达到的温度，在计算 MTSR 时只考虑合成反应（或目标反应）的能量。

　　如果 MTSR 低于环境温度（反应在低温下进行），建议将环境温度作为 MTSR，因为一旦冷却系统失效，环境将缓慢加热反应器，使其达到环境温度。

　　由于 MTSR 高于工艺温度，因此有可能引发反应物料的分解，而该分解反应放热会导致温度的进一步上升（图 3.2 阶段 6），到达最终温度 T_f。

　　这里我们看到，由于目标反应或合成反应的失控，有可能会引发一个二次反应。目标反应与二次反应之间存在的这种差别可以使评估工作简化，因为两个反应实际上是分开的，允许分别进行研究，但需要注意这两个反应是由 MTSR 联系在一起的。

　　下面的问题代表了 6 个关键点，这些关键点有助于建立失控模型，并对确定风险评估所需的参数提供指导。

　　问题 1：通过冷却系统是否能控制工艺温度？

　　正常操作时，必须保证足够的冷却能力来控制反应器的温度，从而控制反应历程，工艺研发阶段必须考虑到这个问题。为了确保反应的热量控制，冷却系统必须具有足够的冷却能力，以移出反应器内释放的能量。需特别注意反应物料可能出现的黏度变化问题（如聚合反应），以及反应器壁面可能出现的积垢问题（见第 14 章）。另一个必须满足的条件是反应器应于动态稳定区内运行，如第 6 章所述。

　　所需数据：反应的放热速率 q_{rx} 和反应器的冷却能力 q_{ex}，可以通过反应量热得到这些数据。

　　问题 2：目标反应失控后体系温度会达到什么样的水平？

　　冷却失效后，如果反应混合物中仍然存在未转化的反应物，则这些未转化的反应物将在不受控的状态下继续反应并导致绝热温升，这些未转化的反应物被认为是物料累积，产生的能量与累积百分数（累积度）成正比。所以，要回答这个问题就需要研究反应物的转化率和时间的函数关系，以确定未转化反应物的累积度 X_{ac}。由此可以得到合成反应的最高温度 MTSR：

$$MTSR = T_p + X_{ac} \cdot \Delta T_{ad,rx} \tag{3.1}$$

　　这些数据可以通过反应量热的方法获得。反应量热仪可以提供目标反应的反应热，从而确定其绝热温升 $\Delta T_{ad,rx}$。对放热速率进行积分就可以确定热转化率和

热累积度 X_{ac}，累积度也可以通过相关数据的分析得到。

问题3：二次反应失控后温度将达到什么样的水平？

由于 MTSR 高于设定的工艺温度，有可能触发二次反应。不受控制的二次反应(可能是分解反应)，将导致体系进一步的温升。由二次反应的热数据我们能计算出绝热温升 $\Delta T_{ad,d}$，并确定从 MTSR 开始到达的最终温度 T_f：

$$T_f = \text{MTSR} + \Delta T_{ad,d} \tag{3.2}$$

式中，温度 T_f 表示失控的可能后果，将在下面讲述。

这些数据可以由量热法获得，量热法通常用于二次反应和热稳定性的研究，如差示扫描量热(DSC)、Calvet 量热和绝热量热等。

问题4：什么时刻发生冷却失效会导致最严重的后果？

因为发生冷却失效的时间不定，必须假定其发生在最糟糕的瞬间，也就是，在物料累积达到最大或反应混合物的热稳定性最差时。未转化反应物的量及反应物料的热稳定性会随时间发生变化，因此知道在什么时刻累积度最大(潜在的放热最大)是很重要的。反应物料的热稳定性也会随时间发生变化，这通常发生在反应需要中间步骤才能进行的情形中。因此，为了回答这个问题，必须了解合成反应和二次反应。既具有最大累积又存在最差热稳定性的情况是最糟糕的情况。显然，必须采取安全措施予以解决。

回答这个问题所需要的参数可以这样解决：通过反应量热获取物料累积方面的信息，同时组合采用 DSC、Calvet 量热和绝热量热来研究热稳定性问题。

问题5：目标反应发生失控有多快？

从工艺温度开始到达 MTSR 需要经过一定的时间。然而，工业反应通常在目标反应速率很快的温度下运行。因此，正常工艺温度之上的温度升高将导致反应的明显加速。大多数情况下，这个时间很短(图 3.2 阶段 5)。

目标反应失控的持续时间可通过反应的初始放热速率和 tmr_{ad} 来估算[3]：

$$tmr_{ad} = \frac{c_p' R T_p^2}{q_{T_p}' E} \tag{3.3}$$

问题6：从 MTSR 开始，分解反应失控有多快？

温度 MTSR 有可能触发二次反应，而此不受控制的二次分解反应会导致进一步的失控。二次反应的动力学对确定事故发生可能性方面起着重要的作用。运用绝热条件下最大反应速率到达时间 tmr_{ad} 可以进行估算(见 2.4.6 小节)：

$$tmr_{ad} = \frac{c_p' R (\text{MTSR})^2}{q_{MTSR}' E} \tag{3.4}$$

以上 6 个关键问题说明了工艺热风险知识的重要性。从这个意义上说，它体现了工艺热风险分析和冷却失效模型建立的系统方法。

这些数据概括成了如图 3.3 所示的图示，通过该图可以对给定工艺的热风险进行快速的检查核对。

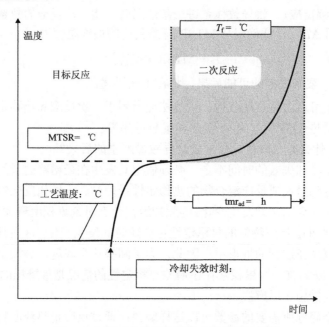

图 3.3　实际工艺热风险相关参数的图形描述

(冷却失效场景的)模型建立后，就是对工艺的热风险进行评估。然而，评估必然涉及评估准则，下面对严重度和可能性的评估准则进行介绍。

3.2.2　严重度

由于精细化工行业的大多数反应是放热的，反应失控的后果与释放的能量有关。如 2.2.1 小节及 5.1.3 小节所述，绝热温升与反应热成正比，这体现了一个简单易用的评估严重度的判据，严重度即指失控反应不受控的能量释放可能造成的破坏。绝热温升可以用比反应热除以比热容得到：

$$\Delta T_{ad} = \frac{Q'}{c'_p} \tag{3.5}$$

在这个表达式中，Q' 表示目标反应或分解反应的比反应热。表 2.1 给出了一些比热容。然而，作为初步近似，可以采用下列比热容参数进行近似估算：

(1)水：4.2 kJ·kg⁻¹·K⁻¹；
(2)有机液体：1.8 kJ·kg⁻¹·K⁻¹；
(3)无机酸：1.3 kJ·kg⁻¹·K⁻¹；

(4) 卤化有机物：$1.1 \ kJ \cdot kg^{-1} \cdot K^{-1}$；

(5) 通常，初步估算也可以采用很易记住的值：$2.0 \ kJ \cdot kg^{-1} \cdot K^{-1}$。

最终温度越高，失控反应的后果越严重。如果温升很大，反应混合物中一些组分可能会蒸发或分解产生气态化合物，因此，体系压力将会增加。这可能会导致容器破裂和其他严重破坏。就温升导致的压力效应而言，若最终温度均为 80℃，则以丙酮作为溶剂的危险性明显大于以水作为溶剂[①]。

绝热温升不仅是影响温度水平的重要因素，对失控反应的动力学行为也有重要影响。通常而言，如果活化能、初始放热速率和起始温度相同，释放能量大的反应会导致快速失控或热爆炸，而释放能量小的反应(绝热温升低于 100K)会导致较低的温升速率(图 2.3，参见 2.3.3 小节)。

如果目标反应(问题 2)和分解反应(问题 3)在绝热条件下进行，可利用所达到的温度水平来评估失控严重度。

表 3.1 建议性地给出了一个表述严重度的四等级评估判据。该判据常用于精细化工行业[4]，来源于由苏黎世保险公司提出的苏黎世危险性分析法(Zurich hazard analysis，ZHA)[5]。如果将严重度按三等级进行评估，位于四等级顶层的两个等级("灾难性的"和"危险的")可合并为一个等级("高的")。

表3.1 失控反应严重度的评估准则

简化的三等级分类	扩展的四等级分类	ΔT_{ad}/K	Q'的数量级/$(kJ \cdot kg^{-1})$
高的	灾难性的	>400	>800
	危险的	200~400	400~800
中等的	中等的	50~200	100~400
低的	可忽略的	<50 且无压力效应	<100

严重度的评估基于这样的事实：若绝热状态下温升达到或超过 200K，则温度-时间的函数关系将产生急剧的变化(图 2.3)，导致剧烈的反应和严重的后果。反之，对应于绝热温升为 50K 或更小时，反应物料不会导致热爆炸，这时的温度-时间曲线较平缓，相当于体系自加热而不是热爆炸，因此，若没有类似溶解气体导致压力增长带来的危险时，则这种情形的严重度是"低的"。

3.2.3 可能性

目前还没有可以对事故发生可能性进行直接定量的方法，或者说还没有能直接对工艺热风险领域中的失控反应发生可能性进行定量的方法。然而，若考虑如

---

① 此处对原文的表述进行了改进。——译者

图 3.4 所示的失控曲线，则会发现这两个案例的差别是很大的。在案例 1 中，由目标反应导致温度升高后，将立即触发二次反应，而案例 2 将有足够的时间来采取措施，从而达到对工艺的再控制，或者说有足够的时间使系统恢复到安全状态。如果比较两个案例发生失控的可能性，显然案例 1 比案例 2 引发失控的可能性大。因此，尽管不能轻易地对可能性进行定量，但至少可以半定量化地对其进行比较。

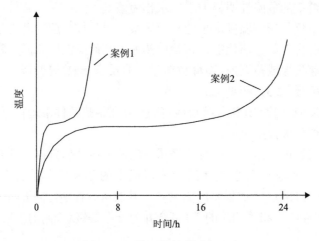

图 3.4　评价可能性的时间尺度

可以利用时间尺度对事故发生的可能性进行评估：若在冷却失效后(问题 4)后，有足够的时间(问题 5 和问题 6)在失控变得剧烈之前采取应急措施，则发生失控的可能性就低了[①]。

对于可能性的评估，常使用由 ZHA 法[5]提出的六等级准则[4]，见表 3.2。

表 3.2　失控反应发生可能性的评估判据

简化的三等级分类	扩展的六等级分类	可控性 [a]	tmr_{ad}/h
高的	频繁发生的	不太可能的	<1
	很可能发生的	困难的	1~8
中等的	偶尔发生的	可行性低的	8~24

---

① 采用时间尺度对失控反应发生可能性进行评估时，时间尺度应包括目标反应的诱导期及二次分解反应的诱导期。大多数情况下，目标反应的诱导期很短以至于可以忽略，故只需考虑二次反应的诱导期即可，这是该著作进行危险度分级的基本前提之一。然而，实际生产过程中，有些反应是间歇工艺，目标反应很缓慢(有的持续24h 以上)，或者热效应不明显，甚至反应过程中需要间歇性地补热。对于这类工艺，有的由于放热量小且无压力效应，可以直接"豁免"而无需进一步分级，有的应该考虑目标反应的诱导期，而不应该简单机械地套用书中分级方法"强行分级"。——译者

简化的三等级分类	扩展的六等级分类	可控性 [a]	tmr_{ad}/h
	很少发生的	可行的	24～50
低的	极少发生的	容易的	50～100
	几乎不可能发生的	没问题的	>100

a. 可控性(controllability)的概念将在第 15 章中介绍。

若使用简化的三等级评估体系，则等级"频繁发生的"和"很可能发生的"可以合并为同一级"高的"，而等级"很少发生的"、"极少发生的"和"几乎不可能发生的"合并为同一级"低的"，中等等级"偶尔发生的"变为"中等的"。对于工业规模的化学反应(不包括储存和运输)，若在绝热条件下失控反应最大速率到达时间超过 1 天(24 h)，则我们认为其发生可能性是"低的"。若最大速率到达时间小于 8h(1 个班次)，则发生可能性是"高的"。这些时间尺度仅反映了数量级的差别，实际上取决于许多因素，如自动化程度、操作者的培训情况、电力系统的故障频率、反应器大小等。只有对已知严重度采取了一些措施，其可能性的分级才有意义。另外，这种分级仅适用于反应过程，而不适用于储存过程。

3.2.4 失控风险评估

在对失控反应的严重度及可能性评估后，则可以对其风险进行评估。例如，可以采用图 3.5 所示的 3×3 阶的风险矩阵来评估，该矩阵的两个坐标均采用"低的"、"中等的"及"高的"三等级表述。

严重度	高的 $\Delta T_{ad}> 200K$	中等的	高的	高的
	中等的 $50K<\Delta T_{ad}<200K$	中等的	中等的	高的
	低的 $\Delta T_{ad}< 50K$ 且无压力效应	低的	低的	低的
		$tmr_{ad}\geqslant24h$ 低的	$8h<tmr_{ad}<24h$ 中等的	$tmr_{ad}\leqslant8h$ 高的
		可能性		

图 3.5 用于表征失控风险的评估矩阵

如第 10 章所述,采用风险矩阵的方法对热稳定性问题进行直接评估是非常适用的。就反应器安全问题的评估而言,需要考虑反应进行的方式与控制手段,因此需要更细化的评估方法。由此引出了危险度的概念。

3.3 化工工艺的危险度

3.3.1 危险度评估

上述冷却失效场景利用温度尺度来评估严重度,利用时间尺度来评估可能性。一旦发生冷却故障,温度从工艺温度(T_p)出发,首先上升到合成反应的最高温度(MTSR),在该温度点必须检查是否会发生由二次反应引起的进一步升温。为此,tmr_{ad}的概念非常有用,因为tmr_{ad}是温度的函数(见2.4.6小节),从tmr_{ad}随温度的变化关系出发,可以寻找一个温度点使tmr_{ad}达到一个特定值(图3.6),如24h(T_{D24})或8h(T_{D8}),这些特定的时间参数对应于不同的可能性评估等级,见3.3.2小节和3.2.3小节。

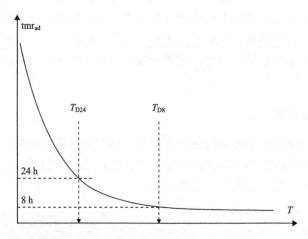

图3.6　tmr_{ad}与温度的变化关系

tmr_{ad}为24h或8h对应的时间判据可以转化为T_{D24}或T_{D8}这样的温度参数

除三个温度(T_p、MTSR、T_{D24})外,还有另外一个重要的温度参数:设备的技术限值(technical limit)对应的温度。这可能取决于结构材料的强度、反应器的设计参数如压力或温度等。对于开放的反应体系(即反应在常压下进行),通常将沸点看成是这样的一个参数。在封闭体系中(即带压运行的情况),通常将体系达到压力泄放系统的设定压力所对应的温度看成是这样的一个参数。

因此,考虑到温度尺度,对于放热化学反应,认为这4个温度水平的相对位置为:

(1)工艺温度(T_p):冷却失效场景的初始温度。一旦出现非等温过程,且冷却失效具有最严重的后果(最糟糕情况)时,要马上考虑到这个初始温度。

(2)合成反应的最高温度(MTSR):这个温度本质上取决于未转化反应物料的累积度,因此,该参数强烈地取决于工艺条件,如工艺温度、加料时间等。

(3)tmr$_{ad}$为24h的温度(T_{D24}):这个温度取决于反应混合物的热稳定性(见第10章),它是反应物料热稳定性不出问题的(unproblematic)最高温度。

(4)技术原因确定的最高温度(maximum temperature for technical reasons,MTT):对于开放体系,沸点可以视为这样的技术限值;如果反应混合物中没有挥发性的组分,但会生成气体,可以将导致体系出现压力增长时的气体生成速率所对应的温度作为技术限值,因为这样的压力增长将可能导致容器失效[①]。对于封闭体系是最大允许压力(安全阀或爆破片设定压力)对应的温度。作为一个温度限值,MTT也可以由设备设计人员确定[②]。

根据这4个温度的相对位置关系,可以将冷却失效场景的危险度分为5个等级(图3.7),不同等级对应着冷却失效后不同类型的行为特征[6]。

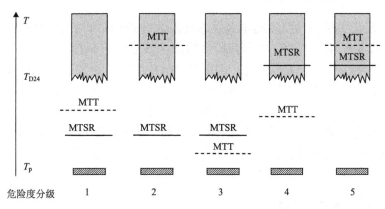

图3.7 根据T_p、MTSR、T_{D24}和MTT四个温度水平对危险度分级

3.3.2 危险度分级

根据上面所述的不同温度参数出现的先后次序,可以构建出5种不同类型的危险度情形,并可用不同的危险度指数(criticality index)表征。该指数不仅对风险

---

① 原文中,分号后的这句话出现在3.3.5小节中。这里进行了前置处理。——译者

② MTT取决于结构材料的强度、反应器的设计参数(如压力或温度等)、安全装置、产品质量控制等。对于封闭体系(即带压运行的情况),MTT是密闭体系最大允许压力对应的温度,这里最大允许压力可以从多个角度考虑,如压力泄放系统设定压力、传感器工作范围、密封稳定性等。因为泄放过程存在很多不确定性因素,容易导致意外事故(如火灾)的发生,所以实际工艺过程中往往是不希望泄放系统(如爆破片)启动的。基于这样的考虑,MTT对应的压力可以比实际泄放系统设定压力低一点,如泄放系统设定压力为6.0bar,则可以将压力为5.5bar对应的温度设置为MTT。当然,比6.0bar低多少可以由企业或设备设计人员自行设置。——译者

评估有用，对选择和定义足够的风险降低措施也非常有帮助，这一点将在第四部分中详细说明。5 种危险度情形如下所述。

3.3.2.1　1 级危险度情形

目标反应失控后，体系温度达不到技术限值（MTSR<MTT），且由于 MTSR 低于 T_{D24}，因此分解反应也不严重。只有当反应物料在热累积情况下停留很长时间，才能达到 MTT，再者蒸发冷却能起到辅助安全屏障的作用。这样的工艺热风险低。

所以，对于该级危险度的情形不需要采取特殊的措施，但是反应物料不应长时间停留在热累积状态。只要其设计适当，蒸发冷却或紧急泄压（emergency pressure relief）可起到安全屏障的作用。

3.3.2.2　2 级危险度情形

目标反应失控后，温度达不到技术极限（MTSR<MTT），且分解反应不严重（MTSR<T_{D24}）。情况类似于 1 级危险度情形，但是由于 MTT 高于 T_{D24}，如果反应物料长时间停留在热累积状态，会引发分解反应，达到 MTT。在这种情况下，如果 MTT 时的放热速率很高，到达沸点可能会引发危险。只要反应物料不长时间停留在热累积状态，则工艺过程的热风险较低。

如果能避免热累积，不需要采取特殊措施。如果不能避免出现热累积，蒸发冷却或紧急泄压最终可以起到安全屏障的作用。所以，必须依照这个目的来设计这些措施。

3.3.2.3　3 级危险度情形

目标反应失控后，温度达到技术极限（MTSR>MTT），但分解反应不严重（MTSR<T_{D24}）。这种情况下，工艺安全取决于 MTT 时目标反应的放热速率。

第一个措施就是利用蒸发冷却或控制泄压（controlled depressurization）来使反应物料处于受控状态。必须依照这个目的来设计蒸馏装置或尾气（off gas）处理装置，且即使是在公用工程发生失效的情况下这些装置也必须能正常运行。还需要采用备用冷却系统、反应物料紧急放料（dumping）或骤冷（quenching）等措施。也可以采用泄压系统，但其设计必须能处理可能出现的两相流情形（见第 16 章），且必须安装流出物（effluent）处理系统从而避免反应物料喷洒到设备外。所有的这些措施都必须依照这样的目的来设计，而且必须在故障发生后立即投入运行。该危险度情形的热特征及如何选择相应的技术措施将在第 15 章中详细介绍。

3.3.2.4 4级危险度情形

合成反应发生失控后，温度将达到技术极限(MTSR>MTT)，并且从理论上说会触发分解反应(MTSR>T_{D24})。这种情况下，工艺安全取决于 MTT 时目标反应和分解反应的放热速率。蒸发冷却或紧急泄压可以起到安全屏障的作用。该级危险度情形类似于 3 级，但有一个重要的区别：若技术措施失效，则将引发二次反应。

所以，需要一个可靠的技术措施，其设计可以与 3 级危险度情形类似，但还应考虑到二次反应附加的放热速率。该危险度情形的热特征及如何设计相应的技术措施将在第 15 章中详细介绍。

3.3.2.5 5级危险度情形

目标反应失控后，将触发分解反应(MTSR> T_{D24})，且温度在二次反应失控的过程中将达到技术极限。对于 5 级危险度情形，由于技术限值 MTT 有可能比 MTSR 低，也可能比 MTSR 高，因此必须根据(物料在)MTT 时的行为分两种情形进行讨论。

(1)如果温度在达到 MTSR 之前先达到 MTT，MTT 时的放热速率应为目标反应及二次分解反应的放热速率之和。

(2)温度在达到 MTT 之前先达到 MTSR，MTT 时的放热速率只考虑分解反应的放热速率即可。

对于这两种情况，如果二次反应的能量高，那么其相应的放热速率可能也很高，此时蒸发冷却或紧急泄压很难再起到安全屏障的作用。这是因为二次反应在温度为 MTT 时的放热速率太高，会导致一个危险的压力增长。所以，这是一种很危险的情形，除非二次反应的能量很低。

对于该级危险度情形，目标反应和二次反应之间没有安全屏障。一旦目标反应失去控制，将触发二次反应，因此只能采用骤冷或紧急放料措施。由于大多数情况下分解反应释放的能量很大，必须特别关注安全措施的设计。为了降低严重度或至少是降低触发(分解反应)失控的可能性，非常有必要重新设计工艺。作为替代的工艺设计，应考虑到下列措施的可能性：减小浓度、由间歇反应变换为半间歇反应、优化半间歇反应的操作条件从而使物料累积最小化、改变加料次序、转为连续操作等。

不应将工艺危险度分级视为目的，而应将其作为一种开展如下工作的手段：

(1)充分理解反应及物质的热行为；

(2)收集热风险参数并进行合理解释；

(3)制定防止失控的保护策略；

(4)形成保护措施的初步设计(见第 15 章)。

因此,在失控场景处置的风险分析过程中,对工艺的危险度分级是非常必要的。

示例 3.1　危险度分级

某化学反应以间歇方式进行,工艺温度为 20℃,甲醇为溶剂(沸点为 65℃)。一旦出现冷却失效,合成反应的温度将升至 60℃,此时将出现二次放热反应。二次反应在 60℃时的诱导期 tmr_{ad} 为 14 h(T_{D24} =50℃),比放热量为 550J·g^{-1},反应物料的比热容为 2.0 kJ·kg^{-1}·K^{-1}。

为了确定风险降低措施,需要计算冷却失效场景的特征温度并确定危险度等级。

二次反应的绝热温升为

$$\Delta T_{ad} = \frac{550J \cdot g^{-1}}{2kJ \cdot kg^{-1} \cdot K^{-1}} = 275K$$

该能量意味着高的严重度,但 60℃时 tmr_{ad} 为 14 h,意味着中等可能性[1]。因此,热风险等级为"高"。

4 个特征温度的关系为

$$T_p=20℃ < T_{D24}=50℃ < MTSR=60℃ < MTT=65℃$$

因此,危险度等级为 5 级(图 3.8),需要采取风险降低措施。很可能要重新设计工艺:将间歇工艺改为半间歇工艺,降低 MTSR,从而有可能成为危险度等级为 2 级的工艺。

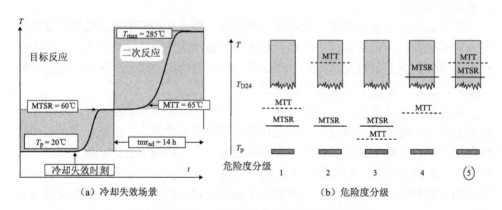

(a) 冷却失效场景　　　　　　　(b) 危险度分级

图 3.8　示例 3.1 中的冷却失效场景及危险度分级

3.3.3　危险度评估的一些特例

工程上会出现 T_{D24} 低于工艺温度的特殊情形,即工艺温度情况下二次反应已

---

① 原文此处有歧义,这里进行了变通。——译者

经发生。也就是说，无需分析就可以直接将工艺判定为 5 级危险度情形。对此强烈建议变更工艺，以解决工艺过程中二次反应引起的选择性问题。

危险度分级方法可以应用于物理性的操作单元。由于不存在目标反应，因此只涉及二次反应具有的能量及 $\mathrm{tmr_{ad}}$，此时可以将容器器壁温度或加热介质的温度作为 MTSR。第 13 章中将详细介绍相关案例。

3.3.4　关于 5 级危险度等级

通常认为，属于 5 级危险度的工艺应予以放弃。这意味着危险度随着级别的增加而增加（从 1 级到 5 级）。然而，危险度级别的增加只是表观性的。实际上，正如下文所述，危险度级别首先与工艺涉及的能量有关，其次与失控反应开始后的可控性有关。

危险度 1~3 级情形，实际上只考虑了目标反应的能量，因为二次反应没有被引发或者非常不明显以至可以被忽略[①]。因此，最高温度 T_f 就是 MTSR：

$$T_\mathrm{f} = \mathrm{MTSR} = T_\mathrm{p} + X_\mathrm{ac}\frac{Q'_\mathrm{rx}}{c'_p} \tag{3.6}$$

危险度 1 级与 2 级情形的热风险显然较低，因为温度达不到技术限值（MTT），这意味着不会产生危险的压力增长。因此，对于这两种危险度情形，释放的能量不足以导致严重后果，没有必要采取特定的防止失控的措施。对于危险度 3 级情形，温度达到了技术限值，必须采取相应的措施。

对于危险度 4 级与 5 级情形，引发了二次反应，因此需要将目标反应及二次反应放出的总的能量纳入最高温度的计算中（表 3.3）：

$$T_\mathrm{f} = T_\mathrm{p} + X_\mathrm{ac}\frac{Q'_\mathrm{rx}}{c'_p} + \frac{Q'_\mathrm{dc}}{c'_p} \tag{3.7}$$

表 3.3　导致外部效应的能量

危险度等级	能达到的最高温度	导致外部效应的能量
1	MTSR	$Q'_\mathrm{ef} = 0$
2	MTSR	$Q'_\mathrm{ef} = 0$
3	MTSR	$Q'_\mathrm{ef} = c'_p(\mathrm{MTSR} - \mathrm{MTT})$
4	T_f	$Q'_\mathrm{ef} = c'_p(T_\mathrm{f} - \mathrm{MTT})$
5	T_f	$Q'_\mathrm{ef} = c'_p(T_\mathrm{f} - \mathrm{MTT})$

---

① 对原著此处的表述进行了完善。——译者

失控发生后，体系释放的能量将用于提高反应物料的温度(绝热温升)，直到达到技术极限 MTT。在此过程中，反应物料仍滞留于反应器中。温度高于技术极限后，容器可能失效(loss of containment)，剩余能量(Q'_{ef})将导致外部效应(external effects)，如该挥发分的蒸发或温度的进一步升高(表 3.3)。

失控发生后的可控性主要取决于技术极限 MTT 时的放热速率，这意味着 3 级危险度情形可能比 5 级情形更加难以控制。聚合反应就是一个这样的例子，目标反应强放热，而产物(聚合物)却相对稳定。这类工艺属于 3 级，尽管可能涉及高的能量，但仅限于目标反应。

3.3.5　MTT 作为安全屏障使用时应注意的事项

在 3～5 级危险度情形中，技术极限 MTT 发挥了重要的作用。在开放体系中，这个极限可能是沸点，这时应该按照这个目的来设计蒸馏或回流系统，其能力必须足够，以至于能完全适应失控温度下的蒸气流速。尤其需要注意可能出现的蒸汽管液泛(flooding of the vapor tube)问题或反应物料液位上涨(swelling)的问题，这两种情况都会导致压力增大。冷凝器也必须具备足够的冷却能力，即使是在蒸气流速很高的情况也必须如此。此外，回流系统的设计时，必须采用独立的冷却介质，以避免可能出现的共模失效(common mode failure)。第 14 章将详细解释蒸发冷却的应用。

在开放体系中，如果反应混合物中没有挥发性的组分，但会生成气体，可以将导致体系出现压力增长时的气体生成速率所对应的温度作为技术限值，因为这样的压力增长可能会导致容器失效。

在封闭体系中，技术极限为反应器压力达到泄压系统设定压力时的温度。这时，在压力达到设定压力之前，有可能在受控方式下对反应器减压，这实际上为反应体系在温度仍然可控的情况下进行调节(temper)提供了一种可能。

反应体系的压力升高到紧急泄压系统的设定压力时，有可能出现压力增长速率足够快以至于出现两相流和相当高的泄放流量(discharge flow rate)的问题。紧急泄压系统(安全阀或爆破片)的设计，必须采用紧急泄放系统设计协会(design institute of emergency relief systems，DIERS)[7-9]的技术来进行。这些将在第 15～16 章中详细阐述。

示例 3.2　危险度分级与蒸发冷却

某放热反应以二甲苯(xylene)为溶剂，沸点为 140℃，工艺温度为 100℃。反应热为 200 kJ·kg^{-1}。反应以半间歇方式进行，最大累积度为 30%。

终态反应物料会发生二次分解，相应的绝热温升为 250K，T_{D24} 为 120℃。反应物料的比热容为 2 kJ·kg^{-1}·K^{-1}。

(1)计算相关特征温度,画出失控历程曲线并标注出 MTT 的位置;

(2)确定危险度等级;

(3)在一次项目组会议中,有同事建议用甲苯替换二甲苯(沸点为 110℃),因为甲苯不会改变反应的化学特性。对此你怎么看?

解答:

(1)相关特征温度如下:

$$\text{MTSR} = T_p + X_{ac}\Delta T_{ad} = 100 + 0.3 \times \frac{200\text{kJ} \cdot \text{kg}^{-1}}{2\text{kJ} \cdot \text{kg}^{-1} \cdot \text{K}^{-1}} = 130℃$$

$$T_f = \text{MTSR} + \Delta T_{ad,dec} = 130℃ + 250\text{K} = 380℃$$

根据 van't Hoff 方程,可以有

$$\text{tmr}_{ad}\big|_{T=130℃} = \text{tmr}_{ad}\big|_{T=120℃} \times \frac{1}{2} = 24\text{h} \times \frac{1}{2} = 12\text{h}$$

(2)根据这些特征温度的关系,即 $T_p < T_{D24} < \text{MTSR} < \text{MTT}$,可知属于 5 级工艺。于是得到图 3.9。

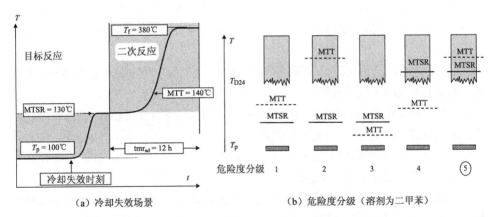

（a）冷却失效场景　　　　　　　（b）危险度分级（溶剂为二甲苯）

图 3.9　示例 3.2 中的冷却失效场景及危险度分级(二甲苯)

(3)由于甲苯的沸点低于二甲苯,若使用甲苯替代二甲苯,则工艺的危险度等级为 4 级(图 3.10)。这种情况下,若回流系统的能力足够,则可以将蒸发冷却作为一道安全屏障。采用 van't Hoff 方程进行近似,110℃时的 tmr_{ad} 约为 48h(约是 120℃时的 2 倍),由于该温度的放热速率较低,系统具有较强的适应性。第 15 章中将介绍相应的定量方法。

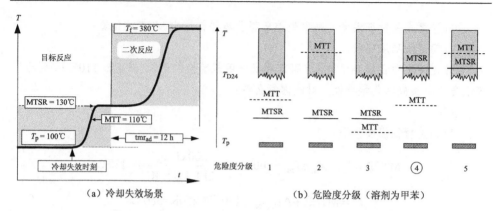

（a）冷却失效场景　　　　　　　　（b）危险度分级（溶剂为甲苯）

图 3.10　示例 3.2 中的冷却失效场景及危险度分级（甲苯）

3.4　评估程序

3.4.1　热风险评估的一般规则

乍一看，可能觉得用于热风险评估的数据和概念显得很复杂且不易理解。实际上，根据简约化原则（KISS 原则），有两个规则可以简化评估程序并将工作量降低到最低。

（1）简化法：该方法应将问题尽可能地简化，将所需数据量限制到最小，并形成一种经济的解决问题的程序。

（2）最坏情形法：如果必须（按此方法）进行近似计算，应确保近似计算是保守的，从而能按照程序评估出相应的风险。

若由简化法得到的结果表明所设定的操作是可行的（即正结果），则应保证有足够大的安全裕度（safety margin）。如果简化法评估得到的是一个负结果，也就是说得到的结果不能说明所设定的操作是安全的，这意味着还需要补充更加准确的数据来做出最终的决定。这样，可以根据问题的难度对一些参数进行调整。本书中的案例系统地运用到了这些规则。

3.4.2　热风险评估的实用程序

冷却失效情形中描述的 6 个关键问题使得我们能够对化工工艺的热风险进行识别和评估。第一步，构建一个冷却失效场景，该场景易懂并可作为评估的基础。第二步，在所构建情形的基础上，确定危险度等级，从而有助于选择和设计风险降低措施。本书的结构基本按照图 3.11 评估程序排布，图中的评估程序将严重度和可能性分开进行考虑，并考虑到了安全实验室中获取数据的经济性问题。

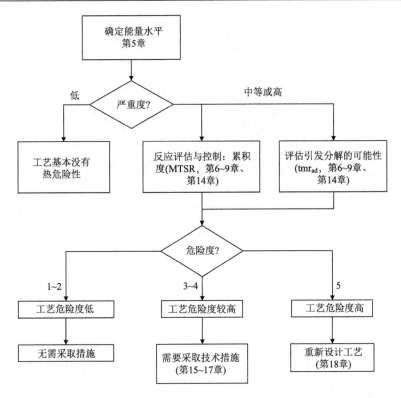

图 3.11　包含冷却失效场景构建及危险度评估所需步骤与参数的评估程序

因此，对于反应体系来说，MTSR 至关重要。该参数不仅是目标反应失控后的结果，也是确保体系热稳定性的关键温度。

图 3.12 给出了一个逐步细化的评估流程。该流程基于不断提升准确性的原则，要求评估人员根据不同的数据准确性需求，提供相应的评估参数。

1) 评估流程的第一部分：估算

①MTSR 的计算。认为目标反应以间歇方式进行，即考虑其物料累积度为100%（最坏情形假设）。

②T_{D24} 或 T_{D8} 的估算。可以根据一条动态 DSC 曲线测试，详见 10.3 节。

2) 评估流程的第二部分：数据测试

如果按照 1) 中最坏情形评估的结果不可接受，这有可能是最坏情形大的安全裕度所致。因此，如果采用更准确数据并减小安全裕度，工艺或许是可接受的。

③确定反应物的真实累积情况。可以采用如反应量热的方法来确定目标反应中反应物的真实累积，因而可以得到真实的 MTSR。反应控制过程中要考虑最大放热速率与反应器冷却能力相匹配的问题，气体释放速率与反应器的气体处理能力相匹配的问题等。

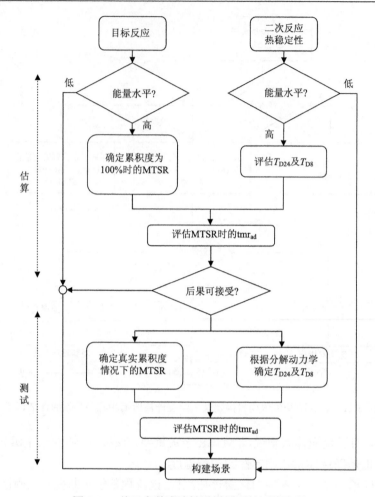

图 3.12　基于参数准确性递增原则的评估流程

④T_{D24} 或 T_{D8} 的确定。参数准确性递增原则也意味着评估工作复杂性递增原则。基于此，必须根据二次反应动力学确定 tmr_{ad} 与温度的函数关系，并由此确定 T_{D24} 或 T_{D8}。

该评估程序基于准确度递增原则，仅需要确定评估所需的数据。如果评估基于简单测试，那么预留的安全裕度较大。然而，如果具有更多的准确数据，可以将安全裕度减小到很小的范围而不影响工艺的热安全问题。

示例 3.3　基于少量数据的评估

在水溶液中将浓度为 0.1mol·L^{-1} 的某酮加氢转化成相应的醇，工艺温度为 30℃，压力为 2 bar(1bar=100000Pa，后同) g。为了反应器的安全，采用设定压力为 3.2 bar g

的安全阀进行超压保护。化合物分子中没有其他反应性基团。

基本无热参数可用，只知道某类似反应的摩尔焓为 -200 kJ·mol^{-1}，分解反应的典型焓值范围为 $-50\sim-480$ kJ·mol^{-1}（表 5.2），反应物料的比热容为 3.6 kJ·kg^{-1}·K^{-1}。

问题：

(1)对此加氢反应的热风险进行评估；

(2)假定存在分解反应，请对分解反应的热风险进行评估；

(3)对于此加氢反应，还需要考虑哪些其他的风险？

解答：

这个例子说明尽管有时只有极少的热参数可用，但仍然可能进行初步的热风险评估，前提是该加氢工艺的浓度很低。

(1)反应在稀水溶液中进行，因此可以假定密度为 1000 kg·m^{-3}。于是，比反应热为

$$Q_r' = \rho^{-1}c(-\Delta_r H) = \frac{0.1\text{mol}\cdot\text{L}^{-1}\times 200\text{kJ}\cdot\text{mol}^{-1}}{1.0\text{kg}\cdot\text{L}^{-1}} = 20\text{kJ}\cdot\text{kg}^{-1}$$

相应的绝热温升为

$$\Delta T_{ad} = \frac{Q_r'}{c_p'} = \frac{20\text{kJ}\cdot\text{kg}^{-1}}{3.6\text{kJ}\cdot\text{kg}^{-1}\cdot\text{K}^{-1}} \approx 6\text{K}$$

这么小的绝热温升不会导致热爆炸，因此，严重度很小。一旦反应器冷却系统故障，即使反应没有停止，反应体系的绝热温升为 6 K，MTSR 为 36℃。所以，该氢化反应的热风险为"低"。

(2)如果引发了分解反应，只有当体系压力高于 3.2 bar g 时，才会出现问题。由于物料是酮或醇，不会生成气体。因此，体系压力增长只可能源于蒸气压。由于体系浓度低，我们假定蒸气压源于水的蒸发。如果忽略反应耗氢(hydrogen uptake)，体系压力从 2 bar g(氢气压力)增长到 3.2 bar g，温度必须达到 105℃。于是，分解反应必须具备将温度从 MTSR(36℃)升高到 MTT(105℃)的能量，温升为 69K。对应的能量为

$$Q_d' = c_p'\cdot\Delta T_{ad} = 3.6\text{kJ}\cdot\text{kg}^{-1}\cdot\text{K}^{-1}\times 69\text{K} \approx 250\text{kJ}\cdot\text{kg}^{-1}$$

考虑到浓度因素，分解焓必须达到 2500 kJ·mol^{-1}，显然在表 5.2 中没有这么高的分解焓。也就是说，最终分解反应的严重度为"低"。

(3)与加氢工艺密切相关的风险主要源于氢气的爆炸特性。必须避免泄漏，车间必须通风良好。另外，加氢反应的催化剂通常具有自燃性，工艺过程中化学物质的毒性问题也需要考虑。

3.5 习　　题

3.5.1　重氮化反应

重氮化是将亚硝酸钠加入氨的水溶液中(2.5 mol·kg⁻¹)进行的反应。在一个工业规模公称容积为 4 m³ 搅拌釜式反应器中，最终反应物料量为 4000kg。反应温度为 5℃，反应迅速。从安全角度研究问题，认为其实际累积度约为 10%。

热数据：目标反应的摩尔反应焓 $-\Delta_r H = 65\text{kJ}\cdot\text{mol}^{-1}$，比热容 $c'_p = 3.5\text{kJ}\cdot\text{kg}^{-1}\cdot\text{K}^{-1}$；分解反应：$-\Delta_d H = 150\text{kJ}\cdot\text{mol}^{-1}$，$T_{D24} = 30℃$。

问题：

(1)评估该工业规模反应的热风险；

(2)确定反应的危险度等级；

(3)是否需要降低热风险的措施？

(这个问题将在第 15 章中继续讨论)

3.5.2　缩合反应

在搅拌釜式反应器中以半间歇的方式进行缩合反应，丙酮为溶剂(沸点为 56℃)，最终物料量为 2500 kg，反应温度为 40℃。第二种反应物按化学计量比以恒定的加料速率在 2h 内加入。在这些条件下，最大累积度为 30%。

热数据：目标反应的比反应热 $Q'_r = 230\text{kJ}\cdot\text{kg}^{-1}$，比热容 $c'_p = 1.7\text{kJ}\cdot\text{kg}^{-1}\cdot\text{K}^{-1}$；分解反应的比分解热 $Q'_d = 150\text{kJ}\cdot\text{kg}^{-1}$，$T_{D24} = 130℃$。

问题：

(1)评估该工业规模下反应的热风险；

(2)确定反应的危险度等级；

(3)是否需要降低热风险的措施？

(这个问题将在第 15 章继续讨论)

3.5.3　磺化反应

某磺化反应在96%的硫酸溶剂中以半间歇方式进行。总物料量为 6000kg，最终浓度为 3mol·L⁻¹，反应温度为 110℃，20%发烟硫酸以超过化学计量比30%的量在 4h 内以恒定速率加入。在这些条件下，加料约 3h 时，达到最大累积度(50%)。

热数据：目标反应的比反应热 $Q'_r = 150\text{kJ}\cdot\text{kg}^{-1}$，$c'_p = 1.5\text{kJ}\cdot\text{kg}^{-1}\cdot\text{K}^{-1}$；分解反应的比分解热 $Q'_d = 350\text{kJ}\cdot\text{kg}^{-1}$，$T_{D24} = 140℃$。

问题：

(1)评估该工业规模下反应的热风险;

(2)确定反应的危险度等级;

(3)是否需要降低热风险的措施?

(这个问题将在第 15 章继续讨论)

参 考 文 献

1 Gygax, R.(1993). Experimental overview of thermal phenomena of reactors and reaction masses. In: Thermal Process Safety, Data Assessment, Criteria, Measures, vol. 8.(ed. ESCIS). Lucerne: ESCIS.

2 Gygax, R.(1988). Chemical reaction engineering for safety. Chemical Engineering Science 43(8): 1759–1771.

3 Townsend, D.I.(1977). Hazard evaluation of self-accelerating reactions. Chemical Engineering Progress 73: 80–81.

4 ESCIS(1996). Loss of Containment, vol. 12. Lucerne: ESCIS.

5 Zogg, H.A.(1987). Zürich Hazard Analysis: A Brief Introduction to the "Zurich" Method of Hazard Analysis. Zürich: Zürich Insurance.

6 Stoessel, F.(1993). What is your thermal risk? Chemical Engineering Progress 10: 68–75.

7 Fisher, H.G., Forrest, H.S., Grossel, S.S. et al.(1992). Emergency Relief System Design Using DIERS Technology, The Design Institute for Emergency Relief Systems(DIERS) Project Manual. New York: AIChE.

8 CCPS(1998). Guidelines for Pressure Relief and Effluent Handling Systems. CCPS, AIChE.

9 Etchells, J. and Wilday, J.(1998). Workbook for Chemical Reactor Relief System Sizing. Norwich: HSE.

4 测试技术

典型案例：重氮化反应

一种蓝色的重氮基染料是由 2-氯-4，6-二硝基苯胺在硫酸作为溶剂情况下由亚硝酰硫酸重氮化而成。反应性较弱的苯胺进行重氮化反应需要强的试剂。此外，重氮化反应需要一个相对较高的温度(45℃)。由于这种蓝色染料需求量的增加，工艺过程的生产能力也必须增加。负责工艺研发的化学师决定通过增加反应物和减少溶剂来提高浓度。然而，他意识到这样做会导致反应放热的增加。因此，他决定在实验室中进行实验来对这一问题进行评估。他将一个三口烧瓶放在 45℃ 的水浴中，并用两个温度计分别测量水浴和反应介质的温度。他预先将苯胺加入硫酸，然后向其中逐渐加入亚硝酰硫酸，进行重氮化反应。在反应过程中，水浴和反应混合物之间没有检测到温度差。因此他得到这样的结论：反应放热不明显，且能被控制。

工业规模下进行重氮化反应时，导致了剧烈的爆炸，造成 3 人死亡、30 多人受伤，并对生产装置产生了巨大的破坏。

经验教训

实际上，实验室使用的简单检测装置并不能检测到反应放热：与工业规模相比，实验室规模的比热交换面积约大两个数量级(见 2.3.1.2 小节)。因此反应热可被移出且检测不到温差，然而在工业规模中相同的放热则有可能控制不住。该事故强调了反应量热仪的必要性，同时也促进了这种仪器的开发。当时 Regenass[1] 已经对该设备进行了研制开发，后来该设备形成了商品化的装置(RC1)。

事故发生后，在该公司中心研发部门积极地对这起严重事故进行了深入的研究。一名物理化学家提出利用差示扫描量热仪(DSC)来研究这一反应过程中涉及的热量。他对原工艺的浓度和事故中的较高浓度分别进行实验，得到了不同的热谱图，然后意识到他可以对这起事故进行预测(见工作示例 10.1)[2,3]，因此，他决定创建一个实验室专门进行这类实验。这是利用热分析和量热法就安全问题进行科学评估的开端。从那以后，不同的化工企业发展了许多不同的方法，并由科学仪器公司将这些方法硬件化和商品化。

引言

这一章对一些仪器进行了回顾。4.1 节对量热原理进行了一般化的介绍，4.2 节对安全实验室中常用的测试方法进行了小结。对这些仪器设备的介绍并不打算面面俱到，而仅仅想从作者的实际经验出发。

4.1 量热法的测量原理

热量不能直接测量。大多数情况是通过温度的测量来间接测量热量。然而，有些量热仪基于补偿原理，可以直接测量放热速率或热功率。量热法是一项很古老的技术，最初于 18 世纪由 Lavoisier 及 Laplace 建立。当时，设计了多种不同类型、不同测量原理的量热仪，有很大的选择空间。

4.1.1 量热仪的分类

有多种不同的方法可以对量热及热分析方法进行分类。Rouquerol[4]基于量热单元与其环境之间的热交换对量热仪提出了系统的分类，认为可以分为绝热量热仪（量热单元与环境没有热交换）与非绝热量热仪（diathermic calorimeters）①（样品放出的所有能量全部被热交换）两组，每组又可以分为主动型量热仪（active calorimeter）与被动型量热仪（passive calorimeter）两类。见表 4.1。

表 4.1 Rouquerol 之后的量热仪分类

组别	类别	原理	举例
绝热量热仪	主动型	真正绝热	ARC
	被动型	准绝热或恒温	Dewar
非绝热量热仪	主动型	补偿	DSC（PerkinElmer 公司）
	被动型	热流	DSC（Boersma 原理）

在工艺安全领域，我们还需要关注仪器的很多性能指标，如测试样品量、温度范围、灵敏度等，特别要关注检测限②。

4.1.2 量热仪的温度控制模式

量热仪的温度控制模式决定了其进行的实验类型及应用范围。绝大部分非绝热量热仪有不同的温度控制模式，包括等温或动态（扫描）模式。对主动型绝热量热仪而言，通过环境温度追踪样品温度来实现绝热。不同温控模式及其应用详述如下：

---

① 原著中用语为 diathermic calorimeters，一方面这种说法很不普遍，另一方面很难有中文专业术语与之对应。考虑到行业适用性，意译为"非绝热量热仪"。——译者

② 原著中的检测限以 $W \cdot g^{-1}$ 表示。然而，不同的量热仪，检测限的表述并不一致，如对于绝热量热仪而言，检测限以 $K \cdot min^{-1}$ 表示。——译者

4.1.2.1　等温模式

等温模式(isothermal mode)指采用适当的方法调节环境温度从而使样品温度保持恒定,因此,这种控制模式要求温度控制器必须快速而又准确地响应样品中的温度变化。

这种模式的优点是可以在测试过程中消除温度效应,不出现反应速率的指数变化,直接获得反应的转化率。缺点是如果只单独进行一个实验不能得到有关温度效应的信息,若需要得到这样的信息,必须在不同的温度下进行一系列这样的实验(见 10.4.2 小节)。

4.1.2.2　动态模式

动态模式(dynamic mode):样品温度在给定温度范围内呈线性(扫描)变化。因此,一次动态测试就可以获得在较宽温度范围热行为,且可以缩短测试时间。例如,进行 DSC 动态测试,扫描速率为 $4℃ \cdot min^{-1}$,从 30℃扫描到 450℃所需时间不超过 2 h。

因此,在筛选实验中,通常采用动态 DSC 技术定量测试样品的反应热或能量值。为了获得动力学三因子(kinetic triplet,指前因子、活化能及机理函数①),对动态模式下的动力学研究提出了更高的要求,因为温度与转化率效应耦合在一起。因此,对于动力学问题的研究还需要采用更复杂的评估技术(见 10.4.3 小节)。

4.1.2.3　绝热模式

就绝热模式(adiabatic mode)而言,样品温度源于其自身的热效应。从原理上讲,绝热技术可以直接得到热失控曲线。然而,实际过程中测试结果必须利用热惯量因子(thermal inertia factor,或热惰性因子)进行修正(见 4.5.2 小节),因为样品释放的热量有一部分用来升高样品池温度。这使得绝热模式下的动力学评估复杂化。

4.1.2.4　恒温模式

恒温模式(isoperibolic mode)是指环境温度保持恒定或扫描状态②,而样品温度发生变化。显然,让环境温度保持恒定的温度控制方式比较容易实现。

图 4.1 中,对比了上述不同运行模式反应物料温度、环境温度与时间的变化

---

① 原文为"reaction order",不够准确。——译者
② 原文为"环境温度保持恒定",但这种表述不够全面。为了与 4.1.3.3 小节表述统一,这里进行了调整。
——译者

关系。仔细分析量热仪的热平衡，可以对这些运行模式有更好的理解。

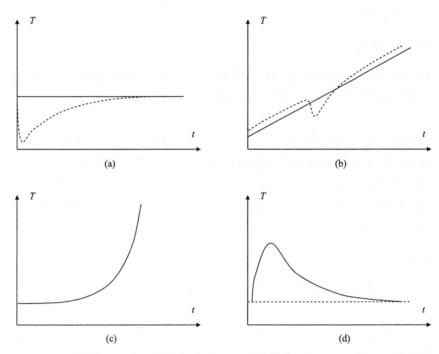

图 4.1　不同运行模式下样品温度随时间的变化关系(实线)及环境温度随时间
的变化关系(虚线)

(a)等温模式；(b)动态模式；(c)绝热模式；(d)恒温模式

4.1.3　量热仪中的热平衡

热量或热流是无法直接测量的。因此，热量仪基本上测试的是温度参数，有时也测试电功率(如功率补偿型量热仪)。最终通过分析仪器的热平衡来实现热量的测试。为了能够测定反应放热，量热仪采用了简化的热平衡，如 2.3.2 小节所述。

$$热累积=反应放热-与环境的热交换 \tag{4.1}$$

式(4.1)中的"热"通常代表热功率或热释放速率。热累积通过样品的温度变化体现，而温度变化源于反应放热与体系-环境热交换的不一致。当然，就量热而言，我们的目标是获得反应的放热行为。

许多热量仪设计时采取的方法是设法消除热平衡三项中的一项，从而可以通过测量其他项来确定反应的放热速率。

(1)不形成热累积，即等温方法。

(2)不发生热交换，即绝热方法。

当式(4.1)中所有的三项处于平衡状态且不等于零时,热平衡的分析变得相对复杂,如恒温方法。

4.1.3.1 理想热累积

必须将待研究反应的总放热转换为热量的积累,即转化为可以测量的温升。这可以通过消除与环境的热交换,形成绝热状态得到:

$$q_{ac} = q_{rx} \quad \text{或} \quad q_{ex} = 0 \tag{4.2}$$

绝热状态可通过隔热(被动型量热仪)或者热散失补偿(主动型量热仪)来形成。例如,杜瓦瓶量热仪是通过隔热实现绝热[5-7],绝热加速量热仪(ARC)[8]、PHITEC 量热仪[9]或在 DIERS 构架内研发的泄放尺寸设计量热仪(Vent Sizing Package,VSP2)[10]则是利用补偿加热器来避免热量由样品散失到环境中。这些量热仪对表征失控反应尤其有用。

4.1.3.2 理想热流

在这种情况下,反应释放的所有热量都转移到环境中:

$$q_{ac} = q_{rx} + q_{ex} = 0 \tag{4.3}$$

这类量热仪主要有等温量热仪和动态量热仪,后者采用了恒定的扫描速率升温。仪器必须这样设计:必须避免任何与设定温度的偏离,且反应热必须流向热交换系统并由此进行反应热的测量,这样的设备就像一个散热器(heat sink)。在这类量热仪家族中,主要有反应量热仪、Calvet 量热仪[11]和差示扫描量热仪(DSC)[12]。

4.1.3.3 恒温方法

在这类量热仪中,环境温度受到控制,使其保持恒定或扫描状态。样品温度随散失到环境中的热流变化而变化。因此,相比于上述方法,此方法得到的结果更加难以评估。所以,这些仪器通常都是半定量的。

备注:由于大部分仪器只能做到尽量接近理想状态(理想热流或理想热积累),因此从理论上讲这些设备应视为是恒温的,类似符合 Boersma 原理的 DSC 那样。其炉膛(即环境)是温度控制的,样品温度随热平衡的变化而变化。

4.2 安全实验室所用的仪器

在市场上有各式各样的量热仪可供选择。然而,用于获取安全评估所需的参数时,量热仪的选择余地却很小。安全实验室所用仪器应根据其应用场合及一些特定指标来选择。

4.2.1　用于安全研究的仪器特点

除了需要考虑仪器的运行模式及测量原理，还需要考虑一些对工艺安全测试至关重要的特定指标。下文 4.2.1.1 小节～4.1.2.4 小节对此展开详述。

4.2.1.1　测试样品量

市场上量热仪测试的样品量变化很大：微量热仪测试的样品量为毫克量级，克级量热仪测试量为数克，验证性量热仪为 50g～2kg。要选择多大样品量进行量热测试？这强烈取决于所研究的问题。安全实验室常用的测试仪器见表 4.2。

表 4.2　安全实验室常用量热设备的比较

方法	测量原理	适用范围	样品量	温度范围	灵敏度/(W·kg^{-1})[a]
DSC(差示扫描量热仪)	差值，理想热流或恒温	筛选实验、二次反应	1～50mg	−50～500℃	2[b]～10
Calvet 量热仪 C80 /BT2.15	差值，理想热流	目标反应、二次反应	0.1～3g	30～300℃/ −196～200℃	0.1～1[c]
ARC(绝热加速量热仪)	理想热累积	二次反应	0.5～3g	30～400℃	0.5
泄放尺寸设计量热仪 (VSP)	理想热累积	目标反应、二次反应	50～100g	30～350℃	0.2
SEDEX(放热过程灵敏探测器)	恒温，绝热	二次反应，储存稳定性	2～100g	0～400℃	0.5[d]
RADEX 量热仪	恒温	筛选实验，二次反应	1.5～3g	20～400℃	2
SIKAREX 量热仪	理想热累积，恒温	二次反应	5～50g	20～400℃	0.25
RC(反应量热仪)	理想热流或热平衡	目标反应	50～2000g	−40～250℃	1.0
TAM(热反应性监测仪)	差值，理想热流	二次反应，储存稳定性	0.5～3g	30～150℃	0.01
杜瓦瓶量热仪	理想热累积	目标反应、热稳定性	100～1000g	30～250℃	—[e]

　　a. 典型值；b. 一些新型仪器最佳条件下的可达灵敏度；c. 取决于样品量；d. 取决于所用样品池；e. 取决于容积和杜瓦瓶质量。

用于研究合成反应的仪器必须能够模拟反应的正常操作条件，而该条件必须尽可能地接近车间生产工况。这属于反应量热的范围，且该量热仪必须配置搅拌容器、能精确控温、能在反应过程中连续加料。为了能尽量接近生产工况，反应量热仪的测试样品量为 50g 到 1kg 或 2kg。若用于反应放大(scale-up)研究时，必须充分考虑物理相似性(physical similarity)原则，这意味着实验室设备的几何结构必须与生产全尺寸设备的几何形状相似，像实体模型(mockup)一样。显然，将用于验证实验(bench scale)的设备直接用作这样的实体模型更容易，基于此模型的测试结果更真实，更能模拟生产工艺。反应量热仪在这些条件下的测试结果可以很好地回答 3.2.1 小节中冷却失效情形之关键问题 1、2、4 和 5。然而，当反应物数量太少时(这在制药行业中经常发生，来自研究实验室样品通常非常有限)，唯有进行小量级的测试，别无他法。

当研究危险反应或高能物料(energetic materials)时，采用小量级测试实属不得已而为之，因为即便在安全实验室，风险也是存在的。事实上，在研究高能物料的分解时，能量释放和潜在的温升是重要的，因为分解会产生更小的分子(碎片)，这些分子可能是气态的[①]。由此产生的压力增长可能反过来使样品容器破裂。采用毫克量级的微热量仪时，可以降低释放的总能量，从而保证实验安全，降低操作人员和仪器承受的风险。

4.2.1.2　灵敏度

热灵敏度与仪器的检测限相关，是选择仪器的另一重要参数。灵敏度对于确定二次反应最大反应速率到达时间特别重要。实际上，3.2.3 小节中所述到达时间为 8h 或 24h 所对应的热流分别为 $1W \cdot kg^{-1}$、$0.3W \cdot kg^{-1}$ 左右。为了能在与这些限值对应的温度范围内直接测量热释放速率，所使用的仪器应具有相适应的灵敏度。另一方面，如果采用具有一定耐压性能的样品池，其质量相对较大，必然无法达到高的灵敏度。此外，实验所需时间也会加长。正因如此，测试通常在较高的温度条件下进行。温度升高后，反应速率加快，放热速率增加，便于测试且测试时间缩短。这样处理的缺点在于需要将测试结果外推到低温情形。灵敏度高的量热仪，如 SETARAM 公司的 Calvet 量热仪 C80 或 TA 仪器公司的热反应性检测仪(TAM)，有时用于对外推结果进行验证(图 4.13)，或者用于研究物料的储存稳定性，因为灵敏度越高，测试时间长的问题越不突出。低灵敏度的仪器(如 DSC)主要用于筛选。

4.2.1.3　量热仪的结构

仪器可设计成只有单个量热单元或者具有两个完全相似的量热单元(a twin calorimeter)，后者也称为差示量热仪。差示量热仪的两个量热单元(或称为量热样品池)结构对称，一个承装被测样品，另一个承装参比物质。该技术主要测量两

---

① 原文用词"volatile"，翻译时进行了变通。——译者

个量热单元的温度差或功率差，这样可以有效地补偿测试过程中的热散失，因为两个完全对称的量热单元具有相同的热散失。

4.2.1.4　用于安全问题研究的量热样品池

专门用于研究高能物料或热稳定性的仪器基本上都需要考虑坚固性的问题，这是因为分解反应通常会产生小分子，形成挥发性化合物或气态物质，并可能会导致压力显著升高。因此，样品必须封装于一个密封且耐压的容器中。这样做有三个方面的好处：

(1)它避免了因蒸发或气体释放而产生的吸热效应，这可能会掩盖在相同温度范围内可能发生的放热效应，从而导致错误的结果(图 4.2)。

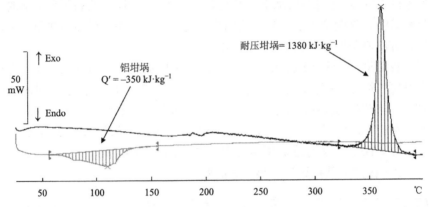

图 4.2　同样的样品在敞开环境(铝坩埚)与密闭环境(耐压坩埚)情况下 DSC 测试结果

(2)它避免了因被测样品的损失而导致其特征信息的丧失。这很重要，因为被测能量通常以 $J \cdot g^{-1}$ 表示。

(3)由于样品池破裂本身也是一种危险,因此耐压单元可保护操作人员和仪器免受飞散碎片的毁伤。

正是因如此，优先考虑仪器测试的样品量在数毫克到 1g 或 2g 的范围内，因而常采用微量热仪。耐压样品池的缺点在于其质量较大，这会影响量热测试的灵敏度。

4.2.2　用于安全问题研究的仪器举例

根据所研究的问题及样品的特性选择不同的测试仪器。正如上文所述，选择的依据取决于测试结果的应用目的。本书中将样品量、温度范围、灵敏度等视为重要依据，表 4.2 中列出了一些典型仪器，4.1 节对其测试原理进行了介绍。

4.3 节～4.5 节将简要介绍根据运行模式和热平衡分类的一些典型的量热仪。

4.3　微　量　热　仪

4.3.1　差示扫描量热仪

长期以来,差示扫描量热仪一直应用于工艺安全领域[13-15]。这主要是由于其进行筛选实验时具有的多功能性,只需要很少量的样品就能获得定量数据(微量热技术),这项技术的优点就在此。将样品装入坩埚,然后放入温控炉中,由于是差值方法,将另一个坩埚用作参比,参比坩埚可为空坩埚或装有惰性物质的坩埚。

4.3.1.1　DSC 的原理

原本的 DSC 是在每个坩埚下面都装有一个加热电阻,来控制两个坩埚的温度并保持相等[12]。这两个加热电阻之间加热功率差直接反映了样品的放热功率,因此,这种方法遵循理想热流的原理(见 4.1.3.2 小节)。

另一种 DSC 则基于 Boersma 原理[12]:不采用加热补偿的方法,而允许样品坩埚和参比坩埚之间存在温度差(图 4.3),记录温度差,并以温度差-时间或温度差-温度关系作图。仪器必须进行校准,来确定放热速率和温差之间的关系。通常利用标准物质的熔化焓进行校准,包括温度校准和量热校准。实际上,基于 Boersma 原理 DSC 的运行遵循恒温工作模式(见 4.1.2.4 小节),但由于样品量很小(3～20mg),因此非常接近理想热流的情形。

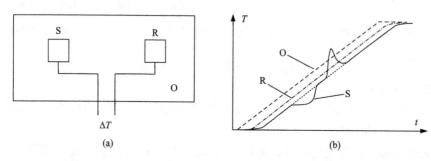

图 4.3　DSC 的温控炉(a)。S 为样品,R 为参比,O 温控炉;动态实验时的温度与时间关系(b)

4.3.1.2　DSC 与安全问题的研究

加热炉的温度控制有两种方法:动态模式也称扫描模式(炉温随时间呈线性变化)和等温模式(炉温保持恒定①)。由于 DSC 测试的样品量少,仅为毫克量级,因

---

① DSC 的这种炉温保持恒定的模式,虽称为等温模式,但实则为恒温模式。——译者

此即使放热效应非常明显的情形也可以研究，因为在很恶劣条件下(进行测试)对实验人员或仪器也没有任何危险。此外，扫描实验从环境温度升至 500℃，以 4K·min^{-1} 的升温速率仅需要 2h。因此，对筛选实验来说，DSC 已经成为应用非常广泛的仪器[13,16,17]。

仪器的灵敏度由以下因素决定：

(1)传感器的结构：所使用的材质、几何形状和热电偶的数量。

(2)使用坩埚的类型：出于安全目的，通常采用质量相对较大的耐压坩埚，这将影响其灵敏度。

(3)实验条件：主要是扫描速率。

因此，灵敏度范围通常在 2~20W·kg^{-1} 之间，这个放热速率对应于绝热条件下 4~40℃·h^{-1} 的温升速率①。这意味着如果放热反应在某温度下检测到放热，则在该温度下的热爆炸形成时间(tmr$_{ad}$)仅为 1h 左右，数据常常需要外推(图 4.4)。

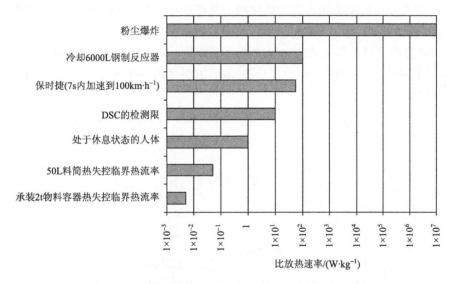

图 4.4 一些典型场景的功率参数(与 DSC 灵敏度相比)

由于样品中可能含有挥发性物质，在扫描实验的加热过程中，这些物质可能蒸发，并产生两个结果：

(1)蒸发吸热对热平衡产生负影响，也就是说测量信号会掩盖放热反应。

(2)实验中部分样品的蒸发散失可能导致对测试结果的错误解释。

因此，为测定样品具有的潜在能量，实验必须采用密闭耐压坩埚。DSC 如此，

① 不同类型量热仪的灵敏度表述方式很不一致，有的用 W，有的用 W·kg^{-1}，还有的用 K·min^{-1}。另外，量热仪灵敏度的内涵也不统一。所以，原著中这种说法及图 4.4 的科学化、规范化尚需进一步加强。——译者

而对于其他测试仪器也同样如此。经验告诉我们容积为 50μL 的镀金密闭坩埚，其耐压可以达到 200bar，非常适合进行安全问题的研究。这些坩埚在市场上可以买到，如 TÜV SÜD Process Safety 就可以提供[18]。

4.3.1.3 DSC 样品池

4.2.1.4 小节就安全问题研究时对坩埚的选用进行了说明，这对 DSC 技术来说尤其重要，因为如果使用敞口坩埚，高温下的测试通常意味着挥发物的蒸发。样品池的结构材料也很重要。例如，从图 4.5 中可以看出，若采用不锈钢坩埚，有一个重要的放热峰，其比放热量为 1180 kJ·kg^{-1}，而若采用镀金坩埚，则检测到的热效应比较微弱，这是不锈钢材质的催化效应所致。实际上，就毫克量级的测试而言，样品池的直径只有数毫米，样品与坩埚的接触面积很大（2000m^2·m^{-1} 数量级），以至于催化效应很明显，而就工厂搅拌釜式反应器而言，催化效应导致的这个工艺安全问题不突出，因为此时接触面积很小，只有 1～10 m^2·m^{-1} 数量级。从对被测物料可能具有的催化效应角度看，通常采用镀金坩埚[图 4.6(a)]进行测试，经验表明金材质催化被测物料的情况很少发生。从避免催化效应的目的出发，也可以采用玻璃坩埚[图 4.6(b)]，只是玻璃坩埚存在制样困难、测试热灵敏度降低的缺点。

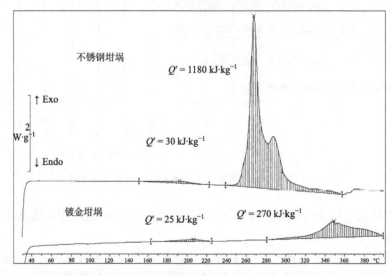

图 4.5　相同被测样品的两张热谱图的对比：上面为不锈钢坩埚，下面为镀金坩埚

4.3.1.4 应用

DSC 非常适合测定分解热（见第 5 章）。如果反应物料在足够低的温度下混合

(a)　　　　　　　　　　　　　(b)

图 4.6　用于安全问题研究的 DSC 坩埚:(a)镀金坩埚;(b)玻璃坩埚

(低温可以减慢反应速率),同时从足够低的温度开始扫描,那么也可以测试总的反应热。这样做时,我们必须清醒地意识到 DSC 中的样品是不能搅拌的,也无法在反应过程中添加其他物料。不过,DSC 坩埚尺寸小,物质扩散时间短,即使不搅拌,通过扩散也能达到一定的混合效果。

　　这种扫描实验的目的在于模拟最坏场景:试样加热到400℃或500℃,在这个温度范围大多数有机化合物都会发生分解。此外,此类实验在密闭容器中进行,没有分解产物从容器中逸出(即完全封闭条件)。这样的热谱图显示了试样的热特性,类似于试样的"能量指纹(energy finger print)"(见 5.3.2.2 小节)。由于可以获得定量测试结果,因此以这样简单的方法就可以得到绝热温升,从而进行失控反应严重度的评估(见 3.2.2 小节)。这类筛选实验对于混合物潜在危险性的分析很有用。

工作示例 4.1　间歇反应的筛选测试

　　某初始反应混合物样品的 DSC 曲线见图4.7,反应以间歇方式进行,溶剂为甲苯,反应温度为 100℃。对该热谱图进行解释。

　　由于所测样品为间歇工艺的初始反应混合物,因此测试结果反映了总的能量值。从图中得到了三个信号:

　　(1)第一个为吸热峰,能量为$-20\text{kJ}\cdot\text{kg}^{-1}$,这反映了混合物料中某组分的相变。事实上,该组分为固体。

　　(2)第二个为放热峰,能量为$300\ \text{kJ}\cdot\text{kg}^{-1}$,温度范围为 90~150℃,涵盖了 100℃的预期工艺温度,认为这个放热峰对应着目标反应。这一点可以通过对终态反应混合物(反应料液)的 DSC 测试进行验证:终态反应混合物的 DSC 曲线将不会出现目标反应的放热峰。

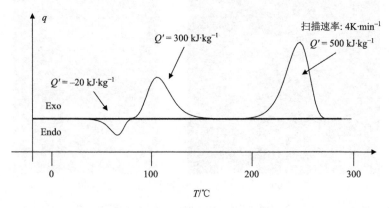

图 4.7　某反应混合物的 DSC 曲线

（3）第三个为放热峰，能量为 500 kJ·kg^{-1}，约 200℃时开始放热，该温度比工艺温度高很多。因此，这很可能是二次反应的放热峰。

初始反应混合物总的放热量为 800 kJ·kg^{-1}。

假定比热容为 2 kJ·kg^{-1}·K^{-1}，可以确定冷却失效场景的特征温度：

· 工艺温度 T_p 为 100℃；

· MTSR = $T_p + \Delta T_{ad,rx}$ = 100 + (300/2) = 250℃；

· 温度到达 250℃前，将引发物料的分解反应（$T_{D24} < 250$℃）；

· 体系的最终温度为 T_f = MTSR + $\Delta T_{ad,d}$ = 250 + (500/2) = 500℃。

若将甲苯的沸点作为技术限值（技术原因确定的最高温度，MTT），则该场景的危险度等级为 4 级。

4.3.1.5　样品制作

DSC 分析的样品量少（3～20 mg），有时难以制取具有代表性的样品。对于均相液体或粉末状固体，制样不困难，但若被测物料为非均相或是多种组分的混合物时，则样品制备就具有挑战性。事实上，若被测物料是固体在液体中的悬浮液，就很难获得具有代表性的样品。这里，介绍一些有所帮助的特殊技术：

（1）在烧瓶中混合，通过超声和快速取样将悬浮液取样到坩埚中。

（2）将固液两相按照质量比直接在 DSC 坩埚中混合。

（3）对分离相进行测试。研究过程中在悬浮液可能沉淀的情况下，可以考虑采用该技术进行分析，分离出的固相由于浓度高，分解速度可能更快，因此对分离相直接进行测试是具有说服力的。

有时样品可能对水分或氧气敏感。图 4.8 显示了同一样品的两个测试结果，一个在空气气氛中对坩埚进行密封，另一个在氩气气氛中密封。此时，到底在何种气氛中制样，应根据生产过程的实际情况决定。

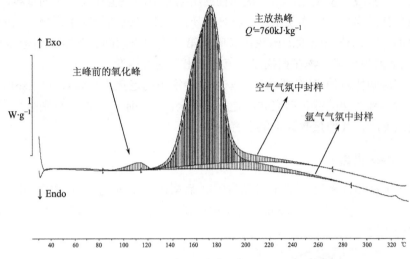

图 4.8　同一被测样品不同坩埚封样气氛的 DSC 曲线

因此，可以采用不同的策略进行处理：

(1)若产品须在空气气氛中处理，则在空气中封样。

(2)若产品须在氮气保护情况下处理，且无需考虑氮封失效问题，则可在惰性气氛(氮气或氩气)下封样。

(3)若产品在真空下处理，则在氩气气氛中封样所测结果能代表该工艺条件。

对于产品在真空下处理的工况，还需要考虑真空失效后的空气侵入(air ingress)情形。此时，需研究样品在空气气氛下封样的测试结果。由此可见，样品制备往往需要在不同气氛的手套箱中进行。

4.3.1.6　基线问题

对差示类的量热仪来说，基线问题很常见。有时只有一个量热单元的量热仪也存在基线问题。当测试的是样品与参比之间的温度差或是样品与环境(如炉膛或夹套)之间的温度差时，所测温度差应扣除基线，因为基线反映的是在不存在吸热或放热现象时的温度差。

理论上讲，基线应该是一根水平的直线，但由于量热仪的热灵敏度通常是温度的函数，与样品的物理特性也有关系，基线可能变成不同形状的曲线，这给基线的构建(选取)带来了困难。在动态 DSC 实验(扫描模式，温度随时间线性升高)中，有一项二次扫描(second run)技术比较有用：第一次扫描结束后，保持样品池原位不动，将炉膛冷却到室温，然后再次进行扫描。由于在第一次扫描过程中，分解反应已经发生，在第二次扫描时应该观察不到放热现象，第二次扫描的结果应该接近于基线。事实上，第二次扫描的结果并不能完全代表真实的基线，因为样品的分解产物也可能表现出一些物理性质，并对测试结果产生影响。例如，分解产物的热容仍然是温度的函数；有时在第二次扫描期间能观察到熔融信号(熔点)，这是因为分解产物在扫描温度范围内出现固液相变。

所有这些特点使 DSC 成为工艺安全实验室中的老黄牛(working horse)。虽然这项技术具有多功能性，但它并不是解决安全问题的唯一方法，特别是当需要更高的灵敏度时，其他量热计可能会有所帮助。

4.3.2　Calvet 量热仪

Calvet 量热仪来源于 Tian 的研究[19]，后来由 Calvet 与 Prat 进行了改进[11]。目前，这类量热仪可以从 Setaram 公司购买到，其 C80 及 BT2.15 两款设备都特别适合安全研究。

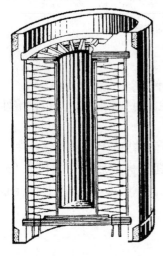

图 4.9　测量区域的垂直截面显示热电对的径向分布状况(该图示已得到 Setaram 公司的同意)

4.3.2.1　原理

与 DSC 一样，Calvet 量热仪也是采用差示量热的方法，可在等温模式或扫描模式下工作。就测试温度范围而言，C80 从室温到 300℃，BT2.15 从–196～200℃。与 DSC 相比，采用 Calvet 量热仪进行动态测试所需时间更长，因为其允许的最高扫描速率为 $2K \cdot min^{-1}$。这些设备有着高的灵敏度，可达 $0.1～1 W \cdot Kg^{-1}$(取决于样品量)，这样高的灵敏度本质上源于其测量方法：在样品池及参比池周围均大量布置热电堆(pile of thermocouples)，即 3D 传感器(图 4.9)。

4.3.2.2　应用

这两款设备均配备了多种供用户选择的样品池，其中有些样品池特别适合安全问题的研究。

所选购的 CG80 型密闭耐压样品池(图 4.10)有不锈钢及镀金两种材质，不锈钢材质样品池还可配置玻璃插件。该插件避免了液体或固体样品与钢的直接接触，但气体或蒸气仍可与钢材质接触。除了可以测试热效应，样品池还可以用于压力测量。这也为获取实验过程中产生的大量气态(或不凝)产物提供了可能。实验结束时，可以使用一种特殊的设备将样品池与气相色谱-质谱联用仪(GC-MS)相连，这样不仅可以确定实验过程中产生的气体量,还可以确定气体的种类(即气体的属性)。由于样品池完全密封,因此它非常适合研究生物领域中的高度活性物质。

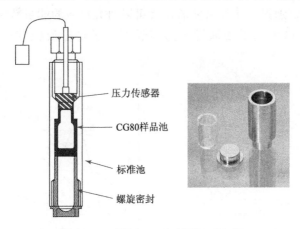

图 4.10   密闭耐压安全样品池(CG80)

用户也可以选择能实现样品混合的样品池[20]。例如,图 4.11 为一个特别适用于安全问题研究的样品池,由两个玻璃材质的样品室组成,上下布局,彼此隔开,上部样品室较短,下部样品室较长。通过推动金属杆打破上部样品室,从而流入下部样品室实现物料混合。

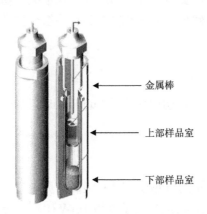

图 4.11   可以实现安全混合的样品池

这种可混合的样品池在工艺安全方面有很多应用。例如,可以应用于冷却介质事故性侵入(accidental intrusion)反应物料的情况,用于评估反应骤冷或反应物料紧急放料等安全措施的效率(见 15.3.3 小节和 15.3.4 小节)。显然,这些样品池也可用于研究反应热和反应物料的热稳定性。图 4.12 中举例说明了一个特别有效的实验组合，首先反应在温度(T)为 30℃下进行等温反应[图 4.12(a)]，在热信号(q)返回到基线后，通过温度扫描测量二次反应的热量和相应的压力效应[图 4.12(b)]。因此，通过一个组合实验，就可以研究反应的能量特性，样品的量级为 0.5～1.0g。这个例子还通过压力增长测出了目标反应的产气(P)情况[图 4.12(a)]。

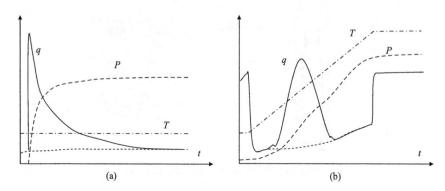

图 4.12　等温模式下某反应的典型测试结果(a)及动态模式下终态反应物料热稳定性的测试结果(b)

温度扫描过程中的压力信号[图 4.12(b)]显示了相对复杂的行为，这是产气压力与蒸气压叠加的结果。实验过程中的产气量或不凝产物的体积可以通过量热仪冷却到室温(30℃)时的残余压力来计算得到。该组合技术的缺点在于没有搅拌可能会导致反应不充分。

4.3.3　热活性监测仪

热活性监测仪(TAM)最初由瑞典的 Suurkuusk 和 Wadso 研发[21]，主要用于生物体系的研究。

4.3.3.1　原理

该设备是一种差示型的量热仪，具有很高的灵敏度，可以监测 μW 量级放热速率，测试样品量为 1g，对应的灵敏度为 $1mW \cdot kg^{-1}$。能达到这么高的灵敏度是由于多组热电耦布置在样品池周围，以及采用了高精度的温度调节装置来控制温度(精确度达 0.1mK)。

4.3.3.2　应用

TAM 非常适用于物质长期储存稳定性的研究。例如，一个反应的分解热为 $500kJ \cdot kg^{-1}$，放热速率为 $3mW \cdot kg^{-1}$，经过一个月后转化率为 1.5%，这样一种典型放热速率的例子就可以采用该仪器进行研究。因此，它可用于工艺安全领域中的热累积问题(见 12 章)，也可以用于对等温 DSC 实验测得的放热速率进行外推研究(见 10.4.2 小节)。图 4.13 给出了一个应用范例，由 DSC 实验测得样品在 170～200℃之间的放热速率为 90～500 W·kg⁻¹，基于此外推到较低温下，发现 120℃时的放热速率与 Calvet 量热仪测试值(3W·kg⁻¹)一致，65℃、75℃的放热速率则与 TAM 测试得到的 20 mW·kg⁻¹、50mW·kg⁻¹ 基本一致。这是检验外推结果正确与否的一个有效证明。就该例子可以看出，该技术可以应用于温度范围大(65～200℃)、放热速率相差 5 个数量级(从 0.02 W·kg⁻¹ 到超过 200 W·kg⁻¹)的热行为研究。

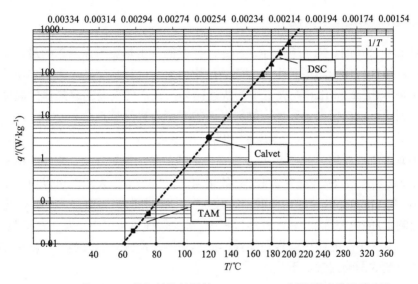

图 4.13　等温 DSC 数据外推结果被 Calvet、TAM 低温测试结果所确认

4.4　反应量热仪

4.4.1　反应量热仪的设计目的

　　反应量热仪的设计思想是使反应进行的条件尽可能接近工厂操作条件，这意味着反应量热仪的温度应采用等温控制模式或程序控制模式。因此，"样品池"应是一个搅拌釜式反应器。此外，反应量热仪应允许反应物以一定的控制方式进行加料、蒸馏或回流[22-24]，以及进行气体释放[25]。总之，操作条件必须和工厂搅拌釜式反应器的操作条件相同，主要差别在于反应量热仪能够追踪操作过程中的热现象。最初研发反应量热仪主要是为了安全性分析[26,27]，但很快人们就认识到

反应量热仪对工艺研发和放大也大有帮助[26-38]。

反应量热仪的一个很大优点在于所测热流属于微分测量(differential measure)，因为它与瞬时反应速率成正比。像这种与反应速率成比例的微分测量并不常见①。例如，光谱测量信号与浓度成比例，因此是积分测量(integral measure)。

4.4.2 反应量热仪的原理

文献[1,39]介绍了反应量热仪的工作原理。这里对商用量热仪常用的测试原理进行概括性介绍，包括热流型量热仪、热平衡型量热仪及补偿型量热仪。

4.4.2.1 热流型量热仪

Mettler 公司的 RC1 可能是 Regenass[1]开发的基于热流工作原理的最常见的商用反应量热仪。反应器中产生的全部热量均由夹套进行热交换，为了实现这一目的，载热体(heat carrier)在夹套中的快速循环，从而使夹套的载热体的温度基本恒定，因此可以根据夹套和反应物料之间的温度差来测量热流：

$$q_{ex} = UA(T_r - T_c) = q_{rx} \tag{4.4}$$

需要测出反应物料的温度 T_r 及夹套中的载热体的温度 T_c；量热仪的热灵敏度 UA 为总传热系数 U 及传热面积 A 的乘积，以 $W \cdot K^{-1}$ 表示，可以通过电校准(electrical calibration)确定。为此，在规定的持续时间内接通已知功率 q_c(电压和电流已测定)的电校准加热器。校准过程中，必须保证热量仪中不发生其他热效应。此时，影响热平衡的额外因素是搅拌器的热耗散及反应器的散热，可以将这些视为基线位置的影响因素。于是：

$$UA = \frac{q_c}{T_r - T_c} \tag{4.5}$$

当物料黏度增加、搅拌器转速变化或半间歇操作进料不同而导致总传热系数或传热面积发生变化时，都必须进行校准。热流型量热仪的一个巨大优势来自载热体的高流速：温度控制器响应快，即使放热速率很高(达到数百 $W \cdot kg^{-1}$)的反应，也可以控制其等温温度在±1℃的范围内，这为动力学研究带来了很大的便利条件(见 4.4.4.2 小节)。

4.4.2.2 热平衡型量热仪

遵循热平衡原理的量热仪，需测试夹套入口处载热体的温度($T_{c,in}$)与出口处

---

① 此处对原著的用语进行了变通。——译者

的温度$(T_{c,out})$，获得温度差。载热体的质量流量$(\dot{m})$和比热容(c'_p)必须已知，也可以通过电校准来确定$\dot{m} \cdot c'_p$。于是，通过夹套进行热交换的热流率为

$$q = \dot{m} \cdot c'_p \cdot (T_{c,out} - T_{c,in}) \tag{4.6}$$

为了测出入口和出口之间的温差，必须降低载热体的质量流量。因此，在热平衡型量热仪中，反应器内物料的温度控制不太精确，但最大的优点是测量结果与总传热系数及其变化无关。因此无需反复校准。

值得说明的是，这种热平衡的原理不仅可用于量热仪，还可用于不同的容器中，尤其可用于工厂反应器中(见 4.4.3.5 小节)。

4.4.2.3　补偿型量热仪

按照补偿原理工作的量热仪采用了电加热器，其功率至少等于被测反应或现象的最大放热速率[40]。反应开始前，将该加热器打开，反应器由夹套中流动的载热体冷却。放热开始时，通过温度控制器降低加热器的功率，将温度维持在所期望的设定点。当然，出现吸热时，加热器的功率增加。以这种方式确定的加热器的功率变化，可以视为量热仪中反应热释放速率的镜像(mirror image)。

4.4.2.4　基线问题

通常说来，反应从开始到结束，由于体系的传热特性或热交换面积的变化，基线的位置会发生变化。因此，必须在反应结束后根据不同的信号重建基线。如何在两次校准之间选取基线是一项"精细活"。这里有些选项(图 4.14)可供选择：

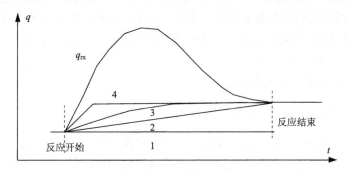

图 4.14　不同基线选项示意

(1)选项 1 是水平基线。可以从反应开始的点画，也可以从反应结束的点画(图 4.14 中未示出)。这种类型的基线可能导致反应开始或结束时不连续，因此通常没有物理意义。

(2)选项 2 为反应开始到结束之间的线性插值线。如果从反应开始到反应结束

之间没有大的偏差,可以采用这种选项。

(3)选项 3 是积分基线,其位置与热转化率成比例,通过从线性插值开始进行迭代获得。当物料黏度随反应进程发生变化并导致传热系数与转化率成比例时,采用该选项比较恰当。

(4)选项 4 是与某些参数成比例的基线。例如,基线与加料成比例:基线的漂移仅发生在加料期间。当反应物料体积由于加料发生很大变化时,这种类型的基线是合适的。

为了能选择"正确的"基线,需要对量热仪中反应过程出现的现象进行细致的分析。

4.4.3 反应量热仪举例

市场上有多种反应量热仪,不可能一一描述。作者基于自己曾使用过的设备,主观选择了一些反应量热仪进行介绍(4.4.3.1 小节~4.4.3.6 小节)。

4.4.3.1 Mettler Toledo 公司的 RC1

Mettler Toledo 公司的 RC1 量热仪是由 W. Regenass[41,42]于 20 世纪 70 年代在 Ciba Geigy 公司内部开发的,当时的名称为 "WFK" (Wärmefluskalorimeter,德语,意为热流量热仪),旨在满足公司内部开发安全工艺的需求。20 世纪 80 年代,Mettler 公司将该量热仪推向市场,此时该仪器仍属于 Ciba Geigy 公司。

该量热仪按照热流原理工作,其热灵敏度为 $0.5W \cdot kg^{-1}$。就其标配版而言,配备了 1.8L 带夹套的玻璃反应器,其几何结构与工业反应器相似。正因如此,通过该仪器获得的物料传热参数非常有利于工业放大(见 14.2.3 小节)。用户也可以额外配置一些较小的反应器或高压反应器(承压高达 350bar)。包括一个冷凝器在内的蒸馏套件(distillation kit)可视为另一套基于热平衡原理的量热单元,用于研究带蒸馏的反应或回流下的反应。

4.4.3.2 Chemisens 公司的 CPA 202

CPA 202(chemical process analyzer,化工过程分析仪)属于热流型量热仪,但不是通过夹套,而是由放置在反应器底部的 Peltier 元件进行冷却,整个量热池浸没在温度控制浴中,因此无需校准。反应器的容积为 250 mL,可测试反应物料的体积为 10~180 mL。将平底玻璃材质的圆柱形反应器置于恒温浴中,恒温浴装置上有一个可以观察反应物料的视窗。CPA 202 的热灵敏度为 $0.1 W \cdot kg^{-1}$。也可配置高压(100 bar)不锈钢或哈氏合金反应器。

4.4.3.3 Systag 公司的 Calo2310®

具有双夹套系统的 Calo2310®同时采用了热流和热平衡原理。一个夹套中载热体流速快，采用热流原理进行测试，另一个夹套载热体流速慢，基于热平衡原理进行测试。其 1L 玻璃釜配备回流冷凝器，同样也可用作量热单元。该仪器的工作基于动态模型系统(dynamic model-based system)，实验期间无需校准，但这之前必须按照程序进行强化校准(intensive calibration)。

4.4.3.4 小量级反应量热仪

为了更好地满足在制药行业中的应用，ETH Zürich 公司开发了一种小量级的补偿型量热计[40]，SETARAM 公司开发了一款恒温差示量热仪[43]。Mettler Toledo 还特意开发了一款小量级(30～100mL)的热流型量热仪 EasyMax®，用于实验室的工艺研发，无需小试即可直接使用，Systag 公司的 FlexyCube 也是如此，两者都可以用于化学反应的平行试验研究。

4.4.3.5 工业规模的反应量热

可以很容易地将热平衡原理用于工业反应器。为此，必须知道或测试获得载热体的流量，并且必须测量载热体的入口与出口温度，常见热载体的热容可以从文献中获取。然后，可以利用式(4.6)即可计算得到反应的放热速率。图 4.15 示例性地给出了一个容积为 4m³ 的工业反应器上获得的热谱图。在反应物加料阶段，

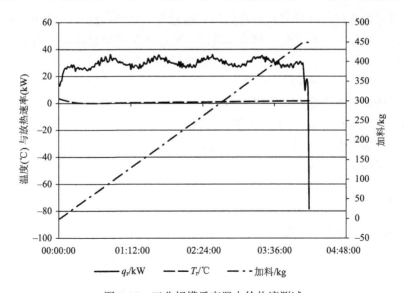

图 4.15　工业规模反应器中的热流测试

测试得到的放热速率实际上恒定，停止加料，放热也立即停止，这实际上是加料控制反应的特征。反应放热速率在 30kW 上下波动源于反应物料的温度有 0～1.9℃的变化，测试得到的反应热的精度在 1%左右。

这种测试方法可以对反应停滞(reaction stall)或反应物累积等情形进行检测。第 8 章给出了一些示例。

4.4.3.6　微尺度反应量热

博士论文[44-46]开发了具有量热功能的微反应器。该微反应器建于 4mm×4mm 的基础上，通道尺寸为 100μm×250μm，长度为 11.3mm 和 18.75mm(图 4.16)。然后，将反应器放置在 SETARAM 公司 DSC 的传感器上。

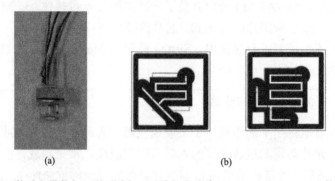

(a)　　　　　　　　　　　　　　　　　(b)

图 4.16　微反应量热仪：外观(a)，两种长度分为 11.3mm 及 18.75mm 的通道(b)

微通道的几何尺寸使其具有高的热交换能力。对于高达 $1.6×10^5 W·kg^{-1}$ 的热流值依然可以获得线性响应，这意味着尽管反应放热速率极高，但仍然能使微反应器保持等温状态。为了更加直观，可以将反应放热速率转化为绝热温升速率，于是 $1.6×10^5 W·kg^{-1}$ 的反应放热速率大约对应于 $80 K·s^{-1}$ 的绝热温升速率，相当于失控曲线处于垂直状态①。

通过改变进料速率(这会导致停留时间变化)，可以获得不同的放热速率(反应速率)。该方法可以用极少量的反应物确定反应动力学，且可以在一天内对反应动力学进行系统的研究。

4.4.4　应用

4.4.4.1　反应的热参数

可以用反应量热仪研究许多不同的反应，包括聚合反应[47-49]、格氏反应[50,51]、

---

① 此处对原文进行了变通。——译者

硝化反应[52-56]、加氢反应[57-60]、环氧化反应[61]及更多其他的反应[62-64]。图 4.17 给出了一张半间歇反应的量热测试曲线(热谱图),在 4h 内将某反应物以 125%的化学计量比(过用量 25%)加入反应器(X_{fd}),反应的最大比放热速率(q'_{rx})约为 35W·kg^{-1}(该参数用于确定工厂冷却装置的冷却能力)。由于进料结束时反应未立即停止放热,表明存在未转化反应物的累积。对热流信号进行积分,可以计算出不同时刻的热转化率(X)。

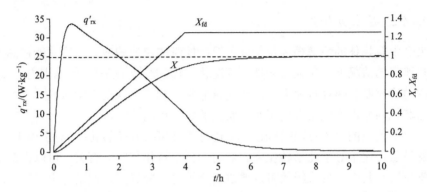

图 4.17　半间歇反应的 RC 测试结果:加料(X_{fd})曲线、比放热速率(q'_{rx})曲线及热转化(X)曲线

本书第 7 章和第 8 章中有大量实例说明反应量热器在工艺安全研究中的应用。

工作示例 4.2

图 4.18 给出了用反应量热仪研究催化加氢反应的例子。从热谱图中可以得到反应在预定工业操作条件(氢气压力为 20bar,温度为 60℃)下的放热速率,在本案例中这

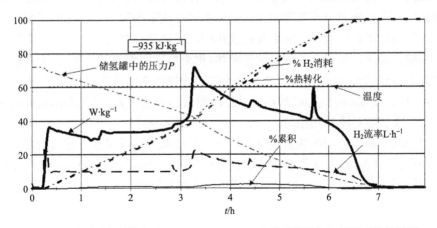

图 4.18　采用反应量热仪(Mettler-Toledo,RC1)得到的催化加氢反应的热谱图

样的放热速率曲线尤其重要：反应开始后的 3h[①]内，放热速率稳定在 $35W \cdot kg^{-1}$，此后突然增加到 $70W \cdot kg^{-1}$，然后才开始降低。之所以出现这种现象，是因为这是一个多步反应。反应过程中的耗氢量与化学转化率成正比，耗氢量可由校准过的储氢器中的压降得到。热转化率(thermal conversion)可由放热速率曲线积分得到，将化学转化率与热转化率相比较，差值就代表了物料累积[58]。5.8h 处出现的尖锐峰是由最终产物结晶所致。

4.4.4.2　反应动力学

夹套中载热体的快速循环也保证了温度控制的快速响应，这样才能在高的反应放热速率的情况下，保证反应处于等温状态(温度波动在±1℃的范围内)。这种温度的精确控制和热释放速率的准确测量非常有利于反应动力学研究[27, 62, 65-68]。当它与其他的分析方法组合使用时，研究效率将更高[69]。

对化学反应的热流(或热释放速率)进行积分可得到热转化率。对于单步反应，可以假设热转化率等于化学转化率。然后，由于转化与时间有关，可以由此确定动力学参数。其中，反应级数可以通过一个等温实验确定，但动力学三因子的另外两项(即指前因子和活化能)，则需要在不同温度下多次实验或通过温度扫描测试获得(见 2.2 节)。

4.5　绝热量热仪

4.5.1　绝热量热的原理

由绝热的定义可知，绝热方法中的被测样品与外界没有热交换。从热平衡的角度来说，这意味着反应放出的全部热量都转化成了热累积，转化成了温升。当然，这里的基本假设就是反应本身是放热的。要达到这样的热平衡，热交换项必须等于零，为此，仪器必须做到完美隔热(称为被动型绝热量热仪)，或者能对热散失提供足够的热补偿(主动型绝热量热仪)。选择以下两款量热仪对此进行说明。

(1)杜瓦瓶(Dewar flask)量热仪是被动型量热仪的代表。杜瓦瓶由镀银真空隔热夹层来限制热对流与热辐射。

(2)ARC 是主动型绝热量热仪的代表。通过调整炉膛温度，使其始终与内部样品池(也称样品球)外表面热电偶的温度一致来控制热散失。因此，在样品池与环境间既不存在温度梯度，也没有热量从样品流入周围环境。这是主动"隔热"。

---

① 原著为 3.5h。根据图 4.18，应为 3h。——译者

4.5.2 关于热惯量

理论上讲，绝热量热仪测试得到真实的[①]失控曲线或温度-时间曲线。然而，在绝热量热仪中，由于被测样品与量热样品池壁面接触，样品释放的热量有一部分不可避免地用来加热样品池。因此，需要对容器的热惯量(thermal inertia)进行修正。绝热量热仪的热平衡可表示为

$$\left(m_{\mathrm{r}} \cdot c'_{p,\mathrm{r}} + c_{\mathrm{W}}\right)\frac{\mathrm{d}T_{\mathrm{r}}}{\mathrm{d}t} = q_{\mathrm{rx}} \tag{4.7}$$

式中，c_{W} 表示样品池的热容。习惯上进行这样的修正要用到量热仪的"水当量"(water equivalent)，即样品池的热容可用水的热等效质量来表示：

$$c_{\mathrm{W}} = c'_{p,\mathrm{H}_2\mathrm{O}} \cdot m_{\mathrm{H}_2\mathrm{O}} \tag{4.8}$$

根据绝热实验计算反应热时，结果必须考虑到水当量：

$$Q_{\mathrm{r}} = \left(m_{\mathrm{r}} \cdot c'_{p,\mathrm{r}} + c_{\mathrm{W}}\right)\Delta T_{\mathrm{mes}} \tag{4.9}$$

另一种方法是采用样品池的热惯量因子(Φ)进行修正：

$$\Phi = \frac{m_{\mathrm{r}} \cdot c'_{p,\mathrm{r}} + c_{\mathrm{W}}}{m_{\mathrm{r}} \cdot c'_{p,\mathrm{r}}} = 1 + \frac{c_{\mathrm{W}}}{m_{\mathrm{r}} \cdot c'_{p,\mathrm{r}}} \tag{4.10}$$

样品池的热容由其质量与比热容得到。需要考虑热容的元件包括被样品(物料)润湿或与其直接接触的量热仪部件：不仅仅包括样品池壁，还包括传感器、校准加热器或搅拌器等插件，具体取决于不同量热仪：

$$c_{\mathrm{W}} = m_{\mathrm{cell}} \cdot c'_{p,\mathrm{cell}} \tag{4.11}$$

理想绝热条件的热惯量 $\Phi=1.0$。工业搅拌釜式反应器的热惯量为 1.05～1.1，实验室规模为 1.05～8.0，热修正系数取决于样品容器中物料的装载率(degree of filling)，这主要因为样品的热容随其质量及样品-壁的接触面而变化(热平衡考虑的样品湿面积也会发生变化)。从初始温度(T_0)开始，理想绝热条件下达到的最终温度(T_{f})通过式(4.12)获得

$$T_{\mathrm{f}} = T_0 + \Phi \cdot \Delta T_{\mathrm{mes}} \tag{4.12}$$

举例来说，如果 $\Phi=4$，测得绝热温升为 100℃，则在实际绝热条件下温升可能会达到 400℃，这就是热惯量因子的重要意义。由于 400℃的范围内可能发生或触发不同的反应，这将导致一个比测量值更高的放热，因此量热仪必须能在整个温度范围内测量。这种量热仪一个很大的优点是能够得到绝热温度变化曲线(有些量热仪还同时能得到压力变化曲线)，缺点是这些曲线应用于实际绝热条件时必须

[①] 这里"真实的"与下文"理想的""实际的"含义相同，均表示热惯量因子为 1.0 时的情形。——译者

进行修正，且修正时需要对反应动力学做必要的假设。此外，需要根据样品池热惯量的大小决定是否需要对测试结果进行修正，有时这种修正可能很重要。

对温度进行修正比较简单且直接，但是对反应动力学的修正很复杂：反应速率是温度与转化率的函数，实验过程中给定转化率时的温度值与理想绝热条件下的温度值不同。所以，在该转化率下的反应速率必须进行修正，这只能通过假设速率方程(即动力学模型)来实现，动态修正是一个迭代过程。这意味着绝热实验的动力学评估需要一个专门的程序[70-73]。

如果假定发生的是单步 n 级反应[①]，其修正过程如下：

(1)真实绝热状态下初始温度的修正。这项修正与量热仪的灵敏度有关，而灵敏度取决于热惯量。

$$T_{0,\mathrm{ad}}(\mathrm{℃}) = \cfrac{1}{\cfrac{1}{T_{0,\mathrm{mes}}(\mathrm{K})} + \cfrac{R}{E}\ln\varPhi} - 273.15 \tag{4.13}$$

(2)绝热温度的修正：

$$T_{\mathrm{ad}} = T_{0,\mathrm{ad}} + \varPhi(T_{\mathrm{mes}} - T_{0,\mathrm{mes}}) \tag{4.14}$$

(3)绝热温升速率的修正：

$$\left(\frac{\mathrm{d}T}{\mathrm{d}t}\right)_{\mathrm{ad}} = \varPhi \cdot \left(\frac{\mathrm{d}T}{\mathrm{d}t}\right)_{\mathrm{mes}} \cdot \exp\left[\frac{E}{R}\left(\frac{1}{T_{\mathrm{mes}}} - \frac{1}{T_{\mathrm{ad}}}\right)\right] \tag{4.15}$$

4.5.3　杜瓦瓶量热仪

4.5.3.1　测量原理

通常认为杜瓦瓶是绝热容器。但这并不完全正确，因为虽然其热量损失很小，但是并不为零。然而，在有限时间范围内且与环境温度的差异不大，可忽略其热量损失，从而认为杜瓦瓶是绝热的[6]。

加入反应物时开始反应，但加入反应物的温度必须与杜瓦瓶内物料的温度相同，以避免明显的热效应。然后记录温度-时间的关系(图 4.19)，所得曲线必须进行修正，修正时要考虑所有物料液面以下的杜瓦瓶容器、相关插件的热容，因为它们也被反应热所加热。温度升高源于待测反应热、搅拌器的热量输入及热量损失。搅拌器的热量输入及热量损失可以通过校准确定，校准时可采用化学法进行(利用一个已知的标准反应)，也可以采用电学法校准(利用已知电压电流加热电阻器)。杜瓦瓶通常放在温度可调的环境中，如液浴或者烘箱中。建议选择的温度尽

---

① 原著为"零级反应"，应为"单步 n 级反应"。——译者

可能接近 $T_0+1/2\Delta T$，以尽量减少反应前后的热损失。对所测温度曲线进行评估时，需要对反应前后的线性部分进行外推，并沿穿过曲线拐点的垂直线测量 ΔT，也可以选择使两个"三角形"面积相等的垂线测量 ΔT（图 4.19）。——这便是 Regnault Pfaundler 方法[74]。

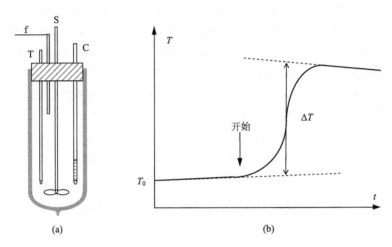

图 4.19　装有搅拌器和校准加热器的杜瓦瓶量热仪(a) T 为温度探针，C 为校准加热器，S 为搅拌器，f 为进料管；温度时间曲线示意图(b)

4.5.3.2　应用

尽管杜瓦瓶量热仪的基本方法很简单且不需要任何特殊的设备(只要有带搅拌的杜瓦瓶及温度计即可)，但要真正做到定量化，还必须考虑到一些注意事项，特别是其热损失与热惯量的校准。实际上，杜瓦瓶量热仪主要用于实验时间短(持续时间数分钟量级)的情形，从而可以忽略热损失。因此，杜瓦瓶量热仪既简单又便宜，如果具备了一些量热的基本知识，任何实验室都可以自建，且成本完全负担得起。考虑到该实验涉及物料量大，不建议采用该方法研究放热量大的反应。Chilworth 公司开发了一款由不锈钢制成的绝热杜瓦瓶量热仪(adiabatic dewar calorimeter，ADCII)，其工作温度可以从室温到 400℃、承压高达 100bar，将瓶体置于封闭体中，以确保安全。

杜瓦瓶越大，灵敏度越高，因为本质上热损失和容器的比表面积(表面积与体积的比值，A/V) 成比例。容积为 1L 的杜瓦瓶热散失近似与一个不带搅拌的 $10m^3$ 的工业反应器相当，即 $0.018W\cdot kg^{-1}\cdot K^{-1}$ [6](表 2.5)。在某些实验室中，将环境温度设计成可调，以追踪杜瓦瓶内物料温度的变化，从而避免热量损失，当然这需要一个有效的温度控制系统，从而保证在整个温度范围内能正确地对环境温度进行调节。环境温度的一些小的误差可能会导致测试结果出现大的误差，以至于失去了方法的简单性。

工作示例 4.3

某水溶液中进行的催化反应以工业规模生产。在 40℃下，通过加入催化剂引发反应。为了评估热风险，采用实验室规模的杜瓦瓶量热仪对反应进行测试。在工作容积为 200mL 的杜瓦瓶中加入 150mL 水溶液，催化剂的体积和质量可以忽略不计。通过焦耳效应对杜瓦瓶进行校准：水的体积为 150mL，电加热器的功率为 40W，通电 15min，测试得到的温升为 40 K。

反应过程中，在约 30min 内温度从 40℃升高到 90℃，水的比热容为 $4.2\,kJ \cdot kg^{-1} \cdot K^{-1}$。请根据上述条件确定该反应的比反应热（$kJ \cdot kg^{-1}$）。

电校准的目的在于确定杜瓦瓶量热仪的热惯量。在校准过程中，能量释放为

$$Q_{cal} = q_{cal} \times t = 40W \times 15\,min \times 60s \cdot min^{-1} = 36000J$$

杜瓦瓶内物料的热容为

$$c_{p,r} = m_r \times c'_{p,r} = 0.15kg \times 4200J \cdot kg^{-1} \cdot K^{-1} = 630J \cdot K^{-1}$$

理想绝热条件下的理论温升为

$$\Delta T_{ad,cal} = \frac{Q_{cal}}{c_{p,r}} = \frac{36000J}{630J \cdot K^{-1}} = 57.14K$$

事实上，一部分校准加热器释放的热量用于加热杜瓦瓶，并使之温度升高，这也就是只观察到 40℃绝热温升的原因。于是，可以计算得到热惯量：

$$\Phi = \frac{\Delta T_{ad}}{\Delta T_{mes}} = \frac{57.14K}{40K} = 1.43$$

反应过程中测试得到的温升为 50K，所以：

$$\Delta T_{ad} = \Phi \cdot \Delta T_{mes} = 1.43 \times 50 = 71.4K$$

于是，反应放出的总热为

$$Q_{rx} = c_{p,r} \cdot \Delta T_{ad} = 630J \cdot K^{-1} \times 71.4K = 45kJ$$

比反应热为

$$Q'_{rx} = \frac{Q_{rx}}{m_r} = \frac{45kJ}{0.15kg} = 300kJ \cdot kg^{-1}$$

4.5.4 绝热加速量热仪

4.5.4.1 测量原理

绝热加速量热仪（accelerating rate calorimeter，ARC）由 Dow 化学公司于 20 世纪 70 年代研发[8]。其绝热性不是通过隔热而是通过调整炉膛温度，使其始终与

所测得的样品池(也称样品球)外表面热电偶的温度一致来主动控制热散失。因此，在样品池与环境间不存在温度梯度，也就没有热流动。测试时，样品置于容积为 $10cm^3$ 的钛质球形样品池(S)中，试样量为 $1\sim10g$(图 4.20)，对应的热惯量因子在 $1.4\sim3.0$ 之间。样品池置于加热炉腔的中心，炉腔温度通过复杂的温度控制系统进行精确调节。样品池还可以与压力传感器连接，进行压力测量。

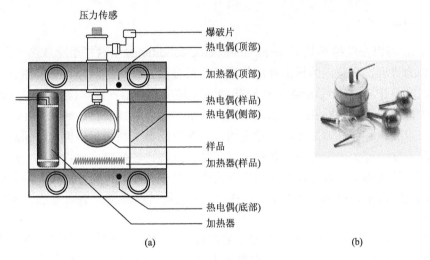

(a)

(b)

图 4.20　加速量热仪原理：加热炉及放置在其中心位置的样品球(a)；一些典型的样品池(b)

该设备有两种工作模式：

(1)加热-等待-搜索(heating-waiting-seeking，HWS)模式(图 4.21)：通过设定的一系列温度台阶来检测反应的开始放热温度(加热)；对于每个温度台阶，在设定的时间内系统达到稳定状态(等待)；然后，控制器切换到绝热模式(搜索)。若

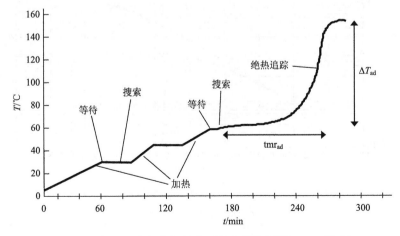

图 4.21　加速量热仪获得的典型温度曲线(采用 HWS 模式)

在某个温度台阶中检测到放热温升速率超过某设定的水平值(一般为 0.02K·min⁻¹),炉膛温度开始与样品池温度同步升高,使其处于绝热状态(绝热追踪)。若温升速率低于这一水平,则进入下一个温度台阶(加热)。

(2)等温老化(thermal aging)模式:样品被直接加热到预定的初始温度,在此温度下仪器检测如上所述的放热效应。

4.5.4.2   应用

ARC 可以在准绝热状态(pseudo-adiabatic conditions)下直接追踪放热过程,之所以称为"准",是因为样品释放热量的一部分用来加热样品池本身,测试得到的曲线需要按 4.5.2 小节所述进行校准。此外,温度控制器在漂移检查(drift check)过程中进行了调整,即在整个温度范围内通过多个台阶加热样品池,并在每一个温度台阶处调整样品池加热器的设定值,以在控制器切换到绝热模式时保持严格恒定的温度,避免任何漂移。相对而言,这个过程比较耗时。尽管如此,在美国这实际上已经作为一种筛选技术而广泛采用。对于一个调试良好的仪器,可以检测(样品的)自加热速率可达 0.01K·min⁻¹,如果测试样品量为 2g,那么其灵敏度可达 0.5W·Kg⁻¹。

对 ARC 测试结果进行热惯量修正后即得到 $T = f(t)$ 这样的绝热温度曲线或失控曲线(图 4.22)。此外,还可以得到压力测试曲线 $P = f(t)$,这也是反应失控导致的一个潜在的破坏指标。这些结果通常绘制在一张阿伦尼乌斯图(Arrhenius diagram)中,图 4.22 中纵坐标为温升速率的对数,横坐标为温度(开尔文)的倒数。

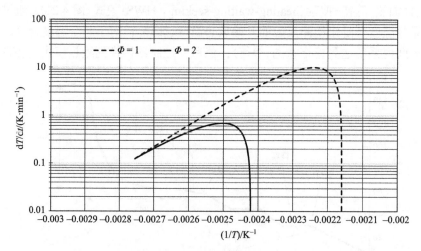

图 4.22   阿伦尼乌斯图(Arrhenius plot)上失控曲线:实线为测试得到 Φ=2 时的曲线,虚线校准得到的 Φ=1 时的曲线

　　市场上也有其他类型的绝热量热仪[75,76]，如泄放尺寸设计量热仪(VSP)[77]、PHI-TEC 量热仪[9]和反应系统筛选装置(reactive system screening tool，RSST)。这些仪器主要为研究泄放口的尺寸设计而研制[10, 78-80]，相比 ARC 具有较低的热惯量。

4.5.5　泄放尺寸设计量热仪

　　VSP 由美国紧急泄放系统设计协会(DIERS)于 20 世纪 80 年代研发，其工作原理与 4.5.4 小节中介绍的 ARC 类似，但有一些特殊之处。VSP 是一款低 Φ 量热仪，意味着其热惯量因子 Φ 接近 1，一般可以达 1.05～1.15。因此，该设备对所测温度数据及压力数据的修正必要性不如 ARC 那样强烈。之所以能获得如此低的 Φ 值是因为其可测试的物料量更大，可以在一个薄壁金属样品池(罐)中承装约 80mL 的物料。由于样品池承压能力很弱，实验时采用压力补偿来保持样品池的完好性①：将测试池置于承压容器(autoclave)内，将氮气通过压力控制器注入承压容器从而控制其中的压力，使其与测试池内的压力差低于设定压力差(图 4.23)。采用"外保温加热器"保持环境温度与样品温度相等，从而实现绝热条件，这

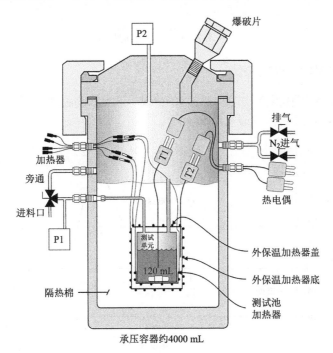

图 4.23　VSP2 装置的工作原理(已得到 Fauske 公司允许)

————————

① 对原著这段的表述进行了变通。——译者

类似于 ARC 中的主动"隔热"。因此，这款量热仪具有两个追踪功能，即温度追踪和压力追踪。此外，测试池配备有磁力搅拌器，使反应在接近实际工况条件下进行并对失控过程进行实验模拟。

测试池可定制，材质可以是不锈钢或哈氏合金，也可以是搪玻璃。搪玻璃的测试池会增大 Φ 因子。测试池的设计可以包括加装挡板、安装汲取管(dip tube)、布放多路热电偶、调整泄放尺寸等因素，以便更好地模拟异常工况。

在标准实验中承压容器处于封闭状态，也可以通过阀门使其处于开放状态，从而模拟泄压过程，确定物料的起泡特性与流态(flow regime)，确定泄放出的液体、蒸气或气体的量。该量热仪是一个小型反应器，特意用于获取直接用于泄放尺寸和紧急泄压系统设计所需的量热数据。这方面的内容将在第 16 章中进行讨论。

另一款具有类似功能的是自动压力追踪绝热量热仪 (automatic pressure tracking adiabatic calorimeter，APTAC)[81]。NETZSCH 公司的 APTAC 264 即属此列。

4.6　习　　题

4.6.1　固体样品的 DSC 测试

图 4.24 为某固体反应物的动态 DSC 曲线，该反应物将加入甲苯溶液中反应，采用 10m³ 搅拌反应器，反应温度为 80℃。

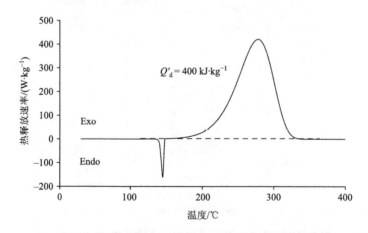

图 4.24　固体反应物的动态 DSC 曲线(采用耐压镀金坩埚)

请问该工艺的热风险如何？为什么？

4.6.2　DSC 与 ARC

对某反应终态物料采用 DSC 及 ARC 两种方法进行分析。反应以间歇方式进行，MTSR 为 120℃。在升温速率为 4K·min⁻¹ 的 DSC 热谱图中存在两个放热峰，第一个放热峰温度范围为 140～180℃，放出的热量为 200kJ·kg⁻¹，第二个放热峰的温度范围为 200～270℃，测得能量为 800 kJ·kg⁻¹。ARC 测试的热惯量因子 Φ=2。温度在 80min 内由 120℃升至 170℃，然后保持稳定。反应物料的比热容为 2kJ·kg⁻¹·K⁻¹。

问题：

(1) 对这些热谱图进行评论。

(2) 根据绝热量热结果，应采取什么预防措施？

(3) 你认为该工艺工业化规模生产时的热风险如何？

4.6.3　实验设计

现需要对某双分子放热反应（A+B——→P）的合成步骤进行热风险评估。因此，通过安全实验室内的反应量热仪和 DSC 测定所需要的热数据。

工艺过程描述如下：

(1) 将全部溶液 A（10kmol）注入反应器中，溶剂是沸点为 165℃的 1,3,5-三甲基苯。

(2) 加热溶液到工艺温度为 140℃。

(3) 在这一温度下，以恒定加料速率在 4h 内加入 12kmol 的 B。

(4) 加热到 150℃。

(5) 保持这一温度 4h。

(6) 冷却到 80℃，产物 P 沉淀。

(7) 将产物转移到过滤器。

问题：

(1) 需要采用哪些实验进行研究？确定工艺的危险度等级。

(2) 由不同的实验可得到哪些参数？

(3) 对可能的危险度等级进行预测？

4.6.4　绝热量热与热惯量

图 4.25 为同一个样品的 3 条"绝热"温度-时间曲线。曲线 1 由 ARC 测试得到，曲线 2 代表工业规模下的结果，曲线 3 为理想绝热曲线[①]。

---

① 对这道习题进行了适当改进。——译者

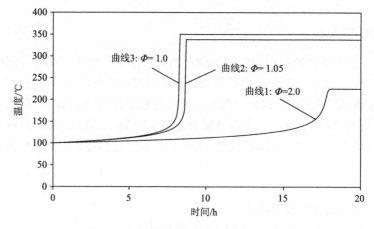

图 4.25　不同热惯量下的温度-时间关系

问题：

(1)这3条曲线彼此之间如何转化(即从一条转变为另一条)？

(2)根据绝热量热结果，应采取什么预防措施？

4.6.5　反应量热

工程上采用 Béchamp 反应将 1.74kmol 某二硝基芳香化合物(M_w=453.75 g·mol^{-1})还原。反应以水做溶剂，在回流条件下进行。为了对反应放热进行控制，在反应量热仪(RC)中进行测试。首先在反应器中加入 300g 水和 320g 铁，然后室温状态下以恒定的速率加入硝基化合物(0.32mol)，该硝基化合物与水配制成质量为 726g、浓度为 20%(质量分数)的悬浮液。RC 原始热流曲线(未对进料对流冷却进行校正)为矩形，热流为 350W·mol^{-1}。进料开始，热流立即升至最大，30min 后停止进料，热流立刻降至零。

问题：

(1)反应热是多少？

(2)就未反应的二硝基芳香化合物的累积情况进行说明。

(3)计算反应的绝热温升。反应物料的比热容为 3.0 kJ·kg^{-1}·K^{-1}。

(4)如果出现冷却系统失效并立即停止进料，将出现什么样的后果？

(5)工业过程中所需要的冷却能力是多少？

4.6.6　反应量热

叔丁基丙烯酰胺由丙烯腈与叔丁醇在硫酸存在的情况下合成制得，方程式如下：

$$CH_2=\!\!=CH-CN + HO-C(CH_3)_3 \xrightarrow{H_2SO_4,84\%,40\sim70} CH_2=\!\!=CH-CO-NH-C(CH_3)_3$$

反应以半间歇方式进行,将叔丁醇与丙烯腈预先加入反应器中,升温到38℃,然后将硫酸在 2h 内以恒定速率加入反应器,保持温度为 38℃。最后,将反应物料升高到 70 ℃。反应量热仪中的测试结果见图 4.26。反应比放热量 $Q_R' = 500\text{kJ} \cdot \text{kg}^{-1}$(以终态总物料计),比热容 $c_p' = 2.0\text{kJ} \cdot \text{kg}^{-1} \cdot \text{K}^{-1}$。

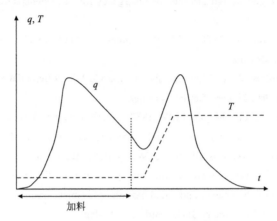

图 4.26   反应量热结果示意图

q 为放热速率,T 为温度。加料阶段用双箭头进行了标注

问题:

(1)为了能很好地控制该反应,请对其热风险进行评估;

(2)还有哪些热风险需要考虑?

(3)在工艺工业化时还需要考虑哪些风险?

参 考 文 献

1 Regenass, W.(1997). The development of heat flow calorimetry as a tool for process optimization and process safety. Journal of Thermal Analysis and Calorimetry 49(3): 1661–1675.

2 Bersier, P.(1970). Application of DSC to the Investigation of the Thermal Behavior of Materials that May be Potential Explosive Hazards. Basel: CibaGeigy.

3 Bersier, P., Valpiana, L., and Zubler, H.(1971). Thermische Stabilität von aromatischen Aminen und deren Diazonium-Salzen. Chemie Ingenieur Technik 43(24): 1311–1315.

4 Rouquerol, J. and Rouquerol, F.(2006). Proposal for a light classification of calorimeters. ESTAC 9, Krakow.

5 Steinbach, J.(1995). Chemische Sicherheitstechnik. Weinheim: VCH.

6 Rogers, R.L.(1989). The advantages and limitations of adiabatic Dewar calorimetry in chemical hazards testing. Plant Operation Progress 8(2): 109–112.

7 Wright, T.K. and Rogers, R.L.(1986). Adiabatic Dewar calorimeter. Hazards IX, Manchester.

8 Townsend, D.I. and Tou, J.C.(1980). Thermal hazard evaluation by an accelerating rate

calorimeter. Thermochimica Acta 37: 1–30.

9　Singh, J. (1993). Reliable scale-up of thermal hazards data using the PHI-TEC II calorimeter. Thermochimica Acta 226: 211–220.

10　Fisher, H.G., Forrest, H.S., Grossel, S.S. et al. (1992). Emergency Relief System Design Using DIERS Technology, The Design Institute for Emergency Relief Systems (DIERS) Project Manual. New York: AIChE.

11　Calvet, E. and Prat, H. (1956). Microcalorimétrie: Applications Physico-Chimiques et Biologiques. Paris: Masson.

12　Höhne, G., Hemminger, W., and Flammersheim, H.-J. (1996). Differential Scanning Calorimetry an Introduction for Practitioners. Berlin: Springer.

13　Brogli, F., Gygax, R., and Meyer, M.W. (1980). DSC a powerful screening method for the estimation of the hazards inherent in industrial chemical reaction. In: Sixth International Conference on Thermal Analysis. Birkhäuser Verlag, Basel: Bayreuth.

14　Gygax, R. (1980). Differential scanning calorimetry – scope and limitations of its use as tool for estimating the reaction dynamics of potential hazardous chemical reactions. In: 6th conference on Thermal Analysis and Calorimetry. Basel: Birhäuser Verlag.

15　Eigenmann, K. (1976). Sicherheitsuntersuchungen mit thermoanalytischen Mikromethoden. In: International Symposium on the Prevention of Occupational Risks in the Chemical Industry. Frankfurt am Main: IVSS.

16　Eigenmann, K. (1976). Thermische Methoden zur Beurteilung der chemischen Prozess-Sicherheit. Chimia 30 (12): 545–546.

17　Frurip, D.J. (2008). Selection of the proper calorimetric test strategy in reactive chenical hazard evaluation. Organic Process Research and Development 12 (6): 1287–1292.

18　TÜV-SÜD. https://www.tuev-sued.ch/ch-en/activity/testing-equipment/dsc (accessed 06 August 2019).

19　Calvet, E. and Prat, H. (1963). Progress in Microcalorimetry. Oxford: Pergamon Press.

20　SETARAM. https://www.setaram.fr/setaram-products/calorimetrie/frreaction-calorimetry/c80-2/ (accessed 06 August 2019).

21　Bäckman, P., Bastos, M., Briggner, L.E. et al. (1994). A system of microcalorimeters. Pure and Applied Chemistry 66 (3): 375–282.

22　Wiss, J., Stoessel, F., and Killé, G. (1990). Determination of heats of reaction under refluxing conditions. Chimia 44 (12): 401–405.

23　Wiss, J. (1993). A systematic procedure for the assessment of the thermal safety and for the design of chemical processes at the boiling point. Chimia 47 (11): 417–423.

24　Nomen, R., Sempere, J., and Lerena, P. (1993). Heat flow reaction calorimetry under reflux conditions. Thermochimica Acta 225 (2): 263–276.

25　Lambert, P., Amery, G., and Watts, D.J. (1992). Combine reaction calorimetry with gas evolution measurement. Chemical Engineering Progress 88: 53–59.

26 Regenass, W.(1997). The development of stirred-tank heat flow calorimetry as a tool for process optimization and process safety. Chimia 51: 189–200.

27 Hoppe, T.(1992). Use reaction calorimetry for safer process designs. Chemical Engineering Progress 1992: 70–74.

28 Schildknecht, J.(1986). Development and application of a "Mini Pilot Reaction Calorimeter". 2nd International Symposium on Loss Prevention & Safety Promotion in the Process Industries.

29 Giger, G., Aichert, A., and Regenass, W.(1982). Ein Wärmeflussklaorimeter für datenorientierte Prozess-Entwicklung. Swiss Chemistry 7(5a): 33–36.

30 Riesen, R. and Grob, B.(1985). Reaktionskalorimetrie in der chemischen Prozess-Entwicklung. Swiss Chemistry 7(5a): 39–42.

31 Grob, B., Riesen, R., and Vogel, K.(1987). Reaction calorimetry for the development of chemical reactions. Thermochimica Acta 114: 83–90.

32 Rellstab, W.(1990). Reaktionskalorimetrie, ein Bindeglied zwischen Verfahrensentwicklung und Prozesstechnik. Chemie-Technik 19(5): 21–25.

33 Landau, R.N. and Williams, L.R.(1991). Benefits of reaction calorimetry. Chemical Engineering Progress 12: 65–69.

34 Bollyn, M., Bergh, A.V.d., and Wright, A.(1996). Schneller Scale-up, Reaktionskalorimetrie und Reaktorsimulation in Kombination. Chemie Anlagen und Verfahren 4: 95–100.

35 Regenass, W.(1996). Calorimetric instrumentation for process optimization and process safety. History, present status, potential for future development. In: 8th RC1 User Forum. Hilton Head, SC: Mettler-Toledo.

36 Stoessel, F.(1997). Applications of reaction calorimetry in chemical engineering. Journal of Thermal Analysis 49: 1677–1688.

37 Bou-Diab, L., Lerena, P., and Stoessel, F.(2000). A tool for process development. Safety investigations with high-pressure reaction calorimetry. Chemical Plants and Processing 2: 90–94.

38 Singh, J., Waldram, S.P., and Appleton, N.S. Simultaneous Determination of Thermo-Chemical and Heat Transfer Changes During an Exothermic Batch Reaction. Barnet Herts: Hazard Evaluation Laboratory Ltd.

39 Zogg, A., Stoessel, F., Fischer, U., and Hungerbühler, K.(2004). Isothermal reaction calorimetry as a tool for kinetic analysis. Thermochimica Acta 419: 1–17.

40 Visentin, F., Zogg, A., Kut, O., and Hungerbühler, K.(2004). A pressure resistant small scale reaction calorimeter that combines the principles of power compensation and heat balance(CRC.v4). Organic Process Research & Development 8: 725–737.

41 Regenass, W.(1980). Industrial experience with heat flow calorimetry. 6th International Conference on Thermal Analysis.

42 Regenass, W.(1985). Calorimetric monitoring of industrial chemical processes. Thermochimica Acta 95: 351–368.

43 Andre, R., Bou-Diab, L., Lerena, P. et al.(2002). A new reaction calorimeter for screening

purpose during process development. Organic Process Research & Development 6: 915–921.

44 Schneider, M.-A., Maeder, T., Ryser, P., and Stoessel, F. (2004). A microreactor-based system for the study of fast exothermic reactions in liquid phase: characterization of the system. Chemical Engineering Journal 101 (1–3): 241–250.

45 Schneider, M.-A. (2004). Development of a novel microreactor-based calorimeter for the study of fast exothermal reactions in liquid phase, Thesis no. 3069. In: FSB-ISIC. Lausanne: EPFL.

46 Schneider, M.A. and Stoessel, F. (2005). Determination of the kinetic parameters of fast exothermal reactions using a novel microreactor-based calorimeter. Chemical Engineering Journal 115: 73–83.

47 Moritz, H.U. (1989). Polymerisation calorimetry – a powerful tool for reactor control. In: Third Berlin International Workshop on Polymer Reaction Engineering. Berlin: VCH, Weinheim.

48 Poersch-Panke, H.-G., Avela, A., and Reichert, K.-H. (1989). Ein Reaktionskalorimeter zur Untersuchung von Polymerisationen. Chemie Ingenieur Technik 61 (10): 808–810.

49 Gugliotta, L.M., Leiza, J.R., Arotçarena, M. et al. (1995). Copolymer composition control in unseeded emulsion polymerization using calorimetric data. Industrial and Engineering Chemistry Research 34: 3899–3906.

50 Ferguson, H.D. and Puga, Y.M. (1997). Development of an efficient and safe process for a Grignard reaction via reaction calorimetry. Journal of Thermal Analysis 49: 1625–1633.

51 Tilstam, U. and Weinmann, H. (2002). Activation of Mg metal for safe formation of Grignard reagents at plant scale. Organic Process Research & Development 6: 906–910.

52 Hoffmann, W. (1989). Reaction calorimetry in safety: the nitration of a 2,6-disubstituted benzonitrile. Chimia 43: 62–67.

53 Luo, K.M. and Chang, J.G. (1998). The stability of toluene mononitration in reaction calorimeter reactor. Journal of Loss Prevention in the Process Industries 11: 81–87.

54 Grob, B. (1987). Data-oriented hazard assessment: the nitration of benzaldehyde. In: Mettler Documentation. Greifensee, Switzerland: Mettler Toledo.

55 Ubrich, O. and Lerena, P. (1996). Methodology for the assessment of the thermal risks applied to a nitration reaction. Nitratzioni sicure in laboratorio e in impianto industriale, Milano.

56 Wiss, J., Fleury, C., and Fuchs, V. (1995). Modelling and optimisation of semi-batch and continuous nitration of chlobenzene from safety and technical viewpoints. Journal of Loss Prevention in the Process Industries 8 (4): 205–213.

57 Roth, W.R. and Lennartz, H.W. (1980). Bestimmung von Hydrierwärmen mit einem isothermen Reaktionskalorimeter. Chemische Berichte 113: 1806–1817.

58 Stoessel, F. (1993). Experimental study of thermal hazards during the hydrogenation of aromatic nitro compounds. Journal of Loss Prevention in the Process Industries 6 (2): 79–85.

59 Cardillo, P., Quattrini, A., and de Pava, E.V. (1989). Sicurezza nella produzione della 3,4-dichloranilina. La chimia e l'industria 71 (7–8): 38–41.

60 Fuchs, R. and Peacock, L.A. (1979). Gaseous heat of hydrogenation of some cyclic and open

chain alkenes. Journal of Physical Chemistry 83 (15): 1975–1978.

61 Murayama, K., Ariba, K., Fujita, A., and Iizuka, Y. (1995). The thermal behaviour analysis of an epoxidation reaction by RC1. In: Loss Prevention and Safety Promotion in the Process Industries. Barcelona: Elsevier Science.

62 Machado e Silva, C.F. and Cajaiba de Silva, J.F. (2002). Evaluation of kinetic parameters from the synthesis of triaryl phosphates using reaction calorimetry. Organic Process Research & Development 6: 829–832.

63 Liang, Y., Qu, S.-S., Wang, C.X. et al. (2000). An on-line calorimetric study of the dismutation of superoxide anion catalyzed by SOD in batch reactors. Chemical Engineering Science 55: 6071–6078.

64 Clark, J.D., Shah, A.S., and Peterson, J.C. (2002). Understanding the large-scale chemistry of ethyl diazoacetate via reaction calorimetry. Thermochimica Acta 392–393: 177–186.

65 Girgis, M.J., Kiss, K., Ziltener, C.A. et al. (2001). Kinetic and calorimetric considerations in the scale-up of the catalytic reduction of a substituted nitrobenzene. Organic Process Research & Development 1 (5): 339–349.

66 Yih-Shing, D., Chang-Chia, H., Chen-Shan, K., and Shuh, W.Y. (1996). Applications of reaction calorimetry in reaction kinetics and thermal hazard evaluation. Thermochimica Acta 285 (1): 67–79.

67 Zaldivar, J.M., Hernandez, H., and Barcons, C. (1996). Development of a mathematical model and a simulator for the analysis and optimization of batch reactors: experimental model characterisation using a reaction calorimeter. Thermochimica Acta 289: 267–302.

68 Regenass, W. (1978). Thermal and kinetic data from a bench scale heat flow calorimeter. In: American Chemical Society Symposium Series, vol. 65, 37. AIChE.

69 Zogg, A., Fischer, U., and Hungerbühler, K. (2004). A new approach for a combined evaluation of calorimetric and online infrared data to identify kinetic and thermodynamic parameters of a chemical reaction. Chemometrics and Intelligent Laboratory Systems 71: 165–176.

70 Leonhardt, J. and Hugo, P. (1997). Comparison of thermokinetic data obtained by isothermal, isoperibolic, adiabatic and temperature programmed experiments. Journal of Thermal Analysis 49: 1535–1551.

71 Zhan, S., Lin, J., Qin, Z., and Deng, Y. (1996). Studies of thermokinetics in an adiabatic calorimeter. II Calorimetric curve analysis methods for irreversible and reversible reactions. Journal of Thermal Analysis 46: 1391–1401.

72 Wilcock, E. and Rogers, R.L. (1997). A review of the Phi factor during runaway conditions. Journal of Loss Prevention in the Process Industries 10 (5–6): 289–302.

73 Snee, T.J., Bassani, C., and Ligthart, J.A.M. (1993). Determination of the thermokinetic parameters of an exothermic reaction using isothermal adiabatic and temperature programed calorimetry in conjunction with spectrophotometry. Journal of Loss Prevention in the Process Industries 6 (2): 87.

74　Rouquerol, J. (2012). Calorimétrie: principes, appareils et utilisation. Techniques de l'ingénieur, P1202.

75　Grewer, T. (1994). Thermal Hazards of Chemical Reactions, Industrial Safety Series, vol. 4. Amsterdam: Elsevier.

76　Barton, A. and Rogers, R. (1997). Chemical Reaction Hazards. Rugby: Institution of Chemical Engineers.

77　Gustin, J.L. (1991). Calorimetry for emergency relief systems design. In: Safety of Chemical Batch Reactors and Storage Tanks (eds. A. Benuzzi and J.M. Zaldivar), 311–354. Brussels: ECSC, EEC, EAEC.

78　CCPS (1998). Guidelines for Pressure Relief and Effluent Handling Systems. CCPS, AIChE.

79　Schmidt, J. and Westphal, F. (1997). Praxisbezogenes Vorgehen bei der Auslegung von Sicherheitsventilen und deren Abblaseleitungen für die Duchströmung mit Gas/Dampf-Flussigkeitsgemischen – Teil 2. Chemie Ingenieur Technik 69 (8): 1074–1091.

80　Etchells, J. and Wilday, J. (1998). Workbook for Chemical Reactor Relief System Sizing. Norwich: HSE.

81　Chippett, S. (1998). The APTAC: a high pressure, low inertia adiabatic calorimeter. In: Proceedings of the International Symposium on Runaway Reactions and Pressure Relief Design. New York: AIChE.

5 能量评估

典型案例：维修期间的物料暂存

在二甲亚砜(DMSO)的水溶液中进行芳香烃硝基化合物与另一反应物的半间歇缩合反应。首先将硝基化合物和作为溶剂的水、DMSO加入到反应器中。在加入第二种反应物之前，先将初始混合物(底料)加热至工艺温度60~70℃。此时，由于工厂的冷却水系统发生了故障，决定在此阶段中断反应，并使反应器中混合物保持搅拌状态直至故障排除。推迟加入第二种反应物，并排空了反应器夹套。

5天之后，发现反应器排气系统(ventilation system)冒出浓烟，检查发现此时反应器的温度已达到118℃，随后有160℃的黏稠焦油状物料(thick tar)从反应器敞开的人孔中流出，立即开启应急冷却系统，但不起作用。于是疏散所有人员，不久反应器发生爆炸，破裂成四块碎片，三层以上的建筑物被严重破坏，控制室被完全摧毁。损失超过一百万美元。

调查结果表明，在加入第二种反应物之前，工艺进程已数次中断而未发现任何明显的问题。由于夹套的蒸汽阀存在泄漏问题，反应器被缓慢加热，当反应物在118℃沸腾时，混合溶剂逐渐蒸发，在此温度范围内，引发了分解放热反应，放出热量，进一步促进蒸发，混合物料被浓缩，最终导致剩余混合物温度升高。此过程搅拌装置产生的能量输入不足以形成所观察到的温升。最终，底料发生了自催化分解。

经验教训

加料前没有人了解底料具有的能量，相关人员的注意力主要集中在缩合反应本身及反应结束后终态物料的稳定性方面。只要了解该混合物料分解的能量释放情况，作业人员是不会让该混合物料在没有有效温度监测和控制的情况下滞留于反应器中的。

二次分解反应失控时往往会导致严重后果。该案例中，事故发生前人们并不了解初始反应物料的热稳定性。因此，评估二次分解反应的触发条件与后果，预测分解反应的行为需要专业的知识和系统的方法。

引言

评估热风险的第一步在于确定体系存在的全部能量(图3.11)，能量可能源于反应物料、原料、中间体、最终产物、蒸馏釜残等。如果体系的能量不大，也就是说如果绝热温升低于50K且不造成压力效应，可以认为没有显著的热风险。此外，必须识别出潜在的能量来源(合成反应或二次反应)，并进行深入的研究。

本章在简要回顾热效应和压力效应后,对一些常见的用于确定能量的实验技术及典型筛选方法进行了介绍,从热风险的角度对一些典型的热谱图进行了讨论。

5.1　热　　能

体系具有的总能量是评估热风险的关键因素,这里根据 3.2.1 小节所述的冷却失效场景对合成反应和二次反应分别进行介绍。

5.1.1　合成反应的热能

精细化工行业中的大部分化学反应是放热的,即在反应期间将释放热能。显然,一旦发生事故,能量的释放量与潜在的损失有着直接的关系。因此,反应热是其中的一个关键数据,这些数据是工业规模下进行化学反应风险评估的依据。风险评估过程中,了解体系的能量情况是第一要务(first priority)。表 5.1 给出了一些典型的反应焓值[1]。

表 5.1　典型的反应焓值[1]

反应类型	$\Delta_r H /(\mathrm{kJ \cdot mol^{-1}})$
中和反应(HCl)	−55
中和反应(H_2SO_4)	−105
重氮化反应	−65
磺化反应	−150
胺化反应	−120
环氧化	−100
聚合反应(苯乙烯)	−60
加氢反应(烯烃)	−200
加氢(氢化)反应(硝基类)	−560
硝化反应	−130

反应焓也可能根据生成焓 $\Delta_f H$ 得到,生成焓见热力学性质表[2,3]:

$$\Delta_r H^{298} = \sum_{\text{products}} \Delta_f H_j^{298} - \sum_{\text{reactants}} \Delta_f H_i^{298} \tag{5.1}$$

生成焓也可以用 Benson 基团加和法(Benson group increment method)计算得到[4,5]。该方法(基团加和法中的一种)将分子的化学结构式分解成若干结构元(structural elements)或原子基团,每个基团均对分子的生成焓有贡献。Benson 基团的贡献值只考虑了分子处于气相状态中,对于液相反应必须通过冷凝潜热(latent enthalpy of condensation)来修正。因此,这些值只可以用于初步的、粗略的近似估算。然而，有一点必须注意，那就是反应焓随着操作条件的不同会在很大范围内变化。例如，根据磺化剂的种类和浓度的不同，磺化反应的反应焓的范围是$-150\sim-60kJ\cdot mol^{-1}$。除了反应热，工艺过程中可能出现的结晶热和混合热也会产生影响[6]。因此，建议尽可能根据实际条件测量反应热。

从安全的角度研究合成反应有两个目的，一是控制热释放速率，即控制反应速率；二是降低未转化反应物的累积从而降低潜在的反应放热，因为，一旦出现故障(如冷却系统故障)，累积的未转化反应物可能以一种无法控制的方式进行反应。这些内容将在本书第2部分中进行讨论。

5.1.2　二次反应的能量

二次反应非常多样，可能是异构化反应、聚合或低聚反应、分解反应等，其中分解反应发生的可能性最高。正因如此，"分解反应"常作为二次反应的通用术语(generic term)。在分解反应中，较大的分子会分解形成碎片，这些碎片通常是气态的或是挥发性的，其结果就是分解反应往往伴随着大量的能量释放及可能的压力增长。这解释了为什么分解反应事故具有高的严重度，也强调了确定其能量的重要性。

一般认为高绝热温升(对于有机物，通常为200K及以上)的热分解将导致气体释放，其结果便是导致体系的压力增加，并具有相应的破坏潜力[①]。

从安全的角度来处理问题，就是避免引发二次反应，或者至少做到能控制它们的进程，不至于太猛烈，从而避免严重后果。相应的内容将分别在第三篇及第四篇中介绍。

5.1.2.1　典型分解热

Grewer[7]、Whitmore及Baker[8]通过实验得到并汇编了一些官能团的分解焓值(表5.2)，由表可见分解热往往很大。当然，仅根据孤立的官能团进行估算可能会导致得到错误的结论，因为官能团可能会以一种非预期的方式进行反应。

表 5.2　不同官能团的典型分解焓值

官能团		$\Delta_d H /(kJ\cdot mol^{-1})$
乙炔基	—C≡CH	$-120\sim-180$
醛肟基	—CH=N—OH	$-190\sim-230$
叠氮基	—N≡N=N	$-200\sim-240$

---

① 对原文进行了适当的变通。——译者

续表

官能团		$\Delta_d H /(kJ \cdot mol^{-1})$
偶氮基	—N=N—	−100～−180
重氮盐	[—N≡N]⁺	−160～−180
异氰酸酯	—N=C=O	−50～−75
酮肟基	＼C=N—OH	−140～−170
氮-氢氧化物	＼N—OH	−180～−240
氮-氧化物	—N⁺—O⁻	−100～−130
过氧化物	—C—O—O—C—	−350
硝酸酯	—O—NO₂	−400～−480
硝基	Ar—NO₂ 或 R—NO₂	−310～−360
亚硝基	—NO	−150～−290
环氧化物	—C—C— ＼O／	−70～−100
三氮烯	—N=N—N＜	−250～−270

5.1.2.2　分解反应的化学计量比

分解反应与目标反应相比，最主要的差别是其化学计量比往往是未知的，更确切地说，分解产物是未知的。这是因为引发条件不同，分解反应所遵循的反应路径也往往不同。这就是分解反应和完全燃烧反应的主要差别。这样，分解反应的焓就不能采用式(5.1)通过标准生成焓($\Delta_f H$)或其他方式，如查表或基团加和法(如 Benson 基团加和法)来预测[4,5]。尽管如此，目前已发展了一些估算反应分解热的方法。

5.1.2.3　分解热的估算

化学物质热力学及能量释放程序(chemical thermodynamic and energy release program，CHETAH 程序)是一种众所周知的可以对有机物的反应危险性(reactivity hazards)进行评估的工具[9]。该方法基于实验数据，采用图形识别技术(pattern recognition techniques)，推断分解产物以获得最大分解热，然后根据上文提到的 Benson 基团加和法进行热化学计算。因此，该计算对气态物质是有效的，但同时这也是一个缺陷，因为精细化工中大多数反应是在凝聚相中进行的，所以必须进行修正，但一般来说修正值很小，不会对结果产生显著的影响。

同其他的预估技术一样，CHETAH 方法并不可以代替实验测试，实际上也不可能达到此目的。评估工作应该建立一个包含物理测试和其他预测工具的总体方案，应该是将类似于 CHETAH 方法这样的软件手段作为总体方案中的筛选工具，这才是负责任的做法[10]①。

因此，强烈建议通过实验方法（如动态 DSC）来确定分解热，该方法可以模拟最严格的密闭条件，将测试样品从室温加热到 500℃左右（见 5.3 节）。

5.1.2.4 与二次反应相关的一些特定问题

须特别注意杂质的催化作用，它可能对分解热有很大影响，因为反应路径往往会受到杂质的影响[11]。此外，分子中的不同官能团可能会使分子变得不稳定或发生缩聚反应，如氯苯胺。聚合反应也很难预测。这里再次建议：在测试化合物的分解热时，应测试包含该化合物的混合物，或使其与实际工艺状态一致。对于含有溶剂的情形，应对含有溶剂的混合物进行热分析（见习题 4.6.1）。由于杂质可能会催化分解反应，所以用与工厂相同规格的原材料进行测试研究也是十分重要的。换言之，不能用预先提纯的样品进行测试，而应与其实际状态一致。

因此，应优先使用分解能量的实验测试结果，且尽可能保证实验测试条件与工厂条件一致。

化合物往往对氧敏感，并可能与其发生氧化反应。在这种情况下，释放的能量更高，并有可能接近其燃烧热（表 5.3）。燃烧热可以从表 5.3 中查得（如文献[2,3]）。氧化性分解可能是物理操作过程中的一个主要问题，如在大量空气存在的情况下进行干燥、研磨或固体混合等作业。在这些操作中，不仅有能量输入（热能或机械能），同时物料还与空气接触，要对这种情况进行评估，必须运用专门的测试方法[10,12-14]。详见第 13 章。

表 5.3 一些典型物质的标准燃烧焓

化合物	ΔH_{Comb} /(kJ·mol⁻¹)	化合物	ΔH_{Comb} /(kJ·mol⁻¹)
甲烷	−800	正庚烷	−4470
乙烷	−1430	甲苯	−3630
正丙烷	−2040	萘	−4980
正丁烷	−2660	烃(C₂₀)	−12400

分解反应伴随着高的能量释放，当体系没有冷却或冷却效果差时，就会导致很高的温升，因而很可能会发生失控反应，其后果可运用 3.2.2 小节描述的判据进行评估。

除了温度升高，二次反应可能会造成燃烧、有毒气体泄漏、固化、液位上涨

---

① 对原著进行了适当的充实与加工。——译者

(swelling)、产生气泡及碳化等后果，这可能会导致一个批次物料的损失，也可能会导致工厂设备的破坏，进而影响目标产品的生产。评估时也应考虑上述后果，因此，确定二次反应(常指分解反应)的能量是任何热风险评估的前提。

5.1.3 绝热温升

为了评估反应失控的潜在严重度，表 5.4 举例说明了目标反应和二次反应具有的典型能量值，以及可能导致的后果(以体系绝热温升的量级和机械能情况进行说明，其中机械能是以 1kg 反应物料来计算的)。

表 5.4 典型反应和分解的能量量级

反应	目标反应	分解反应
比反应热	$100kJ \cdot kg^{-1}$	$2000kJ \cdot kg^{-1}$
绝热温升	50K	1000K
每千克反应混合物导致甲醇气化的质量	0.1kg	1.8kg
转化为机械势能，相当于将 1kg 物体举起的高度	10km	200km
转化为机械动能，相当于将 1kg 物体加速到的速度	$0.45km \cdot s^{-1}$	$2km \cdot s^{-1}$
	(1.5 倍马赫数)	(6.7 倍马赫数)

显然，目标反应本身本质上可能并没有多大危险，但二次反应却可能产生显著后果。为了说明这点，将释放的能量转换成溶剂(如甲醇)的蒸发量，因为失控时当体系温度到达沸点时溶剂将蒸发。在表 5.4 所举的例子中，就经过适当设计的工业反应器而言，仅来自于目标反应的反应热不大可能产生不良影响。不过，如果是二次反应，情况就不一样了，即使 1kg 反应物料不至于导致 1.8kg 甲醇的蒸发，其结果也是比较严重的。因此，溶剂蒸发可能导致的二次效应在于反应容器中的压力升高，随后有可能发生容器失效、破裂，并形成具有爆炸性的蒸气云，如果蒸气云被点燃，会导致严重的室内爆炸。对于这种情形的风险必须加以评估。

5.2 压 力 效 应

这样的温度一般不会导致灾难性影响，但如果超过(设备的)设计温度范围，可能会损坏设备。实际上，失控反应的破坏作用总是与压力有关，这会导致容器失效，因此需要对压力效应进行研究。压力增长可能源于气态产物或挥发性组分的形成，其中挥发性组分在高温下会导致显著的蒸气压。5.2.1 小节～5.2.3 小节介绍了一些压力评估的简单方法。

5.2.1 气体压力

分解反应常产生气体。操作条件不同，如在开放容器中进行的常压操作或在密闭容器中进行的带压操作，产生气体的影响是不同的。在密闭容器中，压力增长可能导致容器破裂，并进一步导致气体泄漏或气溶胶的形成乃至容器爆炸。首先可以利用理想气体方程近似估算气体压力：

$$P = \frac{NRT}{V} \tag{5.2}$$

式中，普适气体常数 R 为 $83.15 \times 10^{-6}\,\text{bar} \cdot \text{m}^3 \cdot \text{kmol}^{-1} \cdot \text{K}^{-1}$。在开放容器中，形成的气体产物可能导致气体、液体的逸出或气溶胶的形成，这些也可能产生二次效应，如中毒、燃烧、火灾和导致生态不良影响等，甚至可能产生无约束蒸气云爆炸（unconfined vapor cloud explosion）或粉尘爆炸等二次效应。生成的气体体积同样可以利用理想气体定律来估算：

$$V = \frac{NRT}{P} \tag{5.3}$$

因此，对于评估事故的潜在严重度而言，反应或分解过程中释放的气体量是一个重要的参数。

5.2.2 蒸气压

随着温度升高，反应物料的蒸气压也增加。产生的压力可以通过 Clausiua-Clapeyron 方程进行估算，该方程将压力与温度、蒸发潜焓 $\Delta_\text{v}H$ 联系了起来：

$$\ln \frac{P}{P_0} = \frac{-\Delta_\text{v}H}{R}\left(\frac{1}{T} - \frac{1}{T_0}\right) \tag{5.4}$$

式中，普适气体常数 R 为 $8.314\,\text{J} \cdot \text{mol}^{-1} \cdot \text{K}^{-1}$，摩尔蒸发焓单位是 $\text{J} \cdot \text{mol}^{-1}$。此方程假定蒸发焓为常数，更加真实的蒸气压可以通过 Antoine 方程给出：

$$\ln P = A - \frac{B}{C+T} \tag{5.5}$$

式中，参数 C 考虑了蒸发焓随温度变化的影响。

使用 Antoine 方程时，必须特别注意参数的量纲、对数的底（不同来源的方程中这些参数可能不同）及系数成立的温度范围。

由于蒸气压随温度呈指数关系增加，温升的影响（如在失控反应中）可能会很大。有一个经验法则（rule of thumb）说明了这个问题：温度每升高 20K，蒸气压加倍。

工作示例 5.1　胺化反应的热效应与压力效应

在允许最大工作压力为 100bar g 的 $1m^3$ 的高压釜中，将氯代芳烃化合物转变为相应的苯胺化合物。使用了大大超过化学计量比（4 倍当量）的氨水（30%的水溶液），与生成的盐酸发生中和，维持 pH 为碱性以避免腐蚀问题。温度 180℃，反应 8h 后转化率达到 90%：

$$Ar-Cl+2NH_3 \xrightarrow{180℃} Ar-NH_2+NH_4Cl$$

物料量：315kg 的氯代芳烃化合物（约 2kmol）和 453kg[①] 的 30%氨水（约 8kmol）。两种反应物均在室温下进料，然后反应器加热到反应温度 180℃，维持 12h。

反应焓为 $-\Delta_r H=175kJ\cdot mol^{-1}$（包括中和反应），反应物料的比热容：$c'_p=3200$ $kJ\cdot kg^{-1}\cdot K^{-1}$，最终反应物料的分解热：$Q'_d=840kJ\cdot kg^{-1}$，分解反应 tmr_{ad} 为 24h 的温度：$T_{D24}=280℃$。

30%（质量分数）氨溶液的蒸气压为：$\ln\left[P(bar)\right]=11.47-\dfrac{3385}{T(K)}$

19%（质量分数）氨水溶液的蒸气压为：$\ln\left[P(bar)\right]=11.62-\dfrac{3735}{T(K)}$

现对这个工艺过程的热风险进行评估，并确定其危险度等级。

该工艺为在 180℃进行的间歇反应工艺，绝热温升为

$$\Delta T_{ad}=\frac{Q_r}{c_p}=\frac{175kJ\cdot mol^{-1}\times 2000mol}{768kg\times 3.2kJ\ kg^{-1}\cdot K^{-1}}\approx 143K$$

胺化反应失控的严重度为"中等"。

若胺化反应（一开始就）发生失控，则可达到的温度为

$$MTSR=T_P+\Delta T_{ad}=180+143=323℃=596K$$

压力将达到约 211bar。计算过程中忽略了加热反应器期间的转化率：这是保守的。温度高于 T_{D24}，意味着将引发分解反应，导致进一步升温：

$$\Delta T_{ad}=\frac{Q'_r}{c'_p}=\frac{840kJ\cdot kg^{-1}}{3.2kJ\ kg^{-1}\cdot K^{-1}}=263K$$

分解反应的严重度为"高"。

大约在 260℃[②]时到达允许的最大压力 100bar：这个温度可以视为技术因素允许的最高温度（MTT）。

因此，特征温度的高低顺序为 $T_P<MTT<T_{D24}<MTSR$，对应于危险度等级为 4 级，要求有相应的技术措施。氨水高的蒸发潜热能够在 260℃时使失控终止，因为可

---

① 原文中质量为 415kg，应为 453kg。——译者

② 原文中为 240℃，经计算更正为 260℃。——译者

以对反应器减压进行蒸发冷却。见工作示例 15.2。

5.2.3 溶剂蒸发量

在有些情况下，反应混合物中有足够的溶剂，溶剂的挥发将带走大量的反应热，从而使体系温度稳定在沸点附近。这种情况只有在溶剂能安全回流，或者蒸馏到集料罐(catch pot)、洗涤器(scrubber)中才可行。否则，如果在失控过程中达到溶剂的沸点，溶剂蒸发可能带来的二次效应，即形成爆炸性的蒸气云，遇到合适的点火源将发生严重的化学爆炸。此外，设备设计时必须考虑到设备能适应溶剂蒸发速度、可能出现的液位上涨及浇灌(flooding)等方面问题(见 14.3 节)，还必须对溶剂蒸出后浓缩的反应料液的热稳定性进行查证。

溶剂蒸发量可以由反应热、分解热来计算，如式(5.6)：

$$M_v = \frac{Q_r}{Q'_v} = \frac{m_r \cdot Q'_r}{Q'_v} \tag{5.6}$$

冷却系统失效后，反应释放能量的一部分用来将反应物料加热到沸点，其余部分的能量将用于物料蒸发。溶剂蒸发量由失效时温度到沸点的温差来计算，即：

$$m_v = \left(1 - \frac{T_b - T_0}{\Delta T_{ad}}\right)\frac{Q_r}{Q'_v} \tag{5.7}$$

在式(5.6)和式(5.7)中，采用的蒸发潜热为比蒸发焓 Q'_v，量纲为 $kJ \cdot kg^{-1}$。这些方程只给出了静态参数——溶剂蒸发量的计算，并没有给出蒸气流速的信息，而这涉及工艺的动力学参数，即反应速率。这方面的内容将在反应器安全技术方面的章节中讨论(见 14.3 节)。

5.3 能量的实验获取

5.3.1 实验技术

为了评估工业实际规模下的工艺热风险，必须知道最终可能释放的能量，并根据能量释放的数值及其触发条件进行表征。为此，可以采用各种量热或者微量热的方法。常用的有 DSC[1,15-17]、Calvet 量热仪、差热分析(DTA)[18]，以及绝热方法如绝热加速量热仪(ARC)[19]或泄放尺寸设计量热仪(VSP)[20-22]等和其他类似仪器。一些半定量技术或仪器，如 Lütolf 测试[13]、Radex[23]或 Sedex 也比较常用。4.2 节对这些技术及仪器进行了描述，其中最常用的当属微量热技术(DSC、DTA 和 Calvet)，这主要是因为其测试的样品量小，即使在强放热过程中也能进行定量测量，而不用担心仪器受到损坏。

这些实验的一个基本特点在于使用耐压密闭坩埚。这是因为如果采用开口坩坩，加热时易挥发物质的蒸发所产生的吸热效应，有可能掩盖在相同温度范围内发生的放热现象。此外，蒸发后的实际样品量将无法界定（见 4.2.1.4 小节）。

小贴士：DSC 法则 1——出于工艺安全的目的，须采用耐压密闭坩埚进行测试。

采用扫描或动态操作模式可确保所关心的整个温度范围都能被测试到，绝热测试的情形也与此类似，这就意味着必须使量热仪在更高的温度下工作以免遗漏重要的放热信息（见习题 4.6.2）。

尽管如此，仍存在两个关键问题：需要分析哪些样品？需要考虑哪些工艺条件？为了给这些重要问题提供一些线索，5.3.2 小节与 5.3.3 小节将列举几个工业实践中的典型例子进行说明。5.3.2 小节将首先介绍典型样品的选择，接下来的5.3.3 小节将介绍一些工艺偏差，最后将介绍一些实验方法。

5.3.2 测试样品的选择

5.3.2.1 样品纯度

在工艺安全的热分析中，一条普遍的、基本的原则就是使用应尽可能具有代表性的样品解决工业问题。例如，应当避免使用提纯以后的样品（见习题 4.6.1）。若要用到某固体物质，但在实际过程中其存在于溶液或悬浮液中，则热分析的样品也应是溶液或悬浮液，因为固体化合物溶解于溶剂中时往往会变得不稳定（图 5.1）。

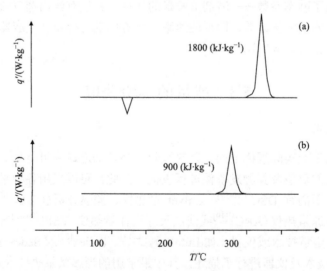

图 5.1　升温速率为 4K·min^{-1} 的 DSC 热谱图

(a)为纯硝基芳香烃固体样品的测试结果；(b)为 50%（质量分数）相同样品溶液测试结果

显然，样品溶于溶剂中后测试得到的分解热会降低，但分解热的减少并不总是与浓度大小成正比，因为溶剂可能会干扰分解机理。此外，热谱图中峰的位置，也即检测到的放热峰的温度范围，往往向低温区移动，这意味着稳定性的降低。

小贴士：DSC 法则 2——出于工艺安全的目的，须采用与工业操作中相同规格与品质的代表性的样品进行测试。

一种特别危险的情况是在熔融吸热峰后紧接着就是放热分解反应。在这种情况下，液态物料中的分解速度比固态物料中快。这意味着在工业过程中，热点(hot spot)可以熔化少量固体，并开始分解，然后分解反应在整个物料中传播。对于这种情形，限定一个安全操作温度至关重要(见习题 4.6.1 与第 13 章)。

5.3.2.2 间歇或半间歇工艺

对间歇或半间歇式工艺的热风险进行初步评估时，首先要关心反应混合物的热稳定性。作为一种"最简程序"(minimum program)，可用微量热法对下述样品进行分析：①初始反应混合物，也即反应发生之前的反应混合物样品；②最终反应物料，即反应结束后的反应物料样品。此类实验可以告诉我们一些反应物料能量释放方面的"指纹"(finger print)信息，这对于识别具有潜在危险的样品是非常有效的。

通过 DSC 对初始反应物料进行分析时，反应物须在不发生反应的温度下置于坩埚中，反应在升温过程中被引发，出现第一个峰[图 5.2(a)]，如果还存在一个

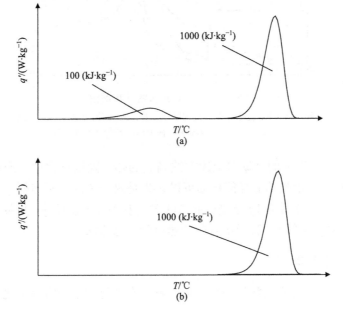

图 5.2　反应物料的典型 DSC 热谱图

反应混合物(a)有两个放热峰，分别对应于目标反应和二次反应；终态反应物料(b)只显示了二次反应的放热峰

分解反应，在更高温度时将会引发二次分解反应，在热谱图上出现第二个峰。同样，用该方法对最终反应物料的样品进行分析，仅可以观察到一个反映最终反应物料分解的放热情况[图 5.2(b)]。

对于半间歇反应，最好在开始加料前对已置于反应器中的混合物[①]样品进行分析。实际生产过程中，常需要在加料之前将该混合物加热到工艺温度，然后在该工艺温度下(进行后续操作)。一旦需要，可在此阶段中断工艺进程。所得到的热谱图有利于对此类工艺进程中断场景的热风险进行评估(见本章开始时的案例)。

另一种能给出目标反应和二次反应放热信息强有力的技术是 Calvet 量热法。由 SETARAM 公司商品化的量热仪 C80(见 4.3.2 小节)，配备一个混合池(mixing cell)，可以使两种反应物在隔膜隔成的两个隔室中加热至反应温度。一旦设备达到热平衡，将会使隔膜破裂，反应物混合，开始反应。等温条件下的反应结束后，设备便以扫描模式开始加热以引发二次反应(图 5.3)。这种技术的优点在于能够有效地在一个试验中同时提供热量及压力信息。

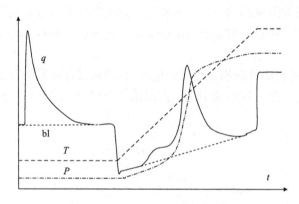

图 5.3　Calvet 量热实验的热谱图

该图显示了等温条件下的目标反应和温度扫描过程中引发的二次反应(实线：热流；短划线：基线；长划线：温度；点划线：压力)

可以用第 3 章中的判据对上述方法确定的热风险进行评估。绝热温升低于50K，且没有压力增长的低释能样品可以认为是热安全的，不需要进一步分析。若能量较大，则必须用第 10 章描述的方法对引发条件加以评估。从某种意义上来说，动态(扫描)实验是一种经济有效的热风险筛选方法。

5.3.2.3　中间体

许多反应并不能直接将反应物变成产物，在此过程中经常会出现中间体，尽

---

① 即"底料"。——译者

管这些中间体可能不独立存在。这些中间产物可能不稳定,易导致特殊的热风险。例如,芳香烃的硝基化合物经加氢还原得到相应的胺,该还原反应须经历很多不同步骤,其中一种路径是通过连续反应生成相应的亚硝基化合物,然后被还原成羟胺,最后生成相应的胺[24-26]。羟胺是不稳定的中间体,事实上,它们可在不耗氢的情况下发生歧化反应(氧化还原反应)。这些反应是放热反应,过去已引起多起事故[27],必须对其热风险进行评估(图5.4)。

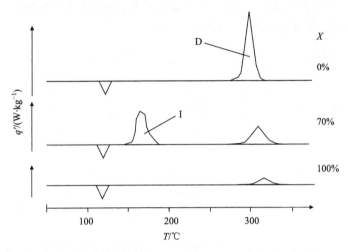

图5.4 芳香烃硝基化合物在催化加氢过程中形成不稳定中间体。70%耗氢量的热谱图中能观察到苯基羟胺的分解(I)。随着氢化反应的进行,芳香烃硝基化合物分解(D)逐渐减少

5.3.3 工艺偏差的评估

在化学工艺风险分析过程中,须评估各种背离正常工作状态的偏差。其中,加料错误是一类十分重要的偏差。对间歇或半间歇工艺来说,对投料偏差进行分析尤其重要。由于DSC实验的样品用量小,获取实验结果所需时间短,可用于研究加料错误对反应物料热稳定性的影响。

此外,DSC方法也可用于研究其他类型的偏差,如溶剂的影响或杂质的催化作用等。

5.3.3.1 加料错误的影响

加料错误有很多种,它们可能对反应混合物的热稳定性有很重要的影响。风险分析确定偏差类别时,除了要考虑工艺性质(nature of the process),还要考虑工业环境。工业操作中最容易发生的错误是加入反应物的数量错误。例如,在袋装固体反应物的投料时,如果不采取适当的方法,投入的袋子数可能会产生偏差。

同时，正确识别反应物也非常重要，在这种情况下，反应物包装方式差异化就显得格外重要。用 DSC 可以很容易地对这些偏差进行分析，因为该技术可以适用于不同投料偏差情况，这些偏离情况下所得的动态热谱图可以解释偏差后果。

工作示例 5.2   加料错误

某反应有三种反应物加入到溶剂中，反应采用间歇模式，反应温度为 30℃。风险分析过程中，分析团队提出了反应过程中漏加哪种反应物更关键的问题。为此，决定通过 DSC 研究加料错误对热稳定性影响（图 5.5）。

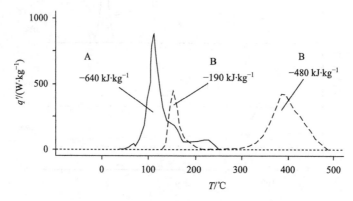

图 5.5   配方中出现加料错误的 DSC 测试结果。第一条曲线（实线）不含反应物 A；第二条曲线（虚线）缺失了反应物 B

第一条热分析曲线显示了不含反应物 A 的反应混合物的热稳定性情况。第二条曲线显示了不含反应物 B 的反应混合物的热稳定性情况。两条热分析曲线得到的总能量大致相等，但在曲线（不含反应物 A）中只存在一个约从 30℃开始的放热峰，这意味着当反应开始时就立即引发分解反应。第二条热分析曲线（不含反应物 B）中，存在两个放热峰，且第一个峰从 120℃开始出现。因此，引发第二种情况分解反应的可能性明显低于第一种情况。

结果清楚地表明，必须采取措施来避免漏加反应物 A，漏加反应物 B 并不十分危险，不需要采取特别的措施。因此，根据两个动态 DSC 实验的放热曲线，可得到有关工艺安全方面的重要结论。

5.3.3.2   溶剂对热稳定性的影响

我们知道溶剂可能会对反应机理或反应速率产生影响。目标反应如此，二次反应也可能如此。所以，溶剂性质可能会影响反应物料的热稳定性。因此，应在工艺研发的早期阶段测试溶剂对热稳定性的影响。采用 DSC 进行热分析是一种有效的方法，因为它可以应用于毫克量级反应物料的快速筛选。图 5.6 为 1,3-二氯

-5,5-二甲基乙内酰脲在庚烷(S1)和四氯化碳(S2)两种溶剂中的等温 DSC 曲线,等温温度为 140℃。在 S1 溶剂中,分解迅速发生,最大放热速率说明该分解较剧烈;在 S2 溶剂中,分解被延迟且较温和。不过,由于 S2 为含氯溶剂,会对环境造成不利影响,因此应该进一步优选更合适的溶剂。

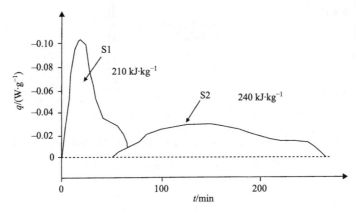

图 5.6　1,3-二氯-5,5-二甲基乙内酰脲在庚烷(S1)和四氯化碳(S2)中的分解。等温 DSC 曲线为 140℃在镀金耐压坩埚中测得的结果

5.3.3.3　杂质的催化作用

微量的杂质(如过氧化物、铁锈或材料腐蚀产生的金属离子等)可能催化分解反应。这种影响通过动态 DSC 实验很容易进行分析。样品受到有关杂质的污染后会改变其热稳定性,至于工业过程中样品易被哪些杂质污染,这可以根据风险分析或一般化学知识确定[①]。图 5.7 给出了含量为 1%的氯化钠对硝酸铵热稳定性的影响。此外,Grewer[7]给出了更多案例。

推荐一个好的做法:在进行 DSC 或 Calvet 量热分析时,可以向样品中加入金属屑进行测试,从而考察样品与金属之间可能存在的相互作用。测试过程中,由于金属屑或粉末高的接触面积/体积比,其作用将被放大,因此这类测试对于揭示催化效应非常有用,但必须通过定量的表面积与体积比来验证。

反之,可以通过添加抑制剂来提高化合物的稳定性,这或许可作为一个降低物料分解所致热风险的措施。例如,图 5.8 说明了将氧化锌加入二甲亚砜(DMSO)中所产生的影响[28]。这方面的研究有助于确定某些条件下,如溶剂蒸馏回收后,所需添加抑制剂的浓度。

---

① 这里对原文的说法进行了适当的改进。——译者

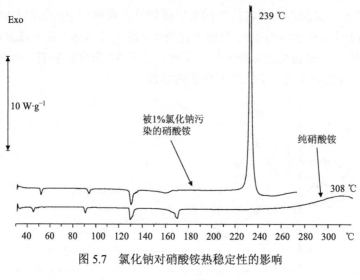

图 5.7　氯化钠对硝酸铵热稳定性的影响

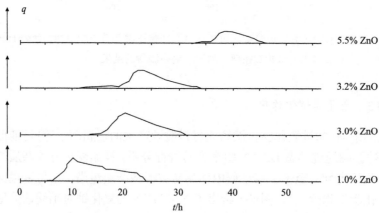

图 5.8　氧化锌对二甲基亚砜分解的影响

5.4　习　　题

5.4.1　产气导致的危险

一种热不稳定的农药装于 200L 桶中运输，装载率为 90%，密度为 $860kg \cdot m^{-3}$，完全分解的产气量为每千克杀虫剂产生 80L 气体（30℃）。假定桶能承受的最大超压为 0.45bar，农药的储存温度为 30℃，请问桶内物料分解允许的最高百分比是多少？

5.4.2 溶剂蒸发导致的危险

某化学反应在环己烷中进行，工艺温度为8℃，超过30℃时二次分解反应将占主导地位。如果发生冷却系统失效，反应物料将达到沸点，环己烷将蒸发。请计算1kg反应物料失控后，25℃时所形成的可燃气云的体积。

相关参数如下：

热参数		环己烷	
反应热	80 kJ·kg^{-1}	分子量	84 g·mol^{-1}
分解热	140 kJ·kg^{-1}	沸点	81℃
比热容	2.0 kJ·kg^{-1}·K^{-1}	蒸发潜热	30 kJ·mol^{-1}
		爆炸下限	1.3%（体积分数）
		摩尔体积（25℃）	25L

5.4.3 叔胺与氯化苄烷基化形成季铵盐

叔胺与氯化苄通过烷基化反应形成季铵盐。采用无溶剂的间歇工艺，即将原料加入夹套反应器中，采用5bar蒸汽将物料加热至145℃的操作温度。加热到该温度后，混合物进行绝热反应，直至反应完成。

采用耐压镀金坩埚对室温下制得的初始反应混合物进行 DSC 测试，其动态DSC谱图如图5.9所示。

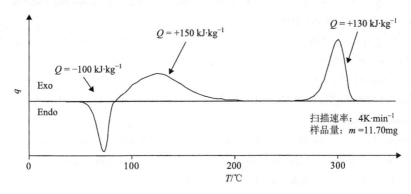

图5.9 采用耐压镀金坩埚测试得到反应混合物的 DSC 曲线

请问：

(1)对热图谱中的不同信号给出解释。

(2)作为项目主管，你同意这样的操作吗？为什么？

(3)还需要进行额外的测试吗？

(4)体系最终需要降温。0～100℃范围内的谱图对你制定合适的操作温度有何帮助？

5.4.4　溶剂蒸发流量

某反应采用乙醇为溶剂(沸点 78℃)，反应温度为 30℃，未转化反应物的最大累积量导致的绝热温升为 70℃。

(1)如果采用甲醇为溶剂(沸点 65℃)，所形成的蒸气云比乙醇大多少？假定甲醇与乙醇的蒸发潜热一样，且两种反应混合物热容一样。

(2)对这两种溶剂蒸气的体积流量进行比较。(提示：可以采用 van't Hoff 方程：温度升高 10℃，反应速率加倍)

(3)你推荐采用何种溶剂？

<h1 style="text-align:center">参 考 文 献</h1>

1　Gygax, R.(1993). Thermal Process Safety, Data Assessment, Criteria, Measures, vol. 8.(ed. ESCIS). Lucerne: ESCIS.

2　Perry, R. and D. Green, eds. Perry's Chemical Engineer's Handbook. 7th ed. 1998, McGraw-Hill: New York.

3　Lide, D.R., ed. Handbook of Chemistry and Physics. 82th ed. 2001–2002, CRC Press: Cleveland.

4　Benson, S.W.(1976). Thermochemical Kinetics. Methods for the Estimation of Thermochemical Data and Rate Parameters, 2e. New York:Wiley.

5　B.E. Poling, J.M. Prausnitz, and J.P. O'Connell, The Properties of Gases and Liquids. 5th Ed. 2001, New York : McGraw-Hill.

6　Weisenburger, G.A., Barnhart, R.W., Clark, J.D. et al.(2007). Determination of reaction heat: a comparison of measurement and estimation techniques. Organic Process Research & Development 11(6): 1112–1125.

7　Grewer, T.(1994). Thermal Hazards of Chemical Reactions, Industrial Safety Series, vol. 4. Amsterdam: Elsevier.

8　Whitmore, M.W. and Baker, G.P.(1999). Investigation of the use of a closed pressure vessel test for estimating condensed phase explosive properties of organic compounds. Journal of Loss Prevention in the Process Industries 12(3): 207–216.

9　CHETAH(1975). Chemical Thermodynamic and Energy Release Evaluation Program. Philadelphia: ASTM.

10　Barton, A. and Rogers, R.(1997). Chemical Reaction Hazards. Rugby: Institution of Chemical Engineers.

11　Grewer, T. and Hessemer, W.(1987). Die exotherme Zersetzung von Nitroverbindungen unter dem Einfluss von Zusätzen. Chemie Ingenieur Technik 59(10): 796–798.

12 ESCIS (ed.) (1989). Sicherheitstest für Chemikalien, Schriftenreihe Sicherheit, vol. 1. Luzern: SUVA.

13 Bartknecht, W. and Zwahlen, G. (1987). Staubexplosionen. Heidelberg: Springer-Verlag.

14 CCPS (1995). Guidelines for Chemical Reactivity Evaluation and Application to Process Design. American Institute of Chemical Engineers, CCPS.

15 Eigenmann, K. (1976). Sicherheitsuntersuchungen mit thermoanalytischen Mikromethoden. In: International Symposium. on the Prevention of Occupational Risks in the Chemical Industry. Frankfurt am Main: IVSS.

16 Brogli, F., Gygax, R., and Meyer, M.W. (1980). DSC a powerful screening method for the estimation of the hazards inherent in industrial chemical reaction. In: Sixth International Conference on Thermal Analysis, Bayreuth. Birkhäuser Verlag: Basel.

17 Frurip, D.J. (2008). Selection of the proper calorimetric test strategy in reactive chenical hazard evaluation. Organic Process Research & Development 12 (6): 1287–1292.

18 Raemy, A. and Ottaway, M. (1991). The use of high pressure DTA, heat flow and adiabatic calorimetry to study exothermic reactions. Journal of Thermal Analysis 37: 1965–1971.

19 Townsend, D.I. (1981). Accelerating rate calorimetry. In: Runaway Reactions Unstable Products and Combustible Powders. The Institution of Chemical Engineers.

20 Gustin, J.L. (1991). Calorimetry for emergency relief systems design. In: Safety of Chemical Batch Reactors and Storage Tanks (eds. A. Benuzzi and J.M. Zaldivar), 311–354. Brussels: ECSC, EEC, EAEC.

21 Gustin, J.L. (1993). Thermal stability screening and reaction calorimetry. Application to runaway reaction hazard assessment and process safety management. Journal of Loss Prevention in the Process Industries 6 (5): 275–291.

22 Fisher, H.G., Forrest, H.S., Grossel, S.S. et al. (1992). Emergency Relief System Design Using DIERS Technology, The Design Institute for Emergency Relief Systems (DIERS) Project Manual. New York: AIChE.

23 Neuenfeld, S. (1993). Thermische Sicherheit chemischer Verfahren. Chemie Anlagen und Verfahren 1993 (9): 34–38.

24 Stoessel, F. (1993). Experimental study of thermal hazards during the hydrogenation of aromatic nitro compounds. Journal of Loss Prevention in the Process Industries 6 (2): 79–85.

25 Gut, G., Kut, O.M., and Bühlmann, T. (1982). Modelling of consecutive hydrogenation reaction affected by mass transfer phenomena. Chimia 36 (2): 96–98.

26 Bühlmann, T., Gut, G., and Kut, O.M. (1982). Einfluss der Absorptionsgeschwindigkeit des Wasserstoffs auf die Globalkinetik der Flüssigphasenhydrierung von o-Kresol an einem Nickel-Katalysator. Chimia 36 (12): 469–474.

27 MacNab, J.I. (1981). The role of thermochemistry in chemical process hazards: catalytic nitro

reduction processes. In: Runaway Reactions, Unstable Products and Combustible Powders, 3S1–3S15. Institution of Chemical Engineers.

28　Brogli, F., Grimm, P., Meyer, M., and Zubler, H. (1980). Hazards of self-accelerating reactions. In: 3rd International Symposium Loss Prevention and Safety Promotion in the Process Industries, 665–683. Basel: Swiss Society of Chemical Industry.

第 2 部分

放热化学反应的控制

6 反应器安全的一般知识

典型案例：工艺偏差

在一个 2.5m³ 的反应器中以每批 500kg 产品的规模合成药物中间体。反应是由氨基芳香烃化合物和芳香烃氯化物缩合并消除 HCl 后得到二苯基胺。反应过程生成的 HCl 直接在反应器中用碳酸钠中和，形成水、氯化钠和二氧化碳。生产流程很简单：反应物在 80℃ 混合，这个温度高于反应物料的熔点。然后反应器由夹套中的水蒸气加热到 150℃。在这个温度时，蒸汽阀门必须关闭，在接下来的 16h 中进行反应。在这期间，温度最高升高到 165℃。几年之后，反应规模扩大到每批 1000kg，反应器的容积扩大到 4m³。两年后，再次决定将规模进一步扩大到 1100kg。

再次扩产后生产了 6 个月，随后由于圣诞节停止生产，节后开始恢复并生产首批产品。其中一种反应物需从储罐泵入反应器，但天气较冷，输送管线发生堵塞。由于该产品的需求紧迫，决定改用料桶(drum)输送反应物。反应照常开始加热，但在 150℃ 时未能及时关闭蒸汽阀，而是在反应器温度达到 155℃ 时才关闭。检查反应器时，操作人员发现反应物料正在沸腾：在升气管(riser)明显发现一些回流液体。由于冷凝液不能回到反应器中，溶剂逐渐被蒸发，导致反应物料浓度和沸点的升高。蒸发过程进行的很快以致反应器内压力快速增长，并导致泄压系统开始作用并进行泄压。大部分反应物料被释放到外面，但反应器中压力仍然继续增长。最终反应物料从升气管密封处扩散到整个车间。

结果是整个装置停产 2 个月，事故涉及的工段停产超过 6 个月，财产损失达几百万美元。

调查结果表明工艺操作处在参数敏感区(parametric sensitive range)。由于批量规模增加到 1100kg，反应时的最高温度达到 170℃。此外，采用的是配有盐水(brine)冷却系统的多功能反应器，选用的温度计量程虽然为 200℃，但范围为-30~170℃。因此，技术设备与该工艺条件不匹配。

经验教训

无论是工艺条件还是反应器的技术装备都与该反应不匹配。此外，忽视了批产规模增加后的不利影响。为了确保反应的安全控制，应将工艺改变为半间歇模式。

引言

本章将介绍一些反应器稳定性的重要知识及正常操作条件下相应的评估判据

(6.1 节)，然后介绍偏离状态(如冷却失效)的评估判据(6.2 节)。

　　反应过程很容易控制时，反应器被认为是安全的。因此，考虑工艺热风险的问题时，反应器的温度控制就显得十分重要了。基于这个原因，为了能够设计出一个安全的工艺过程，必须彻底了解反应器的热平衡。2.3 节介绍了热平衡中的各个不同项。在对热平衡有了深入透彻的了解后，就能设计出正常操作条件下的安全反应器。在某些情况下，热平衡可以反映出参数敏感性(即一些控制操作参数的微小变化能导致反应器行为发生显著变化)。反应器稳定性可通过一些稳定性判据来表征，这将在 6.1 节中描述。

　　此外，反应器的安全还应该有更高的目标，在发生误操作(mal-operation)时反应器依然能保持稳定，因为这些误操作将使工艺偏离正常操作状态，能实现这样目标的工艺过程具有强的鲁棒性。这个目标可以通过控制未转化反应物料的累积度，使其在反应过程中保持在一个安全的水平来实现，为此，涉及合成反应达到的最高温度 MTSR 的概念。这点将在 6.2 节中介绍。

　　6.3 节对本书后续章节中涉及的反应实例进行了描述。

6.1　反应器的动态稳定性

6.1.1　参数敏感性

　　描述一级非等温间歇反应的物料平衡与热平衡的微分方程如下(见 2.3.2 小节)：

$$\begin{cases} \dfrac{\mathrm{d}X}{\mathrm{d}t} = k(1-X) \\[2mm] m_{\mathrm{r}} \cdot c_p' \dfrac{\mathrm{d}T}{\mathrm{d}t} = V(-\Delta_{\mathrm{r}}H)C_0 \dfrac{\mathrm{d}X}{\mathrm{d}t} + UA(T_{\mathrm{c}} - T) \end{cases} \tag{6.1}$$

考虑速率常数与温度的函数关系，整理后得到：

$$\begin{cases} \dfrac{\mathrm{d}X}{\mathrm{d}t} = k_0 \mathrm{e}^{-E/RT}(1-X) \\[2mm] \dfrac{\mathrm{d}T}{\mathrm{d}t} = \Delta T_{\mathrm{ad}} \dfrac{\mathrm{d}X}{\mathrm{d}t} + \dfrac{UA(T_{\mathrm{c}} - T)}{m_{\mathrm{r}} \cdot c_p'} \end{cases} \tag{6.2}$$

因此，反应器温度变化过程取决于以下几个方面：

(1)绝热温升。与反应物料所具有的能量有关。

(2)冷却速率。由总传热系数、传热面积、反应物料与冷却介质间的温差决定。

(3)反应的热生成速率及其温度依赖性。

　　然而，冷却能力与温度呈线性关系，热生成速率与温度呈指数关系(Arrhenius方程)。如果控制不当，体系会升高至很高的温度，因此，评估温度对热平衡的影响很重要。

很多学者研究过这个问题[1-9]。Villermaux[10]、Morbidelli 及其同事[11]对此进行了全面的综述。

6.1.2 温度敏感性：反应数 B

由于反应速率、放热速率对温度的敏感性决定了热平衡，因此定义一个能对此影响进行表征的判据是很重要的。将反应速率-温度关系进行微分得到：

$$r = k_0 e^{-E/(RT)} C_0 (1-X) \tag{6.3}$$

$$\frac{\mathrm{d}r}{\mathrm{d}T} = k_0 e^{-E/(RT)} C_0 (1-X) \frac{E}{RT^2} = r \cdot \frac{E}{RT^2} \tag{6.4}$$

因此，反应速率的相对偏差与温度的关系为

$$\frac{\mathrm{d}(r)/r}{\mathrm{d}T} = \frac{\mathrm{d}\ln(r)}{\mathrm{d}T} = \frac{E}{RT^2} \tag{6.5}$$

式中，$\dfrac{E}{RT^2}$ 项称为温度敏感性。乘以绝热温升，可得到一个无量纲的判据，称为反应数(reaction number)或无量纲绝热温升(dimensionless adiabatic temperature rise)：

$$B = \frac{\Delta T_{\mathrm{ad}} \cdot E}{RT^2} \tag{6.6}$$

因此，活化能越高，反应速率对温度的敏感性越高。B 值高意味着反应难以控制(高的绝热温升和高的温度敏感性)。图 6.1 计算了 100℃时的 B 值。举例说

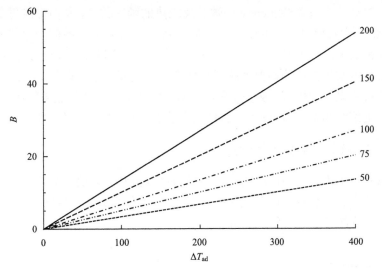

图 6.1　373K 时的 B 值与绝热温升的关系。活化能为 50～200kJ·mol^{-1}

明，P. Hugo[6]发现当反应 B 值大于 5 时，就难以对间歇反应器进行控制了。但仅仅依靠这个判据还无法给出反应器热交换系统的热移出信息。因此，应采用包括热平衡在内的更加综合的判据。

6.1.3　热平衡

这一节主要讨论建立在热平衡基础上的几种判据。这里描述的判据不仅要求使用方便，还要求有较好的先进性，能够对动态稳定情形和可能发生的失控情形进行甄别。第 7 章～第 9 章将讨论这些判据的应用问题。

6.1.3.1　Semenov 判据

在 2.4.2 小节中，已经使用 Semenov 热温图解释了冷却介质临界温度。同样，Semenov 热温图也可判别稳定操作状态和失控状态。稳定操作可以通过 Semenov 判据（也称 Semenov 因数）Se 的极限值来说明：

$$Se = \frac{q_0 E}{UART_0^2} < \frac{1}{e} \approx 0.368 \qquad (6.7)$$

这种情况是建立在零级反应基础上的，对强放热反应（即使低的转化率也会产生高的温升）是成立的。这个判据中，除了需要知道反应器热移出特性的参数，还需要知道在工艺温度下反应的放热速率 q_0 和活化能 E。最近，Hugo[12]将此判据拓展到了其他非零级反应中（见 2.4.5 小节）。

6.1.3.2　稳定图

需要建立一个包含 Semenov 因数及反应热的函数关系，从而形成更全面的判据。文献[13]中对此进行了介绍，该文献研究了 Semenov 因数的倒数与无量纲绝热温升的函数关系，得到一张类似于图 6.2[11,14]的稳定图（stability diagrams）。需要注意，可能发生失控的参数敏感区与稳定区域之间并没有截然明确的界线：这取决于分析所采用的模型。从安全角度来说，冷却速率和放热速率的比值（$1/Se$）要大，无量纲绝热温升 B（反应放热量大小的表征）要小，这样才能处于稳态区。

6.1.3.3　放热速率和冷却速率

考虑到热平衡及其随温度的变化，显然可以得到：只要冷却能力随温度的变化速率显著大于放热速率的变化速率①，就能保证体系处于稳定状态，这与 2.4.4 小节讨论临界温度的计算情况一样：

---

① 原著用语为"大于"，从工程实践的经验来看，应该"显著大于"。——译者

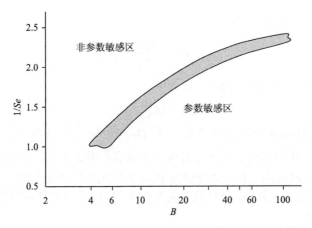

图 6.2　稳定图：Semenov 因数的倒数与无量纲绝热温升的关系

$$\frac{\partial q_{ex}}{\partial T} \gg \frac{\partial q_{rx}}{\partial T} \tag{6.8}$$

这里：

$$\frac{\partial q_{ex}}{\partial T} = \frac{\partial\left[UA(T-T_c)\right]}{\partial T} = UA \tag{6.9}$$

且

$$\frac{\partial q_{rx}}{\partial T} = \frac{\partial\left[k_0 e^{-E/RT} f(X)\cdot C_{A0}\cdot(-\Delta_r H)\cdot V\right]}{\partial T} = \frac{E}{RT^2}\cdot r\cdot(-\Delta_r H)\cdot V \tag{6.10}$$

由此得到：

$$\frac{\tau_r}{\tau_c}\frac{RT^2}{\Delta T_{ad}E} \gg 1 \tag{6.11}$$

式中，τ_r 为特征反应时间（characteristic reaction time）；τ_c 为反应器的热时间常数，分别如式（6.15）及式（6.16）所定义。这个判据可通过模拟分析来核实和改进（考虑最初反应速率为）：

$$\frac{\tau_{r0}}{\tau_c} = \frac{\tau_{rc0}}{\tau_c} \gg \left(\frac{\Delta T_{ad}E}{RT_c^2}\right)^{1.2} = B^{1.2} \tag{6.12}$$

这就是"滑移"判据（"sliding" criterion），它建立在时间为 0 的时刻，但可以应用于任意时刻（"滑移"之意），该判据反映了 6.1.3.2 小节中稳定图的要点，指数 1.2 考虑了一个安全裕度（safety margin）。这个判据用到了反应动力学的知识。

6.1.3.4　无量纲判据的应用

对于一个具有 n 级反应级数的反应，其反应速率通常可以由一个无量数

（Damköhler 判据）来表示[15]：

$$Da = \frac{r_A \tau_r}{C_0} \tag{6.13}$$

如果用反应速率表示，则：

$$Da = kC_0^{n-1} \tau_r \tag{6.14}$$

这里所述的 Damköhler 判据是指 I 类 Damköhler 数（Da_I）。其他的 Damköhler 数的定义为[13]：II 类常用于表征固体催化剂表面的物料传递，III 类用于表征固体催化剂表面的对流传热，IV 类用于表征固体催化剂中的温度变化关系。

对于间歇反应，特征反应时间 τ_r 是在参考温度（即冷却介质温度）下定义的：

$$\tau_r = \frac{1}{k_{(T_c)} \cdot C_0^{n-1}} \tag{6.15}$$

另一方面，热平衡中的冷却速率可通过反应器的热时间常数 τ_c 进行表征：

$$\tau_c = \frac{\rho V c_p'}{UA} \tag{6.16}$$

将特征反应时间除以热时间常数，可得到一个无量纲数，即修正后的 Stanton 判据：

$$St = \frac{UA\tau_r}{m_r c_p'} = \frac{UA\tau_r}{\rho V c_p'} = \frac{\tau_r}{\tau_c} \tag{6.17}$$

修正后的 Stanton 判据将特征反应时间与反应器的热时间常数进行了比较。按式（6.18）构建一个比值，则可以消除时间变量：

$$\frac{Da}{St} = \frac{kC_0^{n-1} \rho V c_p'}{UA} \ll 1 \tag{6.18}$$

与式（6.12）一样，这个判据综合运用到了反应动力学的知识。实际上，这个比值是将特征反应时间（涉及反应速率）与热时间常数（涉及冷却速率）进行比较后的结果。反应器的尺寸变化会强烈地影响这个值，如 2.3.1.2 小节所述。另外，它随反应器的大小呈非线性变化。因此在工艺放大时考虑这些因素尤为重要。

在最近的研究[16]中，Westerterp 和 Molga 提出了一组无量纲数[冷却数（cooling number，Co）、反应性数（reactivity number，Ry）和放热数（exothermicity number，Ex）]，用来评估半间歇反应器中缓慢进行的非均相液-液反应（$v_A A + v_B B \longrightarrow v_C C + v_D D$，A 为底料先行加入，B 为滴加反应物）的稳定性。据此，$Da = kC_A t_{fd}$。

$$Co = \frac{U^* \cdot Da}{\varepsilon} = Wt = \frac{(UA)_0 \cdot t_{fd}}{(V \rho c_p')_0 \, \varepsilon}$$

$$Ry = \frac{(v_{\rm B}/v_{\rm A})m \cdot Da_{\rm c}}{\left(R_{\rm H} + U^* \cdot Da/\varepsilon\right)\varepsilon}$$

$$Ex = \frac{\Delta T_{\rm ad,0} \cdot E/R}{T_{\rm c}^2\left(R_{\rm H} + U^* \cdot Da/\varepsilon\right)\varepsilon}$$
(6.19)

式中，$U^* = \dfrac{(UA)_0}{\rho c'_p VkC_{\rm A}}$；$Wt$ 为 Westerterp 数。

在这些方程中，ε 代表了由于加料导致的相对体积增量；$R_{\rm H}$ 代表两液相的热容比；下标 0 代表加料前的初始状态。用反应性数与放热数的函数关系作图(图6.3)，可得到不同的区域：

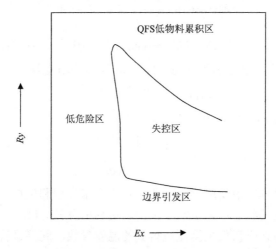

图 6.3 连续相中慢反应的操作条件示意图，给出了失控条件和不同特性区域的边界

(1)失控区。可以在图中明确地划分出来。

(2)QFS 低物料累积区。QFS 区位于失控区之上，由于反应性强，位于该区的反应可以在快速引发、转化良好且温度平稳(quick onset、fair conversion and smooth temperature profile, QFS)的状态下进行。在该区域，反应速率快，物料累积度低且温度易于控制(见 8.4 节)。

(3)低危险区(harmless)。该区域为低放热区，放热速率可能不会导致危险情况，系统的危险性低。

(4)边界引发区(marginal ignition)。该区域为低反应区，反应难以引发，意味着反应速率低，导致转化率低，会给生产率带来不利影响。

图中的曲线对应特定的参数 $R_{\rm H}$ 和 $(U^* \cdot Da)/\varepsilon$。$(U^* \cdot Da)/\varepsilon$ 即冷却数 Co，该参数目前称为 Westerterp 数(Wt)[17]。文献作者证明了 Wt 是影响系统行为的关键参数。由于 Wt 由操作参数控制，因此在工艺开发和放大过程中可以根据操作参数很容易地算出。

6.1.3.5　混沌理论和 Lyapunov 指数

这个判据基于复杂的数学方法，因此不如上述判据容易使用。然而，这种方法代表了该领域先进的技术。该判据由 Strozzi、Zaldivar 及其同事们提出[7-9, 18-21]。

Lyapunov 指数描述了相空间（phase space）中相邻两点随时间的变化规律。若 Lyapunov 指数大于零，则两个点发散；若小于零，则两个点收敛。这可以作为系统敏感性的一个指标。对于间歇反应器，Lyapunov 指数与时间的函数关系如下定义：

$$\lambda_j(t) = \frac{1}{t} \lg_2 \frac{L_j(t)}{L_j(0)}, j = 1, 2, \cdots, m \tag{6.20}$$

用状态变量定义一个状态空间中的椭圆体，$L_j(0)$ 和 $L_j(t)$ 对应于椭圆体在 $t=0$ 和 $t=t$ 时的 j 轴长度。这给出了状态空间中 m-球体的演变规律。可得体积：

$$V(t) = 2^{[\lambda_1(t) + \lambda_2(t) + \cdots + \lambda_m(t)] \cdot t} \tag{6.21}$$

对于输入参数 Φ，相应的敏感度为

$$s(V, \Phi) = \frac{\Delta \left\{ \max_t 2^{[\lambda_1(t) + \lambda_2(t) + \cdots + \lambda_m(t)] t} \right\}}{\Delta \Phi} \tag{6.22}$$

这个判据能区别间歇反应器中的两个状态：未失控和失控。对于半间歇反应器，存在 4 种不同的状态：未引发、失控、边界引发和 QFS。

该判据的优点在于仅仅根据测量得到的温度参数，就能进行在线计算，而不需要对工艺过程建模[9]。该方法采用了一个状态变量进行相空间的重构，通过这种方法能够建立一套探测失控状态的报警系统，相关内容在 15.3.6 小节中介绍。

6.1.3.6　拓扑工具

Copelli 及其同事[22,23]开发了拓扑判据（topological criteria），基于该判据可以对半间歇反应器的行为进行分类，并对其生产能力和安全性进行优化。基于描述工艺过程的常微分方程组，对相空间进行拓扑分析，可以建立一个可以给出失控区、QFS 区和边界引发区界限的判据。该方法所基于的安全考量在于控制主要反应和避免二次反应。该工具适用于以恒温模式和等温模式工作的半间歇反应器。

6.2　冷却失效后反应器的安全性

上述所有方法仅考虑了正常操作条件下的反应系统。毫无疑问，正常操作条

件下反应过程可控是工艺安全的先决条件。然而，如果偏离正常操作（如技术故障），工艺过程也不应导致危急情况。就工艺热安全而言，加热或冷却系统的失效是最关键的故障之一[①]，而导致冷却失效的原因可能包括冷媒缺失、温控失效等[②]。

6.2.1 反应热与绝热温升

第一个判据是绝热温升。这是一个静态参数，反映了反应热的大小。绝热温升越高，发生冷却失效后达到的终态温度越高。终态温度 T_f 由式（2.4）得到：

$$T_f = T_p + \Delta T_{ad} < T_{ma} \tag{6.23}$$

式中，T_{ma} 表示最高允许温度。通过限定 T_{ma} 来避免引发二次反应或出现高压情形。事实上，它对应于 3.2 节描述的最坏场景。

由热平衡方程演化得到的式（2.22）也说明高放热反应比低放热反应更难控制，因为对于高放热反应，即使转化率微小地增加，也会引起明显的温度升高（见 2.3.3 小节）。此外，高放热反应发生事故的严重度也更大。

6.2.2 冷却失效后的温度：MTSR 的概念

如果在放热反应过程中发生冷却失效，未转化物质在没有冷却情况下继续反应，将导致温度升高并可能超过预定的反应温度。因此，温度可能会超出一个温度范围，从而出现二次反应占主导的情形，或者出现系统的蒸气压超过反应器允许的最大工作压力的情形。为了能对目标反应发生失控的后果进行预测，需要知道绝热条件下合成反应所能达到的最高温度 MTSR[24, 25]。这里只考虑目标反应的热量。冷却失效时可达到的温度水平（T_{cf}）是工艺温度（T_p）、物料累积度（X_{ac}）和总的绝热温升（ΔT_{ad}）的函数：

$$T_{cf} = T_p + X_{ac} \cdot \Delta T_{ad} \tag{6.24}$$

累积度指 t 时刻总反应热中未释放部分所占的分数：

$$X_{ac}(t) = 1 - X = \frac{\displaystyle\int_t^\infty q_{rx}\,dt}{\displaystyle\int_0^\infty q_{rx}\,dt} = 1 - \frac{\displaystyle\int_0^t q_{rx}\,dt}{\displaystyle\int_0^\infty q_{rx}\,dt} \tag{6.25}$$

由于反应过程中温度和累积度会发生变化，因此冷却失效后的温度 T_{cf} 强烈地

---

① 原文意思为"最关键的故障是加热或冷却系统的失效"。然而，从工程实践的角度来看，这样的失效只能视为若干最糟糕场景之一。例如，有时加错料的风险可能比加热或冷却系统失效还高。——译者

② 原文中冷却失效的原因还包括搅拌故障。显然，搅拌故障不能视为冷却失效关联性很强的因素，故删去。——译者

取决于反应的控制方法。温度 T_{cf} 是时间的函数，因此，为了能预测冷却失效后的反应器状态，了解在什么时刻该温度达到最大值是非常重要的。工艺安全性评估以及安全措施的设计应基于 MTSR，MTSR 对应于 T_{cf} 的最大值：

$$\mathrm{MTSR} = [T_{cf}]_{max} \tag{6.26}$$

有一点需要注意：当反应器在低温(低于环境温度)下工作时，即使绝热温升无法使 MTSR 达到环境温度，也应该将 MTSR 设定为环境温度。这是因为低于环境温度的反应器将与其所处的环境达到热平衡。

评估工艺热安全时，MTSR 是一个关键参数。一方面它是目标反应失控的结果，取决于未反应物料的累积程度；另一方面它是二次反应的起点，工程上以 MTSR 来计算 tmr_{ad}。因此，MTSR 是冷却失效场景中目标反应与二次反应的连接点(图 3.2)。

6.3　反应系统示例

第 7 章~第 9 章将运用一个示例性的反应系统来说明相关问题。为了重点说明反应器热安全的问题，不明确说明具体的化学反应，而是采用通用的反应模式来代替：

$$\mathrm{A + B} \xrightarrow{k_1} \mathrm{P} \xrightarrow{k_2} \mathrm{S} \tag{6.27}$$

第一个反应是合成反应，是一个简单的双分子二级反应，速率方程如下：

$$-r_A = k_1 \cdot C_A \cdot C_B \tag{6.28}$$

第二个反应是产物 P 的一级分解反应，速率方程为

$$-r_p = k_2 \cdot C_p \tag{6.29}$$

合成反应的模式涉及两个方面，一个是快速的加成反应，另一个是缓慢的取代反应。表 6.1 给出了相关的热力学和动力学参数。分解反应在 150℃时的比放热速率为 $10\mathrm{W} \cdot \mathrm{kg}^{-1}$，有了活化能和比热容[①]，可以计算得到绝热条件下最大反应速率时间[②](tmr_{ad})与温度的函数关系。非连续操作中反应物的用量列于表 6.2 中。使用的溶剂在常压下的沸点为 140℃。

所用反应器为一个按照 DIN 标准[20]生产的不锈钢搅拌釜($4\mathrm{m}^3$)。它安装了一个间接加热冷却系统，即利用单一流体(水和二乙烯基乙二醇的混合物)在热交换系统中循环，能够提供三种温度：5bar 及 150℃的蒸气、5℃的水和–15℃的盐水。温度控制可以采用夹套式(恒温环境)或串级控制器(cascade controller)进行，控制

---

① 原文为"放热速率"，应为比热容。——译者
② 原文用语为"热爆炸形成时间"。科学地说，应该采用绝热条件下最大反应速率到达时间。——译者

内部温度保持等温模式或保持设定的温升速率。有关特性参数见表 6.3。

表 6.1 第 7 章～第 9 章中所涉及示例反应的热力学数据和动力学数据

数据	取代反应	加成反应	分解反应
焓/ (kJ·mol⁻¹)	-150	-150	-575
比热容/ (kJ·kg⁻¹·K⁻¹)	1.7	1.7	1.7
活化能/ (kJ·mol⁻¹)	60	60	100
指前因子	10^9 kg·mol⁻¹·h⁻¹	10^{11} kg·mol⁻¹·h⁻¹	7×10^{10} h⁻¹
浓度 C_{A0}/ (mol·kg⁻¹)	3	3	——
终态浓度/ (mol·kg⁻¹)	2	2	——
摩尔比 ($M = B / A$)	1.25	1.25	——

表 6.2 非连续操作的物料量

混合	质量/kg	物料量/mol	摩尔比
A	2000	6000	1.0
B	1000	7500	1.25
总计	3000	——	——

注：密度为 1000 kg·m⁻³。

表 6.3 反应器的有关特性参数

内容	参数值
公称容积	4 m³
材料	不锈钢
最大工作容积	5.1 m³
最大热交换面积	7.4m² 对应于 3.4 m³
最小热交换面积	3.0m² 对应于 1.05 m³
夹套类型	半焊盘管 (half welded coils)
总传热系数	200 W·m⁻²·K⁻¹
最高加热温度	150℃
最低冷却温度	−15℃ (盐水)
	+5℃ (水)
加热时间常数 (夹套)	0.20h
冷却时间常数 (夹套)	0.23h

工作示例 6.1 示例反应中运用的安全判据

为了评估在上述反应器中示例反应的平稳性 (dynamic stability)[①]，可运用 6.1 节中

[①] 也可以称为"动态稳定性"。——译者

介绍的 Semenov 判据[式(6.7)]、Villermaux 判据[即"滑移"判据，式(6.12)]、Da/St 判据[式(6.18)]及反应数 B 等作为评估判据。由于它们是冷却系统温度的函数，因此可利用它们与温度的函数关系进行计算，结果如图 6.4 所示。

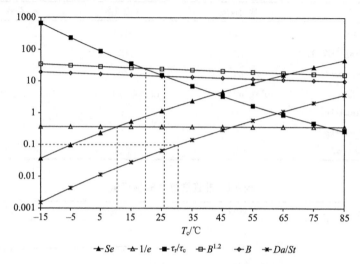

图 6.4　动态稳定性判据与冷却系统温度的关系

正方形代表 Villermaux 判据，三角形代表 Semenov 判据，星形代表 Da/St 判据

Da/St 判据说明，该比值应该远小于 1。如果理解为小于 0.1，那么冷却介质的上限温度大约为 30℃时，能够达到 0.1 这个限值。其他判据冷却介质的上限温度由其特征曲线直接得到。Villermaux 判据显示的上限温度大约为 20℃，而 Semenov 判据显示的上限温度大约为 10℃。

不同判据得到的冷却介质的上限温度比较分散：

（1）Semenov 判据认为如果冷却介质的温度高于 10℃，反应的初始放热不能被冷却系统移出。冷却系统温度低于这个温度水平时可以为所进行的反应提供一个足够大的安全裕度（margin）。这是一个静态标准。

（2）Villermaux 判据和 Da/St 判据是动态稳定性判据，这意味着冷却介质温度高于临界水平（分别为 20℃及 30℃）时，反应器将处于不稳定状态，并出现参数敏感性问题。如果用 B 代替 $B^{1.2}$，两个判据会产生相同或接近的结果。这并不奇怪，因为它们都是基于相同的热平衡，即反应放热速率随温度升高而增加的速率比反应器热移出速率快。

表 6.4 总结了反应的热数据，但需要注意的是这些判据没有用到任何直接的动力学数据，而仅仅使用了量热实验的结果。对于分解反应，结合活化能参数，根据 3.2.3 小节中介绍的评估标准，可以建立 T_{D24}=113℃ 和 T_{D8}=122℃ 的安全限值。活化能是可以通过测试确定的（如通过第 10 章描述的 DSC 实验）。虽然没有温度、加料速率等工

艺条件的信息，但评估结果(表6.4)依然为大家所接受。第7章～第9章将对不同类型的反应器和工艺操作条件进行更详细的评估。

表6.4 用于安全评估的热数据

安全相关的数据	数值/评估结果
目标反应放热	300 kJ·kg^{-1a}
反应物料的比热容	1.7 kJ·kg^{-1}·K^{-1}
目标反应的绝热温升	176 K
目标反应失控的严重度	中等
二次反应放热情况	1150 kJ·kg^{-1a}
二次反应的绝热温升	676 K
二次反应失控的严重度	高
触发二次反应的可能性高	高于 T_{D8}=122℃
触发二次反应的可能性低	低于 T_{D24}=113℃

a. 以终态反应物料计。

参 考 文 献

1 Amundson, N.R. and Bilous, O.(1955). Chemical reactor stability and sensitivity. American Institution of Chemical Engineers Journal 1(4): 513–521.

2 Aris, R.(1965). Introduction to the Analysis of Chemical Reactors. Englewood Cliffs: Prentice-Hall, Inc.

3 Eigenberger, G. and Schuler, H.(1986). Reaktorstabilität und sichere Reaktionsführung. Chemie Ingenieur Technik 58(8): 655–665.

4 Heiszwolf, J.J. and Fortuin, J.M.H.(1996). Runaway behaviour and parametric sensitivity of a batch reactor an experimental study. Chemical Engineering Science 51(11): 3095–3100.

5 Luo, K.M., Lu, K.T., and Hu, K.H.(1997). The critical condition and stability of exothermic chemical reaction in a non-isothermal reactor. Journal of Loss Prevention in the Process Industries 10(3): 141–150.

6 Hugo, P.(1980). Anfahr- und Betriebsverhalten von exothermen Batch-Prozessen. Chemie Ingenieur Technik 52(9): 712–723.

7 Alos, M.A., Strozzi, F., and Zaldivar, J.M.(1996). A new method for assessing the thermal stability of semi-batch processes based on Lyapunov exponents. Chemical Engineering Science 51(11): 3089–3096.

8 Alos, M.A., Zaldivar, J.M., Strozzi, F. et al.(1996). Application of parametric sensitivity to batch process safety: theoretical and experimental studies. Chemical Engineering Technology 19: 222–232.

9　Zaldivar, J.M., Cano, J., Alos, M.A. et al. (2003). A general criterion to define runaway limits in chemical reactors. Journal of Loss Prevention in the Process Industries 16 (3): 187–200.

10　Villermaux, J. (1991). Mixing effects on complex chemical-reactions in a stirred reactor. Reviews in Chemical Engineering 7 (1): 51–108.

11　Varma, A., Morbidelli, M., and Wu, H. (1999). Parametric Sensitivity in Chemical Systems. Cambridge: Cambridge University Press.

12　Hugo, P. (2016). Extension of the Semenov criterion to concentration-dependent reactions. Chemie Ingenieur Technik 88 (11): 1643–1649.

13　Baerns, M., Hofmann, H., and Renken, A. (1987). Chemische Reaktionstechnik. Stuttgart: Georg Thieme.

14　Villermaux, J. (1993). Génie de la réaction chimique, conception et fonctionnement des réacteurs. Lavoisier: Tec Doc.

15　Levenspiel, O. (1972). Chemical Reaction Engineering. Wiley: New York.

16　Westerterp, K.R. and Molga, E.J. (2004). No more runaways in fine chemical reactors. Industrial Engineering Chemical Research 43: 4585–4594.

17　Pohorecki, R. and Molga, E. (2010). The Westerterp number (Wt). Chemical Engineering Research and Design 88 (3): 385–387.

18　Strozzi, F., Zaldivar, J.M., and Westerterp, K.R. (1997). Runaway Prevention in Chemical Reactors Using Chaos Theory Techniques. Ispra: Joint Research Centre.

19　Strozzi, F. and Zaldivar, J.M. (1994). A general method for assessing the thermal stability of chemical batch reactors by sensitivity calculation based on Lyapunov exponents. Chemical Engineering Science 49: 2681–2688.

20　Strozzi, F., Alos, M.A., and Zaldivar, J.M. (1994). A method for assessing thermal stability of batch reactors by sensitivity calculation based on Lyapunov exponents: experimental verification. Chemical Engineering Science 49: 5549–5561.

21　Alos, M.A., Nomen, R., Sempere, J.M. et al. (1998). Generalized criteria for boundary safe conditions in semi-batch processes: simulated analysis and experimental results. Chemical Engineering and Processing 37: 405–421.

22　Copelli, S., Derudi, M., and Rota, R. (2010). Topological criteria to safely optimize hazardous chemical processes involving consecutive reactions. Industrial & Engineering Chemistry Research 49 (10): 4583–4593.

23　Copelli, S., Derudi, M., and Rota, R. (2011). Topological criterion to safely optimize hazardous chemical processes involving arbitrary kinetic schemes. Industrial & Engineering Chemistry Research 50 (3): 1588–1598.

24　Gygax, R. (1988). Chemical reaction engineering for safety. Chemical Engineering Science 43 (8): 1759–1771.

25　Stoessel, F. (1993). What is your thermal risk? Chemical Engineering Progress 10: 68–75.

7 间歇反应器

典型案例：从半间歇到纯间歇（full batch）的放大

1998年4月9日，由胺与邻硝基氯苯(o-NCB)进行的缩合反应导致一起反应失控事故，造成严重后果：9名员工受伤，其中2人伤势严重，一些具有潜在危险性的化学物质释放到了社区，工厂受到严重破坏[1]。

事故当天，按照操作将两种反应物全部注入反应器后，主操作员(lead operator)开始给夹套通蒸汽将反应器加热至预定温度150℃。很快他注意到了一个问题：物料温度在半小时内快速升至100℃。为此，他决定关闭蒸汽并进行冷却。尽管采取了这些措施来控制反应，但温度仍在继续升高，并超过了150℃的预定工艺温度。反应器开始颤动，很快液体和气体开始从反应器顶部排出，温度继续以极快的速度上升到190℃，釜内压力将封头(hatch)从顶部冲开，釜体被反向砸向下面的地板。气体和液体一边燃烧一边从建筑物的屋顶喷出，化学物质呈雨点状落向周边社区，邻近居民被限制在家里，消防队员和邻近企业员工报告说，他们的喉咙、眼睛和皮肤受到刺激。

随后的调查发现：

(1)合成反应在38℃引发，从75℃开始反应猛烈加速；

(2)反应混合物(硝基化合物)从190℃开始剧烈分解，操作人员忽视了这一点；

(3)原来的工艺是按照半间歇模式研发的，胺作为底料预先注入反应器，o-NCB以批加料的方式(by portion)后续加入；

(4)放大过程中，临时决定改为纯间歇模式：反应器升温前，将两种反应物全部注入反应器；

(5)反应器未装备骤冷(quench)或紧急放料(dump)系统，压力泄放系统的泄放尺寸偏小；

(6)间歇反应的物料量增大，这导致温度发生偏差，而对此工厂管理层缺乏认知；

(7)放大过程中，未围绕工艺热风险开展过危险性分析。

经验教训

(1)工艺发生变更(如放大、增加间歇反应的物料量等)，必须对工艺可能存在的热危险性进行系统的分析；

(2)必须对正常工况及偏离正常工况时的目标反应及二次反应进行分析；

(3)强放热过程需要设置报警、安全仪表系统，采取如骤冷、紧急放料、紧急冷却、紧急泄压等风险降低措施；

(4)必须对操作员进行培训，并指导其在偏离正常工况情况下应采取的措施。

引言

本章 7.1 节首先对间歇反应器的相关知识进行简要介绍。物料平衡和热平衡分析表明可靠有效的温度控制是间歇反应器安全问题的核心。7.2 节～7.7 节介绍不同的温控方法及其对反应器安全性的影响，介绍了每种温控方法的设计准则和安全评估程序。最后对间歇反应器热安全问题的设计提出一些建议。

7.1　间歇反应器的反应工程基础

7.1.1　间歇反应的原理

在化学反应工程中，理想的间歇反应器被定义为一个封闭的反应器，意味着在反应期间没有任何组分的加入或移出。这类反应器通常是加压釜，在操作开始前就将全部反应物加入其中(图 7.1)，然后封闭反应器，加热到反应温度，并在该温度完成反应。反应结束后，冷却反应器并放料，为下一批次反应做准备。

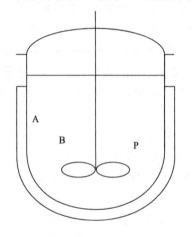

图 7.1　间歇反应器：对于 A + B ──→ P 的单一反应，一开始就将反应物 A 和 B 都加入容器。因此，实际上温度控制是影响反应历程的唯一方法

这里我们将间歇反应的定义进行扩展：在反应期间，允许产物(或部分产物)移出反应器，如气体产物或蒸气。从工艺热安全出发，间歇反应的重点在于反应速率的控制。对间歇反应器内进行的均相反应而言[1]，反应速率是温度和浓度的函数，其中，浓度无法受外部干预手段的影响，如无法进行后续加料。因此在间歇反应器中，控制反应速率的唯一方法就是温度。

所以，热交换系统变得非常重要，一旦发生故障可能会导致严重后果。然而，对于某些非均相反应，由于是传质控制，搅拌影响物料混合，因而也可以成为一种控制反应速率的方法。由于在这些因素中温度控制起到了核心作用，本章将对这点作详细讨论。

---

① 对原文进行了适当补充。——译者

7.1.2 物料平衡

一般说来，以反应物流入流出反应器的摩尔流量 (molar flow) 表示的总的物料平衡包括 4 项：

$$\{流入速率\} = \{流出速率\} + \{消耗速率\} + \{累积速率\} \qquad (7.1)$$

根据间歇反应的定义，因为没有反应物流入、流出反应器，所以前两项均为零。于是，平衡关系变为

$$\{消耗速率\} = -\{累积速率\} \qquad (7.2)$$

反应物 A 的消耗速率与反应速率和体积成正比 ($-r_A \cdot V$)。累积速率等于单位时间内反应器中 A 组分摩尔数的变化量[2]：

$$\frac{dN_A}{dt} = \frac{d\left[N_{A0}(1 - X_A)\right]}{dt} = -N_{A0}\frac{dX_A}{dt} \qquad (7.3)$$

于是，物料平衡变为

$$-r_A V = N_{A0}\frac{dX_A}{dt} \Leftrightarrow \frac{dX_A}{dt} = \frac{-r_A}{C_{A0}} \qquad (7.4)$$

积分可得到：

$$t = N_{A0}\int_0^{X_A} \frac{dX_A}{(-r_A)V} \qquad (7.5)$$

这个表达式也称为反应器的特性方程 (performance equation) [3]，由此可以计算出给定反应器中达到某转化率时所需的时间，或者计算出给定时间内达到规定转化率所需的反应器容积。

7.1.3 热平衡

这里只考虑简化的热平衡：

$$q_{ac} = q_{rx} - q_{ex} \Leftrightarrow \rho V c_p' \frac{dT_r}{dt} = (-r_A)V(-\Delta_r H) - UA(T_r - T_c) \qquad (7.6)$$

对上式进行整理，以得到温度随转化率的变化[4]：

$$\frac{dT_r}{dt} = \Delta T_{ad}\frac{-r_A}{C_{A0}} - \frac{UA}{\rho V c_p'}(T_r - T_c) \qquad (7.7)$$

用式 (7.7) 除以式 (7.4)，可以得到 $T_r = f(X_A)$ 的轨迹方程 (equation of the trajectory)：

$$\frac{dT_r}{dX_A} = \Delta T_{ad} - \frac{UAC_{A0}}{\rho V c'_p (-r_A)}(T_r - T_c) \tag{7.8}$$

该轨迹方程对于温度控制方法的研究十分有用。对于绝热反应而言，反应温度与转化率的轨迹曲线是线性的，任何冷却效应都会导致该线性轨迹的偏离。7.1.4小节将对此进行说明。

7.1.4　温度控制方法

大多数间歇反应在较低的初始温度下开始[①]，然后将温度升高到预定值。有时利用反应自身的放热来实现升温的目的，此时反应在非等温条件下进行。从技术层面上来说，实际运用的温度控制方法有

(1) 等温反应。反应物料的温度保持恒定；

(2) 绝热反应。根本没有热交换；

(3) 多变反应（polytropic reaction）。反应过程采用不同的温度控制方法；

(4) 恒温反应。冷却介质的温度恒定；

(5) 温度控制反应。反应物料的温度直接由热交换系统控制。

这些方法将在下文一一进行分析。

7.2　等　温　反　应

7.2.1　原理

实际操作中等温反应经常通过催化剂或快速添加一种反应物来引发。在无催化剂或未快速加入其他反应物时，反应混合物处于起始反应温度 T_0。这类工艺常出现在聚合反应中。

7.2.2　等温反应器的安全设计

为了实现等温条件，反应的放热速率必须由冷却系统的热交换速率精确补偿。

$$q_{rx} = q_{ex} \Leftrightarrow -r_A V(-\Delta_r H) = UA(T_r - T_c) \tag{7.9}$$

这要求冷却系统的冷却能力至少等于反应的最大放热速率。对于简单 n 级反应，反应开始时的放热速率最大（图7.2）。将初始浓度代入速率方程后，便可计算得到最大放热速率：

$$q_{rx} = kC_{A0}^n(-\Delta_r H)V \tag{7.10}$$

---

① 此处对原文进行了处理。——译者

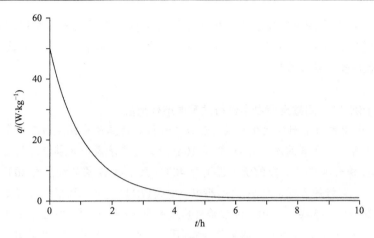

图 7.2 等温条件下的一级反应。实现严格等温的条件：反应规模较小且具有一个强大的温度控制系统

对于可以用一个速率方程描述的简单 n 级反应来说，载热体的温度可通过式 (7.11) 进行计算[5]：

$$T_c = T_r - \frac{kC_{A0}^n(-\Delta_r H)V}{UA} \tag{7.11}$$

要求的冷却系统温度也可以通过反应最大放热速率计算得到。反应最大放热速率可以在不确切了解有关动力学参数的情况下，通过量热实验测量得到。对于等温间歇反应，为了达到温度可控的目的，反应开始时就需要反应器具有最大的冷却能力。在图 7.2 的示例中，反应开始时放热速率为 $50W \cdot kg^{-1}$，而 1h 后放热速率只是开始时的一半，这导致冷却能力的"浪费"，这就是在工业实践中间歇反应器纯粹的等温反应相对较少的原因。

一种既能增加反应器冷却能力又能维持等温条件的常用方法是在沸点温度进行反应。这种方法可以有效地利用蒸发冷却效应，是一种非常有效的维持反应温度恒定的方法。该方法具有几个优点：反应温度及反应速率都处于最大值（即常压下的沸点）。另外，冷却能力的增加可以不受反应器几何尺寸的影响，因为冷凝器可以独立设计，且热传递通过冷凝来实现，所以传热系数很高（见 14.2.5 小节）。就示例反应而言，沸点为 140℃，因而反应可以在回流状态下保持等温，甚至还可以采用真空装置降低反应器的压力，使温度处在一个较低数值。在这种情况下，安全分析时必须考虑到真空度损失带来的后果：体系的沸点将向常压沸点移动，一定真空度条件下的蒸发冷却所构建的安全屏障可能不复存在[①]。

---

① 此处对原文语义进行了进一步的诠释。——译者

此外，在工业规模的反应中，要维持等温条件，必须具备一个极其强大且能快速响应的冷却系统。为了说明这点，工作示例 7.1 中给出了一个取代反应的温度变化（相关参数见表 6.1）。[①]

工作示例 7.1　间歇反应器中进行的等温取代反应

6.3 节中所述的示例取代反应以间歇方式进行。选择反应温度时有两个目的：一是要求能获得经济合理的反应时间（短于 10h）；二是要求温度足够低，从而限制放热速率。因此，综合考虑后选择的折中温度为 40℃。反应物 B 预先加热到 40℃，在 6min 内加入预先混合好的含反应物 A 的底料中。由式（7.11）可知，该取代反应要求冷却介质的温度为 −5℃。事实上，40℃时初始放热速率为 $20W \cdot kg^{-1}$，对应于工业反应器的放热速率为 60kW。等温条件下的数值模拟（图 7.3）表明即使夹套预先冷却，反应物料的温度只能勉强保持等温。主要问题不是如何去实现所要求的冷却能力，而是如何使工业反应器加热冷却系统与反应动态行为同步，这需要一套快速响应的热交换系统。因此，等温反应这种温度控制方法只能应用于弱放热反应。14.4 节将介绍一种预测工业反应器动力学行为的方法[6, 7]。

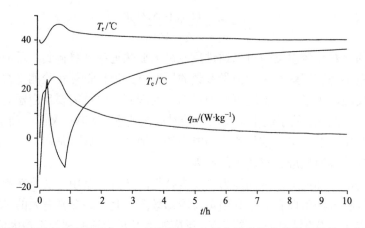

图 7.3　准等温情况下的取代反应：夹套温度（T_c）必须急剧变化才能勉强保持反应物料的温度（T_r）为常数

若在反应刚开始时就发生失控，则会出现另一个问题：从 40℃开始，MTSR 为 216℃，这个温度远大于两个限值温度 T_{D24} =113℃和 T_{D8} =122℃，这意味着会立即触发二次反应。也就是说，反应器温度缺乏控制会导致热爆炸。此外，在失控过程中温度将达到沸点（140℃），这可能导致压力的增加，最终反应器将爆炸，并释放可燃蒸气，这有可能会导致二次室内爆炸。图 7.4 概括总结了该场景的有关数据。

---

① 此处对原著中这一段的位置进行了调整。——译者

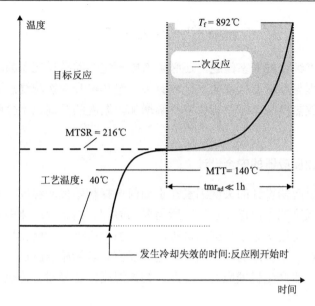

图 7.4　等温间歇反应器内示例取代反应发生冷却失效场景的有关参数

7.2.3　安全评估

反应刚开始时，反应物还没有转化，此时反应潜热最大。当反应物开始转化后，随着转化率的增加，潜能逐渐减小。因此，等温模式下的 MTSR 为

$$\text{MSTR} = T_0 + \Delta T_{ad} \tag{7.12}$$

这里，只要知道绝热温升就足以计算 MTSR。安全评估所需参数是在目标温度下反应的最大放热速率（q_{rx}）及反应热（Q_{rx}）。第一个数据可用来计算工业反应器所需的冷却能力，第二个参数可以计算绝热温升，进而用来评估反应器在冷却失效情形下的行为。7.7.1 小节中将介绍用于间歇反应器的各种量热技术。

7.3　绝　热　反　应

7.3.1　原理

若不与周围环境进行热交换，也就是没有冷却，则反应处于绝热状态。这意味着反应的热效应将通过体系的温度变化体现，放热反应导致温度上升：

$$q_{rx} = q_{ac} \Leftrightarrow m_r \cdot q'_{rx} = m_r \cdot c'_p \cdot \frac{dT_r}{dt} \tag{7.13}$$

目标反应能达到的最终温度可由初温 T_0、比反应热、比热容或绝热温升来计算：

$$T_f = T_0 + \frac{Q'_{rx}}{c'_p} X_A = T_0 + \Delta T_{ad} \cdot X_A \qquad (7.14)$$

除了要考虑纯粹的静态问题，还必须考虑到绝热间歇反应器的动态行为。绝热温度变化过程与反应混合物的热性质有关。绝热温升会影响终态温度以及温升速率。对于强放热反应，即使转化率小幅增加，温度的升高也十分明显（见 2.3.3 小节）。

7.3.2　绝热间歇反应器的安全设计

绝热间歇反应器设计的关键因素在于如何选择初始反应温度，它决定了反应器在什么样的温度范围内操作及反应所需要的时间。由于反应速率是温度的指数函数，因此初始温度决定了反应的进程。初始温度必须高到能使反应发生自加热作用，并且能在一个合理的时间周期内完成反应。若初始温度过高，温升速率过快，会导致反应器产生机械应力，因此，初始温度的选择对于绝热反应的安全性十分重要[①]。

显然，绝热控制不适用于所有反应：必须将绝热温升限制在适当的范围内，以避免终态温度过高。所以，只有中等放热反应才可以在绝热条件下进行。

7.3.3　安全评估

这里不考虑冷却失效，因为绝热反应器本身就是在没有冷却移热的情况下工作的。若以上条件均满足，且加料不出错，则绝热间歇反应器在本质上是安全的。反应进程不会受任何可能的冷却失效或公用工程故障的影响。只有当间歇反应器是为绝热条件设计时，才是安全的。

用于等温反应器安全评估的方法在这里也都适用，但必须在反应器运行的整个温度范围内进行热分析研究。所以，可以用 DSC（采用扫描模式）或绝热量热仪（如加速量热仪或杜瓦瓶量热仪）进行研究。

7.4　多　变　反　应

7.4.1　原理

多变反应意味着反应器既不在等温条件下工作，也不在绝热条件下工作。反应器在不同的时间段采用不同的温度控制模式。这些不同的温度控制方法可能包括将体系加热到一个初始温度，在该初始温度下反应具有足够的速率以加热反应物料，接下来经常是一个绝热阶段，使体系达到某一温度，在该温度需要开启冷

---

① 对原著中这一段的部分内容进行了修订。——译者

却系统(此时冷却系统发挥其最大冷却能力),最终达到一个温度极值。然后,通过温控系统使温度稳定在目标值。图 7.5 为某多变模式下的一个取代反应,反应温度在绝热条件下从 35℃上升到 44℃,此时开启冷却系统,以其最大冷却能力运行直到反应温度达到 100℃。然后在 100℃时,启动温度控制系统,利用串联控制器(cascade-type controller)来控制夹套温度,从而使反应器内的物料温度恒定在 100℃。

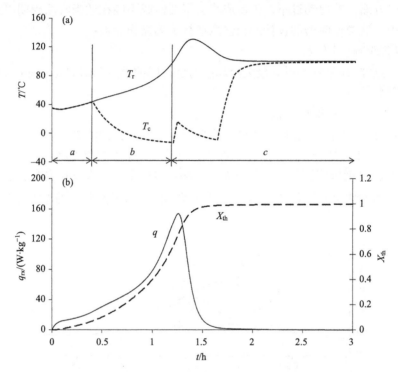

图 7.5 多变反应:某取代反应的温度变化曲线(a)和放热速率变化曲线(b)

绝热升温到 44℃(a 阶段),此时开动冷却系统,以其最大冷却能力运行(b 阶段)。一旦终态温度到达 100℃,进行控制冷却(c 阶段)

  在较低的起始温度开始进行反应,有利于反应温度的控制,使其变化比较平稳。多变反应的控制方法常基于此目的。另外,可以根据绝热阶段的温升来判断反应的引发时机是否合适[①]。

  实际上,绝热状态经常通过停止反应器夹套中载热体的流动来实现。这时,载流体与夹套间的热交换急剧降低,反应器处于准绝热状态。然而,在这种情况下,必须考虑反应器(器壁、有关插件和夹套)的热容。这类温度控制方法常用于格氏反应,该类反应的引发具有较大的危险性,因为只有发现并确认反应已经引

---

① 此处对原文进行了引申。——译者

发，才可以继续加入卤化反应物。

7.4.2　多变操作的设计：温度控制

在多变操作中，为了保证反应可控，选择什么样的初始温度及选择什么温度时启动冷却系统十分重要。若冷却系统启动过迟，温度将可能超过允许的最高温度。另一方面，若启动过早，则反应将会很缓慢或不能在适当时间周期内完成。

因而，这类反应器的设计应该注意选择下列操作参数：

(1)初始温度(T_0)；

(2)启动冷却系统并以其最大冷却能力运行时的温度(switching temperature，T_s，切换温度)；

(3)允许的最高温度(T_{max})。

确定最后一项时，必须考虑到二次反应或反应器允许的最大压力。

如 6.1.1 小节所述，有时体系会对T_c、T_s、U、A等参数敏感。例如，出现由切换温度(T_s)细微的变化造成反应温度突然跃升的情况。图 7.6 说明了示例取代反应在不同的切换温度(43℃、44℃、45℃和55℃)时反应物料的温度变化情况。

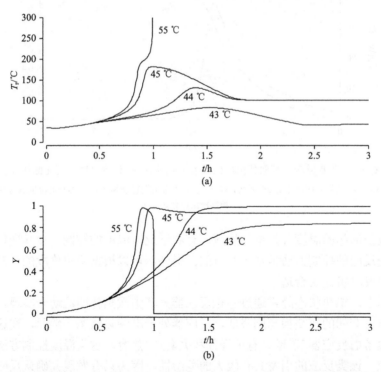

图 7.6　间歇反应器中的示例取代反应以多变模式进行，不同切换温度时物料温度的变化情况

(a)反应器温度与时间的函数关系；(b)产率(N_P/N_{A0})与时间的函数关系

当冷却系统切换温度较低(43℃)时,转化不完全,产率(N_P/N_{A0})低于84%。当冷却系统切换温度为 44℃时,可以保持最高温度低于沸点 140℃,且产率为100%。但当冷却系统切换温度为 45℃时,温度超过 180℃,导致反应物料可能因为大量蒸气的产生而暴沸(sudden boiling),产率则可能因出现了分解而仅为93%。在 55℃时,引发了二次反应且最高温度上升到 840℃。840℃的温度只是理论值,实际上远在二次反应完成之前反应器就已发生爆炸了。显然,产率降为零,因为产物 P 分解形成了二次产物 S。这种情形证实了工作示例 6.1 中关于参数敏感性的预测,如反应数 B 大于 5。

反应器的动态稳定性可以通过温度-转化率的关系曲线(温度-转化率轨迹)来研究,如图 7.7 所示。

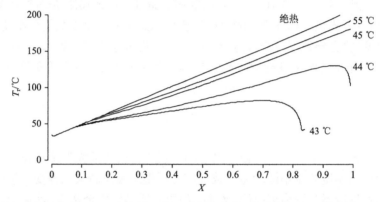

图 7.7　多变反应器中示例取代反应的温度与转化率曲线(轨迹曲线)。图中标注了冷却系统的不同切换温度

在绝热阶段,曲线呈线性,且斜率等于绝热温升。如果没有冷却,可能在转化率为 $X'_{A,max}$ 时达到最高温度 T_{max}:

$$X'_{A,max} = \frac{T_{max} - T_0}{\Delta T_{ad}} \tag{7.15}$$

实际上,在冷却系统启动之后,曲线偏离线性关系的程度与移出的热量成比例。于是,在轨迹曲线的较高转化率处,反应达到最高温度。因为是轨迹的极值点,所以 $\frac{dT}{dX_A} = 0$,根据式(6.8),可得[①]

$$\frac{UA}{\rho V c'_p} = \frac{(-r_{A,max})\Delta T_{ad}}{C_{A0}(T_{max} - T_c)} \tag{7.16}$$

---

① 此处对原著说法进行了延伸。——译者

对于一个简单的二级反应,如果两种反应物的初始浓度相同($C_{A0}=C_{B0}$),代入式(7.8)[4]:

$$\frac{\mathrm{d}T}{\mathrm{d}X_A} = \Delta T_{ad} \left[1 - \frac{r_{A,max}}{r_A} \frac{T-T_c}{T_{max}-T_c} \right] \tag{7.17}$$

$$= \Delta T_{ad} \left[1 - \frac{T-T_c}{T_{max}-T_c} \left(\frac{1-X_{A,max}}{1-X_A} \right)^2 \exp\frac{E(T_{max}-T)}{R \cdot T \cdot T_{max}} \right] \tag{7.18}$$

Hugo 等[8]对上式进行积分(积分时利用了 2800 多组参数),来系统的分析这种反应器的行为。在这些工作的基础上,建立了一个针对可控多变间歇反应器的判据,这里的"可控"是指最高温度保持在设计限定的温度范围内。通常能够允许总绝热温升不超过大约 10%。主要问题在于微分方程式(6.2)是对参数变化比较敏感的(该方程描述了相互耦合的两种平衡)。这意味着某个参数的微小变化(如冷却介质温度)将会导致反应器行为较大的改变,尤其是最高温度 T_{max}。所以,Hugo 还研究了冷却系统温度变化时间歇反应器的敏感性(用最高温度的变化来描述)问题:

$$S = \frac{\mathrm{d}T_{max}}{\mathrm{d}T_c} \tag{7.19}$$

敏感度 S 大于 1 时,反应器难以控制:反应器会"放大"冷却介质的温度变化,冷却介质温度的微小波动将导致反应介质温度发生较大的改变。敏感度 S 小于 1 意味着反应器是较为可控的。然而,如果有适当的安全裕度,实际上敏感度 S 达到 2 也是允许的。

对于 $C_{A0}=C_{B0}$ 的二级反应,敏感度可以表示为

$$S = \frac{\mathrm{d}T_{max}}{\mathrm{d}T_c} = \frac{1}{1-B\theta(1-\sqrt{\theta})} \tag{7.20}$$

式中, $\theta = \frac{T-T_0}{\Delta T_{ad}}$ 。 $\tag{7.21}$

如果按照复杂性由低到高的顺序对常用的判据(见 6.1 节)进行排列,则有

(1) $X'_{A,max} = \frac{T_{max}-T_0}{\Delta T_{ad}}$:表示体系最高温差与绝热温升的比例。比值 $X'_{A,max}$ 越小,需被冷却系统移出的能量越多,意味着温度控制越难。$X'_{A,max}$ 小于 0.25 时表明反应器几乎不可控。

(2) $B = \frac{\Delta T_{ad} \cdot E}{RT^2}$:反应数,是反应放热性及其温度敏感性的度量。对于间歇反应器,B 必须小于 5。

(3) B 与 $X'_{A,max}$ 的联合判据：可以画出 $B = f(X'_{A,max})$ 的关系（图 6.12），图中存在两个区域：稳定区和不稳定区，由相应的临界线分开。在这条线上，$T_S = T_0$ 意味着反应器必须在刚开始时就冷却。

(4) $\dfrac{Da}{St} \ll 1$：该比值将反应时间与冷却系统的热时间常数进行了比较。为了能通过冷却系统更好地控制反应温度，应当严格控制这个比值小于 0.1[①]。

这些判据中，只有第一个判据可以不知道反应速率方程，这个判据只需要用到温度与转化率的关系，而这可以通过反应量热测试得到。

7.4.3 安全评估

若开始为绝热阶段，且反应在刚开始的绝热阶段就发生，则反应的 MTSR 可由式 (7.12) 计算得到。这相当于认为反应在绝热条件下全部完成，体现了最糟糕的情况。因此评估方法与 7.4.3 小节相同。

如果开始为反应加热引发阶段，应该将该阶段的最高加热温度视作初始温度，然后将最糟糕场景近似认为：从此初始温度开始，反应完全在绝热状态下进行。

7.5 恒 温 反 应

7.5.1 原理

"恒温"这个术语，本义为环境恒温，起源于量热学，是指实验在一个恒定的环境温度下进行。对一个反应器而言，则表示冷却系统的温度恒定，而反应物料的温度则根据热平衡而变化。

7.5.2 恒温操作的设计：温度控制

在工业规模的生产过程中，这种温度控制方法比较简单，便于应用，反应物由加热/冷却系统加热到反应温度，然后保持冷却介质温度恒定。反应在此温度下"平稳"进行，温度到达最大值，然后降低，直到再次达到冷却系统温度（图 7.8）。

这个方法的最大好处是容易控制反应开始时间，所要求的温控系统较为简单。缺点是冷却系统的温度选择十分关键，因为反应器可能对冷却系统温度敏感。之所以对温度敏感是因为反应速率是温度的指数函数而冷却能力却是温度的线性函数，因此可能导致反应物料的最高温度变化非常剧烈，当然物料的最高温度取决于所选择的冷却介质的温度（图 7.9）。

---

① 原著为小于 1.0，结合工作示例 6.1 等表述，认为应该小于 0.1。——译者

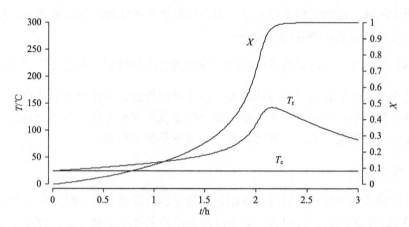

图 7.8　恒温间歇反应器中的示例取代反应。起始温度为 25℃ 且冷却系统温度 T_c 恒定为 25℃。
反应器温度 T_r(℃) 和转化率 X 都是时间 t 的函数

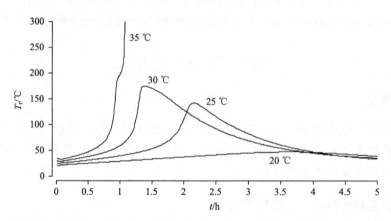

图 7.9　恒温间歇反应器中示例取代反应的反应器温度与时间的函数关系，所注参量为不同冷却介质温度。冷却介质温度恒定为 20℃ 时，反应很缓慢，在合理的时间周期内转化率很低；25℃时，温度曲线比较理想，且物料温度未超过沸点 140℃；30℃ 时，超过沸点；35℃ 时，引发二次反应，导致失控

7.5.3　安全评估

从本质上说，恒温反应的安全评估与等温反应一样。由于反应物料的初始温度往往与冷却系统的温度相同，MTSR 也可用同样的方法由式 (7.12) 计算得到。在 MTSR 时物料的热稳定性必须予以保证。

7.6　温度控制反应

7.6.1　原理

利用串联的温度控制器(见 14.1.4.3 小节)，通过调节夹套温度可调节反应物料的温度。反应器温度随时间线性增加，反应温度达到目标水平后，在反应期间保持温度恒定，这种方法很常用。在这种情况下，反应可在低温下开始(此时反应速率很低)，且可以通过温度的升高来引发反应(热引发)。反应速率增加，冷却能力也相应增加。在反应过程中，可以根据温升速率及反应的放热速率，相应地调整夹套内冷却介质的温度，甚至可以由冷却状态调整为加热状态，反之亦可。图 7.10 的示例取代反应就可以说明这个问题：混合物料开始时保持在 25℃、1h，之后以 $10K·h^{-1}$ 的速率升温到 100℃。这个过程中，放热速率是一条平稳的曲线，因此，温度变化也是平稳的。

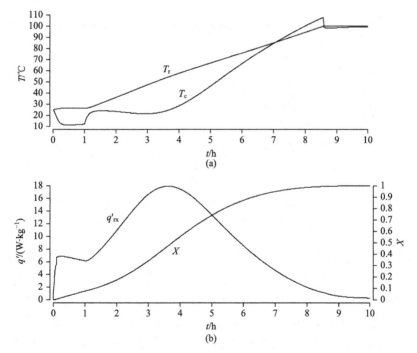

图 7.10　温度控制反应，示例取代反应开始于 25℃，之后以 $10K·h^{-1}$ 速率升温到 100℃。(a) 为温度 T_r、T_c 与时间的关系，(b) 为比放热速率(q'_{rx})及转化率与时间的关系

7.6.2　温度控制反应的设计

温度逐渐升高使反应在温度上升导致加速之前达到一定的转化率。因而，在

因反应物转化引起的反应速率降低和因温度升高引起的反应速率增加之间可达到一个微妙的平衡。很显然，这个方法中初始温度和升温速率的选择非常重要。在这类工艺的研发过程中，"缩比"(scale down)方法是一种很有用的方法[6,7]。通过缩比，可以根据小规模实验的结果来预测大规模反应器的行为。图 7.11 模拟了温度控制反应器中示例取代反应不同升温速率的影响。

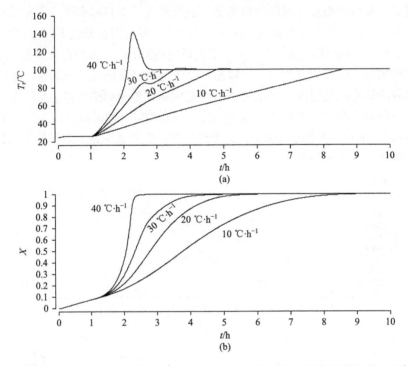

图 7.11　不同的升温速率(10~40℃·h⁻¹)对示例取代反应的温度及转化率的影响。(a)为反应器温度与时间的关系；(b)为转化率与时间的关系

相对于恒温反应器或多变反应器来说，这类工艺的反应器对工艺参数的敏感性小得多。升温速率由 $10℃·h^{-1}$ 增加到 $20℃·h^{-1}$，反应器温度仅仅偏离设定值几摄氏度；升温速率为 $30℃·h^{-1}$ 时，才可以较明显地发现反应器温度超过了设定值；而升温速率为 $40℃·h^{-1}$ 时，最高温度 100℃ 处存在一个的明显温度跃起。这个方法的弊端在于比较难以知道反应何时开始，不过，可以通过观察夹套和反应介质之间的温度差来判断，或者可以通过能反映热平衡情况的在线检测方法更好地进行判断(参见 4.4.3.5 小节)①。

---

① 为了便于读者理解，对原文进行了引申。——译者

7.6.3 安全评估

发生冷却失效时可能达到的温度(T_{cf})是一个重要的安全参数。

$$T_{cf(t)} = T_{p(t)} + X_{ac(t)} \cdot \Delta T_{ad}$$

式中，除了 ΔT_{ad}，其他参数均与时间有关，T_{cf} 可由反应量热实验确定。MTSR 是 T_{cf} 的最大值，T_{cf} 可能明显高于反应器温度（图 7.12）。T_{cf} 曲线有时超过最高工艺温度，有时接近最高工艺温度，这取决于升温速率和反应速率[①]。对于慢反应，在反应物明显转化前温度可能达到一个比较高的数值，也就是说，MTSR 高于终态反应温度；对于快反应，在达到最高工艺温度时，反应物可能已经完成大部分转化，在这种情况下，MTSR 相应地接近最高工艺温度。

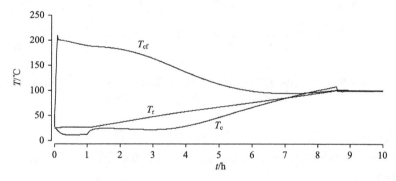

图 7.12 示例取代反应的反应器温度(T_r)、夹套温度(T_c)及发生冷却失效时的物料温度(T_{cf})与时间(t)的关系

7.7 间歇反应器安全设计的关键因素

7.7.1 相关安全数据的确定

安全评估所需的数据分为两类：

（1）进行动态稳定性评估所需的动力学数据；

（2）根据 3.2 节中的程序进行热风险评估所需的热化学数据。

热化学数据可由反应量热的方法测得。如果反应不需要搅拌，DSC 和 Calvet 量热法可提供所需数据（图 7.13）。该例中，测试开始就将反应物一次性(in one shot)加入量热样品池内的底料中。因此，进行的目标反应为等温模式下的间歇反

---

① 原文表述不够准确，翻译时进行了改进。——译者

应；目标反应结束后，采用动态扫描模式测试反应物料的分解热[①]。该实验的效率很高，因为只需少量样品（<1g），且一次实验就可以测得目标反应及二次反应的能量。由于量热仪具有相对高的时间常数，因此，所测得的放热速率需要进行去卷积（deconvolution）处理，才能应用于工艺放大。

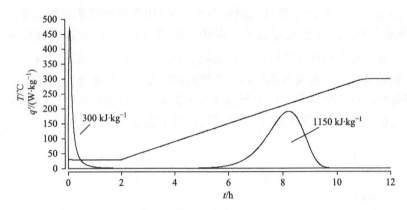

图 7.13　Calvet 量热仪测定示例加成反应的热参数。初始温度为 30℃，以 0.5K·min^{-1} 的升温速率扫描到 300℃，目的在于测定分解热

间歇反应也可采用反应量热仪进行测试分析，其温度控制方式与工业过程相同。图 7.14 为示例取代反应的测试结果，温度从 30℃开始以 10℃·h^{-1} 的升温速率加热到 100℃。

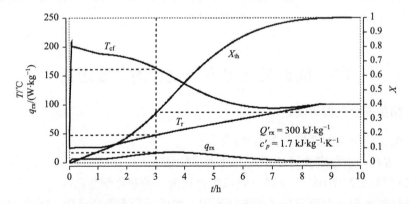

图 7.14　反应量热仪中以温度控制模式（图 7.10）进行的取代反应。左边的坐标表示温度与放热速率，右边的坐标表示转化率。评估的是反应热、比热容、转化率及 T_{cf} 与时间的关系

---

① 原文表述不够充分，翻译时对内容进行了适当的补充。——译者

可以通过反应速率和加热速率之间的平衡来确定 MTSR 出现的时间[①]。为了说明这一点，图 7.15 中比较了不同反应速率的三个反应。对于慢反应，转化率比较低，即使在相对较高的温度下情况也是如此，这导致了高的物料累积度，因而 T_{cf} 较高，反应 b 和 c 的情况类似。根据这些数据可构造如图 7.4 所示的冷却失效场景。

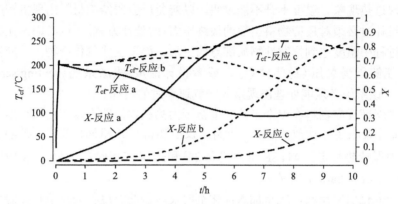

图 7.15　三个反应的 T_{cf}（左轴）和转化率（右轴）与时间的关系。a 对应于示例取代反应，b、c 的 T_{cf} 和转化率采用同样的方法得到，只是指前因子分别为 a 的 1/10 和 1/100

工作示例 7.2　间歇反应器中的取代反应（温度控制方式）

由于（反应量热仪中进行的）反应过程可在与工业生产相同的温度条件下进行，因而可从实验中得到整套参数值（图 7.14）。总的比反应热（300kJ·kg^{-1}）可以通过反应时间内放热速率对时间的积分得到。在 3.6h、物料温度为 53℃时达到最大比放热速率 18W·kg^{-1}。比热容（1.7kJ·kg^{-1}·K^{-1}）可由反应开始前和结束前设定的工作步骤（校准步骤）求得。举例说明，假设在 3h 时发生冷却失效，反应器温度为 47℃且热转化率为 0.35。那么，冷却失效后的温度可以由式（7.22）计算：

$$T_{cf} = T_P + (1 - X_{th})\Delta T_{ad} = 47 + (1 - 0.35)\frac{300}{1.7} \approx 162℃ \tag{7.22}$$

该计算可用于反应过程中的任意时刻，计算得到的结果如图 7.14 所示。从图中可知，该示例取代反应开始时达到 MTSR（200℃）。

7.7.2　间歇反应器的安全操作准则

间歇反应器的热行为很大程度上取决于反应具有的能量。绝热温升取决于反应物的浓度。所以，必须严格注意加料过程（如反应物的加入量）。同时也必须严

格控制反应物的纯度，因为杂质可能催化二次反应，导致放热量的增加及由此可能带来严重后果。

必须严格控制温度的变化过程。因此，关键温度如起始温度、终态温度、夹套温度和升温速率等的选择都是非常关键的。在预加热达到起始温度的阶段必须避免出现过热现象。温度上升不能过快，以避免反应器结构材料出现机械应力。反应器设计时必须对反应物料引起的最终压力(的处理方式)予以考虑，尤其要重视反应过程中温度达到挥发性物质沸点的情形。如果生成气体产物，反应器设计时必须能够承受总压(封闭体系)，或者设计泄放/洗涤系统(venting/scrubbing system)，该系统必须能处理出现最大产气速率时的情况。

必须保证反应物料在整个工艺温度范围内热稳定，即在反应器操作温度范围内，一定不能发生二次放热反应。此外，反应物料在 T_r 和 MTSR 之间的温度范围内也必须保持热稳定。MTSR 可由式(6.24)和式(6.26)计算，因此与反应的引发模式(mode of initiation)有关。

对于催化引发反应，应将加入催化剂时反应器的温度作为反应初始温度，此时的累积度为 1.0。

对于热引发的反应，T_{cf} 是时间的函数。反应在正常操作条件下进行时，T_{cf} 与时间的关系可通过实验测定热转化率与时间的关系来确定。这些实验可利用 DSC 进行，如果采用反应量热仪则效果更佳。利用式(6.24)对热谱图进行分析可以获得 T_{cf} 与时间的关系，从中找到的最大值即 MTSR。

如果在 MTSR 时物料没有足够的热稳定性，必须采取预防性措施来避免出现失控(见第 15 章)。

间歇反应安全的黄金准则(golden rules)：

(1)加料：确保反应物的数量正确、纯度满足要求。

(2)温度控制：选择低温，并严格保持规定的加热速率(升温速率)，避免加热系统出现不必要的高温。

(3)采取必要的应急措施。

工作示例 7.3　间歇反应器内的快反应

间歇反应器中进行反应 $A \xrightarrow{k} P$。反应遵循一级反应动力学规律，且在 50℃时 60s 内转化率达到 99%(速率常数为 $k=0.077s^{-1}$)。反应器内的物料量为 5m³、热交换面积为 15m²、总传热系数为 500W·m⁻²·K⁻¹。与冷却系统的最大温差为 50K。相关数据如下：

$$C_A(t=0) = C_{A0} = 1000 \text{mol·m}^{-3}, \quad \rho = 900 \text{kg·m}^{-3}, \quad c_p' = 2000 \text{J·kg}^{-1} \cdot \text{K}^{-1}, \quad -\Delta_r H = 200 \text{kJ·mol}^{-1}.$$

问题：

(1) 你认为是否可以采用绝热反应？其限制因素是什么？

(2) 是否可以采用等温反应？若发生冷却失效会出现什么样的情况？

(3) 提出工艺改进的建议措施。

(4) 如果反应速率降低 100 倍，你的答案又是什么？

解答：

(1) 绝热反应：

在绝热条件下，不发生热交换。因此，反应的生成热全部转化为绝热温升。若转化率为 100%，则绝热温升为

$$\Delta T_{ad} = \frac{C_{A0} \cdot (-\Delta_r H)}{\rho \cdot c'_p} = \frac{1000 \text{mol} \cdot \text{m}^{-3} \times 200 \text{kJ} \cdot \text{mol}^{-1}}{900 \text{kg} \cdot \text{m}^{-3} \times 2 \text{kJ} \cdot \text{kg}^{-1} \cdot \text{K}^{-1}} \approx 111 \text{K}$$

初始温度为 50℃时，反应结束时温度将达到 161℃。如果在这个温度下没有引发二次反应，且没有压力的上升，那么这个反应在理论上是可能的。问题在于温度的快速变化(在 1min 内由 50℃上升到 161℃)反应器壁可能产生的机械应力。

(2) 等温反应：

总的热平衡为

反应放热：$Q_{rx} = V \cdot C_{A0}(-\Delta_r H) = 5 \text{m}^3 \times 1000 \text{mol} \cdot \text{m}^{-3} \times 200 \text{kJ} \cdot \text{mol}^{-1} = 10^6 \text{kJ}$

移热速率：$q_{ex} = U \cdot A \cdot \Delta T = 500 \text{W} \cdot \text{m}^{-2} \cdot \text{K}^{-1} \times 15 \text{m}^2 \times 50 \text{K} = 375 \text{kW}$

转化率在 1min 内达到 99%，故可被移出的热量为

$$Q_{ex} = q_{ex} \cdot t_r = 375 \text{kW} \times 60 \text{s} = 22500 \text{kJ}$$

这里，只有大约 2%的反应热可通过热交换系统移出。如此，反应器可认为是准绝热的。换句话说，反应进行得太快，以至于热交换系统来不及移出大量的热。

(3) 冷却失效：

由于相对于热生成来说，热交换量实在太小，因此冷却失效的假设没有什么意义。

(4) 慢反应[①]：

对于速率降低 100 倍的反应($k=0.00077 \text{s}^{-1}$)，绝热温升将会一样。

最初的放热速率为

$$q_0 = k \cdot C_{A0} \cdot V \cdot (-\Delta_r H) = 0.00077 \text{s}^{-1} \times 1000 \text{mol} \cdot \text{m}^{-3} \times 5 \text{m}^3 \times 200 \text{kJ} \cdot \text{mol}^{-1} = 770 \text{kW}$$

移热效率为：

$$q_{ex} = 375 \text{kW}$$

因此，对于该一级反应，开始时的放热速率最大，约为移热效率的两倍。很难在

① 对原著中该示例问题(4)的答案进行了改写。——译者

反应的开始阶段实现等温。

为了确保对反应的平稳控制，反应可以采用多变模式进行，即使反应在较低的温度下开始，然后使其经历一个绝热阶段，当反应温度达到预期温度时，迅速开启冷却系统（以其最大冷却能力运行）控制物料温度。

总之，这样的一个快速放热反应不能在间歇反应器中进行，第8章及第9章将采用其他反应器来研究这个反应。

7.8　习　　题

7.8.1　格氏反应

为了引发格氏(Grignard)反应，将镁加入到四氢呋喃(THF)溶剂中。加入少量溴化物(加入溴化物总量的2%)。考虑采用绝热方式来引发反应，从而观察温升，结果证明反应能被顺利引发。因此，在加入引发反应物(溴化物)之前，关闭冷却系统。在30℃的反应量热仪中引发反应，以测量这样操作的热数据。测得反应热为 70kJ · kg^{-1}，最大放热速率为 260W · kg^{-1}。反应混合物的比热容为 1.9kJ · kg^{-1} · K^{-1}，THF 的沸点为66℃。150℃时发现二次分解反应明显，（这里）考虑 $T_{D24} = 150$ ℃。请评估这个操作的热风险。

7.8.2　取代酚的制备

取代酚可由其相应的氯代芳烃化合物在浓度为50%的氢氧化钠水溶液中水解制得 (Ar-Cl——→Ar-OH)。反应将在间歇反应器中进行。物料量为氯代芳烃化合物 7.5kmol 和氢氧化钠 17.5kmol，总质量为 5800kg。在第一阶段，反应器加热到80℃，之后温度稳定在 100～115℃，压力达到 2bar a。请问：

(1) 反应焓为 125 kJ · mol^{-1}（芳烃化合物），反应混合物的比热容是 2.8 kJ · kg^{-1} · K^{-1}。如果加热冷却系统无法稳定在 125℃，反应物料可达到的最高温度 MTSR 为多少？

(2) 之后的压力将是多少？提示：反应物料是水溶液，因此可采用 Regnault 近似：$P(\text{bar}) = \left(\dfrac{T(℃)}{100} \right)^4$（绝对压力）。

(3) 发生冷却失效时，能否采用控制减压的手段使温度保持稳定？（水的蒸发潜热 $\Delta_v H' = 2200\text{kJ} \cdot \text{kg}^{-1}$）

(4) 你能给工艺管理者提出一些建议吗？还有一些潜在的问题需要考虑吗？

7.8.3 间歇反应器中的二聚反应

在间歇反应器中进行一个二聚反应(反应级数为 2 级)。反应拟采用多变模式进行,初始温度为 50℃,目标反应温度为 100℃,允许的最高温度为 120℃。

相关数据为 $\Delta_r H = -100 \text{kJ} \cdot \text{mol}^{-1}$, $c_p' = 2 \text{kJ} \cdot \text{kg}^{-1} \cdot \text{K}^{-1}$, $C_0' = 4 \text{mol} \cdot \text{kg}^{-1}$, $E = 100 \text{kJ} \cdot \text{mol}^{-1}$。

请问:

(1)你认为反应器的温度控制是否容易?

(2)能建议一些其他的温控方法吗?

7.8.4 间歇反应器中仲胺的合成

仲胺的合成工序必须转移到一个新的装置上进行。在原装置,反应在 25m³ 的反应器中进行,总物料量为 25000kg。而在新装置,将 6000kg 的总物料加到 6.3m³ 的反应器中。采用间歇模式进行反应,反应物在室温下混合,然后加热到工艺温度 95℃。化合物 Ar-Br 的浓度不变,为 0.4mol·kg⁻¹。溶剂为水:新装置中为 4600kg。

反应:

$$\text{Ar-Br} + \Phi\text{-NH}_2 + \text{NaHCO}_3 \longrightarrow \text{Ar-NH-}\Phi + \text{NaBr} + \text{CO}_2 + \text{H}_2\text{O}$$

相关技术信息:原来装置(反应器 25m³)气体泄放管(vent line)的直径为 300mm,而新装置(反应器 6.3m³)气体泄放管的直径为 150mm。

缺乏该工艺的热数据,但仍然需要对该工艺的热风险进行评价。请就该工艺:

(1)构造一个冷却失效情形:最坏情况下温度将升高到沸点,溶剂蒸发。需要多少能量可将水从反应物料中蒸发出来(水的蒸发潜热 $\Delta_v H' = 2200 \text{kJ} \cdot \text{kg}^{-1}$)?参考表 5.1 和表 5.2。

(2)你认为气体速率多大?

(3)你认为在不测试其他参数的情况下能进行工艺转移吗?

参 考 文 献

1 CSB(1998). Report No. 1998-06-I-NJ: Investigation report, Chemical manufacturing incident(9 Injured). US Chemical Safety and Hazard Investigation Board.

2 Levenspiel, O.(1972). Chemical Reaction Engineering. New York: Wiley.

3 Villermaux, J.(1993). Génie de la réaction chimique, conception et fonctionnement des réacteurs. Lavoisier Tec Doc.

4 Westerterp, K.R., Swaij, W.P.M.V., and Beenackers, A.A.C.M.(1984). Chemical Reactor Design and Operation. New York: Wiley.

5 Baerns, M., Hofmann, H., and Renken, A.(1987). Chemische Reaktionstechnik. Stuttgart: Georg

Thieme.

6 Zufferey, B. and Stoessel, F.(2007). Safe scale up of chemical reactors using the scale down approach. In: 12th International Symposium Loss Prevention and Safety Promotion in the Process Industries. Edinburgh: IChemE.

7 Zufferey, B., Stoessel, F., and Groth, U.(2007). Method for simulating a process plant at laboratory scale. E.P. Office. EP1764662A1, filed 16 September 2005 and issued 21 March 2007.

8 Hugo, P., Konczalla, M., and Mauser, H.(1980). Näherungslösungen für die Auslegung exothermer Batch-Prozesse mit indirekter Kühlung. Chemie Ingenieur Technik 52(9): 761.

8 半间歇反应器

典型案例：误操作导致半间歇反应变成间歇反应

在导致严重事故之前，某半间歇反应已经生产了很多年且没有发生什么问题。事故发生当天，操作人员按照正常程序加入第一种反应物料(硝基化合物)。在加热反应器到达其工艺温度且开始第二种反应物的加料前停止搅拌，取样进行分析。在发生事故的反应器中，操作人员忘记重新启动搅拌装置。换班之后，另一个操作人员开始加入第二种反应物料，但忽略检查搅拌装置是否处于开启状态。在加料结束时，抽取第二份样品进行质量检查，随后发现了一个奇怪的现象，为此操作人员向值班班长询问如何处理。由于当时是在晚上，决定冷却反应器，等待工艺人员第二天早上前来进行指导。当操作人员返回工作岗位冷却反应器时，忽然发现搅拌系统一直没有启动，于是将其启动从而有利于冷却。然而，他没有意识到这样做会使反应器中两种处于独自分层状态的反应物，突然发生化学反应。反应过程根本没法控制，造成温度和压力的急剧增加。尽管激活了泄压系统，但泄放管线(relief line)发生破裂，反应物料没能转移到集料罐(catch tank)中，超过 10t 的反应物料直接排入大气中，对附近居住区造成了严重污染。在这起事故中尽管没有人员伤亡，但是带来了巨大的破坏和影响，以及严重的经济损失。

调查显示：

(1)在取样时停止搅拌是很常见的，但随后应该立即重新启动，至少在加热阶段操作人员应该注意到搅拌装置没有处于正常工作状态。

(2)若搅拌装置正常工作且反应物料以正常速率进行加料，该反应可以比较方便地通过反应器的冷却系统进行控制。

(3)在工艺过程中，先加入的反应物料(底料)较后加入的物料密度大。因此，后加入的反应物位于硝基化合物的上层，实际上，只要不启动搅拌系统不会发生反应。

(4)搅拌系统一旦运转，反应迅速进行，但因为所有物料均已加入，所以实际上反应以间歇模式进行。

(5)在这些条件(间歇反应)下，反应温度迅速上升，并引发其他放热反应，从而增加了反应的热效应。

(6)设计的泄压系统存在问题，不能很好地适应所出现的两相流情形，因此泄放管线中物料流量过高，当无法承受这样高的机械载荷时，管线破裂，导致泄漏。

经验教训

(1)半间歇操作实际上是为了控制热量释放，使其在一段时间内完成。此外，发生故障时能够有机会终止反应。当然，终止反应是假设故障发生时立即停止加料，或关闭加料装置(见 8.7 节)。

(2)反应器的泄压系统的设计应当能适用于两相流，因为反应器中物料量较大，达到高位时可能会发生两相流(见第 16 章)。

引言

这章首先介绍半间歇反应器(semi-batch reactor，SBR)反应工程的一般知识。对物料和热平衡进行分析后，我们会发现除了温度控制，加料速率也是影响半间歇反应器安全的关键。因此，单独利用一节(8.2 节)专门介绍反应物的累积问题。在随后的 8.3 节～8.5 节中介绍不同的温度控制方法，以及这些方法对反应器安全产生的影响。对于每种方法，介绍其设计准则和相应的安全评估问题。8.6 节介绍不同的加料方法。8.7 节对半间歇反应器在安全性和经济性方面的优化问题进行讨论。最后(8.8 节)介绍一种先进的加料方法，该方法能在保证安全的前提下使生产能力最大化。

8.1　半间歇反应的基本原理

8.1.1　半间歇操作的定义

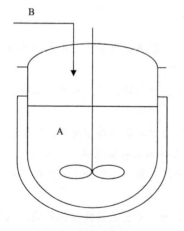

图 8.1　半间歇反应器：首先加入物料 A，在反应过程中加入物料 B 由此可以实现反应过程的另一种控制

与间歇反应器(BR)一样，半间歇反应器有时称为加料间歇反应器(fed-batch reactor)，其操作是非连续的。与真正间歇操作的差别在于：半间歇反应器至少有一种反应物是在反应过程中加入的(图 8.1)，因此，物料平衡和热平衡会受到这种反应物添加过程的影响。同时，与间歇反应器一样，半间歇反应器不存在稳定状态。

用半间歇反应器来取代间歇反应器主要有两个优点：

(1)对于放热反应，加料过程可以控制反应速率，从而可以调节放热速率使其与反应器的冷却能力相匹配[①]。

---

① 此处对原文的表述进行了优化。——译者

(2)对于复杂反应,反应物料的逐渐加入有利于使其浓度维持在一个较低的水平，因此，相对目标反应而言，减小了副反应[1]的速度。

这两个因素使得半间歇反应器成为精细化工及制药行业常用的反应器类型。它保持了间歇反应器的灵活性和多功能性，且通过至少一种反应物料的加料控制弥补了其在反应控制过程中缺陷。

8.1.2　物料平衡

以一个不可逆的双分子二级反应为例(见 6.3 节中示例取代反应)，反应速率方程为

$$A + B \longrightarrow P \text{ 和 } -r_A = k \cdot C_A \cdot C_B \tag{8.1}$$

本章按照惯例，反应物 A 在初始阶段已加入反应器中，而反应物 B 在加料时间 t_{fd} 内，以恒定的摩尔加料速率 F_B 加入。以单位体积内的物料摩尔数表示浓度。反应器中不同组分存在着浓度变化，这与由反应消耗/生成及加料引起反应混合物的体积变化有关。加料速率恒定，体积的变化与时间呈线性关系[2]：

$$V = V_0 + \dot{v} \cdot t = V_0(1 + \dot{\varepsilon} \cdot t) \tag{8.2}$$

式中，$\dot{v}$ 为加料组分的体积流量；ε 为如下定义的体积增长因子(volume expansion factor)：

$$\varepsilon = \frac{V_f - V_0}{V_0} \tag{8.3}$$

反应物 A 的摩尔平衡可以写为

$$\frac{-dN_A}{dt} = -r_A V = k \frac{N_A N_B}{V} = k \frac{N_A N_B}{V_0 + \dot{v} \cdot t} \tag{8.4}$$

反应物 B 的摩尔平衡为

$$\frac{dN_B}{dt} = -r_A V + F_B \tag{8.5}$$

由式(8.4)和式(8.5)组成一个微分方程组，但无法得到解析解。因此，要想描述半间歇反应器的性能随时间的变化关系，需利用数值方法对微分方程进行积分。通常，利用与工艺有关的参数来描述物料平衡更为方便，其中一个参数就是两种反应物 A 和 B 的化学计量比：

$$M = \frac{N_{B \cdot tot}}{N_{A0}} \tag{8.6}$$

---

[1] 原文用词"secondary reaction"，为了更加准确，用"副反应"表达。——译者

[2] 对原著中式(8.2)及式(8.4)进行了勘误。——译者

反应速率也可以表示为转化率的函数：

$$-r_A = C_{A0} \frac{dX_A}{dt} = k C_{A0}^2 (1 - X_A)(M - X_A) \tag{8.7}$$

反应物 B 的摩尔流量(molecular flow rate) F_B 也可以用化学计量比 M 和加料时间 t_{fd} 的函数来表示：

$$F_B = \frac{N_{A0} M}{t_{fd}} \tag{8.8}$$

最初反应速率常用无因次数(Damköhler 数[1,2])来表征：

$$Da_0 = v_A \cdot k \cdot C_{A0} \cdot M \cdot t_{fd} \tag{8.9}$$

8.1.3　半间歇反应器的热平衡

本书 2.3 节总括性地介绍了热平衡的知识。这里对一个简单双分子二级反应的热平衡进行说明。

8.1.3.1　热生成

反应过程中热生成对应于放热速率，见式(2.9)。

$$q_{rx} = (-r_A)V(-\Delta_r H)$$

等温条件下，将上式与式(8.7)联立可得放热速率为

$$q_{rx} = k \frac{N_{A0}^2}{V(t)} (1 - X_A)(M - X_A)(-\Delta_r H) \tag{8.10}$$

这个表达式强调了这样一个事实，即放热速率不仅仅是转化率的函数，还是体积的函数，由加料引起反应物料的稀释会使反应减慢。加料速度恒定，物料体积 $V(t)$ 是时间的线性函数。除了纯粹的反应热，加入反应物料引起的混合作用也会有热效应，如稀释焓或者混合焓。

8.1.3.2　加料热效应

如 2.3.1.5 小节所述，如果加入物料的温度与反应混合物温度不同，将会产生一个热效应，且该热效应与加入物料的温度 T_{fd} 和反应物料温度 T_r 之间的温差、比热容 $c'_{p,fd}$ 及物料流量 $\dot{m}_{fd}$ 成正比：

$$q_{fd} = \dot{m}_{fd} \cdot c'_{p,fd} \cdot (T_{fd} - T_r) \tag{8.11}$$

若与底料相比，加入物料的体积大，即其体积增长因子 ε 较大，则加料产生热效应的绝对值与反应热相比不可忽略。这种效应也称为显热(sensible heat)。

8.1.3.3　移热

与载热体产生的热交换（通过反应器壁进行强制对流）可按照经典的方法表示为

$$q_{ex} = UA_{(t)}(T_c - T_r) \tag{8.12}$$

加料导致体积变化，热交换面积 A 会随时间发生变化。这个变化取决于反应器的几何形状，尤其是热交换系统（夹套、盘管或半焊盘管）占据反应器的高度。当物料液位处于反应器的圆柱体部分时，热交换随时间呈线性变化。一旦反应混合物的理化性质发生显著的变化，总传热系数 U 也将发生变化，成为时间的函数。

8.1.3.4　热累积

一般说来，半间歇反应器总的热平衡可用上述三项表示。如果热交换不能精确补偿其他项（热生成、加料显热），温度将发生如下变化：

$$\frac{dT_r}{dt} = \frac{q_{rx} + q_{fd} + q_{ex}}{m_{r(t)} \cdot c_p'} \tag{8.13}$$

图 8.2 显示了等温半间歇反应器的热平衡，以及根据恒定载热体温度计算得到的最大热交换速率 $q_{ex,max}$，它随时间线性增加直到达到夹套冷却能力的上限。这个例子中，在 4h 的加料过程中没有达到夹套冷却能力的上限。

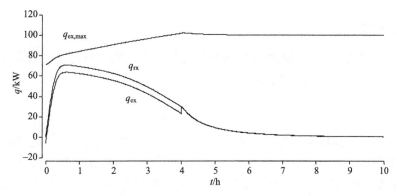

图 8.2　等温半间歇反应器热平衡中不同项 (q) 与时间的关系。图中显示冷却水 5℃ 情况下反应器的最大冷却能力 $q_{ex,max}$。曲线 q_{rx} 和 q_{ex} 之间的差异反映了加料冷却效应，4h 加料结束后该冷却效应消失

需要通过热交换系统从反应物料中移出的热为 q_{rx} 与 q_{fd} 之和，这样才能保持其温度恒定。刚开始加入反应物 B 的一个很短的时间内，加料冷却效应占主导地位（$q_{ex} < 0$）。加料结束时，由于不存在加料冷却效应，热交换系统需移出的热量

突然增加。由于温度控制的动态性，温度不能严格保持恒定。这解释了停止进料后最大冷却能力略有下降的原因：反应速率减慢，反应温度向其设定值下降，导致冷却能力下降。

8.2 半间歇反应器中反应物料的累积

半间歇反应器的优点在于对多步反应有很好的选择性，对放热反应可以较好地控制反应过程。这些优点可以通过逐渐加入一种或多种反应物料，从而控制反应速率来实现。实际上，只有当加入的反应物迅速转化，不在反应器中累积时才能达到这个目的[3]。然而情况并不总是如此，因为加料速率必须与反应速率相适应，且在反应过程中被加入的化合物 B 必须维持在一个低的浓度水平。

反应物 B 没有转化称为反应物累积，它源于物料平衡，即加料速率为输入，反应速率为消耗。换句话说，当 B 的加料速率小于反应速率时，物料累积程度很小。然而，反应速率取决于两者的浓度 C_A 和 C_B，这意味着只有两种反应物以足够高的浓度存在于反应混合物中，才能保证反应以较快的速度进行[①]。对于快反应(如高速率常数的反应)，即使反应物 B 的浓度低，反应也会足够快从而避免反应器中物料 B 不能及时转化，造成累积。对于慢反应，需要 B 具有相当高的浓度，才能使反应速率增大到具有一定经济性的程度。由此可见，需要考虑两种情况：快反应和慢反应。

8.2.1 快反应

对于快反应，由于加入的反应物 B 迅速转化为产物，没有发生明显的累积，反应速率受到 B 加料速率的限制：

$$-r_A = kC_AC_B = \frac{F_B}{V} \tag{8.14}$$

这可以用某加成反应为例来说明(图 8.3)。反应物 B 的浓度在达到化学计量比之前的很长一段时间内很低，接近化学计量比时开始缓慢增加，只有越过化学计量比之后，B 的浓度才会显著增加[②]。在这个例子中，由于反应在加料结束前已经完成，因此不需要化学计量比过量。

在快反应中，一旦出现异常情况，可通过调节加料速率使反应迅速得到控制。当出现极端情况时，可通过终止加料来使反应立即停止(图 8.4)。这相当于通过技术手段又得到了一种控制方法，因而，这种操作是一种极好的安全措施。对于非

---

① 此处对原文进行了适当的改进。——译者
② 此处对原文的内涵进行了延伸。——译者

常强的放热反应而言，可以利用这个优点来进行温度控制，或者可以利用这个优点使气体泄放符合设备的技术性能要求。如果同一个反应既释放出气体又产生热量，则放热速率 q_r 或者气体释放速率 $\dot{v}_{gas}$ 可直接由加料时间 t_{fd} 求得[①]

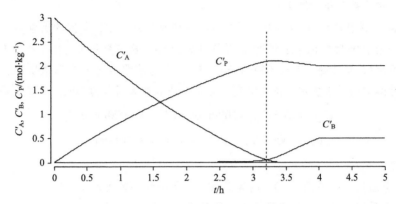

图8.3 半间歇式反应器中的示例合成反应(快反应)，浓度与时间的关系。反应物 B 以恒定速率在 4h 内加入(化学计量比过量 25%)。3.2h 时的垂直虚线处，B 的加入量达到计量比

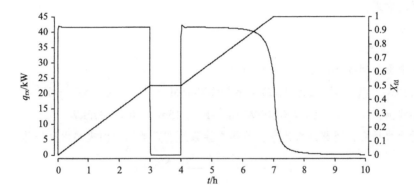

图8.4 半间歇式反应器中进行的示例加成反应(80℃等温条件，加料时间为 6h)。加料在 3～4h 之间中断，放热速率迅速减小到零，在恢复加料后回到初始值。

$$q_r = \frac{Q_r}{t_{fd}} \tag{8.15}$$

$$\dot{v}_g = \frac{V_g}{t_{fd}} \tag{8.16}$$

显然，这些方程只有当反应速率快于加料速率才成立。事实上，认为反应速

---

① 式(8.15)及式(8.16)是基于快反应无过用量的前提。若快反应存在过用量，则应将分母中的加料时间 t_{fd} 替换成达到化学计量比的时间 t_{st}。——译者

率等于加料速率。

工作示例 8.1　半间歇反应器中的快反应

这个例子接工作示例 7.3。

SBR 中进行反应 $A \xrightarrow{k} P$，反应符合一级反应动力学，与间歇反应一样，反应在 50℃进行，60s 后转化率达到 99%。最终体积为 $5m^3$，反应器的热交换面积为 $15m^2$（假定保持恒定），总传热系数为 $500\ W \cdot m^{-2} \cdot K^{-1}$。将含有化合物 A 的高浓度溶液加入到含有惰性溶剂的反应釜中，反应温度与冷却系统的最大温差为 50K。相关数据：

$$C_A(t=0) = C_{A0} = 1000 \text{mol} \cdot m^{-3} \qquad \rho = 900 \text{kg} \cdot m^{-3}$$

$$c_p' = 2000 J \cdot kg^{-1} \cdot K^{-1} \qquad -\Delta_r H = 200 \text{kJ} \cdot \text{mol}^{-1}$$

问题：

(1) 等温反应：要保持 50℃的等温条件，所需加料时间为多少？

(2) 慢反应：当反应速率降低 100 倍时将发生什么？

(3) 冷却失效：就本示例中的快反应和慢反应而言，一旦出现冷却失效，将产生什么样的后果？

解答：

(1) 等温反应：

热平衡与间歇反应器的情形相同。

热生成：$Q_{rx} = V \cdot C_{A0}(-\Delta_r H) = 5m^3 \times 1000 \text{mol} \cdot m^{-3} \times 200 \text{kJ} \cdot \text{mol}^{-1} = 10^6 \text{kJ}$

热移出：$q_{ex} = U \cdot A \cdot \Delta T = 500 W \cdot m^{-2} \cdot K^{-1} \times 15m^2 \times 50K = 375 \text{kW}$

对于快反应，调整加料速率，使热交换系统有足够的时间来移出反应热：

$$q_{rx} = \frac{V \cdot C_{A0} \cdot (-\Delta_r H)}{t_{fd}} = \frac{Q_{rx}}{t_{fd}} = q_{ex}$$

因此：

$$t_{fd} = \frac{Q_{rx}}{q_{ex}} = \frac{10^6 \text{kJ}}{375 \text{kW}} = 2667 s \approx 45 \min$$

(2) 慢反应：

从热平衡的角度来说，加料时间可以与快反应的情形一样。然而，对于一个慢反应，加料速率应该更慢，从而控制物料累积。

(3) 冷却失效

对于快反应，如果发生冷却失效后立即停止加料，反应器处于安全状态。因此对快速放热反应来说，SBR 是一个比较可行的解决方法。

对于反应速率降低 100 倍的慢反应，未转化反应物的累积会对其行为产生影响。温度上升可能引发二次反应。这个例子将在第 9 章中继续讨论。

8.2.2 慢反应

对于较慢的反应，加入反应器中的反应物 B 不会立即反应掉，从而造成物料的累积。事实上，在反应速率变得可感知(appreciable)前，反应物 B 的浓度必须先增加到某个水平。因此，在开始加料后几秒钟，B 的浓度迅速增加，而反应实际上没有发生。在图 8.5 中，B 的浓度在这个阶段增加到大约 $0.2\text{mol} \cdot \text{kg}^{-1}$。然后 C_B 缓慢增加，反应速率接近常数，看上去是一种准稳态情况直到 C_A 降低到较低的水平，以至反应速率减慢。这导致 C_B 进一步增加到 $0.5\text{mol} \cdot \text{kg}^{-1}$。当加入反应器中反应物 B 达到化学计量时，曲线 C_A 和 C_B 相交。

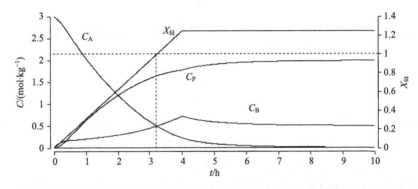

图 8.5 在 SBR 中的示例取代反应，浓度(左侧坐标)和加料比例(右侧坐标)与时间的关系。B 组分在 4h 内以恒定速率加入。过用量为化学计量比的 25%

累积度取决于最低浓度的反应物，转化率也受该反应物量的限制。假设在加料 2h 后发生冷却失效，这时反应物 B 的浓度低于反应物 A，因此冷却失效后反应物料的行为取决于反应物 B 的消耗。若假设在 3.5h 后发生冷却失效，则情况刚好相反，反应物料的行为将取决于反应物 A 的消耗。就该例而言，在化学计量点(stoichiometric point)处(3.2h 时)发生两种情况的转换。这时，加入反应器中的反应物 B 消耗掉的摩尔数与底料中已转化的 A 的摩尔数相等。这个化学计量点起着很重要的作用，在达到化学计量点之前物料累积及转化率受 B 的限制，而在化学计量点之后，A 起主导作用(图 8.6)。[①]

于是，总结得到一个具有实用价值的推论：在越过化学计量点之后，反应物 B 的加料速率对累积没有影响，也就是说，可以考虑将加料速率设置得尽可能高(但会受到冷却能力的限制)。之后反应完成，但反应速率会受到 C_A 和 C_B 下降的限制。对于一个恒定的加料速率，假定 t_{st} 时加入反应器中 B 的量达到化学计量比，

---

① 此处对原著中这一段的表述进行了较大幅度的调整。——译者

则 t_{st} 计算如下：

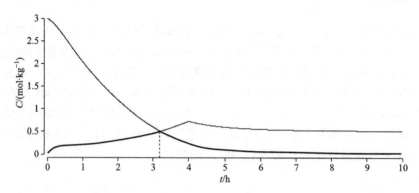

图8.6　SBR中表示物料累积的浓度曲线（粗线）。总的加料时间为4h，反应物B的过用量为25%。在3.2h时达到化学计量点，此时物料累积度最大（虚线）

$$t_{st} = \frac{t_{fd}}{M} \tag{8.17}$$

在图 8.5 所示的例子中，反应物 B 的过用量为 25%（M=1.25）。过量的目的在于 C_A 变小时能加快反应速率，所以常被称为"动力学过量（kinetic excess）"，因为它可以在较高转化率时加快反应速率[式(8.7)]。

这种情况下，反应不会通过停止加料而立即停止。另外，不能像快反应那样，通过加料直接控制放热速率和气体释放速率。当反应过程中出现与设计条件偏离的情况后，若决定停止加料，则累积的反应物 B 将逐渐被反应消耗掉，尽管加料已停止。若反应伴随有气体释放，则将继续生成气体产物，如果反应是放热的，即使停止加料放热仍将继续。

若发生的偏离是不可控的温度上升，则温度将持续上升，并将加速反应直到累积的反应物全部转化。因此，需要明确计算反应过程中反应物的累积度，因为通过累积度可以预测加料中断后的转化率。这可由化学分析或利用热平衡得到，也可以通过反应量热仪测试获得[4]。因为累积是反应物 B 的加入量和反应转化量两者平衡的结果，所以可以通过这两项的差值计算累积情况[5, 6]。

达到化学计量点之前：

$$X_{ac} = X_{fd} - X = \frac{M \cdot t}{t_{fd}} - X \tag{8.18}$$

达到化学计量点之后：

$$X_{ac} = 1 - X_A \tag{8.19}$$

对于一个简单反应，反应物累积情况可以直接由量热方法确定（将如下定义的热转化率视为转化率）：

$$X_{th}(t) = \frac{\int_0^t q_r \cdot dt}{\int_0^\infty q_r \cdot dt} \tag{8.20}$$

t 时刻的热转化率（X_{th}）是在 t 时刻前释放的反应热与反应物完全转化后总反应热 Q_r 的比值。因为，加入的反应物对应于能量输入，由反应物的加入量和转化量之间的平衡可以知道累积情况。

8.2.3 半间歇反应器的安全设计

半间歇操作过程中有许多因素影响工艺安全。其中，反应物的加料次序、温度控制方法、加料控制方法等均是可以改变的设计参数，而且这些参数可以用于安全、质量及生产率的优化。

就工艺安全而言，最稳定物质应该最先加入，相对不稳定物质后加入，从而控制物料累积和可能发生的副反应，这对于工艺的安全性和经济性都是可取的。为此，可以将分解倾向（decomposition potential）作为一个判据：后加入的反应物（具有最大分解倾向性）可以控制操作过程中反应器中反应物料的能量释放。对于复杂反应，还可以根据反应的选择性决定加入物料的次序。然而，很遗憾至今还没有一个关于如何选择加入次序的通用规则，必须根据具体案例的实际情况确定。

关于温度控制方法，半间歇反应常在温度恒定（等温）的条件下进行。另一个简单的温度控制方法是采用恒温模式，只需控制夹套内冷却介质的温度。当然在极个别的情况下，会用到一些其他的温控方法，如绝热方式或非等温方式。

加料也可以通过不同的方法来控制，如恒速加料、分段加料、反应器温度控制加料等。

以下内容将介绍不同的温度控制方法和加料控制方法，以及这些控制方法对反应器安全性的影响，并将就如何进行安全评估及如何改善工艺安全性的一般规则进行介绍。反应器温度选择和加料速率的选择对于安全性也是非常重要的，这点将在 8.3 节中讨论。

8.3 等 温 反 应

8.3.1 等温半间歇操作的基本原理

等温操作是一种控制反应过程的可靠方法。然而，要保持反应介质温度恒定，热交换系统必须能够移出反应热，包括能移出最大放热速率情形下的反应放热。由于反应器具有热惯性，严格的等温条件是很难达到的。然而，在实际操作中，可以通过串联温度控制器（cascade temperature controller）将反应物料温度 T_r 控制在±2℃内(见 14.1.4.3 小节)。如果反应物料的沸点不随组分的变化而变化，也可利用回流冷却达到等温条件(见 14.3 节)。

8.3.2　等温半间歇反应器的设计

对于简单不可逆二级反应，在开始加料后不久达到最大放热速率。由于半间歇操作中物料体积有一个逐步增加的过程，此时可能只有部分热交换面积可用，这就限制了实际可用的冷却能力。因此，了解最大放热速率及其出现时间，对设计具有良好控制能力的等温半间歇反应器是很必要的。若放热速率超过最大移热能力，则可通过降低加料速度来减小放热速率。加料速率过快可能导致温度升高，反应加速，从而导致失控。为此，限制最大加料速率对于反应过程中的温度控制，实现反应器的安全操作是非常必要的。8.7 节中将介绍加料速率的控制方法。

除了影响放热速率，加料速率也会影响反应物的最大累积度，这是另一个重要的安全参数。物料累积情况左右着冷却失效时可能达到的温度 T_{cf}。若在发生冷却失效的同时立即停止加料，则可能达到的温度为

$$T_{cf} = T_r + X_{ac} \Delta T_{ad} \frac{m_{r,f}}{m_{r,t}} \tag{8.21}$$

式中，$m_{r,f}$ 为加料结束时反应混合物的总质量；$m_{r,t}$ 为反应器内反应物的瞬时质量；X_{ac} 为反应物的累积度。将两个质量相除，反映了对比反应热的修正，因为通常用终态反应物料来计算绝热温升，即按照完全间歇的情形考虑。在式(2.4)中浓度对应于终态反应物料，这与由量热实验得到比反应热的情形一样(用总的物料量来表示)。由于在半间歇反应中反应物料随着加料而变化，反应物料的热容随时间而增加，因此必须对绝热温升进行修正。

安全评估的另一个重要问题就是"什么时候累积量最大？"半间歇操作时，反应物的累积度取决于浓度最小的反应物。对于简单不可逆二级反应，可以通过所加反应物的简单物料衡算直接确定累积度。对于双分子简单反应(elementary reaction)，当加入反应物的量达到化学计量比时，达到最大累积度。对于目标反应 MTSR 的确定，需要下列步骤：

(1)将加入到反应器中反应物的量 X_{fd} 用化学计量关系来表征。在图 8.7 的例子中，加料为 4h 加入 125%(而不是 4h 加入 100%)；

(2)转化百分比 X 可由反应量热仪实验测得的转化率曲线($X = X_{th}$)得到，也可以由化学分析得到；

(3)由 X_{fd} 减去 X 得到的累积度是时间的函数，见式(8.18)；

(4)确定最大累积度 $X_{ac,max}$；

(5)根据式(8.21)计算 MTSR(对应于累积度最大的时刻)[7]：

$$MTSR = T_r + X_{ac,max}\Delta T_{ad}\frac{m_{rf}}{m_{r,max}} \tag{8.22}$$

式中，$m_{r,max}$ 表示累积度最大时反应混合物的质量。

图 8.7 给出了某示例取代反应的情形，反应在 80℃时进行，加料时间为 4h，反应物 B 的过用量为 25%(化学计量比)。因此，在 3.2h(3 小时 12 分)后达到最大累积度 23%。由式(8.21)可计算得到 T_{cf} 曲线。

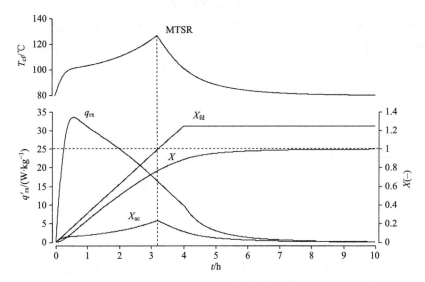

图 8.7 由反应量热仪测试得到的原始谱图可以直接确定最大放热速率和反应热。为了得到物料累积情况，加料比例 X_{fd} 需要根据化学计量比修正(此时为 125%)。加料和转化之间的差值得到累积 X_{ac}，由此可以确定发生冷却失效后体系可达到的温度 T_{cf} 及 MTSR

因为累积取决于加料速率和反应速率(反应物消耗)之间的平衡，它可能会受到不同加料速率或不同温度的影响。这为工艺条件的优化提供了可能(在 8.8 节中讨论)。

工作示例 8.2 半间歇反应器中的累积

利用图 8.7 中的热谱图，评估某示例取代反应 A + B ——→ P 的热风险(见 6.3 节)，反应在 80℃以等温半间歇模式进行，加料时间为 4h。在工业规模的生产中，反应在 4m³ 的不锈钢反应器中进行，底料为 2000kg 的反应物 A(起始浓度为 3 mol·kg⁻¹)。反应物 B(1000kg)的过用量为 25%(化学计量比)。已知夹套冷却介质的平均温度为 15℃，反应物 B 的加料温度为室温(25℃)。

解答：

评价工艺过程的热风险意味着要解决冷却失效场景的 6 个问题(见 3.2.1 小节)。

反应总的潜能可由摩尔反应焓 $150\,\mathrm{kJ\cdot mol^{-1}}$[①]计算得到，经过简单计算可以知道最终反应物料的浓度为 $2\,\mathrm{mol\cdot kg^{-1}}$，因为要考虑反应物 B 的加入。

$$Q'_{rx} = C'_{A0} \cdot (-\Delta_r H) = 2\mathrm{mol\cdot kg^{-1}} \times 150\mathrm{kJ\cdot mol^{-1}} = 300\mathrm{kJ\cdot kg^{-1}}$$

比热容为 $1.7\,\mathrm{kJ\cdot kg^{-1}\cdot K^{-1}}$，所以绝热温升为

$$\Delta T_{ad} = \frac{Q'_{rx}}{c'_p} = \frac{300\mathrm{kJ\cdot kg^{-1}}}{1.7\mathrm{kJ\cdot kg^{-1}\cdot K^{-1}}} = 176\mathrm{K}$$

从能量的角度来看，严重度为"中等"（见 3.2.2 小节）。因此，必须着重关注反应过程的控制，表现在两方面：在正常操作期间的热移出（3.2.1 小节中的问题 1）和 MTSR（3.2.1 小节中的问题 2）。假设累积度为 100%，反应温度可以达到 80+176=256℃。因此，可能引发高放热的二次反应（$T_{D24}=113℃$，见表 6.4，冷却失效场景问题 3）。

温度控制：

可以从图 8.7 中直接读出上述条件下的最大比放热速率，为 $33\,\mathrm{W\cdot kg^{-1}}$，且在加料 30min 后出现。此时反应物料的质量及放热速率为

$$M_r = 2000\mathrm{kg} + \left(\frac{0.5}{4} \times 1000\mathrm{kg}\right) = 2125\mathrm{kg}$$

$$q_{rx} \approx 70\mathrm{kW}$$

另外，可以计算出由冷加料引起的对流冷却效应（加料显热）：

$$q_{fd} = \dot{m} \cdot c'_p \cdot (T_r - T_{fd}) = \frac{1000\mathrm{kg}}{4\mathrm{h} \times 3600\mathrm{s\cdot h^{-1}}} \times 1.7\mathrm{kJ\cdot kg^{-1}\cdot K^{-1}} \times (80-25)\mathrm{K} = 6.5\mathrm{kW}$$

因此，冷却系统应移出的热流为 63.5kW。

可以由 $q_{ex} = U \cdot A \cdot \Delta T$ 得到工业反应器的冷却能力，但需要知道热交换面积。反应物料为 2125kg，体积为 $2.125\mathrm{m^3}$，其热交换面积为（数据来自表 6.3）：

$$A = 3.0\mathrm{m^2} + (2.125\mathrm{m^3} - 1.05\mathrm{m^3}) \times \frac{7.4\mathrm{m^2} - 3.0\mathrm{m^2}}{3.4\mathrm{m^3} - 1.05\mathrm{m^3}} \approx 5\,\mathrm{m^2}$$

夹套的平均温度为 15℃，以冷水为冷却介质（也可选择盐水），给定的传热系数为 $200\,\mathrm{W\cdot m^{-2}\cdot K^{-1}}$，则冷却能力为

$$q_{ex} = 200\mathrm{W\cdot m^{-2}\,K^{-1}} \times 5\mathrm{m^2} \times (80-15)\mathrm{K} = 65\mathrm{kW}$$

因此，利用冷水作为冷却介质可以控制温度，但是实际过程中，要求反应器冷却系统必须满负荷运转，才能保证足够有效的冷却能力（3.2.1 小节中冷却失效场景问题 1）。

可由式(8.22)直接确定 MTSR（冷却失效场景的问题 2），数据可以从热谱图（图 8.7）中读取。在化学计量点时累积度为 23%[②]，即加料 3.2h 后（冷却失效场景问题 4）：

---

① 此处对原文参数进行了勘误。——译者
② 原著误为 25%，并导致 MTSR 为 127℃。——译者

$$m_{r,st} = 2000 + 1000 \times \frac{3.2}{4} = 2800(kg)$$

$$MTSR = T_r + X_{ac,max} \cdot \Delta T_{ad} \cdot \frac{m_{rf}}{m_{r,st}} = 80℃ + 0.23 \times 176℃ \times \frac{3000kg}{2800kg} = 123℃$$

在 123℃ 时，分解反应比较严重，因为最大反应速率达到时间小于 24h（表 6.4，冷却失效场景问题 6）。

由此可以预测该工艺的危险度属于 5 级。

$$T_P = 80℃ < T_{D24} = 113℃ < MTSR = 123℃ < MTT = 140℃$$

导致这样的结果有两个原因：反应的最大放热速率和反应物的累积度过高。有两种不同的方法来解决这个问题：延长加料时间（参见 8.6 节中图 8.9）或升高反应温度（参见 8.7 节中图 8.10）。这个工作示例将在后续章节中继续讨论。

8.3.3　复杂反应的物料累积

如果反应复杂，也就是说，如果反应过程中形成中间体，那么物料累积的定义就不再那么简单了。为此，需要采用不同的方法。

一种方法基于分析测试：在反应的特定阶段对反应物料取样，采用化学或热分析（如差示扫描量热 DSC）进行分析。反应物料中存在不稳定中间体时，也建议采用这种方法，因为某时刻反应物料可能变得非常不稳定。另一种方法是在反应量热实验时中断加料，测试中断后所释放的热量，因为该热量值与物料累积成比例（图 8.4）。

另一种方法基于显式反应动力学的数学模型。体系的动力学参数预先采用多种量热方法获得。为此，需要精心设计实验方案，从而以最少的实验量有效地覆盖所需的测试范围[8, 9]。第一步，通过 DSC 或 Calvet 量热仪采用不同温升速率对不同反应物浓度的体系进行动态测试，这些实验能够提供预期温度范围内热效应的一些指纹信息，将这些结果与体系化学反应性方面的认知进行结合，可以初步获得体系的动力学模型及动力学三因子（反应机理、指前因子和活化能）。第二步，通过不同温度、浓度和加料速率的反应量热实验对模型进行优化，通过非线性拟合算法获得准确动力学参数。该方法详见博士论文[10]（另见 8.8.2 小节）。利用该模型，可以通过数值模拟确定不同工艺条件下的能量累积，并通过实验对工业生产的工艺参数进行验证。

8.4　恒　温　反　应

恒温是指冷却介质温度恒定。这是半间歇反应器温度控制的一种最简单方法：只控制冷却介质的温度，反应物料的温度取决于反应器的热平衡。这里必须考虑最重要的几项：反应生成热、冷却系统移出热和加料引起的热效应。这种方法最大的弊端在于不能直接控制反应温度。Steinbach[1,2]及 Westerterp[11, 12]对这种控制方法进行了深入的研究。如何选择反应物料的初始温度 T_0 和冷却系统温度 T_c 十分关键。如果反应器设置的初始温度过低，在开始加料时反应很慢，并导致加入的反应物明显累积。浓度增加，导致反应速率增加，并引起热生成增加到可能超出反应器冷却能力的程度，从而导致失控。事实上，温度过低时，物料累积变得很高以至于反应器的行为类似于间歇反应器。反之，初始温度过高可能导致一个不可控的反应过程，当然这不是物料累积，而是温度过高导致放热速率太大，且温度升高可能引发二次反应。从反应物料温度恒定的角度看，这两种情况下均无法达到稳态。

　　另外，冷却介质温度恒定的半间歇反应器对控制参数(初始温度和冷却介质温度)十分敏感。这意味着即使这些温度有很细微的变化，反应器可能会突然从稳定状态变成失控状态。

　　图 8.8 中的例子显示了对初始温度极度敏感的温度过程。从 103℃变化到 104℃，仅仅 1℃的变化就会导致失控。如果初始温度太低(如50℃)，会产生明显的物料累积，这将导致反应的突然加速(引发)，且在 10h 后转化率仅达到 0.95。6.1.3.4 小节中介绍了几种不同的情况，即温度超过 100℃时发生失控、低于 60℃会出现边界引发(marginal ignition)和在 70～90℃间出现 QFS——引发快速、转化良好且温度平稳(经过 8h 转发充分)[13]。

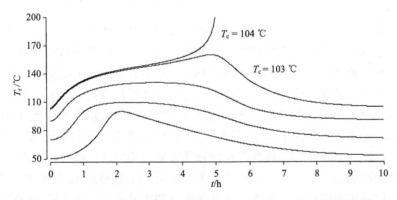

图8.8　半间歇反应中某示例慢反应的反应温度与时间的关系。冷却介质温度分别恒定在 50℃、70℃、90℃、103℃、104℃，加料时间为 6h，初始温度和冷却介质温度相同

　　这类温度控制方法对强放热反应来说可能是非常危险的。对于恒温反应，初始温度、冷却介质温度和加料时间等操作条件的选择十分重要。对于恒定冷却介质温度的半间歇反应器的安全控制，Hugo 和 Steinbach[1]建立了以下判据：

$$Da(T_c) > St \Leftrightarrow \frac{k(T_c)N_{A0}m_{rf}c'_p}{V_r UA} > 1 \tag{8.23}$$

　　这个判据表达了这样一个事实：即使反应在冷却温度下进行，反应速率也必须足够高以避免反应物的累积，且冷却能力必须足以控制温度。如果满足这个判据，反应器将不会存在参数敏感性的问题。反应器的温度设置可根据下列判据进行选择：

$$T_r - T_c = \frac{\Delta T_{ad}}{St + \dfrac{\varepsilon}{1+\varepsilon}} \tag{8.24}$$

式中，ε 为体积增长因子，反映了加料引起的体积变化。

　　式(8.24)中，可以根据最终反应物料计算绝热温升。该判据可以计算出反应物料与冷却介质之间的有效温差与反应焓之间的关系。

　　然而，在实际过程中除了考虑"正常操作条件"，还要考虑到出现偏差的情况。从实用角度来看，一些重要而又常见的偏差有

　　(1)初始温度 T_0：在开始加料前，需要将反应器加热到初始温度。如果只能有效控制载热体的温度，反应混合物的温度与设定温度之间就可能产生偏差。因此，必须要避免在反应器参数敏感区进行操作，这十分重要。

　　(2)冷却介质温度 T_c：这个温度认为是一个恒定值。然而，当冷却介质的流量较低时，可观察到载热体进出口之间存在温度差。在这种情况下，必须运用对数方法计算冷却能力，从而估算反应物料和冷却介质间的实际温差。建议在反应过程中监测冷却系统的进出口温度。

　　(3)加料速率 F_B：式(8.23)中没有给出明确的加料时间。然而，它会直接影响反应器中反应物 B 的累积量和反应过程中发生冷却失效后可达到的最高温度。所以，加料速率是一个关键参数，必须进行监测且应采取技术手段保证不超过设定的最高允许值。这将在 8.7 节中进行讨论。

8.5　非等温反应

　　对于半间歇反应器中的非等温反应过程，有几种不同的控制方法：

　　(1)恒温模式：冷却介质温度保持恒定。这种温度控制方法在 8.4 节中已阐述。

　　(2)绝热模式：反应没有任何热交换的情况下进行。这意味着反应热将转化为温度的升高，温度变化过程可根据反应器的热平衡计算：

$$T_{(t)} = T_0 + \frac{Q_{r(t)} + Q_{fd(t)}}{m_r \cdot c'_p} \tag{8.25}$$

因为式中有关项是时间的函数，温度时间曲线需要采用数值方法进行计算。

最终温度也是加料速率的函数。

（3）多变模式：这是不同温度控制方法的组合。例如，多变模式可通过在较低温度下加料或引发反应来降低最初放热速率，反应热可以用来加热反应器到目标温度。在加热阶段，可以运用不同的温控方法，例如，可以先利用绝热升温加热反应器达到某一温度水平，然后采用冷却介质温度恒定（恒温控制）的模式或反应器温度控制模式使温度爬升到目标温度等。加热阶段后，反应几乎以这个模式结束。多变半间歇反应器的设计要求进行数值模拟来优化加料速度、初始温度和冷却速率，这些参数决定了温度时间关系和转化率时间关系。这种方式与单纯等温方式相比，通常具有更高的生产能力，但也需要在设计时进行更多的工作。

8.6　加料控制方法

8.6.1　分段加料方式

分段加料方式（addition by portion）是一种控制物料累积的传统方法。采用这种方式也是出于一些现实原因，如当反应物必须通过料桶或其他一些容器输送时就只能采用这种方式。然而，每一段加入多少反应物，也应受到安全技术条件的限制。这时，必须根据物料的转化情况来确定下一段加料的时间，即只有当前一段物料已经完全反应后，才开始下一段的加料。前一段物料是否已完全反应，可根据反应的实际情况[温度、气体释放、反应物料、化学分析、在线热平衡（见4.4.3.5小节）等]采用不同的判别方法。对于一个精心设计的工艺，如果其反应动力学参数已知且具有一定的准确性，是可以采用这种加料方式的。

8.6.2　加料速度恒定

这是一种最常见的加料模式。从反应的安全性及选择性的角度看，通过控制系统控制其加料速率是很重要的。常用装置有限流孔板（orifice）、体积计量泵（volumetric pump）、控制阀及一些更复杂的可以对反应器或加料罐称重的装置。加料速度是半间歇反应设计的关键参数，它会影响反应过程的化学选择性，当然也会对温度控制、安全性及工艺经济性产生影响。图8.9为一个不可逆二级反应的例子，说明了加料速率对放热速率和物料累积的影响。反应量热仪的测试结果显示了三种不同加料速率对放热速率和未转化反应物累积度（根据热转化率计算得到）的影响。对于这种情况，加料速度应当符合两个安全条件的限制：最大放热速率必须低于工业反应器的冷却能力，以及累积量不超过最大允许累积量（通过MTSR反映）。所以，就工艺放大而言，反应量热仪是优化加料速率强有力的工具[3,11]。

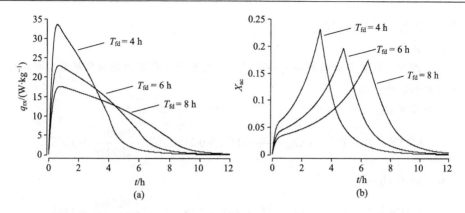

图 8.9　不同加料时间(4h、6h、8h)对放热速率(a)和物料累积(b)的影响

工作示例 8.3　不同加料速率下的慢反应

上接工作示例 8.2。

在反应量热仪中进行不同加料速率的取代反应(图 8.9)。从这些实验中我们可以得到以下数据：

(1)加料时间 6h：最大热释放速率为 $22W \cdot kg^{-1}$，累积度为 0.21；

(2)加料时间 8h：最大热释放速率为 $17W \cdot kg^{-1}$，累积度为 0.18。

问题：

(1)某工业规模的生产采用了工作示例 8.2 相同的反应器，请计算其放热速率，并与实际可用的冷却能力进行比较。

(2)利用这些数据计算 MTSR，与分解反应的特征温度(表 6.4)相比较，能得出什么结论?

解答[1]：

冷却能力：

同样在 0.5h 后反应达到最大放热速率。对于工业规模中放热速率的计算，采用和之前相同的方法：

加料时间 6h：$q_{rx} = q'_{rx} \cdot m_r = 22W \cdot kg^{-1} \times \left(2000 + \dfrac{0.5}{6} \times 1000\right) kg \approx 45.8kW$

加料时间 8h：$q_{rx} = q'_{rx} \cdot m_r = 17W \cdot kg^{-1} \times \left(2000 + \dfrac{0.5}{8} \times 1000\right) kg \approx 35.1kW$

这两种情况最大放热速率对应的移热面积分别为 $4.93m^2$ 和 $4.90m^2$，反应器冷却能力分别为 64.10kW 和 63.70kW，显然，增加加料时间可轻易解决冷却能力的问题，

---

[1] 对该示例解答中的最大放热速率及其对应的物料量、移热面积、移热能力等参数进行了勘误。——译者

但存在生产时间延长的问题。

累积情况：

由于在化学计量点时达到最大的累积度，且此时反应器中物料质量通常都一样。因此计算和以前一样：

加料时间 6h：

$$\mathrm{MTSR} = T_r + X_{ac,max} \cdot \Delta T_{ad} \cdot \frac{m_{rf}}{m_{r,st}} = 80℃ + 0.21 \times 176℃ \times \frac{3000\mathrm{kg}}{2800\mathrm{kg}} \approx 120℃$$

加料时间 8h：

$$\mathrm{MTSR} = T_r + X_{ac,max} \cdot \Delta T_{ad} \cdot \frac{m_{rf}}{m_{r,st}} = 80℃ + 0.18 \times 176℃ \times \frac{3000\mathrm{kg}}{2800\mathrm{kg}} \approx 114℃$$

因此，加料时间的延长降低了累积度和 MTSR，但即使加料时间为 8h，114℃的 MTSR 仍然稍高于 T_{D24}（113℃）。然而，只要遵循半间歇反应器的"黄金法则"（见 8.7.3 小节），这基本是一个可接受的工艺。

(1) 控制加料速度；

(2) 与温度联锁，温度太低或太高都停止加料；

(3) 与搅拌装置联锁，搅拌故障停止加料。

这个工艺还可以进一步优化，因为除了加料时间，工艺温度还可以进一步升高（见 8.8 节和 8.9 节）。

8.6.3　加料与温度联锁

一个常用的控制放热速率的方法是将加料与反应物料的温度进行联锁，即当温度到达预先设定的限值时停止加料。即使出现反应器温度控制系统的动态性能较差、传热系数降低（如结垢）或加料速度过快等情况时，采用这种加料控制方法也能够实现反应器的温度控制。

对某示例取代反应出现的一些偏差情况进行数值模拟（表 8.1）。在这套参数中，加料时间不应低于 9h，以保持放热速率低于反应器的冷却能力。出于安全考虑，应控制 MTSR 低于 113℃，从而不至于引发二次分解反应。为了说明加料-温度联锁的效果，对某加料速率情形进行模拟（对应的加料时间为 1h，即加料速率增大到设定值的 9 倍）。表 8.1 中列出了采用加料-温度联锁装置后，不同偏差（串联增益错误、传热系数降低、设定温度错误）及相应的后果。

温度控制采用了串级控制器（cascade controller），如 14.1.4.3 小节所述。串联增益对温度控制系统偏离设定参数后的响应情况起决定性作用：低增益会使控制系统的响应变慢，导致温度偏离过大，增加停止进料的频率，从而导致更长的反应周期。

表 8.1 在装有加料-温度联锁装置的反应器中进行的示例慢反应，对不同偏差的模拟结果

温度开关 /℃	传热系数 /(W·m⁻²·K⁻¹)	串联增益	MTSR/℃	实际加料时间/h	转化率到达99% 的时间/h
90	200	10	142	2.7	5.2
90	200	2	128	7.3	8.7
90	100	10	130	4.9	6.7
95	200	10	143	1.9	4.5
87	200	10	131	5.2	7.4

只要冷却系统正常工作，则加料-温度联锁就能避免出现危险的温度偏离。但如果出现冷却失效，MTSR 将会很高，以至于导致反应失控。如果设定的温度报警值(如 87℃)比较接近目标温度，这样的失控就可能避免。若采用这种方法，如何设定温度开关(temperature switch level)很重要：如果过高，加料在很高的温度下才停止，MTSR 将升高。因此，选择什么样的温度开关值是一个与安全相关的关键问题。

另一方面，物料温度向低温偏离会降低反应速率，增加物料累积度。极端情况是反应停止(源于温度过低)，若加料没有停止，则反应器的行为类似于一个间歇反应器。低温下反应物累积后，如果通过加热使物料温度回到工艺温度，可能会导致一种危险的状态——反应失控。搅拌装置失效也会导致类似的情况。对于高黏反应混合物、非均相体系、反应物存在大的密度差(可能出现分层)等情况，如果开启搅拌装置，累积的反应物可能会导致突然的快反应，引起失控。为此，加料速率恒定的半间歇反应器在安全设计时必须遵循以下的"黄金法则"：

(1)根据热移出和物料累积优化温度和加料速率，在可能的情况下温度应尽量高；

(2)通过技术手段限制最大加料速率；

(3)进行加料-温度联锁控制，高温、低温均需要停止加料；

(4)进行加料-搅拌联锁控制，一旦出现搅拌故障停止加料。

按照这些法则，即使出现技术偏差或异常工况也可以确保半间歇反应器的安全。

8.6.4 降低累积的原因

最大限度地降低加入反应物的累积度，主要基于两方面考虑：

(1)出于选择性考虑。如果反应物 B 参与副反应，从选择性方面考虑必须使其浓度尽可能小，这样的反应模式的例子如下：

$$\begin{cases} A+B \longrightarrow P \\ P+B \longrightarrow S \end{cases} \quad \begin{cases} A+B \longrightarrow P \\ B \longrightarrow S \end{cases}$$

很明显，低浓度的 B 将最大量地生成目标产物 P，且生成的副产物 S 最少。采用半间歇反应器将反应物 B 逐渐加入反应物料中，就可以达到这样的目的。

（2）出于安全性考虑。从安全问题出发反应物 B 应当保持在低浓度水平。反应过程中低浓度的 B 可以调节反应速率及产生的放热速率，以适应于反应器的冷却能力。这样，在发生冷却或搅拌装置失效时，也可以避免可能出现的危险的温度上升。

因此，无论是出于选择性考虑，还是出于安全性考虑，对半间歇反应器进行优化都将归结于如何降低物料累积度的问题。围绕这个目的，下文将介绍一些处理问题的思路。

8.7　温度和加料速率的选择

8.7.1　一般原则

加料速率和反应速率（反应物消耗的控制因素）之间的竞争将导致反应物 B 的累积。因此，降低加料速率和提高反应温度可降低物料累积度。前者显然会导致加料时间的延长，这对生产周期和生产率有负面影响。因此，提高反应温度具有一些优势：加快反应速率，缩短生产周期；由于加大了反应物料和载热体之间的温差，因此提高了反应器的冷却能力。但反应温度的提高存在上限：温度较高时，二次反应可能成为主导，可能会产生较高的压力，对反应物料的热稳定性产生影响。

以取代反应为例（图 8.10），一方面，工艺温度太低（如 60℃），会导致高的累积度和 MTSR，有利于二次反应迅速进行，因此，会缩短冷却失效与失控之间的时间间隔。另一方面，如果温度过高（如 120℃），虽然累积度很低，但 MTSR 依然很高，也会在很短时间内发生失控。在一个适合的中间温度（如 90℃），到达失控的时间较长。因此，对于半间歇反应工艺存在一个优化温度[14,15]。

对于一个不可逆的二级反应，如果能明确知道其反应动力学（意味着 Damköhler 数 Da 已知），可以利用下式对反应温度和加料速率进行优化[14]：

$$Da = \frac{2}{\pi} \frac{1}{(1-X_{st})^2} \tag{8.26}$$

上式在 $Da > 6$ 时有效，X_{st} 代表化学计量点时的转化率。通过式（8.21）和式（8.26），可以推导出冷却失效后 MTSR 的表达式[15]：

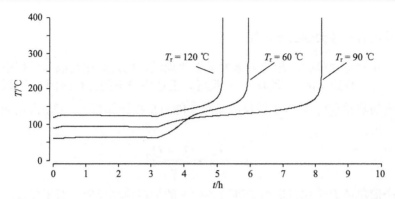

图 8.10 不同温度(60℃、90℃和 120℃)情况下，假定在最大累积度时出现冷却失效，体系温度的变化过程

$$\text{MTSR} = T_p + \Delta T_{ad} \sqrt{\frac{2}{\pi \cdot Da}} \tag{8.27}$$

图 8.11 给出了示例取代反应的 MTSR 与工艺温度及加料时间(4h、6h、8h 及 10h)关系的计算结果，直线(图中对角线)代表没有累积，对应于快反应。这清楚地说明了反应器必须在足够高的温度下操作以避免反应物 B 的累积。但是温度太高(由于高的初始温度)也会导致失控，即使物料累积度很小。这个例子中，二次分解反应的特点决定了 MTSR 必须低于 113℃，这样才能保证引发分解反应的可能性为"中等"。这意味着工艺加料时间必须为 9～10h，且工艺温度应该在 70～90℃的范围内。

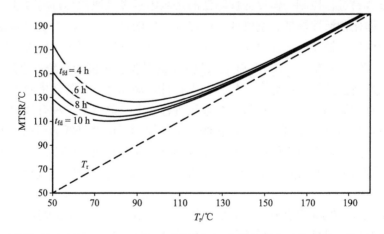

图 8.11 不同加料速率(4h、6h、8h 和 10h)情况下，化学计量点时的 MTSR 与工艺温度 T_p 的关系

8.7.2　从实验室放大到工业规模

由于实验室规模的冷却能力远大于工业规模，因此必须在放大过程中调整加料时间。对于快速反应，即加料控制反应，工业规模下的加料时间 t_{fd} 可以通过将所需移出的热量（Q_{ex}）除以工业反应器冷却能力直接计算得到，Q_{ex} 由反应热和加料显热组成：

$$t_{fd} = \frac{Q_{ex}}{q_{ex}} = \frac{Q_{rx} + Q_{fd}}{q_{ex}} \tag{8.28}$$

这个简单的表达式只适用于等温条件下的加料控制反应。对于慢反应，加料速率与反应速率之间没有简单而直接的关系，见 8.1 节。如果实验室规模及工业规模下的热传递特征参数（总传热系数 U 及热交换面积 A）均已知，可以在保持 Westerterp 数（Wt）不变的情况下进行放大[16, 17]：

$$Wt_{Lab} = \frac{(UA)_0 \cdot t_{fd}}{(V \rho c_p')_0 \cdot \varepsilon} \bigg|_{Lab} = Wt_{Ind} = \frac{(UA)_0 \cdot t_{fd}}{(V \rho c_p')_0 \cdot \varepsilon} \bigg|_{Ind} \tag{8.29}$$

关于釜式反应器传热特性参数的确定问题，将在第 14 章介绍。

8.7.3　意外累积的在线检测

一旦出现技术故障或偏离正常操作条件，物料累积度将会增加，进一步导致 MTSR 升高[式 (8.21)]并可能产生严重后果。这可能是由加料速率变快或反应性降低所致。至于加料速率，通过限流孔板、带流量控制阀的体积泵（见第 15 章）等手段可以很容易进行控制。但反应性降低的影响因素多且通常具有隐匿性，如存在抑制剂、催化剂活性降低、空气或水的侵入、反应物污染等。对于非均相反应，如果反应由传质控制，搅拌故障也可能使反应速率降低。例如，格氏反应对水敏感，引发也有一定难度。由于是强放热反应，这种偏差可能会导致严重后果[18, 19]，并需要采取适当的保护措施[20]，然而与保护性措施相比，预防性措施效果更有效（见第 15 章和第 16 章）。这里，对物料累积进行早期检测就是一种有效的（预防性）方法。如 4.4.3.5 小节所述，可通过在线热平衡检测反应性降低的问题。根据冷却介质流速、夹套进出口之间的温差，可以测量反应瞬时放热速率，对反应结束时间进行快速检测。这项技术已经在实际生产的格氏工艺中得到了验证（工作未发表）。

Maestri 和 Rota[16]使用了一个基于热平衡和物料平衡的无量纲判据（Ψ 数），对工业生产中恒温模式下丙烯酸单体的水基乳液聚合反应进行了研究，证明了该方法的有效性。该判据需要用到两个流量（加料流量和冷却介质流量）和两个温差（冷却介质出入口温差、反应物料与进料之间的温差）。这种类型的反应比较容易出现反应性降低的问题(反应为非均相反应且物料对空气敏感)。①

8.8　先进的加料控制方法

恒速加料的方式在技术上比较容易实现,也正是基于这样的原因,成为使用最广泛的加料方法。然而,随着过程控制技术的发展,如今比恒速加料复杂的加料控制方法也成了可能,这些先进的方法在确保工艺过程安全的同时,还提高了生产能力。8.8.1 小节和 8.8.2 小节分别介绍了两种先进的加料控制方法:

(1)第一种加料方法是控制反应物 B 的浓度处于最高安全浓度,即一旦出现冷却失效,物料温度不超过预定的最高允许温度。

(2)第二种加料方式基于不同时刻(时间间隔预先确定) tmr_{ad} 的在线计算结果,即在线计算该时刻一旦出现冷却失效后物料的 tmr_{ad},并根据计算结果进行加料控制。②

8.8.1　根据累积控制加料

工业实践过程中,为了确保发生故障时物料温度不超过最高温度 T_{max},通常需要对半间歇反应进行优化。这里,介绍一种应用 MTSR 进行优化的方法,即除了传统采用的,如浓度、反应介质、操作程序、温度和加料速率等方式,还可以采用可变的加料速率达到这个目的。如果考虑图 8.12 中的 T_{cf} 曲线(该曲线反映了8.7 节解释过的优化工艺,其工艺温度为 85℃,在 9h 内保持恒定速率加料),发现在反应过程中最高允许温度出现在相对较晚的时期,出现在等化学计量比(化学计量点)的时刻。在这个时刻的前后,温度低于最高允许温度,表明累积度小于允许值。在实际 T_{cf} 和可接受 T_{cf} 之间的空间(gap)被"浪费"了。可以利用这个被"浪费"的空间及可变加料速率的方法来改进工艺。

可变加料的方法首先由 Gygax[21]提出,Ubrich 对此进行了实践[22-25]。图 8.13说明了此方法应用于示例取代反应的情况。加料过程分为四个阶段:第一个阶段(A)是通过快速加料直到达到反应器冷却能力的极限,从而达到最大允许累积度。第二个阶段(B),调整加料速率使其达到冷却能力所允许的最大值,但绝不超过。第三个阶段(C),以一个相对缓慢且逐渐减小的加料速率保持累积度恒定在允许的最大水平。第四个阶段(D),从化学计量点开始,又可以加快加料速率,在这个阶段,累积度取决于初始加入的反应物(底料),因此不受加料的影响。然后,反应器的行为类似于间歇反应器。由于 B 的浓度保持在允许的最高水平,反应加

---

① 对原著中这段的表述进行了大幅度调整。——译者

② 对原著的表述进行了延伸。——译者

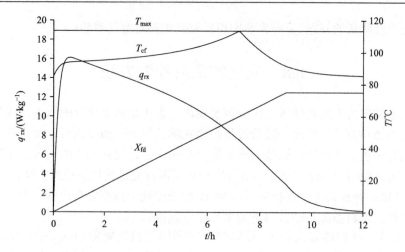

图 8.12　示例取代反应的优化（85℃，以恒定速率加料 9h）

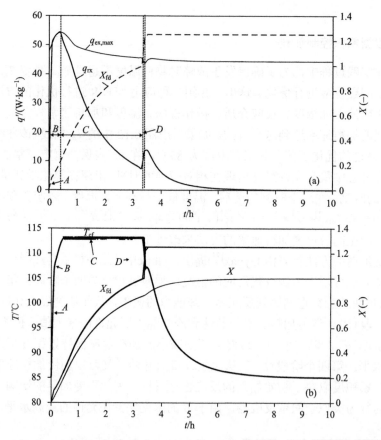

图 8.13　半间歇反应，调整加料速率保证 T_{cf} 不超过 113℃的限制。(a)左轴为放热速率和冷却能力，右轴表示加料；(b)左轴表示冷却失效后达到的温度，右轴表示加料和转化情况

快，从而使生产周期缩短。对于某示例慢反应，采取线性加料的方式，8.5h后转化率达到 95%，而采取累积控制加料的方式，则 4.2h 后达到同样的转化率（图 8.14）。这使反应时间减少了 1/2，且没有改变工艺的安全性。

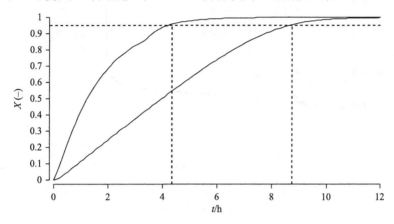

图 8.14　优化后的线性加料方式和累积控制加料方式得到的转化率曲线。恒速加料，8.5h 达到
95%的转化率；累积控制加料，4.2h 达到

在实际过程中要实现这种加料控制方式，必须具备计算机控制加料系统，并且能在线实时测量物料的累积情况。其中，第二个条件可通过分析方法对反应物浓度进行在线测量来实现，也可以通过反应器的热平衡(4.4.3.5 小节)间接实现。加入反应器的反应物的量对应于反应的能量，该能量值可以与移出的热量(由热交换系统从反应物料中移出)进行比较。对于这样的测量方法，需要知道的参数包括冷却介质的质量流量、夹套入口温度和出口温度。加料过程也可简化为 3 种恒定的加料速率，近似为理想加料过程。这种半间歇工艺缩短了反应周期，且能在整个反应过程中维持其安全状态。只要加入的化合物 B 不参与平行反应，则这种加料方式可应用于不同的反应模式中[23, 26, 27]。

8.8.2　根据物料热稳定性控制加料

8.6 节中提到控制加料以维持累积在一个(失控后物料温度)不超过预定最高温度的水平上。实际上，该温度取决于体系的压力或热稳定性。热稳定性由可能发生的二次反应决定，必须保证 tmr_{ad} 不短于 24h。由于反应物料的热稳定性随时间和组成的变化而变化，因此必须在整个反应进程中对物料热稳定性进行动态评估(将其视为时间和组成的函数)。如 8.3.3 小节所述，物料热稳定性的变化可以采用二次反应的动力学来解释[9]。对于示例反应，可由式(6.27)～式(6.29)计算出物料的 T_{D24} 和每个时刻的物料累积。反应过程中，每隔一段时间(如每分钟，时间间隔可以视具体情况而定)，计算冷却失效时达到的温度(T_{cf})和实际物料组成情况下的热稳定性（tmr_{ad}）。若 T_{cf} 低于实际物料的 T_{D24}，则允许继续加料；反之，若 T_{cf} 高于实际物料的 T_{D24}，则停止加料（图 8.15）。

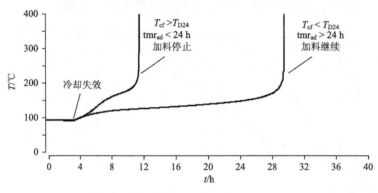

图 8.15　冷却失效后体系温度历程评估时的两种情况。第一种情况 $tmr_{ad} < 24h$，停止加料；第二种情况 $tmr_{ad} > 24h$，继续加料

　　该方法在保证物料热稳定性的同时，将反应物保持在最大允许累积度的水平上，有利于快速反应[①]。第 14 章将结合反应器动态特性，继续讨论这个例子。

8.9　习　　题

8.9.1　格氏反应

　　工业生产制备格氏试剂，温度为 40℃，溶剂为 THF（$T_b = 65℃$）。反应式为

$$R\text{-}Br + Mg \longrightarrow R\text{-}Mg\text{-}Br$$

　　在反应量热仪的实验中，以恒定的速率加入溴代化合物，加料时间为 1.5h。在实验中得到的数据总结如下：

　　（1）比反应热　　　　　Q'　　　　　450kJ·kg⁻¹（终态反应物料）
　　（2）摩尔反应焓　　　　$-\Delta_r H$　　375kJ·mol⁻¹（溴化物）
　　（3）最大放热速率　　　q'_{rx}　　　加料开始时 220W·kg⁻¹（反应被引发后）
　　（4）比热容　　　　　　c'_p　　　　1.9 kJ·kg⁻¹·K⁻¹
　　（5）最大累积度　　　　X_{ac}　　　6%（加料结束时达到）

　　工业生产时，物料量为 4000kg，反应器的热交换面积为 10m²，总传热系数为 400 W·m⁻²·K⁻¹。可用盐水做冷却介质（可以保证夹套平均温度为 −10℃）。

　　问题：

---

① 此处对原文进行了改进。——译者

(1)在发生冷却失效时，如果立即停止加料，温度是否会达到物料的沸点？

(2)工业生产时，你建议的加料时间是多少？

8.9.2 双分子二级慢反应

以半间歇模式进行某放热反应，温度为 80℃，采用 $16m^3$ 的水冷不锈钢反应釜，传热系数 $U = 300W \cdot m^{-2} \cdot K^{-1}$，热交换面积为 $20m^2$。已知反应是二级双分子反应，反应式为 $A + B \longrightarrow P$。工业过程中，首先将 15000kg 的反应物 A 加入反应器中，加热到 80℃。然后在 2h 内以恒定速率加入 3000kg 反应物 B。过用量为 10%(化学计量比)。在反应量热仪中模拟进行该反应(条件相同)，在 45min 后达到最大放热速率 $30\ W \cdot kg^{-1}$，8h 后放热速率逐渐降为零。反应放热量为 250 $kJ \cdot kg^{-1}$ (终态反应物料)，比热容为 $1.7 kJ \cdot kg^{-1} \cdot K^{-1}$。经过 1.8h 转化率为 62%，此时达到化学计量点，在加料结束时转化率达到 65%。根据终态反应物料的热稳定性可以得到最高允许温度为 125℃ (T_{D24})。反应物沸点(MTT)为 180℃，凝固点为 50℃。

问题：

(1)反应器的冷却能力是否足够？

(2)计算 MTSR，判断这个反应的危险度等级。

(3)考虑物料累积，这个工艺是否可行？

(4)对生产装置而言，有哪些建议？

8.9.3 恒压半间歇催化加氢反应

在恒压半间歇反应器中进行某催化加氢反应，反应温度为 80℃。在这些条件下，反应速率为 $10mmol \cdot L^{-1} \cdot s^{-1}$，假设反应遵循零级反应动力学，反应焓为 $540kJ \cdot mol^{-1}$。物料体积为 $5m^3$，反应器热交换面积为 $10m^2$。水的比热容为 $4.2 kJ \cdot kg^{-1} \cdot K^{-1}$。

问题：

(1)反应的放热速率是多少？

(2)若要保持反应温度恒定在 80℃，夹套的平均温度是多少？已知传热系数为 $U = 1000\ W \cdot m^{-2} \cdot K^{-1}$。

(3)还有什么其他技术手段来控制反应速率？

(4)设计一个实验来证明所提出方法(手段)的有效性。

8.9.4 芳香烃硝基化合物加氢还原

通过催化加氢将芳香烃硝基化合物还原为相应的苯胺。反应方程式为

$$Ar\text{-}NO_2 + 3H_2 \xrightarrow{\ cat\ } Ar\text{-}NH_2 + 2H_2O$$

在正常操作条件（100℃和 20 bar g 的氢气压力）下，反应近似为零级反应，表明反应在传质控制的范围内进行。采用半间歇的操作模式。芳香烃硝基化合物与溶剂一起最先加入，氢气通过加料控制阀连续加入。因此，反应速率可通过氢的加料来控制。加料控制器的功能有两个：控制最大压力为 20 bar g，控制加氢速率从而使温度保持恒定。相关数据有：硝基化合物为 3.5kmol，热交换面积为 7.5m²，反应热为 $-\Delta_r H$=560kJ·mol⁻¹（以硝基化合物计），总传热系数为 U=500 W·m⁻²·K⁻¹，冷却介质的平均温度为 30℃。

问题：

（1）反应器的冷却能力是多少？

（2）允许的最大加氢速率是多少？（量纲为 m³·h⁻¹，标准状态下 1mol = 22.4L）

（3）该反应必须考虑的其他安全因素是什么？

参 考 文 献

1　Hugo, P. and Steinbach, J.(1985). Praxisorientierte Darstellung der thermischen Sicherheitsgrenzen für den indirekt gekühlten Semibatch-Reaktor. Chemie Ingenieur Technik 57(9): 780–782.

2　Steinbach, J.(1985). Untersuchungen zur thermischen Sicherheit des indirekt gekühlten Semibatch-Reaktors. TU-Berlin.

3　Lerena, P., Wehner, W., Weber, H., and Stoessel, F.(1996). Assessment of hazards linked to accumulation in semi-batch reactors. Thermochimica Acta 289: 127–142.

4　Regenass, W.(1983). Thermische Methoden zur Bestimmung der Makrokinetik. Chimia 37(11).

5　Gygax, R.(1991). Fact-finding and basic data, Part II Desired chemical reactions. In: 1st IUPAC-Workshop on Safety in Chemical Production. Basel: Blackwell Scientific Publication.

6　Gygax, R.(1993). Thermal Process Safety, Data Assessment, Criteria, Measures, vol. 8.(ed. ESCIS). Lucerne: ESCIS.

7　Stoessel, F.(1993). What is your thermal risk? Chemical Engineering Progress 10: 68–75.

8　Guinand, C., Dabros, M., Roduit, B. et al.(2014). Optimization of chemical reactor feed by simulations based on a kinetic approach. Chimia 68(10): 746–747.

9　Guinand, C., Dabros, M., Roduit, B. et al.(2014). Kinetic identification and risk assessment based on non-linear fitting of calorimetric data. 3rd Process Safety Management Mentoring Forum 2014, PSM2 2014 – Topical Conference at the 2014 AIChE Spring Meeting and 10th Global Congress on Process Safety.

10　Guinand, C.(2017). Accumulation in fed-batch reactors with multiple reaction scheme. PhD thesis no. 7259. Lausanne: EPFL.

11　Westerterp, K.R., Swaij, W.P.M.v., and Beenackers, A.A.C.M.(1984). Chemical Reactor Design and Operation. New York: Wiley.

12　Steensma, M. and Westerterp, K.R.(1990). Thermally safe operation of a semibatch reactor for liquid–liquid reactions. Slow reactions. Industrial & Engineering Chemistry Research 29: 1259–1270.

13　Westerterp, K.R.(2006). Safety and runaway prevention in batch and semi-batch reactors – a review. Chemical Engineering Research and Design 84(A7): 543–552.

14　Hugo, P.(1981). Berechnung isothermer Semibatch-Reaktionen. Chemie Ingenieur Technik 53(2): 107–109.

15　Hugo, P., Steinbach, J., and Stoessel, F.(1988). Calculation of the maximum temperature in stirred tank reactors in case of breakdown of cooling. Chemical Engineering Science 43(8): 2147–2152.

16　Maestri, F. and Rota, R.(2016). Kinetic-free safe operation of fine chemical runaway reactions: a general criterion. Industrial and Engineering Chemistry Research 55(4): 925–933.

17　Pohorecki, R. and Molga, E.(2010). The Westerterp number(Wt). Chemical Engineering Research and Design 88(3): 385–387.

18　Tilstam, U. and Weinmann, H.(2002). Activation of Mg metal for safe formation of Grignard reagents at plant scale. Organic Process Research & Development 6: 906–910.

19　Jones, M.C.(1989). Assessing a runaway of a Grignard reaction. Plant Operation Progress 8(4): 200–205.

20　Yue, M.H., Sharkey, J.J., and Leung, J.C.(1994). Relief vent sizing for a Grignard reaction. Journal of Loss Prevention in the Process Industries 7(5): 413–418.

21　Gygax, R.(1988). Chemical reaction engineering for safety. Chemical Engineering Science 43(8): 1759–1771.

22　Ubrich, O., Srinivasan, B., Lerena, P. et al.(1999). Optimal feed profile for a second order reaction in a semi-batch reactor under safety constraints: experimental study. Journal of Loss Prevention in the Process Industries 12(11): 485–493.

23　Ubrich, O.(2000). Improving safety and productivita of isothermal semi-batch reactors by modulating the feed rate. PhD Thesis. In: Department de Chimie. Lausanne: EPFL.

24　Stoessel, F. and Ubrich, O.(2001). Safety assessment and optimization of semi-batch reactions by calorimetry. Journal of Thermal Analysis and Calorimetry 64: 61–74.

25　Ubrich, O., Srinivasan, B., Lerena, P. et al.(2001). The use of calorimetry for on-line optimisation of isothermal semi-batch reactors. Chemical Engineering Science 56(17): 5147–5156.

26　Ubrich, O., Srinivasan, B., Stoessel, F., and Bonvin, D.(1999). Optimization of semi-batch reaction system under safety constraint. European Control Conference, Karlsruhe.

27　Srinivasan, B., Ubrich, O., Bonvin, D., and Stoessel, F.(2001). Optimal feed rate policy for systems with two reactions. DYCOPS, 6th IFAC Symposium on Dynamic Control of Process Systems, Cheju Island Corea.

9 连续反应器

典型案例

串联连续搅拌釜式反应器(continuous stirred tank reactors, CSTR)中进行对硝基甲苯(PNT)的磺化反应。在串联的第一级 400L 的反应器中加入一定量已转化的物料，并利用夹套蒸汽(150℃)加热物料到 85℃。然后，将熔融的 PNT 与发烟硫酸同时加入反应器发生放热反应。当温度到达到 110℃，自动启动冷却系统。事故当天，温度为 102℃时，压力急速升高。反应器顶盖被冲起飞出，正在分解的反应物料像熔岩一样涌出，造成严重破坏。

随后开展的事故调查说明了有关变更，并揭示了这起事故的原因：

(1)1982 年 9 月，发生过工艺变更(增加了发烟硫酸浓度)。由于浓度加大，在第一级反应器内另外安装了冷却盘管(cooling coil)，用一个体积更小的涡轮搅拌器(turbine stirrer)代替原来的锚式搅拌装置，并调整其高度使盘管周围的反应物料循环效果最佳。搅拌器的间隙(clearance)为 43cm。

(2)1982 年 12 月，出于安全考虑，决定改回老工艺，但仍保留了变更后的搅拌装置和盘管。

(3)1983 年 3 月，由于附加盘管的腐蚀问题，决定撤除盘管，但涡轮搅拌器仍予以保留。

(4)1983 年 10 月 5 日，事故当天。可调搅拌装置的浸入位置发生了变化，由原来 160L 的位置变化为 250L 的位置。没有人注意到搅拌装置的位置发生了变化。加料时，较轻的 PNT 停留在物料表层，较重的发烟硫酸沉到反应器的底部，且温度较低。虽然安装在接近反应器底部的温度传感器显示这部分物料的温度值是正确的，但是夹套加热已经使上层反应物料的温度更高。反应物料热稳定性的研究表明：在温度为 130～140℃时，PNT 分解相对较慢，但当温度为 170～200℃时，分解过程将变得比较危险。在这个温度范围内，分解迅速，且分解过程从物料上层向底部扩散。之所以在反应物料分层处会产生高温，主要是因为出现了不希望有的过热，以及 PNT 与发烟硫酸发生了局部反应。在物料液面上升到足够高后，搅拌装置浸入反应物，并使局部累积的反应物突然开始反应。对这起事故所具有的能量进行分析可知，如果在一个混合良好的反应器中发生热爆炸，后果将非常严重。

经验教训

(1)连续反应器(如串联 CSTR)开车时的行为类似间歇反应器。

(2)反应器原先的设计是与当时的工艺相协调的，但由于连续多次变更，其最终的反应装置已经不能与所进行的工艺相协调了。对于连续反应器，设计应考虑反应的动力学问题和热平衡的问题，若对某局部元(部)件进行变更，则必须重新考虑总体设计。

引言

为了避免连续反应器中意外反应(unplanned reactions)导致的热爆炸，反应器的任何变更都必须考虑其与反应器总体设计的兼容性问题，这是一个比较重要的问题。因此，连续反应器的设计必须遵守已发展成熟且为大家所接受的规则(well-developed rules)，本章中将对此进行描述。首先考虑两种理想的连续反应器：全混流 CSTR 和无返混管式反应器(活塞流或柱塞流)。同时也考虑了一些特殊的反应器类型。对于每种反应器，首先介绍化学反应工程的基本内容，然后研究其热平衡及其对反应器安全性的影响。最后介绍连续反应器的优点，这些优点在设计时可以有意识地采纳，对于一些不能在非连续反应器中进行的反应可以考虑在连续反应器中进行。

9.1 连续搅拌釜式反应器

连续操作的搅拌釜式反应器(CSTR)在反应物持续进料的同时，通过溢流或液位控制系统将产物移出(图 9.1)。这保证了体积的恒定、加料的体积流量恒定及停留时间(space time)[1]恒定。进一步假设反应器内物料的浓度和温度均一，即处于理想混合状态。反应器可以配置温度控制系统，也可以不配。可以根据物料平衡和能量平衡对这些不同的配置情况(configuration)进行分析，9.1.1 小节与 9.1.2 小节将对一些特定的安全问题进行讨论。

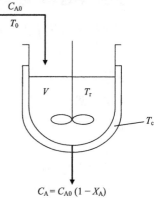

9.1.1 物料平衡[2]

考虑反应 $A \xrightarrow{k} P$。CSTR(图 9.1)中连续加料，其初始转化率为 X_0。因此，加入的原料流中反应物 A 的浓度为 C_{A0}，反应器出口浓度(终态值)为 $C_{Af} = C_A = C_{A0}(1 - X_A)$，这与反应器内的浓度值一致。如果反应器在稳态下操作，反应物 A 的入口摩尔流量为 F_{A0}，出口处的摩尔流量为 F_A，于是，反

图 9.1 CSTR 的示意图

---

① 也称为空时、倒空时间。——译者

② 根据上下文的语义，对 9.1.1 小节多处内容进行了补充完善。——译者

应物 A 的物料平衡方程为

$$F_{A0} = F_A + (-r_A) \cdot V = F_{A0}(1 - X_A) + (-r_A) \cdot V \Rightarrow F_{A0} \cdot X_A = (-r_A) \cdot V \tag{9.1}$$

因此，描述停留时间 τ 与初始浓度、目标转化率、反应速率之间关系的特性方程为

$$\tau = \frac{V}{\dot{v}_0} = \frac{V \cdot C_{A0}}{F_{A0}} = \frac{C_{A0} \cdot X_A}{-r_A} \tag{9.2}$$

式中，$\dot{v}_0$ 为入口处反应物 A 的体积流量，$\dot{v}_0 = \dfrac{F_{A0}}{C_{A0}}$。

对于一级反应，$-r_A = k \cdot C_{A0} \cdot (1 - X_A)$，CSTR 的特性方程为

$$\tau = \frac{X_A}{k \cdot (1 - X_A)} \Leftrightarrow X_A = \frac{k\tau}{1 + k\tau} \tag{9.3}$$

此外，还需要考虑反应器的热平衡。

9.1.2 热平衡

CSTR 的温度控制有多种不同的方法，如采用夹套冷却（称为"冷却 CSTR"）或采用无冷却系统的绝热方法（称为"绝热 CSTR"）等[1]。9.1.3 小节～9.1.6 小节将介绍这些不同的操作模式，以及介绍操作参数对反应器稳定性的影响。

9.1.3 冷却 CSTR

如果等温 CSTR 通过夹套冷却，热平衡包括三项：

反应放热速率：$q_{rx} = -r_A \cdot V \cdot (-\Delta_r H) = \dfrac{F_{A0}}{C_{A0}} \cdot \rho \cdot Q_r' \cdot X_A = \dot{m} \cdot Q_r' \cdot X_A$

如果初始转化率 $X_{A0} \neq 0$，则反应放热速率为

$$q_{rx} = \dot{m} \cdot Q_r'(X_A - X_{A0}) \tag{9.4}[2]$$

显热：$\qquad\qquad\qquad q_{fd} = \dot{m} \cdot c_p' \cdot (T_r - T_0) \tag{9.5}$

夹套移热：$\qquad\qquad q_{ex} = U \cdot A \cdot (T_r - T_c) \tag{9.6}$

假设初始转化率为零，则热平衡为

$$U \cdot A \cdot (T_r - T_c) + \dot{m} \cdot c_p' \cdot (T_r - T_0) = \dot{m} \cdot Q_r' \cdot X_A \tag{9.7}$$

上述方程与物料平衡方程 $F_{A0} \cdot X_A = (-r_A) \cdot V$ 联立，可以计算出反应器温度维持在反应温度 T_r 时的夹套温度 T_c，同时可得到转化率 X_A[1]。举例来说，对于一级反应，结合式(9.3)的物料平衡和热平衡，可以得到：

---

① 此处对原著的表述进行了补充。——译者
② 此处对原著的推导过程进行了补充及勘误。——译者

$$U \cdot A \cdot (T_r - T_c) + \dot{m} \cdot c_p' \cdot (T_r - T_0) = \dot{m} \cdot Q_r' \cdot \frac{k\tau}{1 + k\tau} = q_{rx} \tag{9.8}$$

由于质量流量与体积流量相关，得到：

$$\dot{m} = \frac{\rho V}{\tau} \tag{9.9}$$

两边同除以 $\rho \cdot V \cdot c_p'$，得到：

$$\frac{U \cdot A}{\rho \cdot V \cdot c_p'} \cdot (T_r - T_c) + \frac{(T_r - T_0)}{\tau} = \Delta T_{ad} \cdot \frac{k}{1 + k\tau} \tag{9.10}$$

上式在冷却项中出现了热时间常数 τ_{th}，$\tau_{th} = \dfrac{\rho \cdot V \cdot c_p'}{U \cdot A}$，（见 14.1.4.1 小节）：

$$\frac{(T_r - T_c)}{\tau_{th}} + \frac{(T_r - T_0)}{\tau} = \Delta T_{ad} \cdot \frac{k}{1 + k\tau} \tag{9.11}$$

方程的左边代表冷却项，是温度的线性函数。方程的右边代表反应的放热速率，其中速率常数 k 是温度的指数函数。因此，在 $X_A = f(T)$ 图中，放热速率为 S 形曲线。CSTR 的工作点为两线交点(图 9.2)。

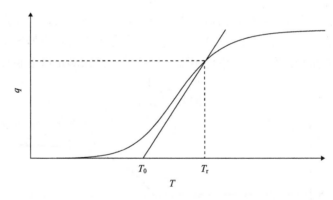

图 9.2 冷却 CSTR 的热平衡，冷却项(直线)和 S 形放热速率曲线，交点为工作点

9.1.4 绝热 CSTR

这时不考虑夹套冷却，热平衡中只包括三项：累积、反应的放热速率及加料产生的显热。于是，得到：

$$X_A = \frac{c_p'}{Q_r'} \cdot (T_r - T_0) = \frac{T_r - T_0}{\Delta T_{ad}} = \frac{-r_A \cdot \tau}{C_{A0}} \tag{9.12}$$

在 $X_A = f(T)$ 图中，方程左侧是一条直线，其斜率为绝热温升的倒数。该图中，物料平衡关系对应于等式的右侧，为一个 S 形曲线。由于必须同时满足两个方程，工作点为两线交点(图 9.3)。因此，可由加料温度 T_0、热力学参数(反应热、热容)、反应动力学参数得到温度和转化率，其中反应动力学参数确定了物料平衡的 S 形曲线。

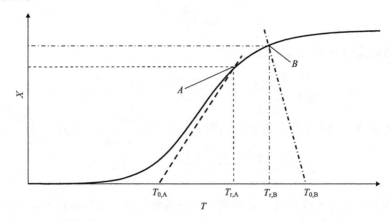

图 9.3　绝热 CSTR：由热平衡和物料平衡确定的放热与吸热反应的工作点

A 是放热反应的工作点，B 是吸热反应的工作点

当热平衡直线的斜率接近物料平衡曲线拐点处的斜率时，工作点的位置不能很好地确定(图 9.4 中的直线情形)，即使工作参数恒定，反应器温度和转化率也可能会产生周期性振荡。为了避免出现这种振荡，必须满足以下条件[2]：

$$\left|\frac{\mathrm{d}X}{\mathrm{d}T}\right|_\tau < \frac{1}{\Delta T_{\mathrm{ad}}} \tag{9.13}$$

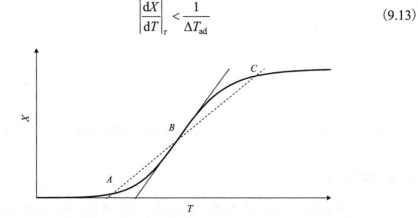

图 9.4　绝热 CSTR：若是实线则没有明确的工作点，并会导致振荡；若是虚线则可能存在多个工作点(A、B、C 三个点)

因此，这个方程表示了绝热 CSTR 的一个稳定条件。如果不满足这个条件(如强放热反应)，可能出现多解情况(图 9.4 中的虚线情形)。在这种情况下，一个工艺参数的微小变动将会使反应器的转化率突然变大，或者突然变小，导致不稳定

操作。Chemburkar 等详细研究了 CSTR 的稳定条件[3]。Varma 等对 CSTR 参数敏感性展开了的广泛讨论[4]。在图 9.4 的例子中，A 是低温段(cold branch)的工作点，B 是不稳定点，C 是高温段(hot branch)的工作点。对于这种多解的结果将在 9.1.6.1 小节中详述。

9.1.5　自热 CSTR

在 CSTR 中，出料温度与反应器内的物料温度相同。因此，在连续反应器中进行放热反应时，从能量观点来看，利用反应物料的放热来预热待加物料是有意义的。反应器的出料流经热交换器，从而将待加物料加热到目标温度。这类装置称为自加热反应器(或称为自热反应器，autothermal reactor)(图 9.5)。待加物料进入热交换器时温度为 T_0，离开交换器进入反应器的温度为 T_{fd}。反应物料离开反应器的温度为 T_r，进入热交换器，离开时的温度为 T_f。因此，反应器在没有外部热源的情况下进行工作，利用反应热来加热反应物。

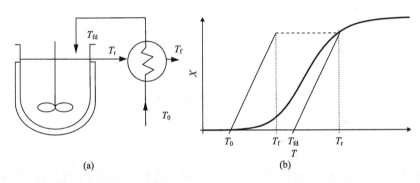

图 9.5　自热 CSTR。(a)标有特征温度自热 CSTR 的示意图；(b)转化率与时间的关系

9.1.6　安全问题

考虑两种情况下的安全状况。第一种情况为正常操作条件下的安全问题，目标是实现反应器温度的稳定控制；第二种情况是考虑出现工艺偏差时的安全问题(尤其是发生冷却失效)，目标在于设计一个即使在绝热条件下也能安全运行的反应器。

9.1.6.1　开停车时的不稳定性①

CSTR 热开车(thermally start)时，即冷却介质的温度由 T_1 逐步上升到 T_2(图 9.6)，工作点从低温段的 T_{r1} 移动到 T_{r2}。在冷却介质温度达到 T_2 时，可能有两个

---

① 对该段多处进行了勘误。——译者

解 T_{r2} 和 T'_{r2}。反应器温度突然由 T_{r2} 上升到 T'_{r2}，则反应被引发。若冷却介质温度继续升高到 T_3，则工作点沿高温段移动到 T_{r3}。停车时，冷却介质温度逐渐从 T_3 降到 T_4，工作点沿高温段从 T_{r3} 回到 T'_{r4}。在这个点上，有两个解，且反应器温度突然降到低温段的 T'_{r4}，这就是反应熄灭点(extinction point)。随着冷却介质温度持续下降，工作点沿着低温段持续移动直至回到 T_{r1}。与反应熄灭时的冷却介质温度 T_4 相比，反应引发时的冷却介质温度 T_2 较高，存在一个滞后现象(hysteresis phenomenon)。设计反应器的温度控制系统时必须要考虑到这个问题。

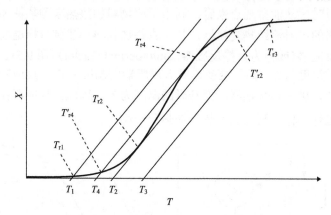

图 9.6　在开停车时 CSTR 的引发与滞后

9.1.6.2　冷却失效场景下的行为

发生冷却失效时，如果继续加料，反应器处在绝热情形下，它的温度和转化率移动到相应的绝热工作点。因此，可利用热平衡和物料平衡来预测其行为，如 9.1.4 小节所述。

如果冷却失效时停止加料，它相当于一个绝热间歇反应器，累积度相当于未转化分数，MTSR 为

$$\text{MTSR} = T_r + (1 - X_A) \cdot \Delta T_{ad} \tag{9.14}$$

由于转化率通常较高，所以物料累积较低且温升较低。这体现了在 CSTR 中进行强放热反应的一个很大的优势。因为 MTSR 与操作温度 T_r 有关，若维持反应停留时间不变，则对于温度较低的反应器，转化率低，物料累积度高。因此，对于强放热反应，MTSR 曲线(工艺温度的函数)具有最小值(图 9.7)。从安全角度而言，这对应于最佳反应温度。对于二级反应，最小值只会出现在反应数 $B > 5.83$ 的情形中[5]。

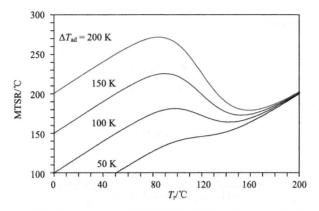

图 9.7　CSTR 中进行放热反应时，不同绝热温升情况下的 MTSR 与反应温度的关系

工作示例 9.1　CSTR 中的快反应

上接工作示例 7.3 和 8.1。

在 CSTR 中进行 A $\xrightarrow{k}$ P 的反应。反应遵循一级反应动力学，反应温度为 50℃，60s 后转化率达到 99%（意味着反应速率常数 $k = 0.077\mathrm{s}^{-1}$）。间歇反应时的 $\Delta T_{ad} = 111\mathrm{K}$。要求该反应在 CSTR 中进行时的生产率应与半间歇反应器(工作示例 8.1)相同。反应器总传热系数是 $500\,\mathrm{W \cdot m^{-2} \cdot K^{-1}}$，与冷却系统之间的最大温差为 50K。[①]

数据：

$$C_A(t=0) = C_{A0} = 1000\mathrm{mol \cdot m^{-3}} \qquad \rho = 900\mathrm{kg \cdot m^{-3}}$$

$$c_p' = 2000\mathrm{J \cdot kg^{-1} \cdot K^{-1}} \quad -\Delta_r H = 200\mathrm{kJ \cdot mol^{-1}}$$

夹套反应器的规格及相关参数：

$V / \mathrm{m^3}$	0.63	1.0	1.6	2.5
$A / \mathrm{m^2}$	2.8	4.2	6.6	8.9

问题：

(1)反应器设计：在 5m³ 半间歇反应器中进行反应，周期为 2h，且转化率为 99%。要达到这些指标，如果采用 CSTR，则所需的容积为多少？

(2)等温反应：需要满足什么条件，才能采用这种控制方式？

(3)慢反应：反应速率降低 100 倍时将会造成什么样的结果？

(4)冷却失效：发生冷却失效会导致什么后果？

解答：

(1)反应器设计：

半间歇反应器每 2h 生产出 5m³ 的产品溶液。因此，在连续反应器中，流量必须

---

① 此处对原文中的这一段进行了补充完善。——译者

达到 $2.5\text{m}^3\ \text{h}^{-1}$ 或 $6.94\times10^{-4}\,\text{m}^3\cdot\text{s}^{-1}$。

物料平衡：

$$\tau = \frac{V}{\dot{v}_0} = \frac{C_{A0}\cdot X_A}{-r_A}$$

对于一级反应：

$$-r_A = k\cdot C_{A0}(1-X_A)$$

因此：

$$\tau = \frac{X_A}{k\cdot(1-X_A)} = \frac{0.99}{0.077\times0.01} = 1286(\text{s})$$

反应器容积为

$$V = \tau\cdot\dot{v}_0 = 1286\text{s}\times6.94\times10^{-4}\,\text{m}^3\cdot\text{s}^{-1} \approx 0.9\text{m}^3$$

1m^3 反应器最合适，因为反应物料体积将恒定在 0.9m^3。热交换面积为 $A=4.2\text{m}^2$。

(2) 等温反应的热量平衡为

产热：

$$q_{rx} = \dot{v}_0\cdot C_{A0}\cdot X_A\cdot(-\Delta_r H) = 6.94\times10^{-4}\,\text{m}^3\cdot\text{s}^{-1}\times1000\text{mol}\cdot\text{m}^{-3}\times0.99\times200\text{kJ mol}^{-1}\approx139\text{kW}$$

热交换：

$$q_{ex} = U\cdot A\cdot\Delta T = 0.5\text{kW m}^{-2}\cdot\text{K}^{-1}\times4.2\text{m}^2\times50\text{K} = 105\text{kW}$$

差值为 34kW，不能通过夹套移出，但可通过加料冷却效应来补偿：

$$\frac{q_{rx}-q_{ex}}{\dot{v}_0\cdot\rho\cdot c'_p} = \frac{139\text{kW}-105\text{kW}}{6.94\times10^{-4}\,\text{m}^3\cdot\text{s}^{-1}\times900\text{kg}\cdot\text{m}^{-3}\times2\text{kJ}\cdot\text{kg}^{-1}\cdot\text{K}^{-1}} \approx 27\text{K}$$

因此，当加料温度为 23℃时，反应器温度能保持在 50℃。需要配置一台换热器来控制加料温度，从而保证反应器温度为 50℃。

(3) 慢反应：

对于速率降低 100 倍的慢反应，热交换变得非常不重要，且只有当容积为 90m^3 时才能达到 99%转化率，但这是不切实际的。可以通过提高反应器温度或不同反应器的组合进行改进，如多个 CSTR 串联或 CSTR 再串接管式反应器。

(4) 冷却失效：

如果发生故障时立即停止加料，CSTR 不具有危险性，因为未转换反应物只有 1%，产生的绝热温升仅仅为 1℃左右。这样的结果进一步凸显了 CSTR 面临冷却失效场景的优势。对于这种快速的放热反应，CSTR 是一种工业过程中解决问题的实用且精细的方法。由于这种方法采用了搅拌釜，因此不需要高额投资，通过传统的多功能设备就能实现。

9.2 管式反应器

管式反应器中，反应物从一端流入，产物从另一端流出。若假设反应器稳态运行，则反应器容积内流体的组分沿流动路径发生变化。因此，必须对体积微元 $\mathrm{d}V$ 建立物料平衡关系。假设流动为理想活塞流，即沿反应器的轴线不发生返混。因此，这类反应器通常被称为活塞流反应器或柱塞流反应器（plug flow reactor，PFR）。

9.2.1 物料平衡

稳态下反应 $A \xrightarrow{\ k\ } P$ 的物料平衡方程[6]①：

$$输入 = 输出 + 反应消耗 \tag{9.15}$$

输入可用摩尔流量表示，输出为 $F_A + \mathrm{d}F_A$（图 9.8），反应消耗为 $(-r_A) \cdot \mathrm{d}V$。将这些参数代入式（9.15），得到：

$$F_A = F_A + \mathrm{d}F_A + (-r_A)\mathrm{d}V \tag{9.16}$$

由于 $\mathrm{d}F_A = \mathrm{d}\big[F_{A0}(1 - X_A)\big] = -F_{A0}\mathrm{d}X_A$，得到：

$$F_{A0}\mathrm{d}X_A = (-r_A)\mathrm{d}V \tag{9.17}$$

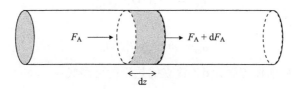

图 9.8 活塞流反应器中的物料平衡

这个方程反映了体积微元 $\mathrm{d}V$ 中 A 的物料平衡关系。为了得到反应器总的物料平衡关系，必须对这个表达式在反应器容积内进行积分，考虑到反应速率是局部微元的浓度（local concentration）的函数：

$$\int_0^V \frac{\mathrm{d}V}{F_{A0}} = \int_0^{X_A} \frac{\mathrm{d}X_A}{-r_A} \tag{9.18}$$

由于 $F_{A0} = \dot{v}_0 \cdot C_{A0}$，则理想活塞流反应器的特性方程为

$$\tau = \frac{V}{\dot{v}_0} = C_{A0} \int_0^{X_A} \frac{\mathrm{d}X_A}{-r_A} \tag{9.19}$$

---

① 此处对原文进行了修改。——译者

与 CSTR 反应速率[式(9.2)]相比,理想活塞流反应器最大的不同在于其内部反应速率是变化的,而不是常数。因此,反应速率在积分符号内。如果初始转化率不为零,方程变为

$$\tau = \frac{V}{\dot{v}_0} = C_{A0} \int_{X_{A0}}^{X_{Af}} \frac{dX_A}{-r_A} \tag{9.20}$$

若密度不变(流体常常如此),则特性方程可以写成浓度的函数:

$$\tau = \frac{V}{\dot{v}_0} = C_{A0} \int_0^{X_A} \frac{dX_A}{-r_A} = -\int_{C_{A0}}^{C_{Af}} \frac{dC_A}{-r_A} \tag{9.21}$$

对这个表达式进行积分,可以得到不同形式的速率方程。

9.2.2　热平衡

热平衡既可以针对整个反应器来建立,也可以针对反应器局部体积微元 dV 来建。

针对整个反应器建立的热平衡类似于 CSTR 情形[1]:

采用质量摩尔浓度($mol \cdot kg^{-1}$)表达的热生成为

$$q_{rx} = \dot{m} \cdot (C_0' - C_f') \cdot (-\Delta_r H) \tag{9.22}$$

透过器壁进行的热交换为

$$q_{ex} = U \cdot A \cdot (T_r - T_c) \tag{9.23}$$

对流热交换:

$$q_{cx} = \dot{m} \cdot c_p' \cdot (T_f - T_0) \tag{9.24}$$

针对反应器局部体积微元 dV 建立的热平衡可写成:

热生成:

$$q_{rx} = (-r_A)(-\Delta_r H) \cdot dV = (-\Delta_r H) \cdot C_{A0} \cdot \frac{dX_A}{dt} \cdot dV \tag{9.25}$$

透过器壁的热交换:

$$q_{ex} = U \cdot dA \cdot (T - T_c) \tag{9.26}$$

对流热交换:

$$q_{cx} = \dot{m} \cdot c_p' \cdot dT + c_w \frac{dT}{dt} \tag{9.27}$$

这里 c_w 代表反应器壁面的热容, dT 为体积微元 dV 的温度变化量。

如果忽略壁面的比热,热平衡方程变为

---

[1] 对原著 9.2.2 小节中的式(9.25)、式(9.26)、式(9.31)及式(9.32)进行了勘误。——译者

$$\dot{m} \cdot c_p' \cdot \frac{\mathrm{d}T}{\mathrm{d}V} = (-r_A)(-\Delta_r H) + U \cdot (T_c - T) \cdot \frac{\mathrm{d}A}{\mathrm{d}V} \tag{9.28}$$

假设圆柱体的管径为 d_r，得到：

$$\mathrm{d}V = \frac{\pi d_r^2}{4} \cdot \mathrm{d}z \ \text{和} \ \mathrm{d}A = \pi d_r \cdot \mathrm{d}z \tag{9.29}$$

式中，z 为沿着管轴的长度坐标。当密度为常量时，质量流量可表示为

$$\dot{m} = \frac{\rho V}{\tau} \tag{9.30}$$

热平衡变为[1,2]

$$\frac{4\rho V}{\pi d_r^2 \tau} c_p' \frac{\mathrm{d}T}{\mathrm{d}z} = (-r_A)(-\Delta H_r) + \frac{4U}{d_r}(T_c - T) \tag{9.31}$$

方程重新整理，得到：

$$\frac{\mathrm{d}T}{\mathrm{d}z} = \Delta T_{ad} \frac{(-r_A)\tau}{VC_{A0}} \frac{\pi d_r^2}{4} + \frac{\pi d_r U \tau}{\rho c_p'}(T_c - T) \tag{9.32}$$

这个方程可以用于计算多变管式反应器(polytropic tubular reactor)中的温度变化曲线。

9.2.3　安全问题

9.2.3.1　参数敏感性

由于物料平衡 $\dfrac{\mathrm{d}X_A}{\mathrm{d}z} = \dfrac{-r_A \tau}{VC_{A0}} \dfrac{\pi d_r^2}{4}$ 和热平衡必须同时满足，于是，得到一组耦合的微分方程：

$$\begin{cases} \dfrac{\mathrm{d}X_A}{\mathrm{d}z} = \dfrac{-r_A \tau}{VC_{A0}} \dfrac{\pi d_r^2}{4} \\[3mm] \dfrac{\mathrm{d}T}{\mathrm{d}z} = \Delta T_{ad} \underbrace{\dfrac{\mathrm{d}X_A}{\mathrm{d}z}}_{a} + \underbrace{\dfrac{\pi d_r U \tau}{\rho c_p'}(T_c - T)}_{b} \end{cases} \tag{9.33}①$$

上述方程可计算多变管式反应器温度和转化率的变化曲线，其中，a 项代表反应的热生成速率；b 项代表热交换系统中的热移出速率。这个方程类似于式 (6.2)(由间歇反应器得到)。此外，由于转化率 $\dfrac{\mathrm{d}X_A}{\mathrm{d}z}$ 是温度的强非线性函数，该微分方程组可能是参数敏感的。这样，参数敏感性问题可能会导致反应器局部失

---

① 对原著中式(9.33)进行了勘误。——译者

控，即在管式反应器中形成热点(hot spot)(图 9.9)。因此，管式反应器的温度控
制相对较难。然而，与间歇反应器相比，管式反应器一个很大的优点就在于其比
传热面积(specific heat exchange area)大得多，这导致了其相对高的冷却能力。这
点将在 9.2.3.2 小节中讨论。

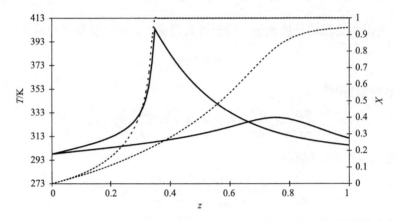

图 9.9　管式反应器中冷却介质温度分别为 293K 和 300K 时的温度(实线)和转换率(虚线)的变
化曲线。300K 时形成了热点

9.2.3.2　管式反应器的热交换能力

由于管式反应器的几何尺寸小，使其相对于搅拌釜式反应器具有大的比热交
换面积，从而使其具有高的比冷却能力(specific cooling capacity)，因为其单位体
积的冷却能力与实验室中的搅拌釜式反应器相比，在同一个数量级(表 9.1)。因此，
可以在管式反应器中安全地进行强放热反应。相比于间歇或半间歇反应器，管式

表 9.1　不同尺寸反应器比冷却能力的比较[①]

反应器	$(A/V)\,/\,\mathrm{m}^{-1}$	比冷却能力/$(\mathrm{kW\cdot m^{-3}})$
管式 d_r=20 mm	200	5000
管式 d_r=100 mm	40	1000
实验室规模(lab scale) 0.1 L	100	2500
实验室规模(kilo scale) 2 L	40	1000
中试(pilot scale) 100 L	9	225
生产 1 m³	3	75
生产 25 m³	1	25

注：计算冷却能力时采用的传热系数为 500 W·m⁻²·K⁻¹，与冷却介质的温差为 10K。

① 对实验室规模、中试规范的英文说法进行了完善。——译者

反应器另一个重要优点就在于其体积更小，可以大幅减少反应物料量及总能量。此外，管式反应器能够承受高压，相比搅拌釜式反应器，投资更少。所建立的装置具有故障-安全(fail-safe)的功能。然而，连续操作只适用于停留时间短的快反应。这并不是一个缺点，因为反应可通过升高温度加速，从而缩短停留时间，并得到高的转化率。

工作示例9.2 PFR中的快反应

上接工作示例7.3、8.1和9.1。

在 PFR 中进行反应 $A \xrightarrow{k} P$。反应遵循一级反应动力学，温度为50℃，在间歇模式下进行，且在60s时转化率达到99%，因此反应速率常数为0.077 s^{-1}。现假设采用活塞流反应器进行反应，流速为 $1\,m \cdot s^{-1}$，总传热系数为 $1000\,W \cdot m^{-2} \cdot K^{-1}$（请思考：为什么比搅拌釜式反应器高？）。与冷却系统的最大温差为50K。

数据：

$$C_A(t=0) = C_{A0} = 1000mol \cdot m^{-3} \quad \rho = 900kg \cdot m^{-3}$$
$$c_p' = 2000J \cdot kg^{-1} \cdot K^{-1} \quad -\Delta_r H = 200kJ \cdot mol^{-1}$$

问题：

(1)反应器设计：采用5m³的半间歇反应器，反应周期为2h，转化率为99%。要达到这样的指标，如果采用 PFR，计算所需管体的长度和直径。

(2)等温反应：什么条件下这种控制是可行的？

(3)慢反应：反应速率降低100倍时将会是什么样的情形？

(4)冷却失效：发生冷却失效导致什么后果？

解答：

(1)反应器设计。

半间歇反应器每2h生产 5 m³ 的产品溶液。因此，如果采用连续反应器，流速必须为 2.5m³·h^{-1} 或 $6.94 \times 10^{-4}\,m^3 \cdot s^{-1}$。为了达到停留时间 $\tau = 1min$、转化率为99%的指标，容积应为

$$V = \tau \cdot \dot{v}_0 = 0.042m^3$$

若流速为 $1\,m \cdot s^{-1}$，则长度 l 为60m，管式反应器的直径为

$$d_r = \sqrt{\frac{4V}{l \cdot \pi}} \approx 0.03m$$

(2)等温反应。

总的热平衡为

热生成[①]：

---

① 对原著中的公式进行了勘误。——译者

$$q_{rx} = \dot{v}_0 \cdot C_{A0} \cdot X_A \cdot (-\Delta_r H)$$

$$q_{rx} = 6.94 \times 10^{-4} \, \text{m}^3 \cdot \text{s}^{-1} \times 1000 \text{mol} \cdot \text{L}^{-1} \times 0.99 \times 200 \text{kJ} \cdot \text{mol}^{-1} = 139 \text{kW}$$

热交换面积：

$$A = \pi d_r l = \pi \times 3 \times 10^{-2} \, \text{m} \times 60 \text{m} = 5.65 \text{m}^2$$

热移出：

$$q_{ex} = U \cdot A \cdot \Delta T = 1 \text{kW} \cdot \text{m}^{-2} \cdot \text{K}^{-1} \times 5.65 \text{m}^2 \times 50 \text{K} = 283 \text{kW}$$

与搅拌釜式反应器相比，由于管式反应器内壁面附近区域存在很高的湍流度，增大了传热系数。面积/容积的比值较大，管式反应器的冷却能力比较强。然而，与间歇反应器放热速率随时间的变化关系类似，活塞流反应器中放热速率沿反应器的管长而变。最大值出现在管体的入口处。更加精确的平衡方程显示在转化率为10%处，热移出速率为6.5kW，而热生成速率为13.9kW。因此，在反应开始段容易出现热点，这可以通过逐步提高反应器的温度来消除（如使反应从一个较低的温度开始）。然而，因为反应器的开始部分是在较低的温度下工作的，这种解决办法要求增加反应器的长度。另一个可行的办法就是利用管式换热器(tubular heat exchanger)或装有冷却板的静态混合器(static mixer with cooled baffles)，来增加反应器开始部分的冷却能力。

（3）慢反应。

如果在管式反应器中进行速率降低了100倍的慢反应，管长将达到6km，这显然不切实际。尽管不会产生热点，但该方案不可行，这也说明连续反应器中不适合进行慢反应。

（4）冷却失效。

若在准绝热条件下继续反应，反应器入口处是非常危险的（即使已经不再进料）。通过适当的设计可以限制其温升，如增加反应器自身的热容。就工业生产中进行的快速放热反应而言，PFR是一种能保证其安全操作的实用方法。当需要承受高压时，相比于900L的CSTR和5m³的SBR，容积较小(42L)的反应器显然更加简单而且经济。

9.2.3.3　管式反应器热风险的被动控制策略

与搅拌釜式反应器相比，管式反应器尺寸小，体现了一个很大的优势。在考虑热容问题时，不能忽略反应器的热容。因此，发生冷却失效时，反应释放的热量不仅用来升高反应物料的温度，还升高了反应器壁的温度。这种反应物料的"热稀释(thermal dilution)"作用源于反应器本身，这意味着一旦发生冷却失效，绝热温升将大大降低。其作用类似于绝热量热仪中的热惯量，主要区别在于管式反应器要求的热惯量系数更高。

在处理反应性化学物质时，可以采用被动控制(passive safety)策略来解决反应器的热风险问题。为此，可以将反应器管体的半径设计得很小，从而避免管体内部可能出现的热爆炸，即控制管体半径，使其小于临界半径[根据 Frank-Kamenetskii 理论(见 12 章)]。因此，即使假设完全依赖于热传导机制进行散热(一种糟糕情形)，反应物料中也不会产生不稳定的温度曲线。反应器可以安全地停车并重新启动。

工作示例 9.3 管式反应器的绝热系数(adiabacity factor)

管式反应器中进行绝热温升为 100K 的放热反应，管体内径为 30mm，壁厚为 2mm，四周有 30mm 厚的含水夹套。假设公用系统故障导致反应器突然停止运行，计算其有效温升。在这种情况下，反应物料流动停止且夹套中水流也将停止。

反应物是密度为 900kg·m^{-3} 的典型有机液体，比热容为 1800J·kg^{-1}·K^{-1}；管壁材料的密度为 8000kg·m^{-3}，比热容为 500J·kg^{-1}·K^{-1}；水的密度为 1000kg·m^{-3}，比热容为 4180J·kg^{-1}·K^{-1}。

解答：

取管体单位长度 1m 进行计算，反应物料的体积：

$$V = \pi r_1^2 l = 3.14 \times 0.015^2 \, \text{m}^2 \times 1\text{m} = 7.069 \times 10^{-4} \, \text{m}^3$$

热容为

$$c_{p,\text{r}} = \rho V c'_p = 900\text{kg} \cdot \text{m}^{-3} \times 7.069 \times 10^{-4} \, \text{m}^3 \times 1800\text{J} \cdot \text{kg}^{-1} \cdot \text{K}^{-1} = 1145\text{J} \cdot \text{K}^{-1}$$

同样，得到反应器壁的热容：

$$c_{p,\text{w}} = \pi (r_2^2 - r_1^2) l \cdot \rho \cdot c'_p$$

$$c_{p,\text{w}} = 3.14 \times (0.017^2 - 0.015^2) \text{m}^2 \times 1\text{m} \times 8000\text{kg} \cdot \text{m}^{-3} \times 500\text{J} \cdot \text{kg}^{-1} \cdot \text{K}^{-1} = 804\text{J} \cdot \text{K}^{-1}$$

对于水层，$c_{p,\text{c}} = 25213\text{J} \cdot \text{K}^{-1}$。

热修正系数(或绝热系数)为

$$\Phi = \frac{c_{p,\text{r}} + c_{p,\text{w}} + c_{p,\text{c}}}{c_{p,\text{r}}} = \frac{1145 + 804 + 25213}{1145} = 23.7$$

因此，温升仅为

$$\Delta T = \frac{\Delta T_{\text{ad}}}{\Phi} = \frac{100\text{K}}{23.7} = 4.2\text{K}$$

显然，不会对反应器造成损坏。

9.2.4 理想反应器的行为特性与安全特点

表 9.2 对理想反应器(间歇、半间歇、连续搅拌釜式、管式)的行为特性与安全特点进行了总结。

表 9.2　不同理想反应器安全特点的比较

	间歇反应器	半间歇反应器	CSTR	管式反应器
需要的容积	大	大	中等或小	小
冷却能力	差，尤其是大容积反应器	差，但可以通过加料进行一些调整	差，但对流冷却可以显著增加冷却能力	好，因为面积/容积比大
反应物的浓度水平	两种反应物都很高	底料反应物浓度高，后加入的反应物可能出现累积	如果转化率高，只需低浓度即可	进料口反应物浓度高，越接近出口浓度越低
浓度曲线	反应器内浓度一致，但随时间降低	反应器内浓度一致，但随时间变化	不随时间和位置变化	不随时间变化而变化，但沿管体长度逐渐降低
反应控制	危险性大，只能通过反应器温度进行控制	安全。可以非常好地对快反应进行控制；慢反应将产生物料累积	如果能够避免出现多个工作点，可以很好地进行控制；开、停车时可能会出现滞后现象	很好。因为具有出色的冷却能力和"热稀释"效应
累积情况	反应开始时100%累积	取决于加料速率和反应速率之间的相互关系	如果转化率高，累积很小	进料段很高，沿着反应器逐渐降低
可能的温升情况	高	优化后温升小	小	小，由于反应器自身的热容
冷却失效时的行为	危险。需要应急措施	如果采取了加料-温度、加料-搅拌联锁措施，可保证安全	若转化率高，则具备故障-安全的功能	若所设计的反应器具有高热容，则具备故障-安全的功能

9.3　其他类型的连续反应器

就流动状态而言，连续搅拌釜式反应器和管式反应器的最大区别在于 CSTR 为全混流，而管式反应器是纯粹的活塞流（不存在返混）。从安全角度来看，在 CSTR 中物料累积小，而在管式反应器中物料累积沿管长逐渐降低。可以通过两种方法得到介于全混流与活塞流之间的流动状态，一是将若干 CSTR 串联，构成所谓的串联反应器(cascade reactor)，另一种是将 PFR 的出口与进口相连，构成循环反应器(recycle reactor)。

9.3.1　串联 CSTR

串联反应器的安全问题与 CSTR 类似，但关注的重点应在串联的开始部分（第一级），即通常出现最大转化率的阶段，因为最大转化也意味着最大放热速率。此外，如果在这个阶段转化率最小，也意味着累积度最大。在某些情况下，将进料分流到几段 CSTR 中可能更有利。因为这样设计有助于降低热释放率，对于第一级 CSTR 情况尤其如此；除了热安全方面的优点，还可以解决反应选择性的问题，因为反应物浓度低有利于反应的选择性。

9.3.2 循环反应器

循环反应器的行为和 PFR 类似，最大的不同在于循环反应器的转化区（conversion range）比纯粹的 PFR 窄（图 9.10）。这类反应器也称为微分反应器（differential reactor），其特性方程可以参考文献[1,2,6,7]：

$$\tau = \frac{V}{\dot{v}_0} = C_{A0}(1+R)\int_{\frac{R}{1+R}X_f}^{X_f} \frac{dX}{-r_A} \tag{9.34}$$

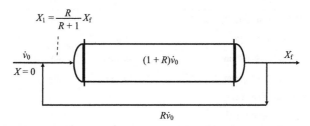

图 9.10　循环反应器。反应器入口的转化率为 $X_1 = \dfrac{R}{1+R}X_f$

循环比（recycling ratio）R 是循环流量和流出流量的比值。一方面，它调整了返混度（degree of back mixing），其结果也调整了未转化反应物的累积度。另一方面，反应器的几何形态与管式反应器一样，因此，具有同样高的比热交换面积。此外，一样的几何形态也使循环反应器具有同样高的热容，从而可能产生"热稀释"效应。从安全的角度来看，集中了两种反应器的优点：CSTR 的低累积、管式反应器的高冷却能力和高热容。因此，考虑强放热化学反应的安全性时，这种反应器具有许多优势。

9.3.3 微反应器

将管式反应器的几何尺寸压缩到极限就成了微反应器。高的面积/容积比保证了高的传热效率。容积很小的微通道（micro-channel）意味着仅能允许小量的具有潜在危险的化学物质进行反应，这体现了工艺强化（process intensification①）的一个极端（见 15.2 节）。小半径的微通道导致快速的径向扩散及良好的传质，因此，微

---

① process intensification 是化工过程本质安全的一个重要内容，一般翻译为"过程强化"。本书注意围绕着工艺开展，因此这里将其翻译成"工艺强化"。就内涵而言，工艺属于过程的一部分。——译者

反应器可设计成连续稳态操作的 PFR。反应物在微通道内的开始段混合，这样就能很好地实现对反应过程及热效应的控制。

微反应器能增大比热交换面积，如表 9.3 所示。表中的数值是在假设传热系数为 $1000W \cdot m^{-2} \cdot K^{-1}$ 时计算得到的。而实际上，管体尺寸较小时，传热系数会增大，从而使这种效应更明显。例如，$10m^3$ 的搅拌釜式反应器的传热系数为 $500\ W \cdot m^{-2} \cdot K^{-1}$，直径为 10mm 的管式反应器的传热系数达到 $1000\ W \cdot m^{-2} \cdot K^{-1}$，而一个直径为 0.1mm 的微反应器的传热系数将高达 $20000\ W \cdot m^{-2} \cdot K^{-1}$。因此，尺寸对安全性能的影响更大。

表 9.3　不同类型反应器的比热交换面积和冷却能力

反应器	尺寸	(A/V)/m^{-1}	q_{ex} /(kW·m^{-3})
实验室验证规模(bench scale)的搅拌釜	2 L	40	400
生产规模的搅拌釜	1 m^3	4	40
管式反应器(直径 100mm)	100 mm	40	400
管式反应器(直径 10mm)	10 mm	400	4000
Milli 反应器(直径 1mm)	1 mm	4000	40000
微反应器(直径 0.1mm^a)	0.1 mm	40000	400000

注：表中参数由传热系数为 $1000\ W \cdot m^{-2} \cdot K^{-1}$ 和 10K 温差计算得到；

a. 对于微反应器，传热系数甚至更高(高出一个数量级)。

9.2.3.3 小节中比较了管式反应器和搅拌釜式反应器的安全特性。这个比较可以扩展到微反应器。为此，对 $10m^3$ 的搅拌釜式反应器，直径为 10mm、长为 1m 的管式反应器，直径为 0.1mm、长为 1cm 的微反应器进行比较。比较了以下几项有关反应器安全的重要参数：

(1)热时间常数。该参数表征了反应器温度控制的动态行为，反映了温度在设定值变化时反应器的响应时间(见 14.1.4.1 小节)：

$$t_{1/2} = \ln 2 \cdot \frac{\rho \cdot V \cdot c_p'}{U \cdot A} = f(r) \tag{9.35}$$

(2)热惯量。即反应器及物料的总热容与物料热容之比(见 4.5.2 小节和 9.2.3.3 小节)：

$$\Phi = \frac{m_r \cdot c_{p,r}' + m_w \cdot c_{p,w}'}{m_r \cdot c_{p,r}'} = 1 + \frac{m_w \cdot c_{p,w}'}{m_r \cdot c_{p,r}'} \tag{9.36}$$

(3)基于 Frank-Kamenetskii 理论(见 12.3 节)的临界放热速率。该理论描述了反应器在物料不发生对流传热只存在热传导情形时的被动行为 (passive behavior)①。临界放热速率不会导致热爆炸的放热速率的上限值随半径平方的倒数而变化：

$$q_{crit} = \frac{\delta_{crit} \cdot \lambda \cdot RT^2}{r^2 \cdot \rho \cdot E} = f\left(\frac{1}{r^2}\right) \tag{9.37}$$

比较的结果总结于表 9.4 中。以一个 60℃、比放热速率为 $100\,W\cdot kg^{-1}$、活化能为 $100\,kJ\cdot mol^{-1}$ 的反应为例来说明，假设反应器以 50K 的温差进行冷却。反应在 55℃ 时达到搅拌釜式反应器的（最大）冷却能力，而管式反应器对应的温度为 115℃，微反应器为 245℃。在这些温度下，到达 99% 转化率所需的时间分别为：搅拌釜式反应器 2.5h、管式反应器 24s、微反应器 12ms。在温度 245℃ 时，反应处于"爆炸区"（explosion regime），因为温升速率达到 $20000\,K\cdot s^{-1}$ 的量级。然而，由于反应停留时间极短，依然能够维持反应器的等温条件②。

表 9.4   不同反应器安全特性的比较

反应器	搅拌釜式反应器 $10\,m^3$	管式反应器 $d=10\,mm$	微反应器 $d=0.1\,mm$
物料量	10000 kg	78.5 g	78.5μg
传热系数 U	$500\,W\cdot m^{-2}\cdot K^{-1}$	$1000\,W\cdot m^{-2}\cdot K^{-1}$	$20000\,W\cdot m^{-2}\cdot K^{-1}$
热交换面积	$20\,m^2$	$0.0314\,m^2$	$3.14\times10^{-6}\,m^2$
热半衰期 $\tau_{1/2}$	23 min	3.5 s	1.7 ms
冷却能力	$1\,W\cdot kg^{-1}\cdot K^{-1}$	$400\,W\cdot kg^{-1}\cdot K^{-1}$	$800\,W\cdot kg^{-1}\cdot K^{-1}$
热惯量 Φ	1.05	21	5100
临界比放热速率 q_{crit}	$0.4\,mW\cdot kg^{-1}$	$23\,mW\cdot kg^{-1}$	$230\,mW\cdot kg^{-1}$

这个例子并不意味着微反应器是在安全状态下进行放热化学反应的唯一方法。它们的生产能力明显比不上工业反应器，但是如果将大量的这类反应器进行并联，可以形成有一定经济利益的生产能力。文献[8]给出了一些工业化的实例。

微反应器的另一个有意义的应用是作为量热仪，具有极好的灵敏度[9-12]。此外，可以利用它们在热交换方面的性能，进行等温条件下快速放热反应的动力学研究。Schneider[13,14]对此进行了研究，他曾研究过放热速率接近 $160\,kW\cdot kg^{-1}$ 的反应。这种热量计易于使用，可在短时间内得到其反应动力学，且采用的反应物料量小，不会对操作者造成任何危险（见 4.4.3.6 小节）。

---

① 对原文进行了完善。——译者
② 对原文进行了延伸说明。——译者

9.3.4　工艺强化

工艺强化是一种获得本质上更安全工艺(inherently safer process)①(第18章)的方法，通过减少危险物质的种类或减少暴露于恶劣条件下的物质数量来实现。关于这个话题有大量的出版物，这里重点介绍几个与热安全直接相关的例子。对于化学反应，可以采用小反应器实现目标产能。为此，连续反应器可以发挥出关键作用，因为它们为小反应器实现高的生产能力提供了可能。工作示例8.1和示例9.2给出了很好的说明：示例8.1采用SBR，反应器容积为5 m^3；示例9.2采用管式反应器，容积为42 L。在生产能力不变的情况下，反应器容积从5m^3变为42L，规模减少了120倍。如果采用微结构反应器，甚至可以将反应器规模减少到几个数量级。

并不是任何反应都需要在微尺度反应器中进行，这与具体应用场景有关。有时可以采用不同规模反应器的组合来解决特定问题。Renken等[15]给出了一个有关离子液体合成的有趣例子，采用一系列不同的反应器(规模不同)：第一级采用微混合器，第二级1/8″反应器，然后1/4″反应器。由此形成TR组合使强放热反应得以在准等温条件下进行。

Benaissa研究了连续热交换反应器在正常工况及流动故障情况下的行为[16,17]，认为除了热传导，自然对流也有助于热平衡，这样的结果有助于连续热交换反应器的本质安全。

连续反应器的设计通常需要用到反应动力学信息，即需要知晓目标反应的动力学三因子(指前因子、活化能和反应级数)。由于动力学参数的确定通常非常耗时，因此，如果能形成一个系统化的方法是非常有价值的。欧洲研究项目"具有局部结构元件的集成多尺度工艺装置"(integrated multiscale process unit with locally structured elements，IMPULSE)为具有微结构元件的化学工艺工程设计提供了指导[18]。其中，反应热风险是核心问题。

Rota及其同事开发了基于实验室规模的半间歇量热实验转移到连续反应器的技术[19,20]。在不久的将来，连续反应器必定会在精细化工和制药工业中得到更加广泛的应用。

9.4　习　　题

9.4.1　CSTR中进行的一级反应

某遵循一级反应动力学的反应在CSTR中进行，体积流量为5$m^3 \cdot h^{-1}$，转化

---

① 一般将"inherently safer process"翻译为"本质安全工艺"，但其内涵应该是"本质上更安全工艺"。——译者

率为 90%。反应温度为 100℃，进料温度为 25℃。为了设计反应器，在 0.3L 的 CSTR 中以不同的进料流量进行了一系列实验，结果表明以 10 mL·min^{-1} 的流量可以获得 90%的转化率。

有关热参数如下：

反应热为 270 kJ·kg^{-1}，比热容为 1.8 kJ·kg^{-1}·K^{-1}，100℃时的密度为 800kg·m^{-3}。

问题：

(1)计算工业反应器所需的容积；

(2)计算冷却介质的温度。假定总传热系数为 500 W·m^{-2}·K^{-1}，热交换面积可以根据表 14.3 确定；

(3)计算 MTSR。

9.4.2　将反应量热仪作为 CSTR 进行动力学研究

将反应量热仪作为 CSTR，开展反应动力学研究。为此，在 1L 的反应器中以不同的体积流量连续加入反应物。采用 Calvet 量热仪对该反应进行预先研究，得到其比反应热为 210 J·g^{-1}，热流信号呈指数递减，似为一级反应。在 25℃的反应温度下，反应物料的密度为 1000 g·L^{-1}。加料温度为 25℃。测试获得了不同体积流量的实际热流值(稳态)，见表 9.5。

表 9.5　不同体积流量对应的稳态热流值

体积流量 $\dot{v}$/(L·min^{-1})	稳态热流 q_{rx}/W	体积流量 $\dot{v}$/(L·min^{-1})	稳态热流 q_{rx}/W
0.01	32	0.1	175
0.05	117	0.2	233

请验证该反应是否符合一级反应动力学，并确定反应速率常数。

9.4.3　生产能力扩大的方案设计

采用 10m^3 反应器以半间歇方式生产一种重要的中间体。预先加入底料的质量为 7500kg，待加入物料为 2500kg。生产周期为 2h/批，进料时间为 1h。属于快反应(一级反应，k=10min^{-1})，比放热量为 180kJ·kg^{-1}。企业决定将此生产能力扩大 1 倍，达到 10m^3·h^{-1}。考虑几种可能的方案：增设第二台 10m^3 反应器，或用单台 20m^3 反应器代替现有反应器，或用管式反应器代替搅拌釜式反应器。

相关信息：反应物料密度为 1000kg·m^{-3}，比热容为 1.5 kJ·kg^{-1}·K^{-1}，转化率为 95%。反应温度为 120℃，进料温度为 30℃。若采用管式反应器，则物料流速为 1m·s^{-1}。

问题：如采用管式反应器，请从技术层面上设计尺寸并确定其应具备的冷却能力。请将该管式反应器方案与单台 $20m^3$ 反应器(热交换面积为 $24m^2$)的方案进行比较。

参 考 文 献

1 Westerterp, K.R., Swaij, W.P.M.v., and Beenackers, A.A.C.M.(1984). Chemical Reactor Design and Operation. New York: Wiley.

2 Baerns, M., Hofmann, H., and Renken, A.(1987). Chemische Reaktionstechnik. Stuttgart: Georg Thieme.

3 Chemburkar, R.M., Morbidelli, M., and Varma, A.(1986). Parametric sensitivity of a CSTR. Chemical Engineering Science 41 (6): 1647–1654.

4 Varma, A., Morbidelli, M., and Wu, H.(1999). Parametric Sensitivity in Chemical Systems. Cambridge: Cambridge University Press.

5 Hugo, P. and Steinbach, J.(1986). A comparison of the limits of safe operation of a SBR and a CSTR. Chemical Engineering Science 41 (4): 1081–1087.

6 Levenspiel, O.(1972). Chemical Reaction Engineering. New York: Wiley.

7 Villermaux, J.(1993). Génie de la réaction chimique, conception et fonctionnement des réacteurs. Lavoisier: Tec Doc.

8 Pöchlauer, P.(2006). Large scale application of microreaction technology within commercial chemical production. Conference on Micro Reactors, Basel.

9 Lerchner, J., Seidel, J., Wolf, G., and Weber, E.(1996). Calorimetric detection of organic vapours using inclusion reactions with coating materials. Sensors and Actuators B: Chemical 32: 71–75.

10 Wolf, A., Weber, A., Hüttl, R. et al.(1999). Sequential flow injection analysis based on calorimetric detection. Thermochimica Acta 337: 27–38.

11 Lerchner, J., Weber, A., Wolf, A. et al.(2001). Microfluid-calorimetric devices for the detection of enzyme catalysed reactions. IMRET 5, Strasbourg.

12 Lerchner, J., Wolf, G., Auguet, C., and Torra, V.(2002). Accuracy in integrated circuit (IC) calorimeters. Thermochimica Acta 382 (1–2): 65–76.

13 Schneider, M.-A., Maeder, T., Ryser, P., and Stoessel, F.(2004). A microreactor-based system for the study of fast exothermic reactions in liquid phase: characterization of the system. Chemical Engineering Journal 101 (1–3): 241–250.

14 Schneider, M.A. and Stoessel, F.(2005). Determination of the kinetic parameters of fast exothermal reactions using a novel microreactor-based calorimeter. Chemical Engineering Journal 115: 73–83.

15 Renken, A., Hessel, V., Löb, P. et al.(2007). Ionic liquid synthesis in a microstructured reactor for process intensification. Chemical Engineering and Processing: Process Intensification 46 (9): 840–845.

16 Benaissa, W., Elgue, S., Gabas, N. et al.(2008). Dynamic behaviour of a continuous heat

exchanger/reactor after cooling failure. International Journal of Heat and Mass Transfer 6: A23.

17 Benaissa, W., Gabas, N., Cabassud, M. et al. (2008). Evaluation of an intensified continuous heat-exchanger reactor for inherently safer characteristics. Journal of Loss Prevention in the Process Industries 21: 528–536.

18 Klais, O., Westphal, F., Benaïssa, W., and Carson, D. (2009). Guidance on safety/health for process intensification including MS design part I: reaction hazards. Chemical Engineering and Technology 32 (11): 1831–1844.

19 Copelli, S., Barozzi, M., Maestri, F., and Rota, R. (2018). Safe optimization of potentially runaway reactions: From fedbatch to continuous stirred tank type reactor. Journal of Loss Prevention in the Process Industries 55: 289–302.

20 Florit, F., Busini, V., Storti, G., and Rota, R. (2018). From semi-batch to continuous tubular reactors: a kinetics-free approach. Chemical Engineering Journal 354: 1007–1017.

第 3 部分

二次反应的预防

10 热 稳 定 性

典型案例：羟胺爆炸

本案例来源于美国化工安全与危害调查委员会(U.S. Chemical Safety and Hazard Investigation Board，CSB)发表的一起事故调查[1]。

事发当天，在一套新装置上处理第一批 50%(wt%)羟胺水溶液。在操作工人完成羟胺和硫酸钾水溶液的蒸馏后，工艺容器和相关管道中的羟胺发生爆炸性分解。导致相邻企业的 4 名员工和 1 名经理遇难；2 名员工虽在爆炸中得以幸存，但受到了中度至重度的伤害；附近建筑物中的 4 人受伤；6 名消防员和 2 名保安在应急响应过程中受轻伤；生产设施遭到严重破坏。爆炸还对其他建筑区域造成严重破坏，并震碎了附近几户住户的窗户。

事故调查

羟胺的能量接近三硝基甲苯(TNT)，且会发生剧烈的分解。曾有文献报道过羟胺分解的事故。

工艺研发人员预先知道 70%(质量分数)羟胺水溶液不稳定，但这个信息没有传递给工艺设计人员。采用故障假设方法("what…if…")进行了过程危害分析(process hazard analysis，PHA)，但过于简单，只形成了一页纸的文档，对可能引发高浓度羟胺溶液分解事件的后果及其预防的分析很不充分，特别是没有系统的分析羟胺溶液出现爆炸性分解的引发条件。

第一次操作因维保作业而数次中断，导致进料罐中羟胺浓度超过 80%。

工艺设计和操作程序中关于爆炸预防或后果减弱的风险消减措施很不明确、不充分。

事故教训

从技术层面上讲，在安全的条件下操作不稳定或爆炸性的化合物是可行的，但需要具备专门的知识与风险管理策略。

引言

这一章介绍热分解的表征方法，目的在于制定适当措施避免引发分解反应。10.1 节对分解反应的特性进行概述；10.2 节基于 tmr_{ad} 的概念，介绍非预期反应 (undesired reactions)的引发条件；10.3 节介绍 tmr_{ad} 及 T_{D24} 的评估技术；10.4 节重点说明 T_{D24} 的定量确定方法；最后 10.5 节给出了一些解决复杂反应的启示。

10.1　热稳定性和二次分解反应

人们往往将安全参数或物质安全数表(MSDS)中的热稳定性视为物质或混合物的本质特性。实际上，这样处理问题过于简单化，必须用更全面的方式对有关概念进行界定。一般意义上说，如果某环境中物质(包括混合物)释放的热量能够被移出使其温度不升高，则认为该物质是热稳定的。该定义暗含了热平衡的概念，因为将放热速率和移热速率进行了比较。

热爆炸或失控反应常常涉及分解反应，在某些案例中分解反应是热爆炸或失控反应的直接原因，而在另外一些案例中，分解反应由目标合成反应的失控而引发，属于间接原因。英国的统计调查[2,3]表明，在48起失控反应的案例中有32起是由二次反应直接引起，而在其他案例中也可能涉及二次反应，只是没有明确指出(图10.1)。因此，在评估工艺热风险时，首先需要了解二次分解反应的特性。

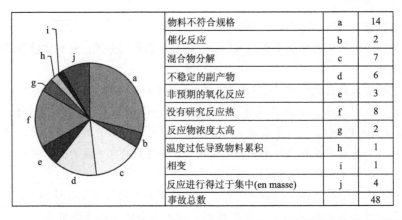

物料不符合规格	a	14
催化反应	b	2
混合物分解	c	7
不稳定的副产物	d	6
非预期的氧化反应	e	3
没有研究反应热	f	8
反应物浓度太高	g	2
温度过低导致物料累积	h	1
相变	i	1
反应进行得过于集中(en masse)	j	4
事故总数		48

图 10.1　失控反应的原因统计，说明二次反应或分解反应是导致失控的重要原因

对分解反应进行表征或对引发此类反应所导致的风险进行评估，意味着须对热风险的严重度和引发的可能性进行评估(图10.2)：

(1)二次分解反应的后果：失控分解反应所造成的破坏与其释放的能量成比例。因此，绝热温升可作为评估判据，详见 5.1.2 小节。

(2)引发反应的可能性：引发二次反应的原因多种多样，可能是热引发(即温度过高引发)，也可能由催化效应或杂质引发。引发二次反应的可能性可用最大反应速率到达时间(tmr_{ad})来评估，tmr_{ad}越短，引发的可能性越大，见 3.3.3 小节图 3.4。①

---

① 对原著中这一节的概念准确性及表述进行了改进。——译者

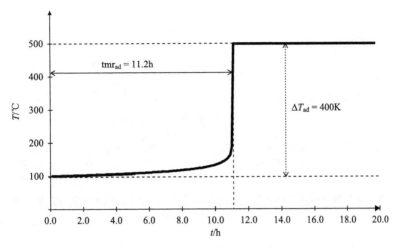

图 10.2　分解反应的热风险：温升是严重度的度量；时间尺度(time-scale)反映了引发反应失控的可能性

10.2 节～10.4 节将详细介绍二次分解反应的引发条件。

10.2　引　发　条　件

10.2.1　起始分解温度：一个没有科学依据的观点

直接根据动态 DSC 谱图所获得的起始分解温度(onset temperature[①])决定安全工艺条件将是一件极具"诱惑"的事，如工业实践中存在的"50K 法则"。该法则认为温度低于 DSC 起始分解温度 50K 时，将不会发生反应。这从科学角度来说是错误的，并可能导致致命的错误结论，原因有两个：

(1) 由动态 DSC 实验获得的温度很大程度上取决于实验条件，尤其取决于扫描速度(图 10.3)、试验装置的检测限及样品量。

(2) 对一个反应而言，并没有一个明确的起始分解温度，只是反应速率会随着温度发生指数变化(根据 Arrhenius 定律)。

举例来说，对同一个活化能为 $75kJ \cdot mol^{-1}$ 的一级反应，检测限为 $10W \cdot kg^{-1}$ 的仪器检出其起始分解温度为 209℃，检测限为 $1W \cdot kg^{-1}$ 的仪器检出其在 150℃ 开始反应，而检测限为 $0.1W \cdot kg^{-1}$ 的仪器在 109℃ 时就能得到反应开始的信息。显然，此类"距离法则"(distance rule)应该被一个更加科学的概念所取代，如建立在反应动力学基础上的最大反应速率到达时间。

---

① 有时也用"starting temperature，initial temperature"表示。——译者

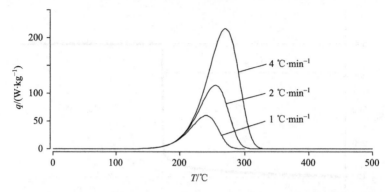

图 10.3 　同一个分解反应在不同扫描速率下的动态 DSC 曲线。峰的位置与扫描速率有关；放热峰面积发生了明显变化，这是由于温度刻度是扫描速率的函数，而后者在这里是变化的

　　一些商业仪器提供了一种自动测定起始分解温度的方法，该方法将其定义为热流曲线上升段最大斜率处的切线与基线的交点(图 10.4)。例如，利用该起始分解温度测定样品的摩尔百分数(molar purity)。然而，用于解决热安全问题的起始分解温度的含义与此定义无关，代表了热流曲线偏离基线的温度，反映了仪器的检测限。这两种起始分解温度可能会有很大的区别，当放热曲线左边出现肩峰时，情况尤其如此。[①]

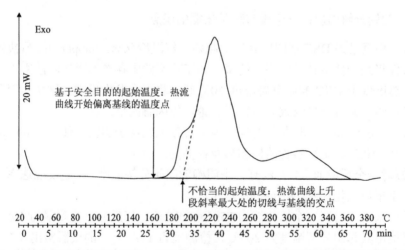

图 10.4 　起始分解温度的两种定义：出于安全目的，它对应于仪器的检测极限(放热峰的左极限)；而出于其他目的，它则对应于热流曲线最大斜率处切线与基线的交点

---

① 对原著此处的说法进行了适当的修正，对表达逻辑进行了优化。——译者

10.2.2　分解反应动力学，tmr$_{ad}$ 的概念

评估引发二次分解反应的可能性可采用 3.2.3 小节中所定义的时间尺度。其原理是：可用于采取保护措施的有效时间越长，引发失控反应的可能性越低。出于该目的，提出了最大反应速率到达时间 tmr$_{ad}$ 的概念，具体见 2.4.5 小节。绝热条件下的 tmr$_{ad}$ 由式（10.1）给出：

$$tmr_{ad(T)} = \frac{c'_p R T^2}{q'_{(T)} E} \tag{10.1}$$

尽管上述方程假基于零级反应假设，但它也可用于其他反应动力学情况，并给出保守的近似值，因为它忽略了会导致反应速率降低的浓度消耗（见 2.3.3 小节，图 2.3）。该方法对于强放热反应能给出真实值，当然很多分解反应属于强放热反应。由式（10.1）可知，计算 tmr$_{ad}$ 需用到比热容、失控起始温度（T）时的比放热速率（$q'_{(T)}$）以及活化能（E）。

这些参数中，放热速率是温度与活化能的函数，可以通过量热实验得到。10.3节与 10.4 节中将介绍基于一系列等温或动态实验的方法，及只利用一个动态实验的评估技术。

10.2.3　安全温度

如何确定安全温度是从事研发工作的工艺及工程技术人员需要研究的一个重要命题。温度限值很容易理解，并易在工艺设计中采用。对物质（包括混合物）热稳定性进行研究的目的在于确定其安全温度。然而，很遗憾的是这个问题不容易回答，因为它在很大程度上取决于工业环境，即设备、单元操作及工作条件等情况。为了给出安全温度有关的启示，从两个角度来定义安全温度。

（1）基于热平衡：安全温度是指热释放率完全被热移出速率所补偿的温度，移热可以通过主动冷却或被动冷却实现。

（2）基于物质热行为：安全温度是指即使在绝热条件下，仍有足够的时间对失控进行检测并采取保护措施的温度。这里，tmr$_{ad}$ 起到了核心作用。

安全温度的第二个定义更为保守，因为它基于绝热假设。对于反应系统（reactive system），若安全温度定义为 T_{D24}，意味着从该温度开始，需要 24 h 失控才能发展到反应速率最大的状态。当然，这 24 h 中只有一部分时间可以使用：首先必须对反应系统的状态进行检测，并且必须在失控反应速率过快之前采取控制措施。若设定报警温度高于工艺温度 10K，则从工艺温度开始检测到系统温度升高到报警温度所需时间大约为 tmr$_{ad}$ 的一半[①]。为了采取有效措施避免失控，可以

[①] 对原著的说法进行了延伸。——译者

采用不回归时间 tnr 这个参数，tnr 约为 tmr_{ad} 的 63%（见 2.4.6 小节）。

对于物料储存、运输等一些物理性的单元操作（physical unit operation），尽管涉及的周期可能达数月或数年，但涉及的定义原则与程序是一致的。这一类单元操作的情形详见第 13 章。

10.3 节及 10.4 节将重点讨论 tmr_{ad} 与温度的关系，从而有利于确定 T_{D24} 等安全限值。

10.2.4　评估程序

确定 tmr_{ad} 所需的测试工作很重要。一般来说，若采用等温法，需要 1 个动态实验和 4 个（或更多）等温实验；若采用等转化率法，需要 4 个或更多的动态实验和 1 个等温实验。这些测试意味着较长的实验时间和较高的测试费用。另一方面，对每个反应物料或化学物质都进行这样整组的测试是没有必要的。这里，基于简单安全（keep it simple and safe，KISS）原则的分阶段测试程序非常有用（图 10.5）。

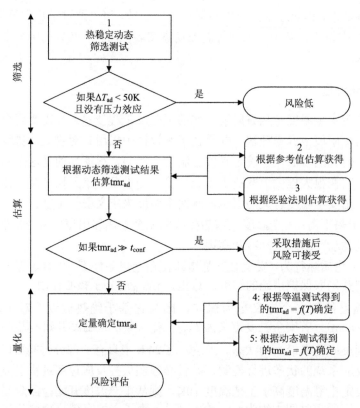

图 10.5　热稳定性评估程序。框中数字代表了文中介绍的方法

第一个阶段，通过 DSC 或 Calvet 量热仪等进行动态筛选实验，确定被测物料(样品)的能量。这样可以将一些能量低、严重度小的样品筛选出去，无需对其引发可能性进行深入评估。

第二个阶段，对于筛选出来具有中等或高的能量的样品，可以根据第一阶段的动态筛选实验评估 tmr_{ad}。如果 tmr_{ad} 明显长于受限时间(t_{conf})(time of confinement)[①]或物料暴露于工艺温度的时间，只要采取措施检测物料体系的温升情况，一般说来这种情形是安全的。通常对于搅拌釜式反应器中的反应物料，可接受的 tmr_{ad} 限值为 24 h，对于物理性的单元操作，时间限值取决于具体情况。储存过程中，tmr_{ad} 应至少为约束时间或暴露时间的 4 倍。也可以采用温度参数进行评估：T_{D24} 必须显著高于工艺过程中体系可能达到的温度，如反应物料的 MTSR 或干燥工艺的加热介质温度。

第三个阶段，若上述评估无法明确地得出体系安全的结论，意味着评估得到的 tmr_{ad} 接近或者短于 t_{conf}，则必须通过下文所述的等温或等转化率方法中的一种定量获得 tmr_{ad}。

该程序在保证评估结果安全可靠的同时，还兼顾到了评估的经济性，因为所有的实验均是必要而非多余的。

10.3 热稳定性估算

作为初步近似，热释放率可以采用保守的活化能数值或经验法则从等温热谱图中推断出来。然而，由于这种做法所采用的活化能是假定的，因此，将结果外推到宽的温度范围时结果可能不准确。尽管如此，仍应将这些估算值保存下来，作为下一步是否开展更广泛测试的决策参考。因此，这种方法只适用于明确确定的非危险情形。

10.3.1 根据一条动态 DSC 曲线估算 T_{D24}

有一种简化的经验方法可以进行估算 T_{D24}。其原理是，如果已知测试设备的检测限，在设定条件下用该设备进行动态实验，可以将测试得到的放热峰的起始点作为参考温度。选择起始温度作为参考是因为该点处物料转化率比较确定，接近于零。该温度处的热信号刚刚开始偏离噪声信号，放热速率等于仪器的检测限，因此，可以将检测限作为 Arrhenius 图中的参考点。通过假设活化能和零级反应动力学，可以计算其他温度的放热速率。

例如，可以用高压坩埚进行一个升温速率为 4 K·min^{-1} 或 5 K·min^{-1} 的 DSC

---

① 受限时间是指物料处于热累积或传热受限的时间。参见本书第 12 章。——译者

实验,设备检测限为 $10\ \mathrm{W\cdot kg^{-1}}$。将实验结果外推至更低温度时,须选用一个保守的活化能值。保守是指外推得到的放热速率偏高,获得的 $\mathrm{tmr_{ad}}$ 偏短。

10.3.2 保守外推

往低温外推放热速率时,保守的做法是假定一个较低的活化能(如 $50\ \mathrm{kJ\cdot mol^{-1}}$)。图 10.6 给出了从参考点往低温区外推放热速率的结果,假定的两个活化能为 $50\ \mathrm{kJ\cdot mol^{-1}}$ 与 $100\ \mathrm{kJ\cdot mol^{-1}}$,参考点参数为 $150℃$、$10\mathrm{W\cdot kg^{-1}}$。就该例而言,假定活化能为 $50\ \mathrm{kJ\cdot mol^{-1}}$ 时,温度为 $90℃$(比参考温度低 $60℃$)的比放热速率为 $1\mathrm{W\cdot kg^{-1}}$,而活化能为 $100\ \mathrm{kJ\cdot mol^{-1}}$ 时为 $0.1\mathrm{W\cdot kg^{-1}}$,两者相差一个数量级。显然,选择较低的活化能,向低温区外推得到的放热速率较大,基于这样的评估结果而采取的对策措施是一种保守的做法[①]。

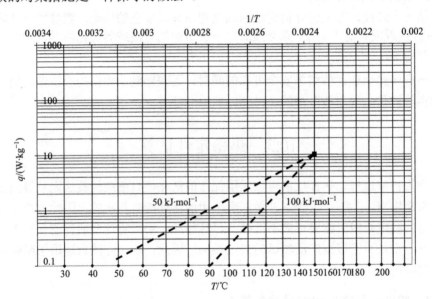

图 10.6 由 $150℃$ 时的放热速率 $10\mathrm{W\cdot kg^{-1}}$ 向低温区外推。低活化能对应于高放热速率

然而,在计算 $\mathrm{tmr_{ad}}$ 时,活化能不仅出现在指数中,还出现在分母中:

$$\mathrm{tmr_{ad}} = \frac{c'_p \cdot R \cdot T^2}{q'_{\mathrm{ref}} \cdot E} \exp\left[\frac{E}{R}\left(\frac{1}{T} - \frac{1}{T_{\mathrm{ref}}}\right)\right] \tag{10.2}$$

为了能给出一个保守的活化能值,有必要对 $\mathrm{tmr_{ad}}$ 随活化能的变化关系有深入的了解。于是,将上式中 $\mathrm{tmr_{ad}}$ 对活化能 E 求导,当 $\mathrm{tmr_{ad}}$ 有极值时,其对 E 的一阶导数为 0,于是

---

① 对原文表述进行了延伸。——译者

$$\frac{\mathrm{dtmr}_{ad}}{\mathrm{d}E} = \frac{c'_p}{q'_{ref}}\left[-\frac{RT^2}{E^2} + \frac{T^2}{E}\left(\frac{1}{T} - \frac{1}{T_{ref}}\right)\right]\exp\left[\frac{E}{R}\left(\frac{1}{T} - \frac{1}{T_{ref}}\right)\right] = 0 \qquad (10.3)^{①}$$

根据式(10.3)可以推导得到 tmr_{ad} 最小时的活化能：

$$E = R \cdot \frac{T_{ref} \cdot T}{T_{ref} - T} \qquad (10.4)$$

图 10.7 给出了从参考点(150℃、10W·kg^{-1})外推得到的 tmr_{ad} 随温度的关系(活化能不一样)。较低活化能(50 kJ·mol^{-1})时，低于参考温度 20K 以上的外推结果较保守(130℃处垂直虚线的左边)；对于低于参考 20K 以内的温度而言，高活化能值的外推结果更保守。

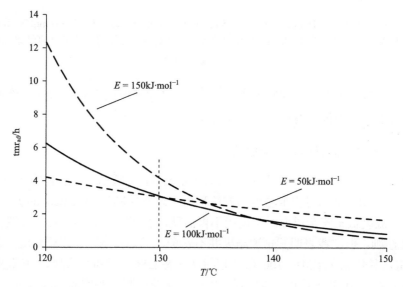

图 10.7　不同活化能情况下，从参考点(150℃、10 W·kg^{-1})外推得到的 tmr_{ad}。外推温度低于130℃时，较低活化能(50 kJ·mol^{-1})的结果较保守

如 3.3.1 小节及 10.4.4 小节所述，知道参考温度下的参考放热速率及保守活化能值，可以外推得到另一温度下的放热速率，由此可以计算出与温度相关的 tmr_{ad}。因此，对式(10.1)进行迭代求解，可得到 tmr_{ad} 为 24 h 的温度(T_{D24})。对式(10.1)的解进行线性回归拟合(图10.8)，可得到动态 DSC 实验(温升速率为 4K·min^{-1})所测得的起始分解温度和 T_{D24} 之间的简单关系(设备检测限为 10 W·kg^{-1})：

$$T_{D24} = 0.7 \cdot T_{(q'=10W\cdot kg^{-1})} - 46 \qquad (10.5)$$

式中，温度的单位为℃。

---

① 对该式进行了勘误。——译者

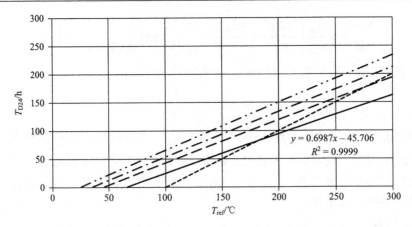

图 10.8　不同活化能 50kJ·mol^{-1}(实线)、75 kJ·mol^{-1}、100 kJ·mol^{-1} 和 150kJ·mol^{-1}，设备检测限为 10W·kg^{-1}，比热容为 1.0 kJ·kg^{-1}·K^{-1} 情况下，得到 T_{D24} 与温度关系的计算结果。点线表示"100K 法则"

该方程可认为是在合理安全裕度的前提下 T_{D24} 的保守预测。然而，作为一个半经验方法，该方程还有待于进一步验证。

10.3.3　"安全"温度确定的经验法则

根据动态 DSC 实验测试的起始分解温度减去一给定的温度"间距"(distance)，来确定安全温度的方法称为"距离法则"(distance rule)。该法则意味着当温度低于安全温度时，反应不再活跃。20 世纪 70 年代初期普遍使用的是 50K 法则，但实践表明其预测结果并不安全，于是安全距离增至 60K，最后增至 100K，具体见文献[4]。100 K 法则指从动态 DSC 实验的"起始分解温度"中减去 100K 得到安全温度。该法则可以通过比较预测值和实验值来验证，Keller 等[5]就 Grewer 和 Klais 所做的大量实验进行了比较，这些实验涉及纯物质[6]、数据未发表的反应混合物及蒸馏残液[7]，这些结果由他们在 Hoechst AG 于 1994～1997 年间测量得到。这些数据包括动态 DSC 实验数据、24h 的绝热分解温度(ADT$_{24}$)(等于由带压绝热实验得到的 T_{D24})等。因此，这对于该法则的验证而言是理想的资料来源，只有当所有的实测值均等于或高于由法则预测得到的 T_{D24} 时，该法则才可认为是有效的。

图 10.9 清楚地表明，50K 法则(点划线)是无效的，有一定数量的实验点落在了代表 100K 法则的虚线下方。因此，简单的距离法则的预测结果是不安全的。在很多情况下，进一步增加"距离"会使安全裕度过大，而这将与很多工艺的经济效益相冲突。

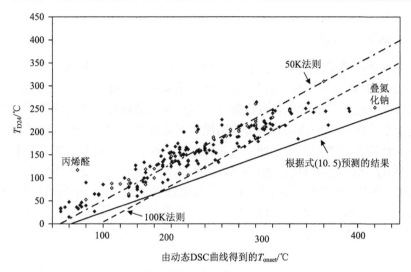

图 10.9　T_{D24} 实验值和 DSC 实验所测起始温度的比较。当实验值都位于预测线上方时，可认为此预测法则是安全的。图中◇代表纯化合物，◆代表反应混合物或蒸馏残液

这种方法[式 (10.5)] 有效性的系统研究[5]是与瑞士联邦技术学院 (ETH)(Zürich) 合作开展的，是建立在动态实验和绝热失控曲线数值模拟的基础上的。模拟采用了不同的反应速率方程：n 级反应级数、连续反应、平行反应和自催化反应。此外，其模拟结果与超过 180 种典型工业化合物、反应物料或蒸馏残液的实验结果进行了比较[8]，见图 10.9。由该图可知，式 (10.5) 所代表的法则为直线 (实线)，所有的实验值均位于该直线上方，且安全裕度也是合理的。因而，该方法虽然保守但安全裕度尚属合理，可以应用于工程实践。①

在最初的研究中，Keller 等[5]采用 20 $W \cdot kg^{-1}$ 的设备检测限和 1.8 $kJ \cdot kg^{-1} \cdot K^{-1}$ 的比热容，得到了与 20 $W \cdot kg^{-1}$、1 $kJ \cdot kg^{-1} \cdot K^{-1}$ 相同的结果，其解释留作读者练习。

根据动态实验中所测起始分解温度来估算 T_{D24} 的方法是可行的，因为 tmr_{ad} 是基于零级反应假设得到的，而在 DSC 放热峰的起始阶段物质转化率近似为零。因此，该方法所计算的放热速率不受速率方程的影响，至少对非自催化反应是如此，所以该方法可用于评估。

由于基线选取对评估影响较大，因此结果只能作为初步近似，并且使用时须十分慎重。该方法不能用于放热从吸热信号开始的情况，因为吸热信号可能由熔融相变引起。此时，分解反应不是由热引发，而是由物理相变引发，而物理行为是不遵循 Arrhenius 定律的。如果估算所得的 tmr_{ad} 接近或者短于 24 h，则强烈建议采用 10.2.4 小节所介绍的方法开展更全面的测试分析。

---

① 对原著中这一段的表述进行了适当的简化。——译者

10.3.4　热稳定性的预测

　　长期以来，热稳定性问题主要依靠测试解决，人们在此基础上渐渐地发现某些类别化合物（官能团）的行为似乎存在某种相关性。Baati 研究了不同类别的化合物，目的在于能单纯地根据化合物的结构信息预测动态 DSC 热谱图[9,10]。在工艺开发的早期阶段，当筛选不同的合成路线或评估有关替代方案时，这种不依赖测试的理论预测方法将有很大帮助。对两种建模方法进行了测试，结果表明，定量构效关系（QSPR）和基团贡献法（GCM）这两种方法可以为安全特性提供有用的预测。其中，GCM 方法主要用于预测 DSC 峰值的形状和位置，从而可以预测 tmr_{ad} 和 T_{D24}。虽然这项技术很有前途，但是其目的并不是为了取代实验研究，而是希望为实验工作的提供帮助。

10.4　T_{D24} 的定量获取方法

　　估算出被评估对象的 T_{D24} 后，如果不能明确得出其处于安全状态的结论，那么需要采用定量方法获取其更准确的 T_{D24}。这么做的目的在于尽可能地"挽救"评估对象，因为相对而言这些定量方法的安全裕量小。

10.4.1　放热速率定量计算的原理

　　为了确定 tmr_{ad}，需要知道 tmr_{ad} 对应温度下的放热速率。根据 Arrhenius 方程，放热速率可以写成温度和反应进度（转化率）的函数：

$$q' = \underbrace{Q' \cdot k_0}_{\text{const}} \cdot \underbrace{\mathrm{e}^{-E/RT}}_{f(T)} \cdot \underbrace{f(X)}_{f(X)} \tag{10.6}$$

　　绝热条件下对 tmr_{ad} 的计算，温度与转化率都随时间而变化。要确定放热速率所需的参数，即活化能和转化率函数，有两种实验方法可以采用：

　　（1）保持温度恒定，让转化率函数发生变化——等温方法；

　　（2）保持转化率函数恒定，让温度发生变化——等转化率方法。

　　这两种方法表述如下。

10.4.2　由等温实验获得 $q' = f(T)$

　　利用量热仪（如 DSC[11]）进行一系列不同温度的等温实验，每条曲线均可获得代表最坏情形的最大放热速率（图 10.10）。应使测试样品尽快达到目标温度，为实现这一目的，在 DSC 实验时，保持参比坩埚位于参比位置，将检测器预先加热至目标温度，然后将试样坩埚放入检测器，一旦达到热平衡就立即开始测试。该过程需要 1～2 min，在这段时间内不能进行测试，但 2min 对于整个实验过程的数小时来说是很短的，因此在测试正式开始之前的物料转化是可忽略的。对此留了一个习题由读者来验证。另外，存在的能量差异可用图解法进行修正。

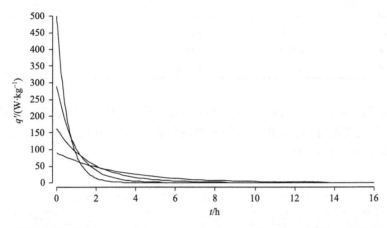

图 10.10　等温温度分别为 170℃、180℃、190℃和 200℃时的 DSC 谱图，测得的最大放热速率分别为 90 W·kg⁻¹、160 W·kg⁻¹、290 W·kg⁻¹和 500 W·kg⁻¹

此外，需要对每个案例进行核实的是由等温热谱图积分得到的总能量与所进行的动态实验得到的总能量是否一致。若不一致，可能是由实验误差引起，或者是反应复杂，采用的实验条件未能引发某步骤所致。此时，为了确定残余能量（residual energy），一个很好的方法是在等温实验结束后将设备冷却，然后再进行动态扫描实验。如果再次扫描的 DSC 曲线很平坦，说明所有热量已在等温过程中释放出来，反之说明尚有残余能量需要通过其他步骤释放。这种方法可确保所测得的最大放热速率是正确的。[①]

就实验工作量而言，除了进行温升速率为 4 K·min⁻¹ 或 5 K·min⁻¹ 的动态筛选实验，还需要在不同温度下进行至少 4 次等温实验。通常说来，第一次等温测试的温度选取动态 DSC 放热开始时的温度。至于其他等温实验，建议在最大比放热速率为 50～500 W·kg⁻¹、测试持续时间为 2～15 h 的合理范围内选取合适温度进行等温测试。

对所测放热速率进行计算便可得到活化能，具体方法是对放热速率的自然对数和绝对温度的倒数（Arrhenius 坐标）的关系进行线性回归，见表 10.1。由线性回归得到的斜率为 12000K 的活化温度（activation temperature，E/R），对应的活化能约为 100kJ·mol⁻¹。

另一种方法是采用图解法对 Arrhenius 坐标图上的点进行分析得到斜率：以放热速率的自然对数为因变量 y、以温度（单位为 K）的倒数为自变量 x 作图。如果

---

① 对原文内容进行了改进。——译者

表 10.1　Arrhenius 坐标中放热速率与温度的函数关系

温度/℃	T/K	$1/T$	$q'/(\text{W}\cdot\text{kg}^{-1})$	$\ln q'$
170	443.15	0.002257	90	4.50
180	453.15	0.002207	160	5.08
190	463.15	0.002159	290	5.67
200	473.15	0.002113	500	6.21

所得到的点均位于一条直线上，表明符合 Arrhenius 定律，且直线的斜率对应于比值 E/R，由此便可得到活化能。为便于观察和说明，图 10.11 中横坐标为 $1/T(\text{K})$，但标记为相应的摄氏温度。

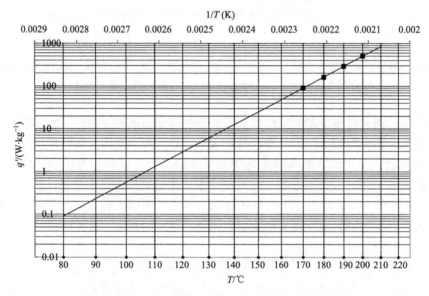

图 10.11　Arrhenius 图。该图显示了测得的放热速率、数据线性拟合及数据的外推情况。横坐标为 $1/T(\text{K})$，但标记为℃

这些方法唯一的共同点是使用了热谱图中的最大放热速率。尽管图解方法本身就简便性、实验工作量及评估时间而言是十分高效的，但它存在信息浪费，未能充分利用所有的有效信息。由于该方法建立在零级近似的基础上，因此从安全角度而言，上述方法得到的结果是保守的。下文将介绍更多复杂的基于热谱图动力学分析的方法。

工作示例 10.1　通过等温 DSC 实验获取 tmr_{ad} 和 T_{D24}

以表 10.1 为例，说明如何由等温 DSC 实验获取 tmr_{ad}。为了简化起见，在计算反应活化能时只采用了两个参考点，即 200℃对应的放热速率为 500 W·kg^{-1}，170℃对应的放热速率为 90 W·kg^{-1}。

$$E = \frac{R \cdot \ln(q_1'/q_2')}{\dfrac{1}{T_1} - \dfrac{1}{T_2}} = \frac{8.314 \times \ln(500/90)}{\dfrac{1}{473} - \dfrac{1}{443}} = 99650\text{J} \cdot \text{mol}^{-1}$$

如果需要估算在较低温度，如 120℃下的 tmr$_{ad}$（假设该温度下的分解动力学不变），我们可将放热速率作为温度的函数，根据上面估算得到的活化能，将温度从 170℃外推至 120℃：

$$q_{(T)}' = q_{ref}' \cdot \exp\left[\frac{E}{R}\left(\frac{1}{T} - \frac{1}{T_{ref}}\right)\right] = 90 \times \exp\left[\frac{99650}{8.314}\left(\frac{1}{120+273} - \frac{1}{170+273}\right)\right]$$

$$= 2.9(\text{W} \cdot \text{kg}^{-1})$$

120℃时的放热速率 2.9 W·kg^{-1}，比热容 1.8 kJ·kg^{-1}·K^{-1}，根据式（10.1）可得到此温度下的 tmr$_{ad}$：

$$\text{tmr}_{ad} = \frac{c_p' \cdot R \cdot T_0^2}{q_0' \cdot E} = \frac{1800 \times 8.314 \times 393^2}{2.9 \times 99650} = 7998\text{s} \approx 2.2\text{h}$$

也可以通过 10.4.4 小节中式（10.12）求得 tmr$_{ad}$ = 24h 时所对应的温度 T_{D24}。因为是一个超越方程，所以必须用图解法或迭代法求解。方程在 8h 和 24h 的解分别为 103℃和 89℃。表 10.2 给出了该分解反应案例的外推放热速率及相应 tmr$_{ad}$。

表 10.2 放热速率、tmr$_{ad}$ 与温度关系

温度/℃	放热速率/(W·kg^{-1})	tmr$_{ad}$ /h
50	0.004	1110
60	0.012	380
70	0.034	144
80	0.091	57
90	0.23	24
100	0.56	10
110	1.3	4.7
120	2.9	2.2
130	6.2	1.1
140	13	0.56
150	25	0.30
160	48	0.16
170	90	0.091
180	163	0.052
190	290	0.031
200	500	0.019

此表可以很容易由电子表单计算得到，并由此迅速确定相关的温度限值。另外，也可根据 van't Hoff 规则"温度升高 10K，反应速率加倍"，得出表 10.3 中的数据。

表 10.3　根据 van't Hoff 规则计算得到的近似值

$T/℃$	170	160	150	140	130	120
$q'/(\text{W}\cdot\text{kg}^{-1})$	90	45	22.5	11.25	5.675	2.8

两种方法的计算结果非常接近。实际上，在 150℃ 左右活化能为 $100\ \text{kJ}\cdot\text{mol}^{-1}$ 的反应，温度每升高 10K 时反应速率为原来的 2 倍。这些方法明确了给定物质的最大允许温度。

10.4.3　由动态实验确定 $q' = f(T)$

在动态实验中，温度和转化率均随时间变化。由于温度随扫描速率变化，所以改变扫描速率，放热峰将随着温度发生变化(图 10.12)。

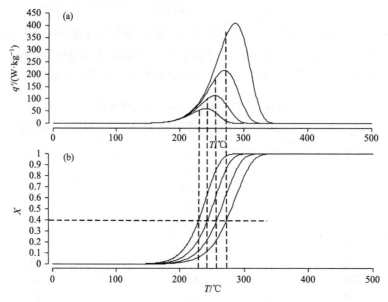

图 10.12　不同扫描速率下的动态 DSC 曲线(升温速率为 $1\ \text{K}\cdot\text{min}^{-1}$、$2\ \text{K}\cdot\text{min}^{-1}$、$4\ \text{K}\cdot\text{min}^{-1}$ 和 $8\ \text{K}\cdot\text{min}^{-1}$)。(a) 为放热速率随温度的变化，(b) 为转化率随温度的变化。虚线表示转化率为 40% 时，放热速率与温度的关系

基于此，可以对热谱图进行动力学分析。如果温度随时间线性变化：

$$T = T_0 + \beta t \tag{10.7}$$

对于一级反应的 DSC 曲线，放热速率[取决于动力学三因子 k_0、E 以及 $n(n=1)$][1]、温度、转化率及反应热之间的关系可以如下表述：

$$q' = k_0 \cdot e^{-E/RT}(1-X) \cdot Q' \tag{10.8}$$

不同时刻 t 时的热转化率可由实验信号和基线之间的面积积分得到：

$$X = \frac{\int_0^t q' \cdot \mathrm{d}t}{\int_0^\infty q' \cdot \mathrm{d}t} = \frac{\int_0^t q' \cdot \mathrm{d}t}{Q'} \tag{10.9}$$

该方程在转化率和反应热之间建立了明确的关系。

过去已有很多学者提出了许多评估方法，如 Borchardt 和 Daniels[12]、Kissinger[13, 14]、Flynn 和 Wall[15, 16]或 Ozawa[17, 18]，后两种方法已经被 ASTM 采纳用于热重方法的动力学评估(E1641-16)。

目前，专业人员可以借助计算机强大的处理能力将等转化率方法(isoconversional method)，如 1966 年提出的 Friedman 微分法[19]，应用于工程实践。其原理是，在不同扫描速率获取的热图中，相同转化率对应的温度不同，放热速率也不同(图 10.12)。因此，可以获得每个转化率 X 所对应的表观指前因子 k_0 和表观活化能 E。该方法可用于反应机理不清楚，因而动力学模型 $f(X)$ 未知的情况。该方法也可用于计算多步反应动力学参数。[2]

这里，Roduit[20-22]开发的商业软件(AKTS)具有强大的评估能力。该软件特别适用于解决热安全问题，并可以基于等转化率方法对复杂 DSC 信号进行动力学分析[23]。其多功能性是由于指前因子和活化能不再被视为常数，而是转化率的函数：

$$\frac{\mathrm{d}X}{\mathrm{d}t} = k_{0(X)} \cdot \exp\left[-\frac{E_{(X)}}{RT}\right]f(X) \tag{10.10}$$

基于上式可知，转化率一定，则 $k_{0(X)} \cdot f(X)$ 为常数，因而无需知道 $f(X)$ 的确切表达式，可直接获取 $k_{0(X)}$、$f(X)$ 的乘积与转化率的关系。也正因如此，该方法被称为无模型(model-free)动力学方法。可以根据实验数据对下列方程进行求解，获得 $k_{0(X)}$ 与 $f(X)$ 的乘积 $k_{0(X)} \cdot f(X)$ 及表观活化能 $E_{(X)}$。

$$\ln\left(\frac{\mathrm{d}X}{\mathrm{d}t_{(X)}}\right) = \ln\left[k_{0(X)} \cdot f(X)\right] - \frac{E_{(X)}}{R} \cdot \frac{1}{T_{(X)}} \tag{10.11}$$

根据上式，通过线性回归，可以由截距得到 $k_{0(X)} \cdot f(X)$，由斜率得到 $E_{(X)}$。变量 $t_{(X)}$、$T_{(X)}$ 表示给定转化率 X 处的时间与温度。

---

[1] 动力学三因子是指前因子、活化能及机理函数。这里将分解反应机理函数视为反应级数 $n=1$。——译者
[2] 从本段开始到 10.4.3 小节结束，对原著在表述易懂性及逻辑等方面进行了改进。——译者

该软件可以适应不同的量热方法，因为输入的是时间、温度和反应速率或进度的数组。利用式(10.11)对每个转化率 X 进行求解，可以设置转化率步长 ΔX 任意小，这种方法可以获得 $k_{0(X)} \cdot f(X)$、$E_{(X)}$ 与转化率 X 的关系。此外，该软件还可以进行复杂的数据处理。例如，如果采用等转化率方法，那么首先需要对热流信号的基线构建进行一致性检验(consistency test)：若反应机理中不同反应路径对反应热的贡献与温度无关，则对基线扣除后的热流信号积分得到的反应热数值应该恒定。可以通过优化基线实现反应热值的恒定性。如果数据缺乏一致性，则会发出警告。

开发 AKTS 软件的初衷之一在于对任意温度时程曲线 $T(t)$ 对应的转换率进行预测。因此，其模拟计算充分考虑了反应系统在不同条件下的热平衡，这些条件包括等温、绝热、变温(如气候变化或昼夜循环)等温度环境，以及液体传热对流及固体热传导等不同的传热机制。正因如此，该软件能对最大反应速率到达时间进行有效的评估[24]，这对于热积累问题的解决(第 12 章)①、反应性物质寿命的预测[25-27]，甚至自加速分解温度(SADT)的确定都非常有用。

使用该软件所需要开展的实验至少包括 4 种不同温升速率($0.5 \sim 10 \text{ K} \cdot \text{min}^{-1}$)下的动态实验。此外，根据国际热分析和热量联合会(International Confederation for Thermal Analysis and Calorimetry，ICTAC)动力学委员会[28]的建议，最好再进行一个等温实验，并以此作为基于动态实验的动力学计算结果可靠与否的一个验证。正确的动力学参数可以很好地预测等温测试的放热速率及最大放热速率达到时间等。

在对模型质量进行验证前考虑选择何种条件进行等温实验时，需要充分考虑被研究反应的性质。因为反应的内在特性，如反应速率、反应进程对时间或温度的依赖性类别(是否具有自催化特性)会显著影响等温实验最优温度范围的选择。实际上，可以基于非等温条件建立的模型进行数值预测，从而辅助我们选择并确定适当的等温实验条件。

10.4.4　T_{D24} 的确定

一旦比放热速率与温度的关系($q'_{(T)}$)已知，便可以获得 tmr_{ad} 与温度的关系：

$$\text{tmr}_{ad} = \frac{c'_p \cdot R \cdot T^2}{q'_{(T)} \cdot E} \tag{10.12}$$

式(10.12)中，给定 $\text{tmr}_{ad} = 24\text{h}$，便可以求解得到 T_{D24}。由于该方程为超越方程，因此需要进行迭代求解。AKTS 软件的等转化率方法可以给出图 10.13 所示

---

① 本书第 12 章为热累积(heat accumulation)，对应于该书第一版第 13 章的"传热受限(heat confinement)"。——译者

的热安全图。

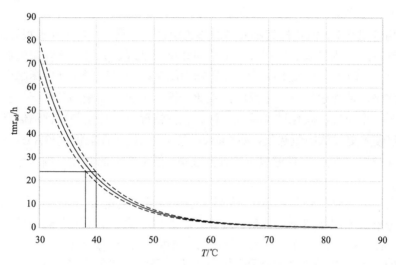

图 10.13　tmr_{ad} 与温度的关系。虚线为绝热温升 ΔT_{ad} 误差 10%时的置信区间，实线代表 T_{D24}

10.5　热稳定性评估实践

10.5.1　复杂反应

前面介绍的方法假设反应为与零级速率方程类似的简单反应(等转化率方法除外)。然而，实际所记录的热分析曲线往往显示多峰乃至重叠峰的复杂行为。这一现象揭示了一个更为复杂的动力学机理，而这不可以仅通过一个速率方程来描述。此外，所涉及不同步骤反应的活化能也可能不同，这使得外推结果存在风险(图10.14)。在不同的温度范围内，主导反应速率的步骤可能不同，从而导致不同的

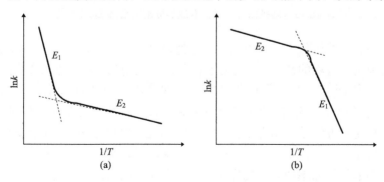

图 10.14　速率常数的对数与温度倒数的关系，显示了不同温度范围内反应控制步骤的改变
(a)根据 DSC 测试得到高温下反应具有高的活化能，由此向低温区外推，结果是不安全的；(b)DSC 测试表明高温下反应具有低的活化能，由此向低温区外推，结果可能过于保守

表观活化能与温度的函数关系(参见 2.2.2 小节),这点必须在评估引发二次反应的可能性时予以考虑。

采用等温法时,需要检查不同等温热谱图是否一致。若放热峰被很好地分离,对于连续反应,则可以对这些分离出来的峰单独处理,并可以将获得的放热速率分别外推,从而用于 tmr$_{ad}$ 的计算。在较低温度活跃的反应将会使体系温度升高到一定的水平,从而引发第二个反应,依此类推。因此,在绝热条件下,一个反应会引发另一个反应,就像链式反应一样。某些情况下,特别是在评估储存稳定性时,建议使用更灵敏的量热仪,如 Calvet 量热仪或热活性监测仪(TAM)(参见 4.3节和图 4.13),以确定较低温度下的放热速率,便于在大的温度范围内进行可靠的外推。

在研究固体物料的热稳定性时,另一个典型且特别重要的情形是动态 DSC 测试中的分解峰紧跟在熔融峰之后的现象(图 10.15)。此时,虽然分解反应发生在液相中,但必须对固相的分解情况进行评估。如果采用(动态 DSC 的)放热峰来确定低温下的 tmr$_{ad}$,相当于使用液态分解的动力学参数来评估固体的稳定性,这可能会导致严重错误[29]。在这种情况下,可通过 TAM(4.3.3 小节)等高灵敏度量热仪来研究物料的固相分解动力学。

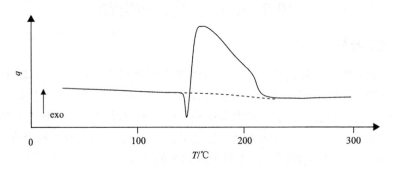

图 10.15　熔融信号后紧接着放热分解的动态 DSC 谱图

上文提到的等转化率法可以很方便地处理复杂反应,这是由于将指前因子和活化能视为反应进程的函数,是可变的、表观的。因此,隐含地考虑了多个反应。

需要记住的是,T_{D24} 的获取以动力学为基础,有关动力学的研究应遵循 ICTAC 给出的建议。这些建议旨在避免被测样品内部出现热量累积(传热受限)。当采用等转化率方法结合动态 DSC 测试研究高能物料(energetic material)时,扫描速率不应超过 $10 \, K \cdot min^{-1}$,且应采用耐压密闭坩埚进行测试,样品量应不超过 4 mg。更高的扫描速率或更大的样品量可能会在样品内部产生温度梯度,从而导致反应动力学参数不准并导致错误的(预测)结果。这样的测试应由经过适当培训的专门的技术人员进行[30]。

10.5.2 测试及评估质量的评价

采用微量热法研究热稳定性始于 20 世纪 70 年代初,至今一直随着实验技术、仪器设计和结构、评估方法等相关科学领域的发展而不断创新。如今可用的工具非常丰富,从简单的单点外推,到 4～5 个温度点的等温实验,再到使用数千个点的等转化率方法等。

然而,这些强大的评估方法需要我们在进行实验时格外谨慎。若实验因系统误差或样品制备技术不佳而产生偏差,则再先进的评估方法也将毫无用处。此外,避免二次分解反应通常需要对此类反应中发生的现象有深刻的理解,这通常不能仅靠某一项技术,而应通过不同的实验或评估方法的组合才能解决。

10.6 习 题

10.6.1 某重氮化工艺的浓度变更

在某重氮化反应工艺中,增加反应物浓度时引起了严重爆炸(见第 4 章的案例)。图 10.16 显示了相应的热谱图。该热分析图中反应混合物的扫描速率为 $4\,K \cdot min^{-1}$,工艺温度为 45℃。负责该工艺的化学工程师在实验室中用 200 mL 带搅拌的三口烧瓶进行了该实验。他记录了反应温度和重氮化时的水浴温度,水浴和反应物料的温度都保持在 45℃,没有观察到任何温差。

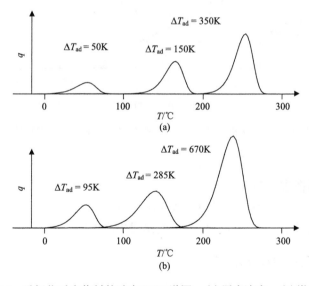

图 10.16　重氮化反应物料的动态 DSC 谱图。(a)原来浓度; (b)增大浓度

问题：

(1)对热谱图进行解释。

(2)为什么最初的工艺能正常运行？

(3)尽管在上述实验中没有温度的差异，但为什么还是发生了爆炸？

10.6.2　某工艺的热风险评估

某反应在 80℃进行，两张相关的 DSC 谱图见图 10.17(动态扫描速率为 4 $K \cdot min^{-1}$)。图 10.17(a) 为反应物在室温下混合后测得的热分析图，其中有一种反应物在室温下为固态；图 10.17(b) 为最终反应物料的热分析图。反应物料比热容为 $c_p' = 1.7$　$kJ \cdot kg^{-1} \cdot K^{-1}$。

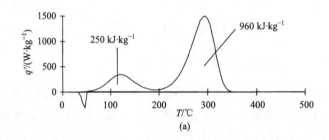

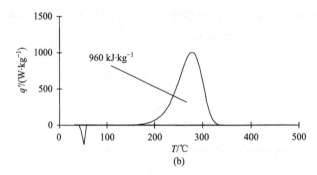

图 10.17　室温下混合的反应物(a)和最终反应物(b)的 DSC 的谱图

问题：

(1)对热谱图进行解释；

(2)对该工艺工业操作过程的热风险进行评估；

(3)你认为该工艺是否可以采用间歇模式生产？

10.6.3　最终反应物料的热风险评估

习题 10.6.2 中最终反应物料样品采用等温 DSC 进行测试，等温温度为 190℃。

DSC 曲线显示了一个单调递减[①]的放热峰，总的放热量为 $960\,kJ\cdot kg^{-1}$。放热开始时的放热速率最大，为 $40\,W\cdot kg^{-1}$。

合成反应失控后能达到的最高温度(MTSR)为 130℃，比热容为 $1.7\,kJ\cdot kg^{-1}\cdot K^{-1}$。

问题：

(1) 从这些实验能获得什么信息(两个定量及一个定性)？

(2) 评估该最终反应物料失控后的严重度。

(3) 评估 MTSR 时的 tmr_{ad}。提示：采用 van't Hoff 规则，即温度升高 10K 反应速率加倍。$tmr_{ad} = 8h$ 时对应的比放热速率为 $1.0\,W\cdot kg^{-1}$。

(4) 评估最终反应物料失控的热风险。

(5) 该反应放大前，你有何建议？

10.6.4 等温 DSC 获取反应料液的 T_{D24}

在 175～195℃的温度范围内，采用等温 DSC 方法对示例取代工艺的最终反应物料进行测试，分解能量均接近 $1150\,kJ\cdot kg^{-1}$。结果汇总如下：

温度/℃	175	180	185	190	195
放热速率/($W\cdot kg^{-1}$)	120	190	300	460	700

问题：

请确定 T_{D24}。提示：最好采用电子表单解题。

参 考 文 献

1 CSB(1999). Case Study the Explosion at Concept Sciences: Hazard of Hydroxylamine. US Chemical Safety and Hazard Investigation Board.

2 Nolan, P.F. and Barton, J.A.(1987). Some lessons from thermal runaway incidents. Journal of Hazardous Materials 14: 233–239.

3 Barton, J.A. and Nolan, P.F.(1991). Incidents in the chemical industry due to thermal-runaway chemical reactions. In: Safety of Chemical Batch Reactors and Storage Tanks(eds. A. Benuzzi and J.M. Zaldivar), 1–17. Brussels and Luxembourg: ECSC, EEC, EAEC.

4 Collective-Work, Kommission für Anlagensicherheit(2007). TRAS 410 Erkennen und Beherrschen exothermer chemischer Reaktionen. Bundesanzeiger 59(151a): 1–28.

5 Keller, A., Stark, D., Fierz, H. et al.(1997). Estimation of the time to maximum rate using dynamic DSC experiments. Journal of Loss Prevention in the Process Industries 10(1): 31–41.

[①] 原文为 "uniformly decreasing" 应理解为 "单调递减"。——译者

6   Grewer, T.(1994). Thermal Hazards of Chemical Reactions, Industrial Safety Series, vol. 4. Amsterdam: Elsevier.

7   Pastré, J.(2000). Beitrag zum erweiterten Einsatz der Kalorimetrie in frühen Phasen der chemischen Prozessentwicklung. PhD thesis. ETH-Zürich, Zürich.

8   Pastré, J., Wörsdörfer, U., Keller, A., and Hungerbühler, K.(2000). Comparison of different methods for estimating TMRad from dynamic DSC measurements with ADT 24 values obtained from adiabatic Dewar experiments. Journal of Loss Prevention in the Process Industries 13(1): 7–17.

9   Baati, N., Nanchen, A., Stoessel, F., and Meyer, T.(2015). Predictive models for thermal behavior of chemicals with quantitative structure-property relationships. Chemical Engineering and Technology 38(4): 645–650.

10   Baati, N., Nanchen, A., Stoessel, F., and Meyer, T.(2016). Thermal stability predictions for inherently safe process design using molecular-based modelling approaches. In: Chemical Engineering Transactions(eds. E. de Rademaeker and P. Schmelzer), 517–522. AIDIC The Italian Association of Chemical Engineering.

11   Gygax, R.(1993). Thermal Process Safety, Data Assessment, Criteria, Measures(ed. ESCIS), vol. 8. Lucerne: ESCIS.

12   Borchardt, H.J. and Daniels, F.(1975). The application of differential thermal analysis to the study of reaction kinetics. Journal of the American Chemical Society 79: 41–46.

13   Kissinger, H.E.(1956). Variation of peak temperature with heating rate in differential thermal analysis. Journal of Research of the National Bureau of Standards 57: 217–221.

14   Kissinger, H.E.(1959). Reaction kinetics in differential thermal analysis. Analytical Chemistry 29: 1702.

15   Flynn, J.A. and Wall, L.A.(1966). A quick and direct method for the determination of activation energy from thermogravimetric data. Journal of Polymer Science Part B: Polymer Letters 4: 323–328.

16   Flynn, J.A. and Wall, L.A.(1967). Initial kinetic parameters from thermogravimetric rate and conversion data. Journal of Polymer Science Part B: Polymer Letters 5: 191–196.

17   Ozawa, T.(1965). A new method for analyzing thermogravimetric data. Bulletin of the Chemical Society of Japan 38: 1881.

18   Ozawa, T.(1970). Kinetic analysis of derivative curves in thermal analysis. Journal of Thermal Analysis 2: 301.

19   Friedman, H.L.(1966). Kinetics of thermal degradation of char forming plastics from thermogravimetry. Application to a phenolic plastic. Journal of Polymer Science Part C: Polymer Symposia 6: 183–195.

20   Roduit, B.(2002). Prediction of the progress of solid-state reactions under different temperature modes. Thermochimica Acta 388(1–2): 377–387.

21   Roduit, B., Borgeat, C., Berger, B. et al.(2005). Advanced kinetic tools for the evaluation of

decomposition reactions. Journal of Thermal Analysis and Calorimetry 80: 229–236.

22 AKTS (2019). AKTS-Thermokinetics Software Version 5.1. Available online: http://www.akts. com/thermokinetics.html (accessed 22 July 2019).

23 Roduit, B., Folly, P., Berger, B. et al. (2008). Evaluating SADT by advanced kinetics-based simulation approach. Journal of Thermal Analysis and Calorimetry 93 (1): 153–161.

24 Roduit, B., Dermaut, W., Lunghi, A. et al. (2008). Advanced kinetics-based simulation of the time to maximum rate under adiabatic conditions. Journal of Thermal Analysis and Calorimetry 93 (1): 163–173.

25 Roduit, B., Borgeat, C., Berger, B. et al. (2005). The prediction of thermal stability of self-reactive chemicals, from milligrams to tons. Journal of Thermal Analysis and Calorimetry 80: 91–102.

26 Roduit, B., Xia, L., Folly, P. et al. (2008). The simulation of the thermal behavior of energetic materials based on DSC and HFC signals. Journal of Thermal Analysis and Calorimetry 93 (1): 143–152.

27 Roduit, B., Luyet, C.A., Hartmann, M. et al. (2019). Continuous monitoring of shelf lives of materials by application of data loggers with implemented kinetic parameters. Molecules 24: 2217.

28 Vyazovkin, S., Chrissafis, K., Di Lorenzo, M.L. et al. (2014). ICTAC Kinetics Committee recommendations for collecting experimental thermal analysis data for kinetic computations. Thermochimica Acta 590: 1–23.

29 Roduit, B., Hartmann, M., Folly, P. et al. (2014). Determination of thermal hazard from DSC measurement. Investigation of self-accelerating decomposition temperature. Journal of Thermal Analysis and Calorimetry 117: 1017–1026.

30 TÜV SÜD Process Safety (2019). Laboratory testing. https://www.tuev-sued.ch/ch-en/activity/ laboratory-testing (accessed 7 August 2019).

11 自催化反应

典型案例：DMSO 回收

二甲亚砜(DMSO)是一种非质子极性溶剂(aprotic polar solvent)，常用于有机化学物质的合成中。它的热稳定性有限，所以通常采取预防措施以避免其分解放热。它的分解热约为 500 J·g^{-1}，对应的绝热温升大于 250 K。

在某中试工厂合成试验中需用到此溶剂，但发现其已被溴烷污染。于是，对该溶剂进行化学分析和热分析，由此确定了回收的安全条件，即在间歇真空蒸馏时载热体的最高温度为 130℃，这样的条件既能满足产品质量要求又能满足安全操作要求。由于最初计划的第二步反应被推迟，于是该溶剂暂存于桶中待用。

一年后，中试工厂又需要用到 DMSO，便决定蒸馏回收纯溶剂。然而在对搅拌容器(4m^3)抽真空时发现难以达到预期的真空度，于是操作者对该系统进行排查以确定是否存在泄漏，有人注意到真空泵的排气口有硫化物的气味，其认为真空泵的油可能被污染了，于是决定更换真空泵的油。为此，关闭蒸馏装置，并将容器与蒸馏系统分离，同时蒸馏系统被置于常压下以更换真空泵油。30min 后，容器发生爆炸，导致大量原料损失及设备破坏，并有一名操作人员被破片击伤。

事故分析显示：

(1)对所储存的尚未蒸馏的 DMSO 再次进行了热分析，结果表明，与储存之前的分析结果相比，该材料的热稳定性已经大大降低。

(2)DMSO 的分解是自催化的结果。储存时，缓慢产生的分解产物能催化分解反应，从而导致分解反应的诱导时间(induction time)缩短，以至于 130℃时的诱导期仅为 30min。

经验教训

(1)对于自催化的分解反应，即使是很缓慢的分解也会对物质热稳定性产生很大影响。因此，时间因素十分重要。

(2)应对能反映实际工艺条件的样品进行热分析。

引言

本章 11.1 节首先介绍一些基本定义，描述自催化反应的行为、反应机理及其现象；11.2 节深入分析自催化反应的特征；11.3 节围绕自催化反应 tmr$_{ad}$ 的获取进行说明；11.4 节就如何在工业环境中控制此类反应给出一些提示。

11.1 自催化分解

自催化分解在精细化工中很常见[1]。由于它们容易受到未知的外部影响而被意外引发，并伴随着热量的突然释放，因此这类反应十分危险[2]，且很难预测。此类反应动力学特殊、热量释放突然、反应剧烈，且破坏力强，为此专门用一章来进行研究是很有意义的。

11.1.1 定义

11.1.1.1 自催化

自催化反应的定义有几种说法：

反应产物在反应过程中充当催化剂的反应被称为自催化反应[3]。

自催化反应是一类产物作为催化剂的化学反应。在此类反应中，可观察到反应速率从初始状态开始随着时间而增加[4]。

实际上，在大多数反应机理中，反应速率和反应产物浓度成比例。因此，"自加速反应(self-accelerating reaction)"这一定义将更适合，但为了简便起见，我们仍采用"自催化"这一术语。当然，使用的"自催化"这个词并不意味着任何分子机理层面上的含义。

11.1.1.2 诱导期

诱导期是样品自初始反应温度至其反应速率达到最大值所经历的时间，实际工作中，必须考虑两种诱导期：等温诱导期和绝热诱导期。等温诱导期是指在等温条件下反应达到其最大速率的时间，一般可由 DSC 或 DTA 测得。等温诱导期假定放热可通过适当的热交换系统移出，该诱导期由反应生成的催化剂所导致，因此它是等温温度的指数函数。这样，以诱导期的自然对数与绝对温度倒数作图，可以得到一条直线。而绝热诱导期指在绝热状态下反应到达最大速率的时间 tmr_{ad}，它可由绝热量热法或动力学参数计算得到。若热量瞬间释放，导致温度剧升，这样的诱导期也可以视为绝热诱导期[①]。通常，绝热诱导期比等温诱导期短。

---

① 对于一些高能物料，能量释放速率极快，持续时间极短，以至于完全可以忽略与环境的热交换。此过程可以视为绝热过程。——译者

11.1.2　自催化反应的行为

反应常常遵循 n 级反应动力学规律，等温情况(样品温度保持恒定)下，放热速率随时间单调下降。但自催化分解反应的行为不同——反应随时间延长而加速。放热速率达到最大值后开始下降(图 11.1)，得到一条钟形的(bell-shaped)放热速率曲线和 S 形的转化率曲线。加速阶段通常经过一个没有放热信号的诱导期，此时观察不到明显的热转化。通过等温量热实验(如 DSC 实验)，可立即知道发生的是 n 级反应还是自催化反应。

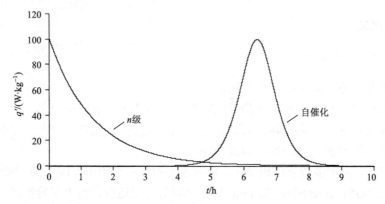

图 11.1　自催化反应和 n 级反应的对比，实验条件为 200℃的等温 DSC 实验。两个反应的最大反应速率均为 100 W·kg^{-1}，自催化反应中的诱导期导致反应过程延迟

绝热失控的情况下，这两种反应将产生完全不同的温度-时间曲线。对于 n 级反应，冷却失效后温度立刻上升；而自催化反应的温度在诱导期内很稳定，然后突然剧烈上升，见图 11.2。

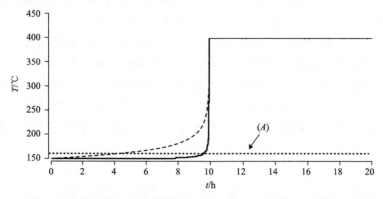

图 11.2　从 150℃开始保持绝热状态的自催化反应(实线)和 n 级反应(虚线)。两个反应具有相同的绝热诱导期(tmr$_{ad}$ 均为 10h)。如果报警温度水平设置为 160℃(点线)，n 级反应在 4h15min 后达到该报警水平；而自催化反应需经过 9h35min

因为等温条件下，n 级反应在初始温度时便达到其最大放热速率，而自催化反应没有出现放热或者放热非常微弱，所以温度升高被推迟。只有在经历诱导期，反应速率足够快，至一定程度后才检测到温度升高。此后，由产物浓度和温度上升共同作用导致的加速行为将变得非常剧烈。

这对于应急措施的设计具有重大意义。为了防止失控可以设置温度报警这样的技术措施，如设置一个高于工艺温度 10K 的报警温度，这对 n 级反应很有效，因为将在大约 1/2 tmr_{ad} 时发出警报。然而，自催化反应的加速不仅与温度有关，还与时间有关，其温度上升非常急速。在图 11.2 自催化反应的例子中，报警温度并不能起到什么效果，因为即使接到警报也没有足够的时间来采取应对措施了(从报警到失控的时间仅为几分钟)。因此，判断分解反应是否具有自催化性质非常重要，也即采取的安全措施必须要与具体的反应性质相匹配。

11.1.3 自催化反应的速率方程

文献[2,5-9]介绍了许多自催化反应模型，这里介绍 3 种：Prout-Tompkins 模型[8]、Benito-Perez 模型[6]和一个源于柏林学院(Berlin school)的模型[1,10,11]。这些模型用简单的方法描述了反应现象，在实践(尤其是工艺安全的实践)中经常用到。

11.1.3.1 Prout-Tompkins 模型

Prout-Tompkins 模型(文献[8])提出时间最早，也最简单，因为它仅建立在一个反应和一个速率方程的基础上，即：

$$A + B \xrightarrow{k} 2B \text{ 和 } -r_A = \frac{-dC_A}{dt} = k \cdot C_A \cdot C_B \tag{11.1}$$

由于反应速率与产物浓度成比例，所以产物形成的同时反应加速，直至反应物浓度下降。基于这个原因，在等温条件下，反应先加速到达最大值，然后速率下降(图 11.3)。

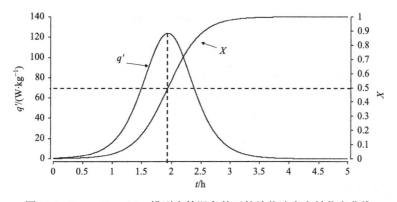

图 11.3 Prout-Tompkins 模型在等温条件下的放热速率和转化率曲线

速率可表示为转化率的函数：

$$\frac{\mathrm{d}X}{\mathrm{d}t} = \dot{X} = k \cdot X \cdot (1 - X) \tag{11.2}$$

该表达式描述了转化率与时间的 S 形关系曲线，这可以视为自催化分解的一个特征。等温条件下，转化率为 0.5 时可得到最大反应速率及相应的最大放热速率：

$$\frac{\mathrm{d}\dot{X}}{\mathrm{d}X} = 1 - 2X = 0 \Rightarrow X = 0.5 \tag{11.3}$$

动力学常数可由等温条件下所测得的最大放热速率计算得到：

$$k = \frac{4 \cdot q'_{\max}}{Q'} \tag{11.4}$$

该模型给出了一个对称的峰，峰值出现在转化率为 50% 处。而对于实际过程中常常出现不对称峰的情形，不能套用此模型。此外，为了使体系有一个不至于为零的反应速率，产物 B 必然已存在于反应物料中。所以，为了描述反应物料的行为，必须知道 B 的初始浓度 (C_{B0}) 或初始转化率 (X_0)。这也意味着反应体系的行为取决于其热履历 (thermal history)，也即取决于给定温度下的暴露时间 (time of exposure)。这个简单模型需要 3 个参数：频率因子、活化能和初始转化率。为了能利用该模型预测自催化反应的绝热行为，必须根据实验测试结果拟合得到该模型的上述 3 个参数。

11.1.3.2 Benito-Perez 模型

Benito-Perez 模型[6]包括最初反应(称为引发反应)，形成产物，产物进入自催化反应等过程，该模型中的自催化反应与上述 Prout-Tompkins 模型类似。该过程的动力学模型可描述为

$$\begin{aligned}
& \nu_1 A \xrightarrow{k_1} \nu_1 B \\
& \nu_2 A + \nu_3 B \xrightarrow{k_2} (\nu_3 + 1)B \\
& -r_A = k_1 C_A^{a_1} + k_2 C_A^{a_2} C_B^b
\end{aligned} \tag{11.5}$$

该模型包括 8 个参数：2 个频率因子、2 个活化能、3 个反应级数和 1 个初始转化率。常使用该模型如下的简化形式(所有反应级数均视为 1)：

$$\begin{aligned}
& A \xrightarrow{k_1} B \\
& A + B \xrightarrow{k_2} 2B \\
& -r_A = k_1 C_A + k_2 C_A C_B
\end{aligned} \tag{11.6}$$

于是速率方程变为

$$\frac{\mathrm{d}X}{\mathrm{d}t} = k_1(1-X) + k_2 X(1-X) \tag{11.7}$$

该模型具有通用性,可用于描述大量自催化反应[5]。引发反应缓慢的自催化称为"强自催化(strong autocatalytic)"。因为引发反应速率低,生成产物慢,所以等温条件下的诱导期长。这样的体系,初始放热速率很低或几乎为零,反应可能进行了相对较长的一段时间也难以被检测到(图 11.4)。一旦反应加速,其加速显得非常突然,可能导致失控。强自催化反应形式上与 Prout-Tompkins 机理类似。

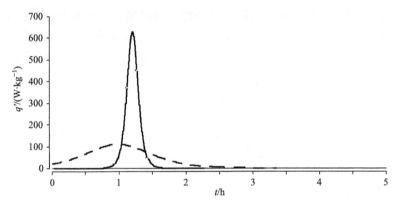

图 11.4 强自催化反应(实线)和弱自催化反应(虚线)的比较。图为 200℃的等温 DSC 曲线。强自催化反应的初始放热速率几乎为零

若引发反应较快,在较早阶段就可检测到体系的初始放热速率,这样的体系被称为"弱自催化"反应。

11.1.3.3 柏林模型

在德国文献[1,11,12]中常提到另一个速率方程,即:

$$\frac{\mathrm{d}X}{\mathrm{d}t} = k(1+PX)(1-X) \tag{11.8}$$

参数 P 称为自催化因子(autocatalytic factor),$P=0$ 时,反应为简单的一级反应。随着 P 的增加,自催化特征变得越来越明显。

通过设定 P 值为如下形式,可以发现该模型相当于 Benito-Perez 模型:

$$P = \frac{k_2 C_{A0}}{k_1}$$

这对应于简化的 Benito-Perez 模型(两步反应具有相同的活化能和指前因子,所有的反应级数均等于 1),但由于 P 是两个速率常数的比值,且分解反应的两个

步骤并不具有相同的活化能，因此 P 是温度的指数函数。

该模型简单、通用，有助于自催化反应现象的研究。

11.1.4　自催化反应现象

采用绝热温度时间关系预测 tmr_{ad} 时，会发现不同因素会对自催化反应的行为产生很大影响。这些影响可用柏林模型采用数值模拟的方法给出。

自催化程度越高，tmr_{ad} 越短(图 11.5)，这对工艺安全有着实际的影响：对于非自催化反应，若设定的报警温度高于其初始温度 10℃，则警报在约 1/2 tmr_{ad} 时被触发，此时留有足够的时间可以采取各种应对措施，但此时间会随着自催化程度的增加而减少，因此警报触发将被大大延迟。此外，自催化反应对催化因素(如物质中存在的杂质等)很敏感，因此，处理自催化反应时，必须了解产物的品质或纯度。

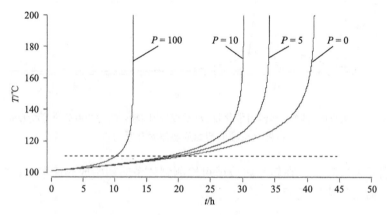

图 11.5　不同 P 值(0、5、10 和 100)情况下，自催化程度对绝热温度时间关系的影响。初始温度均为 100℃，虚线为报警温度 110℃

因为反应产物对反应起催化作用，所以产物的初始浓度对 tmr_{ad} 也有很大的影响[13]。例如，就图 11.6 而言，初始转化率为 10%就会导致 tmr_{ad} 缩短一倍。这同样对工艺安全有着直接的意义：因为物质在一定温度下暴露一段时间将增加产物的初始浓度，所以物质的热履历有可能导致类似于图 11.5 的结果。显然，存在自催化分解倾向的物质对污染、热履历等外部影响是很敏感的。这对于工业应用及分解反应的实验表征都是很重要的,所选择的样品必须是工业条件下的典型代表,或者必须对多个样品进行分析。

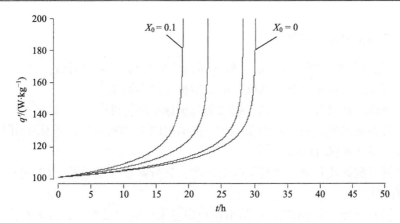

图 11.6 不同初始转化率对绝热温度时间曲线造成的影响。数值模拟所用参数：$P=10$，初始转化率 X_0 分别为 0、0.01、0.05 和 0.1

11.2 自催化反应的鉴别

自催化反应对杂质和热履历敏感，且仅靠温度报警不能起到有效保护的事实，迫使人们不得不对反应(主反应或二次反应)是否属于自催化反应进行鉴别。鉴别工作最好遵循复杂性递增原则(the principle of increasing complexity)或简单安全原则(KISS 原则)，即从简单实验开始，只有当简单实验不能给出明确诊断时，才进行更复杂和耗时的实验。鉴别程序如图 11.7 所示，本节以此展开。

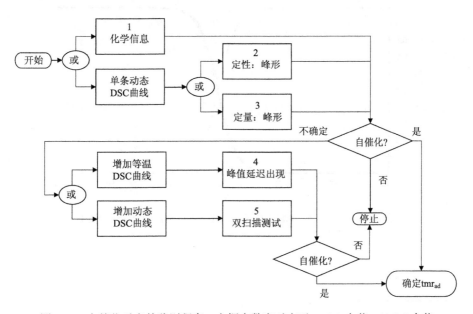

图 11.7 自催化反应的鉴别程序。方框中数字对应于 11.2.1 小节～11.2.5 小节

11.2.1　自催化的化学信息

现已知晓有些类别化合物的分解遵循自催化机制，其中包括：

(1)芳香族硝基化合物：其确切的反应机理尚不清楚[1]。

(2)单体：其聚合反应体现了强烈的自加速反应特性[14,15]。

(3)芳香胺的氯化物：其缩聚反应生成的 HCl 对缩聚反应有催化作用[16]。

(4)二甲基亚砜(DMSO)[17]。

(5)氰尿酰氯及其单、双基取代衍生物：其分解反应生成的 HCl 对反应本身起催化作用[2]。

(6)偶氮双异丁腈(AIBN)：常用作自由基聚合的引发剂，其分解行为遵循自催化机理。

稳定性差的官能团，如 N-氧化物、三唑和肟，常常表现出自催化行为。此外，有机合成中经常用作保护基的磺酸酯(甲磺酸酯、甲苯磺酸酯)表现出强烈的自催化特性。对于这些物质，强烈建议检查其分解的自催化特性。

可通过等温老化(isothermal aging)和定期取样进行化学分析来检测自催化分解。反应物浓度在整个诱导期内基本保持恒定，诱导期快结束时开始降低(图11.8)，这是自加速或自催化行为的特征。也可用热分析方法(如动态 DSC 或其他量热方法)代替化学分析进行表征，在热分析方法中，自催化分解的起始温度随老化时间(aging time)的延长而降低。①

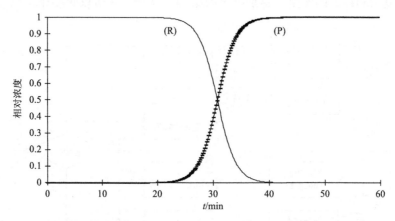

图 11.8　浓度随时间的变化关系。R 为反应物，P 为反应产物

---

① 对原文的表述进行了延伸与完善。——译者

11.2.2 动态 DSC 曲线峰形的定性鉴别

对有经验的用户而言，动态模式下热筛选的实验结果也可以给出一些线索：大多数情况下，自催化反应在热分析谱图中会体现出狭窄的信号且伴随着高的放热速率(图 11.9)。然而，动态(程序控制升温)的 DSC 或 DTA 方法只能反映分解反应自催化属性的倾向性，通常需要通过等温实验进行确认。

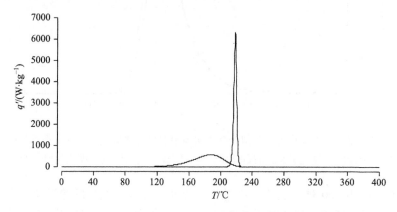

图 11.9 动态 DSC 曲线显示的自催化反应(尖锐的锋)和 n 级反应(平缓的峰)的峰形差异

图 11.9 中给出的示例 n 级反应和自催化反应在 200℃ 的等温测试时有相同的放热速率 100 W·kg^{-1}，反应的活化能和分解热也相同，分别为 100kJ·mol^{-1} 及 500J·g^{-1}。由图可见，在动态 DSC 测试中，自催化反应的峰非常明显地向高温区偏移，这很容易导致错误且具很大误导性的结论，即认为自催化反应的样品比 n 级反应的样品更稳定。这是对自催化分解反应进行更深层次测试的原因。此外，动态测试显示自催化反应的最大放热速率远大于 n 级反应。

11.2.3 峰形的定量表征

自催化反应的峰形尖锐而狭窄且伴有很高的最大放热速率，这似乎可以通过定量的方法来描述。对此，最初的尝试是测试峰的高度和宽度，并用它们的比值来判断反应是否为自催化反应。该方法看似简单，但缺点是仅用到了描述放热峰的少量的数据点，因而，这种评估方法的统计学意义不大。

为此，瑞士安全技术与保障研究所(Swiss Institute for The Promotion of Safety and Security，SWISSI)提出了一种更加有效且具有更高统计学意义的方法[18]。事实上，反应(或放热峰)初期决定了绝热条件下反应物料的行为。所以，可采用一个简单的一级反应模型，通过调整活化能和频率因子这两个参数，对峰的开始阶段进行拟合(图 11.10)。其中，活化能为表观活化能，体现了峰的陡度(steepness)，即表观活化能越高，反应的自催化可能性越大。

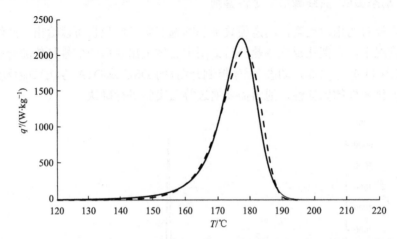

图 11.10　采用一级反应动力学拟合动态实验中的自催化放热峰。其表观活化能为
280kJ·mol⁻¹，体现了反应的自催化性质。实线为实测曲线，虚线为拟合曲线

该方法已用 100 种以上的物质进行了验证，并且与经典的等温实验的研究结果进行了比较。表观活化能高于 220 kJ·mol⁻¹ 的样品，在等温实验中 100%显示了其自催化的特性。该方法可用于筛选，便于从其他需要用等温实验研究的反应中清晰地甄别出自催化反应，降低了采用等温实验的次数。

当然，程序升温的 DSC 或 DTA 测试仅能给出分解反应自催化性质的一些启示，既不能通过它们研究热履历和污染物的影响，也不能从单一的实验中获得动力学参数。

11.2.4　双扫描法

自催化反应的一个特性是其对热履历敏感。可以对该特性加以利用，有意使样品老化，即将样品置于高温环境中一段时间，然后测量老化对反应过程的影响。这可利用将同一物质的多个样品在炉膛中老化的不同时间，然后通过 DSC 对其测试来实现。老化后，放热峰可能会明显地向低温方向移动，移动的幅度取决于物料的自催化行为。对于自催化程度高的反应，即使在老化过程中反应进度很低以至于难以察觉（低于 1%），也会产生低温方向的移动。通常说来，程度如此低的分解仅仅通过测试反应热的降低是不现实的。

Roduit 等学者开发的双扫描法（double scan test, DS 测试）①，可以大大加速上述老化对自催化物料热行为影响[19]。该测试只需要进行两次相同温升速率的非等

---

①有的文献称为"heat-quench method"，国内学者多称为中断回扫法。　——译者

温测试即可，温升速率可以由用户任意选择，两次测试的目的在于比较新鲜和老化(或两种不同老化)样品的热性能。第一次扫描以 4 K·min⁻¹ 或 5 K·min⁻¹ 的温升速率从室温加热至完全分解，即图 11.11(a)中的温度轨迹 ABC，得到放热峰 1，可以确定起始分解温度和峰值温度[图 11.11(b)]。起始分解温度通常定义为切线与基线的交点温度。将相同物质的第二个样品以相同的加热速率从室温加热至起始分解温度(轨迹 AB)，然后将样品快速冷却至室温(轨迹 BD)，并以相同的升温速率(轨迹 DE)进行第二次扫描，在此期间观察到放热峰 2。

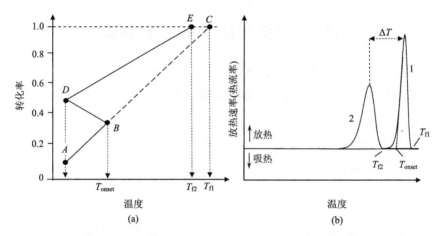

图 11.11 老化对物料热行为影响的双扫描测试。(a)转化率与温度的关系；(b)对应的放热速率与温度的关系。第一次扫描(温度轨迹 ABC)，得到放热峰 1；第二次扫描考察控制老化样品的热行为，其温升速率与第一次一致。控制老化是先将新鲜样品加热到 T_{onset}，然后快速冷却至室温，温度轨迹为 ABD。由于样品经过老化，第二次扫描得到的放热峰 2 向低温方向移动。两个放热峰的峰温差 ΔT 反映了老化对热行为的影响，也体现了自催化反应的特征

老化过程发生在从室温加热至起始分解温度 T_{onset} 期间(轨迹 AB)，相比之下温度骤冷期间的老化(温度轨迹 DB)可忽略不计。第二次扫描得到的放热峰要么接近于在第一次扫描的放热峰，要么显著地向较低温度方向移动。后者表明样品对老化敏感，一个可能的原因是分解遵循自催化速率方程。两次扫描测得的峰值温差(ΔT)反映了被测样品对热老化的依赖性。

中断回扫的方法可以快速可靠地鉴别物料的自催化行为。

11.2.5 等温 DSC 鉴别

等温 DSC 是一种检测和表征自催化分解的可靠方法，但需要注意一些事项，尤其是实验温度的选择。

(1)温度过低，诱导期可能会比预期的实验时间更长，有可能得到不存在分解

反应的结论。如果将其与动态 DSC 的实验结果比较，可以避免出现错误结论，因为两个实验中所测出能量须相等。

(2)温度过高，诱导时间过短，可能只检测到信号降低的部分，从而得出非自催化分解反应的结论。同样，也需将其与动态 DSC 实验比较，可以避免错误结论，因为两个实验中所测出能量须相等。

如果选择的温度恰当，就可得到如图 11.3 所示的典型的钟形信号：反应速率先增加，到达最高值后再降低。

11.3 自催化反应 tmr_{ad} 的获取

自催化反应经鉴别确认后，就可以设法获取其 tmr_{ad} 了。这里仍然采用简单安全原则(KISS)来减少实验工作量，并确保评估结果安全可靠。典型的获取流程见图 11.12。

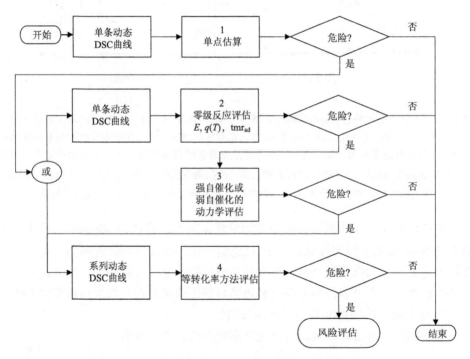

图 11.12 自催化反应 tmr_{ad} 获取的逻辑树。方框中数字对应于 11.3.1 小节～11.3.4 小节

11.3.1 单点估算

这里首先介绍的第一种简化方法(图 11.12 中方框 1)本质上与 10.3.1 小节所述

方法相同。这种方法对于 n 级反应是保守的，但对于自催化反应情况更复杂，因为自催化反应中存在的诱导期导致了两个矛盾的论点：

(1) 对于自催化反应，诱导期导致动态 DSC 实验中测得的放热峰向高温方向移动。由于参考点是仪器的检测限，因此将在较高温度下获取的，如 $10\ W\cdot kg^{-1}$ 的放热速率用于计算，这并非保守的做法。

(2) 另一方面，该方法采用的零级动力学假设，相当于忽略了诱导期，由此得到的 tmr_{ad} 更短，应视为保守做法。

最终结果取决于这两种论点的相对权重。因此，单点方法 (one-point estimation) 只可作为第一种粗略估算的方法，不应单独使用。

11.3.2　基于零级动力学的表征

这种方法 (图 11.12 中方框 2) 需要在不同的温度下进行等温实验，以确定反应活化能，从而估算最大反应速率到达时间 tmr_{ad}：

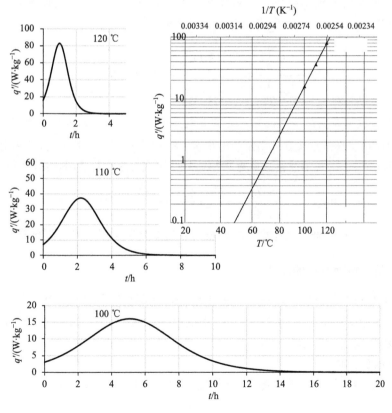

图 11.13　等温 DSC 热谱图和 Arrhenius 图

$$\text{tmr}_{ad} = \frac{c'_p \cdot R \cdot T^2}{q'_{(T)} \cdot E} \qquad (11.9)$$

上式是基于零级反应而建立的,但当浓度对反应速率的影响可以忽略时,该方程也可用于其他的反应。对于自催化反应,该方程也忽略了诱导期,视为开始时即产生了最大放热速率,这显然与事实不符(图 11.13):图 11.13 中最大放热速率出现在非零转化率处,也即转化率不可以忽略,因此,使用零级反应模型评估失控可能性或许过于谨慎。此外,由于 tmr_{ad} 的估算采用的是最大放热速率,所得 tmr_{ad} 必然偏短。由此可见,这样评估的结果过于保守,甚至可能危及可盈利工艺的研发。

工作示例 11.1   根据零级近似获取 tmr_{ad}

图 11.13 中给出了 3 组等温 DSC 曲线,由此可以得到不同温度下的最大放热速率。将最大放热速率的自然对数与温度的倒数作图,得到 Arrhenius 图,右上图的横坐标轴实际上为温度的倒数。

由该图可以计算得到活化能和每个温度下的放热速率。如取两个点(120℃,80W·kg⁻¹)和(100℃,6 W·kg⁻¹),据此可以计算得到活化能:

$$E = \frac{R \cdot \ln\left(\dfrac{q'_2}{q'_1}\right)}{\dfrac{1}{T_1} - \dfrac{1}{T_2}} = \frac{8.314 \cdot \ln\left(\dfrac{80}{16}\right)}{\dfrac{1}{373} - \dfrac{1}{393}} \approx 98150 (\text{J} \cdot \text{mol}^{-1})$$

当然,我们在实际处理问题时要充分利用所有可用的点,进行线性回归,得到 $\ln q' = f(1/T)$。根据此反应活化能和比热容 1.8 kJ·kg⁻¹·K⁻¹,可由式(11.9)计算得到 80℃时的 tmr_{ad},对应的放热速率为 2.7 W·kg⁻¹(图 11.13 中的 Arrhenius 图):

$$\text{tmr}_{ad} = \frac{c'_p \cdot R \cdot T_0^2}{q'_{(T_0)} \cdot E} = \frac{1800 \times 8.314 \times 353^2}{2.7 \times 98150} = 7037s \approx 2h$$

要使 tmr_{ad} 长于 8h,温度应不超过 65℃;温度为 50℃时,对应的 tmr_{ad} 长于 24h。

11.3.3   基于机理方法的表征

为了对自催化反应的绝热行为做出更符合实际情况的评估,可通过一系列等温 DSC 实验来确定 Benito-Perez 模型中的动力学参数(图 11.12 中方框 3)。分两种情况进行说明:

(1)弱自催化。

假定实验开始时,放热速率由引发反应所控制,其速率常数为

$$k_1 = \frac{q'_0}{Q'_d} \qquad (11.10)$$

自催化步骤的速率常数由最大放热速率得到:

$$k_2 \cdot C_{A0} = \frac{4q'_{max}}{Q'_d} \tag{11.11}$$

(2)强自催化。

强自催化速率常数的获取可以参考 2,4-二硝基苯酚的分解[5]。具体获取过程如图 11.14 所示,若该图呈现线性关系,则可以由斜率得到 k_2,然后再由截距得到 k_1。

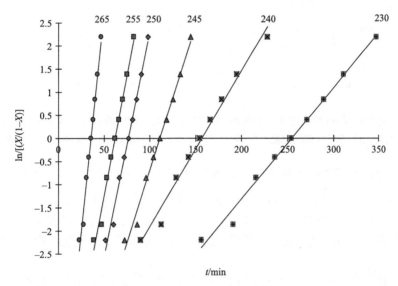

图 11.14 测定强自催化的速率常数。正方形、圆形、三角形表示不同温度(℃)下的测量点,实线根据测量点拟合得到

$$\ln \frac{X}{1-X} = \ln \frac{k_1}{k_2 C_{A0}} + k_2 C_{A0} t \tag{11.12}$$

如图 11.15 所示的例子中,如果假定为零级反应且诱导期可以忽略,这将导致最大反应速率到达时间缩短 15 倍甚至更多。缩短倍数强烈地取决于初始转化率及反应物料中最初"催化剂"的浓度,因此应用此方法必须极为谨慎。样品必须能真正代表工业实际状态。基于这个原因,该方法仅限专业人员使用。

11.3.4 基于等转化率方法的表征

10.4.3 节已对等转化率方法(图 11.12 中的方框 4)进行了介绍。根据其原理,等转化率方法并不在速率方程中使用转化率的显式函数,而是将表观活化能和指前因子视为转化率的函数,直接由不同温升速率(动态模式)或温度(等温模式)下的实验数据确定[19]:

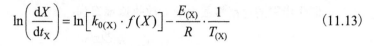

$$\ln\left(\frac{\mathrm{d}X}{\mathrm{d}t_X}\right) = \ln\left[k_{0(X)} \cdot f(X)\right] - \frac{E_{(X)}}{R} \cdot \frac{1}{T_{(X)}} \tag{11.13}$$

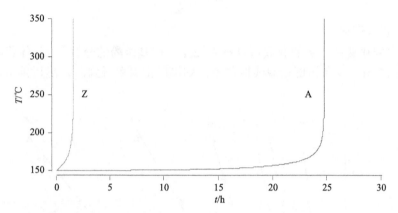

图 11.15 自催化反应(A)与零级近似反应(Z)绝热温度时程曲线的对比。两个反应在 200℃具有相同的最大放热速率和活化能，分别为 100 W·kg^{-1} 和 100 kJ·mol^{-1}，反应热为 500 J·g^{-1}

对每个转化率求解上述方程，即可获得 $\ln\left[k_{0,X} \cdot f(X)\right]$ 及 E_X。因此，只要反应具有自催化的性质，则该性质就会被自然地隐含在内。AKTS 软件可以进一步给出了计算结果的置信区间[20]，如图 11.16 中的例子中，计算得到了绝热温升为 500 K 的某反应 tmr$_{ad}$ 为 24h 时引发温度(65℃)，并给出了该引发温度下置信度为

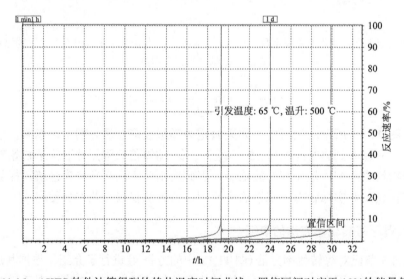

图 11.16 AKTS 软件计算得到的绝热温度时间曲线。置信区间对应于 10%的能量偏差

95%时 tmr$_{ad}$ 的置信区间(19～30 h)。这也说明使用 tmr$_{ad}$ 时应当谨慎，因为在绝热条件下，误差会被放大。[①]

11.3.5 基于绝热量热法的表征

因为自催化反应在初期往往放热速率很低，所以绝热条件下的温升将很难被检测到。因此，必须小心调整绝热量热仪的灵敏度。温度控制中的一个小小的偏差可能导致所测得的最大反应速率到达时间产生很大的差别。所以该方法仅适于专业人员应用，且常被用于对由其他方法所得的结果进行确认[21]。

工作示例 11.2 自催化分解的动力学研究

某反应物料将在1600L的搅拌釜中通过真空蒸馏进行浓缩。蒸馏之前容器中物料的总质量为1500kg，其中包括500kg产物。120℃时溶剂将完全从溶液中蒸馏出来，此时夹套的最高温度为145℃(蒸气压为5bar)。为了评估浓缩后产物的热稳定性，进行了动态DSC实验(图11.17)。

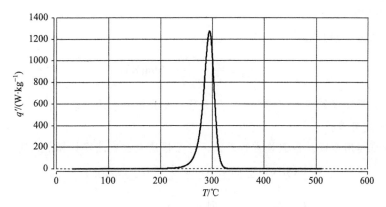

图 11.17 浓缩产物的动态 DSC 谱图(12.3mg，镀金高压坩埚)。扫描速率为 4K·min^{-1}，能量为 500J·g^{-1}

由于此热谱图中有一陡峰，疑是分解的自催化性质所致。因此，进行了240℃和250℃下的两组等温 DSC 实验予以确认，并评估引发分解反应的可能性(图11.18)。实验结果可概括为：240℃时测得反应开始时放热速率为 8.5 W·kg^{-1}，最大放热速率为 260 W·kg^{-1}，250℃时相应的放热速率分别为 15 W·kg^{-1} 和 360 W·kg^{-1}。

问题：

(1)如何评估该浓缩工艺发生失控的严重度？

---

① 对原著中这一段的表述进行了补充。——译者

(2)如何评估引发失控的可能性？

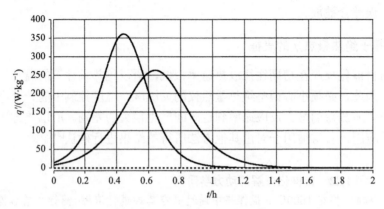

图 11.18　240℃和250℃时的等温 DSC 谱图（样品质量分别为 25.2mg 和 23.4mg，镀金高压坩埚）。两个反应的能量均接近于 500 J·g^{-1}

解答：

(1)能量情况。

比热容为 $1.7\,\mathrm{kJ\cdot kg^{-1}\cdot K^{-1}}$ 时，绝热温升为

$$\Delta T_{\mathrm{ad}} = \frac{Q'}{c'_p} = \frac{500}{1.7} = 294(\mathrm{K})$$

因此，严重度等级为"高"，必须评估引发分解反应的可能性。

(2)引发可能性。

先尝试运用零级反应假设进行近似，可根据最大放热速率计算活化能：

$$E = \frac{R\cdot \ln(q'_1/q'_2)}{\dfrac{1}{T_1} - \dfrac{1}{T_2}} = \frac{8.314\times \ln(360/260)}{\dfrac{1}{513} - \dfrac{1}{523}} = 70000(\mathrm{J\cdot mol^{-1}})$$

由活化能可外推放热速率为

$$q'_{(T)} = q'_{\mathrm{ref}} \cdot \exp\left[\frac{-E}{R}\left(\frac{1}{T} - \frac{1}{T_{\mathrm{ref}}}\right)\right]$$

反过来再计算对应的 tmr$_{\mathrm{ad}}$ 为

$$\mathrm{tmr}_{\mathrm{ad}} = \frac{c'_p R T^2}{q'_{(T)} E}$$

计算结果见表 11.1。可接受的稳定性限值 T_{D24} 约为 95℃，因此原定工艺条件需要调整。不过，这只是采用了零级近似得到的结果，如果采用动力学模型进行预测，结果可能会更切合实际情况，而这可能"挽救"原有工艺。

表 11.1 放热速率、tmr_{ad} 与温度的关系

温度/℃	$q'/(\text{W}\cdot\text{kg}^{-1})$	$\text{tmr}_{\text{ad}}/\text{h}$
90	0.27	27
100	0.51	15
110	0.93	8.7
120	1.6	5.2
130	2.8	3.2
140	4.7	2.0
150	7.6	1.3

采用简化的 Benito-Perez 模型[式(11.6)]可以得到更精确的预测结果。这要求确定动力学参数 k_{10}、E_1 和 k_{20}、E_2。这些参数可由初始放热速率得到:

240℃时，$k_1 = \dfrac{q'_0}{Q'_D} = \dfrac{8.5\text{W}\cdot\text{kg}^{-1}}{500000\text{J}\cdot\text{kg}^{-1}} = 1.7\times10^{-5}\text{s}^{-1}$

250℃时，$k_1 = \dfrac{q'_0}{Q'_D} = \dfrac{15\text{W}\cdot\text{kg}^{-1}}{500000\text{J}\cdot\text{kg}^{-1}} = 3\times10^{-5}\text{s}^{-1}$

由此得到活化能 E_1 为 $120\,\text{kJ}\cdot\text{mol}^{-1}$，指前因子 $k_{10}=2.7\times10^7\,\text{s}^{-1}$ 或 $10^{11}\,\text{h}^{-1}$。因此:

$$k_1 = 2.7\times10^7 \times \exp\left[\frac{-14433}{T}\right]\text{s}^{-1}$$

自催化反应步骤的动力学参数为[式(12.4)]:

240℃时，$k_2 C_{A0} = \dfrac{4\times q'_{\max}}{Q'_D} = \dfrac{4\times262\text{W}\cdot\text{kg}^{-1}}{500000\text{J}\cdot\text{kg}^{-1}} = 2.1\times10^{-2}\text{s}^{-1}$

250℃时，$k_2 C_{A0} = \dfrac{4\times q'_{\max}}{Q'_D} = \dfrac{4\times360\text{W}\cdot\text{kg}^{-1}}{500000\text{J}\cdot\text{kg}^{-1}} = 2.9\times10^{-3}\text{s}^{-1}$

由此得到活化能 E_2 为 $70\text{kJ}\cdot\text{mol}^{-1}$，指前因子 $k_{20}=2.8\times10^4\,\text{s}^{-1}$ 或 $10^8\,\text{h}^{-1}$。因此:

$$k_2 C_{A0} = 2.8\times10^4 \exp\left[\frac{-8420}{T}\right]\text{s}^{-1}$$

根据这些数据可计算反应速率(温度和转化率的函数)。这里用到了简化了的 Benito-Perez 模型，涉及两个平衡。

热平衡:

$$\frac{\text{d}T}{\text{d}t} = \frac{q'}{c'_p}, \quad \text{K}\cdot\text{s}^{-1}$$

物料平衡:

$$\frac{\mathrm{d}X}{\mathrm{d}t} = k_1(1-X) + k_2 C_{A0} X(1-X)，\ \mathrm{s}^{-1}$$

放热速率为

$$q' = \frac{\mathrm{d}X}{\mathrm{d}t} Q'_D，\ \mathrm{W \cdot kg^{-1}}$$

速率常数为

$$k_1 = k_{10} \exp\left[\frac{-E_1}{RT}\right] = 2.7 \times 10^7 \exp\left[\frac{-14433}{T}\right]，\ \mathrm{s}^{-1}$$

$$k_2 C_{A0} = k_{20} \exp\left[\frac{-E_2}{RT}\right] = 2.8 \times 10^4 \exp\left[\frac{-8420}{T}\right]，\ \mathrm{s}^{-1}$$

利用这些微分方程对时间积分，可给出绝热条件下的温度变化历程，如图 11.19 所示。

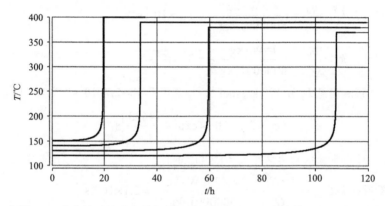

图 11.19　根据 DSC 曲线得到的动力学参数计算获得的绝热温度变化历程。绝热起始温度分别为 120℃、130℃、140℃和 150℃

该工作示例的结论为

(1)采用零级反应近似的评估方法忽略了反应诱导期，导致对风险的过高估计，即 $T_{D24} = 95℃$。

(2)采用动力学模型进行评估，可更实际地预测绝热条件下蒸馏残液的行为，$T_{D24} = 145℃$。

(3)当系统完全失效，热交换系统将无法工作，真空泵也停止工作。此时，反应器内物料的温度与反应器平衡，因此，温度将略高于 120℃，$\mathrm{tmr_{ad}}$ 超过 24h。

(4)真空泵发生故障将停止蒸发冷却，则产物的温度可能达到 145℃，对应的 $\mathrm{tmr_{ad}}$ 约为 24h。

(5)在这种情况下，建议限制载热体的温度，并在压力（真空）系统和加热系统之间安装一个紧急切断装置(a trip)。

(6)同时还建议使用液体载热体取代蒸汽,这样当温度梯度逆转时可保证冷却作用。

11.4 自催化反应的实用安全问题

11.4.1 自催化反应的特定安全问题

根据定义,自催化反应被其反应产物所催化。因此,受过热应力(thermal stress)的物料可能包含一些分解产物,未使用过的新料(fresh material)与其混合后便会被污染。所以物质在自催化机制下分解的 tmr_{ad} 不仅取决于温度,还强烈取决于其热履历[5]。Dien[22]对此进行了验证,他先将 1,3-二硝基苯在 390℃下放置一段时间,在 10min 内将其冷却到较低温度,再在 DSC 中将其加热至 390℃以测量其等温诱导期(图 11.20),最后等温诱导期取第一次和第二次加热时间的总和。因为在上述过程中始终采用同一样品,所以在第一次加热时间内形成的催化剂是不变的,且在冷却期间也始终存在,最终缩短了第二次加热时的诱导期。

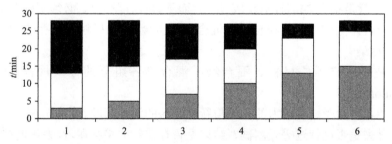

图 11.20 6 次实验的等温诱导期。样品先被加热到 390℃并保温不同的时间(灰色),然后冷却 10min(白色),最后再次加热到 390℃(黑色)

此外,自催化反应也可能被杂质如重金属或酸催化。例如,铁对二羟基-二苯砜的分解起催化作用[2],由图 11.21 可很容易确定铁的最大允许浓度。这对建立工艺临界值(限值)提供了可靠的方法,可以在一个批次开始生产前毫不费力地检查该工艺限值。

为此,强烈建议在变更原料供应商或反应步骤没有遵循原有规程等情况时,对其热稳定性进行检查。另外,建议检测物料的热履历,尤其是在再次使用经历过高温长期储存的物料前。

采用 5.3.3.3 小节所述的方法,将金属屑加入样品中,通过 DSC 或 Calvet 量热法来检查样品对金属的敏感性,这也是一种很好的做法。金属的选择取决于工业设备的结构材料。

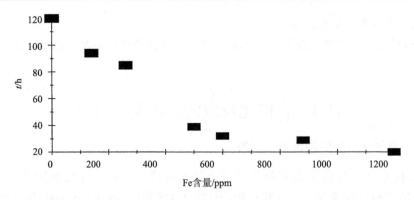

图 11.21　绝热条件下合成二羟基-二苯砜时，从工艺温度到达 200℃所需的时间与反应混合物中铁含量的关系

11.4.2　工业实践中的自催化分解

如果确定分解反应遵循自催化机制，在工业实践过程中建议进行如下评估：

根据上面提到的保守模型，运用等温实验的结果计算 tmr_{ad}。若得到的 tmr_{ad} 是危险的，也就是小于 24h（针对反应过程，而不是储存状态），必须明确以下几点：

(1) 能否排除被调查的原材料或混合物被重金属（如以锈形式存在的 Ni、Cr 或 Fe 等）污染？

(2) 是否建立了原材料、混合物、混合物各组分的分析规程（analytical specifications）？

(3) 能否排除受过热应力的物料与新鲜物料的混合问题？

(4) 过去是否进行过等温测试？结果是否存在？如果存在，过去和现在测得的等温诱导期是否一致？

如果上述问题的所有答案都是肯定的，那么可以采用有一定可靠性的分解自催化模型来预测绝热行为。这必须由专业人员来进行。

11.4.3　挥发性产物作为催化剂的问题

在某些情况下，作为催化剂的分解产物是挥发性的。这种特性可以作为一种优势。一个已知的例子是 DMSO，它形成一种挥发性化合物甲硫醇。只要系统处于开放状态（处于主动真空环境效果更佳），挥发物就会离开反应物料，不催化分解或使自催化的诱导时间变长。就本章开头 DMSO 回收的事故案例而言，直到蒸馏阀（distillation flap）关闭前情况都是如此。蒸馏阀关闭后，形成的催化剂（甲硫醇）留在 DMSO 中并加速分解，这解释了反应在短时间（据观察为 30min）内到达最大速率的原因。

因此，真空环境可以作为避免催化和防止物料分解的措施。然而，当采取这种措施时，必须保证其具有一定的可靠性。

11.5　习　　题

11.5.1　零级反应动力学近似

为什么零级反应动力学近似对自催化反应的评估特别保守？

11.5.2　强自催化的等温诱导期与 tmr_{ad}

怎样看待这样的观点："对一个强自催化反应，等温诱导期接近于 tmr_{ad}"？

11.5.3　自催化蒸馏釜残的清理

某产物将通过蒸馏进行提纯，目标产物为馏出物。蒸馏残余物被浓缩后滞留于蒸馏容器中。已知这些残余物的分解遵循自催化机理。为了节省时间和便于操作，装置管理人员决定将残余物继续滞留在蒸馏容器中，并在上面接着加入下一批待蒸馏物。如此经过 5 批产物的蒸馏提纯后再将其清空。你怎样看待这种做法？

11.5.4　Prout-Tompkins 模型的活化能计算

请证明：对 Prout-Tompkins 模型来说，由放热速率和由等温诱导期计算的活化能是一样的。

11.5.5　自催化分解的活化能计算

采用耐压镀金坩埚对某样品进行一系列的等温 DSC 实验。首先将参比置于 DSC 炉膛内并加热到目标温度。在零时刻将装有样品的坩埚放入检测器中，测量最大放热速率及其到达时间。实验结果见表 11.2。

表 11.2　等温实验的结果

温度/℃	q'_{max} / $(W \cdot kg^{-1})$	τ_{iso} /min
90	51	566
100	124	234
110	287	102
120	640	45

请分别采用最大放热速率和等温诱导期来计算活化能。可得到什么结论？

参 考 文 献

1　Grewer, T. (1994). Thermal Hazards of Chemical Reactions, Industrial Safety Series, vol. 4. Amsterdam: Elsevier.

2　Brogli, F., Grimm, P., Meyer, M., and Zubler, H. (1980). Hazards of self-accelerating reactions. In: 3rd International Symposium Loss Prevention and Safety Promotion in the Process Industries (ed. J. Riethmann), 665–683. Basel: Swiss Society of Chemical Industry.

3　Oswald, W. (1970). Physikalische organische Chemie. Hammett: Louis Plack.

4　Gold, V., Loenig, K., and Sehmi, P. (1987). Compendium of Chemical Terminology IUPAC Recommendations. Oxford: Blackwell Scientific Publications.

5　Dien, J.M., Fierz, H., Stoessel, F., and Killé, G. (1994). The thermal risk of autocatalytic decompositions: a kinetic study. Chimia 48 (12): 542–550.

6　Maja-Perez, F. and Perez-Benito, J.F. (1987). The kinetic rate law for autocatalytic reactions. Journal of Chemical Education 64 (11): 925–927.

7　Townsend, D.I. (1977). Hazard evaluation of self-accelerating reactions. Chemical Engineering Progress 73: 80–81.

8　Prout, E.G. and Tompkins, F.C. (1944). The thermal decomposition of potassium permanganate. Transactions of the Faraday Society 40: 488–498.

9　Chervin, S. and Bodman, G.T. (2002). Phenomenon of autocatalysis in decomposition of energetic chemicals. Thermochimica Acta 392–393: 371–383.

10　Hugo, P. (1992). Grundlagen der thermisch sicheren Auslegung von chemischen Reaktoren. In: Dechema Kurs Sicherheit chemischer Reaktoren. Berlin: Dechema Frankfurt am Main.

11　Steinbach, J. (1999). Safety Assessment for Chemical Processes (1999 ed.). Weinheim: VCH.

12　Hugo, P., Wagner, S., and Gnewikow, T. (1993). Determination of chemical kinetics by DSC measurements: Part 1. Theoretical foundations. Thermochimica Acta 225 (2): 143–152.

13　Roduit, B., Hartmann, M., Folly, P., and Sarbach, A. (2013). Parameters influencing the correct thermal safety evaluations of autocatalytic reactions. Chemical Engineering Transactions 31: 907–912.

14　Moritz, H.U. (1995). Reaktionskalorimetrie und sicherheitstechnische Aspekte von Polyreaktionen. In: Praxis der Sicherheitstechnik; Sichere Handhabung chemischer Reaktionen, vol. 3 (eds. G. Kreysa and O.-U. Langer), 115–173. Dechema: Frankfurt am Main.

15　Moritz, H.U. (1989). Polymerisation calorimetry – a powerful tool for reactor control. In: Third Berlin International Workshop on Polymer Reaction Engineering. Berlin, Weinheim: VCH.

16　Gygax, R. (1993). Thermal Process Safety: Data Assessment, Criteria, Measures (ed. ESCIS), vol. 8. Lucerne: ESCIS.

17　Hall, J. (1993). Hazards involved in the handling and use of dimethyl sulphoxide (DMSO). Loss Prevention Bulletin 114 (12): 9–14.

18 Bou-Diab, L. and Fierz, H. (2002). Autocatalytic decomposition reactions, hazards and detection. Journal of Hazardous Materials 93 (1): 137–146.

19 Roduit, B., Folly, P., Berger, B. et al. (2008). Evaluating SADT by advanced kinetics-based simulation approach. Journal of Thermal Analysis and Calorimetry 93 (1): 153–161.

20 Roduit, B., C. Borgeta, B. Berger, et al. (2004). Advanced kinetic tools for the evaluation of decomposition reactions. ICTAC.

21 Roduit, B., Hartmann, M., Folly, P. et al. (2016). New kinetic approach for evaluation of hazard indicators based on merging DSC and ARC or large scale tests. Chemical Engineering Transactions 48: 37–42.

22 Dien, J.M. (1995). Contribution à l'étude de la sécurité des procédés chimiques conduisant à des décompositions autocatalytiques. Université de Haute Alsace: Mulhouse.

12 热 累 积

典型案例：反应性固体物料的储存

用不同固体组分混制得到的某固体混合物，经造粒和干燥后，每25kg装入一袋。此工艺虽然在厂区较小的场所中运行了好几年，但是一直以零储存的方式(in one pass)运行，即中间没有储存操作。产品的需求量变大后，就需要在更大的场所进行加工，且该产品在进行研磨之前需经过中间储存操作。用多个$3m^3$的可移动容器进行储存，首先存放在地下室中，然后再转运至位于上层的筒仓中。五月的第一个温暖的周末(周六到周日晚上)，其中一个储存容器开始冒烟。消防人员将此容器隔离，它是第一个被装满的容器，放置在所有储存容器的后面紧靠墙壁的位置，最后他们终于将这个容器移至室外，对它喷水以阻止其发生失控反应。第二天晚上，即周日到周一的晚上，第二个容器开始冒烟。最后决定清空所有的容器，将物料倒在室外地面上的塑料防水布上，使其冷却。

经验教训

(1)大量固体堆积时传热很差，因而反应性固体可使温度慢慢升高到失控无法避免的程度。

(2)需要有专门的知识对这类热累积(也称为传热受限，heat confinement)的情况进行正确的评估。

引言

本章12.1节回顾和分析了在工业过程中出现的不同类型的热累积情况。12.2节介绍了不同类型的传热机制(强制对流、自然对流与热传导)，这些机制对于传热受限情况下的热平衡起到控制作用；研究了热平衡的时间尺度(time scale)问题，从而提供了一种简单易用的评估技术。12.3节着重研究反应性物料在纯粹热传导机制下的热量平衡。本章最后(12.4节)对工业传热受限情形的实际评估问题进行讨论，给出了一个可以对热累积情形进行综合而又经济评估的决策树。

12.1 热累积情形

在反应器的有关章节中，认为热稳定状态取决于反应器相对较高的热移出能力(移热速率)与反应高放热速率间的平衡情况。如果发生冷却失效，可用绝热条件预测反应物料温度的变化趋势。这是没有问题的，因为在某种意义上它代表了最糟糕场景。在有效冷却(active cooling)与绝热状态两种极端情形之间，还存在这样的情形：慢反应的放热速率小，此时较小的移热速率便可控制此类反应。这些与有效冷却相比移热量减少的情形，称为热累积或传热受限。

传热受限的情形常出现在反应性物质的储存和运输过程中，但也有可能在生产设备发生故障(如搅拌失效、泵故障等)时出现。

联合国在橘皮书中规定了运输过程中的热累积问题[1]，建立了一个称为自加速分解温度(self-accelerating decomposition temperature，SADT)的判据，用于评估反应性物质运输过程中的热安全性。第13章介绍了SADT的获取。

实际上，很难实现真正的绝热状态(见第4章)，也很少会遇到这种情况，它仅出现于很短的时间段中。因此，考虑完全绝热状态可能会导致过于严重的评估结果，以至于放弃一个工艺。但如果能对该工艺开展更加切合实际的评估，实际上还是有可能实现安全操作的。

作为介绍，对一些常见工业状态进行定性分析是很有意义的。由双膜理论(14.2.1小节)进行类推，可以得到传热阻力的三种典型场景[2]：

(1)夹套式搅拌容器：传热的主要阻力位于器壁处。由于搅拌作用，反应器内的物料间实际上不存在温度梯度，只有靠近器壁的薄膜存在阻力。在反应器外部的夹套里也存在同样的情况，即器壁的外膜存在阻力。器壁本身也存在一定阻力。总的来说，传热阻力主要在器壁处。

(2)无搅拌无隔热的液体储罐：传热的主要阻力位于器壁外部。由于没有搅拌，自然对流会平衡储罐内部的物料温度。因为器壁本身不隔热，所以传热阻力较弱，容器外侧自然对流的空气膜的阻力相当大。

(3)固体储存容器(料仓)：传热阻力主要存在于容器(料仓)内大量堆积的物料中。器壁和器壁外膜的传热阻力相对堆积物料而言较低。

在上述三种情形中，传热受限的程度依次增加。一般地，对于一个被评估对象，应该搞清楚其传热机制，这对于确定具体的传热阻力很必要①。因此，在对传热受限情况进行评估时，必须首先考虑反应性物料的性质和含量。

此外，反应性物料的热行为及所在容器的尺寸是分析过程中的重要因素，表12.1的例子对此进行了说明。表12.1中，选择环境温度时尽量让放热速率相差一个数量级[2]。采用有限元的方法(见12.3.3小节)对不同容器内物料的温度时间曲线进行了数值模拟。为简化计算，假设容器为球形。从左到右，随着容器尺寸的增大，热累积程度也增大。

---

① 对原文中这段话进行了改进。——译者

表 12.1 容器尺寸对热累积的影响①

放热速率/(W·kg⁻¹)	T/℃	质量为 0.5kg	质量为 50kg	质量为 5000kg	绝热
10	129	0.9h 后 191℃	0.9h 后 200℃	0.9h 后 200℃	0.9h 后 200℃
1	100	8h 后 105.8℃	7.4h 后 200℃	7.4h 后 200℃	7.4h 后 200℃
0.1	75	12h 后 75.5℃	64h 后 88.2℃	64h 后 200℃	64h 后 200℃
0.01	53	—	154h 后 53.7℃	632h 后 165℃	548h 后 200℃

从每一行的数据可以看出，在严重热累积的情况下，体系达到最终温度的时间与绝热状态下达到最大速率的时间 tmr_{ad} 差异不大。因此，严重热累积的情况接近于绝热条件。在表中最高环境温度(129℃)下，即使在小的容器中也会出现失控情形，此时仅有小部分的放热可穿过固体而耗散到环境中(其最终温度为 191℃而不是 200℃)。对于少量物料，所释放热量中仅有部分热量耗散到环境中，这将在物料内部产生一个稳定的随时间变化的温度分布。最后必须指出的是，对于存在大量反应性物料的情形，达到热平衡所需的时间尺度很长。这一点在储存和运输中尤为危险。

12.2 热 平 衡

本节从热累积的特定角度重新考虑热平衡问题。传热可通过三种不同的机制进行：强制对流、自然对流和热传导。在研究这些机理之前，先介绍通过时间尺度实现的热平衡问题。

12.2.1 基于时间尺度的热平衡

在评价热累积状况时，常用时间尺度来判断热平衡。这与任何赛跑比赛的原则一样：跑最快者赢得比赛。对放热而言，显然可用绝热条件下最大反应速率到达时间 tmr_{ad} 来表征，而对于热移出，则可以用冷却时间来表征，而冷却时间取决于实际条件，这将在 12.2.2 小节～12.2.4 小节中进行说明。若 tmr_{ad} 比冷却时间长，则此状态是稳定的，即移热较快。反之，当 tmr_{ad} 比冷却时间短时，放热比冷却快，从而导致失控。

12.2.2 强制对流——Semenov 模型

在搅拌容器中，通过器壁进行传热，则移热速率可以由式(12.1)给出：

---

① 对原著表中的部分数据进行了勘误。——译者

$$q_{ex} = U \cdot A(T_c - T) \tag{12.1}$$

与遵循 Arrhenius 定律的反应放热速率比较,可得 Semenov 图(图 2.5)。根据此图,可以计算出临界温差[式(2.27)~式(2.29)],以及临界放热速率与 q_0 的函数关系(q_0 为冷却介质温度时放热速率):

$$q_{crit} = q_0 \cdot e^{\frac{-E}{R}\left(\frac{1}{T_{crit}} - \frac{1}{T_0}\right)} \tag{12.2}$$

将其代入热平衡方程,得

$$\rho \cdot V \cdot Q \cdot k_0 \cdot e^{\frac{-E}{R}\left(\frac{1}{T_{crit}} - \frac{1}{T_0}\right)} = U \cdot A \cdot \Delta T_{crit} \tag{12.3}$$

由于 $\Delta T_{crit} = \dfrac{RT_0^2}{E}$[式(2.29)],于是方程简化为

$$\frac{-E}{R}\left(\frac{1}{T_{crit}} - \frac{1}{T_0}\right) \approx \frac{-E}{R}\left(\frac{T_0 - T_{crit}}{T_0^2}\right) = 1 \tag{12.4}$$

则热平衡变为

$$Q \cdot \rho \cdot V \cdot k_0 \cdot e = U \cdot A \cdot \frac{RT_0^2}{E} \tag{12.5}$$

两边同除以 $\rho \cdot V \cdot c_p'$,整理后得

$$k_0 \cdot e \cdot \Delta T_{ad} = \frac{U \cdot A}{\rho \cdot V \cdot c_p'} \cdot \frac{RT_0^2}{E} \tag{12.6}$$

这里,涉及热时间常数:

$$\tau = \frac{\rho \cdot V \cdot c_p'}{U \cdot A}$$

通过引入热半衰期(thermal half-life):

$$t_{1/2} = \ln 2 \cdot \tau$$

并且注意到:

$$\frac{1}{k_0 \cdot \Delta T_{ad}} \cdot \frac{RT_0^2}{E} = tmr_{ad} \tag{12.7}$$

得到:

$$tmr_{ad} = \frac{e}{\ln 2} \cdot t_{1/2} = 3.92 \cdot t_{1/2} \tag{12.8}$$

因此稳定状态应符合以下条件:

$$tmr_{ad} \geqslant 3.92 \cdot t_{1/2} \tag{12.9}$$

该表达式比较了(目标反应的)失控特征时间(characteristic time of runaway)

tmr$_{ad}$和冷却特征时间(characteristic cooling time)。这样，如果知道质量、比热容、传热系数和传热面积，便可进行评估。值得注意的是，因为热时间常数中包含了比值V/A，所以热散失[①]与容器的特征尺寸(characteristic dimension of the container)成反比。

12.2.3　自然对流

液体受热后，密度减小，产生浮力并形成一个上升流。因此，反应性液体沿容器中心向上流动，而由于器壁的冷却作用，在器壁处则会形成向下的流动，此类流动称为自然对流。当器壁处的热交换达到一定程度时，这种状态相当于一个带搅拌的反应器发生搅拌失效后的情况。通过联立求解热量方程和有关传递方程可得到其确切的数学描述，也可运用基于物理相似的简化方法得到其数学描述。流体内的传热模式可通过一个无量纲判据即 Rayleigh 数 Ra 来表征。和在强制对流中的作用一样，Rayleigh 数也可以表征自然对流中的流动情况：

$$Ra = \frac{g \cdot \beta \cdot \rho^2 \cdot c_p' \cdot L^3 \cdot \Delta T}{\mu \cdot \lambda} \tag{12.10}$$

对于沿着垂直板的对流运动，$Ra > 10^9$ 时表示形成了湍流，且传热由对流主导。当 $Ra < 10^4$，则为层流且传热由热传导主导。因此，可用 Rayleigh 数来区分热传导和热对流[3]。

对于自然对流，可以建立 Nusselt 数与 Rayleigh 数之间的相互关系，其中前者比较了传热的对流热阻和热传导热阻，后者则比较了浮力和黏性摩擦力：

$$Nu = C^{te} \cdot Ra^m \tag{12.11}$$

其中：

$$Nu = \frac{h \cdot L}{\lambda}$$

Rayleigh 数也可写为 Grashof 数和 Prandtl 数的函数式，其中 Grashof 数比较了对流传热和热传导传热，Prandtl 数则比较了动量扩散系数(运动黏度)和热扩散系数：

$$Ra = Gr \cdot Pr$$

其中：

$$Pr = \frac{v}{a} = \frac{\mu \cdot c_p'}{\lambda}$$

$$Gr = \frac{g \cdot \beta \cdot L^3 \cdot \rho^2 \cdot \Delta T}{\mu^2} \tag{12.12}$$

---

① 这里的热散失是指单位质量物料的热散失速率，见 2.3.1.7 小节。——译者

对于沿着垂直面的自然对流，可运用以下关系式[4]：

$$Ra > 10^9 \qquad 湍流 \qquad Nu = 0.13 \cdot Ra^{1/3}$$

$$10^4 < Ra < 10^9 \qquad 过渡流 \qquad Nu = 0.59 \cdot Ra^{1/4} \qquad (12.13)$$

$$Ra < 10^4 \qquad 层流 \qquad Nu = 1.36 \cdot Ra^{1/6}$$

实际上，计算 Rayleigh 数主要是用来判断沿着器壁的薄膜是否存在湍流。若存在湍流，则很可能产生由自然对流形成的热交换。对于较高的容器可能会出现温度分层，这意味着容器上部的温度要比底部的高。因此，Rayleigh 数中用到的长度 L 要相当短（典型值：1m）。如果用于计算搅拌容器薄膜传热系数的物理参数 γ 已知，则通过重新整理 Rayleigh 数可得自然对流的薄膜传热系数 h[①]：

$$h = 0.13 \cdot \gamma \cdot \sqrt[3]{g \cdot \beta \cdot \Delta T} \quad [②]$$

其中：

$$\gamma = \sqrt[3]{\frac{\rho^2 \cdot \lambda^2 \cdot c_p'}{\mu}} \qquad (12.14)$$

为了给出数量级，通常认为自然对流的传热系数大约是存在搅拌时的传热系数的 10%[5]。

12.2.4 高黏液体、糊状物和固体

这里考虑这样一种情况：在一个已知几何尺寸的容器中装有黏性的甚至是固态的反应性物质。在这种情况下，传热完全通过热传导的方式进行：反应性物料内部不存在流动。当通过热传导散失的热量能够抵消物料放热时，状态是稳定的。因此必须回答以下几个问题：在什么条件下会引发热爆炸（失控）？在什么条件下热传导移热足以抵消放热？

热传导并不需要原子或分子运动，仅仅需要分子或原子间的相互作用来进行传热。可用 Fourier 定律来描述热通量（也称热流密度，单位为 $W \cdot m^{-2}$）：

$$\vec{q} = -\lambda \cdot \vec{\nabla} T \qquad (12.15)$$

该方程反映了物料中的热通量和温度梯度之间的比例关系。传热的方向与温度梯度的方向相反，而比例常数为物料的导热系数 λ，单位为 $W \cdot m^{-1} \cdot K^{-1}$。若假设热量沿轴传递（一维问题），则等式变为

$$\vec{q} = -\lambda \cdot \frac{\partial \vec{T}}{\partial x} \qquad (12.16)$$

---

① 可以视为自然对流的热传递系数。——译者

② 已对原著中的该表达式进行了勘误。——译者

若考虑厚度为 dx、截面积为 A 的薄片中的热平衡，则薄片中的热累积等于流入热通量与流出热通量的差(图 12.1)：

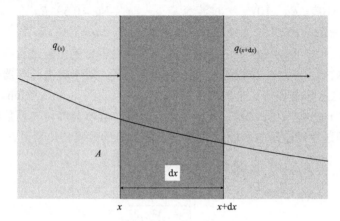

图 12.1　厚度为 dx 薄层中的热平衡

$$\left(\vec{q}_{x+\mathrm{d}x} - \vec{q}_x\right) \cdot A \cdot \mathrm{d}t = \frac{\partial \vec{q}_x}{\partial x} A \cdot \mathrm{d}x \cdot \mathrm{d}t = -\lambda \cdot \left[\frac{\left.\dfrac{\partial T}{\partial x}\right|_{x+\mathrm{d}x} - \left.\dfrac{\partial T}{\partial x}\right|_x}{\partial x}\right] \cdot A \cdot \mathrm{d}x \cdot \mathrm{d}t \quad (12.17)$$

因而 $\dfrac{\partial q_x}{\partial x} = -\lambda \cdot \left.\dfrac{\partial^2 T}{\partial x^2}\right|_x$。

根据热力学第一定律，可得温度变化率为

$$q = \rho \cdot c_p' \cdot \frac{\partial T}{\partial t} \cdot A \cdot \mathrm{d}x \quad (12.18)$$

联立式(12.17)和式(12.18)，并假定导热系数为常量，得到 Fourier 第二定律：

$$\frac{\partial^2 T}{\partial x^2} = \frac{\rho \cdot c_p'}{\lambda} \cdot \frac{\partial T}{\partial t} = \frac{1}{a} \cdot \frac{\partial T}{\partial t} \quad (12.19)$$

这里：

$$a = \frac{\lambda}{\rho \cdot c_p'}$$

式中，a 为热扩散系数，单位为 $\mathrm{m}^2 \cdot \mathrm{s}^{-1}$，与 Fick 定律中的扩散系数具有相同的数量级。值得注意的是两个定律的数学相似性：两个定律的数学处理过程一模一样。

无量纲判据(Biot 数)常用于瞬态传热问题(transient transfer problems)，该参数对物料内部热阻和表面热阻进行了比较：

$$Bi = \frac{h \cdot r_0}{\lambda} \tag{12.20}$$

Biot 数大意味着相对而言物料的 λ 值小，内部热传导能力差，热阻主要在物料内部，此情形接近于 Frank-Kamenetskii 模型(见 12.3.1 小节)。反之，当 $Bi < 0.2$，意味着物料内部对流传热能力强，此时情形近似于 Semenov 模型(见 12.2.2 小节)[①]。

式 (12.19) 描述的热传导问题可用代数方法或无因次坐标的诺莫图 (nomograms)求解，这里的无量纲时间由 Fourier 数得到：

$$Fo = \frac{a \cdot t}{r^2} \tag{12.21}$$

无因次温度为 Biot 数和 Fourier 数的函数[4,6]。

12.3 反应性固体的热平衡

惰性固体物料中的热传导问题可用代数方法解决，因为惰性物料中不存在热源。不过，这个问题不在我们所考虑的传热受限的范围内，因为我们关注的是反应性固体的热行为，即本身包含热源的固体，这时需要特定的数学方法进行处理。

12.3.1 含有热源的反应性固体中的热传导——Frank-Kamenetskii 模型

该问题由 Frank-Kamenetskii 提出并解决[7-9]，其模型建立了特征尺寸为 r 的固体的热平衡，其初始温度 T_0 等于环境温度，固体中含有遵循 Arrhenius 定律、放热速率为 q(单位为 $W \cdot m^{-3}$)的均一热源。该模型的目的是为了确定在什么条件下能建立稳定状态，即能获得随时间变化的、稳定的温度分布(temperature profile)。进一步假定在壁面上不存在传热阻力，即器壁上没有温度梯度(图 12.2)。

于是，Fourier 第二定律可写为

$$\lambda \frac{\partial^2 T}{\partial x^2} = q_{rx} \tag{12.22}$$

式中，q_{rx} 的量纲为 $W \cdot m^{-3}$。

边界条件为

壁面处：$x = r_0$，$T = T_0$。

中心(对称边界)处：$x = 0$，$\frac{\partial T}{\partial x} = 0$。 $\tag{12.23}$

---

① 对原文进行了适当的补充与完善。——译者

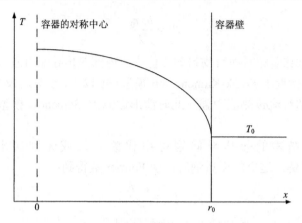

图 12.2　反应性固体中的温度分布

若该微分方程的解存在，则其描述了固体中的温度分布关系。为了解这个方程，必须假设固体中发生的放热反应遵循零级反应动力学，即反应速率与转化率无关。然后将变量转换为无量纲坐标，这样便可得到方程的解。

温度：

$$\theta = \frac{E(T - T_0)}{RT_0^2} \tag{12.24}$$

空间坐标：

$$z = \frac{x}{r_0} \tag{12.25}$$

于是微分方程变为

$$\nabla_z^2 \theta = -\delta \cdot e^{\theta} \tag{12.26}$$

$$\delta = \frac{\rho_0 \cdot q_0'}{\lambda} \cdot \frac{E}{RT_0^2} \cdot r_0^2 \tag{12.27}$$

式中，q_0' 为比放热速率，量纲为 $W \cdot kg^{-1}$。

参数 δ 称为形状因子(form factor)或 Frank-Kamenetskii 数。式(12.26)的解存在时，可以建立一个平稳的温度分布曲线，此时对应的状态是稳定的。方程无解时，则不能形成稳态，固体处于失控状态。微分方程式(12.26)的解是否存在取决于参数 δ 的值，因此 δ 为一个判据。对于结构简单的固体，因为可以定义相应的 Laplace 算子，所以该微分方程可解。

对于厚度为 $2r_0$ 的无限大平板：

$$\frac{d^2\theta}{dz^2} = -\delta \cdot e^{\theta}, \quad \delta_{crit} = 0.88 \text{ 且 } \theta_{max,crit} = 1.19 \tag{12.28}$$

对于半径为 r_0 的无限长圆柱体：

$$\frac{\mathrm{d}^2\theta}{\mathrm{d}z^2} + \frac{1}{z}\frac{\mathrm{d}\theta}{\mathrm{d}z} = -\delta \cdot \mathrm{e}^\theta, \quad \delta_{\mathrm{crit}} = 2.0 \, 且 \, \theta_{\mathrm{max,crit}} = 1.39 \qquad (12.29)$$

对于半径为 r_0 的球体：

$$\frac{\mathrm{d}^2\theta}{\mathrm{d}z^2} + \frac{2}{z}\frac{\mathrm{d}\theta}{\mathrm{d}z} = -\delta \cdot \mathrm{e}^\theta, \quad \delta_{\mathrm{crit}} = 3.32 \, 且 \, \theta_{\mathrm{max,crit}} = 1.61 \qquad (12.30)$$

因此对于给定形状的容器，其 δ_{crit} 存在且可由式(12.27)求得临界半径。这意味着可利用容器的几何特征、容器内物质的物理特性和固体中反应的动力学特性来计算临界半径：

$$r_{\mathrm{crit}} = \sqrt{\frac{\delta_{\mathrm{crit}} \cdot \lambda \cdot RT_0^2}{\rho \cdot q_0' \cdot E}} \qquad (12.31)$$

这个表达式在现实中很有用，因为它能够计算容器的最大尺寸，对于给定的环境温度 T_0 可提供一个稳定的温度分布图(图 12.3)，或者知道容器尺寸 r 便可计算其最高环境温度。

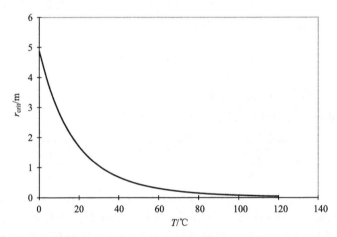

图 12.3 临界半径与温度的函数关系式。这条曲线的计算条件为 150℃时的 $q'_{\mathrm{ref}} = 10\mathrm{W} \cdot \mathrm{kg}^{-1}$，$E = 75\mathrm{kJ} \cdot \mathrm{mol}^{-1}$，$c'_p = 1.8\mathrm{kJ} \cdot \mathrm{kg}^{-1} \cdot \mathrm{K}^{-1}$，$\rho = 1000\mathrm{kg} \cdot \mathrm{m}^{-3}$，$\lambda = 0.1\mathrm{W} \cdot \mathrm{m}^{-1} \cdot \mathrm{K}^{-1}$，$\delta_{\mathrm{crit}} = 2.37$

在第二种情况下，因 q_0' 是温度的指数函数(Arrhenius 定律)，故需要进行迭代求解。因为 $q_0' = f(T)$ 强非线性[式(12.31)]，所以体系对参数的变化很敏感，即其中一个参数发生微小变化，体系就可能从稳定状态转变为失控(图 12.4)。因此，我们再次发现，体系的参数敏感性是热爆炸现象的一个特性：对于每个体系，都存在一个极限，超过这个极限系统将变得不稳定，进入失控状态。在图 12.4 给出的例子中，容器是半径为 0.2m 的球，里面装满了固体，在 150℃时的放热速率为

$10W \cdot kg^{-1}$，活化能为 $160kJ \cdot mol^{-1}$。

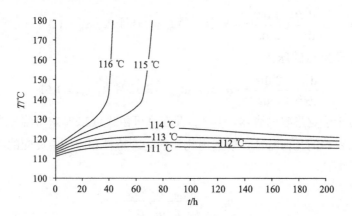

图 12.4　不同环境温度($111\sim116℃$)下传热受限的固体中心温度与时间的关系。环境温度从 $114℃$ 变化到 $115℃$，体系从稳态"切换"至失控，这种环境温度的微小变化导致体系行为的强烈变化意味着参数敏感

　　对于搅拌体系，可以采用特征时间来表示热平衡，该参数通过比较反应的特征时间(tmr_{ad})和固体的冷却特征时间得到：

$$r_{crit}^2 = \frac{\delta_{crit} \cdot \lambda}{\rho \cdot c_p'} \cdot tmr_{ad} = \delta_{crit} \cdot a \cdot tmr_{ad} \tag{12.32}$$

式中，a 为热扩散系数，量纲为 $m^2 \cdot s^{-1}$。

　　对于简单的几何形状，稳定性判据可表示为

$$\overbrace{tmr_{ad} > \frac{0.3 \cdot r^2}{a}}^{球体} \quad \overbrace{tmr_{ad} > \frac{0.5 \cdot r^2}{a}}^{无限长圆柱体} \quad \overbrace{tmr_{ad} > \frac{1.14 \cdot r^2}{a}}^{平板} \tag{12.33}$$

　　值得注意的是，等式中容器的尺寸(r)为平方项。换而言之，热散失随尺寸平方的增大而减小。这不同于搅拌容器，搅拌容器中热散失与 r 成正比(见 12.2.2 小节)。反应性固体的最外层，也就是最靠近壁面的固体物质，其温度始终接近于环境温度。这具有实际意义，即不能通过测量壁温来判断大量堆积物料是否发生自加热。此外，如果发现失控后，对壁面层物料进行冷却也是没用的，因为实际上无法通过这种方法将热量从反应性固体中转移出来。这也是在本章开始出现的典型案例中，需将容器内的物质平铺于防水油布上进行冷却的原因：这可以改变固体的特征尺寸，使其变成很薄的平板，以改善散热情况。

　　实际生产过程中，除了平板、无限长圆柱体或球体，还需要对其他形状的容器进行评估。于是，对于一些常见形状的 Frank-Kamenetskii 判据进行了计算。对于半径为 r、高为 h 的圆柱体，Frank-Kamenetskii 判据的临界值为[8]

$$\delta_{\text{crit}} = 2.0 + 3.36\left[\frac{h}{r}(ad+1)\right]^{-2} \tag{12.34}$$

式中，若底部绝热，则参数 ad 等于 1，在其他情况下，ad 为 0。用热等效的方法，将圆柱体的半径转换成球的半径：

$$r_{\text{sph}} = r_{\text{cyl}}\sqrt{\frac{3.32}{\delta_{\text{crit}}}} \tag{12.35}$$

就一个承装化学品的鼓形圆筒 (drum) 而言，其高度为半径的 3 倍，Frank-Kamenetskii 判据为 $\delta_{\text{crit}} = 2.37$ [2]。一个边长为 $2r_0$ 的立方体，可热等效地转换成球体，Frank-Kamenetskii 数变为

$$\delta_{\text{crit}} = \frac{3.32}{\left(\dfrac{r_{\text{sph}}}{r_0}\right)^2} \tag{12.36}$$

热等效球体的半径为 r_{sph}。表 12.2 列出了不同情形立方体采用热等效转换后的结果。可见，边长为 $2r_0$ 立方体的最佳近似为 $r_{\text{sph}} = 1.16 \cdot r_0$ 的球体，此时的 Frank-Kamenetskii 数为 2.5。

表 12.2　立方体的热等效球体近似

立方体	等效球体的半径	说明
球内接立方体	$R = r_0$	低于临界值 $V < V_{\text{sphere}}$
外切立方体	$R = 1.73r_0$	高于临界值 $V > V_{\text{sphere}}$
具有相同表面积的立方体	$R = 1.38r_0$	高于临界值 $V > V_{\text{sphere}}$
具有相同体积的立方体	$R = 1.24r_0$	高于临界值 $V > V_{\text{sphere}}$ ①
最佳近似	$R = 1.16r_0$	立方体的边长 $a = 2r_0$

12.3.2　容器壁处存在温度梯度的反应性固体中的热传导——Thomas 模型

Frank-Kamenetskii 模型假设环境温度等于反应性固体的初始温度，因此壁面没有热阻力，在物料和器壁之间没有温度梯度。这使得 Frank-Kamenetskii 模型很保守，只要传递到壁面的热量小于通过壁面移出的热量。基于这样的简化，建立了上述判据，但是它并不能真正代表一些工业实际情况。事实上，很多时候环境温度都不同于物料的初始温度，如将干燥设备中热的物料装入室温下的容器内等场景。为此，Thomas[8]发展了一个模型来说明器壁处的热传递。他在热平衡中添

---

① 原文为 $S > S_{\text{sphere}}$。——译者

加了一个对流项：

在 $x = r_0$ 处 $\qquad\qquad \lambda \dfrac{dT}{dx} + h(T_s - T_0) = 0$ $\qquad\qquad$ (12.37)

式中，h 为器壁外侧的对流传热系数；T_s 为环境温度。该表达式忽略了器壁的热容，这在大多数工业情况下是可接受的。等式的边界条件和 Frank-Kamenetskii 模型一样，即假设问题是对称的：

在 $x = 0$ 处 $\qquad\qquad\qquad \dfrac{dT}{dx} = 0$ $\qquad\qquad\qquad$ (12.38)

引入无量纲变量：

$$z = \frac{x}{r_0}$$

$$\theta = \frac{E(T - T_0)}{RT_0^2} \qquad\qquad (12.39)$$

对于零级反应动力学，可以得到：

$$\nabla_z^2 \theta = \frac{d^2\theta}{dz^2} + \frac{k}{z}\frac{d\theta}{dz} = \frac{d\theta}{\tau} - \delta e^\theta \qquad\qquad (12.40)$$

式中，τ 为无量纲的热弛豫时间(thermal relaxation time)或 Fourier 数：

$$\tau = \frac{a \cdot t}{r_0^2} = \frac{\lambda \cdot t}{\rho \cdot c_p' \cdot r_0^2} \qquad\qquad (12.41)$$

Thomas 证明该方程在 δ 值低于临界值 δ_{crit} 时有解：

$$\delta_{crit} = \frac{1 + k}{e \cdot \left(\dfrac{1}{\beta_\infty} - \dfrac{1}{Bi} \right)} \qquad\qquad (12.42)$$

Biot 数如式(12.20)定义，即 $Bi = \dfrac{h \cdot r_0}{\lambda}$。

参数 β_∞ 为有效 Biot 数，k 为容器的形状系数，其值如下确定：

(1) $\beta_\infty = 2.39$，厚度为 $2r_0$ 的无限平板：$k = 0$；

(2) $\beta_\infty = 2.72$，半径为 r_0 的无限长圆柱体：$k = 1$；

(3) $\beta_\infty = 3.01$，半径为 r_0 的球体：$k = 2$。

Frank-Kamenetskii 数或参数 δ 为

$$\delta = \frac{\rho_0 \cdot q_0'}{\lambda} \cdot \frac{E}{RT_0^2} \cdot r_0^2 \qquad\qquad (12.43)$$

通过计算参数 δ 和 δ_{crit}，可以对热平衡的状态进行评估：若 $\delta > \delta_{crit}$ 则发生失控；反之，若 $\delta < \delta_{crit}$ 则可以建立稳定的温度分布。δ 和 δ_{crit} 相等的温度 T_0，即给

定容器中物料保持稳定状态允许的最高环境温度。因为 δ 是温度的指数函数，所以该方程必须用迭代方法求解。

对于不同几何形状且具备冷却表面的情形，Boddington 提出了处理方法[9,10]。他假设每个任意形状的几何体都存在一个热等效的球体，其行为与所研究的容器相同。相比考虑复杂几何形状导致的误差，更大的误差可能源于零级反应假设。对于 n 级反应，在整个容器内物料进入失控状态之前，反应物的消耗可能已经拉低了放热速率。此外，自催化反应的诱导期或许也可以大大的推后失控的发生，从而避免出现危急情形。对于复杂几何形状的容器及真实的动力学情形，可以用有限元方法有效地进行处理。

12.3.3 反应性固体中的热传导——有限元模型

12.3.1 小节与 12.3.2 小节中的热传导问题的求解均是基于零级反应动力学的假设。当零级动力学近似不成立(自催化反应尤其如此)时，就需要进行数值求解。这里，采用有限元方法特别有效。容器的几何形状可用网格(单元)来描述，并对每个单元建立热平衡(图 12.5)，然后可以运用迭代的方法对问题进行求解。例如，球形罐可由一系列的同心外壳组成(像洋葱皮)。在各个单元中分别建立物料平衡方程和热量平衡方程。如果考虑不同单元的温度，便可得到温度分布，或获得温度-时间关系或转换率-时间关系等。

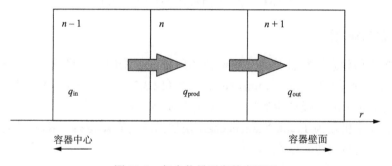

图 12.5　包含热量平衡的有限元

此外，还可以得到不同单元网格中的转化率(可以作为评估产品质量损失的一个重要参数)。图 12.6 给出了一个这样的示例，图 12.6(a)的初始温度为 124.5℃，可以观察到反应性物料的自加热可使体系达到的最高温度约为 160℃。这意味着可能导致了质量损失，但最后温度再次稳定了。图 12.6(b)的初始温度为 124.75℃，只比前述温度高出 0.25℃，却导致了热爆炸，造成了严重的后果。这里，再次强调了参数敏感性的问题。图 12.6 中同样值得注意的是，靠近器壁的物料并没有显示出显著的温升，说明即将发生的热爆炸是不能通过检测壁温来发现的。

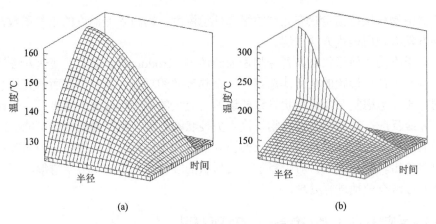

图 12.6　由有限元方法计算得到的温度分布图。(a)初始温度为 124.5℃；(b)初始温度为
124.75℃

这类问题可以采用 Roduit[11-13]开发的 AKTS 软件解决。该模拟基于有限元方法，由于动力学的获取是基于等转化率方法，因此它适用于复杂的动力学情形，特别是自催化反应。增强的图形输出功能极大地促进了人们对不同形状和尺寸容器中反应性化学物质热行为的理解。

12.4　热累积状态的评估

12.4.1　热爆炸模型

对热累积状态进行评估首先要解决的问题就是采用什么样的模型。Semenov 模型(12.2.2 小节)和 Frank-Kamenetskii 模型(12.3.1 小节)是热爆炸的两个基本模型，它们描述了两种极端情形：一个极端为 Semenov 模型描述的可以良好搅拌的物料，另一个极端为 Frank-Kamenedskii 模型描述的固体物料。表 12.3 对这两种热爆炸模型的特点进行了总结[14]。

表 12.3　Semenov 和 Frank-Kamenetskii 热爆炸模型的比较

模型	Semenov	Frank-Kamenetskii
流体特点	可以很好搅拌	高黏液体、糊状物或固体
物料内的温度分布	均一	有分布(接近抛物线)
热阻力	位于壁面	存在于整个物料内部
传热机制	热对流	热传导
表面温度	突降至环境温度	一直处于环境温度
Biot 数	0	∞

12.4.2 评估程序

如 3.4.1 小节所述,热累积的评估问题与所有安全问题一样,也可以采取两种常用方法:简化法和最坏情形法。这里用一个实例来介绍一个遵循这些原则的典型评估程序,该例子采用决策树的方法评估了由传热受限导致的风险(图 12.7)。

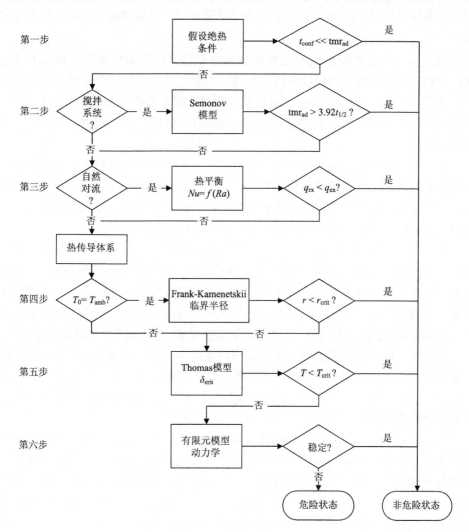

图 12.7 评估传热受限情况的决策树

第一步,假设其为绝热状态,这显然是最坏情况的一种假设,因为它假定体系完全没有热散失。此时,将传热受限时间(confinement time)与绝热条件下特征

反应时间 tmr_{ad} 进行比较。如果 tmr_{ad} 远长于[①]受限时间(如计划中的储存时间),则此状态是稳定的,可在这一阶段就停止分析。此阶段仅需获得 tmr_{ad} 的值,该参数为温度的函数。在这种情况下,存在热散失将有利于安全。因为评估时忽略了热散失情况,所以在确定安全条件时也不需要获得热散失信息。在此阶段,若根据反应性物质的潜能可以认为被评估的状态是安全的,则仅需建议对温度进行监控。若安全条件不满足,即 tmr_{ad} 接近甚至小于受限时间,则需要进一步获得更详细的数据。

第二步,通过比较 tmr_{ad} 和搅拌体系的冷却特征时间来检验搅拌体系的稳定性。显然,此种比较仅对搅拌系统,或规定需要搅拌以确保安全条件的情况有意义。除了必须知道 tmr_{ad},还应知道热交换数据,即总传热系数和热交换面积等。若没有搅拌,或无法安装搅拌装置(如固体体系),则还需要知道更详细的数据集(data set)。

第三步,检查自然对流是否足以维持散热,提供足够的冷却能力。此阶段还需要的数据包括密度随温度变化关系(β)、黏度和导热系数等。这也只有在反应物料黏度较低,能够产生浮力时才有意义。若此数据集不够充分或不能形成自然对流(如固体),则该体系中的传热问题应理解为纯粹的热传导。

第四步,考虑纯粹热传导体系,体系中的环境温度等于反应物料的初始温度,即相当于 Frank-Kamenetskii 模型。除已知的 tmr_{ad} 与温度的函数关系外,其他需要知道的数据有体系的密度、导热系数及装有反应物容器的几何形状,也即形状系数 δ 和容器的尺寸。若在这种相对严重的传热受限情况下,状态是稳定的,则评估步骤可以在此阶段就停止。若评估得到状态是危险的,则需要继续进行下一步。

第五步,同样需要考虑到体系与周围环境的热交换,环境温度不同于反应物的初始温度。该评估需要得到器壁向周围环境传热的传热系数,同时还需要用到 Thomas 模型。若在这些条件下被评估的状态是危险的,可运用真实的动力学模型来得到更精确的评估结果。

在第六步(最后一步)中,仍然认为是纯粹的热传导体系,在器壁与周围介质之间存在热交换,用更实际的动力学模型来替代零级动力学近似。这个方法对于自催化反应非常有用,零级近似会导致一种非常保守的情况,即反应一开始就达到最大放热速率,并在整个反应阶段保持此水平,同时,在整个时间范围内随着温度的升高反应将加速(第 12 章)。而实际上,最大放热速率会延迟出现,仅在随后的过程中出现。因此,在自催化反应的诱导期内,热损失会有利于温度的降低。

依次进行这六个步骤,将会用到上述所需数据,而不至于将时间、精力浪费

---

① "远长于",通常是 4 倍。

在其他无用的数据上。

工作示例 12.1 储料罐

将熔点为 50℃的中间产物储存在一个圆柱形储罐中, 储存时间为 2 个月, 储存温度为 60℃。储罐垂直轴的壁上装有夹套, 夹套中有热水循环。储罐不设搅拌, 底部和盖子不加热。该储罐的容积为 2 m³, 高为 1.8m, 直径为 1.2m, 对应的形状系数 $\delta_{crit} = 2.37$, 夹套的总传热系数为 50 W·m⁻²·K⁻¹。

该中间产物的物理性质为: $c'_p = 1.8$kJ·kg⁻¹·K⁻¹, $\rho = 1000$kg·m⁻³, $\lambda = 0.1$W·m⁻¹·K⁻¹, $\mu = 100$mPa·s, $\beta = 10^{-3}$K⁻¹。

产物发生缓慢的放热分解反应, 分解热为 400kJ·kg⁻¹。其分解动力学通过 tmr$_{ad}$ 表征, 具体为: 20℃为 3500 天、30℃为 940 天、40℃为 280 天、50℃为 92 天、60℃为 32 天和 70℃为 12 天。

问题:

对拟储存过程的热安全性进行评估。给出改善安全性的技术方案。

解答:

这个问题可用图 12.7 的决策树来解答。

第一步, 假设储存处于绝热状态: 60℃时 tmr$_{ad}$ 为 32 天, 显然比预期的储存时间 2 个月短。因此, 根据该假设, 储存过程会失控。

第二步, 主要评估搅拌体系的热交换, 但由于储罐没有配备搅拌系统, 因此这一步不符合实际情况。

第三步, 考虑自然对流情况。这可能很难达到, 因为物料储存温度为 60℃, 高于熔点 10℃时的黏度太大, 很难建立有效自然对流。这点可通过计算 Rayleigh 数来检验。储罐高为 1.8m, 但由于它并不总是满的, 因此高度可采用 0.9m。

物料的动力黏度 $\mu = 100$mPa·s, 热膨胀系数为 $\beta = 10^{-3}$K⁻¹。

于是得到:

$$Ra = \frac{g \cdot \beta \cdot L^3 \cdot \rho^2 \cdot c'_p \cdot \Delta T}{\mu \cdot \lambda} = 1.3 \times 10^9$$

Rayleigh 数对应于沿着容器壁的湍流层, 但是它的值接近湍流的下限值。例如, 如果黏度提高到 1000mPa·s, Rayleigh 数仅为 10^8。此外, 并不能确定在圆柱体的整个垂直高度上能形成对流, 也就是说可能会发生分层。因此, 并不能确保上述体系可通过自然对流传热。

第四步, 可认为该体系纯粹通过热传导方式传热, 遵循 Frank-Kamenetskii 模型。热扩散系数为

$$a = \frac{\lambda}{\rho \cdot c'_p} = \frac{0.1}{1000 \times 1800} = 5.56 \times 10^{-8} (\mathrm{m}^2 \cdot \mathrm{s}^{-1})$$

于是可得到冷却特征时间为

$$t_{\mathrm{cool}} = \frac{0.5 \cdot r^2}{a} = \frac{0.5 \times 0.6^2}{5.56 \times 10^{-8}} = 3.24 \times 10^6 \mathrm{s} \approx 900\mathrm{h}$$

该时间约为 37.5 天，还是太长了[①]。也可利用临界半径对上述情形进行评估：

$$r_{\mathrm{crit}} = \sqrt{\frac{\delta_{\mathrm{crit}} \cdot \lambda \cdot RT_0^2}{\rho \cdot q'_0 \cdot E}} = \sqrt{\frac{2.37 \times 0.1 \times 8.314 \times 333^2}{1000 \times 0.006 \times 100000}} = 0.603\mathrm{m}$$

临界半径仅微大于储罐半径，所以上述体系将不能形成稳定的温度分布，会发生失控。

第五步：也可认为壁面上总热交换系数为 50 $\mathrm{W} \cdot \mathrm{m}^{-2} \cdot \mathrm{K}^{-1}$ 的热交换遵循 Thomas 模型。因此，将 Frank-Kamenetskii 判据（δ）和 Thomas 判据（δ_{crit}）进行比较：

Biot 数为

$$Bi = \frac{h \cdot r_0}{\lambda} = \frac{50 \times 0.6}{0.1} = 300$$

对圆柱体而言：

$$\delta_{\mathrm{crit}} = \frac{1+k}{\mathrm{e} \cdot \left(\frac{1}{\beta_\infty} - \frac{1}{Bi} \right)} = \frac{1+1}{2.718 \times \left(\frac{1}{2.72} - \frac{1}{300} \right)} = 1.983$$

体系的 δ 为：

$$\delta = \frac{\rho_0 \cdot q'_0}{\lambda} \cdot \frac{E}{RT_0^2} \cdot r_0^2 = \frac{1000 \times 0.006}{0.1} \times \frac{100000}{8.314 \times 333^2} \times 0.6^2 = 2.34$$

因为 $\delta > \delta_{\mathrm{crit}}$，所以状态不稳定，将演变为失控。这两个参数在 55℃时相等，表明这样储存接近稳定限值。

作为一个初步结论，可认为拟采用的储存方案的热风险高（严重度和可能性均高），因此上述情形必须予以改善。

首先尝试降低储存温度，但这意味着要降低温度到 50℃，而这恰好是熔点，因此不可行。

第二种尝试是在储罐中安装一个搅拌装置。

安装搅拌装置后，总传热系数可以增加到 200 $\mathrm{W} \cdot \mathrm{m}^{-2} \cdot \mathrm{K}^{-1}$。因为满载储罐的传热面积为 2.26$\mathrm{m}^2$，所以热时间常数为

$$\tau = \frac{\rho \cdot V \cdot c'_p}{U \cdot A} = \frac{1000 \times 4 \times 1800}{200 \times 2.26} = 1.6 \times 10^4 \mathrm{s} \approx 4.4(\mathrm{h})$$

---

① 对原著说法进行了修改。——译者

半衰期为

$$t_{1/2} = \ln(2) \cdot \tau = 0.693 \times 4.4 = 3.1\text{(h)}$$

由于 tmr_ad 必须为半衰期的 3.92 倍,所以要求 tmr_ad 为 12.1h,其对应温度为 105℃。因此,60℃时可轻易将分解反应放热移出(即放热速率能被移热速率平衡)。不过,此时也必须考虑到搅拌引入的附加热量,最终认为这种解决方案是可行的。另一种方法则是通过外部换热器加强储罐内物质的循环。

第三种尝试是改善自然对流,这可以提高储存温度来实现,同时也会使黏度降低,Rayleigh 数增加。但这也将造成放热速率的指数性增长。因此不能通过该方法来改善上述储存的安全状态。

第四种尝试是采用一个较小的储罐,如直径仅为 1m 的储罐。根据 Frank-Kamenetskii 模型,该方法将使储存达到稳定状态,半径 0.5m 小于临界半径 0.603m。但该解决方法意味着要建造一个新的储罐。

作为第五种尝试,根据 Thomas 模型,增加器壁的传热不可行且无效,因为传热阻力的主要部分在于产物自身的热传导性,如 Biot 数高达 300,这更接近于 Frank-Kamenetskii 条件而非 Semenov 条件。

如此,有必要采用有限元模型来评估上述储存状态。此计算采用了 40 个网格(同心外壳单元),结果如图 12.8 所示。此图显示储存状态的危险程度小于假设情形(采用了更保守模型)。在约 1700h,也即 70 天后,温度将达到最大值 68℃。因而,时间尺度较长,这一点值得注意。然而,另一点也必须考虑到,储存了 60 天后,转化率约为 12%,意味着存在显著的质量损失。

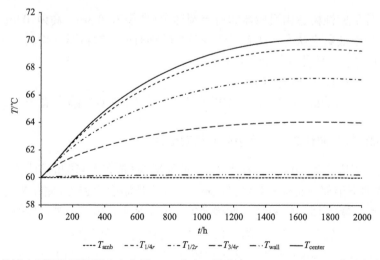

图 12.8 储罐中不同位置的温度变化图。T_c 为中心温度,$T_{1/4r}$、$T_{1/2r}$、$T_{3/4r}$ 分别为半径为 25% 处、半径为 50% 处、半径为 75% 处的温度,T_wall 为壁面处的温度,T_amb 为环境温度。壁面的传热系数为 $50\ \text{W}\cdot\text{m}^{-2}\cdot\text{K}^{-1}$

最终的建议：考虑到分解热较大，所以应对温度进行监控，并配备报警装置（通过报警装置开启搅拌装置或者启动外部换热装置）。由于该放热现象很缓慢，因此冷却系统可采用手动方式启动。此外，应对储罐中轴线上的温度进行监控，且温度探头尽可能靠近上层液面，但考虑到储罐液位发生变化时，可能会导致一些问题，因此，应在中轴线不同高度处设置温度探头。

12.5 习 题

12.5.1 管式反应器意外停车

设计一个意外停车仍能保证安全的管式反应器。反应物料的热稳定性差，且如果发生热累积易引发高放热的分解反应。绝热条件下，分解反应最大放热速率到达时间为 24h 的引发温度为 86℃，分解反应活化能为 100kJ·mol⁻¹。反应器的操作温度为 120℃。若反应器在 120℃时突然停车，请计算能得到稳定温度分布的反应器管体的最大直径。

反应物料的物理性质：$\rho = 1000 \mathrm{kg \cdot m^{-3}}$，$\lambda = 0.12 \mathrm{W \cdot m^{-1} \cdot K^{-1}}$，$c'_p = 1.8 \mathrm{kJ \cdot kg^{-1} \cdot K^{-1}}$。

提示：当停止流动且反应器壁保持在 120℃时，可认为传热的方式是纯粹的热传导。

12.5.2 圆桶中反应性树脂的热风险

将一种反应性树脂由反应器卸料至圆桶中（半径为 0.3m，高为 0.9m）。为了保持树脂处于低黏度状态，从而保证合适的转移时间，卸料温度须高于 75℃。已知 180℃时树脂的放热速率为 10 W·kg⁻¹，反应活化能为 80 kJ·mol⁻¹。

问题：这个操作热风险如何？

数据：$\rho = 1100 \mathrm{kg \cdot m^{-3}}$，$\lambda = 0.1 \mathrm{W \cdot m^{-1} \cdot K^{-1}}$，$c'_p = 2.1 \mathrm{kJ \cdot kg^{-1} \cdot K^{-1}}$，$\delta_{\mathrm{crit}} = 2.37$。

12.5.3 搅拌故障时储罐中液体物料的热安全性

某液体凝固点为 20℃，储存于 10m³ 的储罐中（带有垂直轴的圆柱体，直径为 2m）。储罐的下半部分装有夹套（高为 1m），冷却介质温度为 25℃。储存温度为 30℃，液体的放热速率为 15mW·kg⁻¹。储罐采用一个螺旋桨式搅拌器进行搅拌。①

问题：如果发生搅拌器故障，自然对流是否能确保温度稳定？

数据：$\rho = 1000 \mathrm{kg \cdot m^{-3}}$，$\lambda = 0.1 \mathrm{W \cdot m^{-1} \cdot K^{-1}}$，$c'_p = 2.0 \mathrm{kJ \cdot kg^{-1} \cdot K^{-1}}$，$\mu =$

---

① 该题干缺乏液体凝固点及冷却介质温度等条件，翻译时对这些参数进行了补充，并给出了提示。——译者

$10\mathrm{mPa \cdot s}$, $\beta = 10^{-3}\mathrm{K}^{-1}$。

提示：(1)自然对流的热传递系数 h 与 Rayleigh 数的关系为 $h = 0.13 \cdot \dfrac{\lambda}{L} \cdot Ra^{\frac{1}{3}}$；
(2)液体高度可以取典型值(1m)。

参 考 文 献

1 UN(2015). Orange Book Part II Classification Procedures, Test Methods and Criteria Relating to Self-Reactive Substances of Division 4.1 and Organic Peroxides of Division 5.2. New York: UN.

2 Gygax, R.(1993). Thermal Process Safety, Data Assessment, Criteria, Measures(ed. ESCIS), vol. 8. Lucerne: ESCIS.

3 Taine, J. and Petit, J.P.(1995). Cours et données de base, Transferts thermiques, Mécanique des fluides anisothermes, 2e, 422. Paris: Dunod.

4 Perry, R. and Green, D.(eds.)(1998). Perry's Chemical Engineer's Handbook, 7e. New York: McGraw-Hill.

5 Bourne, J.R., Brogli, F., and Regenass, W.(1987). Heat transfer from exothermically reacting fluid in vertical unstirred vessels – I. Temperature and flow fields. Chemical Engineering Science 42(9): 2183–2192.

6 VDI(1984). VDI-Wärmeatlas, Berechnungsblätter für den Wärmeübergang. Düsseldorf: VDI-Verlag.

7 Frank-Kamenetskii, D.A.(1969). Diffusion and heat transfer in chemical kinetics. In: The Theory of Thermal Explosion(ed. J.P. Appleton), 371–418. New York: Plenum Press.

8 Gray, P. and Lee, P.R.(1967). Thermal explosion theory. In: Oxidation and Combustion Reviews, vol. 2(ed. C.F.H. Tipper). Amsterdam: Elsevier.

9 Babrauskas, V.(2003). Chapter 9: Self-heating. In: Ignition Handbook, Principles and Applications to Fire Safety Engineering, Fire Investigation, Risk Managament and Forensic Science, 367–443. Fire Science Publisher.

10 Boddington, T., Gray, P., and Harvey, D.I.(1971). Thermal theory of spontaneous ignition: criticality in bodies of arbitrary shape. Philosophical Transactions of the Royal Society of London, Series A: Mathematical, Physical and Engineering Sciences 270: 467–506.

11 AKTS(2019). AKTS-Thermokinetics Software Version 5.1. Available online: http://www.akts.com/thermokinetics.html(accessed 22 July 2019).

12 Roduit, B., Borgeat, C., Berger, B. et al.(2005). The prediction of thermal stability of self-reactive chemicals, from milligrams to tons. Journal of Thermal Analysis and Calorimetry 80: 91–102.

13 Roduit, B., Hartmann, M., Folly, P. et al.(2015). Thermal decomposition of AIBN, Part B: Simulation of SADT value based on DSC results and large scale tests according to conventional and new kinetic merging approach. Thermochimica Acta 621: 6–24.

14 Fisher, H.G. and Goetz, D.D.(1993). Determination of self-accelerating decomposition temperatures for self-reactive substances. Journal of Loss Prevention in the Process Industries 6(3): 183–194.

13　物理性单元操作

典型案例：硝化残渣受热①

某硝基化合物生产装置，需要对蒸馏单元的再沸器进行清理。其中的残渣(residue)30 年未清理，也没有可用的操作程序。在清理操作之前，另一个工艺容器中的残渣被吸入再沸器。再沸器的残渣高度为 30~35 cm。开始清理并填写作业许可证。为了使渣泥(sludge)软化，需要对其加热。根据闪点参数，规定了 90℃的温度限值。然而，没有人意识到温度传感器没有伸入渣泥。因此，加热盘管满功率加热，蒸汽温度可能达到 180℃。泄压装置设置为 6.6 bar，但操作压力为 9 bar。两名工作人员开始通过人孔清除渣泥。

(操作过程中)渣泥突然发生分解，产生的垂直喷射火焰与蒸馏塔一样高，水平火焰冲向附近的办公楼并导致办公楼发生次生火灾。装置的控制室严重受损，4 名在控制室内工作的男士死亡。1 名在办公楼工作的女士被烟雾熏倒，随后在医院死亡。2人受伤稍重，15 人受伤轻微或受到惊吓。此外，还报告了 81 例因毒性作用或感染引起的疾病[1]。

补充信息：

硝基化合物可以视为高能物质(硝基的分解焓大约为-360 kJ·mol⁻¹)，此外，这类物质常常表现出自催化行为且热稳定性有限。

经验教训

维护操作应视为生产过程不可分割的一部分，操作手册中应该明确规定维护的频率。本案例中 30 年不清理显然是个问题。

加热含有硝化残渣的渣泥应该对其风险进行仔细分析，在清理操作前应该对其样品进行测试分析。

风险分析时应考虑到装置的准确结构。本案例中温度计未能伸入到渣泥中这一重要细节被忽视了。

引言

本章 13.1 节首先对物理性单元操作(physical unit operation)风险评估的特殊性进行了介绍。13.2 节对风险评估和相应测试所需的具体安全数据进行小结，然

---

① 原著中该案例没有名称。为了前后一致，根据对该案例的内容对其进行了命名。——译者

后对两种类型的单元操作进行了区分：固态物料操作(solid processing operation)和液态物料操作。13.3 节专门介绍固体物料操作，重点关注热危害，详细讨论了局部引发分解后反应在整个自反应物料中传播(即爆燃)的情况。13.4 节专门讨论液态物料操作，介绍了蒸馏操作的评估程序。最后在 13.5 节中介绍了危险货物运输过程中的热风险，并介绍了自加速分解温度(SADT)的确定方法。

13.1　物理性单元操作的热危险性

13.1.1　物理性单元操作

从历史上看，单元操作的概念起源于 20 世纪初，因为人们认识到，哪怕是差别很大的行业(如食品加工和染料生产)也存在类型相同的操作，最早由 A. D. Little 称为单元操作。定义的单元操作遵循的物理规律相同，与行业背景无关。这构成了化工原理的基础，化工原理研究单元操作的各种物理规律，并为其确定有关的设计原则。由此可见，采用单元操作的概念研究工艺过程中危险性是合理可行的。本书第 2 章至第 12 章的重点是化学反应过程，这本身构成了一种特殊类型的单元操作。本章的重点是物理性的单元操作，即按照预期设计应该不发生化学反应的操作。化工过程中的单元操作分为 5 类：

(1)流体流动过程的单元操作，包括流体输送、过滤、固体流化和输送；

(2)传热过程的单元操作，包括蒸发和热交换等；

(3)传质过程的单元操作，包括气体吸收、蒸馏、萃取、吸附和干燥等；

(4)热力过程的单元操作，包括气体液化和制冷等；

(5)机械过程的单元操作，包括固体输运、粉碎、研磨、过筛(screening)和筛分(sieving)等。

因此，物理性单元操作种类多样，需要制定专门的程序来识别、评估其中的热风险，然后制定相应的安全操作条件。

13.1.2　物理性单元操作的危险性

物理性单元操作中涉及的热危险主要是由于触发非预期(unwanted)的放热反应或产气反应。尽管火灾、爆炸及毒性问题不在本书的范围内，但一般说来，非预期的放热反应会导致火灾、阴燃或热表面，随后可能点燃爆炸性气氛并引发爆炸。

非预期反应可以通过热或机械方式引发。热引发主要通过(物料)与热表面或热气体接触，从而暴露于热环境而发生。例如，在干燥、蒸馏和蒸发操作中就是这种情况。非预期反应有时是氧化反应，例如，流化床由于存在空气或者与空气的强烈摩擦因而有利于物料氧化反应的发生。但是，一个重要且经常被低估的热引发问题便是热累积或传热受限(第 12 章),在储存和运输过程这样的风险普遍存在。如果物料或物品对机械力敏感,且受到运动部件的撞击或摩擦,便有可能发生机械力引发的非预期反应,这可能发生在研磨、混合或某些干燥类型的操作中。

分解反应的一个特殊类别是爆燃(deflagration),也称自发分解[①](spontaneous decomposition)。这种类型的反应由局部热点(hot spot)引发,然后以反应阵面(reaction front)传播,迅速蔓延到整个物料。这种类型分解的传播速度约为每秒数毫米或厘米,可能会造成巨大的破坏,因为四溅的火星(发光粒子)可能飞入其他容器中并形成热点,或者分解产生的易燃气体可能会形成爆炸性环境[②]。该自发分解与爆炸环境中的爆燃不同,因为它不需要任何氧气。能发生自发分解的物料通常具有高的分解热(超过 500 J·g^{-1})[2]。对于这种类型的分解,需要专门的测试程序和专门的风险降低措施。

13.1.3 非预期放热反应的评估程序

总的说来,物理性单元操作热危险性的评估程序与反应系统一样:

(1)采用绝热温升 ΔT_{ad} 及潜在的压力效应评估严重度,见第 5 章;

(2)采用 tmr$_{ad}$ 评估非预期反应引发的可能性,并将其与暴露时间进行比较(选择的暴露时间需足够长)。这里,可以将 24h 换成更具代表性的时间限值。

13.2 节~13.5 节对有关时间限值及测试程序进行介绍。

13.1.4 物理性单元操作的特殊性

物理性单元操作是指不期望发生化学反应的操作。因此,从热风险的角度来说这样的操作应该是有利的,因为直觉看来所加工物料的放热速率低(a priori low)。有些操作移热可能很低(正常态时),但当我们按风险分析的架构考虑其偏离正常工况时,热平衡可能会突然从稳定条件变为失控状态。[③]

因此,确定安全操作条件时,必须考虑物料的热稳定性问题,这需要对物料在特定条件下的行为有深刻的了解。为此,涉及一些特殊的试验(13.2 节),目的在于避免分解反应演变为失控状态。

13.1.5 风险评估的标准化

物理性单元操作中的一个有利因素是设备类型明确,且常为精细化工和制药行业中标准化了的设备。因此,可以较好地知悉其偏离正常操作条件的异常工况,

---

① 也称自持分解。——译者

② 对原著的表述次序进行了调整。——译者

③ 对原著这一段的含义进行了完善。——译者

这有助于人们对一定类型的设备(如干燥设备，包括出于特定目的而制造的干燥器)的风险分析程序进行标准化。这种标准化的风险分析包括以下几点：

(1)设备描述：对设备进行描述，确定风险分析范围并予以记录。

(2)危险辨识：工艺偏差、设备故障或预期操作可能导致的危险，要特别考虑物料暴露于冲击、热、机械应力等情形。

(3)安全参数：获取能对被加工物料进行表征的安全数据，如热稳定性。

(4)风险评估：将物料特性与设备所给予的多种约束条件(constraints)相结合，开展风险评估。这里，安全参数必须与这些约束条件相对应，并根据具体的约束条件对相应的安全数据做出解释。

(5)风险降低措施或安全工艺条件的确定：确定工艺参数时，应避免引发可能的分解反应或爆炸。若做不到这一点，则应采取措施减弱此类事件可能导致的后果。

13.2 实 验 测 试

本节主要考虑与热稳定性相关的安全数据(具体的火灾、爆炸、毒理学和生态毒理学方面的内容不属本书之列)。这里所介绍的大多数测试都是经验性的，其结果大多是定性或半定量的，而不是定量的。因此，它们在风险评估中的应用也是经验性的(是基于长期实践经验的)。正因如此，对某些结果的解释可能因公司而异；然而，某些测试(特别是专门用于储存和运输的测试)是在国际层面(如联合国层面)上标准化了的[3]。这里介绍的是瑞士化学和制药行业常用的一些测试[4]，其描述源于 TÜV-SÜD Schweiz AG(前 Swissi)的安全实验室，并得到了 TÜV-SÜD Schweiz AG 的许可。

13.2.1 撞击感度

被测物质放置在撞击装置(落锤仪)的落锤下方，通过特性落高评估被测物质的撞击感度(impact sensitivity)[①]。试验过程中，每个落锤高度均需要进行 6 次平行试验，每次试验均应采用新鲜样品。每次试验均需观察样品是否出现爆炸、烟雾、火焰、火花等明显的反应现象。

德国 BAM[②]实验室从工业实践的角度给出的建议如下：

(1)在 6 次试验中只要有 1 次表现出明显的反应，则认为被测物质对该落锤高度对应的撞击能量敏感。

---

① 原著采用的是"shock sensitivity"，该术语对应于冲击波感度或冲击感度；撞击感度的英文标准说法应是"impact sensitivity"；原文中的落锤高度用更专业化的"特性落高"表述。——译者

② 这里的 BAM 指德国联邦材料研究和测试研究所。——译者

(2) 根据分类、标签、包装(classification、labelling、packaging regulation, CLP)法规[5]，对 39 J 撞击能量有明显反应的物质被视为撞击敏感，应标记为具有爆炸性。

13.2.2　摩擦感度

将约 10 mm³ 的干燥样品置于带有细槽的固定瓷板 (25 mm×25 mm) 上，用 360 N 的力将瓷棒压在托架上。然后使瓷板上的样品与瓷棒下端面进行往复摩擦 (瓷棒固定，瓷板以 7 cm·s⁻¹ 的速度往复运动)，观察样品在摩擦作用下是否发生反应。

如果在 360N 的荷载下被测样品发生点火、爆炸痕或爆炸声响，根据 CLP 法规，认为测试样品对该荷载作用下的摩擦敏感[5]。然后，降低荷载，直到观察不到反应发生，于是可以得到被测样品的临界荷载。若临界荷载小于等于 80 N，则被测物质太危险不能以其进行试验的形式进行运输。

13.2.3　动态 DSC 测试

将样品置于 4.3.1 小节所述的耐压密闭坩埚中，将封好样品的坩埚在受控气氛下以恒定的升温速率加热，评估吸热和放热信号，并确定或计算每个热信号的温度范围、峰值温度、峰高(放热速率)和比放热量。

DSC 热谱图 (图 13.1) 中吸热熔融峰后紧接着高能的剧烈放热分解的固体样品特别容易出现自发分解行为 (见 13.1.2 小节和 13.2.7 小节)。

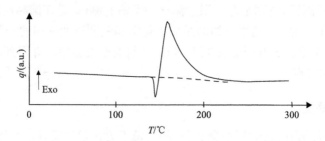

图 13.1　从吸热熔融突变为放热分解的动态 DSC 热谱图

13.2.4　分解气体

分解气体的生成量测试。在恒温环境下进行测试，将 1g 被测物质装入与压力表相连的玻璃管中，然后将玻璃管放入铝热块 (heated aluminum block)。测试条件有两种：220℃环境保持 8 h，或者 350℃环境保持 5 min。

分解气体的可燃性测试。将 1g 被测物质装入玻璃管，然后将玻璃管放入 350℃的铝热块中。释放气体的可燃性通过玻璃管顶部温度约 1000℃的炙热铂丝判断，观察分解气体是否会在 5min 内被点燃。测试时，顶部铂丝可伸入管内不超过 5mm。

13.2.5　动态分解试验（RADEX）

根据测试条件的不同（开放体系、密闭体系、与氧气接触和不与氧气接触），对被测样品进行 4 组动态分解测试，每组的样品量为 2～3g，温升速率恒定(45 $K \cdot h^{-1}$)。记录每组测试的样品和炉膛之间的温差（ΔT 信号），并画出 ΔT 与炉膛温度的关系。ΔT 信号正方向上偏离基线的最低温度定义为首个放热反应的开始温度。根据不同测试条件下获得的 ΔT 曲线之间的差异，可以对被测物质的热分解进行表征。对 RADEX 进行校准，便可以根据 ΔT 值确定放热速率。RADEX 的检测限约为 $2\ W \cdot kg^{-1}$（表 4.2）。

由 RADEX 测试得到的开始放热温度可确定安全干燥温度。建议的最高干燥温度应比首个放热反应的开始放热温度低 100～150℃，具体取决于干燥器的类型。通过这样简单的筛选测试得出的干燥温度通常过于保守，为了更准确地评估安全干燥温度，建议进行额外的测试，如杜瓦瓶测试或 400 mL 金属丝篮（或丝网容器，wire basket）进行的恒温测试。

RADEX 测试还可以得到 ΔT 的最大值 $(\Delta T)_{max}$ 及其对应的炉膛温度。若 $(\Delta T)_{max} > 4$ ℃且 ΔT 曲线的最大上升斜率超过 20 $K \cdot h^{-1}$，则被测物质还应进行专门的自发分解测试。

13.2.6　Mini-autoclave 测试

将约 2 g 被测物质装入小型高压容器中，在受控气氛下对压力容器以恒定升温速率加热。记录样品和参比物质之间的温度差（ΔT 信号）及高压釜中的压力，并绘出温度差、压力与炉膛温度的关系曲线。ΔT 信号正方向上偏离基线的炉膛温度视为放热反应开始温度，由该温度可确定安全工艺温度。一般来说，加热工艺（反应、蒸馏、干燥等）的最高允许温度应比首个放热反应开始温度低约100℃。这是一个保守的估计，更详细的研究常常表明较高的温度也是安全的。通过 mini-autoclave 测试[①]，若出现压力非常快速的增长（在 2.5 $K \cdot min^{-1}$ 的温升速率下，超过 150 $bar \cdot s^{-1}$），表明被测物质可能会出现自发分解或具有爆炸性。

13.2.7　自发分解测试

该测试旨在明确被测物质出现局部引发时是否会发生自发分解（爆燃）。

13.2.7.1　爆燃管测试

测试时将 200mL 的被测物质装入直径为 40mm 的垂直玻璃管中，然后通过电

---

① mini-autoclave 测试也可以翻译为小型压力容器测试。就行业习惯而言，可以不翻译。——译者

热塞(glow plug)(800℃、60W、最大能量输入 16kJ)引发其分解，观察反应是否会沿着整个玻璃管传播。用 3 支热电偶记录距电热塞不同距离处的温度。

根据空气中的燃烧指数、分解能量、引发分解所需的能量、反应阵面的速度、数量和分解气体的可燃性等参数和观察到的实验结果，将自发分解为 3 类，其中第 3 类最危险。

13.2.7.2 杜瓦瓶测试

将大约 250 mL 的被测物质装入杜瓦瓶(高为 18～20 cm，内径为 48 mm)中，物料上表面低于杜瓦瓶顶部 2cm。采用长度不短于 20mm 的气体火焰引发物料分解，观察反应阵面的传播，并通过距离杜瓦瓶顶部 5cm 和 10cm 的两支热电偶监测物料温度。平行进行 2 次试验，(比较反应阵面的传播时间)，采用较短的传播时间(即较快的传播速度)进行评估：

(1)快速传播：速度大于 $5 \, mm \cdot s^{-1}$；

(2)慢速传播：速度大于 $0.35 \, mm \cdot s^{-1}$，但小于 $5 \, mm \cdot s^{-1}$；

(3)不属于自发分解：速度小于 $0.35 \, mm \cdot s^{-1}$，或者反应终止。

可以在氮气氛围中进行同样的试验。

13.2.8 Grewer 炉与空气氛围下的反应[①]

将被测物质及参比物质(石墨粉)装入小金属丝篮，两种均约为 8 mL，将两金属丝篮置于 Grewer 炉中以恒定的温升速率($1.2 \, K \cdot min^{-1}$)升温，加热过程中样品周围气流环绕。记录样品和参比之间的温差(ΔT 信号)，并将 ΔT 与参比温度绘图。测试的温度范围为室温～样品熔点以下 10℃。

ΔT 信号正方向上偏离基线的最低温度为首个放热反应的开始温度，由此可确定对流干燥(如流化床干燥、喷雾干燥)的安全温度。建议的最高干燥温度应比首个放热反应的开始放热温度低 60～110℃，具体取决于干燥器的类型。通常说来，这样通过简单的筛选测试确定的干燥温度过于保守。为了更准确地评估安全干燥温度，建议进行额外的测试，如在 400mL 钢丝篮中进行恒温测试。

13.2.9 RADEX 恒温测试

将 2～3g 被测样品暴露于温度恒定的高温环境中至少 8h，记录样品和炉膛之间的温度差(ΔT 信号)，并绘制 ΔT 与时间的关系曲线。ΔT 信号正方向上偏离基线视为放热反应。在某些情况下，放热反应仅经历过一定的诱导时间后才发生，这便是自催化反应。

---

① 原文为"decomposition in airstream"，认为应为"空气氛围下的反应"。——译者

若未检测到放热，则表明测试温度下物料不分解或分解反应的放热速率小于检测限(约 $2W \cdot kg^{-1}$)[1]。

建议的最高干燥温度应比开始检测出放热的最高温度低 40～70℃，具体取决于干燥器的类型。这些值通常过于保守(因为它们是通过简单的筛选测试得出的)。为了更准确地评估安全干燥温度，建议进行额外的测试，如采用杜瓦瓶或 400 mL 金属丝篮进行测试。

13.2.10 金属丝篮中的自引发测试

将被测物质(样品)装入 400 mL 的金属丝篮中，然后置于新鲜空气可流入(流速为 $2 L \cdot min^{-1}$)的温度恒定的加热室中，使样品暴露于恒温、新鲜空气环境中。记录样品和炉内空气之间的温度差(ΔT 信号)，并绘制 ΔT 与时间的关系曲线。

如果测试过程中观察到 ΔT 信号，意味着产生了放热，可能是发生了分解反应，更多的可能是发生了氧化反应。

可以根据观察到最大温差并有关判据来确定自引发温度(self-ignition temperature, SIT)，这里的 ΔT 判据与所采用的标准有关。例如，将 ΔT 不超过+5℃的最高环境温度(四舍五入至 10℃的整数倍)定义为篮限值温度(basket limit temperature, BLT)。改变金属丝篮的尺寸，得到不同的 BLT，即可通过外推获得大型散装集装箱情形时的 SIT。综合考虑干燥器尺寸相应的 SIT、外推过程中不确定性所需的安全裕量，即可以确定安全干燥温度。

13.2.11 杜瓦瓶热储存测试

将被测物质装入杜瓦瓶中(要求杜瓦瓶的热半衰期超过 8 h)，然后置于恒定的高温环境中。记录样品和加热炉内空气之间的温差(ΔT 信号)，并绘制 ΔT 与时间的关系曲线。若信号在正方向上偏离基线，则表明发生了放热反应。在某些情况下，放热反应经过一定的诱导时间后才发生，这便是自催化反应。

将不超过+5℃的最高环境温度(四舍五入至 10℃的整数倍)定义为杜瓦瓶限值温度(Dewar limit temperature, DLT)。DLT 可用于确定接触式干燥机(真空干燥机)的安全干燥温度。建议的最高干燥温度应比 DLT 低 0～10℃，具体取决于干燥器的类型。若需将干燥器干燥后的物料向不超过 1 m^3 的容器中卸料，则最高安全卸料温度应比 DLT 低 50℃。

根据联合国危险物品运输建议书，将 500mL 杜瓦瓶(被测物料 400mL)的 ΔT 超过+6℃所对应的恒定环境温度，视为 50 kg 包件的 SADT。

---

[1] 对原著说法进行了完善。——译者

13.3　固体物料操作的危险性

13.3.1　气力输送与机械输送

通过机械方式(如螺旋输送机)输送固体物料时的风险因素在于机械应力、撞击或摩擦。一些脱落的金属小零件(如螺钉等)可能进入物料中,并通过摩擦产生引发非预期反应的热点。对易发生自发分解的物料来说,情况尤其如此。在气力输运过程中,快速动作的阀门可能会产生冲击力,从而引发非预期反应。

13.3.2　混合

混合操作中,除了需要考虑机械应力造成的危险[这与装卸操作(handling operation)类似],还需要着重考虑另外一个因素:大量固体可能增加热累积的风险。此外,还必须考虑物料对氧气(空气)的敏感性。

13.3.3　储存

可以储存固体物料的容器多种多样,如圆桶、大的料袋、筒仓等。随着尺寸的增大,热累积状态会变得更加严重。因此,必须按照 12 章的内容对固体物料的热行为进行分析。不可忘记的是:在混合、粉碎、研磨或干燥后,固体物料装入容器时的温度可能高于环境温度(见 13.3.6 小节)。

13.3.4　干燥

干燥操作中,固体物料需要经受热作用(即热应力),但热应力的强度与采用的干燥机类型密切相关。为了说明这一点,这里介绍了两种常用的干燥机:桨式干燥机(paddle dryer)和流化床干燥机。

13.3.4.1　桨式干燥机

桨式干燥机是一种接触式干燥机,其构造为带有加热转轴的水平加热圆筒。它在真空下工作,与物料的接触时间相对较长,通常为 24 h,甚至可能为 72 h。转轴转动缓慢,因此,物料受到的机械应力有限。然而,搅拌器轴的轴承可能会因摩擦而发热。(桨式干燥机运行过程中的)主要危险源于物料长时间的热暴露,这可能引发非预期反应,并在搅拌过程中将开始放热的物料(hot product)输送分布于容器中,形成热累积状态(见 13.3.6 小节)。最大允许的干燥器安全壁温(T_{max})可根据标准的量热测试结果减去安全余量来确定(距离法则)。作为示例,从 G. Suter 编写工作表[6]中节选了相关内容,形成了表 13.1。

表 13.1　基于不同标准测试方法确定的桨式干燥机最高允许的载热体温度(单位：℃)

测试方法	非爆燃物料		爆燃物料(第 1、2 类)	
	非自催化	自催化	非自催化	自催化
动态 DSC	$T_{max}=T_{dyn}-50$	−70	−70	−80
等温 DSC(密闭体系)	$T_{max}=T_{iso}-50$	−70	−70	−80
RADEX 恒温	$T_{max}=T_{iso}-30$	−50	−40	−60
杜瓦瓶储存	$T_{max}=DLT-10$	−10	−10	−10
tmr$_{ad}$[a]	$T_{max}=T_{D24}-10$	−10	−10	−10

a)：必须根据干燥过程的持续时间或一旦分解后采取干预措施所需的时间来确定 tmr$_{ad}$。$T_{D24}-10$℃为标准值。

表 13.1 中，从上到下测试方法的灵敏度增加，因此所需要的安全余量逐渐减小。表中的 tmr$_{ad}$ 按照第 10 章的方法获取；T_{D24}（℃）可以根据动态 DSC 的起始分解温度估算得到：$T_{D24} \approx 0.7 \times T_{10W \cdot kg^{-1}} - 46$。

这个示例，也说明了测试灵敏度安全余量的影响。测试需要按照 13.2 节中规定的标准方法进行。

13.3.4.2　流化床干燥机

流化床干燥机和造粒机均用到流化床技术，采用该技术进行干燥或造粒的热风险也相同。这类工艺中，固体物料悬浮于热空气中，使得固体颗粒和空气之间存在着强烈的传质作用。必须确保固体物料在空气中的热稳定性，为此需对物料被空气氧化的可能性进行专门的测试。可以根据不同标准测试的结果，通过减去安全余量的方法来确定流化床干燥机空气入口的最高允许温度(表 13.2)[6]。当固体物料变热后，如果出现空气供应故障，将导致一种特殊的风险——流化床坍塌导致的热累积(见第 12 章)。

表 13.2　根据不同标准测试确定的流化床干燥机空气入口最高允许温度(单位：℃)

测试方法	非爆燃物质 [a]	爆燃物料(第 1、2 类)
Grewer 炉方法	$T_{air} = T_{onset} - 90$	−110
RADEX 恒温方法	$T_{air} = T_{onset} - 20$	−40
金属丝篮方法	$T_{air} = BLT - 10$	−20
基于 DSC 获取 tmr$_{ad}$ 方法	$T_{air} = T_{D24}$	T_{D24}
DSC 等温方法	$T_{air} = T_{iso} - 50$	−50

a)：爆燃也称为自发分解(见 13.2.8 小节)。

表 13.2 中，从上到下测试方法的灵敏度增加，因此所需要的安全余量逐渐减小。

采用密闭样品池进行 DSC 测试,获得的相关温度只适用于惰性氛围下的操作(氧浓度小于 5%)。对于这样的情形,必须检测气氛中的氧浓度,一旦超过 5%,必须可靠地切断空气供应。

13.3.5　粉碎与研磨

这些操作会对物料产生强烈的机械作用。设备中快速转动的元件(如轴承)可能会与物料摩擦产生热点,这对于易爆燃的物料尤其危险。在这种情况下,必须对轴承采取防止物料摩擦的预防措施,如采用防尘结构、用氮气冲洗或进行润滑。另一种解决方案是监测轴承温度并建立报警,根据不同的测试结果,减去适当的安全裕度,确定报警值(表 13.3)[6]。

表 13.3　根据不同标准测试确定的粉碎/研磨设备中轴承允许的最高温度(单位:℃)

测试方法	轴承允许的最高温度 T_{max}
DSC 等温方法	$T_{max} = T_{iso} - 50$
RADEX 恒温方法	$T_{max} = T_{iso} - 20$
金属丝篮方法	$T_{max} = BLT - 10$

表 13.3 中,从上到下测试方法的灵敏度增加,因此所需要的安全余量逐渐减小。

当将粉碎/研磨后的物料装入容器中时,由于物料温度高于室温,可能会在容器内形成热累积。该问题的解决方式请参见 13.3.6 小节。

13.3.6　热物料的卸料

从干燥机或研磨机中将热的固体物料卸料装入容积小于 200L 的容器中时,可根据不同的测试结果,减去适当的安全裕度(采用距离法则),确定卸料最高允许温度,见表 13.4[6]。

表 13.4　根据不同标准测试确定的卸料最高允许温度(容器小于 200L,单位:℃)

测试方法	下料最高允许温度 T_{max}
Grewer 炉方法	$T_{max} = T_{onset} - 150$
金属丝篮方法	$T_{max} = BLT - 50$
杜瓦瓶热储存测试方法	$T_{max} = DLT - 50$
基于 DSC 获取 tmr_{ad} 方法	$T_{max} = T_{D24} - 40$

表 13.4 中,从上到下测试方法的灵敏度增加,因此所需要的安全余量逐渐

减小。

对于容积超过 200L 的容器来说,需要用到第 12 章中专门评估热累积的方法。

13.4　液体物料操作的危险性

13.4.1　输运操作

在隔热管道和伴热(加热,trace heating)管道中泵送或输运液体物料时可能会产生热危险。只要物料流动,物料和管壁之间就会通过强制对流进行热交换。因此,只要存在液体物料的流动就存在强制对流。当出现停泵或关阀而停止流动时,热交换通过自然对流进行,这导致总的传热系数降低了约 10 倍,并可能导致热量累积(传热受限)。可以采用决策树(图 12.7)进行风险评估,此时,对通过计算自然对流的临界半径或 Rayleigh 数进行评估比较合适。

对于伴热管道,搞清楚热源的性质(电伴热、蒸汽伴热或液态载热体伴热)很重要,因为一旦流动停止,这三种热源的行为不同:

(1)电伴热。一旦流动停止,电加热仍在继续工作,这可能会在管道壁面上产生高的表面温度。这一点或许非常关键:如果物料对热敏感,可能会出现失控。这可以通过确定管道最高表面温度并计算该温度下的 tmr_{ad} 来进行评估,然后将 tmr_{ad} 与工艺风险分析确定的暴露持续时间(或称为暴露时间,t_{conf})进行比较,考察是否符合 $tmr_{ad} > 4t_{conf}$ 的要求。

(2)蒸汽伴热。采用蒸汽伴热时,如果物料停止流动且发生放热反应,其温度将升高并超过蒸汽露点(或冷凝)温度,在物料和蒸汽之间不再有热传递。这接近于绝热条件,并可能导致失控。此时,采用上述(1)进行评估:将 tmr_{ad} 与工艺风险分析确定的暴露持续时间(t_{conf})进行比较,考察是否符合 $tmr_{ad} > 4t_{conf}$ 的要求。

(3)液态载热体伴热。采用液态载热体伴热时,如果物料温度超过载热体温度,温度梯度将改变方向并开始冷却。这可采用管内壁自然对流时的热平衡进行评估。

因此,通过伴热管道输运热敏感物料时,应采用液态载热体伴热,且要精心选择载热体的温度,这样才能避免失控情形的发生。

从热安全的角度来看,另一个危险场景是在物料堵塞断流(blockage)的情况下泵持续工作。堵塞的原因可能是物料凝固、阀门关闭等,此时如果泵继续工作,大部分的电机功耗将转化为热量。例如,如果一台 2kW 电机的 50%功率转换为热量,且泵容量为 1 kg,则输入的比热流(specific power)为 $1kW \cdot kg^{-1}$,这导致泵内物料温升速率约为 $0.5K \cdot s^{-1}$ 或 $30K \cdot min^{-1}$,这样的热输入在相对短的时间内就可能引发非预期反应。出现过多起因泵内含物分解爆炸而导致泵壳破坏的事故(图 13.2)。

图 13.2　由流动受阻后泵内物料分解失控导致泵的破坏。需要注意的是外壳固定螺栓的断裂

13.4.2　换热操作

显然，热交换操作中的重要参数是与物料接触的热交换器的壁温。这里，我们考虑加热操作。在正常运行期间，强大的热交换能力可以比较轻松地控制物料分解问题，因此引发非预期反应的可能性很低。然而，一个安全的工艺应是在故障发生时也能具备鲁棒性的工艺。13.4.4 小节详细介绍了工艺必须考虑的故障模式。

13.4.3　蒸发与蒸馏

在蒸馏和精馏过程中，热风险基本上位于蒸发器或塔釜(column sump)，因为此处的热应力更为明显。蒸发器本质上是换热器，具有良好的热交换能力，可以实现高热流的能量输入，这对热安全很关键。与 13.4.2 小节所述的热交换器不同，蒸发是一种吸热现象，可使温度稳定在沸点。当然，这只有当体系可以被视为开放系统时才成立，这意味着产生的蒸气可以自由地流向冷凝器。因此，与蒸发器相关的热风险取决于蒸发器的类型及其几何形状，也取决于系统在没有临界压力损失的情况下使蒸气逸出的能力。

与蒸馏工艺热安全有关的重要提示如下：

(1)塔釜物料浓度的增加可能导致固体沉淀、结皮，最终形成热点或阻碍热交换。

(2)对遵循自催化分解的物料来说，如果长时间处于热应力状态，这将增加催化剂浓度并缩短诱导时间。在这种情况下，将残留物置于容器内进行下一次操作的做法尤其值得怀疑(习题 11.3)。

(3)减压蒸馏(真空蒸馏)过程中，蒸发器物料沸点会上移，有可能触发物料分解。另一个要点是，一旦出现真空损失，可能会有空气进入，这可能会在设备中产生爆炸性气氛。为了避免这种情况，应在出现真空损失时立即进行氮气冲洗 (nitrogen flush)。

(4) 用于热分析的样品必须在温和的条件下制备，通常在低于预期工艺温度 30℃或40℃的高真空环境中制备，并采用密闭耐压坩埚测试。这确保了在样品制备过程中不会释放大量热量，并且测量的能量能代表实际工况。

(5) 蒸发或蒸馏后留下的残留物或浓缩物通常是具有黏性的，需要对管道和储存容器进行伴热。通常说来，这些残留物或浓缩物也是热敏感的，因此必须谨慎选择伴热温度，如采用 Frank-Kamenetskii 模型或第 12 章中更复杂的方法。

下文将对不同类型蒸馏工艺的热风险进行介绍，首先描述不同类型的设备，然后介绍相关的故障模式。有关蒸汽流量的限制在14.3节的蒸发冷却中进行说明。

13.4.3.1 间歇蒸馏

多功能工厂中常采用搅拌釜作为间歇蒸馏或精馏的蒸发器。在这些操作中，容器内物料的组成和温度随时间变化而变化，一直处于非稳态。因此，热危险分析的第一步就在于确定最危险的组成-温度组合(composition–temperature pair)。然后，将分析重点放在组成最危险的物料上。如果蒸馏过程中发生故障，塔内滞留物料可能会降落到蒸发器中，挥发物冷凝后将会稀释蒸发器中物料，从而有助于避免引发非预期反应。

通常说来，蒸馏开始时物料体积大、温度低，大量的轻组分挥发能起到蒸发冷却作用；蒸馏尾声阶段，物料体积越来越小，温度越来越高，挥发物越来越少。对此，可以采用釜内物料样品的 tmr_{ad} 来评估(热危险性)。

13.4.3.2 连续精馏

连续精馏所用蒸发器的类型多样，每种蒸发器都有其特定的失效模式。

循环蒸发器遵循热虹吸管(thermosiphon)或循环泵的原理工作,构造为垂直管式换热器，液体在管中蒸发，蒸气和液体的混合物从交换器的顶部离开。蒸气往上流向塔或蒸汽管，液体下落到底部并通过管道循环。管中两相流具有良好的传热系数。由于没有机械部件，电源故障对蒸发器本身没有影响。

降膜蒸发器(falling film evaporator)的构造也如同管式换热器，但由泵进行物料循环。泵将液体输送到管的顶部，从顶部呈膜状向下流动，在管壁上蒸发 [图 13.3(a)]。两相混合物向下流动到塔的底部，并于底部进行相分离，蒸气上流至塔，液体由循环泵循环。

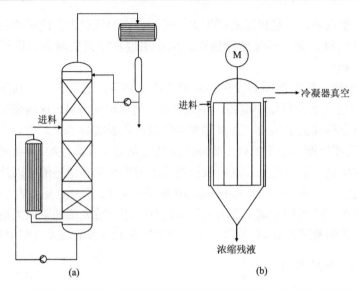

图 13.3 精馏设备示意图。(a)配有降膜蒸发器的精馏塔，(b)刮板式薄膜蒸发器

薄膜蒸发器是一个空心圆筒，包含一个快速旋转的转轴[图 13.3(b)]。液体被输送到壁的顶部，配有挡板或刮板的转子将膜分散在壁上，通过管内湍流流增加传热系数。该类蒸发器的最大优点在于短时间内仅一小部分物料暴露于高温环境，非常有利于热敏感物料的处理。

13.4.4 换热器与蒸发器的故障模式

表 13.5 对不同类型设备的故障模式进行了总结，单元格中的字母对应于不同的故障场景，文中给出了详细描述。

表 13.5 不同设备的失效模式

设备	电力故障	搅拌失效	物料流动失效	载热体流动失效	温控失效
换热器	a, c	—	f, c	g, c	i
搅拌釜	a, b	e		h, b	j
循环蒸发器	a, c	—	c	h, b	j
降膜蒸发器	a, c	—	c	h, b	j
薄膜蒸发器	a, d	d	—	h, d	j
塔釜	b	—	b	—	j

(a)电力故障。泵和搅拌(如存在)将停止工作[①]。此时，物料(产品)、载热体

---

① 设备机械故障也会形成类似场景。——译者

停止流动，搅拌停止，强制对流停止，冷热流体之间只能通过自然对流进行热交换。一定时间后，流体、产品、载热体以及壁面的温度达到平衡，这意味着产品温度升高，进入热累积状态。这是一种可能导致危险的故障模式。换热器的最高安全温度根据第 10 章和第 11 章中的 tmr_{ad} 确定。这里的平衡温度(T_{eq})可根据热平衡估算：

$$T_{eq} = \frac{m_p \cdot c'_{p,p} \cdot T_p + m_w \cdot c'_{p,w} \cdot T_w + m_c \cdot c'_{p,c} \cdot T_c}{m_p \cdot c'_{p,p} + m_w \cdot c'_{p,w} + m_c \cdot c'_{p,c}} \tag{13.1}$$

式中，下标 p 为产品；下标 w 为壁面；下标 c 为载热体。

(b)搅拌釜中的热累积。对于间歇蒸馏，蒸馏开始时物料体积大，大量的轻组分挥发能起到蒸发冷却作用；蒸馏尾声阶段，可以采用釜残的 tmr_{ad} 来评估(热危险性)。

(c)管道中热累积。可以采用 Frank-Kamenetskii 计算临界半径的方法对此进行评估，所选择的最高允许安全温度需满足如下条件：

$$tmr_{ad} > \frac{0.5r^2}{a} \tag{13.2}$$

取系数 0.5 意味着是圆柱形容器，r 为管道半径。可以通过迭代的方法获取其解，因为 tmr_{ad} 表达式中的热流项是温度的指数函数。

(d)薄膜蒸发器转轴故障。薄膜不再呈湍流运动，且越到蒸发器底部，膜变得越厚。产品可能会处于热累积状态，该场景可以类似于循环蒸发器处理，但需要考虑板的几何形状：

$$tmr_{ad} > \frac{1.14r^2}{a} \tag{13.3}$$

式中，r 为膜厚度的一半，通常为 2~3 mm。可以通过迭代的方法获取其解，因为 tmr_{ad} 表达式中的热流项是温度的指数函数。

(e)搅拌失效。蒸气气泡成核常常发生于搅拌叶尖部位，仅搅拌停止而加热系统正常工作，这可能会影响叶尖部气泡成核，其结果可能是压力增加而沸腾延迟。为了避免这种情况，必须停止加热，或在容器底部注入氮气可能会有所帮助。

(f)换热器中产品滞流，载热体的流动保持不变。取决于壁温，产品可能出现过热并引发非预期反应。根据载热体的性质，产品可能处于热累积的状态。必须对这种模式仔细研究，且根据产品的 tmr_{ad} 确定载热体最高允许温度。

(g)换热器中的载热体滞流，产品的流动保持不变。产品与载热体之间没有热交换或热交换非常不充分，产品温度没有升高到预期值。这将形成一个工艺方面的问题，从安全角度来看问题不大。

(h)蒸发器中的载热体滞流(类似于循环泵故障)。此时，物料蒸发将停止，产品温度可能降低。蒸馏之初，只要被蒸馏物料中存在挥发物，这种类型的失效危险性不大。如失效发生于蒸馏尾声阶段，由于挥发物几乎被蒸尽，残留物将处于热累积状态。

(i)换热器温度控制失效。由于产品可能被加热到所需温度以上，因此这可能是一类危险的故障。这种情况可以通过一些物理性的方法限制载热体温度来避免。(取决于风险等级)这样的限制措施必须可靠，并按照 IEC 61511[7]的规定进行安装，确保具有适当的安全完整性等级(即 SIL 等级)。若不能可靠地限制载热体的温度，则必须通过适当的泄压系统保护换热器，以防出现超压破坏。泄压系统的尺寸应能与该场景相适应，(如必要)应能适应可能出现的两相流情形(见第 16 章)。①

(j)蒸发器温控失效。最坏的场景即是温控系统发生故障而蒸发器内物料满负荷受热，此时，蒸发速率增加，可能导致物料液位上涨，蒸汽管和冷凝器液泛(flooding)。其结果是压力增加，进而导致设备爆裂，如果出现易燃蒸气泄漏，还会导致室内二次蒸气云爆炸。可以采用的措施有两种：根据 IEC 61511[7]采用高可靠性的温度限制措施，或针对该场景设计的紧急泄压系统(见第 16 章)。

13.4.5　风险降低措施

第一优先事项是确定安全的载热体温度(一个可接受的平衡温度)：$T_{eq} < T_{D24}$。

一定的真空度环境会降低物料的沸点，这有利于其中的热敏感产品的安全性②。在这种情况下，采用薄膜蒸发器或许是一种有效的解决方案：这可以使暴露于高温下的产品质量更少，暴露时间更短。

对于真正热敏感的产品，分子蒸馏(也称短程蒸馏，short path distillation)或许是一种好的解决方案。这种操作可以在高真空($10^{-2} \sim 10^{-3}$ mbar)条件下工作，因而工艺温度很低。分子蒸馏的蒸发器结构类似于薄膜蒸发器，但在据蒸发器表面一定距离处配置了同心冷凝器，高真空条件可以使蒸发面与冷凝面之间的距离短于分子的平均自由程，从而实现液体混合物的分离。③

为了避免出现严重的热累积状态，应选择液体载热体，而不应采用蒸汽加热或电加热，这有助于避免失控。

如果无法实现这一点，对于蒸馏工艺，可以采取紧急措施，用冷溶剂(可以是馏出物)进行紧急冲洗。这样做有两个效果：一是可以稀释蒸发器的物料，从而减缓了正在进行的反应；二是利用其温差(显热)充当冷却剂。此类措施的详细设计

---

① 对原著中这一段的说法进行了适当的调整。——译者

② 对原著中的这句话语义进行了完善。——译者

③ 对原著中这一段的说法进行了完善。——译者

见第 15 章。作为最后一道防线，可以考虑采用紧急泄压系统。显然，这些措施必须按照第 16 章所述的现有规则(rule of the art)进行设计。

13.5 危险物品的运输与 SADT

SADT(自加速分解温度)的概念由联合国提出，用于评估危险物品分解放热的风险，运输包件的热危险性尤其需要这样的评估。将初始温度(T_0)均一的被测样品，装入任意形状的容器(包件)中，连续检测样品温度，并根据检测结果确定 SADT。在 t_0 时刻，装有被测样品包件的环境温度升高至 T_e，于是在包件与周围环境之间产生了热交换。联合国 SADT 测试 H1[2] 所定义的 SADT，是指包件内样品中心在 7 天或更短时间内升温至比环境温度 T_e 高 6℃的最低环境温度。该时间段从包件样品中心温度达到低于环境温度 2℃时开始计算(图 13.4)。

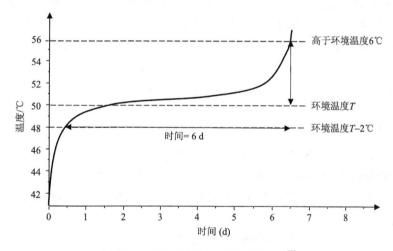

图 13.4 SADT 实验过程中温度历程[8]

最初的测试 H1 包括一系列全尺寸包件的测试，每个测试都需在不同的环境温度(变化步长为 5℃)下采用新的包件进行。根据所测试 SADT 的结果，可能会对包件的尺寸或运输过程中的温度控制要求加以限制。

基于 H1 试验程序得到的测试结果是可靠的，但实际过程中很少使用该程序，因为既昂贵又麻烦：根据该程序需要使用大量的样品，这在研发的早期阶段往往是不可能的。此外，在某些情况下，如果涉及高能物质，数几公斤的物料量将会变得非常危险。因此，开发了小量级的测试方法，其中有一项为 H4 测试，该测试将商用包件替换为一个可容纳 400 mL 样品的杜瓦瓶。实验测试时，该杜瓦瓶置于温度可控的烘箱中。所采用杜瓦瓶的热损失(用单位质量被测物料来表述)应与商用包件相同，显然，这一点至关重要，因为使用热损失更高的杜瓦瓶将会导致错误的结果[9]。

根据 SADT 的测试结果，对运输条件、包件尺寸或运输过程中的温度控制加以限制[2]：

(1)若分解能量大于 300 kJ·kg^{-1}，且 50 kg 包件的 SADT<75℃，则必须将被测样品归类为自反应性物质(self-reactive substance)。

(2)若自反应性物质的 SADT≤55℃，则必须对其进行温度控制。

事实上，SADT 体现了包件体系的热平衡，是运输物料热释放速率和包件本身热损失特性共同作用的结果[10]：

(1)物料的固有特性包括是其反应热力学参数(反应热等)及动力学参数(Arrhenius 方程的活化能、指前因子和反应动力学模型)。物理特性包括导热性能(热导率)、比热容、密度以及 SADT 温度范围内样品的存在形式(液态或固态)。①

(2)包件的外在特性包括物料量、几何参数(形状与尺寸)、热损失参数(边界条件、热导率等)以及测试所采用的温度模式。②

所有这些参数在采用如 AKTS 软件[8]进行数值模拟时均需要用到。

13.6　习　　题

13.6.1　流化床干燥机

某产品采用流化床干燥机进行干燥。请问：

(1)操作过程中有哪些风险？

(2)为了评估这些风险,需知道产品的哪些特性参数？给出获取这些参数的实验名称。

(3)通过风险评估可以确定哪些操作参数？

13.6.2　桨式干燥机

某具有明显热效应的产品必须通过桨式干燥机干燥,干燥后装入 60L 的桶中。通过动态 DSC 测试，该产物的放热量为 550 J·g^{-1}，起始温度为 180℃，怀疑存在自催化行为。进行了杜瓦瓶储存试验，测得的极限温度为 130℃。请问：

(1)该干燥操作允许的载热体最高温度是多少？

(2)卸料时允许的最高温度是多少？

---

① 对原著中的这一段进行了勘误。——译者
② 对原著的表述进行了完善。——译者

13.6.3　薄膜蒸发器

采用薄膜蒸发器[图 13.3(b)]浓缩储存于圆桶中的反应性树脂。该操作主要是在 150℃的壁温下将挥发物蒸发出来，然后，浓缩液通过气压管(barometric tube)流入圆桶中。气压管的直径为 30 mm，于 100℃伴热。产品以 150℃的温度进入气压管的上端，并冷却至 100℃(桶中产品冷却前的温度)。承装浓缩液的圆桶直径为 0.3 m[①]，料液高度为 0.9 m。树脂聚合的比放热量为 500 kJ·kg⁻¹ 应为 $500\ \text{kJ·kg}^{-1}$。

参数：(浓缩液)在 150℃时的 tmr$_{ad}$ 为 3.7 h，100℃时的 tmr$_{ad}$ 为 42 h，$T_{D24}=110℃$，$\rho=900\text{kg·m}^{-3}$，$\lambda=0.1\text{W·m}^{-1}·\text{K}^{-1}$，$c_p'=1.7\text{kJ·kg}^{-1}·\text{K}^{-1}$。

请对该操作的热风险进行评估。

13.6.4　药物中间体的间歇蒸馏

某药物合成的中间体(对硝基苯基烯丙基醚)必须采用间歇蒸馏的方式从溶剂中分离出来，加热介质的温度为 110 ℃，搅拌釜的容积为 4 m³。动态 DSC 谱图如图 13.5 所示。

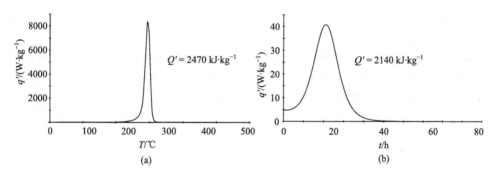

图 13.5　浓缩中间体的 DSC 谱图。(a)温升速率为 4 K·min⁻¹；(b)180℃等温

请问：

(1)评估该操作的热风险。

(2)估算操作条件下的 tmr$_{ad}$。

(3)你对工厂管理层有何建议？

参 考 文 献

1　Kletz, T.(1994). The fire at Hickson and Welch. Loss Prevention Bulletin 119: 3–4.

2　United Nations(UN)(2009). Section 28: Test Series H. UN Recommendations on the Transport

---

① 原著为半径 0.3m，应为直径 0.3m。——译者

of Dangerous Goods Manual of Tests and Criteria, 5e, 297–316. United Nations.

3 UN (2003). Recommendations on the Transport of Dangerous Goods, Manual of Tests and Criteria (4th revised ed., ST/SG/AC.10/11/rev.4). New York and Geneva: United Nations.

4 ESCIS (ed.) (1989). Sicherheitstest für Chemikalien, Schriftenreihe Sicherheit, vol. 1. Luzern: SUVA.

5 EC (2008). Regulation (EC) No 1272/2008 of the European Parliament and the Council of 16 December 2008 on Classification, Labelling and Packaging of Substances and Mixtures, Amending and Repealing Directives 67/548/EEC and 1999/45/EC, and amending Regulation (EC) No 1907/2006, in L353. European Union.

6 Suter, G. (2004). Worksheets for the assessment of the safety of physical unit operations. Unpublished work.

7 IEC-61511 (2016). Functional safety – safety instrumented systems for the process industry sector. Geneva, Switzerland: IEC.

8 Roduit, B., Hartmann, M., Folly, P. et al. (2016). New kinetic approach for evaluation of hazard indicators based on merging DSC and ARC or large scale tests. Chemical Engineering Transactions 48: 37–42.

9 Roduit, B., Hartmann, M., Folly, P. et al. (2015). Thermal decomposition of AIBN, Part B: Simulation of SADT value based on DSC results and large scale tests according to conventional and new kinetic merging approach. Thermochimica Acta 621: 6–24.

10 Roduit, B., Hartmann, M., Folly, P. et al. (2014). Determination of thermal hazard from DSC measurement. Investigation of self-accelerating decomposition temperature (SADT) of AIBN. Journal of Thermal Analysis and Calorimetry 117: 1017–1026.

第 4 部分

工艺热安全技术

14　工业反应器的加热与冷却

典型案例：工艺转移

Vielsmeier 反应在装有水循环夹套的反应器中进行。反应过程分两步：在 35℃ 时向反应物中缓慢加入三氯氧磷 (POCl₃) 形成 Vielsmeier 混合物 (第一步)，反应物料在 1 h 内加热到 94℃ 且在该温度保温到规定时间 (第二步)。该工艺在一家工厂运行了几年，而后转移至另一家工厂继续进行，在该工厂第一批反应的加热阶段就发生了失控。温度无法稳定在要求的 94℃，而是持续上升，导致气体释放到环境中。高的气体温度熔化了聚氯乙烯排气管，导致反应物料的喷出，对装置造成了重大破坏。

进行事故分析得知，事故反应器安装了油循环间接加热–冷却系统和计算机温控系统。为了实现灵敏的温度控制，对串级控制器 (cascade controller) 的控制算法 (14.1.4.3 小节) 进行了调整，使其具备了开–关功能 (on-off behavior)。具体调整方法为设定夹套温度，使其与反应物料温度实际值和设定值之差的平方成比例：

$$T_{c,set} = T_c + G \cdot (T_{r,set} - T_r)^2 \cdot \frac{T_{r,set} - T_r}{|T_{r,set} - T_r|}$$

图 14.1 给出了原先反应器和事故反应器的温度曲线。原先反应器采用了常压水循环，夹套温度不可能高于 100℃，这从物理的角度限制了夹套的上限温度。设定的控制方法在反应器温度约为 90℃ 时启动夹套冷却。在新的反应器 (即事故反应器) 中，夹套温度达到了更高的温度，而且只有当反应器温度达到 94℃ 时才开始逐渐下降。由于夹套温度降到低于反应器温度需要一段时间，因此直到反应器温度达到 97℃ 时，冷却系统才发挥其冷却效果。此时，反应速率很快以至于冷却能力已不足以补偿反应放热，反应已经无法控制，不可避免地发生失控。

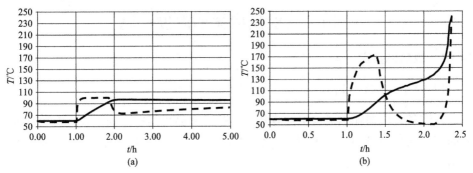

图 14.1　原先反应器 (a) 和事故反应器 (b) 温度–时间变化曲线的对比。虚线为夹套温度，实线为反应器温度

经验教训

改变温度控制系统的特性及相关参数足以导致反应不可控的结果。实际上，简单地限制夹套温度低于100℃，就可以避免这起事故(图14.2)。这个案例充分说明了温度控制系统动态特性的重要性。

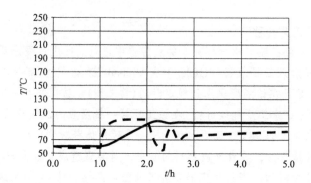

图14.2　限制夹套温度低于100℃时新反应器的温度变化曲线。虚线为夹套温度，实线为反应器温度

引言

为了控制反应进程，从而避免发生失控，必须充分了解各种反应器加热-冷却系统的工作原理及性能。本章将对这些问题进行论述，从工艺安全特定含义的角度分析不同的加热及冷却系统。14.1节介绍各种加热、冷却技术及其特点，介绍一种在工艺研发过程中涉及工业反应器动态行为的新技术。14.2节着重阐述透过反应器壁进行的热交换，14.3节介绍蒸发冷却，14.4节对反应动力学与热交换系统动态特性之间的相互作用进行讨论。

14.1　工业反应器的温度控制

14.1.1　载热体技术

14.1.1.1　蒸汽加热

蒸汽是反应器加热最常用的载热体，是一种简单而有效的手段，有效性源于其高的冷凝潜热(100℃时 $\Delta_v H' = 2257\text{kJ}\cdot\text{kg}^{-1}$)。对于饱和水蒸气，其温度可通过压力进行控制(表14.1)。

表 14.1　饱和蒸气压-温度对应表

温度/℃	100	125	150	163	175	200
压力/(bar a)	1	2.3	4.8	7	8.9	15.5

给定温度下的压力和蒸发潜热可根据 Regnault 方程进行估算:

$$\left.\begin{array}{l} P[\text{bar}] = \left(\dfrac{T(\text{℃})}{100}\right)^4 \\[3mm] \Delta_v H'(\text{kJ} \cdot \text{kg}^{-1}) = 2537 - 2.89 \cdot T(\text{℃}) \end{array}\right\} \quad (14.1)$$

温度通过压力控制阀进行控制,这在技术上是比较简单可行的。通过疏水阀将冷凝水排出夹套,在排空时系统继续保持所需的压力(图 14.3)。该方法的缺点是高温下所采用的阀门和管路系统比较沉重且价格昂贵,如 240℃时的蒸气压超过 30 bar。另一个要注意的是当反应器温度超过露点温度(dew temperature)时,实际上在反应物料和夹套之间不发生热交换:水蒸气介质无法对反应物料进行冷却。

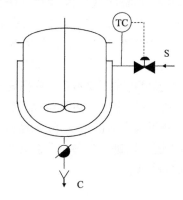

图 14.3　带有蒸汽夹套的反应器(S 为蒸汽, C 为冷凝水)

14.1.1.2　热水加热

采用热水循环的方法进行加热既可以在大气压下实现(其温度不可能超过100℃),也可以在一定压力下实现(温度限制与蒸汽加热一样)。既可以通过向循环水中直接通入蒸汽的方法来加热循环水(图 14.4),也可以间接通过换热器进行加热。通过关闭蒸汽阀、打开冷却水进口阀就可以使这套系统轻易地实现从加热到冷却的转换。与蒸汽加热的不同之处在于,一旦反应器温度超过夹套温度,则热量反向流动,即夹套对反应器进行冷却。所以,从安全角度出发,最好采用热水导入夹套①进行加热的方法，因为这样有利于系统风险被动控制（passive safety）策略的实现。

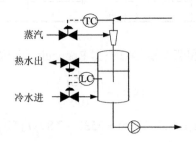

图 14.4　将蒸汽注入水中形成的热水循环系统

14.1.1.3　其他加热介质

在工业系统中，还有其他用于传热的载热流体，如矿物油、有机液体[如道氏载热体（Dowtherm），联苯和二苯醚的共熔混合物，俗称道氏油]、马隆导热油（Marlotherm）或者硅油。选择这些液体主要是由于其良好的稳定性和物理输运特性，这些特性使它们在较宽的温度范围内具有良好的热量输运能力，且在低于环境温度的情况下也能很好地工作。若对循环系统采取一些抗氧化保护（如氮气保护）措施，则有些流体的工作温度可高于200℃。若将其用于闭环系统（见14.1.2.4小节）中，则通过该同一流体既可以进行加热又可以进行冷却。这些介质也可被用于电加热系统，在一些禁止使用水介质的情况下（如涉及碱金属处理、有机金属合成等工艺），这些介质的价值还可以进一步体现。在某些高温系统中，也采用熔盐作为载热体，但这种情况比较少见。

14.1.1.4　电加热

将电阻器安装于保护管中，然后将保护管直接浸入反应物料内就可以进行电加热。但在这样的装置中，保护管表面高温引起的过热有可能导致危险。因此，大多数情况下，通过间接的方法进行电加热，即如 14.1.1.3 小节所述通过载热体的二次循环系统来实现。载热体流经电加热器或冷却器，来完成由加热到冷却，或者由冷却到加热的平稳过渡。电加热的主要危险就在于其可能产生的高温，因此，必须通过适当的技术措施来限制其最高温度。

---

① 原文为"直接将蒸汽导入夹套"进行加热，这与原文风险的被动控制策略不符，也与上下文的语义、逻辑不符。疑为笔误。翻译时改为"热水导入夹套"。——译者

14.1.1.5 冰冷却

过去，冰常作为冷却介质直接倒入需要冷却的物料中进行冷却。由于物料可能很快就会被融化的冰稀释，因此这种方法只有当物料的化学性质能与水相容(compatible)时才可行。冰可以通过融化吸热，潜热为 $\Delta_{\mathrm{m}} H' = 320\mathrm{kJ} \cdot \mathrm{kg}^{-1}$。工艺过程中必须考虑冰的用量，用冰作为应急冷却介质是有意义的。

14.1.1.6 其他用于冷却的载热体

最常用的冷却介质是水，若循环系统封闭且带压，水的工作温度可以从大约5℃到100℃以上。用于冷却的还有其他流体，如盐水(氯化钠水溶液可达到-20℃，氯化钙水溶液可达到-40℃)等，这些流体的主要缺点是氯离子会腐蚀金属设备。工业系统中还常常用到酒精和水的混合物、聚乙二醇(有时与水混合)。将乙二醇和水按1:1混合，冷却温度可达-36℃。以前采用氟利昂(freons)冷冻系统冷却载热体，现在氟利昂已经被更加环境友好的液体或氨水替代。这样，换热器成了蒸发器。对于这样的冷却系统，需要特别注意不要使壁温低于反应物的凝固点，如果低于凝固点，会在壁上形成黏膜甚至固体，这将影响传热，从而降低冷却能力。过度冷却往往容易产生这些副作用。

14.1.2 加热与冷却技术

工业反应器的温度控制可以采用不同的技术或方法。14.1.1 小节中提到的载热体可用于不同的技术途径中：

(1)直接法(将载热体与反应物直接混合)；

(2)内盘管或外盘管；

(3)夹套、简单循环系统和带有双向循环的间接系统。

这些方法的各有优缺点，14.1.2.1 小节~14.1.2.4 小节将从工艺安全的角度进行论述。

14.1.2.1 直接加热与冷却

直接加热就是将蒸汽直接通入反应器物料中，直接冷却则是将冷水或冰直接与反应物料混合。这种方法易于使用且有效，因为不存在透过器壁的传热。此外，注入的过程会产生一定的搅拌作用。然而，反应物料将会被水(或蒸汽冷凝水)稀释，且两者必须相容，否则可能会导致反应物料因杂质而污染。直接冷却在应急冷却时是有优势的(见 15.3 节)，但实际在正常的工业操作中很少采用。

14.1.2.2 间接加热与冷却

搅拌釜式反应器的温度控制由夹套或外部盘管透过反应器壁的热交换来实现。夹套主要用于搪瓷反应器(glass-lined vessel),而不锈钢反应器使用外部半焊盘管(external welded half coils)。夹套通常提供了一个重要的表面覆盖(surface coverage),但夹套内载热体的循环效果不如外部盘管。与外部盘管相比,夹套的总传热系数较小。然而,市场上有一种技术,利用注射器和挡板装置来弥补这一缺点。盘管可承受的流体压力比夹套高,所以在需要采用蒸汽加热形成高温的情况下,盘管是有利的。其主要局限在于反应器几何形状限定了热交换面积,如 $1m^3$ 反应器的热交换面积仅有 $3\sim4m^2$,且无法进一步加大。

为了获得更大的热交换面积,也可利用内部盘管,这可以使热交换面积加倍。这种方法简单、易用,但也存在一些重大缺陷:内部盘管会占据反应容器的有效容积、易腐蚀、清洗困难。另外,内盘管很不利于反应物料的内部循环,为了实现反应物料良好的内部循环,必须精心设计搅拌器(见第9章典型案例)。

另一种方法就是采用外部回路,即利用循环泵将反应混合物与外部换热器进行热量交换。对于给定容积的反应器,可以显著增加其热交换面积,因为其设计可独立于反应器,可以不受其几何形状的制约。利用这种方法可得到高的比冷却能力(specific cooling capacity)。然而,这种方法对于强放热化学反应而言,装置很复杂,还未推广。对这类反应器必须考虑的另一安全问题是万一循环泵出现故障或管路堵塞,将会出现传热受限问题(见第12章及图13.2)。

14.1.2.3 单向载热体循环系统

这是进行间接加热与冷却的最简单装置,即蒸汽注入夹套或外部盘管进行加热,或注入冷水进行冷却。蒸汽冷凝时释放潜热进行加热,冷凝水必须及时从夹套中移出,防止累积。通过疏水阀可以做到这一点,它一方面使夹套在饱和蒸气压下仍处于封闭状态,另一方面可以将冷凝水排入排水管中,经处理后加入锅炉中循环利用(图14.5和图14.6)。

因此,在加热过程中,夹套处于带压状态,蒸汽从顶部进入,冷凝水流到底部并排出;冷却时,水由夹套底部注入,从顶部排出,从而可以避免出现气堵(也称为气塞,air plug)现象。当加热转为冷却或冷却转为加热时,需要采取一些中间操作(注入冷水前必须释放掉蒸气压;从冷却切换到加热时,在蒸汽进入前必须将夹套中的水排空),这些操作可以通过自动阀完成,见表14.2。

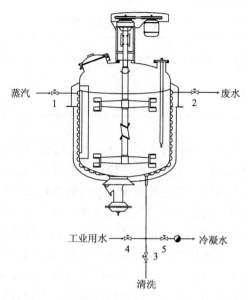

图 14.5　单向加热冷却循环系统。功能阀：1.蒸汽入口；2.冷却水出口；3.排水阀；4.冷水入口；
5.冷凝水出口

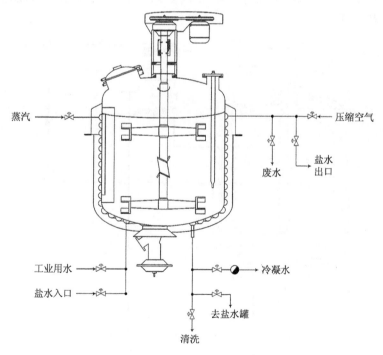

图 14.6　单向加热冷却系统（使用水、水蒸气及盐水）

表 14.2　单向加热冷却系统的冷热转换阀（图 14.5）

功能阀	1	2	3	4	5
加热	控制	关	关	关	开
排水	关	开	开	关	关
冷却	关	开	关	控制	关

　　单向循环系统中也可采用两种冷却介质：水（适用的温度范围为 20～100℃）和盐水（适用于更低的温度）。这时，系统的阀门变得更为复杂（图 14.6）。必须小心操作以免盐水渗入水系统，在注入盐水之前应将水全部排出以免结冰。这同样需要中间操作，即利用压缩空气或氮气进行清洗。这些系统存在的主要问题是由加热转为冷却或冷却转为加热时需要一段时间。从安全角度来说，这具有一定的危险性，如采用多变间歇操作进行放热反应的情况（见 7.4 节）。当加热到达工艺温度后，反应器必须立刻冷却，以免出现温度过冲（temperature overshoot）而导致失控。因此，如果采用这类加热冷却系统的反应器，在设计间歇工艺时，要赋予工艺条件足够的时间，从而实现加热-冷却操作的切换，这一点应引起充分的重视。

　　一个更加灵活的做法是采用单向回路（图 14.7），回路的循环系统以带压水和蒸汽为传热介质。

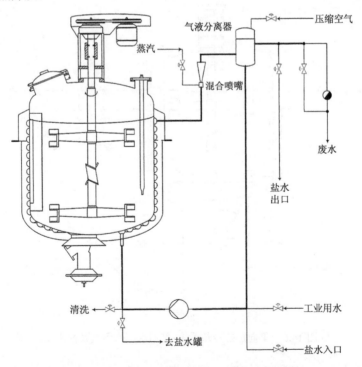

图 14.7　带有加压水循环的单向加热与冷却系统

图 14.7 所示的单向回路系统可使温度达到 200℃，蒸气压达到 16 bar。需要进行冷却时，停止通入蒸汽，将冷水注入回路中。用一个气液分离器来分离水和蒸汽，并保持一定的水位。这能够实现加热-冷却之间快速平稳地过渡，从而实现更加灵活的温度控制。

14.1.2.4 二次循环回路温度控制系统

该系统主要让载热体经过反应器夹套或盘管，然后经过不同换热器进行循环（图 14.8），所采用的载热体包括有机导热油等（见 14.1.1.3 小节和 14.1.1.6 小节）。至少需要两个换热器，一个进行蒸汽加热或电加热，另一个用水进行冷却。通常还采用第三个换热器，用盐水进行冷却。通过控制不同位置的调节阀来实现对循环载热体的温度控制：需要加热时，载热体通过热的换热器；反之，需要冷却时，则载热体通过冷的换热器。这可实现加热-冷却之间的平稳转换，且在加热和冷却之间不存在空挡时间(idle time)。此外，该方法可以在更宽的温度范围内进行精确而又灵活的温度控制。当反应物料与水不相容时，这套系统也同样可以适用，此时，可以采用惰性载热体，这样即使反应器破裂，也具有很高的安全性。然而，相比于单循环系统，这套设备的投资是个较大的问题。

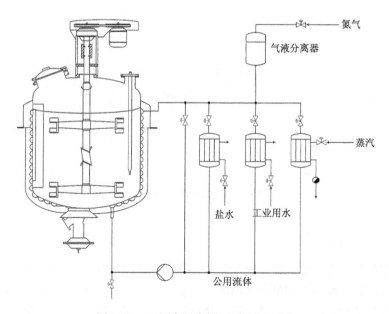

图 14.8　二次循环回路的加热冷却系统

14.1.3　温度控制策略

14.1.3.1　恒温控制

这是进行反应器温度控制最简单的系统，仅控制夹套温度使其保持恒定，而反应介质的温度变化取决于透过反应器壁的热流率和反应放热速率之间的热平衡（图 14.9）。如 7.6 节和 8.5 节的分析，从反应控制的角度来看，这种简单性是有一定代价的。恒温控制可以通过单向载热体循环回路实现，也可以通过更复杂的二次循环回路实现。

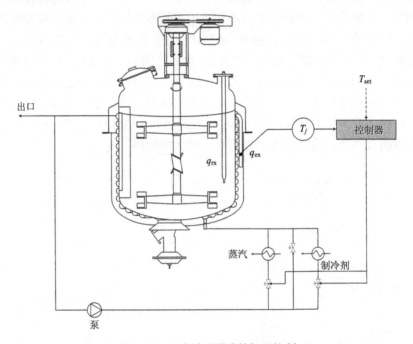

图 14.9　二次循环回路的恒温控制

14.1.3.2　等温控制

等温条件下进行反应情况稍显复杂，需要两路温度探测，一路用于测量反应物料温度，另一路用于测量夹套温度，夹套温度根据反应器内部的物料温度进行调整。最简单的方法是利用单向载热体循环回路，控制冷却水流量或蒸汽阀。载热体二次循环系统中，可以通过传统的 PID 系统[①]使温度控制器直接作用于冷热

---

① PID 控制是比例积分微分（proportional integral differential）控制的简称。——译者

阀门(图 14.10)。

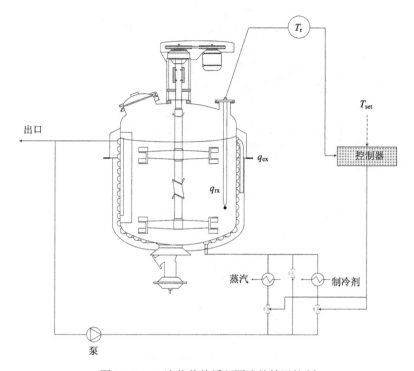

图 14.10 二次热载体循环回路的等温控制

这类温控系统需要非常仔细地调节其控制参数,从而避免出现振荡(波动),因为如果进行放热化学反应,这样的振荡会导致反应器温度失控。等温控制的主要优点在于能使反应过程平稳且重现性好,当然,控制器必须处于良好状态。

14.1.3.3 回流状态下的等温控制

这类温度控制易于实现。与恒温控制只需控制夹套温度类似,反应在沸点温度进行,即在恒定温度下进行(沸点温度由物料的物理特性所决定,视为物理性的限制条件)(图 14.11)。

若需要在温度低于常压沸点的情况下进行反应,则需要用到真空装置。除了简单,这种温度控制策略的优点在于热交换主要发生在具有高的热交换能力的回流冷凝器中(见 14.3 节)。当需要去除反应过程中的挥发性产物(如共沸脱水)时,常采用这种方法。这为我们控制反应温度又提供了一个安全的方法,但需要格外注意的是沸点会随转化率而变化,这时沸点温度不再保持恒定,若挥发性组分被驱除或转化为高沸点化合物时,这个温度可能会升高。

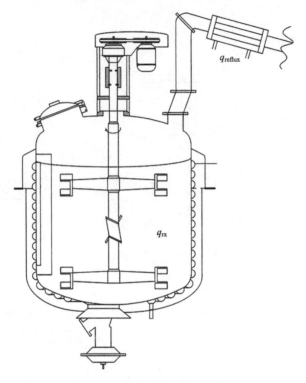

图 14.11　回流反应器的温度控制

14.1.3.4　非等温控制

这种温度控制系统最复杂，但也是用途最广的。事实上，该系统可以在不对系统做变动的情况下实现上述所有的控制方式。温度设定值与一个预先定义好的时间函数相对应(图 14.12)。该温控系统可实现多变模式(见 7.4 节)：低于反应温度时对反应器加热，然后反应在绝热条件下进行，最后启动冷却系统使温度稳定在目标水平。这样做节省了能源，因为利用了反应放热使体系达到工艺温度。此外，对于间歇反应，无需具备超强的冷却能力，因为反应开始时的低温降低了热生成速率。利用该温度控制方式还可以实现其他的温度控制，如使反应器的温度随时间变化(见 7.6 节与 8.5 节)。

所有这些控制策略(尤其是非等温控制)，其温度控制系统的动态特性都起着很重要的作用，这将在 14.1.4 小节中进行分析。

14.1.4　热交换系统的动态特性

14.1.4.1　热时间常数

假设一个搅拌釜中装有质量为 m 的液体，比热容为 c_p'，且不发生反应。则仅

包括热累积和热交换两项的简化热平衡为

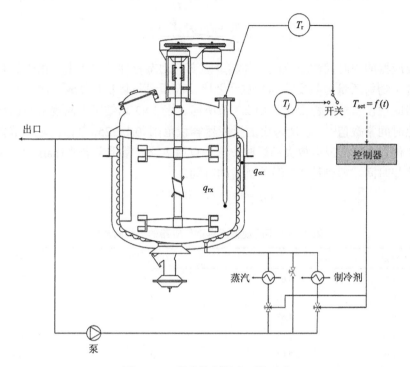

图 14.12   程序控制温度下的反应

$$q_{ac} = q_{ex} \tag{14.2}$$

假设加热反应器到一个恒定的载热体温度（T_c），热平衡方程[式(14.2)]为

$$m \cdot c_p' \cdot \frac{dT}{dt} = U \cdot A \cdot (T_c - T) \tag{14.3}$$

显然，这个方程对冷却情形（$T_c < T$）也是有效的，这时温度的导数为负值。式(14.3)可以表示成反应器壁两侧温度差[①]的函数：

$$(\Delta T = T_c - T)，因此 \, d(\Delta T) = -dT$$

得到：

$$\frac{m \cdot c_p'}{U \cdot A} \cdot \frac{d(\Delta T)}{dt} = -\Delta T \tag{14.4}$$

式(14.4)是一个简化的一阶微分方程，说明反应器温度的变化速率与反应物

---

① 原著"temperature gradient"有误，应为温度差。14.1.4.1 小节中的部分表达式也进行了勘误。——译者

料及冷却介质之间的温度差成比例。式中的 $\dfrac{m \cdot c_p'}{U \cdot A}$ 为反应器的热时间常数：

$$\tau_{th} = \frac{m \cdot c_p'}{U \cdot A} = \frac{\rho \cdot V \cdot c_p'}{U \cdot A} \tag{14.5}$$

反应器的热时间常数反映了其温度演变的动态特性。事实上，由于热时间常数包含了物料质量与热交换面积 (L^2) 之比，而质量与体积 (L^3) 成正比，所以它随反应器的规模呈非线性变化，如 2.3 节所述。表 14.3 总结了不同规格不锈钢反应器的热时间常数值[1]。在所考虑的反应器容积范围 $(0.1 \sim 25 \text{m}^3)$ 内，时间常数相差大约 7 倍，在考虑反应放大问题时，这一点很重要。常用半衰期(half-life)表示加热或冷却时间，即到达 1/2 温差所需的时间：

$$t_{1/2} = \ln 2 \cdot \tau_c \approx 0.693 \cdot \tau_c \tag{14.6}$$

表 14.3　不同规格不锈钢反应器的热时间常数

V/m^3	A/m^2	$(A/V)/\text{m}^{-1}$	τ/h
0.1	0.63	6.3	0.37
0.25	1.1	4.4	0.53
0.4	1.63	4.1	0.57
0.63	2.05	1.7	0.72
1.0	2.93	2.9	0.8
1.6	4.2	2.6	0.89
2.5	6.0	2.4	0.97
4.0	7.4	1.9	1.26
6.3	10.0	1.6	1.47
10.0	13.5	1.3	1.73
16.0	20.0	1.2	1.87
25.0	24.0	1.0	2.43

注：计算条件：用水（$\rho = 1000 \text{kg} \cdot \text{m}^{-3}$ 和 $c_p' = 4.2 \text{kJ} \cdot \text{kg}^{-1} \cdot \text{K}^{-1}$）装至反应器的公称容积，传热系数为 500 $\text{W} \cdot \text{m}^{-2} \cdot \text{K}^{-1}$。

热时间常数[式(14.5)]可用来计算加热和冷却时间。对间歇和半间歇反应而言，这个时间常占生产周期相当大的比例。

14.1.4.2　加热和冷却时间

对式(14.4)进行变量分离，然后与式(14.5)联立，得到：

$$\frac{\mathrm{d}(\Delta T)}{\Delta T} = \frac{-\mathrm{d}t}{\tau_c} \tag{14.7}$$

初始条件：

$$t = 0 \leftrightarrow \Delta T = \Delta T_0 = T_c - T_0 \tag{14.8}$$

积分得到：

$$\frac{\Delta T}{\Delta T_0} = e^{-t/\tau_c} \tag{14.9}$$

这表示反应器内物料温度是渐近地接近载热体温度的，遵循指数规律（图 14.13）。

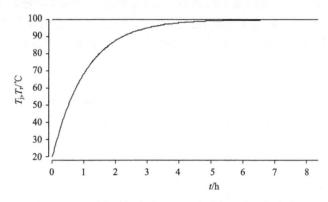

图 14.13　载热体恒定在 100℃时反应器的加热曲线

从式(14.9)可以推导得到以下几个实用的函数关系：

(1)载热体温度(T_c)恒定，物料初始温度为T_0，对反应器内物料进行加热时，物料温度(T)与时间的函数关系：

$$T = T_c + (T_0 - T_c)e^{-t/\tau_c} \tag{14.10}$$

(2)载热体温度(T_c)恒定，对反应器内物料进行加热时，计算反应物料从起始温度T_0开始达到的温度T所需要的时间：

$$t = \tau_c \cdot \ln\frac{\Delta T_0}{\Delta T} = \tau_c \cdot \ln\frac{T_0 - T_c}{T - T_c} \tag{14.11}$$

(3)物料从起始温度T_0开始，计算在给定时间t内到达温度T所需的载热体温度T_c：

$$T_c = \frac{T - T_0 \cdot e^{-t/\tau_c}}{1 - e^{-t/\tau_c}} \tag{14.12}$$

显然，所有的这些表达式均适用于冷却，即$T_c < T$的情形。在工艺设计时，这些公式可用来计算生产周期，因为加热和冷却通常要花费大量时间。当然，使用这些公式需要知道总传热系数U，将在 14.2 节中介绍其测定方法。

热时间常数只是反应器动态特性的一个方面。实际上，工业规模中对载热体温度进行瞬时调节是不可能的，因为它有自己的动态特性，同时还取决于设备以及温度控制算法。热交换和温度控制系统动态行为方面的问题将在 14.1.4.3 小节中介绍。

14.1.4.3　串级控制器

可以使用串级控制器精确控制反应器内物料的温度。在这类控制器中，温度控制是通过两个串联的控制器来实现的，也就是说在两个控制器是处于嵌套循环中（图 14.14）。外环回路称为主回路(the master)，通过内环回路(也称为从回路，the slave)提供一个设定值来控制反应混合物的温度，从回路控制载热体的温度 T_c。

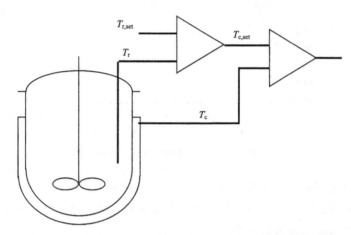

图 14.14　串级控制器的原理。主回路控制反应器温度 T_r，从回路控制冷却系统温度 T_c

可根据反应器温度与其设定值之间的偏差计算得到载热体温度设定值：

$$T_{c,set} = T_c + G(T_{r,set} - T_r) \tag{14.13}$$

常量 G 称为串级增益(gain of the cascade)。这是调节温度控制系统动态行为的一个重要参数：G 值太小造成温度控制缓慢，实际温度可能超过设定值，从而出现危险状况(见 8.6.3 小节)；G 值太大会造成振荡，从而导致反应器温度失控。

14.2　透过反应器壁面的热交换

14.2.1　双膜理论

反应器在正常操作条件下工作，意味着热交换系统能按设计要求运转，传热机制为强制对流[2]。反应混合物在反应釜中搅拌或流过管式反应器管体，同时载热体也流过夹套或盘管。紧贴在反应器壁面处，流体形成了一个流速缓慢的膜，增加了传热阻力，这种现象在反应器壁面两侧都会发生。由此可以构建双膜模型（two films model），即传热的总阻力可由三个阻力组成：内膜阻力、反应器壁面本身的传热阻力以及外膜阻力。

$$\frac{1}{U} = \underbrace{\frac{1}{h_r}}_{\text{取决于反应物料}} + \underbrace{\frac{d}{\lambda} + \frac{1}{h_c}}_{\text{取决于反应器}} = \frac{1}{h_r} + \frac{1}{\varphi} \tag{14.14}$$

第一项完全取决于反应器内物料的物理性质以及搅拌程度，反映了内膜和器壁沉积物的传热阻力，这可能会对总的传热起到决定性作用[3]。所以，应定期用高压清洗设备或其他适当的方法对反应器进行清洗。最后两项取决于反应器本身和热交换系统，也就是反应器壁、夹套中的污垢和外部液膜，这通常可以归为设备的传热系数 φ [4,5]。

14.2.2 搅拌釜的内膜系数

有一些关系式可以描述内膜的传热系数。最常用的如下[2]：

$$Nu = C^{te} \cdot Re^{2/3} \cdot Pr^{1/3} \cdot \left(\frac{\mu}{\mu_w}\right)^{0.14} \tag{14.15}$$

式（14.15）中的最后一项为反应温度下釜内大量物料的黏度与在壁面温度下的黏度之比，这是加热切换为冷却时传热系数发生变化的原因。这样就产生了温度梯度的倒数，并因此影响接近反应器壁面处物料的黏度。若反应在溶剂中进行，这点通常可以忽略，但对聚合物而言却很重要。反应物料的黏度通常很重要，可以根据其温度依赖关系确定这项不能被忽略的数值。就牛顿流体而言，这个表达式是有效的，但对聚合物或悬浮液来说，其有效性必须进行核实。在这个公式中，可以定义如下的无量纲数：

$$Nu = \frac{h_r \cdot d_r}{\lambda}, \quad Re = \frac{n \cdot d_s^2 \rho}{\mu}, \quad Pr = \frac{\mu \cdot c'_p}{\lambda} \tag{14.16}$$

对于搅拌釜，雷诺数用搅拌器的叶尖速度 $n \cdot d_s$ (tip speed) 来表示。

14.2.3 内膜系数的确定

通过组合，可得到反应物料的传热系数 h_r，写成反应器的技术参数以及反应物料的物化参数的函数：

$$h_r = C^{te} \cdot \underbrace{\frac{n^{2/3} d_s^{4/3}}{d_r g^{1/3}}}_{\text{反应器的技术参数}} \cdot \underbrace{\sqrt[3]{\frac{\rho^2 \lambda^2 c'_p g}{\mu}}}_{\text{反应物料的物化参数}} = z \cdot \gamma \tag{14.17}$$

因此，对于给定反应物料，内膜传热系数受搅拌器的速度及其直径的影响。设备常数(equipment constant) z 可通过反应器的几何特征计算得到。传热物质常数(material constant for heat transfer) γ 既可根据反应器内物料的物性参数(如果已知的话)计算得到，也可以根据反应量热仪测得的 Wilson 图获得[4,5]。这个参数与反应器几何形状或大小无关，因此，可在实验室规模中进行测定并运用于工业规模。Wilson 图可以确定总传热系数与热流型反应量热仪搅拌器转速之间的函数关系：

$$\frac{1}{U} = \frac{1}{z \cdot \gamma} \cdot \left(\frac{n}{n_0}\right)^{-2/3} + \frac{1}{\varphi} = f(n^{-2/3}) \tag{14.18}①$$

Wilson 图(图 14.15)验证了式(14.18)的关系，也就是说如果测量结果在一条直线上，则证明该方法有效。纵坐标上的截距表示设备(量热仪反应器壁面和外部冷却系统)传热系数 φ 的倒数，斜率的倒数等于 z 与 γ 的乘积。设备常数 z 可以通过物性已知的溶剂标定测得，再通过实际反应混合物测量的数据点进行线性回归得到直线斜率 γ 。

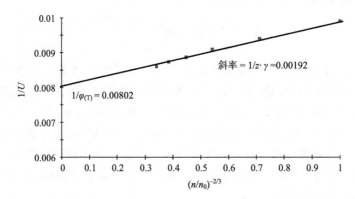

图 14.15 由反应量热仪测得的甲苯 Wilson 图。$1/U$ 与搅拌器转速的函数关系。参考搅拌器速度 n_0 为 $1\ \mathrm{s}^{-1}$

z 值表征了设备自身因素，可利用反应器的几何特征参数来计算。一些典型搅拌器常数(Cte)列于表 14.4 中[2]。

14.2.4 设备的传热阻力

反应器壁面阻力 d/λ 和外膜阻力 h_c 可通过冷却实验测量得到，实验时将质量 m 已知且物性参数已知的物质装入反应器，记录反应器内的物料温度 T_r 和冷却系

---

① 对原著中的关系式进行了勘误。——译者

统的平均温度 T_c。计算 t_1、t_2 两个时刻间的热平衡，如图 14.16 所示。

表 14.4 式 (14.17) 中的搅拌器常数典型值

搅拌器类型	常数
平直叶桨叶搅拌器	0.36
Rushton 涡轮搅拌器	0.54
斜叶圆盘涡轮式搅拌器	0.53
推进式搅拌器	0.54
锚式搅拌器	0.36
弯叶开启涡轮式搅拌器	0.33
Intermig 搅拌器	0.54

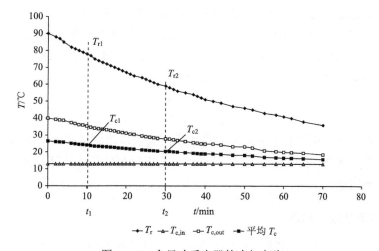

图 14.16　全尺寸反应器的冷却实验

热移出：

$$Q = m \cdot c_p' \cdot (T_{r1} - T_{r2}) \tag{14.19}$$

平均冷却能力：

$$q_{ex} = U \cdot A \cdot \overline{\Delta T} \tag{14.20}$$

平均温差：

$$\overline{\Delta T} = \frac{1}{2} \cdot \left[(T_{r1} - T_{c1}) + (T_{r2} - T_{c2}) \right] \quad \text{或} \quad \overline{\Delta T} = \frac{(T_{r1} - T_{c1}) - (T_{r2} - T_{c2})}{\ln(T_{r1} - T_{c1}) - \ln(T_{r2} - T_{c2})} \tag{14.21}$$

热平衡：

$$Q = q_{ex} \cdot (t_2 - t_1) \tag{14.22}$$

将式(14.19)和式(14.20)代入式(14.22)，解得 U 为

$$U = \frac{m \cdot c_p' \cdot (T_{r1} - T_{r2})}{A \cdot \overline{\Delta T} \cdot (t_1 - t_2)} \tag{14.23}$$

有一种更精确的确定热时间常数的方法，即将反应器内物料温度 T_r 和载热体温度 T_c 之间温差 ΔT 的自然对数与时间的函数关系作图。这实际上是用了式(14.11)：

$$\ln\left(\frac{\Delta T}{\Delta T_0}\right) = -\frac{t}{\tau_c} \tag{14.24}$$

式中，ΔT_0 是反应物料与载热体之间的初始温差。

由式(14.24)可得到一个线性关系图，斜率为热时间常数的倒数。工作示例14.1 给出了这样一个线性拟合的例子。由于质量 m、物料比热容 c_p' 以及反应器的传热面积 A 已知，唯一未知的且需要求解的就是总传热系数 U。

与加热实验和冷却实验的情形类似，反应器中装入的是已知物性 h_r 的物质[可由式(14.17)计算得到]。由式(14.23)或式(14.24)可知总传热系数 U，于是，唯一未知的就是设备传热系数 φ，可如下求得

$$\frac{1}{\varphi} = \frac{1}{U} - \frac{1}{h_r} \tag{14.25}$$

有一些模型可用于计算外膜传热系数[2]，这些模型描述了在夹套或半焊盘管中的水力学问题(hydraulics)。其结果强烈取决于设备的技术设计，因此，通常直接通过实验确定。

14.2.5　传热系数的测定

由式(14.18)可以确定透过搅拌容器器壁的总传热系数，需要两个步骤：

(1)内膜传热系数决定于：

(a)设备常数 z，由反应器的几何形状和技术参数计算得到。

(b)传热物质常数 γ，由物性参数计算得到，或利用反应量热仪测得的 Wilson 图确定。

(2)设备传热系数由冷却(或加热)实验确定，实验在工业反应器(注入质量及物性参数已知的物质)中进行。

表14.5 中给出了一些典型的传热系数值。所提供的 h_r 是在没有搅拌的情形下得到的，h_c 在没有流动的情形下得到，反映了搅拌器故障或冷却系统故障对传热的影响。

表 14.5 搅拌反应器中的典型传热系数及一些影响因素

类型	影响因素	典型值/$(W \cdot m^{-2} \cdot K^{-1})$	
内膜 h_r 强制对流	搅拌器：速度和类型 反应物料 c'_p、λ、ρ、η 物理参数[尤其是 $\rho = f(T)$]	水 甲苯 甘油	1000 300 50
h_r 自然对流(搅拌器故障)	—	水 气体	100 10
聚合物沉积	导热系数 λ 沉积厚度	d=1mm PE PVC, PS	300 170
反应器壁 d / λ	结构 壁厚(d) 结构材料 涂层	d=10mm 铁 不锈钢 玻璃 搪瓷	4800 1600 100 800
外壁污垢	导热系数 λ 沉积厚度	d=0.1mm 胶体 水垢	3000 5000
外膜 h_c	夹套： 结构，流速，载热体，物理性质，相变 半焊盘管： 结构，流速 物理性质	水 流动 不流动 冷凝物 水 流动水 不流动水	1000 100 3000 2000 200

工作示例 14.1 传热系数的确定

在 2.5m³ 的不锈钢搅拌釜式反应器中进行一个间歇反应，温度为 65℃，物料体积为 2 m³。通过反应量热仪得到 Wilson 图，从而确定反应物料的传热系数为 γ =1600 $W \cdot m^{-2} \cdot K^{-1}$。反应器中装有一个锚式搅拌桨，转速为 45 r · min⁻¹。以温度为 13℃的水作为冷却介质注入夹套。反应物料体积为 2m³ 时的热交换面积为 4.6 m²。反应器内径为 1.6 m，搅拌桨直径为 1.53m。在大约 70℃的温度范围内进行冷却实验，实验时容器中装有 2000 kg 水。实验结果如图 14.16 所示。

水 70 ℃ 的 物 理 性 质 [2]：ρ =978kg · m⁻³，c'_p =4.19kJ · kg⁻¹ · K⁻¹，λ = 0.662W · m⁻¹ · K⁻¹，μ = 0.4mPa · s。

70℃时水的传热物质常数：

$$\gamma = \sqrt[3]{\frac{\rho^2 \lambda^2 c_p' g}{\mu}} = \sqrt[3]{\frac{978^2 \times 0.662^2 \times 4.19 \times 10^3 \times 9.81}{0.4 \times 10^{-3}}} \cong 3.51 \times 10^4 (\text{W} \cdot \text{m}^{-2} \cdot \text{K}^{-1})$$

设备常数：

$$z = C^{\text{te}} \frac{n^{2/3} d_s^{4/3}}{d_r g^{1/3}} = 0.36 \times \frac{\left(\frac{45}{60}\right)^{2/3} \times 1.53^{4/3}}{1.6 \times 9.81^{1/3}} = 0.153$$

因此，内部水膜的传热系数为

$$h_r = z \cdot \gamma = 0.153 \times 3.51 \times 10^4 = 5355 (\text{W} \cdot \text{m}^{-2} \cdot \text{K}^{-1})$$

可如上所述对冷却实验进行评估，根据 T_r 与 T_c 温差的自然对数与时间的函数关系确定热时间常数。正因如此，以夹套入口和出口温度的算术平均值为冷却介质平均温度(图 14.17)。线性回归得到斜率绝对值为 $0.0167\,\text{min}^{-1}$，对应的时间常数为 59.9min。

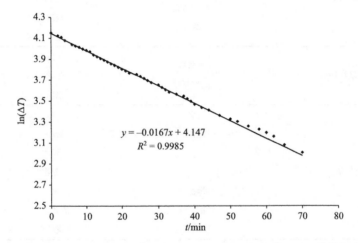

图 14.17　线性冷却曲线(反应器为 2.5m³，装有 2000kg 水)。仅对前 50min 的数据进行线性回归

由于物料质量和物性参数已知，总传热系数为

$$U = \frac{m \cdot c_p'}{\tau \cdot A} = \frac{2000\text{kg} \times 4190\text{J} \cdot \text{kg}^{-1} \cdot \text{K}^{-1}}{59.9\text{min} \times 60\text{s} \cdot \text{min}^{-1} \times 4.6\text{m}^2} \approx 510\text{W} \cdot \text{m}^{-2} \cdot \text{K}^{-1}$$

这个总传热系数对于注水后的反应器也是有效的。该实验说明 70℃ 左右的平均冷却能力为 105 kW 或 52 W·kg⁻¹。为了计算反应物料的传热系数，必须确定设备(即反应器壁和外膜)的传热系数：

$$\frac{1}{\varphi} = \frac{1}{U} - \frac{1}{h_r} = \frac{1}{510} - \frac{1}{5535} \Rightarrow \varphi = 564(\text{W} \cdot \text{m}^{-2} \cdot \text{K}^{-1})$$

考虑反应物料，传热系数变为

$$\frac{1}{U} = \frac{1}{z\gamma} + \frac{1}{\varphi} = \frac{1}{0.153 \times 1600} + \frac{1}{564} \Rightarrow U \approx 170(\text{W} \cdot \text{m}^{-2} \cdot \text{K}^{-1})$$

由该传热系数可得到反应器在反应条件(温度为 65℃)下的冷却能力约为 31kW 或 16 W·kg⁻¹(冷却介质温度为 25℃)。

需要注意:在这个例子中,反应器内注入的是水,所以传热的主要阻力在于设备,而对于反应物料,则阻力在于内膜。这样的结果并不奇怪,因为水具有优良的传热能力, γ =35100 W·m⁻²·K⁻¹,而反应物料的传热能力相对很差, γ =1600 W·m⁻²·K⁻¹。因此,强烈建议在进行反应之前,一定要对反应器、反应物料的传热系数进行评估。

14.3　蒸发冷却

通过溶剂蒸发来进行冷却是一种有效的方法。一方面,它与反应器壁的传热无关,另一方面,冷凝器的大小也与反应器的几何尺寸无关。这种方式具有相对高的比冷却能力(specific cooling power)。若反应不能在常压沸点温度下进行,则可以在负压状态工作,从而降低沸点,使反应在回流条件下进行。蒸发冷却既可以作为正常状态下工作的反应器的主要冷却系统,也可以发生冷却系统失效导致物料升温并达到其沸点时的应急冷却措施。这种情况下,必须避免出现沸腾延迟问题,如可以通过搅拌或通入气体(氮气)保证气泡正常及时地形成。然而,只有在冷凝器装备有独立的冷却系统且冷凝系统的设计考虑到这样的目的时,蒸发冷却才可能有效。

蒸发冷却系统的设计必须考虑到以下的技术因素及限制:

(1)溶剂蒸发量:这是目标反应或分解反应释放能量的函数。

(2)溶剂的蒸发速率:取决于反应的瞬时放热速率,这点是整个回流系统设计的决定因素。

(3)蒸汽管的液泛:当冷凝液与上升蒸气逆向流动时,可能发生液泛现象。

(4)反应物料的膨胀:物料中出现气泡而导致其表观体积(apparent volume)的变化。

(5)冷凝器的冷却能力:这是一个标准的工程问题,在这里不做介绍。

这些问题将在 14.3.1 小节~14.3.5 小节中详细讨论。

14.3.1　溶剂蒸发量

当失控过程中温度达到沸点(即危险度等级 3 和等级 4 的情形)时,若物料中存在大量溶剂以至于能充分补偿反应释放出的热量,则物料温度可以稳定在沸点,但只有当溶剂能够在安全方式下蒸馏到集液罐或处理系统中时才能采用这种方式。溶剂蒸发可能产生的二次效应是形成爆炸性的蒸气云,如果蒸气云被点燃,会导致严重的室内爆炸。要保证浓缩后的反应混合物具有良好的热稳定性。通常说来，冷凝后的溶剂还应回流到反应器中，这样可以避免反应物料浓缩，且冷却后冷凝液的显热还可以提供一种额外的冷却方式。

溶剂的蒸发量可利用反应或分解的放热量来计算，如下(见 5.2.3 小节)：

$$m_{v} = \frac{Q_{r}}{\Delta_{v}H'} = \frac{m_{r} \cdot Q'_{r}}{\Delta_{v}H'} \tag{14.26}$$

所有的这些考虑都属于静态方面的问题，只计算了蒸气量而没有考虑动态方面的问题(尤其是蒸发速率)。这将在 14.3.2 小节中考虑。

14.3.2　蒸气流速

当必须评估蒸馏系统的能力或设计这样的系统时，第二个问题就很重要了。评估蒸馏系统的能力是否足够，必须这样考虑：进行一个放热反应，若所产生的全部蒸气都能从反应器传至冷凝器，并在冷凝器中完全冷凝，则我们说该系统的能力是足够的：

$$\dot{m}_{v} = \frac{q'_{r} \cdot m_{r}}{\Delta_{v}H'} \tag{14.27}$$

作为初步近似，如果体系压力接近于大气压，蒸气可看成是理想气体，则密度为

$$\rho_{g} = \frac{P \cdot M_{W}}{R \cdot T} \tag{14.28}$$

蒸气流速可根据蒸汽管的横截面积 S 来计算：

$$u_{g} = \frac{q_{r}}{\Delta_{v}H \cdot \rho_{g} \cdot S} \tag{14.29}$$

$$u_{g} = \frac{4 \cdot R}{\pi} \cdot \frac{q'_{r} \cdot m_{r} \cdot T}{\Delta_{v}H' \cdot d^{2} \cdot P \cdot M_{W}} = 10.6 \times \frac{q'_{r} \cdot m_{r} \cdot T}{\Delta_{v}H' \cdot d^{2} \cdot P \cdot M_{W}} \tag{14.30}$$

蒸气流速是评价反应器在沸点温度是否安全的基本信息，尤其是在反应器正常工作主要采取蒸发冷却模式或在发生故障后温度达到沸点的情况下。

14.3.3　蒸汽管的液泛

蒸气流在液体中上升，冷凝液流下降，两者发生逆向流动，液体表面就会形成波，这些波将在管中形成桥(图 14.18)，导致液泛。

给定蒸气释放速度，如果蒸汽管的直径太小，高的蒸气流速会导致反应器内压力增长，从而使沸点温度升高，反应进一步加快。其结果将会发生反应失控，直到设备的薄弱部分破裂并释放压力。为了避免出现这样的情形，必须知道给定管径下的最大允许蒸气流速(maximum admissible vapor velocity)，这实际上与反应最大允许放热速率相对应。为了能对现有设备是否发生液泛现象进行预测，通

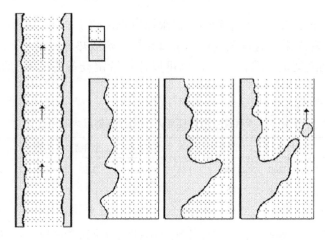

图 14.18 蒸汽管中蒸气与冷凝液逆向流动而逐渐成桥的过程

过实验的方法建立了一个经验关系[6]。分别对实验室规模、中试规模以及工业规模的装置进行了大量的实验研究，实验溶剂涉及多种有机溶剂和水，蒸汽管内径在 6～141mm 之间。显然，最大允许放热速率是蒸发潜热和管体横截面积的函数：

$$q_{max} = (4.52 \cdot \Delta_v H' + 3370)S \qquad (14.31)$$

蒸发潜热 $\Delta_v H'$ 的量纲为 $kJ \cdot kg^{-1}$，蒸汽管横截面积 S 的量纲为 m^2。蒸气的极限表面速度①(limit superficial velocity) $u_{g,max}$ 可根据溶剂的物理化学性质来计算：

$$u_{g,max} = \frac{(4.52\Delta_v H' + 3370)}{\Delta_v H' \cdot \rho_g} \qquad (14.32)$$

利用式(14.31)可以计算与蒸发冷却相适应的最大允许放热速率(图 14.19)。

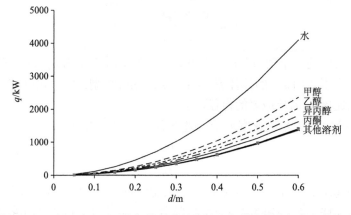

图 14.19 液泛时，不同溶剂的最大放热速率与蒸汽管直径的函数关系

① 蒸气表面速度可以理解为蒸气从液体表面向自由空间的逃逸速度。也称表面蒸气速度。——译者

一些常见溶剂的计算结果表明，极限速度也反映了不同溶剂的特性，表 14.6 列出了这些计算结果。通过蒸气速率可以计算给定放热速率情况下，蒸汽管直径与所采用溶剂之间的关系。反之，也可以计算给定设备情况下的最大允许放热速率。

表 14.6　蒸汽管中液体逆流时不同溶剂的最大蒸气流速

溶剂	水	甲醇	乙醇	丙酮	二氯甲烷	氯苯	甲苯	间二甲苯
$\Delta_v H' /(\text{kJ} \cdot \text{kg}^{-1})$	2260	1100	846	523	329	325	356	343
T_b /℃	100	65	78	56	40	132	111	139
$M_w /(\text{g} \cdot \text{mol}^{-1})$	18	32	46	58	85	112	92	106
$\rho_g /(\text{kg} \cdot \text{m}^{-3})$	0.59	1.15	1.60	2.15	3.31	3.37	2.92	3.13
$u_{g,\text{max}} /(\text{m} \cdot \text{s}^{-1})$	10.2	6.6	5.3	5.1	4.5	4.4	4.8	4.6

注：计算条件是大气压力 1013 mbar。

14.3.4　反应物料的膨胀

反应物料沸腾时，在液相中形成气泡并上升到气-液界面。在气泡上升到表面的这段时间内，它们会在液相中占据一定的体积，这导致反应器中液体表观体积（视体积）增加，这就是液位膨胀，有时会形成两相流并进入蒸汽管中。反应物料表观体积的增加或液位膨胀可采用 Wallis 建立的两相流模型评估[7]，该模型基于实验结果且易于使用。其原理是将（液相中）气泡极限上升速度（limit bubble ascending velocity）与液体表面蒸气速度进行比较。气泡上升速度如下计算：

$$u_\infty = \kappa \frac{\left[\sigma \cdot g \cdot (\rho_1 - \rho_g)\right]^{0.25}}{\sqrt{\rho_1}} \tag{14.33}$$

常数 κ=1.18 适用于动力黏度约为 0.1 Pa·s 的泡状流（bubbly flow）模型；κ=1.53 适用于黏度小于 0.1 Pa·s 的搅拌流（churn turbulent）模型。根据式（14.29）计算液体表面的蒸气速度（d 为反应器的内径）。

可以定义一个无量纲速度 $\varPsi$ 对上述两种速度进行比较：

$$\varPsi = \frac{u_g}{u_\infty} \tag{14.34}$$

无量纲速度 $\varPsi$ 与反应器中的空隙率（void fraction）相关，而空隙率取决于反应物料的液位膨胀情况。空隙率可以根据紧急泄放系统设计协会（DIERS）的模型[8,9]计算得到（详见 16.2.3 小节）。

$$\begin{cases} \text{搅拌流：} \quad \Psi_{\max} = \dfrac{2\alpha_0}{(1-C_0\alpha_0)} \\[4mm] \text{泡状流：} \quad \Psi_{\max} = \dfrac{\alpha_0(1-\alpha_0)^2}{(1-\alpha_0^3)(1-C_0\alpha_0)} \end{cases} \qquad (14.35)$$

对泡状流或搅拌流两种流态(flow type)而言，系数 C_0 可以取保守值 1.01。也可以取 DIERS 文献[8,9]实验确定的数值，即泡状流取 1.2，搅拌流取 1.5。

$$\alpha_0 = \frac{V_{\max} - V_1}{V_{\max}} \qquad (14.36)$$

因此，如果知道最大允许液位增量(maximum admissible level increase)(取决于反应器的投料率)，可以计算允许的最大表面蒸气速度(图 14.20)，从而可以计算物料膨胀使得液位到达蒸汽管前的最大允许放热速率。

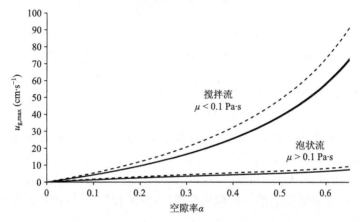

图 14.20　不同溶剂气-液界面处最大允许表面蒸气速度与空隙率[①]之间的关系。泡状流 C_0 为 1.2，
　　　　　　搅拌流 C_0 为 1.5(水：虚线，甲苯：实线)

14.3.5　沸点时反应器安全性评估的实用程序

图 14.21 给出了化学反应在沸点温度进行时安全性评估的一个系统而实用的程序。

这个程序可以预测反应器在沸点温度时的行为，可以分两种情况进行评估：

(1)沸点温度下的放热速率已知，且设备的设计必须满足该要求。

(2)确定现有设备的最大允许放热速率。

例如，(公称)容积为 $6.3\mathrm{m}^3$ 的搅拌釜内装有 $6.3\mathrm{m}^3$ 丙酮，沸点时的最大放热速率为

---

① 原文为允许的相对体积增量(the allowed relative volume increase)，应为空隙率。——译者

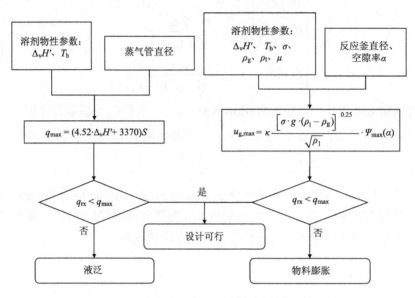

图 14.21　评估沸点温度时反应物料行为的系统程序

(1) 200mm 蒸汽管时为 $35 \text{ W} \cdot \text{kg}^{-1}$ ——蒸汽管内径是限制因素。

(2) 300mm 蒸汽管时为 $68 \text{ W} \cdot \text{kg}^{-1}$ ——反应物料的膨胀是限制因素。

对这样的问题进行考虑有助于对设备或工艺进行改进，即根据安全要求调整反应器的投料率。有的工艺经过标准方法评估后可能认为是危险的，但采取这种控制减压 (controlled depressurization) 措施后往往可以使这些工艺在安全的状况下运行。当然，这需要知道溶剂的理化性质 (很容易得到)，同时还需要知道反应器的几何参数。

14.4　温度控制系统的动态特性与工艺设计

14.4.1　背景

一个反应的热特征参数 (包括其放热速率、所需的冷却能力以及反应物的累积度等) 是反应器安全运行和工艺设计的基础。只有当反应动力学、反应器的热动态行为和它的混合特性等具有良好一致性时，才能够成功地进行工艺放大[10]。对于与混合速率相比反应速率较慢的情形，我们可以只着眼于其反应动力学和反应器的热动态行为，原则上有两种方法能够预测工业反应器的行为：

(1) 确定反应动力学，采用数值模拟进行预测；

(2) 确定反应器的热动态行为，进行实验室规模的模拟实验。

一般优先选用第二种方法，因为这样可以避免确定反应动力学参数时的烦琐工作。

第二种方法的产生背景在于工业反应器的行为不仅与反应动力学有关，还与其温控系统的动态特性有关。这主要基于两方面的原因：第一，热交换面积与体积的比值随反应器尺寸的增大而减小，这导致了大型反应器的热交换能力大大降低；第二，涉及夹套热惯量(thermal inertia)(长的时间常数)引起的问题[11]。此外，反应热力学参数、动力学参数、产品选择性和安全性都与温度有关。因此，只有将反应动力学和反应器动态性能(reactor dynamics)两者结合起来，才能够描述和预测一个工业反应器的生产能力、选择性和安全性。在精细化工和制药行业，工艺研发过程中更多的是考虑工艺如何与现有装置相适应的问题，而不是考虑根据给定工艺新建装置的问题，所以需要一个专门的方法来评估现有装置的特性(见第18章)。

Zufferey[12, 13]提出了在实验室规模下研究工业反应器的方法——缩比(scale-down)方法。要在实验室规模下模拟全尺寸设备(full-scale equipment)的热行为，必须将工艺过程中的动力学问题与量热技术结合起来。

14.4.2 工业反应器动态行为的建模

如 14.2.4 小节所述，工业反应器的特征参数可以通过一系列的加热、冷却实验来确定，建立如下的反应器动态行为的模型：

$$(m_r c'_{p,r} + c_w) \frac{dT_r}{dt} = q_{ex} + q_s + q_{loss} \tag{14.37}$$

式中，c_w 代表设备的热容，该参数以及热损失需要在实验中测定。根据式(2.18)计算搅拌器的功耗 q_s。热交换项为

$$q_{ex} = U \cdot A \cdot (T_c - T) \tag{14.38}$$

利用式(14.14)得出总传热系数 U，其中外膜传热系数是温度的线性函数：

$$h_e(T) = p_1 T + p_2 \tag{14.39}$$

夹套加热及冷却模式的动态特性可以用一阶微分方程及两个时间常数(加热用 τ_h，冷却用 τ_c)来描述：

$$\left.\begin{array}{ll} 冷却： & \dfrac{dT_c}{dt} = \dfrac{T_{c,set} - T_c}{\tau_c} \\[3mm] 加热： & \dfrac{dT_c}{dt} = \dfrac{T_{c,set} - T_c}{\tau_h} \end{array}\right\} \tag{14.40}$$

温度控制器基于比例微分积分(PID)算法运行：

$$T_{j,set} = T_{set} + G\left[(T_{set} - T) + \frac{1}{I} \int_0^t (T_{set} - T)dt + D\frac{(T_{set} - T)}{dt} \right] \tag{14.41}$$

　　五个参数(G、I、D、τ_h 及 τ_c)可以通过全尺寸的加热和冷却实验确定[14]。夹套的设定值分步骤改变，两步加热，两步冷却(图 14.22)。夹套和反应物料的温度时间历程可以用于模型参数的确定。

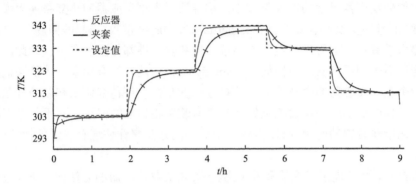

图 14.22　工业反应器加热冷却实验记录的温度时间关系

　　P 波段控制器(P-Band controller)的控制原理：当温度与设定值相差很大时，满负荷地进行冷却或加热，当温度接近设定值的某一范围时采用比例控制(proportional control)，这样的控制系统可以用两个一阶动力学方程、一个时间常数来描述。所有模型参数都可以根据实验数据拟合(最小二乘法拟合)得到，并可以储存到一个包含工厂不同反应器参数的数据库中。这样，可以对工厂任意一个反应器实际规模生产时的热行为进行模拟。

14.4.3　工业反应器的实验模拟

　　可以利用反应量热仪进行缩比模拟，原则如下：
　　(1)在反应量热仪中在线观测化学反应的瞬时放热速率；
　　(2)将该参数作为工厂反应器动态行为数值模拟的模型输入值；
　　(3)模拟工厂反应器中进行的这个反应,算出其夹套温度和反应物料温度的变化过程；
　　(4)将(3)中计算出的物料温度作为新的设定值,迫使反应量热仪跟踪物料的温度变化过程；
　　(5)在整个化学反应过程中重复前四步。
　　这样，通过反应量热仪可以模拟工业反应器的行为，从而可以在没有任何信息的情况下优化工艺过程。这既不涉及化学计量的信息，也不涉及具体化学反应的问题。可通过传统的分析或过程控制对这个实验结果进行评估。
　　例如，一个平行反应：

$$\begin{cases} A + B \xrightarrow{\ k_1\ } P \\ P + B \xrightarrow{\ k_2\ } S \end{cases} \tag{14.42}$$

反应在一个 $4m^3$ 的间歇反应器中采用热引发(thermal initiation)的方式进行。在30℃加料,反应器以15℃·min^{-1}的速率加热至90℃,有关动力学参数未知。在实验室规模的反应量热仪中研究这个反应,目标产物 P 的选择率达到95%。但同样的工艺,用反应量热仪模拟 $4m^3$ 工业反应器,得到的选择率仅为 82%(图 14.23)。

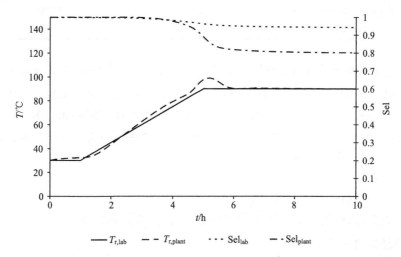

图 14.23　间歇反应器中进行某平行反应的例子。左侧表示温度,右侧表示选择性

之所以产生这样的差别,是因为加热阶段的温度控制问题导致温度超过了目标温度10℃,且加热阶段的温度较高。值得注意的是,这些结果是在实验室规模的反应量热仪中得到的。通过改变工艺条件(降低升温速率为 10℃·min^{-1},最终设定值为 85℃),可得到选择率为89%的结果。因此,实验室规模的缩比方法可以预测最终产物的分布,从而避免进行昂贵的实际规模试验,同时也回避了探究反应动力学的问题。这种方法对非等温过程、恒温过程很有效。

14.5　习　　题

14.5.1　热交换、快反应

反应在 $16m^3$ 的反应器中进行,温度为100℃。在这个温度加料时间为不小于1h,反应受加料控制。加料速度必须与反应器的冷却能力相适应。反应器中反应物料为 15000kg,比反应热为 $200\,kJ·kg^{-1}$(以终态反应物料计)。反应过程中热交换面积保持 20 m² 不变, 环境压力是 1013 mbar。

反应器的冷却能力由冷却实验确定。反应器内装有 16000 L 浓度为 96%的硫酸, 反应物料的熔点为 65℃, 因此, 为了避免壁上产生结晶, 壁温要保持高于 70℃, 且冷却实验中冷却介质入口温度为 70℃。所得冷却曲线两个时刻的参数见表 14.7。

表 14.7 冷却实验两个时刻的有关参数

时间/h	0.5	1.5
物料温度/℃	107	91
冷却介质进口温度/℃	70	70
冷却介质出口温度/℃	78	74

通过反应量热仪(RC)测得 100℃时反应物料的传热物质常数为 $\gamma = 6700$ $W \cdot m^{-2} \cdot K^{-1}$。96%硫酸的有关物理性质如下: 动力黏度为 4.2 mPa·s, 比热容为 1.64 kJ·kg⁻¹·K⁻¹, 密度为 1740 kg·m⁻³, 导热系数为 0.375 W·m⁻¹·K⁻¹。

反应器的相关参数: 容器内径为 2.80m, 搅拌器直径为 1.40m, 搅拌器转速为 45r·min⁻¹, 搅拌器常数为 0.36。

请计算:

(1)冷却实验中的总传热系数 U;

(2)设备(反应器部分, 即夹套和冷却系统)的传热系数 φ;

(3)总传热系数 U;

(4)加料允许的最短时间。假设冷却介质平均温度为 75℃。

14.5.2 回流冷却

反应在回流状态下进行, 最大放热速率为 400 kW。4m³ 反应器的直径为 1.8m, 装有反应物料 4000kg。蒸汽管直径为 200mm。

假设反应器的热交换面积为 6 m², 总传热系数为 500 W·m⁻²·K⁻¹。请问:

(1)反应器夹套的冷却能力是否足以移出反应热?

(2)如果以水为溶剂, 采用回流冷却的方法能否移出反应热?

(3)就上面(2)而言, 如果以甲苯作为溶剂, 情况如何?

水和甲苯的相关物性参数总结在表 14.8 中。

提示: 需要考虑三方面的因素:

首先, 考虑蒸气管液泛。计算反应器夹套所需的冷却能力, 将之与液泛时的极限放热速率进行比较。或者计算溶剂的蒸气速率, 将之与液泛时的蒸气速率进行比较。

表 14.8　水和甲苯的物理性质

性质	水	甲苯
摩尔质量/(g·mol^{-1})	18	92
蒸发比热/(kJ·kg^{-1})	2260	356
沸点/℃	100	110
膨胀限值/(cm·s^{-1})	18	14

其次,考虑反应物料的膨胀。可以通过穿过反应物料表面的蒸气流动情况来确定是否形成膨胀现象。

最后,考虑回流冷凝器的能力。对于回流冷凝器,假设传热系数为 1000 W·m^{-2}·K^{-1}。冷却介质平均温度为 30℃。计算冷凝器所需的热交换面积。

14.5.3　中和反应

用盐酸对反应混合物进行中和,释放的反应热为 120 kJ·L^{-1}(以终态反应物料计)。反应温度不应超过反应混合物的初始温度:50℃。每批最终的反应混合物为 2000L,搪瓷搅拌釜,装有冷却夹套,冷却水进入夹套的温度为 17℃,夹套出口温度为 30℃。

相关数据:热交换面积 $A=5\text{m}^2$(假设为常数),内膜传热系数 $h_r=1000\text{W}\cdot\text{m}^{-2}\cdot\text{K}^{-1}$,外膜传热系数(冷却水/壁)$h_e=1500\text{W}\cdot\text{m}^{-2}\cdot\text{K}^{-1}$,搪瓷的导热系数 $\lambda=0.5\text{W}\cdot\text{m}^{-1}\cdot\text{K}^{-1}$,搪瓷厚度为 2mm,钢的导热系数 $\lambda=50\text{W}\cdot\text{m}^{-1}\cdot\text{K}^{-1}$,钢的厚度为 5mm。

请问:

(1)盐酸的加料速度应为多少?(最短加料时间)

(2)夹套中水的流量应是多少?

14.5.4　环氧树脂与胺的缩合反应

40℃时某环氧化合物与胺发生缩合反应,反应迅速。在 4 m^3 用水冷却的反应器中进行反应,半间歇操作,溶剂为异丙醇,质量为 800 kg。初始加入的物料为 240 kg 环氧化合物。在 45min 内以恒定速率加入 90kg 胺(保持温度低于 40℃)。

数据:

比反应热 $Q_r'=130\text{kJ}\cdot\text{kg}^{-1}$(放热);比热容 $c_p'=2.1\text{kJ}\cdot\text{kg}^{-1}\cdot\text{K}^{-1}$,总传热系数 $U=310\text{W}\cdot\text{m}^{-2}\cdot\text{K}^{-1}$,热交换面积(假设为常数)$A=5.5\text{m}^2$,冷却水平均温度 $T_c=20℃$,蒸发潜热(异丙醇)$\Delta_v H'=700\text{kJ}\cdot\text{kg}^{-1}$。

问题:

(1)现有装置的冷却能力是否足够？

(2)温度必须保持在 40℃以下，加料时间最长为 45min，还有哪些其他的解决方法？

14.5.5　夏季冬季的冷却河水

在半间歇反应器中进行一个快速放热反应。为控制反应过程中的温度，将其中一种反应物以恒定速率加入，于是产生恒定热流。反应器利用河水进行冷却(冬季温度为 15℃)，冷却水出口温度不应高于 30℃。

数据：

比反应热： $Q_r' = 100\text{kJ} \cdot \text{kg}^{-1}$ (放热)；

加料：初始加入(底料)3000 kg，逐渐加入 2000 kg；

传热面积(加料期间的平均值)： $A = 6\text{m}^2$ ；

总传热系数： $U = 400\text{W} \cdot \text{m}^{-2} \cdot \text{K}^{-1}$ ；

比热容：水： $c_p' = 4.2\text{kJ} \cdot \text{kg}^{-1} \cdot \text{K}^{-1}$ ；加入的物料： $c_p' = 1.8\text{kJ} \cdot \text{kg}^{-1} \cdot \text{K}^{-1}$ 。

问题：

(1)如果在加入之前将反应物升温到 50℃，要保持反应温度为 50℃，最短加料时间为多少？

(2)所需的冷却水质量流量是多少？

(3)如果反应物加入时的温度为室温 25℃，以上两个问题的答案是什么？

(4)夏季，冷却水温度为 25℃，以上两个问题的答案是什么？

提示：平均温差可以用算术平均值表示。

14.5.6　诊断

在公称容积为 4m³ 的工业反应器(材质为不锈钢)内进行强放热反应。要优化反应时间，应提高总传热系数。因此，用水对该反应器中进行了冷却实验，得到其热时间常数为 1.26 h(4536 s)。

相关数据：反应器的设备常数 $z = 0.146$ ，水的物质常数 $\gamma = 31100\text{W} \cdot \text{m}^{-2} \cdot \text{K}^{-1}$ ，反应物料的物质常数 $\gamma = 3000\text{W} \cdot \text{m}^{-2} \cdot \text{K}^{-1}$ ，实验用水量 $m = 4000\text{kg}$ ，水在 50℃时的比热容 $c_p' = 4.18\text{kJ} \cdot \text{kg}^{-1} \cdot \text{K}^{-1}$ ，热交换面积 $A = 7.4\text{m}^2$ 。

问题：

(1)冷却实验中的热阻主要源自什么？

(2)计算反应时的总传热系数。

(3)反应过程中的热阻主要源自什么？

(4)有何改进建议？

参 考 文 献

1　DIN-28136-1 (2005). Rührbehälter – Teil 1: Hauptmasse. Berlin, Germany: Beuth.

2　VDI (1984). VDI-Wärmeatlas, Berechnungsblätter für den Wärmeübergang. Düsseldorf: VDI-Verlag.

3　Stoessel, F. (2005). Safety of polymerization processes. In: Handbook of Polymer Reaction Engineering, vol. 2 (eds. T. Meyer and J. Keurentjes), 553–594. Weinheim, Chapter 11: Wiley-VCH.

4　Bourne, J.R., Buerli, M., and Regenass, W. (1981). Heat transfer and power measurement in stirred tanks using heat flow calorimetry. Chemical Engineering Science 36: 347–354.

5　Choudhury, S. and Utiger, L. (1990). Wärmetransport in Rührkesseln: Scale-up Methoden. Chemie Ingenieur Technik 62 (2): 154–155.

6　Wiss, J. (1993). A systematic procedure for the assessment of the thermal safety and for the design of chemical processes at the boiling point. Chimia 47 (11): 417–423.

7　Wallis, G.B. (1969). One Dimensional Two Phase Flow. New York, NY: McGraw-Hill.

8　Fisher, H.G., Forrest, H.S., Grossel, S.S. et al. (1992). Emergency Relief System Design Using DIERS Technology, The Design Institute for Emergency Relief Systems (DIERS) Project Manual. New York: AIChE.

9　AIChE-CCPS (2017). Guideline for Pressure Relief and Effluent Handling Systems, 2e. Wiley.

10　Machado, R. (2005). Practical mixing concepts for scale-up from lab reactors. In: European RXE-User Forum. Greifensee (ed. W. Rellstab), Switzerland: Mettler Toledo.

11　Toulouse, C., Cezerac, J., Cabassud, M. et al. (1996). Optimization and scale-up of batch chemical reactors: impact of safety constraints. Chemical Engineering Science 51 (10): 2243–2252.

12　Zufferey, B. (2006). Scale-down approach: chemical process optimization using reaction calorimetry for the experimental simulation of industrial reactors dynamics. EPFL, no. 3464, Lausanne.

13　Zufferey, B., Stoessel, F., and Groth, U. (2007). Method for simulating a process plant at laboratory scale. E.P. Office, EP 1764662 A1, filed 16 September 2005 and issued 21 March 2007.

14　Guinand, C., Dabros, M., Meyer, T., and Stoessel, F. (2016). Reactor dynamics investigation based on calorimetric data. Canadian Journal of Chemical Engineering 95 (2): 231–240.

15 风险降低措施

典型案例：放热反应多重保护措施失效

在放热间歇工艺的风险分析中，失控被认为是其主要风险。因此，需要付出巨大的努力设计一系列措施以避免此类事故，于是设计了三个保护层次(protection level)(图 15.1)。第一层次，在冷却循环回路中，安装一个备用泵以改进冷却系统。另外，还安装了第三个泵，由独立于其他设施的应急供电系统供电。第二层次，因为是催化反应，所以决定安装抑制剂注入系统(inhibitor injection system)，即在反应器上方安装一个装有抑制剂、氮气压力 5bar g 的小容器。温度警报开启时，将打开自动阀，向反应器内喷入抑制剂。另外，还并联安装了一个手动阀，可手动注入抑制剂。第三层次，安装了一个爆破片，泄压后物料导入收集罐。

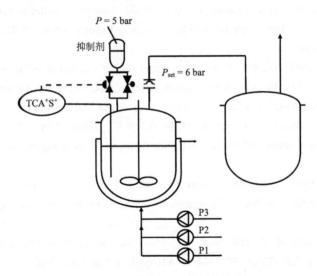

图 15.1 间歇反应器三个保护层次

然而，该三层保护系统却发生了失效。第一层失效是因为泵与电力的连接设计中存在错误。两个主体泵由主电力系统供电，第三个泵由应急电力系统供电，但三个泵的控制系统均由应急电力系统供电。事故当天，计划进行应急电力系统的维护工作。由于这并不会影响到主电力系统，因此尽管缺少应急供电系统，仍决定进行一个批次的生产。因为没有人注意到泵的控制系统将会失去作用，所以当应急供电系统断开时，三个冷却介质循环泵全部停止工作。于是间歇反应的温度迅速上升，触发抑制剂注入系统，但抑制剂未能注入反应器。操作人员打开手动阀，但依然未能奏效。

　　风险分析时，相关人员已经充分认识到可靠的温度测量对于触发抑制剂注入的重要性，但遗憾的是有关人员给温度探头安装了一根厚管子，这固然提高了温度计的机械强度，却也延长了其时间常数。因此，当温度探头探测的温度到达报警值时，反应物料的实际温度已经大于设计的报警温度值，报警时体系的蒸气压力超过了5bar g（图15.2）。这时抑制剂无法注入反应器。第三层保护失效是因为其设计存在问题，不能处理出现的两相流。最终反应物泄放进入环境中，造成有毒物质的严重泄漏。

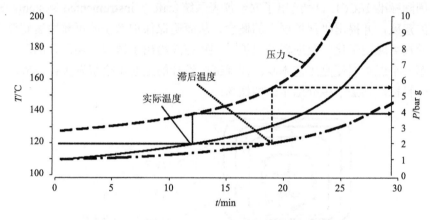

图15.2　失控过程中温度、压力随时间的变化曲线

经验教训

　　由这个例子可知，设计保护系统时必须小心，要"深思熟虑"，确保在任何紧急情况均有效。此外，它也再次强调了这样一个事实：技术措施可能会失效；绝对的可靠永远不存在。

引言

　　在考虑突发技术故障可能导致的紧急情况时，应确保反应器不发生失控，由此确立的策略至关重要。本章主要介绍一些典型的保护措施，15.1节将给出一些如何选择对策措施的提示，15.2节～15.4节将介绍一些具有实用价值的措施：首先采用消除性措施避免发生失控，然后通过一些预防性措施来终止尚处于演变中的失控过程，最后利用应急措施减轻后果。15.5节介绍如何基于冷却失效场景的参数设计各种保护措施的问题。

15.1　对　策　措　施

1.2.7 小节介绍了有关降低风险的措施。当要降低与失控反应有关的风险时，这些原理也同样适用。因此，首先应该采取措施避免失控。其次，一旦失控被引发，则应采取预防性措施终止失控的进一步演变[①]。最后，若失控无法避免，则应采取应急措施减轻其后果。当然，"避免问题应该优先于解决问题"[1]。

国际标准 IEC61511[2]给出了安全仪表系统(safety instrumented system，SIS)设计的建议，并提出"保护层"的概念，从而确保保护系统的可靠性达到要求。这些原理可应用于化学反应器的保护[3]。图 15.3 给出了该保护层原理的简化示意图，第一个保护层便是工艺本身，即保证所设计的工艺不会引发失控反应。为实现这一目标，15.2 节中介绍了一些概念。

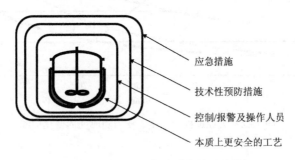

应急措施

技术性预防措施

控制/报警及操作人员

本质上更安全的工艺

图 15.3　间歇反应器保护系统的层次设计

15.2 节～15.4 节围绕失控反应对这些不同类别的措施进行了介绍。

15.2　消除性措施

消除反应失控的风险意味着须降低其严重度(见 3.2.2 小节)。根据反应失控严重度的评估准则可以知道，要消除风险，就需要将目标反应及副反应所释放的能量降低到一定的水平，即绝热温升低于 50K。此时，将得到平滑的温升曲线，而不会导致反应失控。减少能量释放有多种方式。

首先是通过稀释法减小绝热温升。尽管这种方法对于降低风险是有效的，但它降低了生产率，所以不经济。而且必须处理大量的溶剂，这也可能造成许多环境问题。

---

① 对原文进行了适当的延伸。——译者

运用半间歇反应器也可以实现同样的目标。该方法通过限制其未转化物料的累积，可以显著降低反应发生失控的能量，详见第8章。

另一个更加根本性的方法就是减少反应的绝对放热量。根据本质安全工艺 (inherently safer processes)的设计原则，有很多不同的方法可达到这一目标[1, 4-7]。Kletz提出了这些概念，并给出了降低严重度可以遵循的一些原则。

第一个是替代原则，包括选择适当的合成路线，以避免使用危险物质、不稳定中间产物或高能量的化合物。如果能做到这样，说明在工艺研发的很早期阶段就已经考虑了工艺安全的问题。为此，采用DSC或Calvet量热等微量热法(见第4章)对反应或化合物的能量进行筛选是非常有用的。因此，就工艺研发的综合性原则(principles of integrated process development)的贯彻而言，在工艺研发的早期阶段就充分考虑安全和环境问题的做法是极易占据先天优势的[7]。为此，需要采取一些适于早期研发时降低工艺固有风险的方法[8-10](此阶段工艺信息往往非常缺乏)，这可以为未来安全问题的解决(甚至工艺的根本变更)留下很大的空间。

第二个是工艺强化原则，包括降低生产规模来控制危险物质的使用量，以减少反应释放的绝对潜能值。为此，可采用连续反应工艺[11, 12]，因为连续工艺一般可以使用较小容积的反应器(见第9章)。降低工艺规模的极端方法是用微反应器，这类反应器即使在高放热速率情况下也能使反应物料处于等温状态[13, 14]。一般来说，较小的反应器更易保护、更易制造成高承压设备，从而有利于具备故障安全的功能。另一方面，如果发生物料泄漏，因为物料在线量小，所以较易收纳，从而可以避免出现大规模的不良后果。

第三个是减弱原则，包括采用更安全方法使用危险有害物质等。例如，在氯化反应中使用双光气(diphosgene，即氯甲酸三氯甲酯)代替光气(phosgene)就是遵循了这一原则。相比于光气，双光气挥发性较小，且易于控制，从而提高了工艺安全性。

这些措施有一个共同点，就是它们不是通过增加防护设备来控制失效后的不利影响，而是通过工艺设计或改变工艺条件来减小严重度。不依赖防护设备而设计本质安全化的工艺是一个巨大的优点。

Kletz还认为，工艺的技术设计对其安全性会产生积极的影响。这里，他还引用了几个原则来说明可以通过技术设计提高工艺安全性的问题：

(1)简化。因为复杂的工厂会使人为失误的概率增加，且设备故障的概率也增加。

(2)避免累积或多米诺效应(domino effect)。

(3)使设备的状态简单清晰，如开启或关闭。

(4)设备设计应能避免不正确的安装或操作。

(5)设备应易于控制。

(6)设备应做到难以进行或无法进行错误的装配。

15.3　技术预防措施

本节关注的焦点是技术措施,其目的在于失控反应被引发后,在完全失控前能采取措施予以终止,避免失控的进一步恶化。

15.3.1　控制加料

在半间歇或连续操作过程中,加料速率控制反应进程。因此,加料速率在工艺安全性方面起着非常重要的作用。对于放热反应,通过技术方法限制加料速率是很重要的。主要方法有

(1)分段加料。8.6.1 小节对此方法进行了介绍。显然,该方法只适用于半间歇等非连续工艺中。分段加料减少了反应器中反应物的物料量,也即热累积的量,因而减少了反应失控时可释放的能量。至于每段允许的加料量,可根据 MTSR 低于临界温度这个条件来确定,这里的临界温度可以是由技术原因决定的最高温度 MTT 或者是二次反应的临界温度 T_{D24}。该方法的难点在于下一段加料之前须确保已加入物料已反应完全。通常说来,加料控制可以是人工控制,也可以是自动控制。对于连续管式反应器,加料可以分开进行,可以在不同的位置加料(不同的位置对应于不同的停留时间)。这样的加料策略,可以使管式反应器中的浓度随管长的分布接近于半间歇式反应器中的浓度分布[15]。

(2)带有控制阀和质量流量计的加料罐。可通过控制阀门的开度得到预期的流量。该阀门即为控制回路的执行器,而控制回路以反应釜或加料罐的重量、液位或流量作为输入。最大加料速率可以通过阀间隙(valve clearance)或校准孔板(calibrated orifice)进行控制。

(3)带有离心泵的加料罐。用离心泵代替重力作用,可以相对自由地布置加料罐的位置,甚至可以将加料罐安装在反应器液位以下。由于离心泵无法测定体积,因此需要另外安装一个控制阀来限制流速。其流量的控制方法如上述情形。

(4)加料罐与计量泵。流经计量泵的流量可通过行程调整机构(stroke adjusting mechanism)或变速驱动装置(variable speed drive),调整行程或频率来控制。流速控制可通过固定的调节装置或流量计来实现。

(5)如果采用控制阀来控制加料速率,要注意:关闭控制阀时不能关得过紧——其功能主要是控制体积流量,而不是停止流动。因此,最好串联第二个开关阀(on-off valve),以确保流动停止功能的可靠性。

目前的技术发展水平常将反应器加料与温度联锁,这样,反应器的温度过高或过低均可中止加料(避免物料累积)。对于搅拌反应器,将加料与搅拌联锁可以

避免混合不充分造成物料累积。这些联锁是 8.6.3 小节中半间歇反应器黄金法则的重要组成部分。

如果需要，也可通过溢流等方式对加料罐中的最大物料量进行限制。

15.3.2　应急冷却

一旦发生故障，可采取应急冷却(emergency cooling)以取代正常冷却系统。这就需要一个独立的冷却介质源(冷源)，一般为通过反应器夹套或冷却盘管的冷却水。公用工程发生故障，尤其是电力故障，常常是导致冷却失效的原因，因此必须保证该冷却介质能够流动。对应急冷却而言，时间因素非常重要。该措施必须在反应放热速率(需要控制)高于系统的冷却能力之前实施，在此 2.4.6 小节中提到的不回归时间(t_{nor})非常有用。

应急冷却措施很重要的一点是温度不得低于反应物料的凝固点，否则将会结壳(crust，结皮)，降低热传递并将再次有助于失控条件的形成。此时，应急冷却这一补救措施的后果可能比最初故障造成的后果更严重。

在这种情况下，对反应物料进行搅拌也很重要。没有搅拌时，体系只能通过自然对流来冷却，这导致传热系数大大减小。一般说来，自然对流的传热系数是带搅拌系统传热系数的 10%[16]。不过，这也只是在存在自然对流的情况下才成立，即在反应器较小、物料黏度中等的情况下成立(见 12.2.3 小节)。若容器未安装搅拌装置，且反应性的物料量大，即使从容器外部进行冷却，也可近似认为体系是绝热的。这时将氮气通入反应物料底部有助于改善紧急情况下的物料混合。然而，此方法需要根据实际条件进行试验。

15.3.3　骤冷及浇灌

有一些反应可以通过加入适当的物质而被终止。对于催化反应，加入少量催化失活剂(catalyst killer)则可使反应终止。对 pH 敏感的反应，改变反应的 pH 可能会减缓甚至终止反应。在这些情况下，只需添加少量的化合物就已足够。搅拌是一个很重要的因素，尤其是当少量的抑制剂必须均匀分散在大量反应混合物中时。为了使分散快速且均匀，通常对装有抑制剂的容器施加一定的压力，如使用氮气和喷嘴将抑制剂喷射到反应物料中。

对于其他反应，则需要大量惰性的、冷的物质浇灌反应物料。浇灌(flooding)有两个作用：稀释和冷却，通过降低反应物浓度或温度来减缓或终止反应。当浇灌时的温度高于流体的沸点时，则装置应配备压力泄放系统。对于浇灌，最关键的因素是加入量、加入速率及骤冷物料(quenching material)的温度。显然，反应器也必须有足够的空余容积，而这有可能会限制批产量及生产能力。

对这种措施而言，物料的混合热是十分重要的，量热法能对其进行测量，因此量热方法对设计此类措施具有很大的帮助。同样，用该方法也能验证浇灌后的混合物是否热稳定。

工作示例 15.1　紧急浇灌

某反应需要用冷的溶剂进行浇灌以终止反应，而这需要有足够的冷溶剂将反应物料冷却至热稳定状态。为了验证这一想法，采用 Calvet 量热仪进行浇灌实验（图 15.4）。实验表明，浇灌物料从反应体系中吸热，吸热量为 18 kJ·kg^{-1}（混合物[①]）。反应物料（2230kg）的比热容为 1.7 kJ·kg^{-1}·K^{-1}，温度为 100℃。稀释所用的是冷溶剂为 1000kg，温度为 30℃，比热容为 2.6 kJ·kg^{-1}·K^{-1}。根据热量平衡可计算得到浇灌后的混合物温度（T_m）：

$$T_m = \frac{m_{r1} \cdot c'_{p1} \cdot T_{r1} + m_{r2} \cdot c'_{p2} \cdot T_{r2} + (m_{r1} + m_{r2}) \cdot Q'}{m_{r1} \cdot c'_{p1} + m_{r2} \cdot c'_{p2}}$$

$$T_m = \frac{2230 \times 1.7 \times 100 + 1000 \times 2.6 \times 30 + 3230 \times (-18)}{2230 \times 1.7 + 1000 \times 2.6} \cong 62(℃)$$

为了评估浇灌后混合物 62℃时的稳定性，发现在 180℃时可参考的放热速率为 2 W·kg^{-1}[图 15.4(b)]，保守地认为活化能为 50 kJ·mol^{-1}，分析认为分解反应在温度低于 T_{D24}（约 145℃）时将不再危险，即尽管浇灌后混合物的分解热大（520 kJ·kg^{-1}），但仍可认为在 62℃时是稳定的。

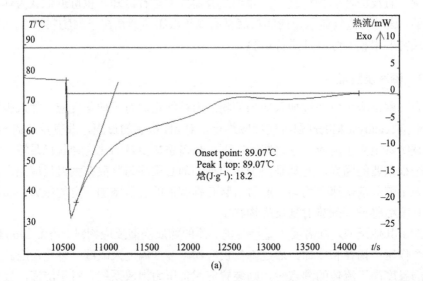

(a)

---

① 指反应物料与冷溶剂的混合物。——译者

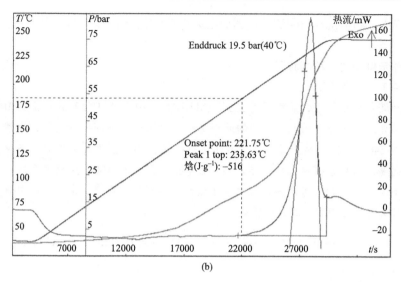

图 15.4 用冷溶剂浇灌反应物料的热分析图(a)和浇灌后热稳定性的线性扫描结果(b)

15.3.4 紧急放料

该措施类似于骤冷措施，只是反应物料不停留在反应器中，而被转移至装有抑制剂或稀释剂的接受容器①里。反应过程中，接受容器必须随时随刻准备好接收反应物料。为预防发生失控而对紧急放料(dumping)的物料稳定性进行评估的方法与骤冷措施相同。该方法的优点在于其可以将反应物料转移到一个更加安全的地方，从而保护了反应器及所在的工厂。

转移物料的管路对于能否实现紧急卸料至关重要，必须绝对避免发生堵塞或是阀门打不开。设计时必须保证即使公用工程故障仍能进行紧急转移；必须保证接受容器中存在稀释剂或者骤冷物料。这项措施特别适用于对最终反应物质淬灭或转移以进行后处理的情况。

15.3.5 控制减压

这项措施不同于紧急泄压，是在失控早期阶段温升速率和放热速率均较低时在受控条件下采取的减压措施(controlled depressurization)。

如果在早期察觉失控，可考虑运用反应器的控制减压措施。例如，胺化反应在不采用外部冷却的情况下，仅利用控制减压使物料蒸发冷却，便能够使一个 $4m^3$ 的反应器在 10min 之内从 200℃降到 100℃。显然，（如果采取该措施），在设计

---

① 接受容器有时也称为安全池。——译者

气体洗涤器(scrubber)和回流冷凝器时必须保证它们具有独立的公用工程。

工作示例 15.2　控制减压

上接工作示例 15.1。

如果胺化反应失控，温度可达 323℃(MTSR)，240℃(MTT)时就可达到 100 bar g 的最大允许工作压力。因此，存在的问题是："如果在安全阀打开之前，也就是说在温度达到 240℃之前，反应可以通过减压进行控制，那么蒸气释放速率是多少？"回答这个问题，需要掌握反应动力学。现在仅有的信息是在 180℃反应 8 h 后，可达到的转化率为 90%。如果考虑该反应遵循 1 级动力学规律，那么，由于反应中氨大量过量，可计算得到 180℃时的速率常数为

$$\frac{dX}{dt} = k(1-X) \Rightarrow k = \frac{-\ln(1-X)}{t} = \frac{-\ln(0.1)}{8} \cong 0.288 h^{-1} = 8 \times 10^{-5} s^{-1}$$

于是，放热速率为

$$q_{rx} = k(1-X) \cdot Q_{rx} = 8 \times 10^{-5} \times 1 \times 175 \times 2000 = 28(kW)$$

该式计算了 180℃时加入 2kmol 物料，且其转化率为零这一保守状态下的放热速率。对于该工艺，在失控的很早期阶段(如 190℃时)采取措施完全可能中断该失控历程。若考虑到温度每升高 10 K，反应速率增加一倍，则在 190℃时的放热速率为 56kW。根据 Clausius-Clapeyron 公式可计算得到此时的蒸发潜热为

$$\ln(P) = 11.46 - \frac{3385}{T} \Rightarrow \Delta_v H = 3385 \times 8.314 \approx 28(kJ \cdot mol^{-1})$$

于是，蒸气释放的摩尔流量为

$$\dot{N}_{NH_3} = \frac{56kW}{28kJ\ mol^{-1}} = 2mol \cdot s^{-1}$$

摩尔体积：

$$0.0224 m^3 \cdot mol^{-1} \times \frac{463}{273} = 0.038 m^3 \cdot mol^{-1}$$

在 190℃、标准大气压下，体积流量为

$$\dot{v} = 0.076 m^3 \cdot s^{-1}$$

在直径为 0.1m 的管体中，蒸气流动速度为

$$u = 0.076 \times \sqrt{\frac{4}{\pi \times 0.1^2}} = 9.68 m \cdot s^{-1} \text{①}$$

显然，蒸气管中流速偏快，需要增大管径。在增大管径降低蒸气流速的同时，若

---

① 对原著中的算式及计算结果进行了勘误，并对下一段中的部分表述进行了改写。——译者

气体洗涤器的洗涤能力能适应这样的体积流量，则控制减压的技术措施是可行的。为了避免产生两相流(此时，蒸气会带走部分反应物料)，降压速率必须足够慢。在此评估过程中，认为蒸气仅为氨气，实际上水也会蒸发，但由于水的蒸发潜热高于氨，因此评估结果依然是安全的。同样地，忽略了由转化引起的反应物消耗因素(零级近似)，而这也会降低其放热速率。

15.3.6 报警系统

从 15.3.2 小节～15.3.5 小节中描述的措施可以看出，如果发生失控，早期的干预措施是非常重要的。不管采取哪种措施，都是越早干预效果越好。对于放热反应，显然在其初期(即放热速率变得很大之前)更容易控制。这一点对于应急冷却和控制减压是非常正确的。因此，人们提出了通过报警系统来对失控状态进行侦测的想法。Hub 首先在此进行了尝试[17,18]，他根据反应器温度对时间的二次导数、反应器与夹套之间的温度差对时间的一次导数，给出反应失控的判据：

$$\frac{d^2 T_r}{dt^2} > 0 \quad \text{和} \quad \frac{d(T_r - T_c)}{dt} > 0 \tag{15.1}$$

其中一个重要的难点在于，通过求导会使工业环境中的温度信号噪声放大，从而降低该方法的准确度。该判据可在失控前 20～60min 内给出报警[18]，这段时间很短，因为报警时失控反应已经发展得比较充分了。

Stozzi 和 Zaldivar 领导的课题组在一项欧洲研究项目的构架中，提出了构建早期预警探测系统(early warning detection system，EWDS)这一更复杂的方法[19-23]。该方法将散度判据(divergence criterion)应用于状态空间以描述温度的变化轨迹。尽管该方法仅需对一个工艺变量(通常为温度)进行监测和判断，但也须对压力进行监测。虽然这种方法需要复杂的数学背景，但却很有希望并且也很容易在工业环境下实施。然而，警报系统往往只能检测失控，而不能阻止失控。此外，该方法假设系统已采取了可中止失控进程的措施。

15.3.7 时间因素

时间在所采取措施的有效性方面扮演了重要的角色。从失效发生的那一刻开始，就需要按照下列步骤采取措施，直到恢复对工艺的控制(图 15.5)：

(1)失效或故障发生时，首先必须能监测到失效或故障。报警装置的设置、复杂程度(如 15.3.6 小节中所述)不同，监测时间不一样。最重要的是选择什么样的监测参数能确保监测出故障。报警、联锁及控制策略的设计是工艺设计的重要内容，必须基于本质安全工艺的理念始终遵循简约的原则(见 15.2 节及 18.1 节)进行设计。

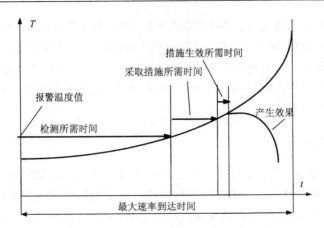

图 15.5　失控过程中典型的温度历程曲线，其中考虑了检测、采取措施、措施生效的时间因素

(2)一旦报警开启，在补救措施实施之前有一段时间间隔。由于骤冷或紧急放料均需要较长时间来进行，所以必须立即打开应急冷却系统，此时冷却介质必须以所需温度、所需流速对反应体系进行冷却。

(3)措施必须有效。反应失控的进程中采取措施和措施生效之间同样存在时间间隔。这里，反应动力学将再次起到决定性的作用。

为了保证设计的安全措施有效，必须估算措施生效的时间因素，并将之与最大反应速率到达时间 tmr_{ad} 比较，从而确定时间范围的上限。实际上，根据 van't Hoff 方程，温度每增加 10K，反应速率增加一倍。如果设置的报警温度高于工艺温度 10K，需要花费 $1/2tmr_{ad}$ 的时间才能触发报警，且采取的措施需要在失控进一步演化之前尽快实施并生效。因此，留给措施生效的时间是相当短的，这也解释了评估失控可能性的时间判据(8h 和 24h)(见 3.2.3 小节)。

15.4　应 急 措 施

作为最后的手段(a last resort)，应急措施只有在失控无法避免的情况下才可以采取。因此，应急措施只能是所有其他措施都已实施且不成功时才考虑实施。

15.4.1　紧急泄压系统

本书第 16 章将专门介绍紧急泄压系统。

15.4.2　封闭

封闭(containment)是一种减轻失控后果的方法。若设计的反应器能够承受反应失控后的最大压力，则反应器本身就可以起到封闭的作用。之后，反应器内的物质必须用适当的方式进行处理，这个被动方法是降低失控后果的一种可行的方法。

当然还有其他的封闭方法。首先是机械保护，该方法从某种意义上可以避免反应器爆炸产生的抛射物或飞行碎片(flying debris)对周围环境的危害，如将设备安装于抗爆体(bunker)内。尽管这种方法常用于处理实验室中的高压设备，但从原理上来说也可用于工业设备，如炸药生产。通常说来，抗爆体的开口朝向"安全地带"，即朝向不会造成人员伤亡的方向。

一间严格密封的房间也可以用于封闭，因为它可提供足够的空间来容纳反应体系的流出物，并为流出物进行后处理(如洗涤等方法)提供了时间。这类措施仅作为设备遭到严重破坏时的最后手段。Siemens-Axiva 提出了另一种安全气囊保持系统(safety-bag retention system)的替代方法[24]。

15.5　技术措施的设计

选择和设计失控后保护性的技术措施应与其风险水平相一致。这意味着必须对刚开始发生失控的后果和其可控性进行评估。基于四个特征温度参数的危险度分级(criticality classes)方法是进行安全评估的基础，也是设计保护性措施的依据。

15.5.1　失控后果

失控反应会导致不同的后果。失控反应导致的高温本身就比较危险，因为最终温度越高，失控造成的后果越严重。一旦产生大的温升，反应混合物的部分组分可能蒸发，或可能产生一些气体或挥发性化合物。而这又可能导致更严重的后果，系统内的压力增长可能导致装置的破裂，产生可能导致人员伤亡的碎片，或者逸出气体、蒸气，如果气体、蒸气有毒或易燃，则可能会造成二次破坏(secondary damage)[①]。

15.5.1.1　温度

绝热温升与反应能量成比例，是评估失控反应能量失控后严重程度的一个便捷判据(见 3.2.2 小节)。绝热温升很容易计算，可由反应热除以比热容得到：

$$\Delta T_{ad} = \frac{Q'}{c_P'} \tag{15.2}$$

对于 1 级~3 级危险度情形，只需考虑目标反应的能量(Q'_{rx})；对于 4 级和 5

---

① 此处对原文进行了适当的简化。——译者。

级危险度情况，需考虑总能量，即目标反应和分解反应放热量的总和（$Q'_{rx} + Q'_{dc}$）。温度升高本身体现了一种危险，但大多数情况下，还将导致潜在的压力增长。

15.5.1.2　压力

压力增长取决于压力源的属性，即是由气体导致还是蒸气导致。此外，系统的特点（反应器是密闭的还是开放的）将会决定最终结果。开放体系，气体或蒸气将从反应器中释放出来，而对于密闭体系，失控的后果将导致压力增长。这时，可以将系统压力与下列压力参数进行比较：泄压系统的设定开启压力（P_{set}）、设备的最大允许工作压力（P_{max}）及试验压力（P_{tset}）。

15.5.1.3　释放

对于开放体系，由于气体或蒸气将从反应器中释放出来，其后果取决于释放的时间以及气体或蒸气的性质（如毒性或易燃性）。根据有毒气云的体积和相应的危险阈值，可估算其危险范围或区域。对于毒性，其限值可选择立即威胁生命或健康（immediately dangerous to life and health，IDLH）的浓度或由法律规定的其他限值 [例如，急性暴露指南值（acute exposure guideline levels，AEGLs），描述了一生一次或罕见暴露于空气中的化学品对人类健康的影响]。如果气体或蒸气易燃，其爆炸下限（LEL）就是临界阈值。相对于体积，距离更易于表征，因此建议采用一个半球的半径来表征气体或蒸气云的范围。这个简单的方法无需利用复杂模型和气象信息对扩散进行计算，但对于评估失控导致的风险却很有用。

因此，需要考虑四种不同的情况[①]：

(1) 密闭气体体系（closed gassy system）：密闭容器中产生气体的体系。

(2) 密闭调节体系（closed tempered system）：密闭体系中产生蒸气或蒸气占主导（相对于产生的气体而言）的体系。

(3) 开放气体体系（open gassy system）：开放容器中产生气体的体系。

(4) 开放调节体系（open tempered system）：开放容器中产生蒸气或蒸气占主导（相对于产生的气体而言）的体系。

15.5.1.4　密闭气体体系

反应（包括4级和5级危险度时的二次反应）释放的气体体积（如在 T_{mes} 和 P_{mes} 下的 V'_g），可通过化学方法或适当的量热方法（如 Calvet 量热、mini-Autoclave、Radex 或反应量热）测试得到。此时，必须用所涉及的温度 MTSR（2级）、MTT（3

---

① 对所述4种体系的表述进行了补充。——译者

级或 4 级)或 T_f(5 级)来进行修正。对于目标反应产生的气体,只考虑累积分数(X)所对应的气体释放:

$$V_g = m_r \cdot V_g' \cdot X \cdot \frac{T(\text{K})}{T_{\text{mes}}(\text{K})} \tag{15.3}$$

式中, V_g' 为单位质量物料放出的气体体积。

根据反应器中气体的自由体积(free volume, $V_{r,g}$),可将上述体积转化为压力增量:

$$P = P_0 + \frac{V_g}{V_{r,g}} \cdot P_{\text{mes}} \tag{15.4}$$

15.5.1.5　密闭蒸气体系[①]

在密闭蒸气体系中,压力增长取决于挥发性化合物的蒸气压。通常认为溶剂是挥发性化合物,因此其蒸气压可由 Clausius-Clapeyron 方程得到:

$$\frac{P}{P_0} = \exp\left[\frac{-\Delta_v H}{R}\left(\frac{1}{T} - \frac{1}{T_0}\right)\right] \tag{15.5}$$

或由 Antoine 方程得到:

$$\lg P = A - \frac{B}{C+T} \tag{15.6}$$

对于复杂系统,可从 $P = f(x)$ 的相图中得到,或根据一些估算物性参数的专门软件(如 PPDS 及 DIPPR)计算得到[25]。

15.5.1.6　开放气体体系

在产生气体的开放体系中,室温下气体的体积可以根据式(15.3)求得。由于气体会在大气中稀释,因此,有毒气体可以根据毒性限值(如 IDLH 或 AEGL)计算其影响范围:

$$V_{\text{tox}} = \frac{V_g}{\text{IDLH}} \Rightarrow r = \sqrt[3]{\frac{3 \cdot V_{\text{tox}}}{2\pi}} \tag{15.7}$$

或根据爆炸下限 LEL:

$$V_{\text{ex}} = \frac{V_g}{\text{LEL}} \Rightarrow r = \sqrt[3]{\frac{3 \cdot V_{\text{ex}}}{2\pi}} \tag{15.8}$$

在表征有毒或易燃气体释放后的严重度时,由于距离比体积更直观,因此常

---

① 当密闭调节体系中不可凝气体对压力的贡献可以忽略时,该密闭调节体系即可以视为密闭蒸气体系。
——译者

用这些方程计算半球的半径来表征其影响范围。这种方法可给出气体或蒸气释放时可能影响区域的几何参数的数量级。此计算方法是完全静态的，不考虑扩散和传播。当然，也可以考虑其他形状云团。将影响范围与设备、车间和生产场所(site)的特征尺寸相比较，就可以进行有关的评估。

15.5.1.7　开放蒸气体系

蒸气体系属于调节体系，是可以利用蒸发潜热来阻止温度升高从而实现温度调节的体系。体系在常压下达到沸点或在较高压力下进行控制泄压均可达到调节目的。对此，首先需要根据蒸发潜热和特征温度计算释放的蒸气质量：

$$m_{\text{v}} = \frac{(T_{\text{max}} - \text{MTT}) \cdot c_p' \cdot m_{\text{r}}}{\Delta_{\text{v}} H'} \tag{15.9}$$

这里的最高温度(T_{max})，若对于 3 级危险度情形则取 MTSR，若对于 4 级或 5 级危险度情形则取 T_{f}。按理想气体处理，可以根据蒸气密度将质量转化为体积：

$$\rho_{\text{v}} = \frac{PM_{\text{w}}}{RT} \tag{15.10}$$

该体系有毒易燃蒸气影响范围的计算与开放气体体系类似，即根据毒性限值或爆炸下限来计算，见方程(15.7)和方程(15.8)。有关浓度限值也可根据物质安全数表(MSDS)获得。

15.5.1.8　扩展的严重度评估判据

表 15.1 列出了基于能量、压力及气体释放影响范围的严重度评估判据。对于能量的评估可使用与表 3.1 相同的判据。此外，可根据特征压力限值对气体的压力效应进行评估，这些特征压力限值包括泄压系统的设定开启压力(P_{set})、容器的最大允许工作压力(P_{max})及试验压力(P_{test})。可通过与一些设备、设施特征尺寸的

表 15.1　基于能量(ΔT_{ad})、密闭体系压力及开放体系气体释放影响范围的严重度判据

严重度	$\Delta T_{\text{ad}}/K$	P	气体释放影响范围(r)
灾难的 (catastrophic)[①]	>400	$> P_{\text{test}}$	>生产场所
严重的 (critical)	200~400	$P_{\text{max}} \sim P_{\text{test}}$	<生产场所
中等的 (medium)	50~200	$P_{\text{set}} \sim P_{\text{max}}$	<车间
可忽略的 (negligible)	<50	$< P_{\text{set}}$	<设备

---

①原文 "serious" 不妥，应为 "catastrophic"，故译成 "灾难性的"。相应地，工作示例 15.3 中的严重度等级也在翻译时进行了调整。——译者

比较，来评估气体释放的影响范围，如设备的特征尺寸通常为数米，车间通常为10~20m，生产场所一般大于 50m。需要运用多个判据来评估严重度时，一般选择最严重的情形进行评估。

15.5.2 可控性

对于失控刚发生后的可控性问题，可以不采用定量化的故障率进行评估，而可以采用半定量方法进行，即主要考察 MTT 时失控能否进一步得到控制的可能性。该方法的原理在于评估给定温度(如 MTT)的热反应性(或热活性，thermal activity)，并通过热反应性预测此温度下反应混合物的行为。热反应性低意味着温度变化过程易于控制，反之，则难以控制，进一步失控的可能性大。假设同一反应过程中既释放热，又产生气体，还蒸发出挥发性物质(该假设可通过实验方法验证，即用密闭样品池进行实验，测试并比较放热速率和压力增长速率)。如果假设不成立，那么必须进行动力学分析才能得到气体释放速率，因为它是温度的函数。评估时，可直接将放热速率与应急冷却系统的冷却能力相比较。至于气体或蒸气释放的控制问题，则可通过设备中气体或蒸气的最大生成速率来评估。

15.5.2.1 目标反应的反应性

根据 Arrhenius 定律，从工艺温度(T_p)开始，反应在温度升高到 MTT 的过程中一直被加速。同时，反应物被消耗，导致反应物浓度降低，从而使反应速率降低。因此，反应过程中同时存在两种相反的因素：温度的升高使反应加速、反应物的消耗使其减速。将这两种因素综合起来得到加速因子(acceleration factor，f_{acc})，将此乘以放热速率，可得：

$$q_{(MTT)} = q_{(T_p)} \cdot \underbrace{\exp\left[\frac{E}{R}\left(\frac{1}{T_p} - \frac{1}{MTT}\right)\right]}_{\text{增加反应速率}} \cdot \underbrace{\frac{MTSR - MTT}{MTSR - T_p}}_{\text{降低反应速率}} = q_{(T_p)} \cdot f_{acc} \quad (15.11)$$

式中，一级反应的转换率项($1-X$)是失控场景中有关特征温度的函数。以一级反应为例进行说明是一种保守的近似，因为对于更高反应级数情形，其反应物的消耗更大。零级反应的计算结果更保守，但通常不实际。

工艺温度下的放热速率可用反应量热实验来评估。若放热速率未知(最坏情况下)，则可用反应器的冷却能力来代替，因为对于等温工艺，反应的放热速率显然必须低于冷却系统的冷却能力。图 15.6 给出了加速因子的一些变化曲线，这里再次说明了在失控阶段的早期采取措施进行控制的重要性。

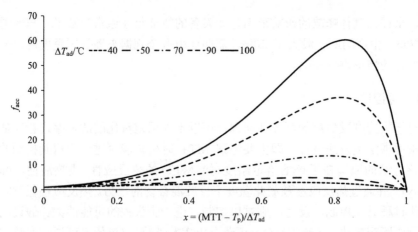

图 15.6　加速因子 $f_{acc}=q_{(MTT)}/q_{(T_p)}$ 为 MTT 的位置 x 的函数,其中 MTT 在 $T_p(x=0)$ 到 MTSR($x=1$) 之间。该图给出了活化能为 $100\ kJ\cdot mol^{-1}$、不同累积(ΔT_{ad})情况下加速因子的计算结果

15.5.2.2　二次反应的反应性

对于二次反应起作用的情形(5 级危险度情形),或必须检查气体释放速率(2 级或 4 级)时,放热速率可根据热稳定性试验(DSC 或 Calvet 量热计)的结果计算得到。二次反应通常用绝热条件下最大反应速率到达时间 tmr_{ad} 来表征。tmr_{ad} 长意味着有足够的时间可以采取各种风险降低措施。反之,则说明可能无法在给定温度下中止失控的进程。tmr_{ad} 等于 24h 时所对应的温度下的放热速率可根据下式计算得到:

$$q'_{D24} = \frac{c'_p \cdot R \cdot T_{D24}^2}{24 \times 3600 \times E_d} \tag{15.12}$$

需要注意的是,求解 T_{D24} 时会涉及一个超越方程,因为放热速率是温度的指数函数,需要迭代求解。此放热速率可作为外推时的一个参考点:

$$q'_{(T)} = q'_{D24} \cdot \exp\left[\frac{E_d}{R}\left(\frac{1}{T_{D24}} - \frac{1}{T}\right)\right] \tag{15.13}$$

15.5.2.3　气体释放速率

如果认为热效应是反应失控的推动力,那么我们可以假设气体释放也取决于同样的反应。因此,气体释放速率可以由下式计算:

$$\dot{v}_g = V'_g \cdot m_r \frac{q'_{(MTT)}}{Q'} \tag{15.14}$$

这里,放热速率和能量是所有反应放热速率和能量的总和。它可能只是目标反应(3 级),也可能同时包括目标反应和二次反应(5 级)。由此计算设备中的气体

速率：

$$u_g = \frac{\dot{v}_g}{S} \tag{15.15}$$

式(15.15)可用于三种情形下可能性参数的评估：

(1)考虑管道系统中的摩擦损失：这种情况下，使用的截面积 S 是管道系统最窄部分的截面积。

(2)液体中存在气泡导致反应器内的物料膨胀(14.3.4 小节)：这种情况下，使用的是容器中液体的表面积。

(3)洗涤器：通常用体积流量表征洗涤器的能力。此时无需转化成气体流速，直接采用气体的体积流量即可。

15.5.2.4　蒸气释放速率

蒸气的质量流量与放热速率成正比，并可采用与 14.3.2 小节中相似的方法进行计算：

$$\dot{m}_v = \frac{q'_{(MTT)} \cdot m_r}{\Delta_v H} \tag{15.16}$$

采用根据式(15.10)计算得到的蒸气密度，可将蒸气的质量流量转化成体积流量，结合蒸汽管路的截面积，可计算得到装置中的蒸气速率：

$$u_v = \frac{\dot{m}_v}{\rho_v S} \tag{15.17}$$

评估装置中的蒸气流动能力(vapor flow capacity)时，还应考虑冷凝器的冷却能力，并将其与放热速率进行比较。此外，对于高投料率的反应器，如果存在气泡使反应物料液位上涨，也可能导致危险(见 14.3.4 小节与 16.2.3 小节)。若同时释放气体和蒸气，显然必须用此两个流速的和来评估反应的危险性。

15.5.2.5　可控性的扩展评估判据

措施实施后是否有效显然取决于工艺所在的设备单元的技术环境。因此，评估措施是否有效须了解有关的技术特性。对可控性的评估基于失控的时间尺度(tmr_{ad})、可达到的压力水平、气体或蒸气的速率等参数。表 15.2 对此进行了总结。

(1)可由反应动力学确定拟定措施(planned measure)发挥作用的时间周期；tmr_{ad} 是一个很好的尺度，该时间越长，工艺的可控性越强。

(2)对于密闭体系，评估时可以采用有关的特征压力参数。然而遗憾的是，实际过程中该判据很难使用，原因在于当设备投料率很高时，即使释放很少量的气体，也会导致压力出现危险的上升。

表 15.2　失控反应可控性的评估判据[①]

可控性	tmr$_{ad}$/h 由 MTT 开始	q' /(W·kg^{-1}) 搅拌	q' /(W·kg^{-1}) 无搅拌	u/(m·s^{-1}) 管道	u/(cm·s^{-1}) 容器中 [a]
几乎不可能的	<1	>100	>10	>20	>50
困难的	1~8	50~100	5~10	10~20	20~50
临界的	8~24	10~50	1~5	5~10	15~20
可行的	24~50	5~10	0.5~1	2~5	5~15
容易的	50~100	1~5	0.1~0.5	1~2	1~5
没问题的	>100	<1	<0.1	<1	<1

a. 用于对液体膨胀效应进行评估。

(3)对于开放体系,可以将蒸气或气体速率作为评估判据。这些流速要适合,因为这里的目的是在失控变得进一步恶化之前将其控制住,所以这些值将不同于紧急泄压时的流速。这里提供了两个气体或蒸气的流速判据,一个用于管道系统的评估,一个用于物料膨胀效应的评估。对于后者,需采用蒸气或气体穿过液体表面的上升速度。

这些判据也可以适用于一些特定生产条件的评估。

15.5.3　不同危险度级别的严重度和可能性的评估

显然,并不是每种场景都要用上述参数来进行评估的。本书中的危险度分级是一种有用的工具,有助于选择严重度和可能性的评估参数(见 3.2 节)。该危险度分级方法也为系统化的设计程序提供了基础(表 15.3)。下面针对每种危险度级别的情形描述评估应遵循的程序。

表 15.3　不同危险度级别评估应具备的数据

[+意味着"需要", (+)意味着"可以需要"]

等级 [a]	1	2	3	4	5
目标反应释放气体 $V'_{g,rx}$ [b]	+	+	+	+	+
二次反应释放气体 $V'_{g,dc}$ [b]	(+)	(+)		+	+
蒸气(P_{vap})[b]			+	+	+
目标反应的 q'_{rx}			+	+	(+)
二次反应的 q'_{dc}				(+)	+

a. 等级的判定需要知道四个温度参数：T_p、MTSR(即 X_{ac})、MTT 和 T_{D24}。

b. 除了体积或蒸气压,还须知道毒性阈值或爆炸下限 LEL。计算流速时还应了解管道系统的直径。

---

① 对该表中流速的量纲进行了完善。——译者

15.5.3.1　1 级危险度情形

温度既不会达到 MTT，也不会引发二次反应。只有当反应物料在热累积的状态下长时间停留于 MTSR 时，二次反应才会导致缓慢的温升。这时建议检测气体的产生情况，因为产生的气体可能导致密闭体系中的压力增长，或开放体系中的蒸气或气体的释放。这可以通过图 15.7 所示的流程来评估。通常情况下，因为 MTT$<T_{D24}$，所以气体的释放速率比较低。

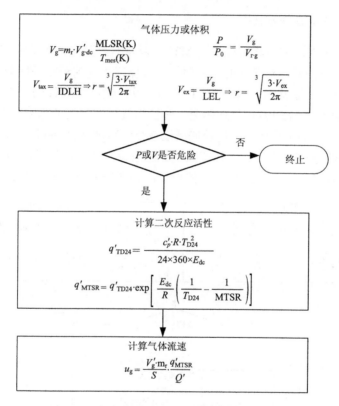

图 15.7　危险度为 1 级及 2 级情形时的评估流程

15.5.3.2　2 级危险度情形

该级别类似于级别 1，只是此级别下的 MTT 高于 T_{D24}。这意味着在热累积条件下，二次反应的反应性不可忽略，而这将导致缓慢但明显的压力增长，或气体、蒸气的释放。不过，只有当反应物料在 MTSR[①]长时间停留，才会导致危险情形。

---

① 原文为 MTT，应为 MTSR。——译者

这时可采用与 1 级相同的程序进行评估(图 15.7)。在设计保护措施(如冷凝器、气体洗涤器或其他处理单元)时,气体或蒸气的流速是重要参数。

对半间歇反应,要确认其归为 2 级的原因,需要看其物料累积是否由加料速率控制,这一点很重要。若发生故障时加料不能立即停止,则反应的危险度常可以归于 5 级。能认识到这些"级别变更的反应(shifting class reaction)"是非常重要的,因为当温度偏离目标值过高或过低时,就需要可靠的联锁装置来停止加料,以避免出现反应物的非预期累积。

15.5.3.3　3 级危险度情形

目标反应失控时温度将首先达到 MTT。因为不会引发二次反应,所以只要根据目标反应的放热就可对潜在的压力增长、气体或蒸气的释放进行必要的评估。由于仅仅取决于目标反应,因此 MTT 时的热反应性可由式(15.11)得到。同时,通过式(15.14)～式(15.17)可将放热速率转换为气体或蒸气的释放速率。这样,可以使温度稳定在 MTT 水平,采用控制减压或高温冷却(hot cooling,蒸发冷却)对失控可控性进行评估。得到的气体或蒸气的流速也有利于保护措施(如冷凝器、气体洗涤器或其他气体/蒸气处理设备)的设计。具体评估流程如图 15.8 所示。

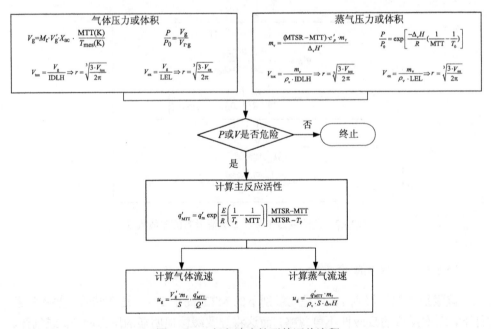

图 15.8　3 级危险度情形的评估流程

15.5.3.4 4级危险度情形

4级情形与3级类似,但MTSR高于T_{D24},这意味着若温度不能稳定于MTT水平,则可能引发二次反应。因此,二次反应的潜能不可忽略,且必须在严重度的评估中予以考虑。同时,计算产生的气体时也必须将二次反应考虑在内。于是可得到最终温度为

$$T_f = T_p + X_{ac} \cdot \Delta T_{ad,rx} + \Delta T_{ad,d} \tag{15.18}$$

温度在MTT时的稳定性问题类似于3级情形,可以通过热反应性并遵循图15.9中的评估流程进行。这里,可以忽略二次反应的热反应性,但应检查确认二次反应的产气速率不会导致危险(在可接受的范围内)。这样便可采用控制减压或高温冷却(蒸发冷却)对失控可控性进行评估。得到的气体或蒸气的流速也有利于保护措施(如冷凝器、气体洗涤器或其他气体/蒸气处理设备)的设计。

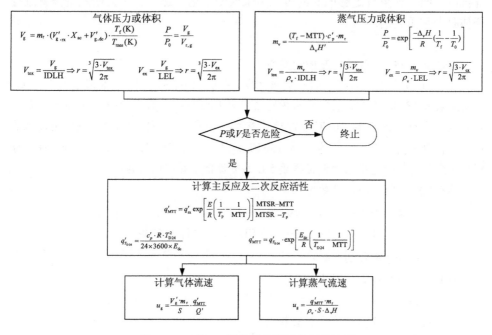

图15.9 4级、5级危险度情形的评估流程

15.5.3.5 5级危险度情形

在这种情况下,若目标反应发生失控,将会引发二次反应。因此,其严重度的评估同4级一样,需同时考虑到目标反应及二次反应的潜能。不过,与4级不同的是MTT值处于二次反应已经进行的范围内。因此,温度稳定在MTT水平的

可能性很小。为了评估 MTT 时的热反应性，必须考虑两种情况。第一种情况，MTT 低于 MTSR，即温度到达 MTT 时目标反应尚未结束而二次反应却已经被引发。因此必须同时考虑目标反应和二次反应。第二种情况，MTT 高于 MTSR，即温度到达 MTT 时目标反应已完成，所以只需考虑二次反应。不过，此时气体或蒸气的速率往往太高而很难保证 MTT 时的稳定性。

失控无法避免，必须采取应急措施如泄压系统或封闭的方法来减轻其后果。然而到目前为止，更好的方法应是重新设计工艺，使 MTSR 降到低于 T_{D24} 的水平。可通过一些手段实现这个目的，如采用半间歇方式取代间歇方式，并保证已对加料速率进行了适当的限制，且将其分别与温度和搅拌进行联锁，从而将物料的累积保持在一个可接受的水平内。另外，采用较低的反应物浓度也可达到同样的目的，但这以降低工艺的经济效益为代价。当然，还应考虑到其他的改进措施，包括采用连续反应器，避免出现不稳定物料的合成路线（提高 T_{D24} 水平）等。这些情况再次表明：如果有足够的时间可以用来改变工艺，那么在工艺研发阶段就进行评估是非常重要的。

工作示例 15.3　危险度及控制措施[①]

在 2.5m³ 的搅拌反应釜内进行放热反应，采用等温半间歇工艺，反应温度为 80℃。比反应热为 180 kJ·kg⁻¹，反应物料的比热容为 1.8 kJ·kg⁻¹·K⁻¹，累积度为 30%。反应在常压下进行，沸点为 101℃（MTT）。存在一个危险性不大的二次分解（温度低于105℃），即 T_{D24}＝105℃。分解能为 150 kJ·kg⁻¹。根据常压 25℃的测试结果，在该分解反应中平均每千克反应物料将释放 5 L 具有毒但不易燃的气体。

溶剂（甲基环己烷）的参数为

$$T_b = 101℃ ; \quad M_W = 98.2g·mol^{-1} ; \quad \Delta_v H' = 357kJ·kg^{-1} ;$$
$$IDLH = 1200ppm ; \quad LEL = 1.2\%（体积分数）。$$

分解反应释放气体的参数：

IDLH = 200ppm ，不可燃。

反应器参数：

物料量为 2000 kg（最终反应物料）；

空余容积（void volume）为 1 m³；

反应器到冷凝器之间的蒸汽管直径为 150 mm；

冷凝器后的通气管直径为 80 mm；

爆破片的设定压力为 1 bar g；

---

① 翻译时对该案例中的某些参量进行了勘误。——译者

最大允许的工作压力为 3.2 bar g；

试验压力为 6 bar g；

反应器在 80℃的冷却能力约为 60kW。

用于评估气体/蒸气释放影响范围的特征尺寸：生产场所 50 m、车间 20 m、设备 5 m。

问题：

对引发反应失控的风险进行评估，并提出降低风险的措施。

解答：

第一步是对潜能与蒸气/气体释放的严重度进行评估。

已知比反应热为 180 kJ·kg^{-1}，反应物料比热容为 1.8 kJ·kg^{-1}·K^{-1}，可得绝热温升为 100 K。又因为累积的能量为 30%，则 MTSR 为

$$\text{MTSR}=80+0.3\times100=110℃$$

反应的危险度级别为 4 级（$T_p < \text{MTT} < T_{D24} < \text{MTSR}$）。因此，理论上会引发二次反应。总的能量释放为

$$Q' = X_{ac}Q'_{rx} + Q'_d = 0.3\times180+150 = 204(\text{kJ}\cdot\text{kg}^{-1})$$

由式（15.18）可得最终温度为

$$T_{max} = T_r + X_{ac}\cdot\Delta T_{ad,rx} + \Delta T_{ad,d} = 80+0.3\times100+83 \cong 193\ (℃)$$

因此，总的温升为 113℃，对应于"中等的"严重度（表 15.1）。

通过计算易燃蒸气可能的释放量[式（15.8）～式（15.10）]，可对释放蒸气的情况进行评估。蒸气的质量为

$$m_v = \frac{(T_{max} - \text{MTT})\cdot c'_p \cdot m_r}{\Delta_v H'} = \frac{(193-101)\times1.8\times2000}{357} \cong 928(\text{kg})$$

在 101℃时的密度为

$$\rho_v = \frac{PM_W}{RT} = \frac{1.013\times10^5\,\text{Pa}\times0.0982\text{kg}\cdot\text{mol}^{-1}}{8.314\text{J}\cdot\text{mol}^{-1}\cdot\text{K}^{-1}\times374\text{K}} \cong 3.2(\text{kg}\cdot\text{m}^{-3})$$

于是纯甲基环己烷蒸气的体积为

$$V = \frac{m_v}{\rho_v} = \frac{928}{3.2} = 290(\text{m}^3)$$

稀释到 LEL 时的体积为

$$V_{ex} = \frac{V_g}{\text{LEL}} = \frac{290}{0.012} = 24167(\text{m}^3)$$

由此计算得到的半球半径：

$$r = \sqrt[3]{\frac{3 \cdot V_{ex}}{2\pi}} = \sqrt[3]{\frac{3 \times 24167}{2\pi}} \cong 23(m)$$

该尺寸大于车间的特征尺寸(20m),但不超过生产场所的特征尺寸(50m)。因此,易燃蒸气的严重度是"严重的(critical)",所以控制蒸气释放很重要。

采用 IDLH(数值上,相当于 LEL 的 10%)可以对有毒气体释放的影响范围进行计算。计算结果大约是有毒气体云团的体积比可燃蒸气大 10 倍,影响范围达到 50m,达到生产场所的边界,因此严重度评估结果为"灾难性的(catastrophic)"。

由式(15.3),可得到分解反应释放气体的体积为

$$V_g = m_r \cdot V_g' \cdot X \cdot \frac{T(\mathrm{K})}{T_{mes}(\mathrm{K})} = 2000 \times 0.005 \times 1 \times \frac{466}{298} \cong 15.6(\mathrm{m}^3)$$

稀释到 IDLH,得到:

$$V_{tox} = \frac{V_g}{\mathrm{IDLH}} = \frac{15.6}{200 \times 10^{-6}} \cong 78000(\mathrm{m}^3)$$

由此给出影响范围:半球半径约为 33m。严重度级别为"严重的(critical)"。

如果体系密闭,气体将在反应器空余容积中压缩,由此导致的压力为

$$P = P_0 + \frac{V_g}{V_{rg}} \cdot P_{mes} = 1.013 + \frac{15.6}{1} \times 1.013 \approx 16.8(\mathrm{bar\ g})$$

蒸气压可由 Clausius-Clapeyron 方程计算得到:

$$P = P_0 \cdot e^{\frac{-\Delta_v H' \cdot M_w}{R}\left(\frac{1}{T_f} - \frac{1}{\mathrm{MTT}}\right)} = 1013 \times e^{\frac{-357000 \times 0.0982}{8.314}\left(\frac{1}{466} - \frac{1}{374}\right)} = 9.4(\mathrm{bar\ g})$$

由于产生的压力(气体/蒸气)远大于最大允许的工作压力,甚至超过反应器的试验压力,据此判据其严重度级别为"灾难性的(catastrophic)"。

对此案例中的严重度等级进行小结:

(1) "中等的":根据能量释放;

(2) "危险的":根据易燃蒸气;

(3) "灾难性的":根据有毒蒸气;

(4) "危险的":根据分解时有毒气体的释放;

(5) "灾难性的":根据密闭体系中的压力。

因此系统必须保持开放,以允许蒸气冷凝或逸出。因为气体有毒,必须安装气体洗涤装置,使其在冷却失效时能开始工作。冷却失效后,冷凝器(有独立的冷却介质)也必须开始运行。为了检查这些措施的可行性,对 MTT 时的失控可控性进行评估是十分重要的,其目的是通过提供蒸发冷却系统来控制反应历程。

反应体系的危险度级别为 4 级,其中 MTT 时的反应性主要源于合成反应。不过,由于 MTT 和 T_{D24} 很接近,因此,需要确认是否需要考虑分解反应的影响。

要使用式(15.11)，必须知道正常操作情况下的反应放热速率及反应的活化能。因为放热速率未知，所以假设放热速率不高于冷却能力。因此：

$$q'_{rx} = \frac{q_{ex}}{m_r} = \frac{60kW}{2000kg} = 30W \cdot kg^{-1}$$

用活化能来外推更高温度时的放热速率。为保守起见，采用了较高的值($100kJ \cdot mol^{-1}$)：

$$q'_{(MTT)} = q'_{(T_p)} \cdot \underbrace{\exp\left[\frac{E}{R}\left(\frac{1}{T_P} - \frac{1}{MTT}\right)\right]}_{\text{增加反应速率}} \cdot \underbrace{\frac{MTSR - MTT}{MTSR - T_P}}_{\text{降低反应速率}}$$

$$q'_{(MTT)} = 30 \times \exp\left[\frac{100000}{8.314}\left(\frac{1}{353} - \frac{1}{374}\right)\right] \times \frac{110 - 101}{110 - 80} = 30 \times 6.78 \times 0.3 = 61(W \cdot kg^{-1})$$

可根据式(15.12)由 T_{D24} 确定二次反应的放热速率。由于反应活化能未知，在外推至较低温度时，采用较低的值($50 kJ \cdot mol^{-1}$)：

$$q'_{D24} = \frac{c'_p \cdot R \cdot T_{D24}^2}{24 \times 3600 \times E_{dc}} = \frac{1800 \times 8.314 \times 378^2}{24 \times 3600 \times 50000} \approx 0.5(W \cdot kg^{-1})$$

外推到 MTT 时，可得

$$q'_{(T)} = q'_{D24} \cdot \exp\left[\frac{E_{dc}}{R}\left(\frac{1}{T_{D24}} - \frac{1}{MTT}\right)\right] = 0.5 \times \exp\left[\frac{50000}{8.314}\left(\frac{1}{378} - \frac{1}{374}\right)\right] = 0.4(W \cdot kg^{-1})$$

因此，主要贡献源于合成反应，但可以根据分解反应的放热速率计算气体的释放速率。$61.4 \ W \cdot kg^{-1}$ 的放热速率将导致绝热条件下温度的快速升高($tmr_{ad} < 1h$)。问题在于沸点温度时反应是否能控制住。

蒸气的质量流量：

$$\dot{m}_v = \frac{q' \cdot m_r}{\Delta_v H'} = \frac{61.4W \cdot kg^{-1} \times 2000kg}{357kJ \cdot kg^{-1}} \cong 0.34kg \cdot s^{-1} = 1238kg \cdot h^{-1}$$

蒸汽管(直径为 150mm)的横截面积为 $177cm^2$，得到蒸气流速为

$$u = \frac{\dot{m}_v}{\rho_v S} = \frac{0.34kg \cdot s^{-1}}{3.2kg \cdot m^{-3} \times 0.0177m^2} \approx 6.2m \cdot s^{-1}$$

该蒸气流速可导致蒸汽管出现液泛，所以需要一台更有效的冷凝器。

气体释放速率可由分解反应的转化速率求得。这相当于假设同样的反应既放热又产生气体：

$$\dot{v}_g = V_g \cdot \frac{dX}{dt} = V_g \cdot \frac{q'_d}{Q'_d}$$

$$\dot{v}_g = 12.3m^3 \times \frac{0.4W \cdot kg^{-1}}{150000J \cdot kg^{-1}} = 3.3 \times 10^{-5} m^3 \cdot s^{-1} \approx 118L \cdot h^{-1}$$

因此，气体释放很缓慢，排气管道（直径 80mm）中的气体流速是可忽略的。

根据表 15.2 中的判据，对沸点时体系失控的可控性进行评估，得到：

（1）热失控，$tmr_{ad}<1$ h：可控性为"几乎不可能的"（unlikely），失控将会进一步恶化，因此必须避免出现绝热环境。

（2）有搅拌时应急冷却所需的功率为 65 $W \cdot kg^{-1}$。可控性级别为"困难的"（difficult）。应急冷却系统将可能无法发挥作用。

（3）蒸发冷却。蒸气流速为 6.2 $m \cdot s^{-1}$：可控性级别为"临界的"（marginal），蒸发冷却也许能起作用，但这样大的蒸气流速会导致蒸汽管出现液泛。

（4）气体释放速率，速率<1 $m \cdot s^{-1}$：其可控性级别"没问题的"（unproblematic），即气体的释放不会造成压力增长。由于气体具有毒性，必须经处理后再释放到大气中。这么低的气体流速表明，采取这样的措施进行控制是"没问题的"。

由于沸点时具有高的蒸气流速，因此建议将反应物的累积度降低到一个较低的值。举例来说，若反应物的累积度由 30%降到 25%，则蒸气流动速率将降到 3.3 $m \cdot s^{-1}$，这样就不会造成液泛问题。

15.6　习　　题

15.6.1　重氮化反应

接习题 3.5.1。

向 2.5 $mol \cdot kg^{-1}$ 苯胺衍生物的水相中缓慢加入亚硝酸钠，在液相中发生重氮化反应。工艺温度为 5℃，且在此温度认为是快反应。然而，安全性分析认为累积度为 10%时是可行的。工业生产采用 4 m^3 的搪瓷反应釜，物料量为 4000 kg（最终反应物料），装有防止超压破坏的安全阀，设置压力为 0.3 bar g。容器总的容积（total empty volume）为 5.5 m^3。泄压管路的内径为 50mm，反应器最大允许的工作压力为 0.3 bar g。热分析数据：

（1）目标反应：$-\Delta_r H=65$ $kJ \cdot mol^{-1}$；$c'_p=3.5$ $kJ \cdot kg^{-1} \cdot K^{-1}$。

（2）分解反应：$-\Delta_d H=150$ $kJ \cdot mol^{-1}$；$T_{D24}=30℃$。

问题：

（1）估算 MTSR 时的气体释放速率（评估其可控性）。

（2）反应过程是否需要保护措施来阻止失控？

15.6.2　缩合反应

接习题 3.5.2。

在搅拌釜式反应器中以半间歇模式进行缩合反应。丙酮为溶剂，物料量（最终反应物料)为 2500 kg，反应温度为 40℃。第二种反应物质按照化学计量比在 2h 内等速加入。在上述条件下最大累积度为 30%。反应不产生气体，且其放热速率为 20 W·kg^{-1}。反应器配置的冷凝器的冷却功率为 250kW，蒸汽管的直径为 250mm，反应器可认为是开放的。有关数据：

(1)反应：$Q_r' = 230\text{kJ}\cdot\text{kg}^{-1}$，$c_p' = 1.7\text{kJ}\cdot\text{kg}^{-1}\cdot\text{K}^{-1}$。

(2)分解反应：$Q_{dc}' = 150\text{kJ}\cdot\text{kg}^{-1}$，$T_{D24} = 130\ ℃$。

(3)物理数据：丙酮 $T_b = 56\ ℃$，$M_w = 58\text{g}\cdot\text{mol}^{-1}$，$\Delta_v H' = 523\text{kJ}\cdot\text{kg}^{-1}$，LEL=1.6%（体积分数）。

问题：

(1)估算释放的可燃蒸气云的体积和影响范围，可近似认为蒸气云为均匀的半球形。对其后果进行评估。

(2)估算 MTT 时的蒸气流速(评估其可控性)。

(3)提出合适的降低风险的措施。

15.6.3　磺化反应

接习题 3.5.3。

一般间歇磺化反应以 96%的硫酸作为溶剂。总的物料量为 6000kg，最终浓度为 3mol·L^{-1}。反应温度为 110℃，20%发烟硫酸的使用量超过化学计量比 30%，将其在 4h 内以恒定的速率加入。在这些条件下，加料约为 3h 时达到最高累积度 (50%)。这时放热速率为 10W·kg^{-1}。反应器材质为不锈钢，且配有直径为 50mm 的泄放管。最大允许工作压力为 6 bar g，试验压力为 8 bar g。

数据：

(1)反应：$Q_r' = 150\text{kJ}\cdot\text{kg}^{-1}$，$c_p' = 1.5\text{kJ}\cdot\text{kg}^{-1}\cdot\text{K}^{-1}$。

(2)分解反应：$Q_{dc}' = 350\text{kJ}\cdot\text{kg}^{-1}$，$T_{D24} = 140\ ℃$。

(3)磺酸分解生成 SO_2(IDLH=100ppm)。

问题：

(1)估算所产生有毒蒸气云的体积(稀释到 IDLH)及其影响范围。

(2)估算 MTT 时气体的释放速率。将会产生什么样的后果？

(3)对于工厂管理，你有何建议？

参 考 文 献

1　Kletz, T.A. (1996). Inherently safer design: the growth of an idea. Process Safety Progress 15 (1): 5–8.

2　IEC 61511 (2016). Functional safety – safety instrumented systems for the process industry sector.

Geneva, Switzerland: IEC.

3 Bou-Diab, L. (2003). Mögliche Schutzkonzepte für Batch-Reaktoren. Basle: Diploma Work ETH Zürich.

4 Hendershot, D.C. (1997). Inherently safer chemical process design. Journal of Loss Prevention in the Process Industries 10 (3): 151–157.

5 Lutz, W.K. (1997). Advancing inherent safety into methodology. Process Safety Progress 16 (2): 86–87.

6 Bollinger, R.E., Clark, D.G., Dowel, A.M. III et al. (1996). Inherently safer chemical processes. A life cycle approach. In: CCPS Concept Book (ed. D.A. Crowl), 1–154. New York: Center for Chemical Process Safety.

7 Hungerbühler, K., Ranke, J., and Mettier, T. (1998). Chemische Produkte und Prozesse; Grundkonzepte zum umweltorientierten Design. Berlin: Springer.

8 Koller, G., Fischer, U., and Hungerbühler, K. (2000). Comparison of methods for assessing human health and the environmental impact in early phases of chemical process development. In: European Symposium on Computer Aided Process Engineering-10 (ed. S. Pierucci), 931–936. Elsevier Science B.V.

9 Koller, G., Fischer, U., and Hungerbühler, K. (2001). Comparison of methods suitable for assessing the hazard potential of chemical processes during early design phases. Transactions Institution of Chemical Engineers 79 (Part B): 157–166.

10 Koller, G., Fischer, U., and Hungerbühler, K. (2000). Assessing safety, health, and environmental impact early during process development. Industrial and Engineering Chemistry Research 39: 960–972.

11 Benaissa, W. (2006). Développement d'une méthodologie pour la conduite en sécurité d'un réacteur continu intensifié. Toulouse: Institut National Polytechnique de Toulouse.

12 Klais, O., Westphal, F., Benaïssa, W., and Carson, D. (2009). Guidance on safety/health for process intensification including MS design part I: reaction hazards. Chemical Engineering and Technology 32 (11): 1831–1844.

13 Schneider, M.-A., Maeder, T., Ryser, P., and Stoessel, F. (2004). A microreactor-based system for the study of fast exothermic reactions in liquid phase: characterization of the system. Chemical Engineering Journal 101 (1–3): 241–250.

14 Schneider, M.A. and Stoessel, F. (2005). Determination of the kinetic parameters of fast exothermal reactions using a novel microreactor-based calorimeter. Chemical Engineering Journal 115: 73–83.

15 Florit, F., Busini, V., Storti, G., and Rota, R. (2018). From semi-batch to continuous tubular reactors: a kinetics-free approach. Chemical Engineering Journal 354: 1007–1017.

16 Bourne, J.R., Brogli, F., Hoch, F., and Regenass, W. (1987). Heat transfer from exothermally reacting fluid in vertical unstirred vessels – II. Free convection heat transfer correlations and reactor safety. Chemical Engineering Science 42 (9): 2193–2196.

17 Hub, L. (1983). On-Line Überwachung exothermer Prozesse. Swiss Chemistry 5 (9a).

18 Hub, L. and Jones, J.D. (1986). Early on-line detection of exothermic reactions. Plant/Operations Progress 5 (4): 221–223.

19 Zaldivar, J.M. (1991). Fundamentals on runaways reactions: prevention and protection measures. In: Safety of Chemical Batch Reactors and Storage Tanks (eds. A. Benuzzi and J.M. Zaldivar), 19–47. Brussels: ESCS, EEC, EAEC.

20 Bosch, J., Strozzi, F., Zbilut, J.P., and Zaldivar, J.M. (2004). On-line runaway detection in isoperibolic batch and semibatch reactors using the divergence criterion. Computers and Chemical Engineering 28 (4): 527–544.

21 Zaldivar, J.M., Cano, J., Alos, M.A. et al. (2003). A general criterion to define runaway limits in chemical reactors. Journal of Loss Prevention in the Process Industries 16 (3): 187–200.

22 Zaldivar, J.-M., Bosch, J., Strozzi, F., and Zbilut, J.P. (2005). Early warning detection of runaway initiation using non-linear approaches. Communications in Nonlinear Science and Numerical Simulation 10 (3): 299.

23 Westerterp, K.R. and Molga, E.J. (2006). Safety and runaway prevention in batch and semibatch reactors – a review. Chemical Engineering Research and Design 84 (7): 543–552.

24 Siemens-Axiva (2006). Safe-bag retention system. www.siemens-axiva.com (accessed 17 September 2017).

25 AIChE. DIPPR Design Institute for Physical Properties. https://www.aiche.org/dippr (accessed 29 August 2019).

16 紧急压力泄放

典型案例：硝基苯胺

在硝基苯胺无事故生产 40 年后，发生了一起爆炸事故，对建筑物和环境造成了严重的破坏。重达 6t 的高压釜的一部分残体被抛射出 70m[1]。

随后的调查显示：

(1)导致事故的间歇反应存在大过量的对氯硝基苯，从而使氨的量不足(原定的氨与对氯硝基苯的摩尔比为 4：1)。这提高了物料体系的反应热以及反应速率，(随着反应的进行)，体系中氨的浓度及分压均低于正常值，导致体系总压低于规定值。

(2)对问题批次的物料进行动力学研究，表明尽管有夹套冷却，但是胺化反应的放热能使体系温度升高到大约 190℃。

(3)由于刻度表的一端受到了冲击，温度记录(0~200℃)显示为 194℃(非精确显示值)。

(4)反应器安装有独立的泄压系统，由串联的爆破片和安全阀组成(设定压力为 50bar)①。从装置残骸可以清楚地知道爆破片和安全阀均已发生了作用。

(5)热平衡计算表明反应器可以对气体单相流进行了泄压，即可以通过爆破片和安全阀对高达 250℃和 65bar 单相流进行压力泄放。事故发生时，物料损失很有限(尽管低温情况下也是如此)，因为出现了气体夹带液体的"两相流"②。

(6)因为爆破片密封出现故障，所以须假设在爆破片和安全阀之间积聚了压力(在最坏的情况下泄压系统的实际开启压力可能已经达 2×50=100bar)。

(7)对物料进行的量热研究(thermal study)可以得到这样的结论：350~400℃范围内强大的热爆炸破坏力源于硝基化合物参与的放热分解反应。

图 16.1 为重建的温度-时间历程。

经验教训

正如第 7 章所述，这个例子说明了间歇反应器对加料错误是十分敏感的：在间歇反应器中，反应进程只能通过温度实施控制，在系统中加入原料等同于"输入能量"。因此，间歇反应器必须设置应急措施。

没有识别出二次分解反应或识别很不充分。必须知道体系具有的总能量，并在设计保护策略时考虑在内。

---

① 这里的组合为爆破片在前，安全阀在后。一般说来，两者间应有压力表实时监测。——译者
② 实际上是单相流夹带了极少量的小液滴，这与本章讨论的两相流在内涵上有区别。——译者

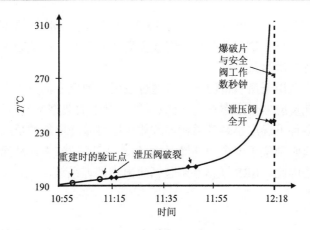

图 16.1 事故釜中的温度演变历程

必须恰当地设计保护系统。这里，必须通过风险分析仔细辨识出偏离正常操作状态的情形，并相应地设计保护系统。该案例中，忽略了两相流，且未检测爆破片与安全阀之间的压力。

引言

紧急泄压系统(emergency relief system，ERS)通常用于保护容器免受超压破坏，这样的措施是法律法规强制要求的。除了上面介绍的事故案例，还有许多 ERS 工作不正常的情况。主要原因可能是没有能够正确识别泄放场景，或泄放场景未能准确定义。本章首先简要概述了 ERS 的一般知识，包括其在保护策略和监管方面的地位等。然后，专门介绍了 ERS 的主要设计步骤，包括泄放场景的识别和定义，以及 ERS 设计时所用模型的选择。经验表明，这一部分至关重要，约占 ERS 设计项目总工作量的 80%。16.3 节专门介绍了设计计算本身，最后简要介绍了一些流出物处理系统(effluent treatment system)的内容。

16.1 紧急泄压系统基础

16.1.1 紧急泄压系统在保护策略中的地位

紧急压力泄放是指通过安全阀(SV)或爆破片开启泄放管线(vent line)，将气体或蒸气泄放出去，使体系压力停止升高，从而保护反应器免受超压的破坏。反应体系泄放管线的设计是一个复杂的问题，因为涉及反应本身所具有的能量，对此需要用到前面第 2 章、第 3 章、第 5~11 章和第 15 章中介绍的知识。需要牢记的是，正如其名称所述，ERS 属于一种紧急措施，是保护策略中的最后一道防线。

因此，只有在采取了消除和预防等其他措施后才考虑紧急泄放（见第 15 章），原因在于泄压过程中，反应物料或其部分组成会离开反应器，可能导致火灾、爆炸或有毒气体扩散等二次事故。

紧急泄压不适用于所有情况下：有通过泄压保护反应器免受爆炸的案例，也有即使打开人孔反应器仍然爆炸的案例（见第 5 章中的典型案例）。该措施仅适用于在正常操作条件下温度小幅升高便导致体系压力显著增加的反应系统。此外，泄放管线的出口必须位于安全的环境（如收集罐或洗涤器）中，从而避免有毒或易燃物料的泄漏。因此，ERS 通常必须包括流出物处理系统。

16.1.2　相关法规

许多国家的法规都要求对密闭和受热容器进行超压保护，其目的在于保护设备，即如果压力超过规定值，打开 ERS，停止压力上升，从而避免容器破裂。这些法律规定，若压力与容器容积的乘积超过给定的限值，则应进行紧急泄压。

压力容器通常按照压力容器规范/标准建造，如英国标准 BS 5500[2]、美国 ASME Ⅷ[3]或德国 AD 2000[4]。压力容器应该规定设计压力、最大允许工作压力（MAWP）和试验压力。通常说来，压力可以临时增加到超过 MAWP 但不超过泄放装置设定压力①的 10%。这种压力增加也称为累积压力（accumulated pressure）[5]。因此，ERS 的设计必须确保在泄压过程中，允许压力达到但不超过最大累积压力。另一个重要参数是泄压系统打开时的压力——设定压力（set pressure）。

16.1.3　保护装置

使用爆破片或安全阀装置对容器进行超压保护，有时采用两者的组合。

16.1.3.1　爆破片

爆破片是被保护容器上有意设置的一个"薄弱点"。它通常被制成金属膜或石墨片，当作用于其上面的压差超过一个规定值（即爆破压力，bursting pressure）时就会破裂。实际爆破压力可能在公称爆破压力（表压）的±5%～±10%之间变化。爆破片也用于真空操作。

爆破片一旦作用将全面积开启，这是其最大优点。但爆破片打开后永远不会关闭，这意味着被保护系统的压力将一直下降，直到与下游压力（通常是大气压）平衡。爆破片的最小开启压力与温度有关，也可能受到反复的压力循环（疲劳）的影响。因此，设计过程中该参数的选取须慎重。

---

① 原文为表压（gauge pressure），应为设定压力。——译者

16.1.3.2 安全阀

安全阀是在设定压力下(密封阀瓣)开始提升的弹簧加载阀。对于常规安全阀,在110%的设定压力(称为泄放压力,relief pressure)时阀瓣达到最大升程(lift)[①]。图16.2给出了三种安全阀升程与压力的特性关系。

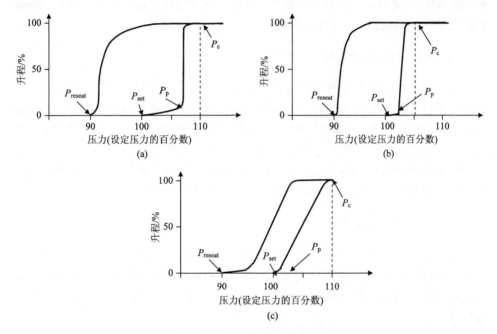

图 16.2 安全阀的开启特性

(a)常规阀; (b)全启阀; (c)比例阀

来源:改编自 Leser 技术文件

(1)对于常规阀,在压力从设定压力(P_{set})上升到设定压力的 107%左右(该点压力用 P_p 表示)的过程中,阀瓣升程与压力几乎成比例增加,然后在压力 P_p 到设定压力的 110%(该点压力用 P_c 表示)的过程中,阀瓣快速开启到全开启状态。

(2)对于全启阀,从 P_{set} 到设定压力的 102%(P_p)的过程中,有一段小范围的比例升程,压力达到设定压力的 105%(P_c)时,阀瓣全开启。

(3)对于比例阀,从设定压力(P_{set})到设定压力 110%(P_c)的过程中,具有升程与压力呈线性关系的特征。

---

① 升程,也称为阀瓣开启高度、开程、行程等。最大升程也意味着安全阀的最大开启幅度。——译者

显然，当体系压力下降到设定压力以下时，安全阀会回座。回座压力低于设定压力，导致滞后。还必须注意的是，安全阀在复位时可能密封不严。安全阀这样的工作原理会使被保护容器内的压力保持在高于大气压力、接近设定压力的水平。如果压力积聚的来源不停止，压力将再次增加，安全阀将再次打开，这种循环可能会继续。如果这些循环(开启/关闭)的频率接近共振频率，阀门就会发生颤振(chatter)①，这可能会导致其损坏[6]。因此，安全阀尺寸设计程序的最后一步便是检查其功能稳定性(见 16.3.6 小节)。

16.1.3.3　组合保护装置

还可以安装不同组合的保护装置。最常见的是爆破片和安全阀的串联组合：爆破片可以保护安全阀免受物料的泼洒飞溅与腐蚀，并在容器侧提供易于清洁的表面。在这种情况下，(爆破片和安全阀的)设定压力是相同的，或者彼此非常接近。另一种常见的组合是爆破片与安全阀平行布置：安全阀具有较低的设定压力，保护容器免受物料体积变化(volume displacement)等微小泄压场景的影响，更重要的要求泄放能力强的场景可由设定压力更高的爆破片承担。

16.1.3.4　其他保护装置

16.1.3.1 小节～16.1.3.3 小节中所述的装置均为机械驱动装置。特殊情况下，也可以使用控制阀来开启密闭容器使其减压。应特别注意控制阀的可靠性(第 17 章)。这种保护系统可以使用经典元件或商业制造的受控泄压阀(PRV)来设计。

16.1.4　泄放尺寸确定方法

在考虑紧急泄放措施时，一个必须要考虑到的问题是当泄压系统突然打开时，反应物料可能被气体或蒸气夹带，形成两相流，从而降低系统的泄压能力。因此，一旦发生两相流情形，应使用紧急泄放系统设计协会(DIERS)开发的方法[5,7-10]。正如 ISO 4126-10 标准[13]所述，这些方法以及 J. Leung 的 omega 方法[11]，及 J. Leung 在 Diener–Schmidt 之后提出的针对非平衡态的扩展方法[12]将在接下来的 16.2 节和 16.3 节中介绍。

这些所述方法包括调节体系(tempered system)中的爆破片和安全阀的尺寸确定。调节体系的压力主要源于系统的蒸气，气体体系(gassy system)的压力仅源于气体释放，混合体系(hybrid system)的压力同时源于蒸气和气体。对于单相流泄放尺寸确定方法也进行了总结[14-20]。

---

① 颤振也称频跳。颤振会大大加速阀体的破坏。——译者

ISO 4126-10[13]中给出的系统化的尺寸确定流程见表16.1。

表16.1 爆破片与安全阀泄放尺寸的确定步骤

步骤	爆破片	安全阀
1	确定设计场景(definition of design case)①	确定设计场景
2	确定流态(flow regime)(单相流或两相流)	确定流态(单相流或两相流)
3	计算安全泄放量	计算安全泄放量
4	确定通过理想喷口的泄放质量通量(泄放能力)	确定通过理想喷口的泄放质量通量(泄放能力)
5	修正摩擦损失	计算所需的泄放面积与直径
6	计算所需的泄放面积与直径	确认考虑压力损失情况下的功能稳定性

16.2 泄放尺寸确定流程：场景

16.2.1 第1步：确定设计场景

所有合理可信的偏离正常操作的偏差都应考虑，以确定设计场景。在此过程中是否需要尽可能地考虑故障因素，取决于潜在的危害程度和当地的监管要求。设计场景的选择对确定 ERS 的尺寸至关重要，通常比计算本身更重要。

通常可以通过过程风险分析来确定设计场景，所用的方法有危险与可操作性研究(HAZOP)、预先危险分析(PHA)、事件树、故障树或检查表等。所有这些方法都可以用于分析压力升高的原因。这些原因与进出带压体系(pressurized system)的质量或能量变化有关，或者与正常反应系统的偏差有关(如发生热失控)。

泄放场景主要可以分为物理场景与化学场景两大类。

对于物理场景，额外的质量或热量输入因素有

(1)输入密闭反应器的气体；

(2)输入密闭反应器的液体；

(3)火灾：容器经受外部火灾；

(4)太阳辐射；

(5)外部加热，如由于温度控制系统故障；

(6)封闭液体的热膨胀等。

对于化学场景：

(1)反应生成气体；

---

① 原文为 definition of design case，应直译为"定义设计场景"。之所以翻译为"确定设计场景"，是因为设计场景的确定必须基于各种超压场景的辨识，并根据高风险场景来确定设计场景。当风险无法确定时，需要通过实验测试确定严重度，结合实际发生可能性，确定高风险场景。——译者

(2) 失控反应及压力升高。

(如果对这两种场景外部加热因素进行比较)，物理场景的外部加热功率随温度的变化完全不同于化学场景(图 16.3)。(对于物理场景)，外部加热功率随温度线性下降，因为加热系统和容器内物料之间的温差减小。而对于化学反应，功率[1]呈指数增加。

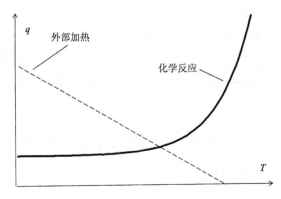

图 16.3　加热功率随温度的变化关系

此外，本章根据压力源的不同对体系进行如下分类[2]：

(1) 蒸气体系(调节体系)：压力仅仅源于体系的蒸气压；

(2) 气体体系(非调节体系或不可调节体系)：压力仅仅源于容器内生成(或释放)的气体；

(3) 混合体系：压力源既于蒸气压又源于气体。根据蒸气与不可凝、不可溶气体的比例的不同，可能归于调节体系，也可能归于非调节体系。

泄放时，体系压力随时间的变化情况很大程度上取决于体系的调节行为。

16.2.2　第 2 步：量化泄放场景

对泄放场景进行量化需要知道：输入的热流或热功率(对于涉及外部加热或放热反应的场景)、体积流量(对于涉及体积变化的场景或气体释放的化学反应场景)。

对泄放场景进行量化是确定泄放尺寸程序中最关键的任务(尤其是对于化学反应体系来说)，因为它需要深入了解反应体系在偏离正常操作条件时的行为。

16.2.2.1　体积变化

体积变化场景是将气体或液体加入密闭反应器后可能出现的物理场景，例如，

---

[1] 放热速率或热流。——译者

[2] 从分类科学性的角度对原文的表述进行了改进。——译者

在气体/液体进料前，排气口没有打开。对于这种场景，必须知道进入容器的最大进料速率，这通常需要计算通过控制阀的压降，或者知道通过泵的体积流量。压降是根据反应器的上游压力与设定压力来计算的[①]。这些是基本的工程计算，此处不做详细说明。

在这些场景中，如果物料从液面上方进入反应器，极大概率产生的是单相流，因为液体内没有气泡产生，因此液体没有膨胀。

16.2.2.2　外部加热：火灾工况

如果在装有挥发性物料的容器下方发生池火，容器内的压力会随着温度的升高而增加。容器中产生的蒸气流量与有效热输入（单位为 W）成比例，该有效热输入可以通过基于实验的标准方程[21]计算得到。

$$q = C \cdot F \cdot A^{0.82} \tag{16.1}$$

比例系数 C 由实验确定。根据消防能力取两个不同的值：如果排水足够、消防及时，取 43200；否则，取 70900。环境系数 F 考虑了隔热因素：没有隔热措施时 $F=1$，参考文献[21]中列出了不同情形下的 F 取值。A 为暴露于火灾中被液体物料浸湿的容器壁面积（湿面积），指数 0.82 表示并非全部的湿面积均被火灾吞噬。此外，只计算池火底部以上 7.5 m 高度内的湿面积。[②]

16.2.2.3　外部加热：最大热输入（maximum heating）

如果受热容器内装有挥发性物料，加热系统的温控故障可能导致物料过热和压力增加。热输入使用式(2.12)计算：

$$q = UA(T_c - T_0) \tag{16.2}$$

式中，T_c 为加热介质的温度；T_0 为安全阀或爆破片设定压力对应的物料沸点。对于外部加热，输入的热流(功率)随着容器内物料温度的升高而降低。因此，采用设定压力时的热流是一种保守的做法，也是公认的良好工程实践(good engineering practice)。热交换面积可从制造商手中获取。总传热系数的选择至关重要：为了保守起见，应选择较高的传热系数，并考虑到因壁面处形成气泡而导致传热系数的增加。使用蒸气控制阀的流量系数(C_v)来检查热输入是否不受蒸气供应的限制也是一种好的做法。

出现外部加热时，若在壁面处产生气泡，则会降低物料的膨胀程度，并使气液分离更容易发生。

---

① 例如，氮气储罐总压为 30bar，反应器安全阀设定压力为 10bar，气体流量即为 30bar 到 10bar 的流量。
——译者

② 对原文中这一段的部分说法进行了完善。——译者

16.2.2.4　无气体生成的化学场景

与外部加热场景相比，化学场景有两个很大的区别：

(1)热流随温度呈指数增长，这与 16.2.2.3 小节中描述的外部加热场景完全不同。

(2)在大量的反应物料中产生气泡，这些气泡均匀分散，更容易发生物料膨胀并产生两相流。

在没有气体生成的反应中，压力增长源于体系的蒸气压。因此，如果降低压力(减压)，挥发性的物料会蒸发，体现为吸热作用，并形成调节效应(tempering effect)。这可以起到稳定体系温度，中止失控进一步发展，从而停止压力增长的作用。因此，选择的设定压力应尽可能低，从而避免反应加速到更危险的状态。如果设计得当，压力泄放是保护反应器免受超压(破坏)的一种非常有效的手段。

反应放热速率是主要需要的参数，因为该参数确定了蒸发流量及相应的泄放流量。最好采用低热惯量因子的绝热量热设备(如 VSP，见 4.5.5 小节)测试泄压条件下的反应放热速率，该仪器可以在接近绝热的条件下测量温度和压力随时间的变化过程，从而可以直接获得温升速率和压升速率[22]：

$$q = m \cdot c_p' \cdot \frac{\mathrm{d}T}{\mathrm{d}t} \tag{16.3}$$

也可以采用其他技术，如 Calvet 量热仪(4.3.2 小节)，同时测量热流和压力。这时，可以根据反应动力学计算泄放条件下的热流：

$$q = k_0 \cdot \exp\left(-\frac{E}{RT}\right) \cdot f(X) \cdot Q \tag{16.4}$$

因此，等转化率方法(10.4.3 小节)是解决该问题的强有力的工具[23]。

16.2.2.5　有气体生成的化学场景

对反应过程中生成气体的化学场景来说，通过压力泄放进行控制更为关键。原因是反应速率的指数性增长无法通过吸热蒸发进行限制，并且反应将在绝热条件下加速到其最大速率(图 16.4)。这可能导致极高的气体流量，以至于进行压力泄放也无济于事。

若反应物料中还存在挥发性物质，则体系的压力增长可能由蒸气和气体释放所造成，这样的体系称为混合体系。混合体系是否具有调节行为(即是否属于调节体系)，取决于体系的性质及泄放设定压力。因此，有必要进行 VSP 开口测试，从实验的角度验证体系是否属于调节体系。进行开口测试时，当压力达到设定压力时，打开排气阀，对体系在压力泄放条件下的行为进行模拟。这样的实验可以验证调节效应的效能情况，并测量泄放出来的液体质量和不凝气体的体积(图

16.5）。类似的技术包括缩比排放测试（scaled blowdown test），以验证特定泄放尺寸的充分性，或者根据两相泄放的程度确定两相流的流态。

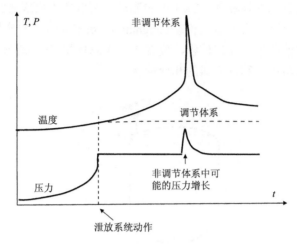

图 16.4　泄放过程中典型的压力、温度时程关系

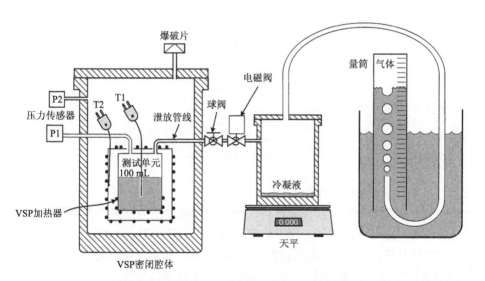

图 16.5　VSP 实验模拟——确定泄压过程中泄放出的液体质量和不凝气体的体积

来源：经 Fauske and Associates LLC 许可

对于气体体系，泄放的质量流量可以通过体积流量及密度得到。这里的体积流量是泄放条件（压力及温度）下的参数。

$$\dot{m} = \rho \cdot \dot{v}_g \tag{16.5}$$

16.2.3　第3步：确定流态[①]

本节考虑垂直圆柱体容器。ERS中的流动行为取决于反应器的投料率，如图16.6所示。图中位置1代表滞止状态(stagnation condition)下的液体体积，位置2代表两相流发生前的最大允许体积，位置3代表总体积(包括连接装置的容积)。然而，投料率又与密度和反应器的几何形状有关。

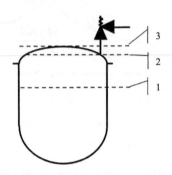

图16.6　投料率与特征体积

反应器中的空隙率(void fraction)由式(16.6)给出：

$$\alpha_0 = 1 - \frac{V_1}{V_{\max}} \tag{16.6}$$

气泡上升速度(bubble rise velocity)如下计算：

$$u_g = \frac{\dot{v}_g + \dfrac{q' \cdot m_r}{\Delta_v H' \cdot \rho_v}}{A_r} \tag{16.7}$$

式中，A_r为反应器内横截面积。

气泡上升速度是一个重要参数：气泡从大量液体的内部移动到液体表面的过程中，它会占据一定的体积，这导致反应器中的液位上升(即膨胀)。若液位达到所安装泄压装置的喉部，则泄压装置中会夹带液体，这意味着流动状态(流态，flow regime)为两相流。如果物料呈两相流泄放，这将使泄放装置的尺寸明显加大，并且还需要增加流出物处理系统来收集并处理泄出的物料。

可以将气泡上升速度与气泡极限上升速度(limit bubble rise velocity)进行比较，从而对泄放流态是属于单相流还是两相流进行判断。其中，气泡极限上升速率是取决于体系物理性质的函数，有两个模型可以计算：

对于搅拌流(churn turbulent)，尤其是低黏度($\mu < 0.1\ \mathrm{Pa \cdot s}$)及壁面受热情形：

---

① 翻译时对原文中这一节的表述进行了适当的精炼。——译者

$$u_\infty = 1.53 \cdot \frac{[\sigma \cdot g \cdot (\rho_1 - \rho_g)]^{0.25}}{\sqrt{\rho_1}} \tag{16.8}$$

对于泡状流(bubbly flow)，尤其是高黏度($\mu > 0.1$ Pa·s)或大量物料内部放热的情形(失控反应)：

$$u_\infty = 1.18 \cdot \frac{[\sigma \cdot g \cdot (\rho_1 - \rho_g)]^{0.25}}{\sqrt{\rho_1}} \tag{16.9}$$

为了对气泡上升速度[式(16.7)]与极限速度[式(16.8)或式(16.9)]进行比较，如下定义一个无量纲速度 Ψ：

$$\Psi = \frac{u_g}{u_\infty} \tag{16.10}$$

然后，将该值与最大无量纲速度进行比较，(从而确定泄放时的流态)。

最大无量纲速度是指反应器中给定空隙率气液完全分离时的无量纲速度，其求算涉及一个修正系数 C_0，该系数已由 DIERS 通过实验给出[7, 24, 25]。

对于搅拌流，最大无量纲速度与空隙率的关系为

$$\Psi_{\max} = \frac{2\alpha_0}{1 - C_0 \alpha_0} \tag{16.11}$$

相关参数 C_0 描述了气泡径向分布的影响，其典型范围为 1.01～1.5，1.01 说明气泡径向分布很均匀，物料的膨胀程度最大，液位上涨最高，这对调节体系来说是保守的。发生放热化学反应、减压过程中出现闪蒸是气泡径向均匀分布的典型代表。$C_0=1.5$ 与低黏或无黏($\mu < 0.1$ Pa·s)及非发泡物料搅拌流的 DIERS 实验数据吻合良好[8]，这对于非调节体系来说是保守的[5]。

对于泡状流，最大无量纲速度与空隙率的关系为

$$\Psi_{\max} = \frac{\alpha_0 (1 - \alpha_0)^2}{(1 - \alpha_0^3)(1 - C_0 \alpha_0)} \tag{16.12}$$

该模型中 C_0 的典型范围为 1.01～1.2。$C_0=1.01$，代表了均质流(homogeneous flow)或发泡流(foamy flow)，这对调节体系来说是保守的。$C_0=1.2$，代表了黏性体系($\mu > 0.1～0.2$ Pa·s)的泡状流，这对非调节体系来说是保守的。

图16.7给出了泡状流及搅拌流不同修正系数情形下最大无量纲速度与投料率的关系。

泡状流模型还是搅拌流模型的选择取决于设计场景的物理特性与物料膨胀的计算结果。由式(16.10)计算得到设计场景的无量纲速度(Ψ)，由[式(16.11)或式(16.12)]及反应器空隙率(α_0)计算最大无量纲速度($\Psi_{\max}$)。然后，对两者进行比较，若 $\Psi > \Psi_{\max}$，则泄放过程中产生两相流。

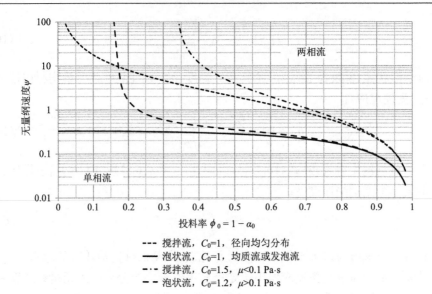

图 16.7　最大无量纲速度与投料率的关系

16.3　泄放尺寸确定流程：流体力学

16.3.1　第 4 步：泄放的质量流量

在压力泄放过程中，调节体系的温度因蒸发冷却而恒定。（由于蒸发速率取决于体系的放热速率），放热速率取决于体系的温度，而温度在设定压力和最大累积压力之间变化，因此，设计计算过程中选择什么样的放热速率需要谨慎（见 16.2.2 小节所述）。由于经常需要外推，15.5.2.1 小节中关于目标反应及 15.5.2.2 小节中关于二次反应的处理方法将有助于 ERS 设计。

16.3.1.1　蒸气单相流泄放的质量流量

蒸气单相流泄放时，泄放的质量流量与导致蒸发的热流（反应放热速率）成比例（如 15.5.2.4 小节所述）：

$$\dot{m} = \frac{q}{\Delta_v H'} = \frac{q' \cdot m_r}{\Delta_v H'} \tag{16.13}$$

16.3.1.2　蒸气两相流泄放时的质量流量

如果调节体系产生两相流，泄放的质量流量可以采用 Leung 方法进行计算[11, 26]：

$$\dot{m} = \frac{q' \cdot m_r}{\left[\left(\frac{V_{tot} \cdot \Delta_v H'}{m_r \cdot v_{lv}}\right)^{0.5} + (c'_{p,l} \cdot \Delta T)^{0.5}\right]^2} \tag{16.14}$$

式中，$c'_{p,l}$ 为液相比热容；ΔT 为泄放压力到最大累积压力的绝热温升；v_{lv} 为气液相的比容差：

$$v_{lv} = \frac{1}{\rho_v} - \frac{1}{\rho_l} \tag{16.15}$$

推导获得式(16.14)时，做了如下假设：

(1)在 P_{set} 与 P_{max} 之间，质量流量保持不变；

(2)热输入(q')保持不变；

(3)物性参数不变，包括液相比热容($c'_{p,l}$)、比蒸发焓($\Delta_v H'$)及气液相的比容差(v_{lv})；

(4)相间无滑移(no slip)：蒸气相与液相以同样的速度流动；

(5)气液无分离：保持两相流动。

这些假设是保守的，只使用了滞止状态下的有关数据。

16.3.1.3 气体单相流泄放的质量流量

确定设计场景时，必须从中知道气体的质量流量。如果根据 15.5.2.3 小节所述泄放条件下的体积流量($\dot{v}_G$)进行计算(通常做法)，这意味着在泄放压力和温度下：

$$\dot{m} = \dot{v}_G \cdot \rho \tag{16.16}$$

16.3.1.4 混合体系两相流泄放的质量流量

对于混合体系，计算泄压过程中的温升时必须考虑到气体的生成，而这又会导致较低的温升，因为体系很快就会到达最大累积压力。为此，必须对两方面因素进行修正，因为气体的存在一方面会减少蒸气的分体积，另一方面对温升也产生了影响。

$$\dot{m} = \frac{q' \cdot m_r}{\left[\left(\frac{V_{tot} \cdot \Delta_v H'}{m_r \cdot v_{lv}} \cdot \frac{P_v}{P}\right)^{0.5} + (c'_{p,l} \cdot \Delta T_H)^{0.5}\right]^2} \tag{16.17}$$

式中：

$$\frac{P_v}{P} = \frac{\dot{v}_v}{\dot{v}_v + \dot{v}_G} \tag{16.18}$$

$$\Delta T_{\mathrm{H}} = \frac{P_{\max} - P_{\mathrm{set}}}{\left(\dfrac{\Delta P}{\Delta T}\right)_{\mathrm{closed}}} \tag{16.19}$$

$$\left(\frac{\Delta P}{\Delta T}\right)_{\mathrm{closed}} = \frac{\mathrm{d}P_{\mathrm{v}}}{\mathrm{d}T} + \frac{\dfrac{\mathrm{d}P_{\mathrm{G}}}{\mathrm{d}t}}{\dfrac{\mathrm{d}T}{\mathrm{d}t}} = \frac{\mathrm{d}P_{\mathrm{v}}}{\mathrm{d}T} + \frac{\mathrm{d}P_{\mathrm{G}}}{\mathrm{d}t}\frac{c_p}{q_{\mathrm{set}}} \tag{16.20}$$

$$\frac{\mathrm{d}P_{\mathrm{v}}}{\mathrm{d}T} = \frac{P_{\mathrm{v}}}{P}\frac{P_{\max} - P_{\mathrm{set}}}{T_{\max} - T_{\mathrm{set}}} \tag{16.21}$$

$$\frac{\mathrm{d}P_{\mathrm{G}}}{\mathrm{d}t} = \frac{P_{\mathrm{set}} \cdot \dot{v}_{\mathrm{G}}}{\alpha_0 \cdot V_{\mathrm{tot}}} \tag{16.22}$$

虽然这些表达式看起来很复杂，但计算所需要的数据却有限：除了调节体系的数据和泄放条件的特征参数[如压力（P_{set}、$P_{\max}$）及温度（T_{set} 和 $T_{\max}$）]，只需要知道泄放条件下的蒸气压力（P_{v}）和气体体积流量（$\dot{v}_{\mathrm{G}}$）。

16.3.2　第5步：可通过理想喷管泄放的质量通量

16.3.2.1　单相流[①]

很多标准[4,14,15,17,27,28]将单相流视为等熵可压缩流（isentropic compressible flow）。假设将泄压装置视为理想喷管，则可以按等熵可压缩流计算单相流的质量通量（mass flux）（G），然后利用阀门制造商提供的泄放系数（discharge factor）进行修正。

可以按如下程序进行计算：

（1）判断流动属于临界流[②]还是亚临界流。为此，需要根据等熵指数（$\gamma = c_p / c_v$）计算临界压比（critical pressure ratio）（背压 P_b 与滞止压力 P_0 的比值）：

$$\left(\frac{P_b}{P_0}\right)_{\mathrm{crit}} = \left(\frac{2}{\gamma + 1}\right)^{\frac{\gamma}{\gamma - 1}} \tag{16.23}$$

（2）确定无量纲流因子 ψ（flow function）。

对于亚临界流，ψ 取决于压比与等熵指数：

$$\left(\frac{P_b}{P_0}\right)_{\mathrm{crit}} < \frac{P_b}{P_0} \Rightarrow \psi = \sqrt{\frac{\gamma}{\gamma - 1}\left[\left(\frac{P_b}{P_0}\right)^{\frac{2}{\gamma}} - \left(\frac{P_b}{P_0}\right)^{\frac{\gamma + 1}{\gamma}}\right]} \tag{16.24}$$

---

① 翻译时，对这一节的表述进行了适当的调整。——译者

② 临界流也称音速流、阻塞流、塞流，chocked flow。——译者

对于临界流，ψ 仅取决于等熵指数：

$$\left(\frac{P_b}{P_0}\right)_{crit} \geqslant \frac{P_b}{P_0} \Rightarrow \psi = \psi_{max} = \sqrt{\frac{\gamma}{\gamma+1}\left(\frac{2}{\gamma+1}\right)^{\frac{2}{\gamma-1}}} \tag{16.25}$$

(3)计算质量通量。

$$G = \psi \cdot \sqrt{2 \cdot P_0 \cdot \rho} \tag{16.26}$$

16.3.2.2 两相流

可以采用 Omega 模型计算泄放的质量通量[11]。Leung 提出了一个两相混合物的密度与压力关系的状态方程。这个状态方程只给出一个参数——用 Omega 因子（ω）表示可压缩性（compressibility）。该方法的优点在于只需要一个点便可以外推，因此只需要采用设计压力下的数据即可。故所有参数都以下标 0 出现。

对于调节体系，Leung 给出了不同的表达式：

$$\omega = \frac{\alpha_0}{\gamma} + \frac{c_p \cdot T_0 \cdot P_{v0}}{v_0}\left(\frac{v_{lv}}{\Delta_v H'}\right)^2 \tag{16.27}$$

在上述可压缩性计算中,其中一个假设是在喷管中达到热平衡和热力学平衡。由于安全阀的喷管很短，流速很大，在膨胀的时间范围内无法达到热力学平衡，这相当于认为物料出现沸腾延迟，导致流体的可压缩性明显降低。Diener 和 Schmidt 将式（16.27）定义的可压缩性乘以校正因子来解决这个问题[12]：

$$N = \left[\dot{x}_0 + P_0 \cdot c_{lv,0} \cdot T_0 \cdot \frac{v_{v,0} - v_{l,0}}{(\Delta_v H'_0)^2} \cdot \ln\left(\frac{1}{\eta_c}\right)\right]^a \tag{16.28}$$

式中，指数（a）等于 0.4。

对于气体体系，由于不存在蒸发，可压缩性只是空隙率（α_0）与等熵指数的函数：

$$\omega = \frac{\alpha_0}{\gamma} \tag{16.29}$$

理想喷管中无摩擦临界流（frictionless chocked flow[①]）的临界压比（η_c）可以如下计算：

$$\eta_c^2 + (\omega^2 - 2\omega)(1-\eta_c)^2 + 2\omega^2 \ln(\eta_c) + 2\omega^2(1-\eta_c) = 0 \tag{16.30}$$

将实际压比与临界压比进行比较，可以确定是临界流还是亚临界流。然后根据可压缩性和临界压比，可以计算出无量纲质量通量（G_c^*）：

对于临界流：

---

① 对于长管或沿管程有较大压差的情况，气体流速可能接近音速。——译者

$$G_c^* = \frac{\eta_c}{\sqrt{\omega}} \tag{16.31}$$

对于亚临界流：

$$G_c^* = \frac{\sqrt{-2\left[\omega \ln(\eta_c) + (\omega-1)(1-\eta_c)\right]}}{\omega\left(\dfrac{1}{\eta_c}-1\right)+1} \tag{16.32}$$

最后，可以得到质量通量及临界压力

$$G_c = G_c^* \cdot \sqrt{\frac{P_0}{v_0}} \tag{16.33}$$

$$P_c = \eta_c \cdot P_0 \tag{16.34}$$

16.3.3 第6步：爆破片：上游管道摩擦损失的修正

在 16.3.2 小节中获得的泄放能力是基于（无摩擦损失的）理想喷管，（实际泄放时）必须对摩擦损失进行修正。摩擦损失是根据泄压管道的材质、几何形状、倾斜程度、连接件等因素计算得到[①]。

摩擦损失因子（friction loss factor）ζ 通常为管道长度（L）和管道直径（d）的函数：

$$\zeta = 4f\frac{L}{d} \tag{16.35}$$

式中，f 为摩擦系数[②]。对于管道中的两相流，采用"标准"摩擦系数（0.02）代替上式中的"$4f$"。

表 16.2 给出了配件常用的摩擦系数。

表 16.2 常见摩擦损失因子

配件	ζ_f	配件	ζ_f
（安全阀前的）入口管道（entrance from reservoir）	0.50	方边 2/3 变径接头（reducer square edged 2/3）	0.30
90°弯头 R/D=1.0	0.40	30°锥形变径接头（reducer conical 30°2/3）	0.10
90°弯头 R/D=1.5	0.30	圆形变径接头（reducer rounded）	0.10
90°弯头 R/D=3.0	0.18	below（estimated）[③]	0.10

---

① 对原文的表述进行了调整。另外，这里的"摩擦损失"实际上是指压头损失。下文中的摩擦损失因子 ζ 也称压头损失系数——译者

② 该摩擦系数即范宁（Fanning）摩擦系数。——译者

③ 暂未能找到中文对应的说法。——译者

续表

配件	ζ_f	配件	ζ_f
90°弯头 $R/D=5.0$	0.16	流体沿 T 形管路从左到右的标准三通 (tee standard along run)	0.40
45°弯头 $R/D=1.0$	0.30	流体沿 T 形管路从左或右到下的标准三通 (tee standard L entering run)	1.00
45°弯头 $R/D=1.5$	0.20	流体沿 T 形管路从下到左或右的标准三通 (tee standard L entering branch)	1.00
全口球阀 (Full port ball valve)	0.10	直角三通 (tee square edged)	1.20
全口闸阀 (Full port gate valve)	0.17	爆破片（保守值）(bursting disk conservative)	2.40
出口 (Outlet)	1.00	爆破片 (实际值) (bursting disk real)	1.60

因此，对于典型的管道系统：

$$\zeta = 0.5 + 4f\frac{L}{d} + \sum_i \zeta_{f,i} \qquad (16.36)$$

式中，0.5 代表容器进入管道的入口；第二项代表直管部分；第三项是所有配件、弯头等的加和。等效长度（equivalent length）可以如下得到：

$$L_e = \frac{d \cdot \sum_i \zeta_i}{4f} \qquad (16.37)$$

可以将液体高度导致的损失用倾斜因子 F_i（inclination number）进行表征：

$$F_i = \frac{\rho_0 \cdot g \cdot h}{\left(\dfrac{4f \cdot L}{d}\right)P_0} \qquad (16.38)$$

通过求解如下的积分方程，可以获得 G_{corr}：

$$\frac{4f \cdot L}{d} = -\int_{\eta_1}^{\eta_2} \frac{\left[(1-\omega)\eta^2 + \omega\eta\right]\left(1 - G_{corr}^2 \dfrac{\omega}{\eta^2}\right)d\eta}{\dfrac{G_{corr}^2}{2}\left[(1-\omega)\eta + \omega\right]^2 + \eta^2 F_i} \qquad (16.39)$$

得到摩擦损失修正后的质量通量，可以获得爆破片及其泄放管系统的泄放能力。

16.3.4 第 7 步：爆破片泄放面积计算

根据需要泄放的质量流量（$\dot{m}$）与经过摩擦损失修正后的质量通量（G_{corr}），可以确定泄放面积：

$$A = \frac{\dot{m}}{G_{corr}}$$

当然，这个面积还需要圆整，以与商业上可以获取的爆破片尺寸一致。

16.3.5 第 8 步：安全阀泄压面积计算

根据需要泄放的质量流量 $(\dot{m})$ 与前面计算得到的质量通量 (G)，结合额定泄放系数 (K_{dr}) (derated discharge factor)[①]确定泄放面积：

$$A = \frac{\dot{m}}{K_{dr} \cdot G} \tag{16.40}$$

对于单相流，该泄放系数可以直接从制造商处获取。对于两相流，在 J. Leung 的早期工作中，建议采用气体流动的泄放系数[11]。ISO 4126-10 建议使用气体和液体泄放系数的加权平均值[13]，计算如下。安全阀供应商分别提供液体的泄放系数 (K_{drl})、气体或蒸气的泄放系数 (K_{drv}) 以及两相流处于阀座处空隙率的加权平均值。为此，需要了解阀座处的流体特性，特别是阀座空隙率 (α_{seat})，根据空隙率 (α_0)、蒸气比容 (v_{v0}) 和液体比容 (v_{l0})，计算滞止状态下气体/蒸气的质量分数[②]。

$$x_0 = \frac{\alpha_0 \cdot v_{l0}}{(1-\alpha_0)v_{v0} + \alpha_0 \cdot v_{l0}} \tag{16.41}$$

两相混合的比容：

$$v_0 = x_0 \cdot v_{v0} + (1-x_0)v_{l0} \tag{16.42}$$

可以采用可压缩性参数计算阀座空隙率 α_{seat}：

$$\alpha_{seat} = 1 - \frac{v_{l0}}{v_0 \left[\omega\left(\frac{1}{\eta}-1\right)+1 \right]} \tag{16.43}$$

最后得到两相流泄放系数：

$$K_{dr2ph} = \alpha_{seat} \cdot K_{drv} + (1-\alpha_{seat}) \cdot K_{drl} \tag{16.44}$$

该系数被称为两相泄放系数，要获得安全裕度，根据标准的规定，应对实验获得的系数估算安全余量(乘以 0.9)[14]。

16.3.6 第 9 步：核实安全阀功能稳定性

第 5 步(16.3.2 小节)中得到的泄放能力对应于理想喷管。计算出泄放面积并不意味着泄放尺寸确定程序的完成，还应确保能满足阀门稳定运行的条件。若安

---

① 这里 derated 的语义是指流体流经阀体后流量有所减小。——译者
② 在两相泄放时，常用 "quality" 表示两相流中气体/蒸气的质量分数。——译者

全阀上游的压降过大，则会流量不足以保持阀门处于开启状态，阀门将会不断地出现打开-闭合的循环动作。若这种循环的频率高，可能会导致阀门发生颤动（chatter），导致阀门损坏。若阀门损坏后导致容器内物料泄放于室内，则可能会导致更大的破坏。类似地，如果下游部分的压降过大也可能造成同样的影响。因此，安全阀的上游和下游均应建立允许的压降参数。

（1）安全阀的上游压降不得超过设定压力的3%。该规定是针对单相流的，两相流目前还没有确切的规定，相关专家正在就该问题进行研究。尽管该问题尚不确定，但通常采用3%的规定。

（2）安全阀下游压降的规定：对于常规安全阀不得超过设定压力的10%，平衡阀可高达35%。这必须采用制造商提供的数据进行验证。

此外，由于安全阀进出口管道通常呈90°直角，在大流量泄放时，入口管道容易受到出口管道中流体的反作用力，导致管道破裂，因此，需要核算管道应力是否在可接受范围内，或者安装合适的支撑管。对于存在弯头的出口管道也需要类似考虑。[①]

16.3.6.1 安全阀实际质量流量的计算

由于对制造商提供的泄放系数按照0.9倍进行了保守计算，这意味着降低了泄放能力，即赋予泄放能力的安全裕度为10%。因此，评估泄放管线中的压力损失时，必须适当加大安全阀的泄放能力，以保持其安全性。

根据实际的（或已安装的）喷管喉部截面积（A）、泄放系数（K_{dr2ph}）、折减系数D_f（derating factor）和之前计算的泄放质量通量（G_c），计算获得实际泄放质量流量（$\dot{m}_{act}$）。

$$\dot{m}_{act} = \frac{K_{dr2ph}}{D_f} \cdot A_{nozzle} \cdot G_c \tag{16.45}$$

16.3.6.2 入口压降计算

根据实际泄放质量流量（$\dot{m}_{act}$）、入口管道的横截面积、两相混合物滞止状态下的比容（v_0）确定入口压力损失：

$$\Delta P_{in} = \frac{1}{2}\left(\frac{\dot{m}_{act}}{A_{in}}\right)^2 v_0 \tag{16.46}$$

出口临界压力（critical exit pressure，$P_{c,out}$）可以采用出口管的横截面积（A_{out}）进行计算：

---

① 原著中并没有这一段。基于泄放过程中管道的结构稳定性，对该内容进行了补充。——译者

$$P_{c,out} = \frac{\dot{m}_{act}}{A_{out}}\sqrt{P_0 \cdot \omega \cdot v_0} \tag{16.47}$$

出口压力 (P_{out}) 为背压 (P_b) 和出口塞压 (exit choking pressure，$P_{c,out}$) 之间的最大值。最大允许出口压力 (P_{max}) 要考虑液体压头损失 (liquid head loss)：

$$P_{max} = P_{set} \cdot K + P_{out} - \rho_{2ph} \cdot g \cdot h \tag{16.48}$$

计算压降时，需要考虑泄压管道几何形状和配件情况。16.3.3 小节给出了采用爆破片时，管道中两相流的"标准"摩擦系数。

16.3.6.3　安全阀下游摩擦损失的计算

可由动量方程推导出给定管径下实际流动的最长等效管长，以最大允许摩擦系数表示：

$$4f\frac{L}{d} = 2\frac{P_0 \rho_0}{(\dot{m}_{act}/A_{out})^2}\left\{\frac{\eta_1 - \eta_2}{1-\omega} + \frac{\omega}{(1-\omega)^2}\cdot\ln\left[\frac{(1-\omega)\eta_2 + \omega}{(1-\omega)\eta_1 + \omega}\right]\right\}$$
$$-2\ln\left[\frac{(1-\omega)\eta_2 + \omega}{(1-\omega)\eta_1 + \omega}\cdot\frac{\eta_1}{\eta_2}\right] \tag{16.49}$$

将该摩擦系数与已安装的泄放管线的摩擦系数进行比较，并如上所述将所有管道长度和配件考虑在内。

16.4　多用途反应器 ERS 的尺寸确定

16.4.1　原理

多用途反应器在精细化工或制药行业很常见。产品切换时间有时只有几天，常常为几周。一方面，一个反应器用来生产不同的产品；另一方面，一个工艺在不同的反应器中进行。由于搅拌釜式反应器的灵活性或多功能性，可以允许在设备不进行重大变更的情况下进行产品或工艺的切换。然而，ERS 泄放尺寸是基于过程危害分析 (PHA) 而确定的准确设计场景。这意味着每次切换都必须改变 ERS 的尺寸，因为尺寸过小或过大都可能是危险的。尺寸过小，内部压力可能超过设备的设计压力，导致容器严重失效，也就是说 ERS 不能完成其使命，因为它不能保护设备免受超压 (破坏)。另一方面，ERS 的尺寸过大，则可能出现泄放流量过大以至于整个系统 (尤其是流出物处理系统) 无法处理。这可能会导致易燃或有毒物料的泄漏或扩散，并导致严重的二次事故。

本节的目标是找到一个合理可行且可追溯的泄放尺寸确定程序。该程序必须合理，以避免尺寸过大或过小，切实可行的意思是在出现产品、工艺切换等变更时应付出最小的工程努力,可追溯是指有良好的文件记录,并能对已安装 ERS 的泄放能力进行快速查证。

16.4.2 泄放场景的选择

由于反应器的多用途性质,不能根据化学场景来确定泄放尺寸。因此,选择的场景必须是物理性的,并尽可能地反映反应器在泄压情况下的行为。"挥发性溶剂最大加热"场景满足了这些要求。这是一种真实的故障类型。对化学反应系统的泄放而言,可以采用热流作为判据:失控反应的热流不得超过上述物理场景加热系统的热流。该物理场景的泄放尺寸是采用均质流模型(homogeneous flow model)确定的,相对保守且考虑了两相流情形。该系统可以视为调节体系,因此均质平衡模型(HEM)和 Diener-Schmidt 之后的均质非平衡模型(HNE-DS)均可以使用。

为了能准确地描述出该场景,必须对反应器内可能物料的性质及其一些技术特征进行一些假设。为此,对一些最敏感的数据进行识别非常重要。

16.4.3 设计参数的敏感性分析

确定泄放尺寸涉及溶剂的性质(主要是挥发性和蒸发潜热等参数),因此需要对工厂中常用的溶剂进行考量。不过,重要的是能对参数范围做出选择(图 16.8)。

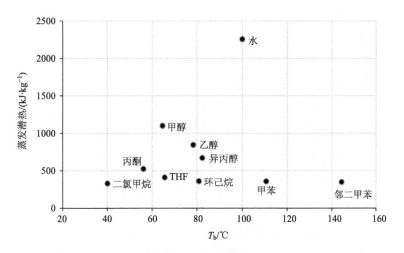

图 16.8 常见溶剂的蒸发潜热与常态沸点

反应器的技术特性由具体设备决定。举例来说,4 m³ 不锈钢反应器的参数列于表 16.3 中。

表 16.3 4 m³ 不锈钢反应器的技术参数

设定压力	4000 mbar
最大累积压力	4300 mbar
背压	1013 mbar
加热介质最高温度	150 ℃
容器直径	1.8 m
换热面积	7.4 m²
总传热系数	1000 W·m⁻²·K⁻¹
物料最大膨胀体积	5.525 m³
安全阀液体泄放系数	0.45
安全阀气体/蒸气泄放系数	0.67

为了完整地给出建立泄放场景(sizing scenario)的示例说明,将 25℃时的公称容积(在示例中为 4 m³)视为初始投料体积。泄压温度时的体积膨胀情况可以计算得到。对于这种场景,采用 HEM 和 HNE-DS 两种模型对几种溶剂体系的泄放尺寸进行了计算,以确定所需的泄放面积。计算结果用比面积($mm^2 \cdot kW^{-1}$)表示(图 16.9)[①]。(相对而言),采用非平衡模型的增量是显而易见的。二氯甲烷需要泄放面积最大,这主要是因为其蒸发潜热最低。

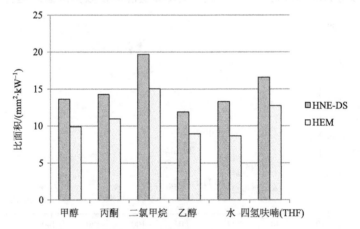

图 16.9　最大受热场景下几种溶剂(甲醇、丙酮、二氯甲烷、乙醇、水、四氢呋喃)所需泄放比面积。计算采用了均质平衡模型(HEM)及均质非平衡模型(HNE-DS)

分别对蒸发潜热、密度、等熵指数和比热容等物理参量进行了敏感性分析(图 16.10)。分析计算时,将这些物理参量值增加或减少了 50%,变化结果计算比面

---

① 原文中,阴影代表 HEM 计算结果。根据原文语义,阴影应代表 HNE-DS。——译者

积$(mm^2 \cdot kW^{-1})$表示。显然，蒸发潜热是最敏感的特性参数。由于潜热是温度的函数，因此泄压时采用经温度修正后的正确潜热值是很重要的。

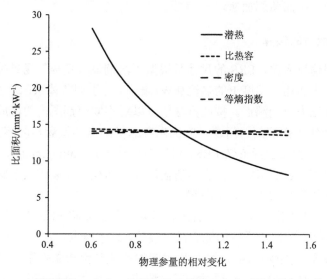

图 16.10　蒸发潜热、密度、等熵指数及比热容变化对泄放比面积的影响

除溶剂的性质外，一些技术特性参数的变化也会对泄放尺寸的计算结果产生影响。总体积（膨胀）、设定压力和最大累积压力值变化±50%的敏感性分析结果表明，设定压力的影响最大，以比面积$(mm^2 \cdot kW^{-1})$表示（图 16.11）。欲使压力保持在容许范围内，选择正确的设定压力将很重要。在确定泄放尺寸的过程中，采

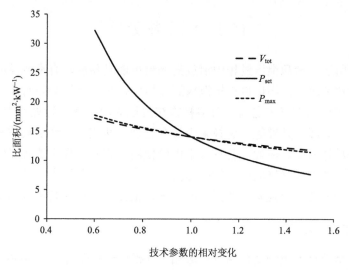

图 16.11　总体积（膨胀）、设定压力及最大累积压力对泄放比面积的影响

用的设定压力越低，需要的泄放比面积越大，并有可能导致泄压系统偶尔出现非预期的开启。从防止失控反应的角度来看，应选择尽可能低的设定压力，以避免反应随温度的升高而急剧加速。

16.4.4　泄放能力的核算

对于多用途反应器，ERS 的尺寸是根据"溶剂最大受热"场景确定的。泄放能力以设定压力和相应温度下的热流(kW)表示。对于调节体系，这里的"相应温度"是指泄放压力下的沸点。按此方法便可以对不同溶剂所需的泄放尺寸进行计算。至于选择什么样溶剂的问题，应优先考虑低沸点和低潜热的溶剂(对应于图16.8 的左下角)。如果已经安装 ERS，可以在评估模式(rating mode)下进行尺寸计算，即改变热流(或放热速率)，直到所需的泄压面积与安装的安全阀相匹配。所用数据和所做假设必须正式记录在案。

当某工艺在反应器中进行，并且工艺风险分析需要将 ERS 作为防止失控的措施时，必须对已安装泄压系统的能力进行核验。这意味着，需将系统泄放能力(根据适当溶剂基于最大受热场景确定)相对应的热流与泄放条件下化学反应的放热速率进行比较。如果需要，必须对泄压系统或工艺条件进行变更。必须由专家按照 16.2.2.4 小节所述调节体系的方法，确定泄放条件下的放热速率。如果反应也产生气体，那么该系统有可能是一个混合体系，此时必须从一开始就采用 16.2.2.5小节所述方法确定泄放尺寸。

该程序确保了对两相流进行清晰的、有据可查的泄放尺寸核算，且所需付出的工程努力最小。

16.5　流出物处理

如引言所述，紧急泄压过程中泄放的物料可能是易燃、有毒或反应性的。因此，在大多数情况下，不可以直接泄放到环境中，也就是说必须对流出物进行处理。在最终排放到大气中之前，有多种方法可以对流出物进行处理[8,29]，如采用收纳、收集、处理、处置等。选择采用什么处理方法取决于许多具体参数，也取决于工厂的具体情况。例如，若有火炬可供使用，则其处理方法将显然不同于必须将流出物处理到最终排放到大气中的情况。本节不涉及流出物处理系统的设计细节，但对一些常见处理系统及其功能、选择依据和设计原则进行简要介绍。

16.5.1　初步设计步骤

第一步是计算流出物处理系统中液相、气相(气体/蒸气)的质量流量。在被保护容器泄放到处理系统的过程中，处理系统的压力通常接近大气压，因此必然产生压力降低的现象。这会导致气相膨胀，对于两相流的情况将导致液体蒸发。因此，流出物的物理性质及其中的气体/蒸气的质量分数（quality）会沿着泄压管线发生变化。两相的质量流量通常采用闪蒸计算来确定。

16.5.2　全收纳

保护容器不受超压影响的另一种策略是使用全收纳（total containment）的方法，包括将反应系统容纳在被保护的容器内。这避免了危险物料的任何释放，并且不会将危险物料从一个设备转移到另一个设备。这种解决方案看似最简单，但显然不适用于所有情况。这意味着必须将反应器设计成能够承受反应偏离正常工艺条件的后果（高温或高压），也意味着必须对反应系统在偏离正常情况下的行为进行准确的研究。冷却失效场景和基于特征温度的危险度分级（3.3 节和 3.4 节）将对此有很大帮助。

泄压后也可以采用该收纳原理：将反应器内的所有物料封闭于反应器、（封闭的）集料罐和管道系统中。当然，这些必须按照能够承受最终压力和温度来设计。

16.5.3　冷凝

让含有蒸气的流出物通过冷液体，可以直接进行冷凝。设计被动式冷凝器（passive condenser）时（尤其是设计所需液池量时），意味着必须知道准确的物料平衡。蒸气以细小的气泡分散，这样才能形成大的接触面积，从而在气泡移动到液体自由表面时发生冷凝。气泡的分散通过分布器进行，分布器必须根据气泡的分散情况（气泡大小）和压降进行仔细设计。如果流出物中不存在不可凝气体，则冷凝器可按照全容纳进行设计。冷凝器必须能够容纳最初已存在的液体、冷凝蒸气和两相流情况下夹带的液体。

16.5.4　集料罐、重力分离器

集料罐（也称放料罐）的主要功能是容纳流出物。通常说来，集料罐应是一个空的容器，具有足够的空间来容纳液态物料，被泄放出来的气相进入另外的处理系统，如洗涤器、火炬或直接排入大气（如果其成分符合环境的限制要求）。因此，其设计程序必须考虑逃逸气体中的液滴夹带问题。由此可见，集料罐中液相表面上方的气体速度是重要的设计参数。文献[30，31]中提供了不同的设计方法。

16.5.5　旋风分离器

旋风分离器是一种机械分离器，利用离心力将气体或蒸气（轻相）与液体（重相）分离。使用旋风分离器的特点在于收集罐仅容纳液相，这通常意味着工厂空间的显著增加。问题在于物料进入旋风分离器必须具有一定的速度，即有明确的质

量流量。尽管如此，Schmidt 和 Giesbrecht[32]证明，出现紧急泄放时流出物的质量流量会在大范围内的变化，为此旋风分离器的设计应能适应这样的场景。

16.5.6 骤冷罐

类似于集料罐，骤冷罐(quench tank)的功能也是留住液相，并可以通过化学作用、冷却和稀释作用来终止正在进行的反应。骤冷罐的设计基于热平衡(显热)，并需要考虑稀释热或化学作用的反应热。因此，猝灭(quench)过程中发生的热效应必须进行测量(见 15.3.3 小节)，可以采用 Calvet 量热仪的混合池对猝灭过程进行实验模拟(图 15.4)。另一个要点是需要对猝灭后混合物的热稳定性进行查验。

在某些情况下，骤冷罐也可以具备洗涤器的功能：让流出物与骤冷罐内的物料反应，使其无害化。例如，酸性流出物可以与预先装入骤冷罐中的碱液中和，或者使水敏感性物料与水接触来终止其与水的反应。在这样的骤冷罐中，进入的流出物需引入罐中"底料"的液面下，并常常通过分布器进行分散。这里，也必须通过量热确认猝灭过程中是否会产生热效应。

16.6 习　　题

16.6.1 物理场景的泄放尺寸

在公称容积为 4m³ 的不锈钢搅拌反应器中装有 4.5m³ 丙酮[①](20℃)。由于温控系统失效，反应器被满功率加热。因此，压力增加(蒸气压)，必须通过安全阀释放。[②]

设备有关参数：

物料量：4.5 m³ (20℃)	3550 kg
热交换面积	7.4 m²
总传热系数	1000 W·m⁻²·K⁻¹
加热介质最高温度 $T_{c,max}$	150℃
压力泄放阀(PRV)的设定压力	2 bar g
最大允许工作压力(MAWP)	3 bar g
PRV 的泄放系数	0.67
容器内径	1.8 m

---

① 丙酮为低黏度、非本质发泡介质，读者可以根据这一特性选用有关模型。——译者

② 请读者注意，泄放过程不一定会达到最大累积压力，原因在于阀门的最大泄放能力往往大于所需的泄放能力，阀门开启后往往不需要全开，或者达到全开后无超压时的泄放量已经足够。对于本习题，存在前提条件，即假设体系压力能进一步增长到最大累积压力。——译者

全容积(volume up to two-phase flow)　　　5.66 m³

丙酮的物理特性：

分子量　　　　　　　　　　　　　　　　58.08 g·mol⁻¹

1013 mbar 时的沸点　　　　　　　　　　56.25℃

20℃时的密度　　　　　　　　　　　　　789 kg·m⁻³

50℃时的密度　　　　　　　　　　　　　756 kg·m⁻³

40℃的表面张力　　　　　　　　　　　　0.02116 N·m⁻¹

50℃时的比热容　　　　　　　　　　　　2252 J·kg⁻¹·K⁻¹

56.25℃时的蒸发潜热　　　　　　　　　523 kJ·kg⁻¹

90℃时的蒸发潜热　　　　　　　　　　471 kJ·kg⁻¹

等熵指数　　　　　　　　　　　　　　1.13

描述蒸气压的 Antoine 方程：

$$\ln P = A - \frac{B}{C+T}$$

式中，P 的量纲为 mbar；T 的量纲为℃；A=16.9406；B=2940.46；C=237.22（−32℃ < T < 77℃）。

由蒸气压曲线可以得到泄放压力下的有关参数：

泄放压力（P_{set}）	3000 mbar
泄放温度（T_{set}）	91.9 ℃
泄放时的蒸气密度（$\rho_{v,set}$）	5.74 kg·m⁻³
泄放时的液体密度（$\rho_{l,set}$）	710 kg·m⁻³
气液相比容差（latent specific volume）（$v_{lv,set}$）	0.173 m³·kg⁻¹

问题：

第一步：确定设计场景

(1)确定设计场景，分别计算泄放压力与最大累积压力时的比加热功率（W·kg⁻¹）。

第二步：确定流态

(2)计算反应器中的空隙率。

(3)计算反应器中液相表面的蒸气速度。

(4)你采用何种流动模型？计算气泡上升速度。

(5)确认是单相流还是两相流？

第三步：需要泄放的质量流量

(6)最大累积压力为 4300 mbar，相应的温度为 105.7℃。请计算均质流的质量流量(kg·s⁻¹)。

第四步：泄放质量通量(泄放能力)

(7)计算可压缩性(ω)。

(8)确定需泄放的质量通量。

第五步：确定 PRV 的尺寸

(9)计算所需的泄放面积以及 PRV 的直径(假定泄放系数 $K_{dr} = 0.67$)。

16.6.2 化学反应场景

设计场景：

某反应必须在搅拌釜中以半间歇方式进行，反应温度为 45℃。反应釜由不锈钢制成，标称容量为 4 m³。溶剂是甲醇，反应属于非加料控制的慢反应。风险分析表明，一旦出现冷却或搅拌失效，即使立即停止进料，由于未转化反应物的积累，温度会继续升高。这也会导致压力增加，进而可能启动安全阀。

通过反应量热仪进行测试，相应的绝热温升为 100K。最大积累时反应的放热速率为 30 $W \cdot kg^{-1}$，反应物料的体积为 4.5 m³。反应过程不释放气体，压力增加完全源于甲醇蒸气压。因此，体系可以视为调节体系。

化学反应的相关参数：

失效时反应的放热速率	30 $W \cdot kg^{-1}$
由于物料累积导致的绝热温升	100 K

对反应放热速率进行外推时，可以使用 van't Hoff 规则："温度升高 10 K，反应速率翻倍或三倍"。在所考虑的温度范围内，这对应活化能为 67.4 $kJ \cdot mol^{-1}$ 和 107 $kJ \cdot mol^{-1}$ 的情形。

设备有关参数：

工艺温度时的物料量：4.5m³	3400kg
反应温度	45℃
PRV 的设定压力	2 bar g
最大允许工作压力(MAWP)	2 bar g
反应器内径	1.8 m
全容积(empty volume before flooding)	5.66m³
最大热交换面积	7.4m²
总传热系数	400 $W \cdot m^{-2} \cdot K^{-1}$
加热介质最高温度 $T_{c,max}$	150℃

甲醇的物性参数：

分子量	M_W	32.042 g·mol^{-1}
比热容(T=50℃)	$C_{p,liq}$	2680 J·kg^{-1}·K^{-1}
沸点(P=1013 mbar)	T_b	64.7 ℃
T_b 时的蒸发潜热	H_v	1100 kJ·kg^{-1}
表述蒸气压的 Antoine 方程：$\ln P_{(mbar)} = A - \dfrac{B}{C + T_{(℃)}}$	Ant_a	18.8749
	Ant_b	3626.55
	Ant_c	238.86
	Ant_{min}	−16℃
	Ant_{max}	95℃
表面张力(T_σ=50℃)	σ	0.03233 N·m^{-1}
等熵指数	Isentrope	1.203
Point 1 的密度($T_{rl,1}$=20℃)	ρ_{l1}	792 kg·m^{-3}
Point 2 的密度($T_{rl,2}$=50℃)	ρ_{l2}	765 kg·m^{-3}

问题：

(1)确定泄放压力及最大累积压力时的温度；

(2)按照 van't Hoff 规则——温度升高 10K 反应速率翻倍，计算反应的放热速率(假定零级反应)；

(3)计算达到泄放压力及最大压力时反应物料的累积；

(4)按照一级反应计算反应的放热速率；

(5)将上述计算得到放热速率与"最大受热"场景的热流进行比较。

以下问题涉及敏感性分析：

(6)按照温度每升高 10K 反应速率加快 3 倍考虑，问题(2)～问题(4)的结果将如何？

(7)如果按照绝热温升为 50 K 的情况考虑物料累积，结果又将如何？

(8)如果设定压力为 0.5 bar g，结果又将如何？

16.6.3 安全阀功能稳定性查验

习题 16.6.1 中计算的安全阀按照图 16.12 安装。安装在反应器上的垂直出口管直径为 100 mm，到 T 形管处的长度为 1 m，然后接直径为 80 mm、长度为 2 m 的水平管，直至弯头(R/D=1.0)。该水平管包括两个 T 形管，分别接真空管线和氮气管线。安全阀安装在弯头后 0.5 m 垂直管(直径为 80 mm)的顶部。

拟安装安全阀的其他参数有

Leser 4431 公称直径 80/125；

安全阀的喷管直径为 72 mm；

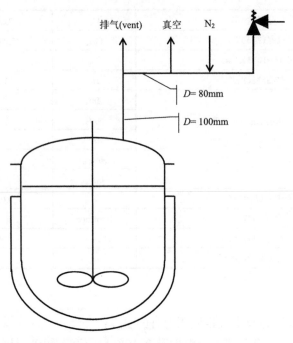

图 16.12　反应装置示意图

设定压力为 3000 mbar a;

背压为 1200 mbar a;

允许压降为设定压力(用 bar g 表示)的 3%;

安全阀的折减系数为 0.9;

泄放系数假定为 0.67;

计算的质量通量为 $2689\,\mathrm{kg}\cdot\mathrm{m}^{-2}\cdot\mathrm{s}^{-1}$。

问题:

对摩擦损失是否小于 3%进行复核。如果需要,提出代替安装方案。

16.6.4　多用途反应器

在一台 $10\mathrm{m}^3$ 不锈钢反应器中进行多种化学反应。为了保护反应器免受超压破坏,必须安装安全阀。反应器的最大允许工作压力为 2 bar g,安全阀的设定压力也是 2 bar g。

安全阀泄放尺寸按照最大受热场景设计,载热体的最高温度为 150℃。总传热系数估计为 $1000\,\mathrm{W}\cdot\mathrm{m}^{-2}\cdot\mathrm{K}^{-1}$,热交换面积为 $13.5\mathrm{m}^2$。工厂中常用的溶剂有丙酮、甲醇、水和甲苯。表 16.4 给出了这些溶剂的物理性质和由蒸气压数据得出的泄放条件。

表 16.4 溶剂的物理性质与泄放条件

	丙酮	甲醇	水	甲苯
T_{set}(3bar)/℃	92	95	133	154
T_{max}(4bar)/℃	103	104	144	168
$\Delta_v H$/(kJ·mol^{-1})	29.84	36.87	36.81	32.17
M_W/(kg·mol^{-1})	0.058	0.044	0.018	0.092
$\Delta_v H'$/(kJ·kg^{-1})	515	838	2045	350

问题：

(1)计算加热系统的最大热输入和每种溶剂的蒸气质量流量(假设为单相流)。

(2)在进行泄放尺寸计算时，你建议采用哪种溶剂？

参 考 文 献

1 Vincent, G.C.(1971). Rupture of a nitroaniline reactor. In: Loss Prevention, vol. 5. New York: AIChE.

2 British Standard BS 5500(1997). Specification for Unfired Fusion Welded Pressure Vessels. British Standards Institution.

3 ASME. Boiler and pressure vessel code BPVC, Ⅷ pressure vessels.

4 AD 2000 Merckblatt A2(2012). Sicherheitseinrichtungen gegen Drucküberschreitung–Sicherheitsventile. Berlin: Verband der TüV e.V.

5 Etchells, J. and Wilday, J.(1998). Workbook for Chemical Reactor Relief System Sizing. Norwich: HSE.

6 Cremers, J., Friedel, L., and Pall, B.(2001). Validated sizing rules against chatter of relief valves during gas service. Journal of Loss Prevention in the Process Industries 14: 261–267.

7 Fisher, H.G., Forrest, H.S., Grossel, S.S. et al.(1992). Emergency Relief System Design Using DIERS Technology, The Design Institute for Emergency Relief Systems(DIERS)Project Manual. New York: AIChE.

8 AIChE-CCPS(2017). Guideline for Pressure Relief and Effluent Handling Systems, 2e. Wiley.

9 Schmidt, J. and Westphal, F.(1997). Praxisbezogenes Vorgehen bei der Auslegung von Sicherheitsventilen und dren Ablaseleitungen für die Duchströmung mit Gas/Dampf-Flussigkeitsgemischen – Teil 1. Chemie Ingenieur Technik 69(6): 776–792.

10 Schmidt, J. and Westphal, F.(1997). Praxisbezogenes Vorgehen bei der Auslegung von Sicherheitsventilen und deren Ablaseleitungen für die Duchströmung mit Gas/Dampf-Flussigkeitsgemischen – Teil 2. Chemie Ingenieur Technik 69(8): 1074–1091.

11 Leung, J.C.(1996). Easily size relief devices and piping for two-phase flow. Chemical Engineering Progress 92(12): 28–50.

12 Diener, R. and Schmidt, J.(2004). Sizing of throttling device for gas/liquid two-phase flow part 1:

safety valves. Process Safety Progress 23(4): 335.

13 ISO 4126(2011). Safety devices for protection against excessive pressure – Part 10: Sizing of safety valves for gas/liquid two-phase flow. pp. 1–45.

14 ISO 4126(2004). Safety devices for protection against excessive pressure – Part 1: Safety valves. pp. 1–29.

15 ISO 4126(2003). Safety devices for protection against excessive pressure – Part 2: Bursting disks. pp. 1–40.

16 ISO 4126(2003). Safety devices for protection against excessive pressure – Part 2: Bursting disks corrigenda. pp. 1–6.

17 SVTI-602(1987). Armatures et Equipement, Soupapes de sûreté. SVTI, Zürich, Switzerland. pp. 1–39.

18 SVTI-603(1999). Armaturen und Ausrüstung: Berstsicherungen. SVTI, Zürich, Switzerland. pp. 1–32.

19 AD 2000 Merckblatt A1(2006). Sicherheitseinrichtungen gegen Drucküberschreitung–Berstsicherungen. Berlin: Beuth.

20 AD 2000 Merkblatt A2(2012). Sicherheitseinrichtungen gegen Drucküberschreitung–Sicherheitsventile. Berlin, Germany: Beuth.

21 SN EN ISO 2351(2007). Petroleum, petrochemical industries–Pressure reliving and depressuring systems. Winterthur, Switzerland: Schweizerische Normen-Vereinigung.

22 Burelbach, J.P.(2001). Vent sizing application for reactive systems. In: AIChE 2001 Spring National Meeting, 5th Bi-annual Process Plant Safety Symposium, Pressure relief Session. AIChE.

23 Roduit, B., C. Borgeta, B. Berger, P. Folly, B. Alonso, J.-N. Aebischer, and F. Stoessel. Advanced kinetic tools for the evaluation of decomposition reactions. Journal of Thermal Analysis and Calorimetry, 2005. 80: 229–236.

24 Sheppard, C.M.(1993). DIERS churn–turbulent disengagement correlation extended to horizontal cylinders and spheres. Journal of Loss Prevention in the Process Industries 6(3): 177–182.

25 Sheppard, C.M.(1994). DIERS bubbly disengagement correlation extended to horizontal cylinders and spheres. Journal of Loss Prevention in the Process Industries 7(1): 3–5.

26 Leung, J.C.(1995). The omega method for discharge rate evaluation. In: International Symposium on Runaway Reactions and Pressure Relief Design, 367–393. AIChE.

27 SVTI-603(1999). Robinetterie et équipement: Disques d'éclatement. Zürich, Switzerland: SVTI.

28 Schmidt, J.(2012). Sizing of safety valves for multi-purpose plants according to ISO 4126-10. Journal of Loss Prevention in the Process Industries 25(1): 181–191.

29 McIntosh, R.D. and Nolan, P.F.(2001). Review of the selection and design of mitigation systems for runaway chemical reactions. Journal of Loss Prevention in the Process Industries 14: 27–42.

30 McIntosh, R.D., Nolan, P.F., Rogers, R.L., and Lindsay, D.(1995). The design of disposal

systems for runaway chemical reactor relief. Journal of Loss Prevention in the Process Industries 8(3): 169–183.

31 McIntosh, R.D. and Nolan, P.F.(2001). Review and experimental evaluation of runaway chemical reactor disposal methods. Journal of Loss Prevention in the Process Industries 14: 17–26.

32 Schmidt, J. and Giesbrecht, H.(1997). Auslegung von Zyklonabscheidern für Notentlastungssysteme. Chemie Ingenieur Technik 69(3): 312–319.

17　风险降低措施的可靠性

典型案例：博帕尔灾难

事实

1984 年 12 月 3 日，超过 25 t 甲基异氰酸酯(methyl isocyanate，MIC)从一个储罐中逃逸，导致 2000 多人死亡，20 多万人受伤。大多数受害者生活在联合碳化物公司(Union Carbide)工厂周围的贫民窟。博帕尔悲剧是世界上受害人数最多、严重程度最大的化学灾难。

工厂发展史

1969 年	印度当局 500 t/a 杀虫剂项目的需求
1974 年	获得生产许可证
1976 年	项目发布(project presentation)
1978 年	利用进口的 MIC 进行二次生产
1980 年	MIC 在博帕尔当地生产，产能富裕
1982 年	安全审计，有 10 项不合格
1984 年	使用 40%产能生产，财务损失大； 寻找买家和来料加工(toll manufacturer)
1984 年 12 月	出现灾难性事故

事故演化过程

21h15min	MIC 工厂的一名操作工人和他的主管开始用水冲洗连接到储罐 T610 的管道。不幸的是，管道上控制向 T610 进料的阀门处于开启状态，这违反了安全规定。因此，大约 1000 L 的水在 3h 内进入了 MIC 储罐。不过，虽然对于进入储罐的水量存在争议，但以下事实是确定的
22h20min	T610 中 MIC 的装载量为其容积的 70%。内部压力(表压)为 2 psi(1psi=6894.76Pa，后同)，处于允许的 2~25 psi 的范围内
22h45min	夜班交接
23h00min	操作工人注意到 T610 中的压力为 10 psi，大约是 1h 前的 5 倍。由于他已经对许多仪器出现故障的事实习以为常，对于 1h 内 400%的压力上升不以为意。一些操作工人因闻到 MIC 的气味而感到不适，并就 MIC 出现泄漏进行上报。但由于 MIC 泄漏也很常见，没有人关注到这些问题
23h30min	确定泄漏源，操作工人得到报警，但他决定再休息一下后再考虑这个问题
00h15min	T610 中的压力继续上升，并超过允许的限值：达到 30 psi 似乎会继续上升
01h00min	班组长到来，注意到了 T610 中的有毒气体泄漏，并发出警报
02h30min	安全阀回座
03h00min	工厂经理到达现场并命令通知警方。类似行为以前从未发生过的，因为一些小的事件是不让地方当局参与的，这是工厂的政策

措施落实情况：

- 由于经济原因，T610 储罐的冷却系统停用。
- 温度和压力报警被忽略，因为缺乏维护保养，错误警报频繁发生。
- 温度警报效率低下，因为所设置的触发阈值温度过高。
- 泄压管线所连接的洗涤器(采用氢氧化钠溶液进行洗涤)已停用。
- 由于维修关闭了火炬系统。

经验教训

最初的工程质量很好，至少设置了 5 个保护层(layer of protection)。但随着时间的推移，这些措施变得无效。

再好的保护系统如果不及时的查验与维护，也将变得毫无用处。这需要一个安全管理系统[1-3]。

引言

对被评估对象开展过程危害分析(PHA)，并将其记录于报告中，并不意味着分析工作已经完成，因为文件中描述的风险降低措施并不能保证这些措施足以将风险降低至预期水平。因此，随后的可靠性评估步骤至关重要，即验证和说明拟采取措施(planned measure)是否足以将风险降低到所需水平。标准 IEC 61551 中描述了过程工业中过程控制措施可靠性的分析方法[4]。本章介绍的方法源于该标准和德国标准 VDI 2180[5]，并结合了作者在精细化工行业中获得的经验。关注点是安全仪表功能(SIF)，但其他降低风险的方法(如机械装置或组织措施)也可被视为额外的保护层。①

17.1 节简要地描述了可靠性工程的基础，包括统计基础以及一些有用的定义；17.2 节专门讨论过程控制系统(process control system，PCS)的可靠性以及提高其可靠性的方法；17.3 节专门介绍了从 PHA 的场景描述到保护系统可靠性评估的实践。

17.1　可靠性工程基础

17.1.1　定义

17.1.1.1　过程控制与保护系统

一旦对场景的严重度和发生可能性进行了估算，即对风险进行了评估，就可

---

①　对原文的表述进行了适当调整。另外，本章大量出现"safety instrumented system，或 SIS"的表述，但从文意来说，有的是指"safety instrument function，或 SIF"。对此进行了勘误，勘误之处未一一列出。——译者

以确定将要采取保护系统的性质和独立保护层(independent protection layer, IPL)的数量。安全仪表系统(SIS)由一个或多个控制回路(control loop)组成，每个控制回路包括一个传感器、一个逻辑解算器和一个执行器。保护系统的可靠性由风险评估结果、风险降低程度来确定，以安全完整性水平(safety integrity level, SIL)表示。需要注意的是，SIL 针对的是随机故障，而不是错误安装或结垢等系统故障。

关于过程控制系统(PCS)，重要的是区分设备正常控制的基本过程控制系统(basic process control system, BPCS)和安全过程控制系统(safety process control system, SPCS)。在许多情况下，SIF 在低需求模式(low demand mode)下工作，这是 SIS 的一个重要特征，意味着只有当被测工艺参数达到一定水平时，系统才会被激活并完成其功能。从可靠性方面看，存在这样的结果：只有当 SIF 被激活且无法完成其功能时，才能发现其存在的故障。

BPCS 的报警限(alarm levels)也相对接近正常操作下的工艺参数值。这些警报可以自动触发一个动作(如当温度超过一定水平时关闭进料阀)，或只引起操作人员的注意以提醒其执行手动操作。BPCS 始终在运行，因此该系统的故障会很快检测到。

因此，对于一个操作参数，可以对其范围如图 17.1 所示进行界定[5]：

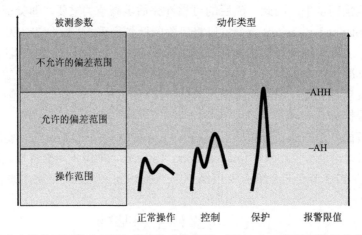

图 17.1　操作参数的不同波动范围与所需的动作类型。通过 BPCS 实现正常操作和控制，通过 SIS 实现保护。AH：高报警；AHH：高高报警

(1)参数在正常操作范围内波动，通过 BPCS 进行管理。

(2)参数在允许的偏差范围内波动，BPCS 报警并需要采取纠正措施。

(3)若上述动作不能奏效，则参数会进入不允许的偏差范围，SIS 触发保护操作/动作(protection action)。

显然，必须对 BPCS 执行的操作与 SIS 执行的操作进行区分。此外，如下所

示，这些系统必须是独立的，并构成独立保护层(IPLs)。

17.1.1.2 可靠性

从数学角度来看，可靠性(R)是指项目在规定条件、规定时间段内执行所需功能的概率[6]：

$$R(t) = P(\mathrm{E}) \text{ (设备 E 在}[0,t]\text{的时间范围内不失效)} \tag{17.1}$$

概率(P)是一个比值：如果实验重复 n 次，且事件 A(代表元件失效①)出现的次数为 n_A，那么事件 A 的概率为

$$P(\mathrm{A}) = \lim_{n \to \infty} \frac{n_A}{n} \tag{17.2}$$

因此，可以基于实际失效数据确定事件 A 的概率。

17.1.1.3 失效

失效是指系统无法完成其任务的状态。失效多种多样，可以用其是否发生或发生的模式来表征。

需要注意的是，这里考虑的是随机失效(random failure)，与错误安装等因素所致之系统失效(systematic failure)的概念不同。

失效的发生可能是连续的，也可能是突然的；其影响可能是局部的，也可能是全局的。表 17.1 对不同的失效模式进行了总结。

表 17.1 不同的失效模式举例

失效	识别	举例
运行中的失效模式：正在使用中的系统出现故障	失效能很快识别出来	正在运行中的泵出现故障
需时失效(failure to operate on demand)	这类失效很危险，因为发现时可能太晚了	温度高停止进料这道联锁处于失效状态(inactive)，导致危险场景
需前操作(operation before demand)：系统在预定时间之前执行了其操作	尽管能及时发现，但可能比较危险	爆破片装置到达设定压力前破裂
需后该中止而无法中止	尽管能及时发现，但可能比较危险	当系统压力低于回座压力时，安全阀仍不回座

主动失效(active failure)与被动失效(passive failure)之间的区别：

(1)主动失效是一种非预期激活(unwanted activation)：即使激活条件未满足，

---

① 原文为"failure"，本章主要将其翻译为"失效"。然而，很多场合下该术语也可翻译为"故障"。事实上，"失效"与"故障"常常互通。——译者

安全功能也会被激活。这降低了装置的可用性。

(2) 被动失效是一种未发现的失效 (undiscovered failure)：即使已满足了激活条件，也不会执行安全功能。这降低了装置的安全性。

故障-安全行为 (fail-safe behavior) 是指系统具有保持预定安全状态的特性。

17.1.2　失效率

失效率是设备使用年限的函数，如浴盆曲线所示 (图 17.2)。在系统使用寿命的最初阶段，故障 (失效) 率很高，然后逐渐降低并保持在希望的低故障率水平，直到系统设备磨损再次增大故障率。

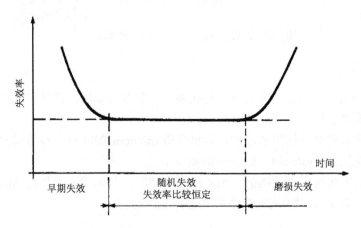

图 17.2　失效率随时间而变化：浴盆曲线

设备 E 在给定时间 t 和给定条件下完成其任务 (系统开机, system up) 的可用性 A 为

$$A(t) = P \, (\text{设备 E 在 } t \text{ 时刻不失效}) \tag{17.3}$$

发生故障后，系统停机，$\overline{A}(t) = 1 - A(t)$。这里，引入一个有用的概念：平均停机时间 (mean down time, MDT)。

如果某系统由 n 台设备构成，运行 t 时间后，在不对设备进行更换的情况下，还能正常运行的设备数为 $n_s(t)$，出现失效的设备数为 $n_f(t)$，则系统正常运行的概率 (probability of survial) 或可靠性为

$$R(t) = 1 - \frac{n_f(t)}{n} \tag{17.4}$$

瞬时故障率或失效率为

$$z(t) = \frac{1}{n - n_f} \frac{\mathrm{d} n_f(t)}{\mathrm{d} t} = -\frac{1}{R(t)} \frac{\mathrm{d} R(t)}{\mathrm{d} t} = -\frac{\mathrm{d}[\ln R(t)]}{\mathrm{d} t} \tag{17.5}$$

由此，我们可以得到如下表达式：

(1) 累积故障函数(cumulative hazard function)。

$$H(t) = \int_0^t z(t)\mathrm{d}t \tag{17.6}$$

(2) 可靠性函数(reliability function)。

$$R(t) = \exp\left[-\int_0^t z(t)\,\mathrm{d}t\right] = \exp[-H(t)] \tag{17.7}$$

(3) 失效密度函数(failure density function)。

$$f(t) = \frac{1}{n}\frac{\mathrm{d}n_{\mathrm{f}}(t)}{\mathrm{d}t} = -\frac{\mathrm{d}R(t)}{\mathrm{d}t} \tag{17.8}$$

假定故障率为常数，$z(t) = \lambda$，则可靠性函数可以简化为 $R(t) = \exp(-\lambda t)$，即可靠性与时间呈指数分布。失效率的倒数称为平均故障间隔时间(mean time between failures, MTBF)：

$$\lambda = \frac{1}{\mathrm{MTBF}} \tag{17.9}$$

事件的频率统计需基于一个参考时间周期，通常为 1 年。例如，对于每 100 年发生 1 次的事件，频率表示为 $f = 0.01\mathrm{a}^{-1}$。[①]

失效率基于实际使用周期。例如，对于每 100 h 出现 1 次失效，则失效率为 $\lambda = 0.01\mathrm{h}^{-1}$。

17.1.3 基于时间尺度的失效

从时间尺度上看，随机故障随机出现。另一方面，在系统运行的特定周期(T)内，总是会对系统进行维护的。如果出现失效，系统在进行维护前将处于停机状态；系统得到维修后将处于正常运行状态，直到出现下一次失效。这些事件可以放在时间尺度上，并用图形表示出来(图 17.3)，由此可以确定一些特征时间间隔(characteristic time interval)：

(1) MTBF，平均故障间隔时间(mean time between failure)。

(2) MTTF，平均故障前时间(mean time to failure)。

(3) MDT，平均停机时间(mean down time)。

(4) MUT，平均运行时间(mean up time)。

---

① 若设定时间周期为 1 年，则 1 年发生的次数为 0.01 次。——译者

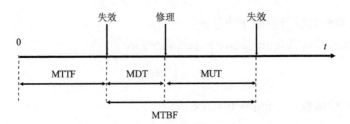

图 17.3 时间坐标上的各事件。特征间隔包括 MTTF(平均故障前时间)、MTBF(平均故障间隔时间)、MDT(平均停机时间)及 MUT(平均运行时间)

很明显,维护期(T)决定了 MUT 及 MDT,其中,MUT 必须最大化,MDT 必须最小化。从统计的角度来看,MDT 为维护期的一半。随机故障可能在刚刚维护/修后出现,于是系统在整个维护期内都处于停机状态。它也可能在维护/修后很晚出现,则系统在整个维护期内都处于运行状态(图 17.4)。

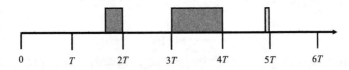

图 17.4 随机故障的维修间隔(T)对 MDT 的影响

从统计学的角度看:

$$MDT = \frac{1}{2}T \tag{17.10}$$

可以定义相对停机时间(fractional dead time,FDT)为

$$FDT = \frac{1}{2}\lambda T \tag{17.11}$$

工作示例 17.1 无报警火灾的频率[①]
化学品储存仓库配备了火灾报警系统,每年进行一次维护,报警系统的故障率为 $1 \ a^{-1}$,统计结果表明该仓库每年发生一次火灾。在这样的条件下,请问仓库发生无报警火灾的频率是多少?如果将报警系统的维护频率缩短为每月一次,则无报警火灾的频率又是多少?

$$FDT = \frac{1}{2}\lambda T = 0.5 \times 1a^{-1} \times 1a = 0.5 = 50\%$$

这意味着,从统计角度看每 2 年会发生一起无报警火灾。

---

① 对原文工作示例 17.1 中的表述进行了适当的简化。——译者

若报警系统的维护频率缩短为每月一次，则：

$$FDT = \frac{1}{2}\lambda T = 0.5 \times 1a^{-1} \times \frac{1}{12}a = 0.04 = 4\%$$

这意味着，每25年会发生一起无报警火灾。

这个有意高度简化了的示例说明了维护保养频率对 SIS 系统性能的影响。

17.2 过程控制系统的可靠性

17.2.1 安全完整性等级

标准 IEC 61511 将 SIF 的可靠性等级用 SIL 表述，从 1~4(表 17.2)。

表 17.2   IEC 61511 以后规定的安全完整性等级

SIL	PFD	每小时失效概率	风险降低因子
4	$\geq 10^{-5}$ to $<10^{-4}$	$\geq 10^{-9}$ to $<10^{-8}$	>10000 to ≤ 100000
3	$\geq 10^{-4}$ to $<10^{-3}$	$\geq 10^{-8}$ to $<10^{-7}$	>1000 to ≤ 10000
2	$\geq 10^{-3}$ to $<10^{-2}$	$\geq 10^{-7}$ to $<10^{-6}$	>100 to ≤ 1000
1	$\geq 10^{-2}$ to $<10^{-1}$	$\geq 10^{-6}$ to $<10^{-5}$	>10 to ≤ 100

对于低需求模式(low demand mode)[1]下工作的系统[即需求间隔时间(time between demands)长于 1 年或 2 倍维护期(T)的系统]，可以采用需时失效概率(probability of failure on demand，PFD)[2]进行表述。对于高需求模式，即需求间隔时间短于 1 年或 2 倍维护期，可靠性以每小时失效频率的形式给出。SIL 仅适用于 SIF，不适用于机械设备或其他系统。当然，可以为这些系统定义一个等效的可靠性(equivalent reliability)。SIL 4 不用于流程工业。对于此类风险降低因子(risk reduction factor，RRF)，必须使用其他风险降低措施，而不是 PCS。

17.2.2 控制回路

假定某 SIF 的安全完整性等级为 SIL 2，为了实现与 SIL 2 相对应的可靠性，将 SIS 所有组成元件的可靠性按照 SIL 2 类别来要求，这么做是否可行呢？答案是不行的，原因是控制回路(control loop)至少包括三个串联元件(图 17.5)：

---

① 国内将"low demand mode"翻译为"低要求操作模式"，本文从简洁计，翻译为"低需求模式"。——译者

② 国内文献将"probability of failure on demand"翻译为"需要时的失效概率"，本文从简洁计，翻译为"需时失效概率"。——译者

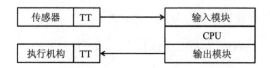

图 17.5　包含传感器、逻辑控制器及执行机构的典型控制回路。TT 为温度变送器

(1) 传感器，用于对关注参数进行测量。

(2) 逻辑控制器，可以是中央处理器(CPU)或简单的继电器。

(3) 执行机构，如阀门、泵等。

也许还应该考虑传输线路。因此，为了获得整个 SIF 的故障率，必须对这些元件的故障率均予考虑。单个仪器或设备的可靠性数据可以在文献[4，7，8]中找到，但首选值是公司自己的统计数据。

17.2.3　SIF 可靠性的提高

有几种方法可以提高 SIF 控制回路可靠性，其中的一种便是缩短其维护周期(见 17.1.3 小节)。

也可以通过冗余方法来提高控制回路的可靠性。例如，尽管采用一个传感器可以实现参数的测量，但为了提高可靠性将两个传感器一起使用。如果这些传感器的结构为 1oo2(表述为 2 选 1)，则其中一个传感器达到 SIF 的触发级别即可激活其功能。这种结构(1oo2)提高了可靠性，但由于误报频率增加，因此降低了装置的可用性。2oo2 的冗余结构可以解决可用性问题，但要以安全为代价，因为两个传感器都必须达到触发级别才能激活它。冗余度也可以通过多样性来提高：不是简单地将冗余元件加倍，而是根据不同制造(厂家、方法等)来选择第二个元件，或者选择第二个冗余元件测试不同的参数(如温度、压力、液位、重量等)。这种冗余的多样性可以降低共模失效(common mode failure)的概率，从而提高了可靠性。

在不降低可用性的情况下，可以使用更复杂的结构来降低系统的故障率：表决方式。上面提到的 1oo2(可用性差)和 2oo2(安全性差)的结构即是表决方式的两个案例。2oo3 的结构可以使可靠性和可用性均得到提高，该结构中的 3 个元件/子系统(subsystem)冗余，只有当 2 个元件/子系统同时显示危急情况时，才会触发安全动作。PFD 降低(检测到被动失效)，可用性增加，这是因为非预期的激活发生次数减少。

17.3　可靠性的评估实践

17.3.1　场景结构

可靠性评估始于对失效场景准确且详细的描述，在对场景进行表述和分析时要非常小心。例如，蒸馏过程中温度控制器失效并不会直接导致死亡。更详细的分析表明，从初始事件(温度控制失效)到顶上事件(死亡)之间，需要经历一系列事件。当过热产生足够的压力增长时，会导致容器失效(loss of primary containment，LOPC)，产生爆炸性环境，遇点火源将引发爆炸，当有人出现在危险区域时，将可能导致人员伤亡事件。因此，该场景可以从初始事件(具有典型故障频率的温度控制器失效)开始构建，随后的事件被称为条件修正(conditional modifiers，操作人员出现于危险区域中)或使能事件(enabling event，点火源)，这些事件使场景得以延续，但不会自行导致顶上事件(图17.6)。每个事件都需要用概率进行表述。对场景的演化过程及所导致的最坏可信后果(worst credible consequence)进行详细描述是很重要的。

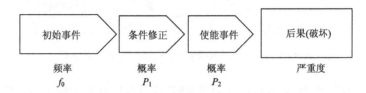

图 17.6　从初始事件到后果(严重度)的场景结构

于是，后果频率可以如下计算得到：

$$f = f_0 \cdot \prod_i P_i \tag{17.12}$$

需强调的是，在事件链中只给出独立的事件。与事故树(1.4.6小节)类比，即事件通过逻辑与门相连，并且只代表事故树的一个分支。如果存在或门，则必须对第二个独立场景详细说明。

17.3.2　风险矩阵

以下提出的方法是一种介于纯定性风险评估和定量风险分析之间的方法，包括使用非 SIF 替代的方法(non-SIF alternatives)。

第1章图1.2中的风险矩阵可以用于降低风险，其原理是对场景的风险进行评估并将其定位于适当的矩阵单元格中(图17.7)：列(1~4)表示后果的严重度，行(A~F)表示发生的频率。需要注意的是，此时评估出来的风险为原始风险(naked risk)，意味着没有采取任何风险降低措施(在该阶段，现场已有措施应予以忽略)。若场景位于深灰色单元格中，说明其风险不可接受，则必须将其风险降低到可接受的水平(位于白色单元格中)，或者至少降低到尽可能低的(ALARP)水平(位于浅灰色单元格中)。风险降低可以通过两种方式来实现，一是降低严重度(向左移动)，二是降低频率(在矩阵中向下移动)。若可以降低严重度，则必须予以首选，因为从固有安全的角度来看，降低严重度具有决定性意义，而降低频率则严重度的威胁依然存在。

A	$f > 1/10\,a$	100	1000	10000	100000
B	$f \leqslant 1/10\,a$	10	100	1000	10000
C	$f \leqslant 1/100a$		10	100	1000
D	$f \leqslant 1/1000a$			10	100
E	$f \leqslant 1/10000a$				10
F	$f \leqslant 1/100000a$				
		1	2	3	4
			严重度		

（左侧纵向标注：频率）

图 17.7　标有所需风险降低因子(RRF)的风险矩阵

在降低频率时，所需风险降低因子 RRF 的重要性取决于场景的实际发生频率与目标频率之间的差距。在风险矩阵中，每向下移动一个单元格，频率降低 1 个数量级。单元格中的数字表示 1～3 级严重度场景达到可接受风险所需的 RRF，以及 4 级严重度场景可能处于的不希望风险区(undesirable risk, ALARP)。当采用 SIS 降低风险或部分降低风险时，其 SIL 可如下确定：

$$SIL = lg(RRF) \tag{17.13}$$

在流程工业中，通过一个或多个 SIF 是无法实现 RRF 超过 10000 的：这是由于 SIL 4 不用于流程工业，因此还需要其他非 SIF 风险降低手段[4]。

17.3.3　风险降低

一般说来，也可以通过 SIF 以外的措施来降低风险，但采用这些措施时，必须证明其风险降低能力与相应 SIL 的 SIF 具有相同水平的可靠性。

不同的 SIF 必须构成 IPL。对于初始事件源于 BPCS 失效的情形，这一点尤为重要。对此，IPL 不能共用 BPCS 的 CPU，因为这会导致共模失效。需要独立 CPU 的安全过程控制系统(SPCS)来作为 SIS 使用。

关于采用 BPCS 降低风险的说明：

BPCS 可实现的最佳 PFD 为 10^{-1}，相当于 SIL 1，这只有在所用元件、结构都经过验证的情况下才能达到。若 BPCS 是初始事件，则可以在 BPCS 中实现一个保护层，若 BPCS 不是初始事件，则可以在 BPCS 中实现两个保护层。条件是 IPL 不共享相同的现场设备、I/O 模块或处理器模块。独立处理器模块需要特定的设备。通常，首选专用的安全过程控制系统(SPCS)。

工作示例17.2：风险降低

考虑半间歇模式下进行的放热反应。工艺风险分析过程中，对以下场景进行了识别：冷却介质循环泵失效导致反应器温度和压力升高，压力将超过反应器最大允许工作压力(MAWP)的1.5倍，导致容器失效(LOC)，并最终因有毒物质的释放导致两人死亡。该场景的构建如下：初始事件(泵以一定的频率出现失效)，随后是条件修正与使能事件(表17.3)。

表17.3　半间歇反应过程中冷却失效场景的分析

事件	频率f或概率P	备注
泵失效是具有一定发生频率的初始事件	$f = 1/10a$	典型的保洁及维护均较为充分的泵
反应器容器失效(使能事件)	$P = 1/1$	压升达到MAWP的1.5倍，导致容器失效
操作人员的暴露(条件修正)	$P = 1/10$	操作人员仅在需要现场操控时暴露：10%的时间
顶上事件的频率	$f = 1/100a$	

该场景的风险位于风险矩阵的C4单元格(频率为每100年1次)，后果为4级(人员死亡)。矩阵给出的RRF为1000，该因子最好通过2个IPL实现。

已采取的措施是高温-进料联锁：若反应器超过设定温度一定值，则停止进料。该IPL通过BPCS实现，因此，RRF为10。

为了避免压力增长，至少还需要另外一个IPL。有两个选项：

(1)选项1：采用紧急泄放系统(ERS)，这是一种机械装置。鉴于物料的毒性，必须安装流出物处理装置。相比于爆破片装置，优选安全阀，因为它会在压力降低时回座(再次密封)。就该场景而言，若所选ERS的尺寸适合，则其RRF为100。

(2)选项2：采用SIF回路，关闭进料管线上额外串联安装的截断阀(block valve)。其功能是在温度超过设定值一定量时停止进料。该IPL的完整性等级必须达到SIL 2级，以满足RFF 100的要求。从多样性的角度来看，一个很好的替代方案是使用压力传感器，利用压力与截断阀联锁，从而构建SIF——设定一个压力限值，使其不超过MAWP，当压力达到该限值时，则关闭截断阀。该选项只有当反应物积累较低时才有效，反应必须立即停止从而可以避免出现危险超压。与ERS相比，该选项的最大优点是可以避免有毒物质的释放。

此外，考虑到泄漏出来的气云有毒，需要佩戴个体防护用品(防毒面具)，有利于降低中毒风险。这是一种组织措施，只有在感知到有毒物质释放(传感器检测报警、人闻到相关味道)时才有效。

最佳的做法是采用PCS措施的组合来满足RFF=1000的要求，一个措施通过BPCS

实现，另一个通过 SPCS 实现，其安全完整性等级为 SIL 2 级。参见表 17.4。

表 17.4 冷却泵失效场景的保护策略

保护措施	RFF	备注
通过 BPCS 实现温度-加料联锁	10	对 BPCS 控制回路来说，这是 RFF 所取的最高值
通过 SIL 2 级的 SIF 实现高温切断加料或者高压切断加料，或者 ERS（带流出物处理系统）	100	考虑到物料的毒性，SIF 优于 ERS，从而避免有毒物质的扩散
人员安全装备(PSE)：呼吸保护	(<10)	除了技术手段，还必须对泄漏进行监测，对操作人员进行培训
总的风险降低	1000	

这里介绍的 SIL 评估方法是基于矩阵的保护层分析(layer of protection analysis，LOPA)，其中矩阵参考文献[4]中附录 G。还有一些其他的方法可用于 SIL 评估，如校准的风险图法、LOPA 方法等。

17.3.4 其他可靠性分析方法

17.3.4.1 校准的风险图法

校准的风险图将风险定义为 4 个判据的组合(见参考文献[4]第 3 部分之附录 D)：

(1)后果的严重程度分为 4 个等级，$C1 \sim C4$。

(2)暴露率分为 2 个等级，$F1$ 和 $F2$。

(3)避免危险的可能性分为 2 个等级，$P1$ 和 $P2$。

(4)系统需求率(demand rate)分为 3 个级别，$W1 \sim W3$。

根据不同的路径来确定所需的 SIL 等级，这些路径的起始点为严重度 C，终点为需求率 W，见图 17.8。单元格中的数字给出了所需的 SIL。

下面给出了修正方法[4]的示例性说明：

(1)后果：

①$C1$，损时工伤(lost time injury)；

②$C2$，重伤(serious injury)；

③$C3$，$1 \sim 3$ 人死亡；

④$C4$，超过 3 人死亡。

(2)需求率：

①$W1$，很少(seldom)，$<1/10$ 年；

②$W2$，偶尔(occasional)，$\geq 1/10$ 年 to$<1/1$ 年；

③*W3*，经常(often)，≥1/1年 to<10/1年。

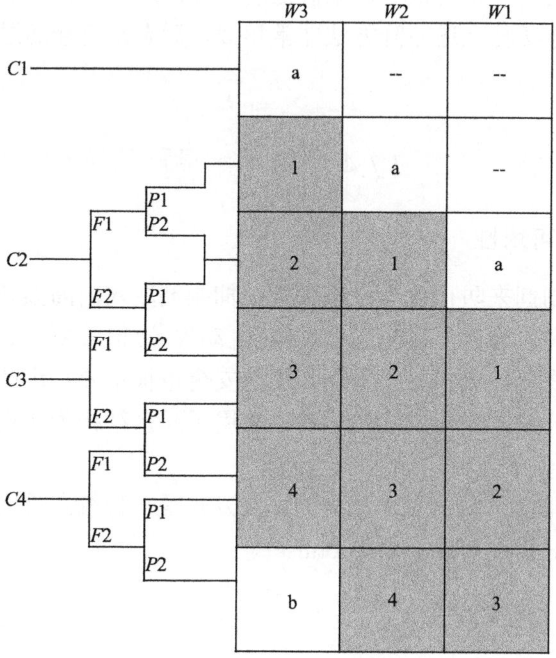

图 17.8 修正的风险图。--不需要 SIL，a 没有特殊的安全需求，b 需要不止一个安全仪表功能 (SIF)，1~4 所需的 SIL

(3)暴露时间：

①*F1*，暴露时间<10%的工作时间；

②*F2*，暴露时间>10%的工作时间。

(4)撤离(escape)可能性：

①*P1*，撤离机会>90%；

②*P2*，撤离机会<90%。

17.3.4.2 保护层分析(LOPA)

LOPA 以表格形式呈现，详细说明了初始事件频率、所有单独(individual)保护层(如技术性措施、程序性措施和 SIF 措施)的概率及其各自的可靠性：

(1)工艺设计。

(2)BPCS。

(3)报警。

(4)额外的减弱措施、进入限制。

(5)额外的减弱围堰、压力泄放。

最后，将得到的频率与根据后果确定的目标值进行比较。若有差距，则必须增加保护层。该方法与上述矩阵方法非常相似，后者是直接通过风险矩阵实施的简化 LOPA 方法。

17.4　习　　题

17.4.1　可靠性与可用性

通过注入抑制剂来防止化学反应失控，抑制剂注入由高温开关(TISH)触发。由于物料价值很高，因此，避免错误警报(主动失效)很重要，否则会导致抑制剂不必要的注入和物料损失。另一方面，工艺安全也很重要，因此必须避免被动失效(需时失效)。因此，对于温度传感器，采用了冗余结构为 3 选 2 的(2oo3)的表决方式。

问题：定性解释为什么 2oo3 结构的表决方式是一种触发抑制剂注射可用性和可靠性之间的良好折中(good compromise)。

17.4.2　主动失效与被动失效

采用冗余系统可以提高工艺过程的可靠性，但这可能会对其可用性产生负面影响。

问题：主动失效与被动失效如何影响可靠性与可用性？

(1)被动失效更多地影响可靠性；

(2)被动失效更多地影响可用性；

(3)主动失效更多地影响可靠性；

(4)主动失效更多地影响可用性。

以上说法中，正确的是？(　　)(单选)

A.(1)、(2)　　　　　　B.(1)、(4)　　　　　　C.(2)、(3)

17.4.3　表决方式

就切断流体进料装置而言，为什么 2oo3 结构的表决方式较好地兼顾到了设备的可用性和可靠性？请定性解释。图 17.9 中，每种颜色或字母代表一个组合元件。

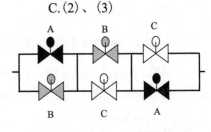

图 17.9　切断流体进料的 2oo3 结构

17.4.4　措施的可靠性

在加氢工艺过程中，避免氮气供应（用作惰化气体）被氢气污染很重要。加氢反应器中的氢气压力通常高于氮气管线的压力。有两种选项可以避免污染（图17.10）：

图 17.10　(a)双截止与泄放系统；(b)止回阀(check valve)

第一种：采用双截止与泄放(double block and bleed，DBB)系统[小箭头表示阀门的开合状态，打开(↑)、关闭(↓)]。

第二种：止回阀。止回阀是仅允许流体(液体或气体)沿一个方向流动的阀门。

请对这两种选项的可靠性进行比较。你倾向推荐哪种？

参 考 文 献

1　Kletz, T.(2001). Learning from Accidents, 3e. Oxford: Butterworth-Heinemann.

2　Vaughen, B.K.(2015). Three decades after Bhopal: what we have learned about effectively managing process safety risks. Process Safety Progress 34(4): 345–354.

3　Ronald, J. and Willey, P.E.(2014). Consider the role of safety layers in the Bhopal disaster. Chemical Engineering Progress 12: 22–27.

4　IEC-61511(2016). Functional safety – safety instrumented systems for the process industry sector. Geneva Switzerland: IEC.

5　VDI/VDE(2009). 2180 Blatt5: Sicherung von Anlagen der Verfahrenstechnik mit Mitteln der Prozessleittechnik(PLT), Empfehlungen zur Umsetzung in die Praxis. Berlin, Germany: Beuth.

6　Lees, F.P.(1996). Loss Prevention in the Process Industries, Hazard Identification, Assessment and Control, 2e, vol. 1–3. Oxford: Butterworth-Heinemann.

7　HSE(2012). Failure Rate and Event Data for Use Within Risk Assessment. UK: Health and Safety Executive.

8　Delvosalle, C., Fiévez, C., and Pipart, A.(2003). Generic Frequencies of Critical Events, Bibliography. Mons: Faculté polytechnique de Mons.

18 安全工艺过程的开发

典型案例：不同工艺设计中的物料热暴露[①]

两家公司决定共建一个厂，用于生产芳香胺中间体。两家公司都设计了一条经典的合成路线，即通过硝化反应向芳香化合物中引入氮原子生成硝基化合物，然后通过氢化反应将硝基化合物还原为胺。然而，两家公司在工艺设计上存在差异：由于硝化反应选择性较差，因此硝化反应会产生由异构体和其他副产物组成的混合物。第一家公司的工艺设计是通过精馏对硝基化合物的混合物进行分离，以获得相当纯度的目标化合物，从而避免氢化反应过程中可能的催化剂中毒失活问题。

第二家公司致力于加氢催化剂的设计，以寻找能够将硝基化合物的混合物直接氢化为胺混合物的催化剂，然后将这些胺混合物通过液-液萃取分离，以获得相当纯度的目标化合物（图 18.1）。

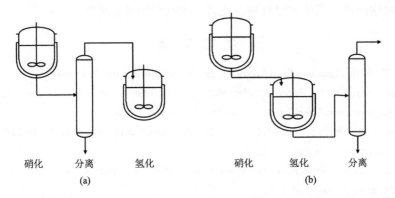

图 18.1　通过硝化与还原合成胺。两种工艺的热暴露不一样：(a)对硝基化合物进行精馏，(b)通过液-液萃取对胺进行分离

不幸的是，最终选择了第一家公司的工艺流程，并导致了一起严重的事故。由于室温下该硝基化合物是固体，因此需要对精馏塔进行保温处理，并通过油循环进行伴热(trace heated)。开车过程中，油发生了泄漏，飞入保温材料并点燃。随后，处理硝基化合物的精馏柱处于火灾加热状态，导致硝基化合物受热剧烈分解，导致精馏柱发生爆炸，造成装置无法修复的损坏。幸运的是，没有人员伤亡，只是产生了严重的经济损失。

---

① 原文中此案例没有名称。翻译时，为了前后一致，对此案例进行概括并对其进行了命名。——译者

经验教训

这两种工艺设计中硝基化合物的热暴露是完全不同。直接对硝基化合物加氢还原，然后在室温下对胺进行分离，这避免了在高温下对硝基化合物进行精馏，避免了其高温暴露。

而第二家设计的胺分离工艺，硝基化合物不会暴露在高温下，因此不会发生上述事故。

在工艺开发的初始阶段（every early stage）对物料潜在能量和可能的高温暴露进行研究是很有价值的。

引言

应该在工艺过程设计的不同阶段始终贯彻本质更安全的思想，并以此为指导。18.1 节介绍了本质更安全工艺的概念及将其融入过程开发的策略，这引出了 18.2 节中所述的集成过程开发（integrated process development）的概念。18.3 节讨论了集成过程开发的实践以及不同专业人员之间存在的沟通困难问题，并对这些专业人员的培训进行了小结。

18.1 本质更安全的工艺

18.1.1 本质安全的原理

本质安全由 Trevor Kletz 在 20 世纪 60 年代末提出[1, 2]，认为应将安全融入工艺设计中，将其作为制作蛋糕的酵母（yeast），而不是蛋糕上装饰的花朵。本质安全的定义：工艺过程中与物料和操作相关的危险已经降低或消除，并且这种降低或消除是永久的和不可分割的[3]。为此，在过程开发过程中用到以下几个基本原理。下文对这些原理及其对工艺热安全的影响进行介绍。

最小化（minimization）原理，也称为强化（intensification）原理，减少苛刻条件下使用的物料在线量（inventory）。例如，使用连续反应器替代间歇反应器（见工作示例 9.1 和 9.2），采用微反应器技术可以进一步实现物料减量化[4-6]。强化原理的另一种体现是将多个单元操作进行合并，或者采用一个设备实现多种功能（如反应蒸馏装置，将反应单元和蒸馏单元整合在一个独特的设备中[7,8]）。在工业 4.0 架构中，开发的模块化生产装置（modular prodction plant）[9]也是生产装置最小化（和简化）的一种方式。无论采用何种策略，反应量热都是确定反应热参数和反应器操作条件的重要工具（见 4.4.3 小节）

替代（substitution）原理，采用危害较小的化学品替代危害较大的化学品。这在新产品研究的最初阶段非常有用。在该阶段，必须选择合适的合成路线，所选路线涉及的化合物应尽可能不可燃，避免高能物料和强放热反应。溶剂的选择很重要，因为它可能影响反应速率和热稳定性。对于热危害的识别，包括差示扫描量热(DSC)在内的微量热法非常适用，因为其所用测试物料量少，且速度快。因此，可以通过筛选研究不同的工艺变量、合成路线、反应物和溶剂等(见 4.3.1 小节)，提高工艺的本质安全水平。例如，如果采用替代原理合成西维因(也称胺甲萘，carbaryl)，便可以避免博帕尔悲剧的发生。西维因可以通过以下两种途径获得(图 18.2)：联合碳化物公司(Union Carbide)采用的是甲胺与光气形成甲基异氰酸酯，甲基异氰酸酯再与 α-萘酚反应形成西维因的工艺。以色列 Makhteshim 公司采用的路线是将 α-萘酚与光气直接反应形成氯甲酸酯，氯甲酸酯与甲胺反应转化为西维因。这两条路线的巨大区别在于，Makhteshin 公司完全避免了甲基异氰酸酯。"你没有的东西是不会泄漏的"(What you don't have cannot leak)。[10]

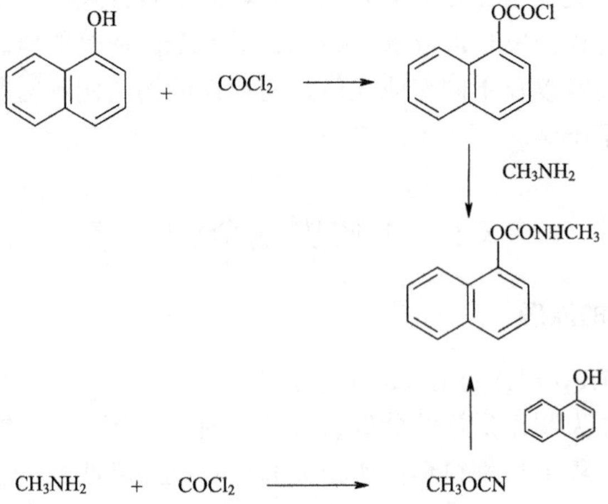

图 18.2　西维因的两种合成路线。上面的路线为以色列 Makhteshim 公司所采用，该路线避免了博帕尔悲剧中的涉事物料——甲基异氰酸酯

缓和(attenuation 或 moderation)原理的思想是危险化学品应在尽可能低的危险情况下使用。缓和原理的应用多种多样。例如，当使用光气作为反应物时，应该尽可能采用双光气代替。光气是一种剧毒气体(沸点 $T_b=8℃$)，而双光气在室温下是液体($T_b=128℃$)。显然双光气更容易处理，即使泄漏，其扩散远不如光气范围大。反应量热或微量量热的方法(如 Calvet 量热)可用于测试不同反应物的反应性(见 4.3.2 小节)。①

简化(simplification)原理旨在使过程或设备能够经受住失效，换句话说，使

---

① 对原文中这一段的表述进行了较大的调整。——译者

其具有很强的鲁棒性。按照该原理设计的工厂出现技术或人为故障的机会更少，且更容易控制[2]。设备设计基本上要做到能克服误操作，这要求在过程设计中能对可能出现的误操作进行识别、分析，并采取措施予以克服。3.2.1 小节中介绍的冷却失效场景解决了冷却系统关键失效的容错问题(problem of tolerance)。从这个意义上说，对该场景的 6 个关键问题进行解答可以对工艺过程的热安全提供一些基本的保障，从热安全的角度来说，使得过程的鲁棒性更强。下文将就这些概念在工艺过程全生命周期中的应用进行介绍。

18.1.2　工艺过程全生命周期的安全

可以通过八个步骤对工艺过程的生命周期进行概要性表述：

(1)工艺过程生命周期始于创新：新分子的发现、新产品的开发或现有产品的改进。本质上讲，这处于想法阶段，尚没有物化。

(2)可行性研究。在这个阶段，(由于可行性差或不具可行性)许多"好"的想法都会被筛掉。这项研究在实验室进行，于是首当其冲的便是热安全的问题，为此需要确定反应物和产物的能量。从一开始就提出正确的问题，将更有利于设计出本质上更安全的工艺。这种方法被称为本质更安全设计(inherently safer design, ISD)[2]或集成过程开发。在这个阶段，所需物料量为毫克级到克级。

(3)实验室研究。这个阶段要确定工艺条件，于是反应物、产物和中间体的热稳定性等问题变得至关重要。基于确定可放大工艺(scalable process)的目的，采用反应量热仪对这些工艺进行研究。反应量热仪已被证明是一种对优化反应条件非常有价值的工具，同时可以为参与工艺放大的工程师提供初步信息[11]。在这个阶段要确定工艺的危险度等级，在此基础上确定非预期热效应的保护策略，要收集初步风险分析所需的数据(尽管设备尚未确定)。此阶段所需物料量为百克量级(hectogram)。

(4)中试阶段(pilot plant)。考虑溶剂和反应物技术品质的情况下，工艺开发涉及更大的量级(公斤、升)。中试前，必须进行风险分析，其中热安全是分析的重要组成部分，因此先前获得的数据对于中试阶段来说是必不可少的。中试研究的目的在于识别进一步放大到工业规模(industrial scale)时可能存在的问题。中试反应器可以配备热平衡系统，使其功能类似反应热量仪(见 4.4.3.5 小节)，以便为未来的生产装置提供良好的信息基础。应在此阶段对相关的保护策略和安全措施进行验证。

(5)工程设计阶段。在此阶段，工程师需要确定设备的类型和尺寸、生产能力、工艺参数和控制策略，同时需要全面开展过程风险分析[危险和可操作性研究(HAZOP)或类似分析]，并落实对策措施。很显然，传热问题、反应的热行为、化学品和设备等起着核心作用。

(6)建设和调试(commissioning)阶段。工艺过程实物化，相关功能经过测试，风险降低措施的效能也经过测试。对该阶段暴露出的问题进行纠正不仅成本高，还会导致工期延期。如果产品的市场竞争激烈，这可能是致命的。

(7)运行操作(process operation)阶段。该阶段，工艺过程以 t/m^3 的生产规模(full scale)运行，公司盈利。按照持续优化的原则，对该阶段不断暴露出来的不足之处进行整改与优化。如果原材料或工艺条件发生变更，必须就变更对热安全的影响进行及时验证并留档。在工艺过程生命周期的最初阶段运用 ISD 策略是很正确的，但 ISD 策略的运用并不限于此，它还适用于生命周期的后期阶段，因为也存在着各种变更[12]。①

(8)去功能化(process death)阶段。产品需求减少，产品被替代，或者竞争对手推出更好的产品——所有这些原因都导致了这个过程的消亡。装置退役，设备拆除。这也可能导致事故的发生，如第 13 章典型案例中清理操作导致的严重事故，或第 17 章典型案例之印度博帕尔事故，装置功能慢慢退化，缩减培训，压缩员工数量，安全屏障失效，以致灾难发生[13]。

18.1.3　安全工艺过程的开发

要开发一个安全的工艺过程，首先要回答的问题便是"什么是一个安全的工艺过程？"提问者的角度不同，答案和标准也有所不同。

对于管理层来说，需要的可能是一个用数字来表述过程是否安全的答案。管理的重点是在过程经济性、环境保护和安全性这三个约束条件之间找到最佳选择。许多公司都倡导"安全不能因经济而打折扣"的原则，并以此作为确定管理选项的指导。许多公司还承诺遵守责任关怀(responsible care®)原则②，这些原则要求企业在效益、安全等要素中，坚持努力、持续地改进过程安全。这一要求是《责任关怀全球宪章》(*Responsible Care global charter*)第二个要素的一部分，呼吁所有参与者实施 ISD 策略。

对于工程师来说，重点要解决的是技术问题，如反应控制问题、设备设计、物料/材料特性(如腐蚀或机械阻力等)以及风险降低措施，后者应包括哪些措施？这些措施是否足够？是否可靠？应采用什么样的过程控制策略？等。

对工艺开发人员③来说，涉及的问题包括化学反应速率(动力学)、热稳定性

---

① 对原文中这一段的表述做了较大的优化。——译者

② "责任关怀"(responsible care®)是于 20 世纪 80 年代国际上开始推行的一种企业理念，是全球化学工业自发性关于健康、安全及环境(HSE)等方面不断改善绩效的行为，是化工行业特有的自愿性行动。有兴趣的读者可以自行阅读相关文献。——译者

③ 原文用语是"scientist"，但根据上下文语义，应为"chemist"，故翻译为工艺开发人员。——译者

（原料、产品、中间体、副产物等）、催化效应、相关化学品和物料的物理性质以及安全工艺条件。

关于安全工艺条件的问题听起来可能很奇怪，但经验表明，人们通常会给出预定的工艺条件，但却缺乏工艺偏离这些条件多远仍能保持安全的信息。因此，工艺设计的第一步应是确定工艺保持安全的参数范围，确定临界极限。很明显，需要一种方法来（帮助人们）实现过程经济性、环境保护和过程安全等方面彼此有可能发生冲突的目标。

18.2　方　法　论

18.2.1　精细化工行业的特殊性

正如化学工程课程中所教授的内容那样，过程开发包括并始于给定的化学物质、工艺过程构思，最后建造一个工厂来生产它。这对于大宗化学品来说是完全合理的，需要有专门的工厂来生产制造这些大宗化学品。而对小宗精细化学品而言，通常只能通过多用途装置来实现。于是，对精细化工来说，过程开发主要是调整工艺以适应现有设备，并尽可能地保持现有设备不变。从工艺过程的热安全角度看，这些（调整工艺的）方法差别很大，因为搅拌釜式反应器在混合和热交换方面都不是最佳的解决方案。相对而言，管式反应器具有明显优势，但缺乏多用途所需的灵活性。因此，搅拌釜式反应器的热交换能力往往成为（过程开发的）限制因素（见 8.9 节、9.4 节和 14.5 节中的习题）。

18.2.2　集成过程开发

在过程开发的早期阶段就将安全问题融入其中，可以为人们获取本质更安全工艺过程提供最佳机会。这种过程开发的方式也被称为 ISD 策略，运用该策略可以降低开发成本、形成真正有利可图的工艺过程。之所以如此，原因是多方面的。

首先，工艺过程的信息随着其进入生命周期不同阶段而不同，越往后人们掌握的信息越全。反之，随着时间的推移，留给人们对工艺过程进行优化的机会也会相应减少。若要缩短工艺过程走向市场的时间，就必须在仅有部分可用信息的早期阶段就做出工艺过程是否具有放大必要的决策。因此，过程开发的要旨（art）就是在信息很不充分的情况下做出正确的决策。在这种情况下，量热（尤其是反应量热）有助于深入了解反应的热数据和动力学数据，可以提供极具参考价值的信息[14, 15]。①

另一方面，随着过程开发不断地往后期阶段推进，开发的费用也会不断增加。

---

　　① 对原文中这一段的表述进行了优化及适当补充。——译者

因此，对过程进行更改的自由度也在不断降低。没有什么比经过几个月的紧张工作，突然意识到这个工艺过程已经进入死胡同(dead end)更糟糕了。为了避免开发过程中出现这种不幸的事，在设计的早期阶段对替代方案进行系统的考虑是很重要的。即使这些替代方案不可能全部成功，但至少应该对其深思熟虑[1]。这不会花很多钱，却可能会节省许多开支。公司应该通过内部程序，要求在过程开发的每个阶段都明确说明 ISD 策略的实施情况，这是非常有益的。例如，一家精细化学品公司在过程安全分析的框架范围内实施了 ISD 评估步骤。因此，项目经理必须在每个开发阶段，都对图 18.3 所示工作流程中的替代、最小化、缓和与简化原理的运用给出说明与评价。

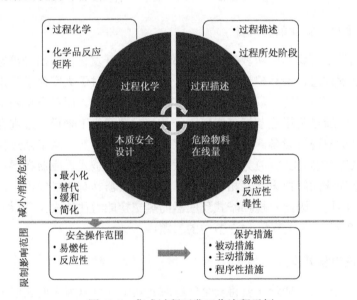

图 18.3　集成过程开发工作流程示例

如果直到工程阶段和放大到工业规模时才考虑安全问题，那么所能做的只能是一些末端解决方案(end-of-pipe solution)——通过增加防护设备来降低风险。

早期开发阶段使用的过程危害分析(PHA)工具，也可以用于识别工艺过程中存在的弱点，应通过优化条件来补强弱点而不是直接采用安全保障措施来改进工艺过程。从这个意义上说，PHA 可以成为优化工艺过程的迭代手段。

18.3　集成工艺开发的实践

18.3.1　目标与参数

集成过程开发的目标在于开发出具有经济性、环保性和安全性的工艺过程。

需要优化获得的产出是质量、生产率和鲁棒性。人们往往先验性(想当然)地认为，过程经济性可能与环境和安全的目标相冲突，但事实并非如此。

生产率是体现过程经济性的一个参数。可以通过缩短生产周期(cycle time)、减小反应器体积、加快反应速率、增加浓度和提高转化率来提高生产率。生产周期缩短、反应器体积减小、转化率提高，可以归于过程强化，有利于过程安全。反应速率加快和浓度增加似乎与安全问题相冲突，在这种情况下，优化程序会有所帮助。

产品质量是反映过程经济性的另一个参数。可以通过提高反应选择性和避免二次反应来实现，这不仅可以减少废弃物，而且避免二次反应本身也有利于热稳定性。提高选择性的方法包括严格控制温度、压力、pH 和浓度等工艺参数。事实上，过程经济性的目标与过程安全目标是一致的。

进一步说来，生产率还体现在工艺过程对控制参数、反应物质量或技术失效等变化的鲁棒性。这里，鲁棒性的目标也与过程安全目标完全一致。

因此，提高生产率相关的工作也有利于工艺过程的热安全性。从结果来看，将安全问题纳入过程开发的一个组成部分，有助于在过程开发早期阶段获得可放大的工艺，从而显著地缩短走向市场的时间。那么问题来了:什么是可放大的工艺?

答案是多种多样的。考虑到(放大过程)必须对涉及的不同角度动态行为(dynamic aspect)进行平衡，由此可以总结出最佳答案。这些涉及的动态行为包括:

(1)化学反应动力学。决定因素是反应动力学参数、温度和浓度。这些影响可以通过量热方法进行研究[14, 16]。将不同量热法进行组合，可以确定反应动力学参数乃至复杂的反应机理，详见 8.3.3 小节[17]。

(2)流体力学。这意味着需要考虑不同反应器[如间歇、半间歇或连续搅拌釜式反应器(CSTR)与柱塞流反应器]的混合效果(微观混合或宏观混合)、相接触、机械搅拌、气体分散、固体悬浮、乳浊液以及不同流体的接触方式等因素。

(3)设备动态特性。第 14 章中介绍的温度控制的动态特性很重要，压力控制的动态特性也可能发挥重要作用。14.4 节中给出了一个描述反应器控制动态特性的例子。

一旦知晓这些动态行为，并明确它们的控制方法，就可以对不同量级的工艺过程进行平衡——即工艺过程是可放大的。这个观点可能有点理想主义的色彩，但至少它可以为过程开发应遵循的路径提供一些建议。这里再次强调，量热方法非常有用。

18.3.2 工艺与工程技术人员

过程开发需要不同专业、不同教育和文化背景的专业人士的大力合作。正因如此，可能会存在沟通困难的问题。为了说明这一点，我们以加氢反应器为例。

工艺开发人员考虑的是选择性,是双键 π 轨道与氢 s 轨道相互作用的反应机理等。工程技术人员考虑的是反应器中的温度和压力控制、催化剂悬浮、气体分散等。事实上,这两位专业人员是从两个完全不同的尺度上看问题:工艺开发人员基于微观甚至纳米尺度,而工程技术人员是基于工业反应器这一宏观尺度。

经验表明,从热效应的角度来看问题,如通过反应量热仪来研究反应,可以将上述两种观点融合在一起:热效应对于工业规模的温度控制和热传递很重要,同样地对微观或纳米尺度的反应动力学和机理也很重要(表 18.1)。

表 18.1　化学工程与过程安全中涉及的参数

参数	化学工程	过程安全
反应焓	反应器设计	潜在的失控趋势
热容	能耗	绝热温升
热流(热功率)	反应控制	冷却能力
反应动力学	选择性、生产率	累积
热传递	尺寸	反应器稳定性
黏度	搅拌、混合	冷却能力
搅拌功率	搅拌设计	累积
蒸气压	单元操作	爆炸、压力
潜热	冷凝器/回流设计	压力、蒸发冷却
溶解性	相分离	离析(segregation)、累积

18.3.3　交流与问题解决

工艺过程的热安全处于物理化学、化学工程和设备工程等领域的交叉部分。因此,这通常需要不同背景专业人员的团队合作,但这可能会使沟通变得困难。例如,热安全问题的解决需要经历若干步骤,需要通过公司不同部门之间的衔接进行信息交互。安全实验室人员需要根据生产部门或工艺开发部门对问题的描述来设计实验。为此,他/她必须能够理解工业问题,从而进行实验,并提供解决问题所需的信息,这是第一步衔接。然后,开展相应的实验研究,得出物理化学参数(数据、热谱图等),并利用这些数据解释工业规模(放大)情形下存在的风险,这是第二步衔接。为此,3.3.2 小节中描述的危险度等级将有利于这样的衔接。用于描述冷却失效场景的语言可以使复杂概念简单化,既科学又易于理解。例如,将反应焓转化为绝热温升,使得问题变得很容易理解。

以下的沟通法则可用作指导[18]:

想到了　　　　不等于　　　　说过了

说过了	不等于	听进去了
听进去了	不等于	理解了
理解了	不等于	批准了
批准了	不等于	实施了
实施了	不等于	可持续了

18.4　结　束　语

在对工艺与工程技术人员培训时，培训内容应该包括过程安全方面的内容[10]，这对集成过程开发的实践至关重要。掌握过程安全的相关知识，特别是热安全方面的知识，应作为研究、工艺开发和生产人员的一项工作任务。因此，本书中提出的概念应纳入大学的相关课程中，以便未来的专业人员能更好地行使其使命。

热安全所需的知识和技能多样，正因为如此，热安全领域成为一个非常有趣而有吸引力的领域。对于乍一看似乎不可能解决的热安全问题，还需要足够的创造力才能找到解决的方案。

参　考　文　献

1　Kletz, T.(2012). The history of process safety. Journal of Loss Prevention in the Process Industries 25(5): 763–765.

2　Kletz, T.A.(1996). Inherently safer design: the growth of an idea. Process Safety Progress 15(1): 5–8.

3　Moore, D.(2006). Definition of inherent safety. Process Safety Progress 25(4): 263–263.

4　Renken, A., Hessel, V., Löb, P. et al.(2007). Ionic liquid synthesis in a microstructured reactor for process intensification. Chemical Engineering and Processing: Process Intensification 46(9 SPEC): 840–845.

5　Klais, O., Westphal, F., Benaïssa, W., and Carson, D.(2009). Guidance on safety/health for process intensification including MS design part I: reaction hazards. Chemical Engineering and Technology 32(11): 1831–1844.

6　Becht, S., Franke, R., Geisselmann, A., and Hahn, H.(2009). An industrial view of process intensification. Chemical Engineering and Processing: Process Intensification 48: 329–332.

7　Dautzenberg, F.M. and Mukherjee, M.(2001). Process intensification using multifunctional reactors. Chemical Engineering Science 56: 251–267.

8　Anxionnaz, Z., Cabassud, M., Gourdon, D., and Tochon, P.(2008). Heat exchanger/reactors(HEX reactors): concepts, technologies state of the art. Chemical Engineering and Processing: Process Intensification 47: 2029–2050.

9　Kockmann, N.(2016). Modular equipment for chemical process development and small scale production in multipurpose plants. ChemBioEng Reviews 3 (1) : 5–15.

10 Kletz, T. (2001) . Learning from Accidents, 3e. Oxford: Butterworth-Heinemann.

11 Regenass, W., Osterwalder, U., and Brogli, F. Reactor engineering for inherent safety. In: Institute of Chemical Engineering Symposium Series, vol. 87, 369–376. IChemE.

12 Hendershot, D. (2006) . Chemical plants – inherent safety. Process Safety Progress 25 (4) : 265– 265.

13 Ronald, J. and Willey, P.E. (2014) . Consider the role of safety layers in the Bhopal disaster. Chemical Engineering Progress 12: 22–27.

14 Regenass, W. (1978) . Thermal and kinetic data from a bench scale heat flow calorimeter. In: Chemical Reaction Engineering-Houston, Chap 4, American Chemical Society Symposium Series, vol. 65, 37–49.

15 Regenass, W. (1997) . The development of stirred-tank heat flow calorimetry as a tool for process optimization and process safety. Chimia 51: 189–200.

16 Regenass, W. (1983) . Thermische Methoden zur Bestimmung der Makrokinetik. Chimia 37 (11) : 430.

17 Guinand, C., Dabros, M., Roduit, B., et al. (2014) . Kinetic identification and risk assessment based on non-linear fitting of calorimetric data. 3rd Process Safety Management Mentoring Forum 2014, PSM2 2014 – Topical Conference at the 2014 AIChE Spring Meeting and 10th Global Congress on Process Safety, New Orleans USA (30 March–3 April 2014) .

18 Schmalz, F. (1996) . Lecture script: Sicherheit und Industriehygiene. Zürich, Switzerland: ETH.

习题解答与案例分析

第1章　精细化工工艺风险分析概述

1.6.1　风险与危险

(1)风险是基于其两个组成要素(即场景发生的严重度和发生可能性)的评估，而危险是可能造成人员伤亡、环境破坏或财产损失的状态。①

(2)本书将严重度级别分为"可忽略的"、"临界的"、"危险的"和"灾难性的"4级。

(3)生命与健康、环境、财产、业务连续性、形象或声誉。

1.6.2　风险降低

应优先考虑降低严重度，因为这会减弱导致损失的威胁。

降低事故发生可能性对减弱潜在损失没有影响，这意味着威胁仍然存在。对于高严重度情形，降低发生概率的措施应具有高的可靠性。

1.6.3　风险降低措施

应优先考虑消除性措施，因为这些措施可以消除危险或降低事故的严重度。因此，不需要采取额外措施来降低事故发生的可能性。

预防性措施为第二优先项。尽管潜在事件可能发生，但这些措施可以降低发生概率，或在危险后果出现之前能终止其演化进程。

可能会涉及应急措施，但应急措施旨在减弱事故破坏，减小损失。

以失控场景为例：

(1)消除性措施。通过改变合成路线避免出现高的严重度，如避免采用高含能化合物。

(2)预防性措施。失控可能会发生，但可以采取应急冷却、骤冷、控制减压等技术措施终止其演化历程。

(3)应急措施。随着失控的逐步发展，会产生多种后果。以有毒气体扩散为例，要么将产生的有毒气体封闭于有限空间内，要么制定了紧急疏散计划来保护民众。②

1.6.4　危险辨识技术

归纳法。代表性的方法有检查表法或 HAZOP 方法，这类方法可以构建从初

---

① 对原著中"hazard"的解释进行了适当的调整。——译者

② 对原著中的这一段内容进行了适当的改进。——译者

始事件到中间事件、后果的事故链。优点是分析人员预先可能不知道顶上事件（后果），缺点在于无法对事件组合进行系统的辨识。

演绎法。代表性的有事故树分析方法（FTA），这类方法从顶上事件出发，分析可能的原因（父事件，parent events）。优点在于可以识别事件组合，并且可以量化。缺点是顶级事件必须是已知的，逻辑结构具有一定的复杂性，才能构建一棵可量化的树。

直觉法。头脑风暴法是其中的代表，可以在创意阶段及其后的分析阶段都采用头脑风暴法，但不能保证分析的全面性，也很难追溯。

1.6.5　安全检查表法及 HAZOP 方法

检查表法能很好地适用于精细化工与制药行业，在该行业大量涉及通过多功能装置进行的间歇工艺。其重点在于工艺，与操作模式有关。

HAZOP 非常适合连续过程，其重点是技术方面，主要基于 PID。

第 2 章　工艺热风险的基础知识

2.5.1　浓度变化

（1）混合物的比热容为

$$c_p' = \frac{\sum_i m_i c_{pi}'}{\sum_i m_i} = \frac{200 \times 3.2 + 400 \times 1.8}{200 + 400} = 2.27(\text{kJ} \cdot \text{kg}^{-1} \cdot \text{K}^{-1})$$

原工艺的绝热温升：

$$\Delta T_{\text{ad}} = \frac{Q_r'}{c_p'} = \frac{130\text{kJ} \cdot \text{kg}^{-1}}{2.27\text{kJ} \cdot \text{kg}^{-1} \cdot \text{K}^{-1}} = 57.35\text{K}$$

（2）为了计算不同浓度下的绝热温升，需要用到摩尔焓。这可以根据原工艺获得

$$Q_r' = \rho^{-1} C(-\Delta_r H) \Rightarrow$$

$$-\Delta_r H = \frac{\rho Q_r'}{C} = \frac{0.860\text{kg} \cdot \text{L}^{-1} \times 130\text{kJ} \cdot \text{kg}^{-1}}{1.0\text{mol} \cdot \text{L}^{-1}} = 111.8\text{kJ} \cdot \text{mol}^{-1}$$

新工艺的浓度为

$$C = 1.0\text{mol} \cdot \text{L}^{-1} \times \frac{400}{200} \times \frac{600}{800} = 1.5\text{mol} \cdot \text{L}^{-1}$$

可以参照原工艺的方法计算新工艺混合物料的比热容，得到：

$$c_p' = 2.5\text{kJ} \cdot \text{kg}^{-1} \cdot \text{K}^{-1}$$

绝热温升为

$$\Delta T_{ad} = \frac{(-\Delta_r H)C_{A0}}{\rho c_p'} = \frac{111.8\text{kJ} \cdot \text{mol}^{-1} \times 1.5\text{mol} \cdot \text{L}^{-1}}{0.86\text{kg} \cdot \text{L}^{-1} \times 2.5\text{kJ} \cdot \text{kg}^{-1} \cdot \text{K}^{-1}} = 78\text{K}$$

(3)浓度的增加可能导致一些额外的现象，如出现沉淀或二次反应，这些均将对热平衡产生影响。因此，建议对计算结果进行实验验证。

2.5.2　搅拌装置的功率

(1)对搅拌是否在湍流状态下运行进行验证：

$$Re_1 = \frac{\rho \cdot u \cdot D}{\mu} = \frac{\rho \cdot \left(n\dfrac{d_s}{2}\right) \cdot D}{\mu} = \frac{860\text{kg} \cdot \text{m}^{-3} \times \left(\dfrac{90}{60\text{s}} \times 0.4\text{m}\right) \times 2\text{m}}{5 \times 10^{-3}\text{Pa} \cdot \text{s}} = 2.06 \times 10^5 （处于湍流区）$$

$$Re_2 = \frac{\rho \cdot \left(n\dfrac{d_s}{2}\right) \cdot D}{\mu} = \frac{860\text{kg} \cdot \text{m}^{-3} \times \left(\dfrac{100}{60s} \times 0.5\text{m}\right) \times 2\text{m}}{5 \times 10^{-3}\text{Pa} \cdot \text{s}} = 2.86 \times 10^5 （处于湍流区）$$

由于两个搅拌装置均在湍流区工作，且类型一致，因此具有相同的功率数 (Ne)。功率数可以用原搅拌装置计算得到：

$$Ne = \frac{q_{ag}}{\rho n^3 d_s^5} = \frac{700\text{W}}{860\text{kg} \cdot \text{m}^{-3} \times \left(\dfrac{90}{60\text{s}}\right)^3 \times (0.8\text{m})^5} = 7.36 \times 10^{-4}$$

于是，新搅拌装置耗散的功率为

$$q_{ag} = Ne \cdot \rho \cdot n^3 \cdot d_s^5 = 7.36 \times 10^{-4} \times 860\text{kg} \cdot \text{m}^{-3} \times \left(\frac{100}{60\text{s}}\right)^3 \times (1\text{m})^5 = 2.93\text{kW}$$

(2)计算热散失系数。达到平衡时，搅拌装置的热耗散正好与热散失平衡：

$$q_{ag} = q_{loss}$$

原搅拌装置的特征参数已知，由此可以写出热平衡表达式，其中热散失系数 (α) 未知：

$$\alpha(T_{equil} - T_{amb}) = q_{ag}$$

于是

$$\alpha = \frac{q_{ag}}{T_{equil} - T_{amb}} = \frac{0.7\text{kW}}{(27 - 20)\text{K}} = 0.1\text{kW} \cdot \text{K}^{-1}$$

该散热系数对于新搅拌装置同样适用：

$$\alpha(T_{equil} - T_{amb}) = q_{loss} \Rightarrow$$

$$T_{equil} = T_{amb} + \frac{q_{loss}}{\alpha} = 20℃ + \frac{2.93\text{kW}}{0.1\text{kW} \cdot ℃^{-1}} = 49.3℃$$

(3)反应物料的沸点可能会限制温度的升高。

2.5.3 反应失控

分解热为 $800\,kJ\cdot kg^{-1}$，绝热温升 $\Delta T_{ad}=400K$。由此可知，失控严重度为高。

假定分解为零级反应(放热速率与转化率无关)，可以描绘出如下的场景。

80℃时的初始放热速率为 $10\,W\cdot kg^{-1}$，对应的初始温升速率为

$$\frac{dT}{dt}=\frac{10\,W\cdot kg^{-1}}{2000\,J\cdot kg^{-1}\cdot K^{-1}}\times 3600s\cdot h^{-1}=18K\cdot h^{-1}$$

所以，从 80℃升高到 90℃所需的时间大约为 1/2h(按照 80℃时的温升速率进行估算)。

根据 van't Hoff 规则，在下一个温度区间(90℃到 100℃)，放热速率加倍，达到 $20\,W\cdot kg^{-1}$，所需时间相应地减半，为 1/4h。以此类推。

估计的绝热温度曲线为

温度/℃	80	90	100	110	120	…	480
放热速率/($W\cdot kg^{-1}$)	10	20	40	80	160	…	
所需时间/h		0.5	0.25	0.125	0.0625	…	Σ=1.0

每个温度区间所需时间成等比数列(geometric progression)，所需的总时间是第一个温度区间所需时间的 2 倍，为 1h。这是基于最小放热速率的保守估计(minimal estimation)，因为假设每个时间间隔内的放热速率保持恒定，且为每个温度区间中放热速率的最低值。如果假设每个温度区间中的放热速率为上限值，那么所需时间如下：

温度/℃	80	90	100	110	…	480
放热速率/($W\cdot kg^{-1}$)[①]	10	20	40	80	…	
所需时间/h		0.25	0.125	0.0625	…	Σ=0.5

因此，总的所需时间仅为 0.5h。

实际上，热爆炸诱导期在 0.5~1h 之间，这意味着冷却失效后热爆炸将很快发生，将没有时间采取应急冷却、紧急放料等措施。

第 3 章 热风险评估

3.5.1 重氮化反应

(1)对热参数进行评估。

目标反应：

---

① 已对原文中这一行的数值进行了勘误。——译者

$$\Delta T_{\mathrm{ad,rx}} = \frac{(-\Delta_{\mathrm{r}}H)C}{c_p'} = \frac{65\mathrm{kJ \cdot mol^{-1}} \times 2.5\mathrm{mol \cdot kg^{-1}}}{3.5\mathrm{kJ \cdot kg^{-1} \cdot K^{-1}}} = 46.43\mathrm{K}$$

分解反应：

$$\Delta T_{\mathrm{ad,de}} = \frac{(-\Delta_{\mathrm{r}}H)C}{c_p'} = \frac{150\mathrm{kJ \cdot mol^{-1}} \times 2.5\mathrm{mol \cdot kg^{-1}}}{3.5\mathrm{kJ \cdot kg^{-1} \cdot K^{-1}}} = 107.14\mathrm{K}$$

所以，目标反应失控的严重度为"低"，分解反应的严重度为"中等"。

(2)危险度评估。

$$\mathrm{MTSR} = T_{\mathrm{p}} + X_{\mathrm{ac}} \cdot \Delta T_{\mathrm{ad}} = 5℃ + 0.1 \times 46 = 9.6℃$$

因 MTSR 低于环境温度，故取 MTSR=25℃。于是

$$T_{\mathrm{f}} = 25 + 107.14\mathrm{K} = 132.14 = 405.29\mathrm{K}$$

技术限值温度取沸点(100℃)。

给定累积度为 10%的情况下，反应失控的危险度等级为 2 级(MTSR<T_{D24}<MTT)。

(3)所需对策措施。

若为纯间歇工艺(物料 100%累积)，则 MTSR 为 51℃，意味着将触发分解(T_{D24}=30℃)，并且可以达到158℃的终态温度，危险度等级为 5 级。这表明反应过程中温度控制将发挥至关重要的作用，亚硝酸盐的进料(加料)必须与反应料液的温度联锁，当温度超过规定温度(如 15℃)时立即停止进料。

3.5.2　缩合反应

(1)绝热温升情况。

目标反应：$$\Delta T_{\mathrm{ad,rx}} = \frac{Q_{\mathrm{rx}}'}{c_p'} = \frac{230\mathrm{kJ \cdot kg^{-1}}}{1.7\mathrm{kJ \cdot kg^{-1} \cdot K^{-1}}} = 135.29\mathrm{K}$$

分解反应：$$\Delta T_{\mathrm{ad,de}} = \frac{Q_{\mathrm{de}}'}{c_p'} = \frac{150\mathrm{kJ \cdot kg^{-1}}}{1.7\mathrm{kJ \cdot kg^{-1} \cdot K^{-1}}} = 88.24\mathrm{K}$$

假定物料累积为 100%，将触发分解反应，所以从释放的总能量角度来说，严重度为"高"。

(2)危险度等级。

考虑30%的物料累积度，则：

$$\mathrm{MTSR} = T_{\mathrm{p}} + X_{\mathrm{ac}} \cdot \Delta T_{\mathrm{ad,rx}} = 40 + 0.3 \times 135.29 = 80.59℃$$

于是，MTSR<T_{D24}=130℃。也就是说，只要冷却失效后立即停止进料就不会触发分解。相应的严重度为"低"，但温度会升高到体系的沸点(MTT=56℃=329.15K)。

危险度等级为 3 级。

(3)所需对策措施。

对于 3 级危险度情形，沸点可以起到安全屏障的作用，这也意味着冷凝及回流装置的设计必须足够能处理反应过程中产生的蒸气。

建议措施 1：对上述场景回流系统的尺寸进行设计

如果冷却失效后不能理解切断加料，体系能够达到的最高温度为

$$T_{\mathrm{f}} = T_{\mathrm{p}} + \Delta T_{\mathrm{ad,rx}} + \Delta T_{\mathrm{ad,de}} = 40 + 135.29 + 88.24 = 263.53℃$$

这说明了一旦出现温度升高立即通过可靠手段切断加料的重要性。

建议措施 2：在温度与加料之间建立可靠联锁。

3.5.3　磺化反应

(1)绝热温升情况。

目标反应：$\Delta T_{\mathrm{ad,rx}} = \dfrac{Q'_{\mathrm{rx}}}{c'_p} = \dfrac{150\mathrm{kJ \cdot kg^{-1}}}{1.5\mathrm{kJ \cdot kg^{-1} \cdot K^{-1}}} = 100\mathrm{K}$

分解反应：$\Delta T_{\mathrm{ad,de}} = \dfrac{Q'_{\mathrm{de}}}{c'_p} = \dfrac{350\mathrm{kJ \cdot kg^{-1}}}{1.5\mathrm{kJ \cdot kg^{-1} \cdot K^{-1}}} = 233.33\mathrm{K}$

首先，按照间歇工艺考虑[①]，目标反应失控后将触发分解反应。从释放的总能量角度来说，严重度为"危险的"。

考虑 50%的物料累积度，则：

$$\mathrm{MTSR} = T_{\mathrm{p}} + X_{\mathrm{ac}} \cdot \Delta T_{\mathrm{ad,rx}} = 110 + 0.5 \times 100 = 160℃$$

$\mathrm{MTSR} > T_{\mathrm{D24}} = 140℃$，即也将触发分解反应，并导致 393.33℃的终态温度。

(2)危险度等级为 5 级。

从绝热温升看，严重度等级为"危险的"。

(3)对于 5 级危险度工艺，需要采取应急措施或重新设计工艺，降低物料累积度。除了考虑热效应，分解产生的气体(SO_2)也是一个问题。

第 4 章　测试技术

4.6.1　固体样品的 DSC 测试

该热谱图不能代表反应物料的特征，因为这是固体物料的热谱图，而需要研究的是其甲苯溶液。紧接在放热信号之前的吸热信号可以解释为固体物料的熔融峰，熔融后该化合物开始分解。因此，该化合物的溶液很可能在较低的温度下发生分解。

对所开展的操作而言，不应采用该热谱图进行热风险评估，而应采用其溶液的热谱图。

---

① 对原文的表述进行了勘误。——译者

4.6.2　DSC 与 ARC

(1)在已知比热容的情况下,可以根据 DSC 测试得到的放热量计算绝热温升:

$$\Delta T_{ad} = \frac{Q'}{c'_p}$$

因此,DSC 谱图中第一个放热峰(140[①]~180℃)对应的绝热温升为 100K,第二个放热峰(200~270℃)对应的绝热温升为 400K。

对于 ARC 测试,选择 MTSR 为起始温度,这种试验设计是可行的。测试的绝热温升($\Delta T_{ad,mes}$)为 50K,由于热惯量为 2,因此绝热温升 $\Delta T_{ad} = \Phi \cdot \Delta T_{ad,mes} = 2 \times 50 = 100K$。

从温度范围来看,似乎意味着"绝热"实验只测量到了与 DSC 第一个峰值相对应的热信号。而在实际生产过程中,从 120℃ 的 MTSR 开始,第一个峰值后将达到 220℃;换句话说,第二个峰值将被立即触发,导致温度继续升高 400K。由此可见,仅根据"绝热"实验,可能会得出错误的结论:本该是"高的"危险度(总的绝热温升 $\Delta T_{ad} = 500K$),结果被评估成了"中等"危险度(绝热温升 $\Delta T_{ad} = 100K$)。

(2)ARC 测试中,第一个放热峰结束后,仪器将切换到"加热-等待-搜索(HWS)"模式,并至少升温到理想绝热条件下获得的最终温度(220℃)。以这种方式,第二个放热峰也将被触发。显然,第二阶段测试将可能产生高压,需要小心。

(3)总的释放能量(1000 J·g⁻¹,$\Delta T_{ad} = 500K$)很高,将有可能导致猛烈的爆炸。此外,爆炸诱导期(tmr_{ad})在 1h 左右,意味着事故发生可能性高。这些数据表明,工艺的危险度为 5 级,需要变更工艺,从而降低 MTSR。

4.6.3　实验设计

对于问题(1)及问题(2),建议进行如下实验:

1)对底料(原料 A 的 1,3,5-三甲基苯溶液)进行 DSC 测试,确定其加热到 140℃时热稳定性(放热量及大致的 tmr_{ad} 值)。若在这个阶段出现故障或其他问题而需要中断工艺进程时,则该信息对于做出相应决策是很有帮助的。

2)按照工艺描述,采用反应量热仪测试反应热、最大放热速率以及计算 MTSR 所需的热积累等参数。

3)在反应物料升温至 150℃ 之前,取样,进行 DSC 测试,确定该阶段的热稳定性(放热量及大致的 tmr_{ad} 值),尽管此时反应可能尚未完成。

4)对 150℃ 保温结束后的最终反应料液取样,进行 DSC 测试,确定该阶段的热稳定性(放热量及大致的 tmr_{ad} 值),这里反映的将是分解反应(如果存在的话)

---

① 原文为 150℃,根据第 4 章习题的题干,应为 140℃。——译者

的信息。

5)对湿的滤饼(filter cake)取样，进行 DSC 测试，确定热稳定性(放热量及大致的 tmr$_{ad}$ 值)，这有助于评估过滤过程中的物料热累积。

(3)加料完毕后对反应物料加热，这样的工艺意味着未反应物料的累积。因此，MTSR 可能会高于沸点(MTT)，即可能出现 3 级、4 级或 5 级的危险度等级。150℃下保温很长时间意味着 150℃时的分解应该不是很活跃，或者 T_{D24}>MTT，可以排除 5 级情形。至于属于 3 级还是 4 级，取决于 T_{D24} 和 MTSR 的相对位置。

4.6.4　绝热量热与热惯量

(1)真正的绝热结果对应于热惯量 1.0 时的曲线，大量级物料比小量级更接近绝热条件。热惯量 1.05 的曲线可以代表工业规模，热惯量 2.0 的曲线可以代表 ARC 测试结果。

(2)将一条绝热曲线变换成理想绝热曲线需要了解热惯量(Φ)。变换时，温度参量的变换较为简单，将测量得到的温升乘以 Φ 即可，时间参量的变换比较复杂，需要知道动力学参数(k_0、E、n)，见式(4.15)。

4.6.5　反应量热

(1)在 30min 的加料时间内，放热速率恒定为 350W·mol^{-1}。于是，反应热为

$$(-\Delta_r H) = 350\text{W·mol}^{-1} \times 30\min \times 60\text{s·min}^{-1} = 630\text{kJ·mol}^{-1}$$

加料的对流冷却(加料显热)为

$$Q_{fd} = 0.726\text{kg} \times 3\text{kJ·kg}^{-1}\text{·K}^{-1} \times (100-25)\text{K} = 163\text{kJ}$$

由于加入二硝基化合物的量为 0.32mol，转化为单位摩尔的热值为 $Q_{fd} = \dfrac{163\text{kJ}}{0.32\text{mol}} = 509\text{kJ·mol}^{-1}$。

因此，经过修正(考虑加料的对流冷却)后的反应热为 1139 kJ·mol^{-1}。

(2)RC 原始热流曲线为矩形，意味着反应很快，在实验条件下属于加料控制反应。因此，不存在未反应二硝基芳香化合物的累积问题。

(3)总的反应物料为 300g+320g+726g=1.346kg。

浓度 $C = \dfrac{0.32\text{mol}}{1.346\text{kg}} = 0.24\text{mol·kg}^{-1}$

比反应热为 $Q_r' = 1139\text{kJ·mol}^{-1} \times 0.24\text{mol·kg}^{-1} = 273.36\text{kJ·kg}^{-1}$

绝热温升为 $\Delta T_{ad} = \dfrac{273.36\text{kJ·kg}^{-1}}{3\text{kJ·kg}^{-1}\text{·K}^{-1}} = 91.12\text{K}$

(4)由于反应为加料控制，加料结束，放热终止。因此，如果出现冷却失效将不会出现温度升高，而且反应在回流状态下进行，反应温度能保持恒定。

(5)由于反应在回流状态下进行，只要不停止加料，反应放热将导致水的蒸发。

反应热将一部分被加料显热补偿，另一部分被蒸发吸热所补偿：

$$350\text{W} \cdot \text{mol}^{-1} \times 1.74\text{kmol} = 609\text{kW}$$

蒸气的质量流量为

$$\dot{m}_\text{v} = \frac{609\text{kW}}{2240\text{kJ} \cdot \text{kg}^{-1}} = 0.27\text{kg} \cdot \text{s}^{-1} \approx 980\text{kg} \cdot \text{h}^{-1}$$

4.6.6 反应量热

(1)采用绝热温升评估严重度：

$$\Delta T_\text{ad} = \frac{500\text{kJ} \cdot \text{kg}^{-1}}{2\text{kJ} \cdot \text{kg}^{-1} \cdot \text{K}^{-1}} = 250\text{K}$$

意味着严重度高。

加料结束时，未转化反应物大约累积 50%，对应的绝热温升为 125K，(如果失控)温度将达到叔丁醇与丙烯腈的沸点，从而导致压力增长。

(2)丙烯腈和产物叔丁基丙烯酰胺可能会发生聚合(二次反应)，这将使体系的热风险增加。

(3)还需要考虑的风险有：①毒性风险：丙烯腈具有毒性和致癌作用；②爆炸风险：叔丁醇和丙烯腈均易燃，闪点低(分别为 11℃和−1℃)。因此，必须考虑其爆炸危险。

第5章 能量评估

5.4.1 产气导致的危险

全部分解后总的产气量为

$$V_\text{gas} = 0.2\text{m}^3 \times \frac{90}{100} \times 860\text{kg} \cdot \text{m}^{-3} \times 0.08\text{m}^3 \cdot \text{kg}^{-1} = 12.38\text{m}^3$$

气相空间的容积：

$$V_\text{empty} = 0.2\text{m}^3 \times \frac{10}{100} = 0.02\text{m}^3$$

总的压力为

$$P_\text{tot} = \frac{12.38\text{m}^3}{0.02\text{m}^3} \times 1\text{bar} = 619\text{bar}$$

(桶承压范围内)允许的物料分解率：

$$X = \frac{0.45\text{bar}}{619\text{bar}} = 7.27 \times 10^{-4} = 0.0727\%$$

显然，这是一个极低的转化率。因此，按照预定条件进行运输是不可取的。

5.4.2 溶剂蒸发导致的危险[①]

目标反应失控后，MTSR 将达到 48℃，高于 30℃，二次反应将被引发。

目标反应及分解反应释放的总能量 $Q_{tot} = 220 kJ \cdot kg^{-1}$。

总的绝热温升：

$$\Delta T_{ad,tot} = \frac{\Delta H_{tot}}{c_p'} = \frac{220 kJ \cdot kg^{-1}}{2.0 kJ \cdot kg^{-1} \cdot K^{-1}} = 110K$$

达到沸点 T_b 所需的温升为 81℃-8℃=73K，该温升对应的能量为 146 kJ · kg^{-1}。于是，用于蒸发的能量为 220 kJ · kg^{-1} -146 kJ · kg^{-1} = 74 kJ · kg^{-1}。

将环己烷的摩尔蒸发焓换算成质量蒸发焓：

$$\frac{30 kJ \cdot mol^{-1}}{84 \times 10^{-3} kg \cdot mol^{-1}} = 357 kJ \cdot kg^{-1}$$

于是，得到 1kg 反应物料失控后蒸发的环己烷的质量：

$$\frac{1kg \times 74 kJ \cdot kg^{-1}}{357 kJ \cdot kg^{-1}} = 0.21kg$$

换算成摩尔数为 $0.21kg / 0.084 \left(kg \cdot mol^{-1} \right) = 2.5mol$，对应的体积为 62.5L。

因此，1kg 物料分解所蒸发的环己烷稀释到爆炸下限浓度的云团体积为

$$\frac{62.5L}{0.013} = 4808L \approx 4.81 m^3$$

5.4.3 叔胺与氯化苄烷基化形成季铵盐

(1)DSC 曲线的解释

50~80℃吸热：反应原料开始熔融相变；

100~200℃放热：目标反应；

300℃左右的放热：分解反应。

(2)热风险评估

该工艺的热风险评估涉及以下内容：

1)严重度

按最糟糕情形考虑：

(a)冷却失效或搅拌装置失效，则与周边环境没有热交换，可视为绝热情形。

(b)只有达到 145℃时才开始反应。

反应混合物的比热容按 2.0kJ · kg^{-1} · K^{-1} 估算，反应热为 150 kJ · kg^{-1}。因此，绝热温升为 75K。

---

① 已对原著中该题的答案进行了勘误。——译者

由目标反应导致的绝热终态温度为 145℃+75℃=220℃，若引发后续分解反应，分解反应的绝热温升为 65K，则终态温度将达到 285℃。

2)可能性

可能性与绝热诱导期有关。目前，这方面的信息缺失。这方面的安全信息需要进一步研究。

(3)进一步的测试

要想了解分解反应导致绝热失控的可能性，需要知道该反应在 220℃时的放热速率以及活化能。因此，应通过等温 DSC 测试来研究分解反应的动力学。

(4)操作温度

设计操作温度时需要注意不能低于混合物的凝固点(70℃)。

5.4.4 溶剂蒸发流量

(1)反应温度为 30℃，一旦冷却失效，理论上说体系的温度将到达 100℃。在此过程中，首先到达沸点，并可能稳定在沸点温度。从沸点到 100℃间温差所对应的能量将用于溶剂的蒸发。

对于乙醇，温差为 100℃–78℃=22K。

对于甲醇，温差为 100℃–65℃=35K。

由于假设的蒸发潜热与比热容一致，蒸发出来摩尔数直接正比于上面的温差值。因此，蒸发出的甲醇蒸气的体积将是乙醇的 1.59 倍。

(2)温度处于乙醇沸点(78℃)时的反应速率比处于甲醇沸点快 2～4 倍，因此乙醇蒸发时的体积流量将显著大于甲醇。

(3)建议使用低挥发性的溶剂(或者沸点高于 100℃的溶剂，这样可以避免蒸发)[①]。

第7章 间歇反应器

7.8.1 格氏反应

MTSR=30℃+(70 kJ·kg^{-1})/(1.9kJ·kg^{-1}·K^{-1})=66.84℃，刚好在溶剂的沸点(66℃)附近。由于反应器中物料量少(相对于反应器的容积而言)，因此，不能认为反应器是绝热的。也就是说，对工厂规模而言，引发反应的温度达不到沸点。严重度为"可忽略的"，因为几乎不可能引发二次反应。只要用于引发的卤化反应物的量严格限制在规定量的 2%以内，从热安全的角度来说，这样的操作是可行的。

7.8.2 取代酚的制备

(1)氯代芳烃化合物的浓度：

---

① 从可读性考虑，对原著这一段的表述进行了适当的删减。——译者

$$C = \frac{7150\text{mol}}{5800\text{kg}} = 1.23\text{mol} \cdot \text{kg}^{-1}$$

比反应热为

$$Q'_{\text{rx}} = C \cdot (-\Delta_{\text{r}}H) = 1.23\text{mol} \cdot \text{kg}^{-1} \times 125\text{kJ} \cdot \text{mol}^{-1} = 154\text{kJ} \cdot \text{kg}^{-1}$$

绝热温升为

$$\Delta T_{\text{ad}} = \frac{154\text{kJ} \cdot \text{kg}^{-1}}{2.8\text{kJ} \cdot \text{kg}^{-1} \cdot \text{K}^{-1}} = 55\text{K}$$

由于反应为间歇模式，80℃反应时的最大累积度为 100%。

所以，MTSR=80℃+55K=135℃，从能量危险性来看，严重度为"低"，但考虑到压力效应，严重度应该评为"中等"或"高"。

(2)水的蒸气压。当温度处于(135℃)时，水的蒸气压为

$$P = \left(\frac{135}{100}\right)^4 = 3.3\text{bar}$$

该估算结果偏保守，因为实际过程中是氢氧化钠水溶液，其蒸气压应小于纯水体系的 3.3bar。

(3)体系反应放热为

$$Q_{\text{rx}} = 5800\text{kg} \times 154\text{kJ} \cdot \text{kg}^{-1} = 8.93 \times 10^5 \text{kJ}$$

用于蒸发水的能量对应于将水从常压沸点 100℃加热到 MTSR(135℃)的能量：

$$Q_{\text{v}} = m \cdot c'_p \cdot \Delta T = 5800\text{kg} \times 2.8\text{kJ} \cdot \text{kg}^{-1} \cdot \text{K}^{-1} \times (135 - 100)\text{K} = 5.68 \times 10^5 \text{kJ}$$

水的蒸发量：

$$m_{\text{v}} = \frac{5.68 \times 10^5 \text{kJ}}{2200\text{kJ} \cdot \text{kg}^{-1}} = 258\text{kg}$$

17.5 kmol 30%NaOH 溶液中的水含量为 1000 kg，因此有足够的水可供蒸发，可以通过蒸发冷却来稳定体系的温度。

(4)冷凝器通过冷却系统进行冷却，该冷却系统应独立于夹套冷却系统。

以上计算基于纯粹的静态考量，意味着没有考虑蒸发过程的动态参数。实际上，还必须考虑蒸汽管中的蒸汽流速和冷凝器所需的冷却能力。

此外，还没有考虑体系的热稳定性问题，而这必须予以考量，因为二次反应有可能使体系释放更多的能量。

7.8.3　间歇反应器中的二聚反应

(1)释放的能量：

$$\Delta T_{ad} = \frac{(-\Delta_r H)C}{c_p'} = \frac{100 \text{kJ} \cdot \text{mol}^{-1} \times 4 \text{mol} \cdot \text{kg}^{-1}}{2.0 \text{kJ} \cdot \text{kg}^{-1} \cdot \text{K}^{-1}} = 200 \text{K}$$

对应的严重度为"高"。就反应进程的控制而言，可以基于有关信息计算反应数 B：

$$B = \frac{\Delta T_{ad} \cdot E}{RT_0^2} = \frac{200 \text{K} \times 100 \times 10^3 \text{J} \cdot \text{mol}^{-1}}{8.314 \text{J} \cdot \text{mol}^{-1} \cdot \text{K}^{-1} \times (273.15 + 50)^2} \approx 23$$

可见，反应数 B 的数值很大，意味着该反应的可控性很差，或者说触发失控反应的可能性大。

（2）一个好的方法是采用温度控制模式进行反应，如控制温度从 50℃ 缓慢升高到 100℃。但是，该反应强放热且难以控制，因此，必须设置骤冷、紧急放料或紧急冷却等应急措施。

7.8.4 间歇反应器中仲胺的合成

（1）将所有水蒸发所需的能量为

$$Q_v = 4600 \text{kg} \times 2200 \text{kJ} \cdot \text{kg}^{-1} = 1.01 \times 10^7 \text{kJ}$$

摩尔反应焓为

$$-\Delta_r H = \frac{1.01 \times 10^7 \text{kJ}}{0.4 \text{mol} \cdot \text{kg}^{-1} \times 6000 \text{kg}} = 4.21 \times 10^3 \text{kJ} \cdot \text{mol}^{-1}$$

该数值远高于一般的反应焓，换句话说，需要有足够的水来补偿该反应焓。

（2）原装置单位质量物料的气体泄放面积为

$$\frac{S}{m} = \frac{\pi d^2}{4m} = \frac{3.14 \times (0.3 \text{m})^2}{4 \times 25000 \text{kg}} = 2.83 \times 10^{-6} \text{m}^2 \cdot \text{kg}^{-1}$$

同理，可以计算得到新装置单位质量物料的泄放面积为 $2.94 \times 10^{-6} \text{m}^2 \cdot \text{kg}^{-1}$。两套装置的比泄放面积基本一致，两者的气体流速也大致相当。这意味着，该工艺在原来大的反应器中能安全运行，在新的反应器中也应该没有问题。

（3）同样地，需要对物料的热稳定性问题予以考虑。

第8章　半间歇反应器

8.9.1 格氏反应

（1）绝热温升及 MTSR 为

$$\Delta T_{ad} = \frac{450 \text{kJ} \cdot \text{kg}^{-1}}{1.9 \text{kJ} \cdot \text{kg}^{-1} \cdot \text{K}^{-1}} = 236.84 \text{K}$$

$$\text{MTSR} = 40℃ + 0.06 \times 236.84 \text{K} = 54.21℃$$

未达到溶剂的沸点（65℃）。

(2) 反应进行得很快，意味着加料时间由反应器的冷却能力制约。冷却能力为

$$q_{ex} = UA(T_r - T_c) = 0.4 \text{kW} \cdot \text{m}^{-2} \cdot \text{K}^{-1} \times 10 \text{m}^2 \times [40 - (-10)] \text{K} = 200 \text{kW}$$

因此：

$$t_{fd} = \frac{Q}{q_{ex}} = \frac{4000 \text{kg} \times 450 \text{kJ} \cdot \text{kg}^{-1}}{200 \text{kW}} = 9000 \text{s} = 2.5 \text{h}$$

忽略了加料显热。这也意味着有一定的安全余量。

8.9.2　双分子二级慢反应

(1) 考虑到凝固点，冷却介质的温度必须高于 50℃，这里取 60℃。则冷却能力为

$$q_{ex} = UA(T_r - T_c) = 0.3 \text{kW} \cdot \text{m}^{-2} \cdot \text{K}^{-1} \times 20 \text{m}^2 \times (80 - 60) \text{K} = 120 \text{kW}$$

45min 后达到最大放热速率 $q_{rx,max}$，此时反应物料的质量为

$$m_{r,max} = 15000 \text{kg} + \frac{45}{120} \times 3000 \text{kg} = 16125 \text{kg}$$

反应放热速率为

$$q_{rx} = m_{r,max} \cdot q'_{rx} = 16125 \text{kg} \times 30 \text{W} \cdot \text{kg}^{-1} \approx 484 \text{kW}$$

因此，反应器的冷却能力不足，相差 4 倍。

(2) 在化学计量点处的物料质量及 MTSR 为

$$m_{r,max} = 15000 \text{kg} + \frac{1.8 \text{h}}{2 \text{h}} \times 3000 \text{kg} = 17700 \text{kg}$$

$$\text{MTSR} = T_p + (1 - X_{st}) \cdot \Delta T_{ad} \cdot \frac{m_{r,f}}{m_{r,st}}$$

$$= 80℃ + (1 - 0.62) \times \frac{250 \text{kJ} \cdot \text{kg}^{-1}}{1.7 \text{kJ} \cdot \text{kg}^{-1} \cdot \text{K}^{-1}} \times \frac{18000}{17700} = 136.83℃$$

所以，有关特征温度排序为 $T_p < T_{D24} < \text{MTSR} < \text{MTT}$，危险度等级为 5 级。

(3) 除了装置的冷却能力不足，该工艺的物料累积度太高，以至于 MTSR 超过了 T_{D24}。

(4) 应该(采取措施)降低物料累积度，至少应使 MTSR 不超过 T_{D24}。

$$X_{ac,max} \leqslant \frac{(T_{D24} - T_p)}{\Delta T_{ad}} \cdot \frac{m_{r,st}}{m_{r,f}} = \frac{125 - 80}{150} \times \frac{17700}{18000} \approx 0.3$$

这可以通过延长加料时间或提高工艺温度来实现。当然，应该对这两个参数进行优化。

8.9.3　恒压半间歇催化加氢反应

(1) 放热速率为

$$q_{rx} = (-r_A) \cdot V \cdot (-\Delta_r H) = 0.01 \text{mol} \cdot \text{L}^{-1} \cdot \text{min}^{-1} \times 1000 \text{L} \cdot \text{m}^{-3} \times \frac{1}{60} \text{min} \cdot \text{s}^{-1}$$

$$\times 5\text{m}^3 \times 540 \text{kJ} \cdot \text{mol}^{-1} = 450 \text{kW}$$

(2)由于反应速率不变，因此夹套的温度：

$$q_{ex} = UA(T_r - T_j) \Rightarrow T_r - T_j = \frac{q_{ex}}{UA}$$

$$T_j = T_r - \frac{q_{ex}}{UA} = 80°C - \frac{450\text{kW}}{0.1\text{kW} \cdot \text{m}^{-2} \cdot \text{K}^{-1} \times 20\text{m}^2} = 35°C$$

(3)控制反应速率的方法有

①氢气压力及其加料方式；

②催化剂的性质及浓度；

③通过搅拌进行的质量传递。

(4)可以通过反应量热实验对这些参数的影响进行研究。放热速率恒定表示反应由传质控制，可以直接测量压力或搅拌速度对放热速率的影响。

8.9.4 芳香烃硝基化合物加氢还原

(1)冷却能力：

$$q_{ex} = UA(T_r - T_c) = 0.5\text{kW} \cdot \text{m}^{-2} \cdot \text{K}^{-1} \times 7.5\text{m}^2 \times (100 - 30)\text{K} = 262.5\text{kW}$$

(2)反应热：

$$Q_{rx} = 3500\text{mol} \times 560\text{kJ} \cdot \text{mol}^{-1} = 1.96 \times 10^6 \text{kJ}$$

由于反应是加料控制，因此加料时间为

$$t_{fd} = \frac{Q_{rx}}{q_{ex}} = \frac{1.96 \times 10^6 \text{kJ}}{262.5\text{kW}} = 7467\text{s} = 2.07\text{h}$$

需加入氢气的摩尔数、摩尔流量及体积流量为

加料所需氢气的摩尔数： $N_{H_2} = 3 \times 3500 = 1.05 \times 10^5 \text{mol}$

摩尔流量： $\dot{N}_{H_2} = \frac{1.05 \times 10^5 \text{mol}}{2.07\text{h}} = 5.06 \times 10^3 \text{mol} \cdot \text{h}^{-1}$

体积流量： $\dot{v}_{H_2} = 5.06 \times 10^3 \text{mol} \cdot \text{h}^{-1} \times 0.0224\text{m}^3 \cdot \text{mol}^{-1} = 113.4\text{m}^3 \cdot \text{h}^{-1}$

(3)其他安全问题：硝基化合物的分解、氢气爆炸、催化剂自燃、羟胺化合物的累积等，其中羟胺累积的可能性较小，因为反应是加料控制。

第9章 连续反应器

9.4.1 CSTR中进行的一级反应

(1)在实验室中流量为 $10\text{mL} \cdot \text{min}^{-1}$ 的情况下，得到转化率为90%。为了在更大的生产规模下获得相同的转化率，则停留时间(或空时，τ)应该维持不变：

$$\tau = \frac{V}{\dot{v}} = \frac{300\text{mL}}{10\text{mL} \cdot \text{min}^{-1}} = 30\text{min} = 0.5\text{h}$$

流量为 $10\,\text{m}^3 \cdot \text{h}^{-1}$ 时，所需的容积为

$$V = \tau \cdot \dot{v} = 0.5\text{h} \times 5\text{m}^3 \cdot \text{h}^{-1} = 2.5\text{m}^3$$

(2) 为了计算冷却介质的温度，需要考虑装置的热平衡。

反应的放热速率：

$$q_{rx} = \rho \cdot \dot{v} \cdot Q'_{rx} \cdot X_A$$

$$= 800\text{kg} \cdot \text{m}^{-3} \times \frac{5\text{m}^3 \cdot \text{h}^{-1}}{3600\text{s} \cdot \text{h}^{-1}} \times 270\text{kJ} \cdot \text{kg}^{-1} \times 0.9 = 270\text{kW}$$

加料显热为

$$q_{fd} = \rho \cdot \dot{v} \cdot c'_p \cdot (T_r - T_0)$$

$$= 800\text{kg} \cdot \text{m}^{-3} \times \frac{5\text{m}^3 \cdot \text{h}^{-1}}{3600\text{s} \cdot \text{h}^{-1}} \times 1.8\text{kJ} \cdot \text{kg}^{-1} \cdot \text{K}^{-1} \times (100 - 25)\text{K} = 150\text{kW}$$

需要由冷却系统补偿的移热为

$$q_{ex} = q_{rx} - q_{fd} = 120\text{kW}$$

(3) 冷却系统失效后的体系 MTSR 为

$$\text{MTSR} = T_p + (1 - X) \cdot \Delta T_{ad}$$

$$= 100℃ + (1 - 0.9) \times \frac{270\text{kJ} \cdot \text{kg}^{-1}}{1.8\text{kJ} \cdot \text{kg}^{-1} \cdot \text{K}^{-1}} = 115℃$$

9.4.2　将反应量热仪作为 CSTR 进行动力学研究

根据式(9.3)，对于 CSTR 中的一级反应，反应速率常数为

$$k = \frac{X}{\tau(1 - X)}$$

知道反应物的加料流量与比放热量，可以计算得到 100% 转化率时的放热速率。[①]

$$q_{rx,X=100\%} = \rho \cdot \dot{v} \cdot Q'_{rx} \cdot X$$

$$= 1000\text{g} \cdot \text{L}^{-1} \times \frac{0.01\text{L} \cdot \text{min}^{-1}}{60\text{s} \cdot \text{min}^{-1}} \times 210\text{J} \cdot \text{g}^{-1} \times 100\% = 35\text{W}$$

以第一组实验数据为例，计算反应的转化率、停留时间及反应速率常数：

$$X = \frac{q_{rx,mes}}{q_{rx,X=100\%}} = \frac{32\text{W}}{35\text{W}} = 91\%$$

---

① 对原著中的这一段及相关表达式进行了完善。——译者

$$\tau = \frac{V}{\dot{v}} = \frac{1L}{0.01L \cdot min^{-1}} = 100 min$$

$$k = \frac{X}{\tau(1-X)} = \frac{91\%}{100 min \times (1-91\%)} = 0.1 min^{-1}$$

对其他各组实验数据进行类似处理,可以对反应速率进行验证,均为 $0.1 min^{-1}$。

$\dot{v}/(L \cdot min^{-1})$	$q_{rx,mes}/W$	$q_{rx,X=100\%}/W$	$X/\%$	τ/min	k/min^{-1}
0.01	32	35	91	100	0.1
0.05	117	175	67	20	0.1
0.1	175	350	50	10	0.1
0.2	233	700	33	5	0.1

9.4.3 生产能力扩大的方案设计

对于在 PFR 中进行的一级反应,停留时间 $\tau = \frac{-1}{k}\ln(1-X) = 18s$。物料流速 $u = 1 m \cdot s^{-1}$,则反应器的长度应为 18m,容积 $V = \frac{10m^3 \cdot h^{-1} \times 18s}{3600s \cdot h^{-1}} = 0.05 m^3$,内径为 0.06m。

如采用 PFR,有关热平衡项为

1)反应的放热速率:528kW(对应的流速 $10 m^3 \cdot h^{-1}$);

2)加料显热:375kW;

3)移热:153kW(所需冷却介质的温度为 74℃)。

可见,对生产能力扩大一倍来说,管式反应器是可行的方案。

如采用 SBR,有关热平衡项为

1)反应的放热速率:1056 kW(对应的流速 $20 m^3 \cdot h^{-1}$);

2)加料显热:1888 kW;

3)移热:868 kW(所需冷却介质的温度为 21℃)。

可见,采用 SBR 也是可行的,只是冷却介质的温度要低于室温。

第 10 章 热稳定性

10.6.1 某重氮化工艺的浓度变更

(1)DSC 谱图显示有三个放热峰。第一个峰的温度范围为 30~80℃,可能对应于 45℃进行的重氮化反应,其他的峰为二次反应。在 100~200℃之间的第二个放热峰,可能是重氮盐的分解。200℃以后的能量更大的峰为第三个也是最后一个放热峰,可能源于硝基的分解。这些推测被进一步的分析验证,证明其是正确的。

(2)基于该热谱图,可以推演失控场景如下:

①对于原工艺,45℃时出现冷却失效或冷却不足,温度将从 45℃升到 90℃,

但不能触发重氮盐的分解(第一个分解放热峰)。

②反应液浓度加大以后，温度从 45℃升到 135℃，触发重氮盐的分解(第一个分解放热峰)，产生 N_2，压力上升。重氮盐分解的温升足够高，以至于触发硝基分解(第二个分解放热峰)，并放出大量的热量($\Delta T_{ad} = 670K$)，至此反应器发生爆炸几乎无法避免。

(3)实验是在小量级下进行的，只有 200mL，此时热交换面积与体积之比约为 $100m^{-1}$，而工厂规模下，这一比值只有 $10m^{-1}$。因此，实验室规模下冷却能力很强，未能观察到反应放热现象。相对而言，工厂规模的冷却效能较低，使得温度升高并导致了已知的后果。200 mL 的三口烧瓶毕竟不是反应量热仪。

10.6.2　某工艺的热风险评估

(1)上图为反应物混合后的热谱图，显示了三个热信号：

①第一个为吸热峰，源于常温下为固态的反应物的熔融相变；

②80～180℃的第二个峰为比放热量为 250 kJ·kg^{-1}、绝热温升约为 147K 的放热峰，对应于目标反应；

③180℃以上的第三个峰为比放热量为 960 kJ·kg^{-1} 的放热峰，对应于二次反应，其绝热温升约为 565K。

与上图相比，下图还保留有相变峰(第一个峰)及分解峰(第三个峰)，在 80～180℃的第二个峰已经消失，这也证明了第二个峰对应于目标反应。[①]

(2)基于这样的测试结果，可以构建这样的冷却失效场景：装有两种反应物的反应器，工艺温度为 80℃，并在此温度发生冷却失效。目标反应引起的绝热温升($\Delta T_{ad} = 147$℃)将使 MTSR 达到 227℃，并将立即触发分解反应，进一步使温度上升到约 792℃。显然，这意味着反应器将发生爆炸。

(3)上图为反应物混合后的 DSC 谱图，对应于间歇工艺。因此，从热安全的角度来看，间歇工艺是不安全的。

10.6.3　最终反应物料的热风险评估

(1)从热图可以得到两个定量的信息：(分解反应的)比放热量为 960kJ·kg^{-1}，最大放热速率为 40 W·kg^{-1}。进一步的定性信息很重要——等温条件下放热速率呈单调递减关系，这说明不属于自催化分解，可能是 n 级反应。

(2)失控反应的严重度高，因为二次反应的绝热温升为

$$\Delta T_{ad} = \frac{960kJ \cdot kg^{-1}}{1.7kJ \cdot kg^{-1} \cdot K^{-1}} \approx 565K$$

(3)采用 van't Hoff 规则将 190℃的等温实验结果外推到 MTSR=130℃，这意

---

① 对原著中这一段的表述进行了适当的简化。——译者

味着每降低 10K，最大放热速率减半。

温度/℃	190	180	170	160	150	140	130
放热速率/($W \cdot kg^{-1}$)	40	20	10	5	2.5	1.25	0.675

由于 tmr_{ad} = 8h 时对应的比放热速率为 $1.0\ W \cdot kg^{-1}$；因此，MTSR=130℃时的 tmr_{ad} 长于 8h。[①]

(4)触发二次分解反应的可能性为中等，从(2)可知失控的严重度为高。因此，根据本书 3.2.4 小节可知，该工艺为高风险。

(5)由于 van't Hoff 规则是一种近似方法，因此，建议采用一系列等温 DSC 测试或等转化率的方法，准确地获取 130℃时的 tmr_{ad}。

10.6.4 等温 DSC 获取反应料液的 T_{D24}

按照工作示例 10.1 的方法进行求解即可。答案为：$T_{D24} = 115℃$，$T_{D8} = 125℃$。

第 11 章 自催化反应

11.5.1 零级反应动力学近似

零级速率方程意味着反应速率与转化率无关，换句话说，温度一定，反应速率也一定。如果采用给定放热速率来计算 tmr_{ad}，实际上隐含地认为该放热速率从反应开始就存在。然而，对自催化反应来说，情况并非如此。自催化过程的反应速率和放热速率先逐渐增加(诱导期)，然后达到最大值，越过最大值后随着时间的变化而逐渐降低。零级近似忽略了诱导期，因而是保守的。

对于 n 级反应，如果按照零级近似进行处理，其结果是偏保守的，因为它忽略了反应物消耗将降低反应速率的因素。

对于自催化反应，如果按照零级近似进行处理也将偏于保守，原因有二，一是忽略了反应物消耗，二是忽略了诱导期。

11.5.2 强自催化的等温诱导期与 tmr_{ad}

对于强自催化反应，反应刚刚开始时，放热速率实际上为零或极低。因此，绝热条件下，反应刚开始时没有温升，仅形成催化剂；(当催化剂达到一定浓度时)，体系温度将急剧升高。因此，绝热条件下强自催化反应的开始阶段非常接近等温条件，绝热诱导期与等温诱导期也很接近。

11.5.3 自催化蒸馏釜残的清理

这样的做法可能是危险的：将上一批操作的釜残置于间歇蒸馏釜中，相当于用含有分解催化剂的老化物料去污染新鲜物料。至少应验证经过 5 个蒸馏循环后的老化物料仍然具有足够的稳定性。不建议采用这种做法，因为蒸馏过程中的故障将可能导致釜残更长时间地暴露于高温、较高催化剂浓度的环境中。

---

① 原著为"短于 8h"，这里予以纠正。对应地，该题第(4)问的答案也进行了纠正。——译者

11.5.4　Prout-Tompkins 模型的活化能计算

在 PT 模型中，只有一个速率常数，该速率常数控制着放热速率及诱导期。因此，由放热速率和由等温诱导期计算的活化能应该是一样的。

11.5.5　自催化分解的活化能计算

将数据转化为阿伦乌斯坐标，即 $\ln q' = f\left(\dfrac{1}{T}\right)$ 及 $\ln \tau = f\left(\dfrac{1}{T}\right)$ 的形式[①]：

温度 /℃	q'_{max} / (W·kg^{-1})	τ_{iso} /min	$\dfrac{1}{T}$ /K^{-1} ×10^{-3}	$\ln(q'_{max})$	$\ln(\tau_{iso})$
90	51	566	2.75	3.93	6.34
100	124	234	2.68	4.82	5.46
110	287	102	2.61	5.66	4.62
120	640	45	2.54	6.46	3.81
			斜率	-1.20×10^{4}	1.21×10^{4}

采用线性回归的方法，给出的 $\ln(q'_{max}) \sim \dfrac{1}{T}$ 的斜率与 $\ln(\tau_{iso}) \sim \dfrac{1}{T}$ 的斜率数值相同，但符号相反，这是 PT 速率方程的特征。

第 12 章　热累积

12.5.1　管式反应器意外停车

物料视为固态，即热量通过热传导的方式进行传递。因此，可以采用 Frank-Kamenetskii 模型求解。由于分解反应的 T_{D24} 为 86℃，计算该温度时的放热速率。因为：

$$\text{tmr}_{ad} = \frac{c'_p R T_0^2}{q'_0 E}$$

所以得到：

$$q'_0 = \frac{c'_p R T_0^2}{\text{tmr}_{ad} E}$$

$$= \frac{1800\text{J}\cdot\text{kg}^{-1}\cdot\text{K}^{-1}\times 8.314\text{J}\cdot\text{mol}^{-1}\cdot\text{K}^{-1}\times(273.15\text{K}+86\text{K})^2}{24\text{h}\times 3600\text{s}\cdot\text{h}^{-1}\times 100000\text{J}\cdot\text{mol}^{-1}} = 0.22\text{W}\cdot\text{kg}^{-1}$$

可以利用下式计算 120℃时的放热速率：

$$q'_T = q'_{ref} \exp\left[\frac{-E}{R}\left(\frac{1}{T} - \frac{1}{T_{ref}}\right)\right]$$

因此：

---

① 原著下表中 q'_{max} 及 τ_{iso} 的数值与题干不一致。这里已纠正，并对其他参数重新进行了计算。——译者

$$q'_{T=120℃} = 0.22\mathrm{W \cdot kg^{-1}} \times \exp\left[\frac{-100000\mathrm{J \cdot mol^{-1}}}{8.314\mathrm{J \cdot mol^{-1} \cdot K^{-1}}}\left(\frac{1}{393.15\mathrm{K}} - \frac{1}{359.15\mathrm{K}}\right)\right] = 4.0\mathrm{W \cdot kg^{-1}}$$

120℃时的 $\mathrm{tmr_{ad}}$：

$$\mathrm{tmr_{ad}} = \frac{c'_p R T^2}{q'_T E} = \frac{1800\mathrm{J \cdot kg^{-1} \cdot K^{-1}} \times 8.314\mathrm{J \cdot mol^{-1} \cdot K^{-1}} \times (393.15\mathrm{K})^2}{4.0\mathrm{W \cdot kg^{-1}} \times 100000\mathrm{J \cdot mol^{-1}}} = 5782\mathrm{s}$$

热扩散系数为

$$a = \frac{\lambda}{\rho c'_p} = \frac{0.12\mathrm{W \cdot m^{-1} \cdot K^{-1}}}{800\mathrm{kg \cdot m^{-3}} \times 1800\mathrm{J \cdot kg^{-1} \cdot K^{-1}}} = 8.33 \times 10^{-8}\mathrm{m^2 \cdot s^{-1}}$$

圆柱形容器的形状系数为 0.5。于是，可以得到最大管径为

$$r = \sqrt{\frac{a \cdot \mathrm{tmr_{ad}}}{0.5}} = \sqrt{\frac{8.33 \times 10^{-8}\mathrm{m^2 \cdot s^{-1}} \times 5782\mathrm{s}}{0.5}} = 0.031\mathrm{m}$$

因此，管式反应器的最大内径为 62mm。

12.5.2 圆桶中反应性树脂的热风险

该反应性树脂卸料温度时的放热速率为

$$q'_T = q'_{\mathrm{ref}} \exp\left[\frac{-E}{R}\left(\frac{1}{T} - \frac{1}{T_{\mathrm{ref}}}\right)\right]$$

$$= 10\mathrm{W \cdot kg^{-1}} \times \exp\left[\frac{-80000\mathrm{J \cdot mol^{-1}}}{8.314\mathrm{J \cdot mol^{-1} \cdot K^{-1}}}\left(\frac{1}{348.15\mathrm{K}} - \frac{1}{453.15\mathrm{K}}\right)\right] = 0.016\mathrm{W \cdot kg^{-1}}$$

容器的临界半径为

$$r_{\mathrm{crit}} = \sqrt{\frac{\delta_{\mathrm{crit}} \cdot \lambda \cdot R T_0^2}{\rho \cdot q'_0 \cdot E}}$$

$$= \sqrt{\frac{2.37 \times 0.1\mathrm{W \cdot m^{-1} \cdot K^{-1}} \times 8.314\mathrm{J \cdot mol^{-1} \cdot K^{-1}} \times (273.15\mathrm{K} + 75\mathrm{K})^2}{1100\mathrm{kg \cdot m^{-3}} \times 0.016\mathrm{W \cdot kg^{-1}} \times 80000\mathrm{J \cdot mol^{-1}}}} = 0.41\mathrm{m}$$

临界半径大于实际容器 0.3m 的半径。因此，计划的 75℃ 的卸料温度在安全上是可行的。

12.5.3 搅拌故障时储罐中液体物料的热安全性

按液体高度取典型值 1m 计算 Rayleigh 数：

$$Ra = \frac{g \cdot \beta \cdot L^3 \cdot \rho^2 \cdot c'_p \cdot \Delta T}{\mu \cdot \lambda}$$

$$= \frac{9.8\mathrm{m \cdot s^{-2}} \times 1 \times 10^{-3}\mathrm{K^{-1}} \times (1.0\mathrm{m})^3 \times (1000\mathrm{kg \cdot m^{-3}})^2 \times 2000\mathrm{J \cdot kg^{-1} \cdot K^{-1}} \times (30 - 20)℃}{10 \times 10^{-3}\mathrm{kg \cdot m^{-1} \cdot s^{-1}} \times 0.1\mathrm{W \cdot m^{-1} \cdot K^{-1}}}$$

$$= 1.96 \times 10^{10}$$

因此，流动以湍流为主，传热以（自然）对流为主。此时，热传递系数为

$$h = 0.13 \cdot \frac{\lambda}{L} \cdot Ra^{\frac{1}{3}} \approx 35 \text{W} \cdot \text{m}^{-2} \cdot \text{K}^{-1}$$

热交换面积为

$$A = \pi dH = 3.14 \times 2\text{m} \times 1\text{m} = 6.28\text{m}^2$$

自然对流的冷却能力为

$$q_{ex} = hA(T - T_c) = 35 \text{W} \cdot \text{m}^{-2} \cdot \text{K}^{-1} \times 6.28\text{m}^2 \times (30 - 25)\text{℃} \approx 1100\text{W}$$

反应的放热速率为（假定容器中装满物料）

$$q_{rx} = q'_{rx} \cdot m = q'_{rx} \cdot \rho \cdot V = 15 \times 10^{-3} \text{W} \cdot \text{kg}^{-1} \times 10\text{m}^3 \times 1000\text{kg} \cdot \text{m}^{-3} = 150\text{W}$$

因此，自然对流的冷却能力足以补偿液体的放热。

第 13 章　物理性单元操作

13.6.1　流化床干燥机

（1）由于产品在热空气中加热，因此存在热风险。该产品烘干过程中可能会分解，如果被点燃还可能发生粉尘爆炸。

（2）特征参数与测试。

必须知道空气存在情况下产品的热稳定性：Grewer 试验或金属丝篮试验比较合适。

对于粉尘爆炸（不在本书范围），涉及可燃性和传播性、燃烧指数、最小点火能（MIE）等参数，可以通过改进的哈特曼管（测试 MIE）、20L 爆炸球（测试爆炸压力、K_{st} 等）。

（3）操作参数（安全条件）。

对于热稳定性，操作参数包括热空气的温度和干燥持续时间等。

对于粉尘爆炸，参数包括最低氧浓度等，还需要考虑粉尘爆炸的防护、泄爆、抑爆以及接地等问题。

13.6.2　桨式干燥机

（1）两种测试均可获得载热体的最高加热温度 T_{max}：

①根据 DSC 动态测试，得到该产品的起始分解温度为 $T_{dyn} = 180\text{℃}$。因此，$T_{max} = T_{dyn} - 70\text{℃} = 110\text{℃}$；

②根据杜瓦瓶储存测试，得到 DLT $= 130\text{℃}$。因此，$T_{max} = \text{DLT} - 10\text{℃} = 120\text{℃}$。

载热体的最高加热温度 T_{max} 取 120℃，因为杜瓦瓶储存测试的灵敏度更高。

（2）杜瓦瓶储存测试得到 DLT $= 130\text{℃}$。因此，产品卸料前的最高温度 $T_{max} = \text{DLT} - 50\text{℃} = 80\text{℃}$。

13.6.3 薄膜蒸发器

热扩散系数为

$$a = \frac{\lambda}{\rho c'_p} = \frac{0.1\text{W} \cdot \text{m}^{-1} \cdot \text{K}^{-1}}{900\text{kg} \cdot \text{m}^{-3} \times 1700\text{J} \cdot \text{kg}^{-1} \cdot \text{K}^{-1}} = 6.54 \times 10^{-8} \text{m}^2 \cdot \text{s}^{-1}$$

薄膜蒸发器中转轴的故障会导致薄膜厚度增加 2~4 mm。稳定性条件为

$$\frac{1.14r^2}{a} = \frac{1.14 \times (0.004\text{m})^2}{6.54 \times 10^{-8} \text{m}^2 \cdot \text{s}^{-1}} = 279\text{s} \approx 4.65 \text{min}$$

浓缩液在 150℃时的 tmr_{ad} 为 3.7 h，远长于 4.65min。因此，从热风险的角度看是安全的。

物料进入气压管(半径为 0.015m)的上部时，物料温度为 150℃，稳定性条件为

$$\frac{0.5r^2}{a} = \frac{0.5 \times (0.015\text{m})^2}{6.54 \times 10^{-8} \text{m}^2 \cdot \text{s}^{-1}} = 1720\text{s} \approx 0.48\text{h}$$

满足管道中热累积时最高允许安全温度需满足的条件：

$$\text{tmr}_{ad} > \frac{0.5r^2}{a}$$

因此，从热风险的角度看，管道上部是安全的。管道下端的温度为 100℃时，将更加安全。

浓缩液装入承装圆桶时的温度为 100℃，圆桶直径为 0.3 m，形状系数为 2.37，其倒数为 0.42。稳定条件为

$$\text{tmr}_{ad} = 42\text{h} > \frac{0.42r^2}{a} = \frac{0.42 \times (0.15\text{m})^2}{6.54 \times 10^{-8} \text{m}^2 \cdot \text{s}^{-1}} = 1.45 \times 10^5 \text{s} \approx 40.1\text{h}$$

该结果接近 42h 的极限。事实上，由于圆桶储存于室温下，会通过环境散热进行冷却。因此，尽管接近 42h 的极限，但安全上是有保障的，因为 Frank-Kamenetskii 模型偏于保守。该问题标准的评估时基于 T_{D24}，即 T_{D24}-40℃ =70℃，这样可以提供足够的安全裕度。

从热安全的角度看，该操作是可行的，但是需要确保物料进入料筒前温度不超过 100℃。

13.6.4 药物中间体的间歇蒸馏

(1)热风险。

从动态 DSC 曲线可以看出该物料的比放热量巨大(2470kJ·kg^{-1})，若转化成绝热温升，将超过 1000K。作为对比，TNT 的放热量为 4800kJ·kg^{-1}[①]。另外，动态放热峰窄而陡，显示了其自催化的特征。该物料具有爆炸的特征。

---

① TNT 的爆热大约为 4200 kJ·kg^{-1}。这里给出的 4800 kJ·kg^{-1} 分解热数值上偏大。——译者

(2) 诱导期。

等温 DSC 证实了该物料的分解属于自催化。根据 van't Hoff 规则，从温度为 180℃、放热速率为 40W·kg^{-1} 出发，可以大致推算出 110℃时的诱导期大约为 20h。

温度/℃	180	170	160	150	140	130	120	110
比放热速率/(W·kg^{-1})	40	20	10	5	2.5	1.25	0.625	0.312

$$tmr_{ad} = \frac{c_p' R T^2}{q_T' E}$$

$$= \frac{2000J \cdot kg^{-1} \cdot K^{-1} \times 8.314J \cdot mol^{-1} \cdot K^{-1} \times (383.15K)^2}{0.312W \cdot kg^{-1} \times 100000J \cdot mol^{-1}} = 78238s \approx 21.7h$$

(3) 建议。

这样推算的 tmr_{ad} 偏于保守，应该通过更多的实验(如通过等转化率方法)来获取准确的数据。尽管如此，考虑到物料分解时放热量大、具有自催化特性且反应剧烈等性质，该操作不能设计成间歇操作。建议采用薄膜蒸发器，这样可以在温和的条件下操作，且暴露于高温环境的在线物料量小得多。

第14章 工业反应器的加热与冷却

14.5.1 热交换、快反应

(1) 冷却实验的评估。

根据冷却实验的热平衡，可以计算出反应器的移热。

16 m^3 的物料(硫酸)从 107℃冷却到 91℃，需要 1h：

$$Q_{ac} = \rho \cdot V \cdot c_p' \cdot (T_0 - T_f)$$

$$= 1740kg \cdot m^{-3} \times 16m^3 \times 1.64kJ \cdot kg^{-1} \cdot K^{-1} \times (107 - 91)K = 730521.6kJ$$

于是，得到冷却实验的平均移热速率为

$$\bar{q}_{ex} = \frac{Q_{ac}}{\Delta t} = \frac{730521.6kJ}{3600s} = 202.93kW$$

开始时(0.5h 时)与结束时(1.5h 时)物料与夹套之间的平均温差：

开始时： $\Delta T_0 = T_0 - 0.5(T_{c,in} + T_{c,out}) = 107 - 0.5 \times (70 + 78) = 33K$

结束时： $\Delta T_f = T_f - 0.5(T_{c,in} + T_{c,out}) = 91 - 0.5 \times (70 + 74) = 19K$

平均值：

$$\Delta T_{ln,mean} = \frac{\Delta T_0 - \Delta T_f}{\ln(\Delta T_0) - \ln(\Delta T_f)} = \frac{33 - 19}{\ln 33 - \ln 19} = 25.45K$$

冷却实验的总传热系数：

$$U = \frac{\bar{q}_{ex}}{A \cdot \Delta T_{ln,mean}} = \frac{202.93kW}{20m^2 \times 25.45K} \approx 400W \cdot m^{-2} \cdot K^{-1}$$

(2)设备传热系数 φ。

知道了冷却实验物料的物性参数以及反应器的技术参数，可以计算内膜的传热系数：

$$z = C^{\text{te}}\frac{n^{2/3}d_{\text{s}}^{4/3}}{d_{\text{r}}g^{1/3}} = 0.36 \times \frac{\left(\dfrac{45}{60}\right)^{2/3} \times 1.4^{4/3}}{2.8 \times 9.81^{1/3}} = 7.77 \times 10^{-2}$$

$$\gamma = \sqrt[3]{\frac{\rho^2 \lambda^2 c_p' g}{\mu}} = \sqrt[3]{\frac{1740^2 \times 0.375^2 \times 1.64 \times 10^3 \times 9.81}{4.2 \times 10^{-3}}} \approx 1.18 \times 10^4\,\text{W} \cdot \text{m}^{-2} \cdot \text{K}^{-1}$$

$$h_{\text{r}} = z \cdot \gamma = 7.77 \times 10^{-2} \times 1.18 \times 10^4\,\text{W} \cdot \text{m}^{-2} \cdot \text{K}^{-1} = 916.86\,\text{W} \cdot \text{m}^{-2} \cdot \text{K}^{-1}$$

由于：

$$\frac{1}{U} = \frac{1}{h_{\text{r}}} + \frac{1}{\varphi}$$

$$\Rightarrow \varphi = \frac{1}{\dfrac{1}{U} - \dfrac{1}{h_{\text{r}}}} = \frac{1}{\dfrac{1}{400} - \dfrac{1}{916.86}} \approx 710\,\text{W} \cdot \text{m}^{-2} \cdot \text{K}^{-1}$$

(3)装有反应物料反应器的传热系数。

装有反应物料的反应器 100℃时的总传热系数为

$$U = \frac{1}{\dfrac{1}{z \cdot \gamma} + \dfrac{1}{\varphi}} = \frac{1}{\dfrac{1}{7.77 \times 10^{-2} \times 6700} + \dfrac{1}{710}} \approx 300\,\text{W} \cdot \text{m}^{-2} \cdot \text{K}^{-1}$$

(4)加料时间。

由于是快反应，反应速率由加料速率控制。最短容许加料时间可以由反应放热除以冷却能力得到：

$$t = \frac{m_{\text{r}} \cdot Q_{\text{r}}'}{UA(T_{\text{r}} - T_{\text{c}})} = \frac{15000\text{kg} \times 2.0 \times 10^5\,\text{J} \cdot \text{kg}^{-1}}{300\,\text{W} \cdot \text{m}^{-2} \cdot \text{K}^{-1} \times 20\text{m}^2 \times (100 - 75)\text{K}} = 2.0 \times 10^4\,\text{s} \approx 5.6\text{h}$$

因此，设计加料时间为 6h 较为合适。

14.5.2 回流冷却

(1)夹套移热。

反应放热速率为 400kW。（如果通过夹套移热），为了保证 400kW 的冷却能力，则内外温差为

$$\Delta T = \frac{q_{\text{rx}}}{UA} = \frac{400 \times 10^3\,\text{W}}{500\,\text{W} \cdot \text{m}^{-2} \cdot \text{K}^{-1} \times 6\text{m}^2} = 133\text{K}$$

显然，这样的温差太高了，因此通过夹套进行冷却是不现实的。

(2) 以水为溶剂的蒸发冷却。

水为溶剂时蒸发的质量流量为

$$\dot{m}_v = \frac{q_{rx}}{\Delta_v H'} = \frac{400\text{kW}}{2260\text{kJ} \cdot \text{kg}^{-1}} = 0.177\text{kg} \cdot \text{s}^{-1}$$

100℃时水蒸气的密度:

$$\rho = \frac{PM_w}{RT} = \frac{1.013 \times 10^5 \times 0.018}{8.314 \times 373.15} = 0.588\text{kg} \cdot \text{m}^{-3}$$

水蒸气的体积流量:

$$\dot{v} = \frac{\dot{m}_v}{\rho} = \frac{0.177\text{kg} \cdot \text{s}^{-1}}{0.588\text{kg} \cdot \text{m}^{-3}} = 0.3\text{m}^3 \cdot \text{s}^{-1}$$

蒸汽管中的液泛情况:

水蒸气流速:

$$u = \frac{\dot{v}}{S} = \frac{0.3\text{m}^3 \cdot \text{s}^{-1}}{\frac{1}{4}\pi \times (0.2\,\text{m})^2} = 9.55\text{m} \cdot \text{s}^{-1}$$

水蒸气的极限表面流速:

$$u_{g,max} = \frac{4.52\Delta_v H' + 3370}{\Delta_v H' \cdot \rho_g} = \frac{4.52 \times 2260 + 3370}{2260 \times 0.588} = 10.22\text{m} \cdot \text{s}^{-1}$$

反应物料的膨胀:反应器内液面上涨速度为 $0.11\text{m} \cdot \text{s}^{-1}$。

可见,从蒸汽管液泛及反应器内物料膨胀情况看,以水作为溶剂进行蒸发冷却在技术上是可行的。

(3) 以甲苯为溶剂的蒸发冷却。

同(2),可以计算得到甲苯蒸气的质量流量为 $1.12\,\text{kg} \cdot \text{s}^{-1}$。[①]

甲苯在常压沸点温度(383.15K)时的蒸气密度为 $2.93\,\text{kg} \cdot \text{m}^{-3}$。

蒸汽管中甲苯蒸气的流速为 $12.29\,\text{m} \cdot \text{s}^{-1}$;极限表面流速为 $4.8\,\text{m} \cdot \text{s}^{-1}$。

反应器中甲苯蒸气的表面速度为 $0.12\,\text{m} \cdot \text{s}^{-1}$。

可见,从蒸汽管液泛及反应器内物料膨胀情况看,甲苯不适合作为该反应的溶剂。相比于水,甲苯的蒸发潜热小,产生的蒸气量更多。

14.5.3 中和反应

(1) 盐酸的加料速度:

反应热为 $2.4 \times 10^5\text{kJ}$。

在夹套入口处,反应物料与夹套的温差为 33℃;出口处的温差为 20℃。因此,

---

① 已对原著的计算进行了勘误。——译者

平均温差为 26℃(采用对数平均算法)。

$$\frac{1}{U} = \frac{1}{h_r} + \frac{d_1}{\lambda_1} + \frac{d_2}{\lambda_2} + \frac{1}{h_e} = \frac{1}{1000} + \frac{0.002}{0.5} + \frac{0.005}{50} + \frac{1}{1500} = 5.77 \times 10^{-3}$$

于是，$U = 173 \text{W} \cdot \text{m}^{-2} \cdot \text{K}^{-1}$。

移热速率为

$$q_{ex} = UA\Delta T = 173 \text{W} \cdot \text{m}^{-2} \cdot \text{K}^{-1} \times 5 \text{m}^2 \times 26 \text{K} = 22.5 \text{kW}$$

最短加料时间为

$$t_{fd} = \frac{2.4 \times 10^5 \text{kJ}}{22.5 \text{kW}} = 1.07 \times 10^4 \text{s} \approx 3.0 \text{h}$$

(2)夹套中冷却水的质量流量：

$$\dot{m}_c = \frac{q_{ex}}{c'_p \Delta T} = \frac{22.5 \text{kW}}{4.2 \text{kJ} \cdot \text{kg}^{-1} \cdot \text{K}^{-1} \times (30 - 17) \text{K}} = 0.41 \text{kg} \cdot \text{s}^{-1} \approx 1.48 \times 10^3 \text{kg} \cdot \text{h}^{-1}$$

14.5.4 环氧树脂与胺的缩合反应

(1)现有装置的冷却能力。

反应放热：$Q_r \approx 1.47 \times 10^5 \text{kJ}$

平均放热速率：$q_{rx} = 54.4 \text{kW}$

反应器的冷却能力：$q_{ex} = 34.1 \text{kW}$

显然，现有装置的冷却能力不足。

(2)建议。

在减压条件下采用异丙醇回流的方式使反应物料的温度保持在 40℃。蒸气流速为 280 kg·h^{-1}。对一个 4 m^3 的反应器来说，配备一套这样的回流系统是可能的。

14.5.5 夏季冬季的冷却河水

(1)最短加料时间。

冷却能力为

$$q_{ex} = 0.4 \text{kW} \cdot \text{m}^{-2} \cdot \text{K}^{-1} \times 6 \text{m}^2 \times (50 - 22.5) \text{K} = 66 \text{kW}$$

加料时间为

$$t_{fd} = \frac{5.0 \times 10^5 \text{kJ}}{66 \text{kW}} = 7.58 \times 10^3 \text{s} \approx 2.1 \text{h}$$

(2)冷却河水的质量流量。

$$\dot{m}_c = \frac{q_{ex}}{c'_p \Delta T} = \frac{66 \text{kW}}{4.2 \text{kJ} \cdot \text{kg}^{-1} \cdot \text{K}^{-1} \times (30 - 15) \text{K}} = 1.05 \text{kg} \cdot \text{s}^{-1} = 3.77 \times 10^3 \text{kg} \cdot \text{h}^{-1}$$

(3)反应物加入时温度为室温 25℃，则需要考虑加料显热。

$$q_{fd} = \frac{2000\,kg}{7.58 \times 10^2\,s} \times 1.8\,kJ \cdot kg^{-1} \cdot K^{-1} \times (50-25)\,K = 11.88\,kW$$

此时，加料时间不变，但冷却河水的质量流量为

$$\dot{m}_c = \frac{q_{ex} - q_{fd}}{c'_p \Delta T} = \frac{66\,kW - 11.88\,kW}{4.2\,kJ \cdot kg^{-1} \cdot K^{-1} \times (30-15)\,K} = 0.86\,kg \cdot s^{-1} = 3.09 \times 10^3\,kg \cdot h^{-1}$$

(4)夏季河水温度为 25℃、反应物加入时温度为 25℃（室温）：

冷却能力：$q_{ex} = 0.4\,kW \cdot m^{-2} \cdot K^{-1} \times 6\,m^2 \times \left(50 - \dfrac{30+25}{2}\right) K = 54\,kW$

加料时间为：$t_{fd} = \dfrac{5.0 \times 10^5\,kJ}{54\,kW} = 9.26 \times 10^3\,s = 2.57\,h$

所需河水的质量流量：

$$\dot{m}_c = \frac{q_{ex} - q_{fd}}{c'_p \Delta T} = \frac{54\,kW - 11.88\,kW}{4.2\,kJ \cdot kg^{-1} \cdot K^{-1} \times (30-25)\,K} = 2.01\,kg \cdot s^{-1} = 7.22 \times 10^3\,kg \cdot h^{-1}\,^{①}$$

14.5.6　诊断

(1)冷却实验中的热阻。

根据双膜模型：

$$\frac{1}{U} = \frac{1}{h_i} + \frac{1}{\varphi} = \frac{1}{z\gamma} + \frac{1}{\varphi}$$

由冷却实验得到的热时间常数，可以计算总传热系数：

$$\tau_c = \frac{m \cdot c'_p}{U \cdot A} \Rightarrow$$

$$U = \frac{m \cdot c'_p}{\tau_c \cdot A} = \frac{4000\,kg \times 4180\,J \cdot kg^{-1} \cdot K^{-1}}{4536\,s \times 7.4\,m^2} = 498\,W \cdot m^{-2} \cdot K^{-1}$$

水的内膜传热系数为

$$h_{i,w} = z \cdot \gamma = 0.146 \times 31100 = 4541\,W \cdot m^{-2} \cdot K^{-1}$$

设备传热系数为

$$\varphi = \frac{1}{\dfrac{1}{U} - \dfrac{1}{h_i}} = \frac{1}{\dfrac{1}{498} - \dfrac{1}{4541}} \approx 560\,W \cdot m^{-2} \cdot K^{-1}$$

采用水进行冷却实验时，内膜传热系数（$h_{i,w} = 4541\,W \cdot m^{-2} \cdot K^{-1}$）远远大于设备传热系数（$\varphi \approx 560\,W \cdot m^{-2} \cdot K^{-1}$）。因此，热阻主要源于设备，即源于内套的热传导及外膜。

---

① 已对原著中的该参数进行了勘误。——译者

（2）反应时的总传热系数。

内膜传热系数为

$$h_{i,r} = z \cdot \gamma = 0.146 \times 3000 = 438 \text{W} \cdot \text{m}^{-2} \cdot \text{K}^{-1}$$

总传热系数为

$$U = \frac{1}{\dfrac{1}{h_i} + \dfrac{1}{\varphi}} = \frac{1}{\dfrac{1}{438} + \dfrac{1}{560}} \approx 246 \text{W} \cdot \text{m}^{-2} \cdot \text{K}^{-1}$$

（3）内膜及设备两者的热阻对总传热系数的影响大致相当，只是内膜的热阻更大一些（$438 \text{W} \cdot \text{m}^{-2} \cdot \text{K}^{-1} < 560 \text{W} \cdot \text{m}^{-2} \cdot \text{K}^{-1}$）。

（4）建议。

为了提高内膜传热系数，原则上有两种可能性可以考虑。第一种是改善搅拌：提高现有搅拌器的转速，或更换搅拌器从而在壁面产生的湍流更强；第二种可能性可以是增加反应介质的物质常数，选择密度、热导率或热容更大、黏度更小的溶剂。情况很糟时可以对物料进行稀释以降低黏度，但这会降低生产率，可能不是首选的解决办法。

第15章　风险降低措施

15.6.1　重氮化反应

（1）MTSR 时的气体释放速率。

25℃（MTSR）时比产气量：

$$V_g' = 2.5 \text{mol} \cdot \text{kg}^{-1} \times 2.24 \times 10^{-2} \text{m}^3 \cdot \text{mol}^{-1} \times \frac{298.15}{273.15} = 6.11 \times 10^{-2} \text{m}^3 \cdot \text{kg}^{-1}$$

全部分解所释放的气体体积：

$$V_g = 6.11 \times 10^{-2} \text{m}^3 \cdot \text{kg}^{-1} \times 4000 \text{kg} = 244 \text{m}^3$$

密闭容器中空余容积为 1.5m³，这将导致大约 163bar 的压力增长。显然，严重度高。

因为：　$q_T' = \dfrac{c_p' \cdot R \cdot T^2}{\text{tmr}_{ad} \cdot E_{de}}$

所以：　$q_{T=T_{D24}}' = \dfrac{3500 \times 8.314 \times 303.15^2}{24 \times 3600 \times 50000} = 0.62 \text{W} \cdot \text{kg}^{-1}$

外推到 25℃（MTSR）时的比放热速率为

$$q_{T=25℃}' = 0.62 \text{W} \cdot \text{kg}^{-1} \times \exp\left[-\frac{50000}{8.314}\left(\frac{1}{298.15} - \frac{1}{303.15}\right)\right] \approx 0.44 \text{W} \cdot \text{kg}^{-1}$$

25℃时分解气体的体积流量为

$$\dot{v}_g = V'_g \cdot m_r \cdot \frac{q'_{T=25℃}}{Q'_{de}} = 6.11 \times 10^{-2}\,m^3 \cdot kg^{-1} \times 4000kg \times \frac{0.44W \cdot kg^{-1}}{3.75 \times 10^5\,J \cdot kg^{-1}}$$

$$= 2.89 \times 10^{-4}\,m^3 \cdot s^{-1} = 1.04m^3 \cdot h^{-1}$$

泄放管截面积为：$S = \pi \dfrac{0.05^2}{4} = 1.96 \times 10^{-3}\,m^2$

气体流速为：$u = \dfrac{2.89 \times 10^{-4}\,m^3 \cdot s^{-1}}{1.96 \times 10^{-3}\,m^2} = 0.15m \cdot s^{-1}$

这样的气体流速非常低，可以归于"无问题的"级别。

(2) 虽然气体释放速率很容易处理，但是终态反应物料不应处于热累积状态，要便于分解气体的逸出。由于分解气体是氮气，因此不存在毒性或易燃性的问题。就气体释放而言，其风险是可以接受的。

15.6.2 缩合反应

(1) 释放的可燃气云的体积和影响范围。

所释放蒸气的质量与密度：

$$m_v = \frac{m_r \cdot c'_p \cdot (MTSR - MTT)}{\Delta_v H'}$$

$$= \frac{2500kg \times 1.7kJ \cdot kg^{-1} \cdot K^{-1} \times (81 - 56)K}{523kJ \cdot kg^{-1}} = 203kg$$

$$\rho_v = \frac{PM_w}{RT} = \frac{1.013 \times 10^5\,Pa \times 58 \times 10^{-3}\,kg \cdot mol^{-1}}{8.314J \cdot mol^{-1} \cdot K^{-1} \times 329.15K} = 2.15kg \cdot m^{-3}$$

可燃气体的体积与扩散范围：

$$V_{ex} = \frac{m_v}{\rho_v \cdot LEL} = \frac{203kg}{2.15kg \cdot m^{-3} \times 1.6 \times 10^{-2}} \approx 5.9 \times 10^3\,m^3$$

$$r = \sqrt[3]{\frac{3V_{ex}}{2\pi}} = \sqrt[3]{\frac{3 \times 5.9 \times 10^3\,m^3}{2 \times 3.14}} \approx 14m$$

可燃气云扩散范围不会超出生产场所，其严重度级别为"危险的"。

(2) MTT 时的蒸气流速。

在 MTT 时的热活性：

$$q_{(MTT)} = q_{T_p} \cdot \exp\left[\frac{E}{R}\left(\frac{1}{T_p} - \frac{1}{MTT}\right)\right] \cdot \frac{MTSR - MTT}{MTSR - T_p}$$

这里，q_{T_p} 即为 q_{rx}，因此：

$$q_{(MTT)} = 20W \cdot kg^{-1} \times \exp\left[\frac{100000}{8.314}\left(\frac{1}{313.15} - \frac{1}{329.15}\right)\right] \times \frac{81 - 56}{81 - 40} \approx 80W \cdot kg^{-1}$$

2500kg 物料总的放热速率约为 198kW。因此，冷凝器冷却功率(250 kW)是足够的。

蒸气的质量流量：$\dot{m}_{v} = \dfrac{80 W \cdot kg^{-1} \times 2500 kg}{523000 J \cdot kg^{-1}} = 0.38 kg \cdot s^{-1}$

蒸气的质量流量：$\dot{v}_{v} = \dfrac{0.38 kg \cdot s^{-1}}{2.15 kg \cdot m^{-3}} = 0.18 m^{3} \cdot s^{-1}$

泄放管的截面积：$S = \pi \dfrac{0.25^{2}}{4} = 0.049 m^{2}$

所以，蒸气流速为 $u = \dfrac{0.18 m^{3} \cdot s^{-1}}{0.049 m^{2}} = 3.67 m \cdot s^{-1}$

(3)降低风险的措施。

因此，经评估可控性是"可行的"，前提是反应器冷却失效时冷凝器仍在运行，为此冷凝器需要独立的冷媒。

15.6.3　磺化反应

(1)有毒蒸气云的体积及其影响范围。

磺酸分解产生 SO_2。假设这是开放反应器中产生的唯一气体，计算室温下的气体体积(SO_2 在大气中稀释)：

$$V_{g}' = 3.0 mol \cdot kg^{-1} \times 2.24 \times 10^{-2} m^{3} \cdot mol^{-1} \times \frac{298.15}{273.15} = 7.34 \times 10^{-2} m^{3} \cdot kg^{-1}$$

全部分解所释放的气体体积：

$$V_{g} = 7.34 \times 10^{-2} m^{3} \cdot kg^{-1} \times 6000 kg \approx 440 m^{3}$$

有毒云团的体积与扩散范围：

$$V_{ex} = \frac{V_{g}}{IDLH} = \frac{440 m^{3}}{1 \times 10^{-4}} = 4.4 \times 10^{6} m^{3}$$

$$r = \sqrt[3]{\frac{3 V_{ex}}{2\pi}} = \sqrt[3]{\frac{3 \times 4.4 \times 10^{6} m^{3}}{2 \times 3.14}} \approx 128 m$$

有毒气云扩散范围将超出生产场所(典型的范围约 50m)，严重度级别为"灾难性的"。[①]

(2)MTT 时气体的释放速率。

必须考虑气体释放的动态参数，也就是说需要估算在 MTT 温度时的气体流速。硫酸的沸点是 280℃。

根据已知的动力学信息进行计算。对于 $T_{D24} = 140℃$：

---

① 原著为"严重的"。——译者

$$q'_{T_{D24}} = \frac{c'_p \cdot R \cdot T_{D24}^2}{24h \times 3600s \cdot h^{-1} \times E_{de}} = \frac{1500 \times 8.314 \times (273.15+140)^2}{24 \times 3600 \times 100000} = 0.25W \cdot kg^{-1}$$

若实际的活化能为 $100kJ \cdot mol^{-1}$，则在 280℃(MTT)时分解的热活性为

$$q'_{T=280℃} = q'_{T_{D24}} \cdot \exp\left[\frac{-100000}{8.314}\left(\frac{1}{553.15} - \frac{1}{413.15}\right)\right] \approx 400W \cdot kg^{-1}$$

280℃(MTT)时的气体体积流量为

$$\dot{v}_g = V'_g \cdot m_r \cdot \frac{q'_{T=280℃}}{Q'_{de}} = 7.34 \times 10^{-2} m^3 \cdot kg^{-1} \times 6000kg \times \frac{400W \cdot kg^{-1}}{350000J \cdot kg^{-1}}$$

$$\approx 0.5m^3 \cdot s^{-1} \approx 1810m^3 \cdot h^{-1}$$

泄放管的截面积为：$S = \pi \frac{0.05^2}{4} \approx 0.002m^2$

气体流速为：$u = \frac{0.50m^3 \cdot s^{-1}}{0.002m^2} = 250m \cdot s^{-1}$

可见，气体流速很快，与声速相距不远。显然，这样的速度是很难控制的，即可控性的级别应评为"几乎不可能的"。

该反应的风险是不可接受的。

(3)建议。

降低风险需要改变工艺。该工艺的缺点在于其未反应物料的累积度高(50%)，必须减少累积度从而避免引发分解。可以通过降低进料速率、提高反应温度来优化工艺，这样可以将工艺的危险度等级降低到 2 级。

第 16 章 紧急压力泄放

16.6.1 物理场景的泄放尺寸

第一步：确定设计场景。

(1)计算泄放压力与最大累积压力时的比放热量。

根据 Antoine 方程，可以由蒸气压计算得到温度：

$$\ln P = A - \frac{B}{C+T} \Rightarrow T = \frac{B}{A - \ln P} - C$$

式中，P 的单位为 mbar；T 的单位为℃。在温度为-32～77℃之间，A=16.9406、B=2940.46、C=237.22。因此：

$$T = \frac{2940.46}{16.9406 - \ln 3000} - 237.22 = 91.90℃$$

安全阀将在 91.9℃被触发。

在压力泄放的过程中，体系压力将进一步增长到最大累积压力，即

4300mbar(MAWP 的 110%)，对应的温度(T_{MAWP})为 105.7℃。

设定压力时的加热功率可以根据现有数据得到：

$$q = U \cdot A \cdot (T_{c,max} - T_{set}) = 1.000 \times 7.4 \times (150 - 91.9) = 430(kW)$$

表述为比加热功率为：　$q' = \dfrac{q}{m_r} = \dfrac{430 \times 10^3}{3550} = 121(W \cdot kg^{-1})$

压力达到最大累积压力时的加热功率为

$$q = U \cdot A \cdot (T_{c,max} - T_{MAWP}) = 1.000 \times 7.4 \times (150 - 105.7) \approx 328(kW)$$

表述为比加热功率为：　$q' = \dfrac{q}{m_r} = \dfrac{328 \times 10^3}{3550} = 92.4(W \cdot kg^{-1})$

第二步：确定流态。

(2)计算反应器中的空隙率。

泄放温度下的液体体积为：$V_1 = \dfrac{m_r}{\rho_1} = \dfrac{3550kg}{710kg \cdot m^{-3}} = 5.0m^3$

全容积为 5.66m^3。于是，反应器的空隙率为

$$\alpha_0 = 1 - \frac{V_1}{V_{tot}} = 1 - \frac{5}{5.66} = 0.12$$

(3)反应器中液相表面的蒸气速度。

液相截面积：$A_r = \pi \dfrac{d^2}{4} = \pi \dfrac{1.8^2}{4} = 2.54(m^2)$

蒸气的体积流量[①]：$\dot{v}_v = \dfrac{q}{\Delta_v H' \times \rho_{vset}} = \dfrac{430kW}{471kJ \cdot kg^{-1} \times 5.74kg \cdot m^{-3}} = 0.16m^3 \cdot s^{-1}$

液相表面的蒸气速度：$j_g = \dfrac{\dot{v}_v}{A_r} = \dfrac{0.16m^3 \cdot s^{-1}}{2.54m^2} = 0.062m \cdot s^{-1}$

(4)气泡上升速度。

运用搅拌流(churn turbulent)模型[②]进行计算。气泡的极限速度为

$$u_\infty = 1.53 \frac{\left[\sigma \cdot g \cdot (\rho_f - \rho_g)\right]^{0.25}}{\sqrt{\rho_f}}$$

$$= 1.53 \times \frac{\left[0.02116 \times 9.81 \times (710 - 5.74)\right]^{0.25}}{\sqrt{710}} = 0.20(m \cdot s^{-1})$$

(5)确定泄放流态[③]。

---

① 应用 91.9℃时的比蒸发焓。原文用的是 90℃的参数，翻译时未做修正。——译者

② 由于丙酮为低黏度、非本质发泡介质，因此选用搅拌流模型。——译者

③ 考虑到可读性，对原著中的这一段内容进行了适当的改进。——译者

无量纲速度（或速度比）：$\Psi = \dfrac{j_g}{u_\infty} = \dfrac{0.062}{0.2} = 0.31$

根据式（16.11），可以得到：$\Psi_{max} = \dfrac{2\alpha_0}{1 - C_0\alpha_0} = \dfrac{2 \times 0.12}{1 - 1.0 \times 0.12} = 0.27$

由于 $\Psi > \Psi_{max}$，泄放时将出现两相流。

第三步：需要泄放的质量流量。

（6）最大累积压力为 4300 mbar、相应温度为 105.7℃时均质流的质量流量：

采用 Leung 模型进行计算：

$$\dot{m} = \frac{q' \cdot m_0}{\left[\left(\dfrac{V \cdot \Delta_v H'}{m_0 \cdot v_{fv}} \right)^{0.5} + \left(c_{p,1}' \cdot \Delta T \right)^{0.5} \right]^2}$$

$$= \frac{430000\,\text{W}}{\left[\left(\dfrac{5.66\,\text{m}^3 \times 471000\,\text{J} \cdot \text{kg}^{-1}}{3550\,\text{kg} \times 0.173\,\text{m}^3 \cdot \text{kg}^{-1}} \right)^{0.5} + \left[2252\,\text{J} \cdot \text{kg}^{-1} \cdot \text{K}^{-1} \times (105.7℃ - 91.9℃) \right]^{0.5} \right]^2}$$

$$= 7.33\,\text{kg} \cdot \text{s}^{-1}$$

第四步：泄放的质量通量（泄放能力）。

（7）计算可压缩性（ω）。

$$v_0 = \frac{v_{tot}}{m_r} = \frac{5.66}{3550} = 1.59 \times 10^{-3}\,(\text{m}^3 \cdot \text{kg}^{-1})$$

$$\omega = \frac{\alpha_0}{\gamma} + \frac{c_p \cdot T_0 \cdot P_{v0}}{v_0} \left(\frac{v_{lv}}{\Delta_v H'} \right)^2$$

$$= \frac{0.12}{1.13} + \frac{2252\,\text{J} \cdot \text{kg}^{-1} \cdot \text{K}^{-1} \times (273.15 + 91.9)\,\text{K} \times 3\,\text{bar} \times 100000\,\text{Pa} \cdot \text{bar}^{-1}}{1.59 \times 10^{-3}\,\text{m}^3 \cdot \text{kg}^{-1}} \times \left(\frac{0.173\,\text{m}^3 \cdot \text{kg}^{-1}}{471000\,\text{J} \cdot \text{kg}^{-1}} \right)^2$$

$$= 21.03$$

（8）泄放的质量通量。

临界压比（η_c）可通过诺莫图获得，也可通过如下方程得到：

$$\eta_c^2 + (\omega^2 - 2\omega)(1 - \eta_c)^2 + 2\omega^2 \ln(\eta_c) + 2\omega^2(1 - \eta_c) = 0$$

通过计算可以得到临界压比约为 0.9，临界压力 $P_c = \eta_c \cdot P_0 \approx 0.9 \times 3000\,\text{mbar} = 2700\,\text{mbar}$。于是，对于临界流的无量纲质量通量：

$$G_c^* = \frac{\eta_c}{\sqrt{\omega}} = \frac{0.9}{\sqrt{21}} \approx 0.20$$

泄放的质量通量：

$$G_c = G_c^* \cdot \sqrt{\frac{P_0}{v_0}} = 0.20 \times \sqrt{\frac{3bar \times 1 \times 10^5 Pa \cdot bar^{-1}}{1.59 \times 10^{-3} m^3 \cdot kg^{-1}}} = 2.75 \times 10^3 kg \cdot m^{-2} \cdot s^{-1}$$

第五步：确定 PRV 的尺寸。

(9)计算所需的泄放面积以及 PRV 的直径(假定泄放系数 $K_{dr} = 0.67$)。

泄放面积：$A = \dfrac{\dot{m}}{K_{dr} \cdot G} = \dfrac{7.33 kg \cdot s^{-1}}{0.67 \times 2.75 \times 10^3 kg \cdot m^{-2} \cdot s^{-1}} = 3.98 \times 10^{-3} m^2$

PRV 的直径：$d = \sqrt{\dfrac{4A}{\pi}} = \sqrt{\dfrac{4 \times 3.98 \times 10^{-3} m^2}{3.14}} = 0.071m$

(相对而言)，如采用均质非平衡模型(HNE-DS)，则相关参数为 $\omega = 4.55$，$\eta_c = 0.9$，$G_c^* = 0.236$，$G_c = 4.58 \times 10^3 kg \cdot m^{-2} \cdot s^{-1}$，$A = 2.4 \times 10^{-3} m^2$，$d = 0.055m$。

16.6.2 化学反应场景

(1)确定泄放压力及最大累积压力时的温度。

根据蒸气压-温度曲线可以读出或计算出：

$$\ln P = A - \frac{B}{C+T} \Rightarrow T = \frac{B}{A - \ln P} - C$$

式中，P 的单位为 mbar；T 的单位为℃。在温度为 $-16 \sim 95$℃之间，$A=18.8749$、$B=3626.55$、$C=238.86$。因此：

$$T = \frac{3626.55}{18.8749 - \ln 3000} - 238.86 = 94.8℃$$

安全阀的触发温度为 94.8℃。

在压力泄放的过程中，体系压力将可能进一步增长到最大累积压力，即 3300mbar(MAWP 的 110%)，对应的温度为 97.8℃。

(2)按零级反应计算放热速率[①]。

温度升高 10K，反应速率加倍，放热速率也相应地加倍。这里，温升 $\Delta T = 94.8 - 45 = 49.8K$，接近 50K，意味着放热速率增大 32 倍($q'_{set,0} = 30 \times 32 = 960 W \cdot kg^{-1}$)。若需要更加精确，则 $q'_{set,0} = 30 \times 2^{\frac{49.8}{10}} = 948 W \cdot kg^{-1}$。

压力增长到最大累积压力时，$q'_{max,0} = 30 \times 2^{\frac{97.8-45}{10}} = 1166 W \cdot kg^{-1}$。

(3)达到泄放压力及最大压力时反应物料的累积。

根据测试，反应物料累积对应的绝热温升为 100K。由于工艺温度为 45℃，

---

① 这里所列出的计算过程表明作者已经对复杂问题进行简化，目的在于便于读者理解。然而，实际设计过程中一般不会这样做，零级反应假设太保守，易导致阀体尺寸过大、不易安装、阀门可靠性无法得到有效验证等问题。一般会用低 PHI 值的绝热设备进行实测，获得温度压力、温升压升等数据，然后进行计算。——译者

从理论上讲，反应体系将达到：$MTSR = 45 + 100 = 145℃$。

这意味着即使达到设定压力所对应的温度（$T_{set} = 94.8℃$），反应物料仍没有反应完全，绝热条件下物料累积度为

$$X_{ac} = \frac{MTSR - T_{set}}{MTSR - T_p} = \frac{145 - 94.8}{145 - 45} \approx 0.5$$

同样地，处于最大累积压力时物料累积为

$$X_{ac} = \frac{MTSR - T_{set}}{MTSR - T_p} = \frac{145 - 97.8}{145 - 45} \approx 0.47$$

(4) 按照一级反应考虑，计算反应的放热速率[①]。

对于一级反应，反应速率与实际物料浓度成比例。本案例中，与物料累积度成比例：

$$q'_{set,1} = q'_{set,0} \cdot X_{ac} = 948 \times 0.5 = 476(W \cdot kg^{-1})$$

$$q'_{max,1} = q'_{max,0} \cdot X_{ac} = 1166 \times 0.47 = 548(W \cdot kg^{-1})$$

(5) 与最大受热场景的比较。

根据给定设备的有关参数，可以计算加热系统的热输入：

$$q_{input} = U \cdot A \cdot (T_{c,max} - T_{set}) = 400 \times 7.4 \times (150 - 94.8) = 163kW$$

对应的比功率为 $48\ W \cdot kg^{-1}$。

显然，反应放热速率将明显高于加热系统的热输入。

以下内容[问题(6)～问题(8)]涉及敏感性分析。

(6) 活化能的影响。

根据 van't Hoff 规则："温度升高 10 K，反应速率翻倍或三倍"。在所考虑的温度范围内，这对应于活化能为 $67.4\ kJ \cdot mol^{-1}$ 和 $107\ kJ \cdot mol^{-1}$ 的情形。若按照温度每升高10K反应速率加快3倍（活化能为 $107\ kJ \cdot mol^{-1}$）考虑，放热速率为

$$q'_{set,1} = q'_{set,0} \cdot X_{ac} = 30 \times 3^{\frac{94.8-45}{10}} \times 0.5 \approx 3.57 \times 10^3\ W \cdot kg^{-1}$$

$$q'_{max,1} = q'_{max,0} \cdot X_{ac} = 30 \times 3^{\frac{97.8-45}{10}} \times 0.47 \approx 4.66 \times 10^3\ W \cdot kg^{-1}$$

在较高温度下反应加速对放热速率影响很大，因为它是温度的指数函数。因此，必须提供正确的反应动力学参数。其中，活化能是否准确尤其重要。

(7) 物料累积度的影响。

如果反应物料累积对应的绝热温升为 50K，体系达到设定的泄放压力（对应温度 $T_{set} = 94.8℃$）时，反应实际上已经完成。$MTSR = 45 + 50 = 95℃$，则绝热条件

---

① 需对工艺有足够了解，从而对一级反应假设是否足够保守进行判断。——译者

下物料累积度为

$$X_{ac} = \frac{MTSR - T_{set}}{MTSR - T_p} = \frac{95 - 94.8}{95 - 45} \approx 4 \times 10^{-3}$$

若按一级反应考虑，则达到设定压力时的放热速率：

$$q'_{set,1} = q'_{set,0} \cdot X_{ac} = 948 \times 4 \times 10^{-3} = 4(W \cdot kg^{-1})$$

显而易见，通过反应条件的优化降低物料的累积度，将使风险降低措施的成本大大降低。就本案例而言，延长进料时间便可以解决累积度的问题。当然，这会使生产周期有所延长。

(8) 设定压力的影响。

若设定压力为 0.5 bar g，则泄放时的温度也降低：

$$T = \frac{3626.55}{18.8749 - \ln 1500} - 238.86 = 74.8℃$$

因此，温升减小，反应加速情况减弱：$q'_{set,0} = 30 \times 2^{\frac{74.8-45}{10}} = 237 W \cdot kg^{-1}$。但是，物料累积将增加：

$$X_{ac} = \frac{MTSR - T_{set}}{MTSR - T_p} = \frac{145 - 74.8}{145 - 45} \approx 0.7$$

若按一级反应考虑，则达到设定压力时的放热速率：

$$q'_{set,1} = q'_{set,0} \cdot X_{ac} = 237 \times 0.7 = 166(W \cdot kg^{-1})$$

降低泄放系统的设定压力，(体系到达设定压力时的温度也较低)，对应的反应速率也较低，反应在失控早期阶段被中断。因此，反应的放热速率较小，导致需泄放的质量流量(安全泄放量)减小，从而所需的泄放管径也相应减小。这表明选择尽可能低的设定压力是非常重要的(当然，必须避免不必要的误泄压)。

以上这些敏感性分析的结果列于表 1。

表 1　敏感性分析结果

参数	1	2	3	4	5
反应级数	0	1	1	1	1
物料累积 ΔT/K	100	100	50	100	100
活化能 E /(kJ·mol^{-1})	67.4	67.4	67.4	107	67.4
设定压力 P_{set}/(bar g)	2	2	2	2	0.5
泄放时的比放热速率 q'_{set} /(W·kg^{-1})	948	476	4	3.57×10^3	166

16.6.3　安全阀功能稳定性查验

允许的压力损失(压降)为设定压力 P_{set} (bar g)的 3%，即：$\Delta P_{allowed} = (3 - 1.2) \times$

$0.03 = 0.054 \text{bar} = 54 \text{mbar}$ 。

PSV 的入口面积（$d = 80 \text{mm}$）为 $5.03 \times 10^{-3} \text{m}^2$ 。

PSV 的喉部面积（$d = 72 \text{mm}$）为 $4.07 \times 10^{-3} \text{m}^2$ 。

可泄放的质量通量（泄放能力）为 $2.689 \times 10^3 \text{kg} \cdot \text{m}^{-2} \cdot \text{s}^{-1}$ 。

需要泄放的实际质量流量（泄放量）为

$$\dot{m}_{\text{act}} = \frac{K_{\text{dr2ph}}}{D_f} \cdot A_{\text{nozzle}} \cdot G_c = \frac{0.67}{0.9} \times 4.07 \times 10^{-3} \times 2.689 \times 10^3 = 8.15 (\text{kg} \cdot \text{s}^{-1})$$

于是，压力损失为

$$\Delta P_{\text{in}} = \frac{1}{2} \left(\frac{\dot{m}_{\text{act}}}{A_{\text{in}}} \right)^2 v_0 = 0.5 \times \left(\frac{8.15 \text{kg} \cdot \text{s}^{-1}}{5.03 \times 10^{-3} \text{m}^2} \right)^2 \times 1.59 \times 10^{-3} \text{m}^3 \cdot \text{kg}^{-1}$$

$$= 2087 \text{Pa} \approx 21 \text{mbar}$$

入口最大允许摩擦损失因子为

$$\zeta_{\text{in,max}} = \frac{\Delta P_{\text{max}}}{\Delta P_{\text{in}}} = \frac{54}{21} = 2.57$$

已安装管道的摩擦损失因子为

入口	$\zeta = 0.5$
垂直管道（1m，$d=0.1$m）	$\zeta = 0.02 \times 1 / 0.1 = 0.2$
变径 T 形管	$\zeta = 0.3 + 1.0 = 1.3$
水平管（2m，$d=0.08$m）	$\zeta = 0.02 \times 2 / 0.08 = 0.5$
水平管上的两个 T 形管（2T along run）	$\zeta = 2 \times 0.4$
小计	3.3

摩擦损失超过允许值，运行过程中 PSV 将失稳，可能发生颤振。

PSV 应直接安装在反应釜封头上。

例如：入口（$\zeta = 0.5$），管道长为 1m、直径为 0.1m（$\zeta = 0.5$），锥形变径（$\zeta = 0.1$）。这样，总的摩擦损失 0.8，满足 $\zeta < 2.6$ 的条件。

16.6.4　多用途反应器

可以从蒸气压-温度曲线获得设定压力对应的温度（T_{set}）。加热系统的热输入：

$$q_{\text{input}} = U \cdot A \cdot (T_{\text{c,max}} - T_{\text{set}}) = 1000 \times 13.5 \times (150 - T_{\text{set}})$$

单相流的质量流量为

$$\dot{m} = \frac{q_{\text{input}}}{\Delta_v H'}$$

计算结果见下表：

	丙酮	甲醇	水	甲苯
$T_{set}(3\mathrm{bar})/{}^{\circ}\mathrm{C}$	92	95	133	154
$T_{c,max} - T_{set} = \Delta T/{}^{\circ}\mathrm{C}$	58	55	17	−4
q_{input}/kW	783	743	230	n.a.
$\Delta_v H'/(\mathrm{kJ\cdot kg^{-1}})$	515	838	2045	350
质量流量 $\dot{m}/(\mathrm{kg\cdot s^{-1}})$	1.52	0.89	0.11	n.a

对于甲苯，加热系统在 150℃时无法达到泄放系统设定压力所对应的温度（154℃）。在这种情况下，泄放系统将不会被触发，且不会导致危险情形。会形成最大质量流量的溶剂是丙酮，应计算其泄放系统的尺寸。

第 17 章 风险降低措施的可靠性

17.4.1 可靠性与可用性

对于 2oo3 结构的表决方式，只有当 3 个传感器中的 2 个达到所需的触发水平时，才会触发抑制剂的注入。这确保了只有达到所需的触发水平，才会触发注入；换句话说，与仅仅依靠一个传感器（1oo1）的系统相比，可靠性得到了提高。此外，若有一个传感器发生故障，则会被立即检测到，因为其温度记录与其他传感器的温度记录不同——这避免了被动失效。因此，若只有 1 个传感器（3 个传感器中的 1 个）达到触发水平，则不会发生注入——这避免了不必要的注入，并避免了主动失效。与仅仅依靠一个传感器（1oo1）的系统相比，可用性也有所提高。

17.4.2 主动失效与被动失效

正确答案是 B。

被动失效意味着安全系统在需要其工作时而未被触发（需时失效）。被动失效影响安全（方案 1）。主动失效意味着安全系统在不需要其工作时被触发，这产生的直接后果便是生产率的损失。主动失效会影响可用性（建议 4）。

17.4.3 表决方式

在 2oo3 结构的表决方式中，只有当 3 个元件中的 2 个达到设定水平时，才会触发该动作。这意味着，在一个元件发生被动失效的情况下，另外两个元件仍然处于有效状态，从而保持其安全性。只有两个元件同时发生被动失效才能使安全系统停止工作。另一方面，一个元件出现主动失效不会触发系统，这保持了工艺单元的可用性。

17.4.4 措施的可靠性

两种选项均属于机械系统。

　　第一种选项中，一个阀门的泄漏（失效）不会导致氮气被污染，即系统可以容忍一个阀门出现故障。只有两个截断阀都发生泄漏，才会导致氮气系统受到污染。排气阀（bleed valve）避免了阀门之间可能出现的压力积聚，因为阀门可能出现泄漏，从而造成污染。

　　第二种选项中，一次故障就足以使氮气系统受到污染，故其可靠性降低。

　　因此，建议采用第一种选项。

符号与字符

符号[①]

符号	名称	实用单位	国际标准单位
a	热扩散系数	$m^2 \cdot s^{-1}$	$m^2 \cdot s^{-1}$
A	热交换面积	m^2	m^2
A	可用性	—	—
a, b, c	多项式系数	—	—
$A, B, C, P, R\cdots$	化合物	—	—
B	反应数	—	—
C	常数	—	—
C	浓度	$mol \cdot L^{-1}$	$mol \cdot L^{-1}$
C'	质量浓度	$mol \cdot kg^{-1}$	$mol \cdot kg^{-1}$
c_p	热容	$J \cdot K^{-1}$	$J \cdot K^{-1}$
c'_p	比热容	$J \cdot kg^{-1} \cdot K^{-1}$	$J \cdot kg^{-1} \cdot K^{-1}$
c_v	常压热容	$J \cdot K^{-1}$	$J \cdot K^{-1}$
d	直径或厚度	m	m
E	活化能	$J \cdot mol^{-1}$	$J \cdot mol^{-1}$
f	频率	a^{-1} (每年)	Hz
f	摩擦系数	—	—
F	摩尔流量	$mol \cdot h^{-1}$	$mol \cdot s^{-1}$
F	环境因子	—	—
g	重力加速度	$m \cdot s^{-2}$	$m \cdot s^{-2}$
G	控制器增益	—	—
h	膜传热系数	$W \cdot m^{-2} \cdot K^{-1}$	$W \cdot m^{-2} \cdot K^{-1}$
h	高度	m	m
$\Delta_r H$	摩尔反应焓	$kJ \cdot mol^{-1}$	$J \cdot mol^{-1}$
I	控制器积分常数	—	—
K	泄放系数	—	—
K	常数,尤其是平衡常数	—	—
k	动力学速率常数	与速率方程表达式有关	与速率方程表达式有关

注:对该章多处进行了勘误。——译者

续表

符号	名称	实用单位	国际标准单位
k_0	频率因子	与速率方程表达式有关	与速率方程表达式有关
l	长度	m	m
L	特征长度	m	m
$\dot{m}$	质量流量	$kg \cdot h^{-1}$	$kg \cdot s^{-1}$
m	质量	kg	kg
M	摩尔比	—	—
M_w	摩尔分子量	$g \cdot mol^{-1}$	$kg \cdot mol^{-1}$
n	反应级数	—	—
n	旋转角速度	$r \cdot min^{-1}$	s^{-1}
N	摩尔数	—	—
P	压力	bar	Pa
P	可能性	—	—
P	自催化因子	—	—
P	功率(搅拌功率)	kW	W
q	放热速率	W	W
q'	比放热速率	$W \cdot kg^{-1}$	$W \cdot kg^{-1}$
Q	放热量	kJ	J
Q'	比放热量	$kJ \cdot kg^{-1}$	$J \cdot kg^{-1}$
r	反应速率	$mol \cdot m^{-3} \cdot h^{-1}$	$mol \cdot m^{-3} \cdot s^{-1}$
r	半径	m	m
R	普适气体常数	$J \cdot mol^{-1} \cdot K^{-1}$ 、 $L \cdot mbar \cdot mol^{-1} \cdot K^{-1}$	$J \cdot mol^{-1} \cdot K^{-1}$
R	可靠性	—	—
S	截面积	m^2	m^2
S	敏感性	—	—
t	时间	h	s
T	温度	℃	K
ΔT_{ad}	绝热温升	K	K
T	(观察、维护等)周期	y	s
u	线速度	$m \cdot s^{-1}$	$m \cdot s^{-1}$
U	总传热系数	$W \cdot m^{-1} \cdot K^{-1}$	$W \cdot m^{-1} \cdot K^{-1}$
v	比容	$m^3 \cdot kg^{-1}$	$m^3 \cdot kg^{-1}$
$\dot{v}$	体积流量	$m^3 \cdot h^{-1}$	$m^3 \cdot s^{-1}$
V	体积	m^3	m^3

续表

符号	名称	实用单位	国际标准单位
x	两相流中的气体或蒸气的质量分数	—	—
X	转化率	—	—
Z	长度坐标	m	m
$z(t)$	失效率	a^{-1} (每年)	Hz
Z	设备常数	—	—

下标

下标	含义		举例
0	初始值	T_0	初始温度
A，B，P，R，S	化合物	C_A	A 物质的浓度
ac	累积	X_{ac}	累积度
acc	加速	f_{acc}	加速因子
ad	绝热	ΔT_{ad}	绝热温升
amb	环境	T_{amb}	环境温度
b	沸腾	T_b	沸点
b	背面	P_b	背压
c	冷却介质	T_c	冷却介质温度
cell	量热池	m_{cell}	量热池的质量
cf	冷却失效	T_{cf}	冷却失效后的温度
cond	冷凝	q_{cond}	冷凝器的冷却能力
crit	临界的	T_{crit}	临界温度
cx	对流	q_{cx}	对流热交换
d，de，dc	分解	ΔH_d	分解焓
dr	折减	K_{dr}	折减泄放系数
D24	$tmr_{ad}=24h$	T_{D24}	$tmr_{ad}=24h$ 的引发温度
ef	效应	Q'_{ef}	导致外部效应的能量
ex	交换(热交换)	q_{ex}	热交换速率
ex	爆炸	V_{ex}	可爆云团的体积
f	终态	T_f	终态温度
f	生成	$\Delta_f H^{298}$	标准生成焓
fd	加料、进料	T_{fd}	加料温度
fg	液相-气体相	v_{fg}	气体相-液相比容差
fv	液相-蒸气相	v_{fv}	蒸气相-液相比容差
G，g	气体	ρ_G	气体密度

续表

下标	含义	举例	
h	水力	d_h	水力直径
H	混合的、杂混的	ΔT_H	混合体系过加热
i	第 i 种(个…)	C_i	第 i 种组分的浓度
L, l	液体	ρ_l	液体密度
loss	损失	q_{loss}	热损失速率
m	混合	T_m	混合温度
m	熔融	$\Delta_m H$	熔融焓
ma	最高允许	T_{ma}	最高允许温度
mes, meas	测试、测量	T_{meas}	测试温度
p	工艺、过程	T_p	工艺温度、过程温度
r	反应器、反应物料	d_r	反应器直径
ref	参比	T_{ref}	参比温度
rx	反应	q_{rx}	反应放热速率
s	搅拌器	d_s	搅拌桨直径
st	化学计量比	$m_{r,st}$	等化学计量比时的反应物料
tot	总的	$N_{B,tot}$	物料 B 总的摩尔数
tox	有毒的	V_{tox}	有毒气云的体积
v	蒸气	$\Delta_v H$	蒸发焓
w	壁面	T_w	壁面温度

希腊字母

符号	名称	实用单位	国际标准单位
α	相对体积增加百分数	—	—
α	热损失系数	$W \cdot K^{-1}$	$W \cdot K^{-1}$
α	空隙率	—	—
β	有效 Biot 数	—	—
β	体膨胀系数	K^{-1}	K^{-1}
β	扫描速率	$K \cdot min^{-1}$	$K \cdot min^{-1}$
γ	传热物质常数、物质传热常数	$W \cdot m^{-2} \cdot K^{-1}$	$W \cdot m^{-2} \cdot K^{-1}$
γ	等熵指数	—	—
δ	形状系数，Frank–Kamenetskii 数	—	—
Δ	差值(用于符号前)	—	—
ε	体积增长系数、膨胀系数	—	—
ζ	摩擦损失系数	—	—
η	压力比	—	—

续表

符号	名称	实用单位	国际标准单位
θ	无量纲温度	—	—
θ	无量纲时间	—	—
κ	两相流模型中的常数	—	—
λ	导热系数、热导率	$W \cdot m^{-1} \cdot K^{-1}$	$W \cdot m^{-1} \cdot K^{-1}$
λ	Lyapunov 指数	—	—
λ	失效率	a^{-1}（每年）	Hz
μ	动力黏度	$cP = mPa \cdot s$	$Pa \cdot s$
ν	运动黏度	$m^2 \cdot s^{-1}$	$m^2 \cdot s^{-1}$
ν_A	A 的化学计量系数	—	—
π	圆周率 3.14159…	—	—
ρ	比重（密度）	$kg \cdot m^{-3}$	$kg \cdot m^{-3}$
σ	表面张力	$N \cdot m^{-1}$	$N \cdot m^{-1} = kg \cdot s^{-2}$
σ	方差（…的平方根）	—	—
τ	时间常数	h	s
τ	空时、停留时间	h	s
φ	设备换热系数	$W \cdot m^{-2} \cdot K^{-1}$	$W \cdot m^{-2} \cdot K^{-1}$
Φ	绝热系数、热惯量因子	—	—
Ψ	无量纲流因子(flow function)	—	—
Ψ	无量纲速度	—	—
ω	可压缩性、Omega 因子	—	—

缩写

AEGL	急性暴露水平
ALARP	最低合理原则
BD	爆破片
BLT	篮限值温度
BPCS	基本过程控制系统
BR	间歇反应器
CPU	中央处理器
CSTR	连续搅拌釜(槽)式反应器
DLT	杜瓦瓶限值温度
DSC	差示扫描量热
DTA	差热分析
EC_{50}	群体中 50%个体有效的浓度

ERS	紧急泄放系统
ETA	事件树分析
FDT	相对停机时间
FMEA	故障模式与影响分析
FTA	事故树分析
HAZOP	危险与可操作性分析
HEM	均质平衡模型
HNS-DS	Diener-Schmidt 之后的均质非平衡模型
IC_{50}	群体中 50%个体受到抑制的浓度
IDLH	立即危害生命和健康的浓度
ISD	本质安全设计
IPL	独立保护层
LC_{50}	群体中 50%个体的致死浓度
LEL	爆炸下限浓度
LOC	容器失效
MAWP	最大允许工作压力
MDT	平均停机时间
MTBF	平均故障间隔时间
MTSR	合成反应能够达到的最高温度
MTT	技术因素确定的最高温度
MTTF	平均故障前时间
MUT	平均运行时间
PCS	过程控制系统
PFR	活塞流反应器
PSE	个人安全装备
PSV	压力泄放阀
QFS	引发快速、转化良好且温度平稳
RRF	风险降低因子
PFD	需时失效概率
PID	工艺与仪表设计
PID	比例积分微分控制
SADT	自加速分解温度
SBR	半间歇反应器
SIL	安全完整性等级
SIS	安全仪表系统
SIT	自点火温度

续表

SPCS	安全过程控制系统
SV	安全阀
tmr$_{ad}$	绝热条件下最大反应速率达到时间
tnor	不回归时间

无因次数群

符号	名称	表达式	参数	
B	反应数、无量纲绝热温升	$B = \dfrac{\Delta T_{ad} \cdot E}{RT^2}$	ΔT_{ad}	绝热温升
			E	活化能
			R	普适气体常数
			T	温度
B_i	Biot 数	$Bi = \dfrac{h \cdot r_0}{\lambda}$	h	膜传热系数
			r	半径
			λ	热导率
Da	Damköhler 数	$Da = \dfrac{r_0 \cdot t}{C_0}$	r_0	反应速率
			t	反应时间
			C_0	初始浓度
Fo	Fourier 数	$Fo = \dfrac{a \cdot t}{r^2}$	a	热扩散系数
			t	时间
			r	特征尺寸
δ	Frank-Kamenetskii 数	$\delta = \dfrac{\rho_0 \cdot q_0'}{\lambda} \cdot \dfrac{E}{RT_0^2} \cdot r_0^2$	ρ_0	密度
			q_0'	比放热速率
			λ	热导率
			E	活化能
			R	普适气体常数
			T_0	初始温度
			r_0	半径
G_r	Grashof 数	$Gr = \dfrac{g \cdot \beta \cdot L^3 \cdot \rho^2 \cdot \Delta T}{\mu^2}$	g	重力加速度
			β	体积膨胀系数
			ρ	密度
			L	特征长度
			ΔT	温差
			μ	动力黏度
			λ	热导率

续表

符号	名称	表达式	参数	
Ne	Newton 数、功率数	$Ne = \dfrac{P}{\rho \cdot n_s^3 \cdot d_s^5}$	P	搅拌器的功率
			ρ	流体密度
			n_s	转速
			d_s	搅拌桨直径
Nu	Nusselt 数	$Nu = \dfrac{h \cdot d}{\lambda}$	h	膜传热系数
			d	特征长度
			λ	热导率
Pr	Prandtl 数	$Pr = \dfrac{\mu \cdot c_p'}{\lambda}$	μ	动力黏度
			c_p'	比热容
			λ	热导率
Ra	Rayleigh 数	$Ra = \dfrac{g \cdot \beta \cdot \rho^2 \cdot c_p' \cdot L^3 \cdot \Delta T}{\mu \cdot \lambda}$	g	重力加速度
			β	体积膨胀系数
			ρ	密度
			c_p'	比热容
			L	特征长度
			ΔT	温差
			μ	动力黏度
			λ	热导率
Re	Reynolds 数（管道中）	$Re = \dfrac{u \cdot d \cdot \rho}{\mu}$	u	流体速度
			d	直径
			ρ	密度
			μ	动力黏度
Re	Reynolds 数（搅拌釜中）	$Re = \dfrac{n \cdot d^2 \cdot \rho}{\mu}$	n	搅拌速度
			d	搅拌桨直径
			ρ	密度
			μ	动力黏度
Se	Semenov 数	$Se = \dfrac{q_{crit} \cdot E}{U \cdot A \cdot R \cdot T_{crit}^2}$	q_{crit}	临界放热速率
			E	活化能
			U	总传热系数
			A	传热面积
			R	普适气体常数
			T_{crit}	临界温度

符号	名称	表达式	参数	
St	Stanton 数 （修正后的）	$St = \dfrac{U \cdot A \cdot t}{\rho \cdot V \cdot c_p'}$	U	总传热系数
			A	传热面积
			t	特征时间
			ρ	密度
			V	体积
			c_p'	比热容
Wt	Westerterp 数	$Wt = \dfrac{U \cdot A \cdot t_{fd}}{\rho \cdot V \cdot c_p' \cdot \varepsilon}$	U	总传热系数
			A	传热面积
			t_{fd}	加料时间
			ρ	密度
			V	体积
			c_p'	比热容
			ε	由加料引起的体积增长